Photogrammetrie

Grundlagen, Verfahren, Anwendungen

Von Dr. rer. techn. Dr.-Ing. E. h. Kurt Schwidefsky
em. o. Professor an der Universität Karlsruhe

und Dr.-Ing. Friedrich Ackermann
o. Professor an der Universität Stuttgart

7., neubearbeitete und erweiterte Auflage
des „Grundriß der Photogrammetrie"

1976. Mit 170 Bildern, 4 Tafeln und 9 Beilagen

 B. G. Teubner Stuttgart

CIP-Kurztitelaufnahme der Deutschen Bibliothek

Schwidefsky , Kurt
Photogrammetrie : Grundlagen, Verfahren, An-
wendungen / von Kurt Schwidefsky u. Friedrich
Ackermann. – 7., neubearb. u. erw. Aufl. d.
„Grundriß d. Photogrammetrie". – Stuttgart :
Teubner, 1976.
6. Aufl. u. d. T.: Schwidefsky , Kurt : Grund-
riß der Photogrammetrie.
ISBN 978-3-322-94009-4   ISBN 978-3-322-94008-7 (eBook)
DOI 10.1007/978-3-322-94008-7

NE: Ackermann , Friedrich :

Satz: Schmitt u. Köhler, Würzburg

Umschlaggestaltung: W. Koch, Sindelfingen

Vorwort

In den 13 Jahren seit Erscheinen der 6. Auflage dieses Buches hat sich die internationale Szene auch auf unserem Teilgebiet der Informationsgewinnung und -verarbeitung stark verändert. In der Informations*gewinnung* ist dem klassischen Luftbild die moderne Fernerkundung zur Seite getreten, die teilweise mit neuartigen Sensoren arbeitet und sich vielfach der Erdsatelliten als deren Träger bedient. Die beiden Möglichkeiten, die Bild- (oder Gestalt-)information, die geometrische und die physikalische Information mit *analogen* oder mit *digitalen* Mitteln zu *verarbeiten*, sind kräftig weiterentwickelt worden und haben zu vielfältigen neuen Ergebnissen und Ansätzen zu weiteren Fortschritten geführt. Die auf unserem besonders automationsfreundlichen Gebiet durch die weitere Integration der Elektronischen Daten-Verarbeitung (EDV) und verschiedener Automationselemente zu erwartenden Veränderungen sind nicht ausgeblieben. Vor allem zeigte sich, daß die für das Vermessungswesen so wichtige Genauigkeit und Wirtschaftlichkeit der Punktbestimmung mit digitalen Methoden (bei gleichzeitiger Verfeinerung der mathematischen Modelle) um bedeutende, teilweise entscheidende Beträge gesteigert werden konnten. Damit haben sich im Gebäude der Photogrammetrie die Schwerpunkte verschoben. ·

Diese Tatsache spiegelt sich mehr oder weniger deutlich in den Lehr- und Handbüchern, die in den letzten Jahren erschienen sind. So brachte das Jahr 1972 zugleich eine vierbändige französische „Photogrammétrie Générale" und eine dreibändige deutsche Darstellung im „Handbuch der Vermessungskunde". Allein der Umfang dieser mehrbändigen Werke von 1220 bzw. 2321 Seiten macht deutlich, daß ein vergleichsweise schmaler Band wie der vorliegende sich angesichts der neuen Entwicklungen bewußt und deutlich zu beschränken hat.

Nachdem Herr Prof. Ackermann sich zu einer gegenüber der 6. Auflage wesentlich verstärkten Mitarbeit bei den digitalen Verfahren bereit erklärt hatte, wurde zuerst der Inhalt neu gegliedert. Prof. Ackermann übernahm die Kapitel 3 und 6 sowie den Abschnitt 1.2.

Da der Umfang des Buches wegen des Preises nicht wesentlich vergrößert werden durfte, war – im Sinne der erläuterten Schwerpunktverschiebung – der die Analogverfahren behandelnde Teil zu straffen und von Ballast zu befreien. So konnte eine von den begrifflichen Grundlagen über die mathematischen Verfahren bis zu den praktischen Ergebnissen hin konsequent aufgebaute, geschlossene Darstellung des Teiles Platz finden, der als numerische, digitale oder *analytische Photogrammetrie* bezeichnet wird. Diese Darstellung wendet sich häufig – mit zahlreichen Hinweisen auf die neueste Literatur – an den erfahrenen Praktiker, dem auch die ausführlich interpretierten Genauigkeitsangaben nützlich sein werden. Damit ist der wichtigste Unterschied zur letzten Auflage genannt.

Der Anteil der *Grundlagen* wurde noch etwas vergrößert. Es ist heute für ein volles Verständnis notwendig, die Photogrammetrie mit Hilfe der Erläuterung einiger Grundbegriffe als *Informationssystem* zu verstehen. Um sie auch mit den Verfahren der *Fernerkundung* in Verbindung zu bringen, wurden deren wichtigste Grundlagen sowie einige Aufnahmesysteme erläutert. Bei den optischen Grundlagen wurden die Holographie, bei den photographischen die Äquidensiten neu aufgenommen.

In der *Informationsgewinnung* (Kapitel 2) findet man einige neue stationäre Meßkammern für nicht-topographische Anwendungen sowie für Ballistik und Satelliten-Geodäsie. Auf die Bedeutung von „Nicht-Meßkammern" wird hingewiesen. Umfangreiche Tabellen, mit vielen technischen Gerätedaten wurden hier, wie auch bei den Auswertgeräten, fortgelassen, da die Konstruktionen der großen Firmen einander international stark angeglichen sind, Vollständigkeit ohnehin nicht zu erreichen ist und solche Zahlen überdies in kurzer Zeit veraltet sind.

Bei der *analogen Informationsverarbeitung* (Kapitel 4) unterrichtet ein neuer Abschnitt über die Orthophotographie, deren Bedeutung immer noch wächst. Die *Automation* in der Photogrammetrie wurde in einem neuen Kapitel 5 behandelt. Hier besonders war es angezeigt, den Ton auf das Verständnis von Grundbegriffen und ausgewählten Beispielen zu legen. Die Entwicklung ist heute in einem so schnellen Fluß, daß ins einzelne gehende Beschreibungen neuer Systeme beim Erscheinen des Buches z. T. bereits veraltet sein würden. Auch ist eine den Spezialisten befriedigende Behandlung der komplexen elektronischen Systeme auf gedrängtem Raum nicht möglich.

Die im Kapitel 6 besprochenen *Anwendungen und Ergebnisse* beschränken sich beispielhaft und fast ohne Ausnahme auf die Bereiche Vermessungswesen und Topographie. So konnte eine im einzelnen begründete Darstellung der heutigen Leistungen anstelle einer „von-allem-etwas-Lösung" gegeben werden. Die zahlreichen Ingenieur-Anwendungen konnten nur gestreift werden.

Die Methoden und Anwendungen der *Photo-Interpretation* haben sich während der letzten beiden Jahrzehnte sprunghaft entwickelt. Eine für die fachlich besonders unterschiedlichen Gruppen von Anwendern wirklich nützliche, lebendige Behandlung ist in Kürze nicht mehr möglich. Es gibt hierüber heute auch in deutscher Sprache gute Veröffentlichungen für verschiedene Ansprüche.

Im Ganzen gesehen haben die beiden Verfasser versucht – nicht ohne gelegentliche kleine Überschneidungen zu tolerieren – die beiden Seiten der modernen Photogrammetrie als eines Informationssystemes über unsere Umwelt in lesbarer Kürze darzustellen.

Zu danken haben wir zuerst dem Verlag, der sich – in einer vor genau 40 Jahren begonnenen Tradition – entschlossen hat, dieses Spezialwerk ungeachtet der Risiken durch stürmische Steigerungen der Herstellungskosten weiter zu führen. Die Umfangsvergrößerung gegenüber der vorigen Auflage verbirgt sich z. T. hinter raumsparendem Satz in einem vergrößerten Satzspiegel.

Dank schulden wir ferner den folgenden Stellen für die kostenlose Überlassung von Bildtafeln und -beilagen: den Firmen Carl Zeiss in Oberkochen und Hansa Luftbild in Münster; dem Institut für Photogrammetrie der Universität Stuttgart; dem Landesvermessungsamt Nordrhein-Westfalen in Bonn-Bad Godesberg; der photogrammetrischen Abteilung der Rheinischen Braunkohle AG in Köln.

Karlsruhe und Stuttgart, Herbst 1975   K. Schwidefsky, F. Ackermann

Inhalt

2 Informationsgewinnung

3 Digitale Verarbeitung der geometrischen Information
Theorie der photogrammetrischen Punktbestimmung

Verzeichnis der Tafeln

Verzeichnis der Beilagen in der Tasche

1. Wiedergabe der Objektkontraste auf panchromatischem und Infrarot-Film
2. Stereo-Luftbild eines Mischwaldbestandes
3. Rot-Grün-Brille zur Betrachtung des Anaglyphendruckes Tafel IV
4. Ausschnitt aus einer Luftbildkarte 1 : 5000 des Landes Nordrhein-Westfalen
5. Ausschnitt aus einer photogrammetrischen Kartierung eines größeren Industriewerkes im Maßstab 1 : 1000
6. Ausschnitt aus einer photogrammetrischen Kartierung in 1 : 2000
7. Verkleinerter Ausschnitt (1 : 2000) aus einem Autobahn-Bestandsplan
8. Ausschnitt aus einer photogrammetrischen Original-Kartierung 1 : 5000 ohne Überarbeitung mit direkt gravierten Schichtlinien
9. Beispiel einer digitalen Interpolation und automatischen Zeichnung von Schichtlinien

Häufig benutzte Abkürzungen

AVN	Allgemeine Vermessungs-Nachrichten, Karlsruhe
BuL	Bildmessung und Luftbildwesen, Karlsruhe
Can. Surv.	Canadian Surveyor, Ottawa
DGK	Veröff. d. Deutschen Geodätischen Kommision b. d. Bayerischen Akademie d. Wissenschaften, München
Int. Arch. Phm.	Internationales Archiv für Photogrammetrie
ITC-J.	ITC-Journal, Enschede, Niederlande
NaKaVerm	Nachrichten a. d. Karten- u. Vermessungswesen, Frankfurt/M
OEEPE	Schriften der Organisation Européenne d'Etudes Photogrammétriques Expérimentales, Frankfurt/M
ÖZfV	Österreichische Zeitschr. f. Vermessungswesen, Wien
Phia	Photogrammetria, Amsterdam
Phm. Eng.	Photogrammetric Engineering and Remote Sensing, Falls Church, Va.
Phm. Rec.	Photogrammetric Record, London
SZfV	Schweiz. Zeitschr. f. Vermessung, Photogrammetrie und Kulturtechnik
ZfV	Zeitschrift für Vermessungswesen, Stuttgart

0 Entstehung und Entwicklung der Photogrammetrie

Der Gedanke, durch Anwendung der Zentralperspektive gewonnene Bilder von Objekten in *Parallel*projektionen, also in Grund- und Aufrisse, in Karten und Pläne umzuwandeln und Gestalt, Größe und Lage der Objekte dadurch meßbar zu machen, ist nicht an die Photographie gebunden. Mindestens ein Jahrhundert *vor* der Erfindung der Photographie entstand er aus den Erfahrungen des natürlichen Sehens. Ein Jahrhundert *danach* überschreiten wir die Grenzen der Photographie mit anderen Sensoren als der photographischen Schicht und auch diejenigen der Zentralperspektive mit neuartigen Aufnahmesystemen. Wenn es streng genommen also richtig wäre, anstelle des Wortes „Photogrammetrie" den älteren, allgemeineren Namen „Ikonometrie" (s. unten) wieder zu verwenden, so hat doch die Photographie dem Gedanken zum Siege verholfen, und sie wird auch für absehbare Zeit den Schwerpunkt der Anwendungen bilden. Wir werden also den vor rund hundert Jahren von W. Jordan, A. Meydenbauer und F. Stolze eingeführten und international benutzten Namen Photogrammetrie beibehalten, uns aber der genannten Grenzüberschreitungen bewußt sein.

Die im Mittelalter sich entwickelnde Technik bedurfte der *Perspektive* weniger als vielmehr die Malerei und die Baukunst. Erst aus dem Italien des 15. Jahrhunderts sind uns Erfahrungssätze über die Perspektive überliefert, deren systematische geometrische Begründung bis zum Anfang des 17. Jahrhunderts auf sich warten ließ. Während des 18. Jahrhunderts haben Gelehrte aus verschiedenen Ländern freihändig von verschiedenen Standpunkten aus gezeichnete Perspektiven zum Entwurf geographischer Karten benutzt. Der erste scheint der schweizer Arzt und Kristallograph M. A. Kappeler gewesen zu sein, der 1726 auf diese Weise das Pilatusmassiv kartierte. Ein ähnliches Verfahren, unterstützt durch Kompaßpeilungen, verwandte der französische Hydrograph Beautemps-Beaupré 1791, um im Pazifik Küstenkarten herzustellen. Der große deutsche Naturforscher J. H. Lambert entwickelte im 8. Kapitel seiner „Freyen Perspektive", die 1759 in Zürich erschien, systematisch die *Umkehrung* der Zentralperspektive und gab damit die erste theoretische Begründung für die Photogrammetrie.

Erst nachdem J. N. Niépce und J. L. M. Daguerre brauchbare Photographien herzustellen verstanden und nachdem F. Arago 1839 die Erfindung der Photographie bekanntgegeben hatte, erhielten die praktischen Versuche ernsthafte Bedeutung. Der französische Oberst A. Laussedat, den wir als den eigentlichen *Begründer der Bildmessung* anzusehen haben (er nannte sein Verfahren erst „Iconométrie", dann „Métrophotographie"), schuf das erste geeignete photogrammetrische Aufnahmegerät und Arbeitsverfahren (1859, erste Anfänge seit 1851). Dieses Verfahren bediente sich zweier photographischer Aufnahmen eines Gegenstandes von den Endpunkten einer „Standlinie" aus, um aus den beiden erhaltenen Bildern für jeden zu bestimmenden Punkt je eine Richtung abzuleiten, deren paarweise Schnitte das aufgenommene Objekt punktweise wiederzugeben gestatten.

Fast zur gleichen Zeit (1858) machte in Deutschland[1]) A. Meydenbauer (unabhängig von Laussedat) die ersten Versuche, die schwierige und gefahrvolle Vermessung von Architekturen mittels zweier Photographien des Bauwerkes nach dem Einschneideverfahren auszuführen. In der Tat sind Architekturen mit ihren markanten Punkten ideale Objekte für dieses Verfahren, dessen Anwendung auf die topographische Geländeaufnahme schon Schwierigkeiten macht. Es ist nämlich schwer und in vielen Fällen sogar unmöglich, bestimmte Geländepunkte in zwei oder drei Bildern wiederzufinden, die von entfernten Standpunkten im Gelände aufgenommen wurden.

In der zweiten Hälfte des 19. Jahrhunderts sind neben der Weiterentwicklung der mathematischen Theorie (G. Hauck, Seb. Finsterwalder) die ersten Anwendungen in der Militär- und Expeditionstopographie sowie in der Glaziologie und in der Architekturaufnahme zu verzeichnen. Meydenbauer erreichte es, daß 1885 in Berlin die Preußische Meßbildanstalt als Baudenkmäler-Archiv gegründet wurde.

Die Einführung des stereoskopischen Meßprinzips, die nach Vorarbeiten F. Stolzes durch C. Pulfrich in Jena erfolgte, beseitigte die Schwierigkeiten der Identifizierung. Pulfrich, der „Vater der Stereophotogrammetrie", konstruierte 1901 den Stereokomparator. In Deutschland und in Österreich (A. von Hübl) wurde das neue topographische Aufnahme- und Meßverfahren entwickelt. Schwierige Objekte, wie Wolken, Wasserwellen, fliegende Geschosse und andere schnell veränderliche und verwickelte Erscheinungen, konnten nun zuverlässig vermessen werden. Die instrumentelle und zum Teil auch die methodische Ausbildung des stereophotogrammetrischen Verfahrens wurde führend von den Zeissischen Werkstätten in Jena beeinflußt. Hier gelang im Jahre 1909 nach Angaben E. von Orels die Konstruktion des Stereoautographen, des ersten brauchbaren Instrumentes, das die (früher so bezeichnete) „automatische" linienweise Kartierung aus Stereobildpaaren gestattete. Damit war der Praxis ein weites Anwendungsfeld erschlossen.

In diesen Jahren entstanden auch die ersten Zusammenschlüsse von Fachleuten und Gelehrten. 1907 begründete der hochverdiente E. Doležal in Wien die „Österreichische Gesellschaft für Photogrammetrie" und im selben Jahr das „Internationale Archiv für Photogrammetrie". Die „Internationale Gesellschaft für Photogrammetrie" wurde 1910 ebenfalls in Wien mit Doležal als erstem Präsidenten errichtet, und 1913 fand dort der erste Internationale Kongreß für Photogrammetrie statt[2]).

Die ersten *Luftbilder* wurden nach dem nassen Kollodiumverfahren 1858 von G.F. Tournachon (genannt Nadar) in Paris und 1860 von J.W. Black über Boston aufgenommen. Mit den Arbeiten Th. Scheimpflugs (Wien) wurde die systematische Entwicklung der Luftbildaufnahme und -messung für kartographische Aufgaben eingeleitet[3]).

Der erste Weltkrieg beschleunigte auch die Entwicklung des Luftbildwesens außerordentlich. Die Aufnahmekammern wurden vervollkommnet. O. Messter baute 1915

---

[1]) Jung, F.R.: BuL **28** (1960), 23 bis 41.

[2]) Die folgenden Internationalen Kongresse fanden statt: 1926 in Berlin, 1930 in Zürich, 1934 in Paris, 1938 in Rom, 1948 im Haag, 1952 in Washington D.C., 1956 in Stockholm, 1960 in London, 1964 in Lissabon, 1968 in Lausanne, 1972 in Ottawa. Für 1976 ist Helsinki vorgesehen.

[3]) Zur Frühgeschichte des Luftbildes: Beaumont Newhall: Airborne Camera. New York 1969, 144 S.

in Deutschland die ersten Reihenbildner, in USA schufen J. W. Bagley und A. Brock die ersten Luftbildkammern. Entzerrungsgeräte zur Schaffung kartenartiger Darstellungen des Geländes wurden konstruiert, feldmäßig anwendbare Verfahren ausgebildet.

1915 baute M. Gasser nach der Scheimpflugschen Grundidee seinen Doppelprojektor für Senkrechtaufnahmen. 1919 begann U. Nistri in Rom mit der Konstruktion eines Doppelprojektionsgerätes, des Photocartographen, das 1922 arbeitsfähig war. 1920 war der erste nach Angaben von R. Hugershoff bei Heyde gebaute Autokartograph fertig, das erste Instrument, das (mit gewissen Einschränkungen) die Kartierung des Geländes nach Bildern mit beliebiger Aufnahmerichtung gestattet. Ihm folgte 1923 der Zeissische Stereoplanigraph nach W. Bauersfeld.

In den zwei Jahrzehnten zwischen den beiden Weltkriegen entwickelten fünf oder sechs westeuropäische optische Firmen ideenreiche Instrumentenkonstruktionen sowie neue Aufnahmeobjektive. Nach den Vorarbeiten Th. Scheimpflugs und Seb. Finsterwalders und mit der Initiative O. v. Grubers wurden die Verfahren der Radialtriangulation und der räumlichen Aerotriangulation geschaffen. In der Form von Bildmosaiks und Bildplänen fand man neuartige, kartenähnliche Darstellungen der Erdoberfläche. Der zweite Weltkrieg beschleunigte alle diese Arbeiten. Hochleistungsobjektive führten zum Ersatz der komplizierten Mehrfach- und Panoramakammern. Farb- und Infrarotfilme vergrößerten den Informationsgehalt der Luftbilder, elektronische Navigationsverfahren die Sicherheit der planmäßigen Bilddeckung.

Anfangs der 50er Jahre gab es zwei wichtige organisatorische Ereignisse: Durch die Initiative von W. Schermerhorn und mit Förderung der UNESCO wurde 1951 in Delft das „International Training Centre for Aerial Survey" (ITC) gegründet, in erster Linie zur Ausbildung des technischen Nachwuchses für Entwicklungsländer. Es wurde inzwischen in das „International Institute for Aerial Survey and Earth Sciences" umgebildet und 1971 nach Enschede verlegt. Neben diesem Ausbildungszentrum entstand 1953 in Paris in Gestalt der „Organisation Européenne d'Etudes Photogrammétriques Expérimentales" (OEEPE) ein Zusammenschluß zur Ausführung großräumiger experimenteller Studien, die über die Kräfte eines Landes hinausgehen. Ihm gehören gegenwärtig folgende Länder an: Belgien, Bundesrepublik Deutschland, Dänemark, Finnland, Holland, Italien, Norwegen, Österreich und die Schweiz.

In den beiden letzten Jahrzehnten setzen sich besonders folgenreiche neue Tendenzen durch. Das Eindringen der elektronischen Datenverarbeitung führt zur Ausstattung der photogrammetrischen Geräte mit elektronischen Peripheriegeräten für Ein-, Ausgabe und Speicherung. Numerische Verfahren werden verstärkt ausgebaut. U. V. Helava entwickelt ein analytisches Kartiergerät. Die Orthophotographie als neues Verfahren zur Bildkartenherstellung beliebigen Geländes wird zu hoher Vollkommenheit entwickelt. Die Automatisierung wird in verschiedenen Richtungen vorwärts getrieben. Wie in anderen Zweigen der Technik werden Prozeßrechner integriert. Elektronische Korrelatoren ersetzen wichtige Funktionen des menschlichen Beobachters und erlauben es, die Orthophotographie zu einem vollautomatischen System auszubauen.

Das digitale Geländemodell wird ein wichtiges Hilfsmittel für Planungs- und Entwurfsarbeiten. Programmentwicklungen zur Blocktriangulation für mittlere und große Rechenanlagen haben unerwartete Genauigkeitssteigerungen in wirtschaftlicher Weise ermöglicht.

Eine beginnende Integration der Fernerkundungssysteme, besonders der Multispektral-Photographie, der IR-Abtastung und der Radargrammetrie zeichnet sich ab. Damit wird auch die digitale Bildverarbeitung für die Photogrammetrie interessant. Schließlich eröffnet die Einbeziehung von Satellitenbildern Wege zur Weltraum-Kartographie, die mit Aufnahmen der Erdoberfläche aus speziellen Satelliten (ERTS) und dem amerikanischen SKYLAB sowie mit Karten von Mond, Mars und Merkur schon erfolgreich beschritten wurden.

1 Grundlagen

1.1 Photogrammetrie als Informationssystem

In photographischen Bildern ist Information über die abgebildeten Objekte gespeichert. Die Anschauung zeigt sofort, daß es sich dabei um drei verschiedene Arten von Information handelt: 1. Die Photographie erzeugt, ähnlich wie das menschliche Auge, anschauliche zentralperspektive Abbildungen der Objekte. Diese durch optische und photographische Gesetze zustande kommenden, unmittelbar wahrnehmbaren Bildeigenschaften bezeichnen wir als *Gestaltinformation*[1]). 2. Durch die optische Abbildung werden mathematisch formulierbare Beziehungen zwischen Bildern und Objekten hergestellt. Diese liefern *geometrische* Information über die Objekte. 3. Die Schwärzung der Bildelemente bzw. ihre Farbe in den photographischen Schichten liefern uns *physikalische Informationen* über das Reflexionsvermögen der Objekte.

Die Photogrammetrie beschäftigt sich mit der Gewinnung und Verarbeitung von Information über Objekte und Vorgänge mittels photographischer Bilder. (Neuerdings können auch Aufnahmen außerhalb des photographisch wirksamen Strahlungsbereiches gemacht und durch Bildwandlung in diesen überführt werden.) Ihr ursprünglicher Gegenstand war die Bestimmung der Form, Größe und Lage von Objekten jeder Art im Raum aufgrund der geometrischen Bild-Objekt-Beziehungen. Auf das Auffinden, Erkennen und Klassifizieren von Objekten in Bildern aufgrund der unmittelbaren subjektiven Gestaltwahrnehmung und daraus zu ziehende Schlüsse beschränkt sich bisher im wesentlichen die *Photointerpretation*. Sie kommt in vielen Fällen grundsätzlich ohne Messungen aus. Die Bemühungen um die Objektivierung und um die Automation der Photointerpretation sowie die Möglichkeiten der modernen digitalen Bildverarbeitung in Rechenanlagen haben neuerdings dazu geführt, daß Verfahren und Instrumente zur Schwärzungs- und Farbmessung weiter entwickelt wurden. Der gewaltige Vorteil der photographischen Schicht gegenüber anderen Informationsspeichern besteht darin, daß sie die drei genannten Arten von Information gleichzeitig enthält und daß diese jederzeit getrennt oder gemeinsam gewonnen werden können.

Wir können das photographische Bild eines Gegenstandes also als anschauliches und genaues ebenes Abbild des Objektes, als zweidimensionalen[2]) Koordinatenspeicher der Menge der das Objekt darstellenden unterscheidbaren Bildpunkte und als Speicher der Bildschwärzung (oder bei Farbbildern der Farbe) der kleinen Bildelemente betrachten.

---

[1]) Wichtige Eigenschaften der Gestaltwahrnehmung sind ihre Invarianz gegen Änderungen der Größe, Stellung und des Kontrastes sowie kleiner Änderungen der Gestalt selbst.
[2]) Abgesehen vom Hologramm (s. 1.3.6).

Meßbild und Meßkammer. Eine optimale Übertragung der *geometrischen* Information erhalten wir, wenn das photographische Bild die Eigenschaften eines *Meßbildes* und die es erzeugende Kammer die Eigenschaften einer *Meßkammer* besitzen. Dies ist der Fall, wenn sich aus dem Bild das im Zeitpunkt der Aufnahme vorhandene Strahlenbündel mit dem Scheitel im Projektionszentrum nach den Punkten des aufgenommenen Objektes mit angebbarer Genauigkeit wiederherstellen läßt. Die hierzu erforderlichen Eigenschaften der Aufnahmekammer werden in 3.1.1 beschrieben. Für die *physikalische* Information gilt, daß man aus der registrierten Strahlung[1] mit angebbarer Zuverlässigkeit auf die auf das System auftreffende Strahlung muß schließen können.

Heute schon verwenden wir für die Bildaufnahme auch komplizierte Satelliten-Bildsysteme, Wärmeabtaster und Radarsysteme und für die Bildverarbeitung die elektronische Datenverarbeitung, die digitale Bildumwandlung in Rechenanlagen sowie automatische Kartiersysteme. Es ist zweckmäßig, für die Beschreibung dieser Vorgänge die Begriffe der Informationstheorie zu benutzen[2]. Die für uns wichtigsten, die uns heute in der Fachliteratur immer wieder begegnen, sollen im folgenden kurz dargestellt werden.

1.1.1 Nachricht und Information

Die Informationstheorie entstand vor etwa 30 Jahren aus den Bedürfnissen der elektrischen Nachrichtenübertragung, die auch ihr Begriffssystem geprägt haben. Sie diente zunächst zur Berechnung der Nachrichtenmenge, die in der Zeiteinheit durch einen Kanal übermittelt werden kann. Inzwischen ist sie zu einem sehr nützlichen und unentbehrlichen interdisziplinären Hilfsmittel jeder Art von Informationsvermittlung in technischen Systemen und auch in Lebewesen entwickelt worden.

Unter Nachricht wird jede Art der Mitteilung verstanden, die durch Sprache, Schrift, Bilder, optische, akustische, elektrische o. a. Signale von einem Sender zu einem Empfänger übertragen wird. In der als Modell einer Nachrichtenübertragung dienenden einfachen Telegraphentechnik wird die Übermittlung einer Nachricht von einem Sender an einen Empfänger wie folgt beschrieben (Bild **16.**1).

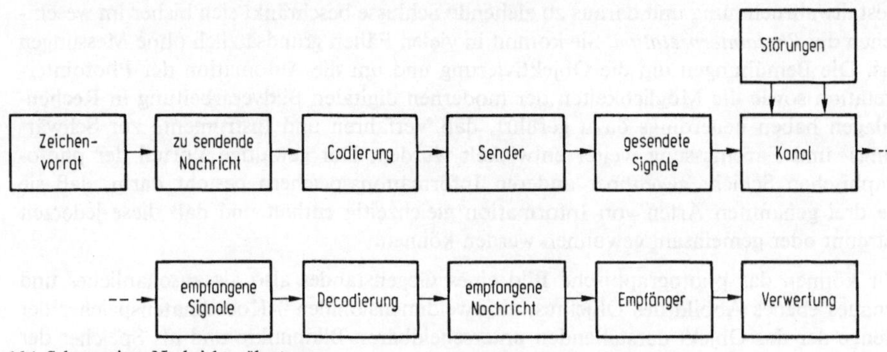

16.1 Schema einer Nachrichtenübertragung

---

[1] In Form von Schwärzung oder Farbdichte oder bei nicht photographischen Systemen als elektrisches Äquivalent.
[2] F l e c h t n e r, H. J.: Grundbegriffe der Kybernetik. Stuttgart 1966, 423 S.

Beim Sender wird aus einem gegebenen Zeichenvorrat (z.B. dem Alphabet der deutschen Sprache), der dem Empfänger bekannt sein muß, die zu sendende Nachricht gebildet (z.B. Wörter der deutschen Sprache). Um diese durch physikalische *Signale* (Gruppen von kurzen und langen Stromstößen) über die als Übertragungskanal dienende Drahtleitung senden zu können, muß zuvor jedem Zeichen (jedem Buchstaben) ein bestimmtes, von den anderen verschiedenes Signal zugeordnet werden. Dieser wichtige Vorgang heißt Verschlüsselung oder *Codierung*. Die ganze Vorschrift heißt *Code*. Im Übertragungskanal überlagern sich dem gesendeten Signal Störungen, die allgemein (z.B. auch bei optischer Übertragung) als *Rauschen* bezeichnet werden und die Signale verändern oder ganz unkenntlich machen können. Die schließlich beim Empfänger ankommenden Signale können daher von den gesendeten mehr oder weniger abweichen. Die Decodierung (Entschlüsselung) mittels des beim Sender benutzten Codes liefert die empfangene Nachricht („in Klarschrift"). Damit ist die technische Nachrichtenübertragung abgeschlossen. Wir weisen eindringlich darauf hin, daß sie sich auf die möglichst richtige und vollständige Übertragung der *Signale* beschränkt. Ob der Empfänger die Bedeutung der übertragenen Nachricht versteht und ob sie ihm überhaupt etwas Neues mitteilt, bleibt ausgeklammert. Der naturwissenschaftlich definierte Begriff der *Information* unterscheidet sich vom Begriff „Nachricht" der Umgangssprache dadurch, daß er sich nur auf die „syntaktische" Dimension der richtigen Signalübertragung bezieht. Für die Einbeziehung der „semantischen" Dimension (der Bedeutung) gibt es heute erst Ansätze[1].

1.1.1.1 Informationsbetrag   Der naturwissenschaftliche Informationsbegriff soll ferner die *Messung* des Informations*betrages* ermöglichen. Man betrachtet dazu die Information als einen Vorgang, bei dem von einer Nachrichtenquelle Zeichen aus einem Zeichenvorrat (Alphabet) ausgewählt werden. Enthält der Vorrat nur zwei Zeichen (z.B. die Ziffern 0 und 1), so definiert man die Auswahlentscheidung zwischen den zwei Möglichkeiten als Maßeinheit für den Informationsbetrag. Diese Einheit hat den Namen bit (abgekürzt aus binary digit) erhalten. Enthält der Zeichenvorrat n Zeichen, so ordnet man der Auswahl eines dieser Zeichen den Informations(Entscheidungs)betrag

$$I_0 = \mathrm{ld}\, n \qquad \text{bit} \tag{1.1}$$

zu, worin ld logarithmus dualis bedeutet. Treten die Zeichen mit verschiedenen Wahrscheinlichkeiten p_i auf (wie z.B. die Buchstaben in den natürlichen Sprachen), so schreibt man ihnen den Informationsbetrag

$$I = \mathrm{ld}\, \frac{1}{p_i} = -\,\mathrm{ld}\, p_i \qquad \text{bit} \tag{1.2}$$

und im Mittel innerhalb eines Vorrates von n Zeichen den Betrag

$$H = \sum_{i=1}^{n} p_i \,\mathrm{ld}\, \frac{1}{p_i} \qquad \text{bit/Zeichen} \tag{1.3}$$

zu, wobei $\sum_{i=1}^{n} p_i = 1$ ist.

---

[1] Es widerspricht dem wissenschaftlichen Sprachgebrauch, wenn die von uns oben definierte „Gestaltinformation" als „semantische Information" bezeichnet wird. Das Kennzeichen der letzteren ist (vgl. etwa H.J. Flechtner [7.3]) die *freie* Zuordnung der Bedeutung zum Signal, wie sie etwa bei Verkehrszeichen stattfindet. Zwischen einem Objekt und seinem photographischen Bild bestehen aber *kausale*, durch die Abbildungsgesetze festgelegte Zuordnungen.

Diese statistische Definition der Information beruht also auf einem Maß für die Ungewißheit des Vorkommens jedes Zeichens. Einer Dezimalziffer kommt danach der Informationsbetrag $I_0 = \mathrm{ld}\,10 = 3,322$ bit zu, einem Buchstaben der deutschen Sprache bei Berücksichtigung der unterschiedlichen Wahrscheinlichkeit des Auftretens ein mittlerer Wert von $H = 4,11$ bit. Leider wird diese auf die *Signal*übertragung bezogene Definition immer wieder mit dem Informationsbegriff der Umgangssprache verwechselt, bei dem es wesentlich ist, daß der Empfänger die Bedeutung der Nachricht versteht (semantischer Aspekt) und „etwas damit anfangen kann" (pragmatischer Aspekt).

1.1.1.2 Codierung   Eine zweckmäßige Methode für die Auswahl eines bestimmten Zeichens aus einem geordneten Zeichenvorrat besteht darin, diesen so lange in zwei gleiche Teile zu zerlegen, bis das fragliche Zeichen isoliert ist. Als Beispiel sei die Auswahl des Buchstabens F aus der geordneten Reihe der acht Buchstaben A … H betrachtet. Bild **18.**1 erläutert das Verfahren. Die geordnete Reihe wird wiederholt in zwei gleiche Teile zerlegt. Die linke Hälfte werde jeweils mit 0, die rechte mit 1 bezeichnet. Dann wird der Buchstabe F durch die drei Auswahlentscheidungen rechts-links-rechts oder 1 0 1 gefunden. Der Informations(Entscheidungs)betrag ist also 3 bit in Übereinstimmung mit Gl. (1.1) $I_0 = \mathrm{ld}\,8 = 3$ bit. Zugleich kann der Entscheidungsweg 1 0 1 zur *Codierung* des Buchstabens F dienen, wenn die Ziffern 1 und 0 durch physikalische Signale dargestellt werden, z.B. durch lange und kurze Impulse in einem elektrischen Schaltkreis (Morsezeichen) oder durch Loch und Nicht-Loch in einem Papierstreifen. Bild **18.**2 zeigt dies für die acht Buchstaben A … H. Mit einer Anzahl i von 0-1-Entscheidungen lassen sich offenbar 2^i Zeichen (Buchstaben) darstellen; für die 26 Buchstaben des Alphabetes braucht man daher fünf Entscheidungen. Ihre geordnete Wiedergabe als Loch und Nicht-Loch ergibt den bekannten 5-Kanal-Lochstreifen des Fernschreibers (Bild **18.**2).

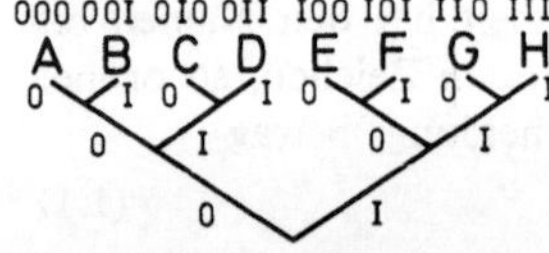

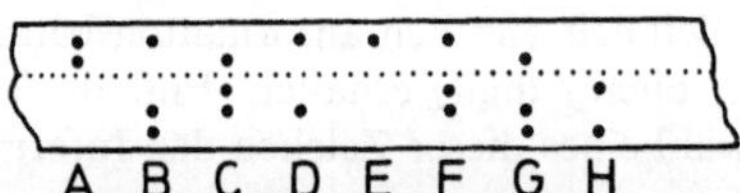

18.1 Codebaum zur Erläuterung einer Codierung der Buchstaben A ··· H

18.2 Die Buchstaben A ··· H im internationalen Fernschreib-Lochstreifen-Code nach CCIT2. Die durchgehende Perforierung dient dem Transport

Zur Lösung der Aufgaben, einerseits möglichst ökonomisch (mit einem Minimum an Codegruppen) zu codieren, andererseits aber Codierungs- und Übertragungsfehler zu erkennen oder gar automatisch zu berichtigen (Sicherheits-Codes), ist eine Code-Theorie entwickelt worden. Sicherheit verschiedenen Grades wird durch Hinzufügen eines oder mehrerer Codezeichen gewonnen. Überbestimmung, die keine Information überträgt, heißt *Redundanz* (Weitschweifigkeit)[1]. Hohe Redundanz besitzt z.B. die Gestaltinformation.

1.1.1.3 Informationsleistung   Wenn wir die übertragene Information auf die Übertragungszeit bzw. auf die benötigte Fläche des Signalträgers beziehen, erhalten wir zwei wichtige Leistungsmaße. Der *Informationsfluß* wird in bit/s oder Baud (abgekürzt: Bd)

---

[1] Der geodätische Leser beachte die unterschiedliche Bedeutung der Redundanz in der Ausgleichungsrechnung.

gemessen, die für uns wichtigere *Informationsdichte* in bit/cm². Beispiele: Ein moderner Fernschreiber überträgt 75 Bd; ein laut Lesender 30 Bd; die Aufnahmeleistung des menschlichen Gehirnes beträgt (nur!) 25 Bd. Ein 5-Kanal-Lochstreifen enthält 12 bit/cm²; ein feinkörniges Photo dagegen „Schwarz-Weiß-Information" von etwa 50000 bit/cm². Bei der Benutzung solcher Zahlen halte man sich stets die Einseitigkeit der zugrunde liegenden Definition vor Augen.

1.1.2 Kontinuierliche Signale

Die Anwendung des statistischen Informationsbegriffes ist nicht auf die Informationsübertragung durch geschriebene oder gedruckte Buchstaben und Zahlen, also auf *diskrete* Zeichen, beschränkt.

1.1.2.1 Analog-Digital-Wandlung Zahlen lassen sich durch physikalische „Analogien" darstellen, z. B. beim Rechenschieber durch Längen (ihrer Logarithmen) zwischen zwei Strichen einer Teilung oder durch elektrische Spannungen oder Widerstände. Im Gegensatz zur *diskreten* Zahlendarstellung handelt es sich hier stets um *kontinuierliche* Werte. Vorrichtungen, welche diese beiden Arten von Signalformen ineinander umformen, werden als Wandler (oder Umsetzer) bezeichnet. Wir unterscheiden demnach *Digital-Analog* (D/A)-*Wandler* und *Analog-Digital* (A/D)-*Wandler*.

Uns interessiert besonders die Analogdarstellung durch photographische Bilder.

Theoretisch zeigt man, daß die kontinuierlich verlaufende Schwärzungsverteilung in einem photographischen Bild als Äquivalent der Leuchtdichteverteilung im optischen Bild durch eine doppelte Fouriersumme mit einer endlichen Anzahl von Parametern dargestellt werden kann. Praktisch bedient man sich zum Abschätzen des Informat:onsgehaltes und zur Umwandlung der Bildinformation des Verfahrens des *Quantisierens*.

Wie in der Reproduktionstechnik zerlegt man das Halbtonbild mit kontinuierlichem Schwärzungsverlauf durch ein (gedachtes) feines Raster in ein engmaschiges Netz diskreter Punkte. Mit einem Schwärzungsmesser (Mikrodensitometer) werden die Werte der photographischen Schwärzung der Rasterpunkte gemessen, in eine endliche Anzahl von Klassen eingeteilt und automatisch registriert.

1.1.2.2 Digitales Bild Ordnet man jedem durch seine Koordinaten x', y' in einem geeigneten Bildkoordinatensystem definierten Rasterpunkt die für ihn ermittelte Schwärzungsklasse zu, so läßt sich die sogenannte *Bildfunktion* als Matrix der Schwärzungswerte darstellen. Man kann eine solche Matrix mit reellen, nicht-negativen Elementen geradezu als ein *digitales Bild* definieren, da sie die Schwärzungsverteilung im ganzen Bild mit wählbarer Genauigkeit in Zahlen ausdrückt.

Das digitale Bild eröffnet den gewaltigen Vorteil, daß jede mathematisch formulierbare Umwandlung der Bildschwärzung rechnerisch ausgeführt werden kann. Die umgewandelte Matrix läßt sich mit lichtelektrischen Mitteln wieder als (analoges) Bild darstellen. Durch entsprechende Wahl des Rasters und der Anzahl der Schwärzungsstufen lassen sich die einander entgegengesetzten Forderungen an höheres Auflösungsvermögen und an geringeren Rechenaufwand erfüllen. Von den Möglichkeiten der digitalen Bildverarbeitung (der physikalischen Information) interessieren uns besonders die Steuerung der Bildkontraste im großen und kleinen (s. 1.5.3) und die Herstellung von Äquidensiten (s. 1.5.4).

2*

1.1.2.3 Speicherkapazität der photographischen Schicht Wir haben die photographische Schicht als einen zweidimensionalen Informationsspeicher bezeichnet. Vielen Abschätzungen muß die Kapazität dieses Speichers zugrunde gelegt werden. Wenn wir ein regelmäßiges Punktraster abbilden, so wird die Anzahl der unterscheidbaren Signale auf einem Quadratzentimeter der Schicht durch die Feinheit des noch abbildbaren Rasters (in Punkten/cm^2) sowie durch die Anzahl der noch unterscheidbaren Schwärzungsstufen bestimmt. Die bestimmenden physikalischen Parameter sind dabei: Korngröße, Gradation und mittlere Schwärzung der Schicht. Nun kann man bei photographischer Abbildung entweder relativ große Bilddetails mit vielen Schwärzungsstufen oder sehr kleine Details mit wenigen Kontraststufen abbilden. Als optimal erweist sich diejenige Detailgröße, die nur noch die Unterscheidung zweier Helligkeitsstufen erlaubt. Diese entspricht aber dem Auflösungsvermögen der Schicht. Da der Entscheidung hell-dunkel der Informationsgehalt 1 bit zukommt (s. oben), so ergibt sich für die Speicherkapazität K eines photographischen Bildes mit dem Auflösungsvermögen AV [Linien/mm] die einfache (Grenzwert-)Formel

$$K \leqq 100 \times (AV)^2 \qquad bit/cm^2 \tag{1.4}$$

d. h., für AV $= 100$ L/mm erhalten wir $K \leqq 10^6$ bit/cm^2. Dieser hohe Wert wird bei Luftbildern bei weitem nicht erreicht, da er voraussetzt, daß *alle* Bilddetails die Größe des Auflösungsvermögens haben.

1.1.3   Das Luftbild

Im Falle photographischer Bilder ist die Leuchtdichteverteilung der Objektoberfläche die zu übertragende Nachricht. In etwas anderem, erweitertem Sinne als oben wird der „Sender" hier zur „Nachrichtenquelle" und das Aussenden der Nachricht in Form eines zweidimensionalen Signales zu einem rein kausalen Vorgang. Den (ebenfalls kausalen) Code für die Verschlüsselung des Signales liefert das Abbildungsgesetz der Aufnahmeeinrichtung (z. B. der Luftbildkammer) in Verbindung mit dem Schwärzungsgesetz der photographischen Schicht. Die beobachteten Bildschwärzungen stellen die empfangenen Signale dar; in ihrer Gesamtheit bildet die Photoschicht einen zweidimensionalen Datenspeicher.

Im besonderen Fall der Luftaufnahme, den wir hier gleich anvisieren wollen, ist offenbar die Übertragungskette länger und komplizierter als im Modellfall der Morse-Telegraphie. Der Übertragungskanal enthält ja vom beleuchteten Gelände als Nachrichtenquelle bis zum geschwärzten Negativ nicht nur die von den Lichtsignalen durchlaufenen Luftschichten mit ihren Störungen durch das Aerosol und durch Luftschlieren. Wir müssen auch die störenden Eigenschaften des Kammerträgers (schnelle Fortbewegung, Vibrationen) sowie der Kammer selbst (optische und mechanische Einflüsse) und schließlich auch noch die photographischen Prozesse hinzunehmen. Bis zum Empfänger der Information ist dann oft noch ein Betrachtungs- oder Meßgerät eingeschaltet.

Für die Informationsübertragung durch optische Systeme wurde in den letzten 20 Jahren eine eigene Übertragungstheorie ausgearbeitet, in welcher die Modulationsübertragungs-Funktionen (MÜF)[1] eine große Rolle spielen (vgl. auch 1.3.2.2). Man zeigt dort, daß

---

[1] Früher als Kontrastübertragungs-Funktionen (engl. contrast transfer functions) oder CT-Funktionen bezeichnet.

die Güte der Kontrastwiedergabe durch mehrgliedrige optische Systeme von den Bildstrukturen („Ortsfrequenzen") abhängt und mit feiner werdender Struktur (höheren
Ortsfrequenzen) abnimmt. Die Qualität der ganzen Übertragungskette läßt sich — sofern
man Linearität voraussetzt — durch gliedweise Multiplikation der für die einzelnen
Glieder ermittelten Übertragungsfunktionen abschätzen.

1.1.3.1 Das photogrammetrische System Der gesamte Informationsfluß bei der photogrammetrischen Luftbildaufnahme aus dem Flugzeug ist in Bild **21.1** (in Anlehnung an
P. Rosenberg) dargestellt. Die linke Übertragungskette zeigt die Informations*spei-*

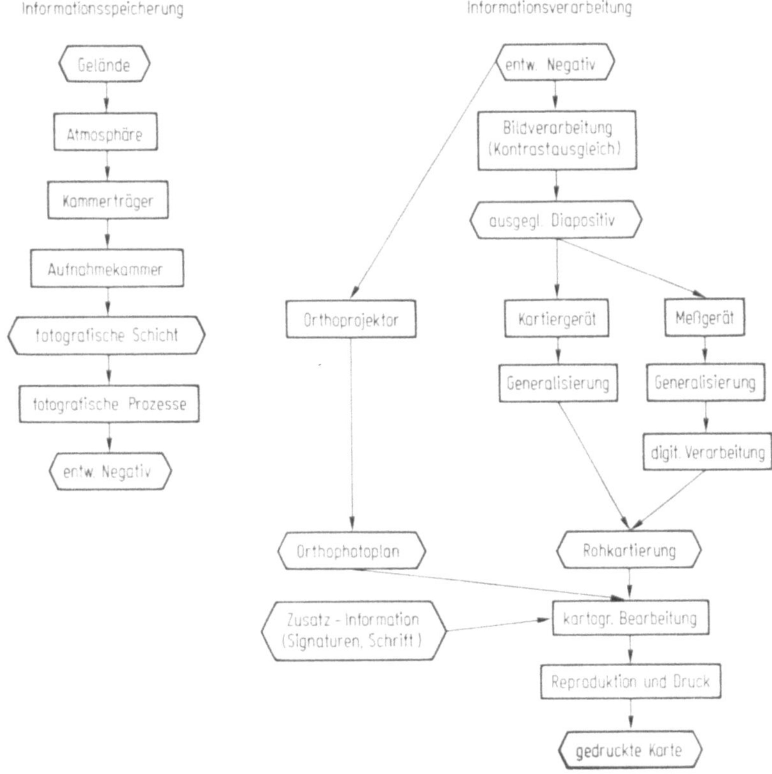

21.1 Informationsspeicherung und -verarbeitung in der Photogrammetrie (in Anlehnung an
P. Rosenberg)

cherung bis zum entwickelten Negativ, die rechte die *Verarbeitung* der im Negativ
gespeicherten Information bis zur gedruckten Karte. In der Sprache der Informationstheorie sind hierbei durch verschiedene Umrahmung Filter- und Speicherglieder unterschieden. In den Filtergliedern wird die ankommende Information selektiv vermindert
oder verfälscht, meist durch Störungen („Rauschen"), aber auch durch planmäßige
Reduktion. In den Speichergliedern wird die umgewandelte Information, hier meist mit
photographischen oder zeichnerischen Mitteln, teilweise auch in digitaler Form (Lochstreifen, Magnetband) gespeichert. Die vielfachen Störungsquellen werden an anderen

Stellen dieses Buches ausführlich behandelt. Der durch sie bewirkte Informationsverlust ist grundsätzlich unvermeidlich; man kann nur versuchen, ihn auf ein Mindestmaß herabzudrücken. Bewußte Informationsreduktionen sind *Generalisierung* bei der Kartierung und bei der kartographischen Überarbeitung. Durch die letztere sowie durch die Eingabe von Paßpunktdaten wird andererseits Information hinzugefügt, die nicht den Bildern entstammt.

Soweit es sich um optische (und photographische) Prozesse handelt, läßt sich der Informationsverlust jeweils durch eine Modulationsübertragungs-Funktion quantitativ abschätzen; ein ähnliches Verfahren wurde auch für den Kartiervorgang am Analoggerät entwickelt. Der kritische Vergleich der einzelnen Übertragungsfunktionen (z. B. optische und photographische) kann zur zweckmäßigen Wahl von Materialien und Verfahren und damit zur Optimierung des ganzen Systemes dienen.

1.2   Mathematische Grundlagen

1.2.1   Das mathematische Modell der photogrammetrischen Aufnahme

1.2.1.1   Die perspektive Abbildung   Ein wesentlicher Inhalt photogrammetrischer Meßbilder ist die geometrische Information. Ihre Auswertung ist Gegenstand vieler Arbeitsverfahren und Geräte und bildet bis heute den zentralen Teil der photogrammetrischen Methode.

Die metrische Auswertung von Meßbildern bedient sich rein geometrischer Modellvorstellungen, losgelöst vom physikalischen Geschehen. Die wesentlichen Idealisierungen sind (s. Bild **22.**1):

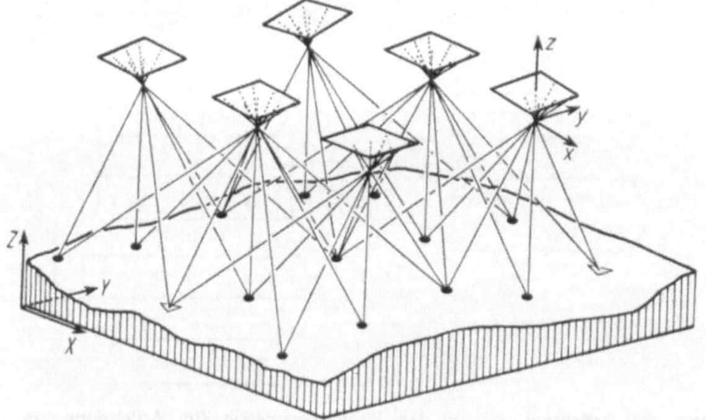

22.1 Das geometrische Modell der
photogrammetrischen Aufnahme
(Bildverband)

Das Objekt (Gelände) ist im Zeitraum der Aufnahme unveränderlich und besteht aus einer Menge geometrischer Punkte im dreidimensionalen Raum.

Das Objekt wird ein- oder mehrfach abgebildet. Jedes Bild besteht aus den geometrischen Bildpunkten seiner Bildebene. Sie sind Objektpunkten identifizierbar zugeordnet.

Als Zusammenhang zwischen Objekt- und zugeordneten Bildpunkten wird pro Bild eine *perspektive Abbildung* postuliert. Ihre Elemente sind: Punktförmiges Projektionszentrum, Abbildung durch räumliches Strahlenbündel, das die Bildebene in den Bildpunkten schneidet[1]).

---

[1]) Im amerikanischen Sprachgebrauch als Kollinearitäts-Prinzip bezeichnet.

Diese Vorstellungen bilden das *geometrische Modell* der photogrammetrischen Aufnahme. Es ist ein umfassend brauchbares Arbeitsmodell, das in Anlehnung an die geometrische Theorie der optischen Abbildung konzipiert ist. Das Modell soll nicht den physikalischen Vorgang sondern sein geometrisches Ergebnis beschreiben. Es ist sehr leistungsfähig und Grundlage praktisch aller geometrischen Auswertungen, bedarf aber im Bereich hoher Genauigkeiten weiterer Verfeinerung (s. 1.2.5.3).

1.2.1.2 Koordinatensysteme Die Objekt- und Bildpunkte werden für Theorie und Anwendungen überwiegend in rechtsdrehenden kartesischen Koordinatensystemen beschrieben. Man unterscheidet zunächst (s. Bild 23.1):

Das Objekt-Koordinatensystem X, Y, Z (Geländesystem, Landessystem)[1]). Es kann als örtliches System gewählt werden oder als übergeordnetes System vorgegeben sein. Von der Nichtlinearität geodätischer Koordinatensysteme wird zunächst abgesehen.

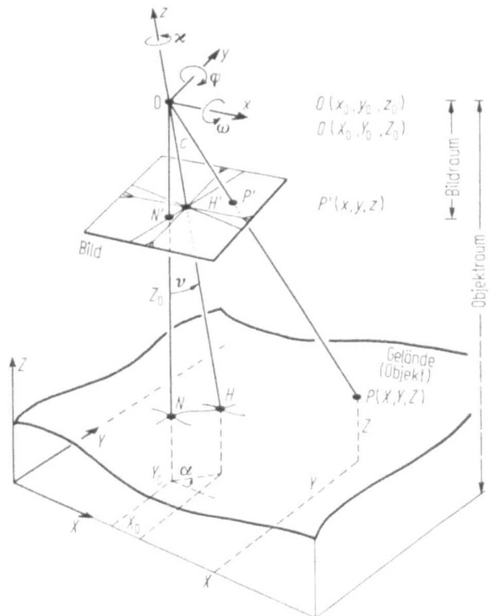

23.1 Koordinatensysteme, äußere Orientierung eines Luftbildes $(X_0, Y_0, Z_0; \omega, \varphi, \varkappa/\nu, \alpha, \varkappa)$; Bild in Positiv-Stellung

Das Bild-Koordinatensystem x, y, z (oder x', y', z') eines Bildes hat seinen Ursprung im Projektionszentrum. Die z-Achse steht senkrecht auf der Bildebene und bildet die geometrische Aufnahmeachse. Daher haben alle Bildpunkte konstante z-Werte: $z = \pm c$ (c = Kammerkonstante, Vorzeichen je nach Negativ- oder Positiv-Stellung des Bildes, s. Bild **23.1** und **24.1**). Die x- und y-Achsen sind durch die Bildrahmenmarken bestimmt (s. 3.1.2). Die x-Achse zeigt bei Luftaufnahmen in der Regel in die Flugrichtung.

1.2.1.3 Einige geometrische Grundbegriffe *Bildmittelpunkt:* Schnittpunkt der Verbindungslinien gegenüberliegender Bild-Rahmenmarken.

Bildhauptpunkt H': Derjenige Bildpunkt, dessen Abbildungsstrahl (im Objektraum[2])) senkrecht auf der Bildebene steht und somit die Aufnahmeachse bildet; soll mit dem Bildmittelpunkt zusammenfallen.

Bildnadir N': Bild des Geländenadirs N, d. h. des Lotfußpunktes unter dem Projektionszentrum.

---

[1]) Im folgenden wird häufig Objekt- und Geländesystem synonym gebraucht, in anschaulicher Anlehnung an den Standardfall der Luftbildmessung.
[2]) Diese Definition ist umstritten.

Innere Orientierung: Beschreibung der Lage des Projektionszentrums relativ zum Bild durch zunächst 3 Größen: Kammerkonstante c und Lage des Bildhauptpunktes (x_0', y_0'). Außerdem gehört dazu die Beschreibung der etwaigen Deformationen des Strahlenbündels (Verzeichnung) durch weitere Parameter.

Strahlenbündel: Gesamtheit der geometrischen Abbildungsstrahlen[1]) eines Bildes, kann durch die Bildpunkte und das Projektionszentrum rekonstruiert werden.

Äußere Orientierung: Beschreibung der Lage und Richtung eines Bild-Strahlenbündels bzw. des zugeordneten Bildkoordinatensystems im Raum in Bezug auf ein übergeordnetes Objektkoordinatensystem, durch 6 unabhängige Größen. Übliche Parameter sind: X_0, Y_0, Z_0 Ort des Projektionszentrums; $\omega, \varphi, \varkappa$ Drehgrößen: Längsneigung, Querneigung, Kantung; oder: $\nu, \alpha, \varkappa$ Drehgrößen: Bildneigung, Azimut der Aufnahmerichtung, Kantung; s. Bild **23.1**.

Nach dem Betrag der Bildneigung ν klassifiziert man Aufnahmen als Nadir-Aufnahmen ($\nu = 0^g$), Senkrechtaufnahmen ($\nu \leqq 10^g$), Schrägaufnahmen ($\nu > 10^g$), Steilaufnahmen ($\nu < 50^g$), Flachaufnahmen ($\nu > 50^g$), Horizontaufnahmen ($\nu \approx 100^g$).

Bildhauptsenkrechte: Verbindungslinie $N'H'$ (Fall-Linie der Bildebene durch H'); darauf senkrechtstehend verläuft durch H' die *Bildhauptwaagerechte*.

Homologe Bildpunkte: Abbildungen desselben Objektpunktes in zwei oder mehr Bildern. Zugeordnet sind entsprechend *homologe Bildstrahlen*.

1.2.2 Beziehungen zwischen Bild- und Geländekoordinaten

1.2.2.1 Sonderfall des Nadir-Bildes[2]) Zur Ableitung der Abbildungsgleichungen betrachten wir zunächst für den Fall eines Nadir-Bildes das Bild- und das Geländekoordinatensystem (x, y, z) bzw. (X, Y, Z). Der Zusammenhang zwischen den Koordinaten des Objektpunktes $P(X, Y, Z)$, des Bildpunktes $P'(x, y, z)$ und des Projektionszentrums $O(x_0, y_0, z_0$ bzw. $X_0, Y_0, Z_0)$ läßt sich aus Bild **24.1** direkt ablesen

$$\frac{X - X_0}{Z - Z_0} = \frac{x - x_0}{z - z_0}$$

$$= -\frac{x - x_0}{c} = -\tan\beta_x \tag{1.5a}$$

$$\frac{Y - Y_0}{Z - Z_0} = \frac{y - y_0}{z - z_0}$$

$$= -\frac{y - y_0}{c} = -\tan\beta_y \tag{1.5b}$$

24.1 Nadir-Bild, zur Ableitung der Abbildungsbeziehungen

---

[1]) Diese geometrische Vorstellung lehnt sich an die physikalisch-optische der Hauptstrahlen der optischen Strahlenbündel an.

[2]) Wir bezeichnen stets mit Aufnahme den Vorgang, mit Bild das Ergebnis.

Der Allgemeinheit wegen ist der Ursprung des Bildkoordinatensystems nicht in das Projektionszentrum gelegt. Die Koordinatenwerte x_0, y_0, z_0 sind jedoch stets klein oder gleich Null. Mit Ausnahme von Sonderfällen ist bei Luftbildern die Voraussetzung $Z - Z_0 \neq 0$, $z - z_0 \neq 0$ stets gegeben.

1.2.2.2 Allgemeiner Fall   Die Abbildungsbeziehungen für den Fall einer beliebigen Bildneigung können wir aus (1.5) ableiten, indem wir dem Nadir-Bildkoordinatensystem schrittweise eine Querneigung, Längsneigung und Kantung (= Primär-, Sekundär-, Tertiär-Drehung) geben.

Wir betrachten einen beliebigen Bildpunkt P' auf einer geneigten Bildebene. Er sei zunächst in einem (nicht mitgedrehten) Bildkoordinatensystem mit den Koordinaten x''', y''', z''' (wobei $z''' \neq -c$) beschrieben, das parallel zum Geländesystem X, Y, Z liegt. Gesucht sind seine Koordinaten in dem gedrehten Bildkoordinatensystem x, y, z, dessen z-Achse senkrecht auf der Bildebene steht. Die Drehung in das x, y, z-System erfolgt schrittweise um mitgedrehte Achsen, die durch das Projektionszentrum gehen:

Drehung ω um die Primärachse. Das x''', y''', z'''-System wird durch Rechtsdrehung um die x'''-Achse in das x'', y'', z''-System übergeführt. Die Koordinatentransformation des Punktes P' lautet

$$\begin{aligned} x'' &= x''' \\ y'' &= y''' \cos \omega + z''' \sin \omega \\ z'' &= -y''' \sin \omega + z''' \cos \omega \end{aligned} \quad \text{oder} \quad \begin{bmatrix} x'' \\ y'' \\ z'' \end{bmatrix} = \begin{bmatrix} 1 & 0 & 0 \\ 0 & \cos \omega & \sin \omega \\ 0 & -\sin \omega & \cos \omega \end{bmatrix} \begin{bmatrix} x''' \\ y''' \\ z''' \end{bmatrix} = R_\omega^{\mathrm{T}} \begin{bmatrix} x''' \\ y''' \\ z''' \end{bmatrix} \quad (1.6a)$$

Drehung φ um die Sekundärachse. Das x'', y'', z''-System wird durch Rechtsdrehung um die y''-Achse in das x', y', z'-System übergeführt

$$\begin{aligned} x' &= x'' \cos \varphi - z'' \sin \varphi \\ y' &= y'' \\ z' &= x'' \sin \varphi + z'' \cos \varphi \end{aligned} \quad \text{oder} \quad \begin{bmatrix} x' \\ y' \\ z' \end{bmatrix} = \begin{bmatrix} \cos \varphi & 0 & -\sin \varphi \\ 0 & 1 & 0 \\ \sin \varphi & 0 & \cos \varphi \end{bmatrix} \begin{bmatrix} x'' \\ y'' \\ z'' \end{bmatrix} = R_\varphi^{\mathrm{T}} \begin{bmatrix} x'' \\ y'' \\ z'' \end{bmatrix} \quad (1.6b)$$

Drehung $\varkappa$ um die Tertiärachse. Das x', y', z'-System wird durch Rechtsdrehung um die z'-Achse in das x, y, z-System übergeführt

$$\begin{aligned} x &= x' \cos \varkappa + y' \sin \varkappa \\ y &= -x' \sin \varkappa + y' \cos \varkappa \\ z &= z' \end{aligned} \quad \text{oder} \quad \begin{bmatrix} x \\ y \\ z \end{bmatrix} = \begin{bmatrix} \cos \varkappa & \sin \varkappa & 0 \\ -\sin \varkappa & \cos \varkappa & 0 \\ 0 & 0 & 1 \end{bmatrix} \begin{bmatrix} x' \\ y' \\ z' \end{bmatrix} = R_\varkappa^{\mathrm{T}} \begin{bmatrix} x' \\ y' \\ z' \end{bmatrix} \quad (1.6c)$$

Zusammengesetzte Drehungen. Substitution von (1.6a) in (1.6b) und (1.6b) in (1.6c) ergibt als Ergebnis der räumlichen Drehung

$$\begin{bmatrix} x \\ y \\ z \end{bmatrix} = R_\varkappa^{\mathrm{T}} \begin{bmatrix} x' \\ y' \\ z' \end{bmatrix} = R_\varkappa^{\mathrm{T}} R_\varphi^{\mathrm{T}} \begin{bmatrix} x'' \\ y'' \\ z'' \end{bmatrix} = R_\varkappa^{\mathrm{T}} R_\varphi^{\mathrm{T}} R_\omega^{\mathrm{T}} \begin{bmatrix} x''' \\ y''' \\ z''' \end{bmatrix} = R^{\mathrm{T}} \begin{bmatrix} x''' \\ y''' \\ z''' \end{bmatrix} \quad (1.6d)$$

mit $\qquad\qquad\qquad\qquad\qquad\qquad\qquad\qquad\qquad\qquad\qquad\qquad\qquad\qquad\qquad$ (1.6e)

$$R^{\mathrm{T}} = \begin{bmatrix} \cos \varphi \cos \varkappa & (\cos \omega \sin \varkappa + \sin \omega \sin \varphi \cos \varkappa) & (\sin \omega \sin \varkappa - \cos \omega \sin \varphi \cos \varkappa) \\ -\cos \varphi \sin \varkappa & (\cos \omega \cos \varkappa - \sin \omega \sin \varphi \sin \varkappa) & (\sin \omega \cos \varkappa + \cos \omega \sin \varphi \sin \varkappa) \\ \sin \varphi & -\sin \omega \cos \varphi & \cos \omega \cos \varphi \end{bmatrix}$$

Dieses Ergebnis einer Drehung im Raum bei festgehaltenem Ursprung ist aus der analytischen Geometrie bekannt. Sie wird häufig in folgender allgemeinen Form geschrieben

$$R = \begin{bmatrix} a_{11} & a_{12} & a_{13} \\ a_{21} & a_{22} & a_{23} \\ a_{31} & a_{32} & a_{33} \end{bmatrix} ; \quad \begin{bmatrix} x \\ y \\ z \end{bmatrix} = R^{\mathrm{T}} \begin{bmatrix} x''' \\ y''' \\ z''' \end{bmatrix} ; \quad \begin{aligned} x &= a_{11} x''' + a_{21} y''' + a_{31} z''' \\ y &= a_{12} x''' + a_{22} y''' + a_{32} z''' \\ z &= a_{13} x''' + a_{23} y''' + a_{33} z''' \end{aligned} \quad (1.6f)$$

Jedes Element a_{ik} $(i, k = 1, 2, 3)$ der Drehmatrix R ist identisch mit dem Richtungs-cosinus des entsprechenden Winkels α_{ik} zwischen der i-Achse des gedrehten und der k-Achse des urprünglichen $('''{})$-Systems: $a_{ik} = \cos\alpha_{ik}$.

Wenn die Elemente $a_{11} \cdots a_{33}$ einer Drehmatrix R gegeben sind, können die Orientierungsgrößen $\omega, \varphi, \varkappa$ berechnet werden

$$\tan\omega = -\frac{a_{23}}{a_{33}}, \qquad \sin\varphi = a_{13}, \qquad \tan\varkappa = -\frac{a_{12}}{a_{11}} \tag{1.6g}$$

Die Drehmatrix R ist orthogonal, da sie die Drehung eines starren, rechtwinkligen Dreibeins verkörpert. Zwischen ihren 9 Elementen, die Funktionen von 3 unabhängigen Größen sind, bestehen die (nichtlinearen) Orthogonalitätsbeziehungen (Abschn. 1.2.5.2). Eine orthogonale Drehmatrix hat die Eigenschaft $R^{-1} = R^{\mathrm{T}}$: Ihre Inverse ist gleich ihrer Transponierten. Die Umkehrung der Transformation (1.6f) lautet daher

$$\begin{bmatrix} x''' \\ y''' \\ z''' \end{bmatrix} = R \begin{bmatrix} x \\ y \\ z \end{bmatrix}; \qquad \begin{aligned} x''' &= a_{11}\,x + a_{12}\,y + a_{13}\,z \\ y''' &= a_{21}\,x + a_{22}\,y + a_{23}\,z \\ z''' &= a_{31}\,x + a_{32}\,y + a_{33}\,z \end{aligned} \tag{1.6h][1}$$

Allgemeine Abbildungsgleichungen. Durch Substitution der Gleichungen (1.6h) in (1.5) und Beachtung der Umbenennungen erhalten wir die Abbildungsgleichungen der perspektiven Abbildung für den allgemeinen Neigungsfall. Dabei werden wieder Nullpunktverschiebungen x_0, y_0, z_0 zugelassen

$$\frac{(X - X_0)}{(Z - Z_0)} = \frac{a_{11}(x - x_0) + a_{12}(y - y_0) + a_{13}(z - z_0)}{a_{31}(x - x_0) + a_{32}(y - y_0) + a_{33}(z - z_0)} \tag{1.7a}$$

$$\frac{(Y - Y_0)}{(Z - Z_0)} = \frac{a_{21}(x - x_0) + a_{22}(y - y_0) + a_{23}(z - z_0)}{a_{31}(x - x_0) + a_{32}(y - y_0) + a_{33}(z - z_0)} \tag{1.7b}$$

mit $z - z_0 = -c$ und $\tag{1.7c}$

$$
\begin{aligned}
a_{11} &= \cos\varphi\cos\varkappa & a_{21} &= \cos\omega\sin\varkappa + \sin\omega\sin\varphi\cos\varkappa & a_{31} &= \sin\omega\sin\varkappa - \cos\omega\sin\varphi\cos\varkappa \\
a_{12} &= -\cos\varphi\sin\varkappa & a_{22} &= \cos\omega\cos\varkappa - \sin\omega\sin\varphi\sin\varkappa & a_{32} &= \sin\omega\cos\varkappa + \cos\omega\sin\varphi\sin\varkappa \\
a_{13} &= \sin\varphi & a_{23} &= -\sin\omega\cos\varphi & a_{33} &= \cos\omega\cos\varphi
\end{aligned}
$$

Die Umkehrung der Beziehungen (1.7a, b) lautet

$$\frac{(x - x_0)}{(z - z_0)} = \frac{a_{11}(X - X_0) + a_{21}(Y - Y_0) + a_{31}(Z - Z_0)}{a_{13}(X - X_0) + a_{23}(Y - Y_0) + a_{33}(Z - Z_0)} \tag{1.8a}$$

$$\frac{(y - y_0)}{(z - z_0)} = \frac{a_{12}(X - X_0) + a_{22}(Y - Y_0) + a_{32}(Z - Z_0)}{a_{13}(X - X_0) + a_{23}(Y - Y_0) + a_{33}(Z - Z_0)} \tag{1.8b}$$

mit $z - z_0 = -c$ und $a_{11} \ldots a_{33}$ wie in (1.7c).

Die Abbildungsbeziehungen (1.7) und ihre Umkehrung (1.8) beziehen sich auf Rechtsdrehung um mitgedrehte Achsen, mit Querneigung ω als Primär-, Längsneigung φ als Sekundär-, Kantung $\varkappa$ als Tertiärdrehung, s. Bild **23.1**.

---

[1]) Die Transformation könnte jeweils auch umgekehrt definiert werden. Die Verwendung von R bzw. R^{-1} spiegelt die inverse Beziehung zwischen der Transformation eines Punkthaufens und der Transformation des Koordinatensystems wider.

Andere Achssysteme. Wenn anstelle der konventionellen Drehungen ω, φ, $\varkappa$ andere Definitionen der Drehungen benützt werden, modifizieren sich die Formeln (1.7c) für die Richtungskoeffizienten. Drei solcher Fälle sind in Tab. 27.1 angegeben. Weitere Zusammenstellungen findet man in der Literatur[1]).

Tab. 27.1   Richtungskoeffizienten $a_{11} \cdots a_{33}$ für verschiedene Neigungsdefinitionen

	φ Primärdrehung ω Sekundärdrehung $\varkappa$ Tertiärdrehung (Achsen mitgedreht)	Drehungen um festgehaltene Achsen ($\| X$-, Y-, Z-Richtung)	Drehungen α, ν, $\varkappa$ nach Bild **23**.1
a_{11}	$\cos\varphi \cos\varkappa + \sin\varphi \sin\omega \sin\varkappa$	$\cos\varphi \cos\varkappa$	$\cos\alpha \cos\varkappa + \sin\alpha \cos\nu \sin\varkappa$
a_{21}	$\cos\omega \sin\varkappa$	$\cos\varphi \sin\varkappa$	$-\sin\alpha \cos\varkappa + \cos\alpha \cos\nu \sin\varkappa$
a_{31}	$-\sin\varphi \cos\varkappa + \cos\varphi \sin\omega \sin\varkappa$	$-\sin\varphi$	$\sin\nu \sin\varkappa$
a_{12}	$-\cos\varphi \sin\varkappa + \sin\varphi \sin\omega \cos\varkappa$	$-\cos\omega \sin\varkappa + \sin\omega \sin\varphi \cos\varkappa$	$-\cos\alpha \sin\varkappa + \sin\alpha \cos\nu \cos\varkappa$
a_{22}	$\cos\omega \cos\varkappa$	$\cos\omega \cos\varkappa + \sin\omega \sin\varphi \sin\varkappa$	$\sin\alpha \sin\varkappa + \cos\alpha \cos\nu \cos\varkappa$
a_{32}	$\sin\varphi \sin\varkappa + \cos\varphi \sin\omega \cos\varkappa$	$\sin\omega \cos\varphi$	$\sin\nu \cos\varkappa$
a_{13}	$\sin\varphi \cos\omega$	$\sin\omega \sin\varkappa + \cos\omega \sin\varphi \cos\varkappa$	$-\sin\alpha \sin\nu$
a_{23}	$-\sin\omega$	$-\sin\omega \cos\varkappa + \cos\omega \sin\varphi \sin\varkappa$	$-\cos\alpha \sin\nu$
a_{33}	$\cos\varphi \cos\omega$	$\cos\omega \cos\varphi$	$\cos\nu$

1.2.3   Eigenschaften der perspektiven Abbildung

Die geometrischen Eigenschaften der perspektiven Abbildung sind aus den Abbildungsgleichungen (1.7) und (1.8) ableitbar bzw. aus den allgemeinen Erkenntnissen der projektiven Geometrie zu übertragen. Zweckmäßigerweise unterscheidet die folgende Zusammenstellung ebenes und nicht-ebenes Gelände.

1.2.3.1 Ebenes Gelände Die projektive Abbildung einer Gelände-Ebene in die Bildebene ist nicht-linear, aber eindeutig. Geraden werden als Geraden abgebildet; bei ebenem Gelände gilt auch die Umkehrung. Parallele Geraden bilden in der Abbildung ein Geradenbüschel, das in einem *Fluchtpunkt* konvergiert. Jeder Fluchtpunkt kann als Abbildung des ∞ fernen Punktes einer parallelen Geradenschar aufgefaßt werden. Der Richtung γ (Richtungsfaktor $g = \tan\gamma$) einer Geradenschar in der Gelände-Ebene ist im Bild der Fluchtpunkt F' mit den Bildkoordinaten $x_{F'}$, $y_{F'}$ zugeordnet

$$x_{F'} - x_0 = -\frac{a_{11} + a_{21} g}{a_{13} + a_{23} g}\, c; \qquad y_{F'} - y_0 = -\frac{a_{12} + a_{22} g}{a_{13} + a_{23} g}\, c \qquad (1.9\,\mathrm{a,b})$$

Die Fluchtpunkte aller Geradenscharen der Gelände-Ebene liegen im Bild auf einer Geraden, dem *Bildhorizont*. Seine Gleichung erhält man aus (1.9) durch Elimination von g

$$(1.10)$$
$$(x - x_0)(a_{12} a_{23} - a_{22} a_{13}) + (y - y_0)(a_{21} a_{13} - a_{11} a_{23}) + c(a_{12} a_{21} - a_{11} a_{22}) = 0$$

[1]) v. G r u b e r , O.: Ferienkurs. Stuttgart 1930, 11 bis 54; H a l l e r t , B.: Wiss. Z. TH Dresden, **4** (1954/55) 34 bis 37; R i n n e r , K.: DGK A, 25, 1957, 40 S.; R o s e n f i e l d , G. H.: Phm. Eng. XXV (1959) 536 bis 553; M e r r i t , E. L.: Analytical Photogrammetry. New York 1958, 242 S.

Die perspektive Abbildung ist weder strecken-, winkel-, noch flächentreu. Ihre geometrische Grundeigenschaft ist in Verbindung mit der Geradentreue die *Invarianz der Doppelverhältnisse der Strecken* zwischen 4 beliebigen Punkten A, B, C, D einer Objekt-Geraden und den 4 zugeordneten Bildpunkten A', B', C', D' der entsprechenden Bildgerade:

$$\frac{\overline{AB}}{\overline{AD}} : \frac{\overline{BC}}{\overline{BD}} = \frac{\overline{A'B'}}{\overline{A'D'}} : \frac{\overline{B'C'}}{\overline{B'D'}} \tag{1.11}$$

Das bedeutet insbesondere, daß gleiche Streckenverhältnisse (z. B. Halbierungen) in der Abbildung nicht gleich bleiben.

Ein Quadrat wird als allgemeines Viereck abgebildet. Ebenso kann umgekehrt ein allgemeines Viereck auf ein Quadrat entzerrt werden. Mit Hilfe dieser Eigenschaft kann man Gitternetze zuordnen. Eine affine Umbildung (Quadrat $\leftrightarrow$ Rechteck) ist durch eine perspektive Abbildung nicht möglich, wohl aber durch 2 aufeinanderfolgende. Die projektive Verzerrung bei der Abbildung eines Quadranten ist in Tab. 28.1 für verschiedene Neigungswerte ausgewiesen, um eine Vorstellung über die Größe der Verzerrungsbeträge zu geben.

Tab. **28**.1   Projektive Verzerrung — Abbildung regelmäßiger Gitterpunkte im geneigten Bild (im Maßstab $\approx 1:1$, $h = c$)

X mm	Y mm	$\omega = 1^g,$ $c = 153$ mm x mm	y mm	$\omega = 5^g,$ $c = 153$ mm x mm	y mm	$\omega = 10^g,$ $c = 153$ mm x mm	y mm	$\omega = 10^g,$ $c = 85$ mm x mm	y mm
0	0	0	−2,4035	0	−12,0414	0	−24,2328	0	−13,4627
0	45	0	42,4006	0	32,2130	0	19,8428	0	29,0975
0	90	0	86,7944	0	74,5092	0	60,1620	0	65,5453
45	0	45,0056	−2,4035	45,1391	−12,0414	45,5609	−24,2328	45,5609	−13,4627
45	45	44,7986	42,4006	44,1179	32,2130	43,5330	19,8428	42,0362	29,0975
45	90	44,5935	86,7944	43,1419	74,5092	41,6779	60,1620	39,0176	65,5453
90	0	90,0111	−2,4035	90,2783	−12,0414	91,1219	−24,2328	91,1219	−13,4627
90	45	89,5971	42,4006	88,2359	32,2130	87,0660	19,8428	84,0723	29,0975
90	90	89,1870	86,7944	86,2838	74,5092	83,3558	60,1620	78,0353	65,5453

Maßstabverzerrung. Der Maßstab der perspektiven Abbildung ist orts- und richtungsabhängig. Den örtlichen Maßstabfaktor m an einem Bildpunkt x, y, für das Bild-Azimut $\gamma' \left(\gamma' = \arctan \dfrac{y - y_0}{x - x_0}\right)$ leitet man ab aus dem Verhältnis der zugeordneten differentiellen Streckenelemente dS (im Gelände) und ds (im Bild) und erhält allgemein

$$m^2 = \left(\frac{\mathrm{d}S}{\mathrm{d}s}\right)^2 = \left(\frac{\partial X}{\partial x} \cos \gamma' + \frac{\partial X}{\partial y} \sin \gamma'\right)^2 + \left(\frac{\partial Y}{\partial x} \cos \gamma' + \frac{\partial Y}{\partial y} \sin \gamma'\right)^2$$
$$+ \left(\frac{\partial Z}{\partial x} \cos \gamma' + \frac{\partial Z}{\partial y} \sin \gamma'\right)^2 \tag{1.12a}$$

Zur vereinfachten Darstellung wird $\varkappa = 0$ und $\varphi = 0$ gesetzt (Koordinatensystem in Richtung der Bildneigung $\omega = \nu$, im übrigen ist der örtliche Bildmaßstab unabhängig von der Kantung). Zerlegt man den Maßstabfaktor in

$$m = m_0\,(1 + \mathrm{d}m), \qquad \text{mit} \quad m_0 = \frac{(Z - Z_0)}{(z - z_0)} \tag{1.12b}$$

erhält man aus (1.12a) für ebenes Gelände ($\mathrm{d}Z = 0$)

$$(1 + \mathrm{d}m) = \frac{m}{m_0} = \frac{(z - z_0)}{\{(y - y_0)\sin\omega + (z - z_0)\cos\omega\}^2}\,\sqrt{e_1^2 + e_2^2} \tag{1.12c}$$

mit $\quad e_1 = \{(y - y_0)\sin\omega + (z - z_0)\cos\omega\}\cos\gamma' - (x - x_0)\sin\omega\sin\gamma'$

$\qquad\quad e_2 = (z - z_0)\sin\gamma'$

Für den Fall des Nadir-Bildes ($v = 0$) erhält man aus (1.12b) mit

$$m = m_0 = \frac{(Z - Z_0)}{(z - z_0)} \tag{1.12d}$$

einen über das ganze Bild konstanten Maßstabfaktor m. Der Wert (1.12d) wird auch bei Senkrechtaufnahmen ($v < 10^\mathrm{g}$) als Angabe für einen durchschnittlichen *Bildmaßstab* benützt.

In Tab. **30**.1 sind für ausgewählte Bildpunkte einige örtliche Maßstabverzerrungen dargestellt. Zusätzlich enthält Tab. **31**.1 einige Beispiele für Maßstabverzerrungen großer Bildstrecken.

Richtungsverzerrung. Die perspektive Abbildung ist nicht richtungs- und winkeltreu. Eine beliebige horizontale Richtung in einem beliebigen Geländepunkt sei mit γ, die zugeordnete Richtung im entsprechenden Bildpunkt mit γ' bezeichnet $\Big(\gamma = \arctan\dfrac{\Delta Y}{\Delta X},$ $\gamma' = \arctan\dfrac{\Delta y}{\Delta x}\Big)$. Dann erhält man für die örtliche Richtungsverzerrung, mit $\varkappa = 0$, $\varphi = 0$ und ebenem Gelände

$$\tan\gamma - \tan\gamma' = \frac{\sin(\gamma - \gamma')}{\cos\gamma\,\cos\gamma'} \tag{1.13a}$$

$$= \frac{(z - z_0)\sin\gamma'}{\{(y - y_0)\sin\omega + (z - z_0)\cos\omega\}\cos\gamma' - (x - x_0)\sin\omega\sin\gamma'} - \tan\gamma'$$

Für den Bildhauptpunkt ($x = x_0$, $y = y_0$) vereinfacht sich (1.13a) zu

$$\tan\gamma - \tan\gamma' = -\tan\gamma'\left(1 - \frac{1}{\cos\omega}\right)$$

$$\tag{1.13b,c}$$

oder $\quad \sin(\gamma - \gamma') = -\cos\gamma\,\sin\gamma'\left(1 - \frac{1}{\cos\omega}\right)$

bzw. für kleine Neigungen ω und kleine Richtungsverzerrungen ($\gamma \approx \gamma'$)

$$\gamma - \gamma' \approx \frac{\omega^2}{2}\sin\gamma'\cdot\cos\gamma' \tag{1.13d}$$

Die Richtungsverzerrungen (1.13a) sind unter Benützung der Differentialbeziehungen abgeleitet worden. Sie gelten jedoch wegen der Geradentreue der Abbildung auch über beliebige Abstände.

Tab. 30.1   Örtliche Maßstab- und Richtungsverzerrungen an ausgewählten Punkten in geneigten Bildern. Die Verzerrungen auf der linken Bildhälfte sind symmetrisch zur rechten. An jedem Punkt besteht Radialsymmetrie.

Bildpunkt		Richtung	Maßstabverzerrung $dm \cdot 10^2$ $dm = m - 1$; Gl. (1.12c)			Richtungsverzerrung $\gamma - \gamma'$ in g nach Gl. (1.13a)		
x mm	y mm	γ'	$\omega = 1^g$	5^g	10^g	$\omega = 1^g$	5^g	10^g
0	90	0	0,95	5,18	11,65	0	0	0
		50	1,42	7,94	18,33	−0,299	−1,606	−3,500
		100	1,90	10,63	24,65	0	0	0
		150	1,42	7,94	18,33	0,299	1,606	3,500
90	90	0	0,95	5,18	11,65	0	0	0
		50	1,89	10,45	23,89	−0,004	−0,098	−0,394
		100	1,90	10,74	25,18	0,588	2,936	5,842
		150	0,96	5,48	13,08	0,598	3,186	6,903
45	45	0	0,48	2,69	6,19	0	0	0
		50	0,95	5,28	12,08	−0,004	−0,098	−0,394
		100	0,96	5,47	12,89	0,294	1,469	2,927
		150	0,48	2,88	7,05	0,299	1,606	3,500
0	0	0	0,01	0,31	1,25	0	0	0
		50	0,02	0,46	1,88	−0,004	−0,098	−0,394
		100	0,02	0,62	2,51	0	0	0
		150	0,02	0,46	1,88	0,004	0,098	0,394
90	0	0	0,01	0,31	1,25	0	0	0
		50	0,48	2,81	6,67	0,289	1,342	2,439
		100	0,03	0,73	2,94	0,588	2,936	5,842
		150	−0,44	−1,83	−2,69	0,299	1,606	3,500
45	−45	0	−0,45	−1,96	− 3,26	0	0	0
		50	−0,44	−1,79	− 2,61	0,289	1,342	2,439
		100	−0,89	−3,86	− 6,31	0,294	1,469	2,927
		150	−0,90	−4,03	− 6,99	0,004	0,098	0,394
0	−90	0	−0,90	−4,13	− 7,38	0	0	0
		50	−1,35	−6,09	−10,74	0,289	1,342	2,439
		100	−1,80	−8,09	−14,22	0	0	0
		150	−1,35	−6,09	−10,74	−0,289	−1,342	−2,439
90	−90	0	−0,90	−4,13	− 7,38	0	0	0
		50	−0,89	−3,90	− 6,56	0,579	2,717	5,024
		100	−1,79	−7,99	−13,86	0,588	2,936	5,842
		150	−1,80	−8,23	−14,75	0,004	0,098	0,394

In Tab. 30.1 sind für verschiedene Neigungsfälle einige Richtungsverzerrungen zusammengestellt.

Es gibt ein ausgezeichnetes Punktepaar, die *winkeltreuen oder Fokalpunkte*, in denen die Richtungs- und Winkelverzerrungen für ebenes Gelände verschwinden. Dementsprechend ist dort die Maßstabverzerrung richtungsunabhängig. Die winkeltreuen Punkte liegen auf der Bildhauptsenkrechten als Durchstoßungspunkte der Bildstrahlen, die den Winkel bzw. den Nebenwinkel zwischen Lotrichtung und Aufnahmeachse

Tab. **31.**1 Projektive Verzerrungen großer Bildstrecken — Streckenfehler $\Delta s = s_{\mathrm{Bild}} - s_{\mathrm{Objekt}}$ bei Abbildung im Maßstab $\approx 1:1$ ($h = c$).

	Strecken	s_{Bild} mm	$\omega = 1^{\mathrm{g}}$ Δs mm	$\omega = 2^{\mathrm{g}}$ Δs mm	$\omega = 5^{\mathrm{g}}$ Δs mm	$\omega = 10^{\mathrm{g}}$ Δs mm
	12	90	−0,85	−1,74	−4,66	−10,48
	45	90	−0,01	−0,04	−0,28	− 1,12
	78	90	0,81	1,59	3,72	6,64
23 = 12	14	90	−0,87	−1,80	−5,05	−12,17
56 = 45	47	90	0,80	1,53	3,36	5,25
89 = 78	25	90	−0,86	−1,79	−4,95	−11,74
36 = 14	58	90	0,80	1,55	3,45	5,61
69 = 47						
39 = 17	13	180	−1,70	−3,48	−9,32	−20,97
35 = 15	46	180	−0,02	−0,09	−0,56	− 2,24
59 = 57	79	180	1,63	3,18	7,43	13,29
26 = 24	17	180	−0,07	−0,27	−1,70	− 6,92
68 = 48	28	180	−0,06	−0,24	−1,50	− 6,13
37 = 19						
34 = 16	15	127,28	−1,21	−2,49	−6,80	−15,71
38 = 18	48	127,28	0,56	1,06	2,21	3,08
29 = 27	57	127,28	1,14	2,22	5,07	8,66
67 = 49	24	127,28	−0,62	−1,30	−3,74	− 9,30
	19	254,56	−0,07	−0,28	−1,73	− 7,06
	16	201,25	−1,16	−2,40	−6,64	−15,69
	18	201,25	−0,44	−1,00	−3,46	−10,28
	27	201,25	0,31	0,49	0,28	− 2,70
	49	201,25	1,08	2,07	4,61	7,43

halbieren. In der Regel ist nur der Fokalpunkt zwischen Bildnadir und -Hauptpunkt reell abgebildet. Für das spezielle Koordinatensystem mit $\varkappa = 0$, $\varphi = 0$ ($\omega =$ Bildneigung ν) lauten seine Bildkoordinaten

$$x_{\mathrm{W}} - x_0 = 0 \qquad y_{\mathrm{W}} - y_0 = (z - z_0)\tan\frac{\nu}{2} \tag{1.13e}$$

Bei einem strengen Nadir-Bild einer horizontalen Geländeebene (Bildebene und Geländeebene parallel) entartet die perspektive Abbildung zur geometrischen Ähnlichkeit. Moderne Senkrechtaufnahmen weisen in der Regel nur Bildneigungen von wenigen Grad (^{g}) auf. Die Abbildungen sind somit näherungsweise ähnlich, d.h., die Maßstab- und Richtungsverzerrungen sind klein; die Konstanz des Doppelverhältnisses von Strecken nähert sich der Konstanz von Streckenverhältnissen. Weiterhin liegen bei Senkrechtbildern Bildhauptpunkt und Bildnadir dicht zusammen ($\leqq 1$ cm). Die Richtung der Bildneigung ist daher nur schwach oder nicht mehr bestimmt. Fluchtpunkte horizontaler Geradenscharen und Bildhorizont liegen weit außerhalb des durch den Bildrahmen begrenzten Ausschnitts aus der Bildebene. Aus diesen Gründen ist mit der zunehmenden Standardisierung der praktischen Luftbildmessung auf Senkrechtaufnahmen die direkte geometrische Anwendung der perspektiven Abbildungseigenschaften mehr und mehr in den Hintergrund gedrängt worden.

1.2.3.2 Nicht-ebenes Gelände Bei nicht-ebenem Gelände werden die Abbildungsverhältnisse im Sinne der Liniengeometrie unübersichtlicher. Die *Geradentreue* der perspektiven Abbildung bleibt erhalten, gilt aber in der Umkehrung nicht mehr allgemein. Geraden im Bild entsprechen nicht nur Objektgeraden, sondern allgemein entsprechenden Profilschnitten mit dem Gelände.

Die Fluchtpunkteigenschaft (Abbildung des unendlich fernen Punktes) von Geradenscharen gilt ebenfalls allgemein. Besondere Bedeutung, auch bei Senkrechtaufnahmen, kommt dabei der Schar der in der Natur lotrechten Geraden zu (z. B. lotrechte Gebäudekanten, Baumstämme). Der Fluchtpunkt der lotrechten Geradenschar ist jeweils der Bildnadir N' mit den Bildkoordinaten

$$x_N - x_0 = - \frac{a_{31}}{a_{33}}\, c, \qquad y_N - y_0 = - \frac{a_{32}}{a_{33}}\, c$$

bzw. mit $\varkappa = 0$:

$$x_N - x_0 = c \cdot \tan\varphi, \qquad y_N - y_0 = - \frac{\tan\omega}{\cos\varphi}\, c \qquad (1.14)$$

Wegen der Konvergenz auf den Nadirpunkt als Fluchtpunkt sind Lotlinien stets als radiale Bildgeraden abgebildet. Deshalb erscheinen Häuser, Türme, Masten, Bäume usw. bei Senkrechtaufnahmen nach außen umgeklappt, s. Bild **32.1**. Der Effekt wächst mit dem Öffnungswinkel des Bildes und kann bei Über-Weitwinkel-Bildern zu ungewohnten Abbildungen führen[1]).

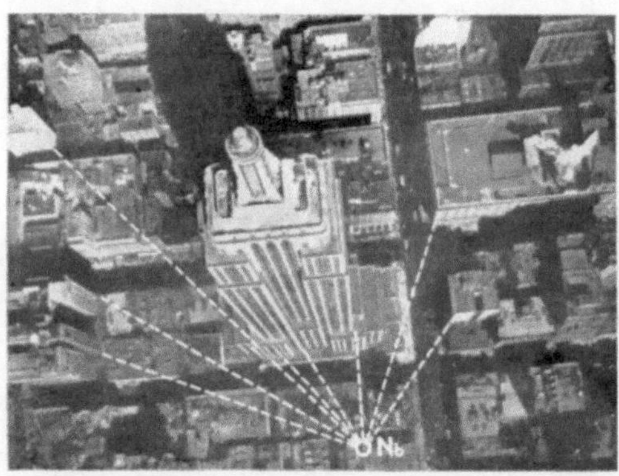

32.1 „Umklapp"-Effekt bei der Abbildung von Gebäuden. Der Bildnadir N_b ist der Fluchtpunkt der Bilder lotrechter Dinggeraden

Dieselbe Ursache liegt der sogenannten *Relief-Versetzung* zugrunde: Objektpunkte, die um den Höhenunterschied ΔZ über oder unter der Geländeebene oder Projektionsebene liegen, werden im Vergleich zu dem jeweiligen Fußpunkt in der Abbildung um den Betrag Δr versetzt, in radialer Richtung vom bzw. zum Nadir-Punkt. Nach Bild **33.1** gilt, für einen um β gegen das Lot geneigten Bildstrahl, unabhängig von der Bildneigung

$$\Delta R = \Delta Z \cdot \tan\beta \qquad (1.15\,\text{a})$$

---

[1]) Nachfolgend werden für Normal-, Weit-, Überweitwinkel die Abkürzungen NW, WW, ÜWW, benutzt, s. Abschn. 1.3.

Die Größen ΔR und ΔZ in (1.15a) beziehen sich auf das Gelände oder die Projektion, gelten somit auch für beliebig geneigte Aufnahmen.

Die radiale Relief-Versetzung kann bei Luftbildern erhebliche Beträge annehmen. Für Weitwinkel- und Überweitwinkel-Bilder mit Öffnungswinkeln von 100^g bzw. 135^g gelten in den Bildecken Maximalwerte von

$$\Delta R_{max}\,(\mathrm{WW}) \approx \Delta Z$$

bzw.   (1.15b)

$$\Delta R_{max}\,(\ddot{\mathrm{U}}\mathrm{WW}) \approx 1{,}8\cdot \Delta Z$$

33.1 Relief-Versetzung bei nicht-ebenen Objekten: $\Delta R = \Delta Z \cdot \tan\beta$; unabhängig von der Bildneigung

Drückt man die Höhenunterschiede ΔZ in Prozent der relativen Flughöhe aus, gelten folgende Werte für die maximalen Reliefversetzungen (Bildformat 23×23 cm^2, Brennweite beliebig):

$\Delta Z/h$	1 %	2 %	5 %	10 %	20 %	50 %	
ΔR_{max} (im Bildmaßstab)	1,6 mm	3,2 mm	8,1 mm	16,2 mm	32,4 mm	81,0 mm	(1.15c)

Weitere Angaben über maximale Reliefversetzungen für verschiedene Fälle sind in Tab. 33.2 zusammengestellt.

Bei nicht ebenem Gelände haben verschiedene Z-Ebenen einen verschiedenen Abbildungsmaßstab (zusätzlich zum Einfluß der Bildneigung). Die *Maßstabunterschiede* entsprechen dem Verhältnis des Höhenunterschieds zur jeweiligen Flughöhe. Ebenso kommen zu den für eine horizontale Geländeebene gültigen Richtungsverzerrungen (1.13a) mit ΔZ zusätzliche Einflüsse hinzu. Insbesondere verliert der Fokalpunkt seine Eigenschaft der Winkeltreue.

Tab. 33.2   Maximale Relief-Versetzungen bei Nadir-Bildern, bezogen auf den Bildmaßstab 1:10000 und verschiedene Kammern (und damit verschiedene Flughöhen); Bildformat 23 cm $\times$ 23 cm. Die Werte können auf andere Flughöhen, Bildmaßstäbe oder Höhenunterschiede proportional umgerechnet werden.

Kammerkonstante c	Flughöhe $h = c \cdot m_B$ für $m_B = 10000$	maximale Strahl-Neigung $\tan\beta_{max}$	ΔR_{max} in mm im Bildmaßstab $\stackrel{\wedge}{=}$ (10 m) im Gelände für $\Delta Z =$					
			1 m	5 m	10 m	50 m	100 m	500 m
85 mm (ÜWW)	850 m	1,92	0,2	1,0	1,9	9,6	19,2	96
153 mm (WW)	1530 m	1,06	0,1	0,5	1,1	5,3	10,6	53
210 mm	2100 m	0,78	0,08	0,4	0,8	3,9	7,8	39
306 mm (NW)	3060 m	0,53	0,05	0,3	0,5	2.6	5,3	26
600 mm	6000 m	0,27	0,03	0,1	0,3	1,4	2,7	14

1.2.4 Differentialbeziehungen

Die Gleichungen (1.7) und (1.8) der perspektiven Abbildung sind nichtlinear. Daher benützen insbesondere die Orientierungsverfahren linearisierte Formen dieser Beziehungen. Im folgenden sind die Differentialformeln zusammengestellt. Auf ihre Ableitung sowie ihre Spezialisierung auf ausgezeichnete Neigungsfälle wird verzichtet.

1.2.4.1 Differentialbeziehungen für die Richtungskoeffizienten a_{1j} Die Richtungskoeffizienten $a_{11} \cdots a_{33}$ sind nach (1.7c) Funktionen der Orientierungsgrößen ω, φ, $\varkappa$. Die Differentialquotienten sind in Tab. 35.1 zusammengefaßt.

1.2.4.2 Linearisierung der Abbildungsbeziehungen (1.8 a, b) (Einfluß von Änderungen der Geländekoordinaten und der inneren und äußeren Orientierung eines Bildes auf die Bildkoordinaten x,y). Unter Benützung der Abkürzungen Z_x, Z_y (Zähler) und N (Nenner) lauten die Beziehungen (1.8 a, b)

$$x = x_0 + (z - z_0)\frac{Z_x}{N} ; \qquad y = y_0 + (z - z_0)\frac{Z_y}{N} \quad \text{wobei} \quad (z - z_0) = -c \quad (1.16)$$

Davon ausgehend lassen sich die Reihenentwicklungen bis zu den Gliedern 1. Ordnung leicht ableiten

$$x + dx = x + \left(\frac{\partial x}{\partial \omega}\right)^0 d\omega + \left(\frac{\partial x}{\partial \varphi}\right)^0 d\varphi + \left(\frac{\partial x}{\partial \varkappa}\right)^0 d\varkappa + \left(\frac{\partial x}{\partial X_0}\right)^0 dX_0 + \left(\frac{\partial x}{\partial Y_0}\right)^0 dY_0$$

$$+ \left(\frac{\partial x}{\partial Z_0}\right)^0 dZ_0 + \left(\frac{\partial x}{\partial X}\right)^0 dX + \left(\frac{\partial x}{\partial Y}\right)^0 \partial Y + \left(\frac{\partial x}{\partial Z}\right)^0 dZ \qquad (1.17a)$$

$$+ \left(\frac{\partial x}{\partial x_0}\right)^0 dx_0 + \left(\frac{\partial x}{\partial y_0}\right)^0 dy_0 + \left(\frac{\partial x}{\partial c}\right)^0 dc$$

$$y + dy = y + \left(\frac{\partial y}{\partial \omega}\right)^0 d\omega + \left(\frac{\partial y}{\partial \varphi}\right)^0 d\varphi + \left(\frac{\partial y}{\partial \varkappa}\right)^0 d\varkappa + \left(\frac{\partial y}{\partial X_0}\right)^0 dX_0 + \left(\frac{\partial y}{\partial Y_0}\right)^0 dY_0$$

$$+ \left(\frac{\partial y}{\partial Z_0}\right)^0 dZ_0 + \left(\frac{\partial y}{\partial X}\right)^0 dX + \left(\frac{\partial y}{\partial Y}\right)^0 dY + \left(\frac{\partial y}{\partial Z}\right)^0 dZ \qquad (1.17b)$$

$$+ \left(\frac{\partial y}{\partial x_0}\right)^0 dx_0 + \left(\frac{\partial y}{\partial y_0}\right)^0 dy_0 + \left(\frac{\partial y}{\partial c}\right)^0 dc$$

mit

$$\frac{\partial x}{\partial \omega} = (y - y_0) \sin \varphi + (z - z_0) \cos \varphi \sin \varkappa + \frac{(x - x_0)}{(z - z_0)} \cos \varphi \{(x - x_0) \sin \varkappa + (y - y_0) \cos \varkappa\} \qquad (1.18a)$$

$$\frac{\partial y}{\partial \omega} = -(x - x_0) \sin \varphi + (z - z_0) \cos \varphi \cos \varkappa + \frac{(y - y_0)}{(z - z_0)} \cos \varphi \{(x - x_0) \sin \varkappa + (y - y_0) \cos \varkappa\} \qquad (1.18b)$$

$$\frac{\partial x}{\partial \varphi} = -(z - z_0) \cos \varkappa - \frac{(x - x_0)}{(z - z_0)} \{(x - x_0) \cos \varkappa - (y - y_0) \sin \varkappa\} \qquad (1.19a)$$

$$\frac{\partial y}{\partial \varphi} = (z - z_0) \sin \varkappa - \frac{(y - y_0)}{(z - z_0)} \{(x - x_0) \cos \varkappa - (y - y_0) \sin \varkappa\} \qquad (1.19b)$$

$$\frac{\partial x}{\partial \varkappa} = (y - y_0) \qquad \frac{\partial y}{\partial \varkappa} = -(x - x_0) \qquad (1.20a,b)$$

$$\frac{\partial x}{\partial X} = -\frac{\partial x}{\partial X_0} = \frac{1}{N} \{(z - z_0) \cos \varphi \cos \varkappa - (x - x_0) \sin \varphi\} \qquad (1.21a)$$

Tab. **35.1**   Differentialquotienten der Richtungskoeffizienten $a_{11} \cdots a_{33}$ nach (1.7c)

ij	$\dfrac{\partial a_{ij}}{\partial \omega}$	$\dfrac{\partial a_{ij}}{\partial \varphi}$	$\dfrac{\partial a_{ij}}{\partial \varkappa}$
11	0	$-\sin\varphi\cos\varkappa = -a_{13}\cos\varkappa$	$-\cos\varphi\sin\varkappa = a_{12}$
21	$-\sin\omega\sin\varkappa + \cos\omega\sin\varphi\cos\varkappa = -a_{31}$	$\sin\omega\cos\varphi\cos\varkappa = -a_{23}\cos\varkappa$	$\cos\omega\cos\varkappa - \sin\omega\sin\varphi\sin\varkappa = a_{22}$
31	$\cos\omega\sin\varkappa + \sin\omega\sin\varphi\cos\varkappa = a_{21}$	$-\cos\omega\cos\varphi\cos\varkappa = -a_{33}\cos\varkappa$	$\sin\omega\cos\varkappa + \cos\omega\sin\varphi\sin\varkappa = a_{32}$
12	0	$\sin\varphi\sin\varkappa = a_{13}\sin\varkappa$	$-\cos\varphi\cos\varkappa = -a_{11}$
22	$-\sin\omega\cos\varkappa - \cos\omega\sin\varphi\sin\varkappa = -a_{32}$	$-\sin\omega\cos\varphi\sin\varkappa = a_{23}\sin\varkappa$	$-\cos\omega\sin\varkappa - \sin\omega\sin\varphi\cos\varkappa = -a_{21}$
32	$\cos\omega\cos\varkappa - \sin\omega\sin\varphi\sin\varkappa = a_{22}$	$\cos\omega\cos\varphi\sin\varkappa = a_{33}\sin\varkappa$	$-\sin\omega\sin\varkappa + \cos\omega\sin\varphi\cos\varkappa = -a_{31}$
13	0	$\cos\varphi = a_{13}\cot\varphi$	0
23	$-\cos\omega\cos\varphi = -a_{33}$	$\sin\omega\sin\varphi = -a_{23}\tan\varphi$	0
33	$-\sin\omega\cos\varphi = a_{23}$	$-\cos\omega\sin\varphi = -a_{33}\tan\varphi$	0

3*

$$\frac{\partial y}{\partial X} = - \frac{\partial y}{\partial X_0} = - \frac{1}{N} \{(z - z_0) \cos \varphi \sin \varkappa + (y - y_0) \sin \varphi\} \tag{1.21b}$$

$$\frac{\partial x}{\partial Y} = - \frac{\partial x}{\partial Y_0} = \frac{1}{N} \{(z - z_0)(\cos \omega \sin \varkappa + \sin \omega \sin \varphi \cos \varkappa) + (x - x_0) \sin \omega \cos \varphi\} \tag{1.22a}$$

$$\frac{\partial y}{\partial Y} = - \frac{\partial y}{\partial Y_0} = \frac{1}{N} \{(z - z_0)(\cos \omega \cos \varkappa - \sin \omega \sin \varphi \sin \varkappa) + (y - y_0) \sin \omega \cos \varphi\} \tag{1.22b}$$

$$\frac{\partial x}{\partial Z} = - \frac{\partial x}{\partial Z_0} = \frac{1}{N} \{(z - z_0)(\sin \omega \sin \varkappa - \cos \omega \sin \varphi \cos \varkappa) - (x - x_0) \cos \omega \cos \varphi\} \tag{1.23a}$$

$$\frac{\partial y}{\partial Z} = - \frac{\partial y}{\partial Z_0} = \frac{1}{N} \{(z - z_0)(\sin \omega \cos \varkappa + \cos \omega \sin \varphi \sin \varkappa) - (y - y_0) \cos \omega \cos \varphi\} \tag{1.23b}$$

$$\frac{\partial x}{\partial x_0} = 1 \qquad \frac{\partial y}{\partial x_0} = 0 \qquad \frac{\partial x}{\partial y_0} = 0 \qquad \frac{\partial y}{\partial y_0} = 1 \tag{1.24a,b,c,d}$$

$$\frac{\partial x}{\partial z} = - \frac{\partial x}{\partial z_0} = - \frac{\partial x}{\partial c} = \frac{(x - x_0)}{(z - z_0)} \qquad \frac{\partial y}{\partial z} = - \frac{\partial y}{\partial z_0} = - \frac{\partial y}{\partial c} = \frac{(y - y_0)}{(z - z_0)} \tag{1.25a,b}$$

mit $(z - z_0) = - c$; $N = (X - X_0) \sin \varphi - (Y - Y_0) \sin \omega \cos \varphi + (Z - Z_0) \cos \omega \cos \varphi$

1.2.4.3 Linearisierung der Abbildungsbeziehungen (1.7a,b) (Einfluß der Änderung der Bildkoordinaten und der inneren und äußeren Orientierung auf die Geländekoordinaten X, Y). Mit den Abkürzungen z_x, z_y (Zähler) und n (Nenner) lauten die Beziehungen (1.7a,b)

$$X = X_0 + (Z - Z_0) \frac{z_x}{n} \qquad Y = Y_0 + (Z - Z_0) \frac{z_y}{n} \tag{1.26}$$

Man erhält durch Reihenentwicklung bis zu den Gliedern 1. Ordnung

$$X + \mathrm{d}X = X + \left(\frac{\partial X}{\partial \omega}\right) \mathrm{d}\omega + \left(\frac{\partial X}{\partial \varphi}\right) \mathrm{d}\varphi + \left(\frac{\partial X}{\partial \varkappa}\right) \mathrm{d}\varkappa + \left(\frac{\partial X}{\partial X_0}\right) \mathrm{d}X_0 + \left(\frac{\partial X}{\partial Y_0}\right) \mathrm{d}Y_0$$

$$+ \left(\frac{\partial X}{\partial Z_0}\right) \mathrm{d}Z_0 + \left(\frac{\partial X}{\partial x}\right) \mathrm{d}x + \left(\frac{\partial X}{\partial y}\right) \mathrm{d}y + \left(\frac{\partial X}{\partial z}\right) \mathrm{d}z \tag{1.27a}$$

$$+ \left(\frac{\partial X}{\partial x_0}\right) \mathrm{d}x_0 + \left(\frac{\partial X}{\partial y_0}\right) \mathrm{d}y_0 + \left(\frac{\partial X}{\partial z_0}\right) \mathrm{d}z_0$$

$$Y + \mathrm{d}Y = Y + \left(\frac{\partial Y}{\partial \omega}\right) \mathrm{d}\omega + \left(\frac{\partial Y}{\partial \varphi}\right) \mathrm{d}\varphi + \left(\frac{\partial Y}{\partial \varkappa}\right) \mathrm{d}\varkappa + \left(\frac{\partial Y}{\partial X_0}\right) \mathrm{d}X_0 + \left(\frac{\partial Y}{\partial Y_0}\right) \mathrm{d}Y_0$$

$$+ \left(\frac{\partial Y}{\partial Z_0}\right) \mathrm{d}Z_0 + \left(\frac{\partial Y}{\partial x}\right) \mathrm{d}x + \left(\frac{\partial Y}{\partial y}\right) \mathrm{d}y \tag{1.27b}$$

$$+ \left(\frac{\partial Y}{\partial z}\right) \mathrm{d}z + \left(\frac{\partial Y}{\partial x_0}\right) \mathrm{d}x_0 + \left(\frac{\partial Y}{\partial y_0}\right) \mathrm{d}y_0 + \left(\frac{\partial Y}{\partial z_0}\right) \mathrm{d}z_0$$

$$\frac{\partial X}{\partial \omega} = - \frac{(X - X_0)(Y - Y_0)}{(Z - Z_0)} \qquad \frac{\partial Y}{\partial \omega} = - (Z - Z_0) \left\{1 + \frac{(Y - Y_0)^2}{(Z - Z_0)^2}\right\} \tag{1.28a,b}$$

$$\frac{\partial X}{\partial \varphi} = - (Y - Y_0) \sin \omega + (Z - Z_0) \left\{1 + \frac{(X - X_0)^2}{(Z - Z_0)^2}\right\} \cos \omega$$

$$\frac{\partial Y}{\partial \varphi} = (X - X_0) \sin \omega + \frac{(X - X_0)(Y - Y_0)}{(Z - Z_0)} \cos \omega \tag{1.29a,b}$$

$$\frac{\partial X}{\partial \varkappa} = - \left\{ (Y - Y_0)\cos\omega + (Z - Z_0)\left(1 + \frac{(X - X_0)^2}{(Z - Z_0)^2}\right)\sin\omega \right\}\cos\varphi - \frac{(X - X_0)(Y - Y_0)}{(Z - Z_0)}\sin\varphi$$
$$(1.30\,\mathrm{a})$$

$$\frac{\partial Y}{\partial \varkappa} = \left\{ (X - X_0)\cos\omega - \frac{(X - X_0)(Y - Y_0)}{(Z - Z_0)}\sin\omega \right\}\cos\varphi - (Z - Z_0)\left\{ 1 + \frac{(Y - Y_0)^2}{(Z - Z_0)^2} \right\}\sin\varphi$$
$$(1.30\,\mathrm{b})$$

$$\frac{\partial X}{\partial X_0} = 1 \qquad \frac{\partial Y}{\partial X_0} = 0 \qquad \frac{\partial X}{\partial Y_0} = 0 \qquad \frac{\partial Y}{\partial Y_0} = 1 \qquad (1.31\,\mathrm{a,b,c,d})$$

$$\frac{\partial X}{\partial Z_0} = -\frac{\partial X}{\partial Z} = -\frac{(X - X_0)}{(Z - Z_0)} \qquad \frac{\partial Y}{\partial Z_0} = -\frac{\partial Y}{\partial Z} = -\frac{(Y - Y_0)}{(Z - Z_0)} \qquad (1.32\,\mathrm{a,b})$$

$$\frac{\partial X}{\partial x} = -\frac{\partial X}{\partial x_0} = \frac{1}{n}\left\{ (Z - Z_0)\cos\varphi\cos\varkappa - (X - X_0)(\sin\omega\sin\varkappa - \cos\omega\sin\varphi\cos\varkappa) \right\} \quad (1.33\,\mathrm{a})$$

$$\frac{\partial Y}{\partial x} = -\frac{\partial Y}{\partial x_0} = \frac{1}{n}\left\{ (Z - Z_0)(\cos\omega\sin\varkappa + \sin\omega\sin\varphi\cos\varkappa) - (Y - Y_0)(\sin\omega\sin\varkappa - \cos\omega\sin\varphi\cos\varkappa) \right\}$$
$$(1.33\,\mathrm{b})$$

$$\frac{\partial X}{\partial y} = -\frac{\partial X}{\partial y_0} = -\frac{1}{n}\left\{ (Z - Z_0)\cos\varphi\sin\varkappa + (X - X_0)(\sin\omega\cos\varkappa + \cos\omega\sin\varphi\sin\varkappa) \right\} \quad (1.34\,\mathrm{a})$$

$$\frac{\partial Y}{\partial y} = -\frac{\partial Y}{\partial y_0} = \frac{1}{n}\left\{ (Z - Z_0)(\cos\omega\cos\varkappa - \sin\omega\sin\varphi\sin\varkappa) - (Y - Y_0)(\sin\omega\cos\varkappa + \cos\omega\sin\varphi\sin\varkappa) \right\}$$
$$(1.34\,\mathrm{b})$$

$$\frac{\partial X}{\partial z} = -\frac{\partial X}{\partial z_0} = -\frac{\partial X}{\partial c} = \frac{1}{n}\left\{ (Z - Z_0)\sin\varphi - (X - X_0)\cos\omega\cos\varphi \right\} \qquad (1.35\,\mathrm{a})$$

$$\frac{\partial Y}{\partial z} = -\frac{\partial Y}{\partial z_0} = -\frac{\partial Y}{\partial c} = \frac{1}{n}\left\{ -(Z - Z_0)\sin\omega\cos\varphi - (Y - Y_0)\cos\omega\cos\varphi \right\} \qquad (1.35\,\mathrm{b})$$

mit $\quad n = (x - x_0)(\sin\omega\sin\varkappa - \cos\omega\sin\varphi\cos\varkappa) + (y - y_0)(\sin\omega\cos\varkappa + \cos\omega\sin\varphi\sin\varkappa)$
$\qquad + (z - z_0)\cos\omega\cos\varphi$

1.2.4.4 Spezialisierung für den Fall des Senkrechtbildes Für Orientierungsverfahren und Fehlerbetrachtungen aller Art werden die Differentialbeziehungen zwischen Änderungen der Objektkoordinaten, der Orientierungselemente und der Bildkoordinaten häufig in der Spezialisierung auf das Senkrecht- bzw. Nadirbild verwendet.

Mit $\omega = 0$, $\varphi = 0$, $\varkappa = 0$ erhält man an Stelle von (1.17 a, b)

$$\mathrm{d}x = \frac{(x - x_0)(y - y_0)}{(z - z_0)}\,\mathrm{d}\omega - (z - z_0)\left\{ 1 + \frac{(x - x_0)^2}{(z - z_0)^2} \right\}\mathrm{d}\varphi$$
$$+ (y - y_0)\,\mathrm{d}\varkappa - \frac{(z - z_0)}{(Z - Z_0)}(\mathrm{d}X_0 - \mathrm{d}X) \qquad (1.36\,\mathrm{a})$$
$$+ \frac{(x - x_0)}{(Z - Z_0)}(\mathrm{d}Z_0 - \mathrm{d}Z) + \mathrm{d}x_0 + \frac{(x - x_0)}{(z - z_0)}(\mathrm{d}z - \mathrm{d}z_0)$$

$$\mathrm{d}y = (z - z_0)\left\{ 1 + \frac{(y - y_0)^2}{(z - z_0)^2} \right\}\mathrm{d}\omega - \frac{(x - x_0)(y - y_0)}{(z - z_0)}\,\mathrm{d}\varphi$$
$$- (x - x_0)\,\mathrm{d}\varkappa - \frac{(z - z_0)}{(Z - Z_0)}(\mathrm{d}Y_0 - \mathrm{d}Y) \qquad (1.36\,\mathrm{b})$$
$$+ \frac{(y - y_0)}{(Z - Z_0)}(\mathrm{d}Z_0 - \mathrm{d}Z) + \mathrm{d}y_0 + \frac{(y - y_0)}{(z - z_0)}(\mathrm{d}z - \mathrm{d}z_0)$$

Entsprechend vereinfachen sich die Beziehungen (1.27a,b) mit $\omega = 0$, $\varphi = 0$, $\varkappa = 0$,

$$\mathrm{d}X = -\frac{(X - X_0)(Y - Y_0)}{(Z - Z_0)}\,\mathrm{d}\omega + (Z - Z_0)\left\{1 + \frac{(X - X_0)^2}{(Z - Z_0)^2}\right\}\mathrm{d}\varphi$$

$$- (Y - Y_0)\,\mathrm{d}\varkappa + \mathrm{d}X_0 + \frac{(X - X_0)}{(Z - Z_0)}(\mathrm{d}Z - \mathrm{d}Z_0) \qquad (1.37\,\mathrm{a})$$

$$+ \frac{(Z - Z_0)}{(z - z_0)}(\mathrm{d}x - \mathrm{d}x_0) - \frac{(X - X_0)}{(z - z_0)}(\mathrm{d}z - \mathrm{d}z_0)$$

$$\mathrm{d}Y = -(Z - Z_0)\left\{1 + \frac{(Y - Y_0)^2}{(Z - Z_0)^2}\right\}\mathrm{d}\omega + \frac{(X - X_0)(Y - Y_0)}{(Z - Z_0)}\,\mathrm{d}\varphi$$

$$+ (X - X_0)\,\mathrm{d}\varkappa + \mathrm{d}Y_0 + \frac{(Y - Y_0)}{(Z - Z_0)}(\mathrm{d}Z - \mathrm{d}Z_0) \qquad (1.37\,\mathrm{b})$$

$$+ \frac{(Z - Z_0)}{(z - z_0)}(\mathrm{d}y - \mathrm{d}y_0) - \frac{(Y - Y_0)}{(z - z_0)}(\mathrm{d}z - \mathrm{d}z_0)$$

In den Beziehungen (1.36a,b), (1.37a,b) kann $(z - z_0) = -c$ und $(\mathrm{d}z - \mathrm{d}z_0) = -\mathrm{d}c$ gesetzt werden.

Bei der praktischen Anwendung ist die geometrische Interpretation der Differentialformeln von Bedeutung. Deshalb werden nachfolgend die einzelnen Glieder der Gleichungen (1.37) geometrisch veranschaulicht. Dabei werden die 9 Punkte eines quadratischen Gitters als Bildpunkte einer Nadiraufnahme auf die X, Y-Ebene projiziert und die Änderungen $\mathrm{d}X_i$, $\mathrm{d}Y_i$ ($i = 1, \ldots, 9$) als Folge der Änderungen der Elemente der äußeren Orientierung $\mathrm{d}\omega$, $\mathrm{d}\varphi$, $\mathrm{d}\varkappa$, $\mathrm{d}X_0$, $\mathrm{d}Y_0$, $\mathrm{d}Z_0$ dargestellt.

Zur Vereinfachung sind die Koordinatensysteme in ausgezeichneter Lage eingeführt

$X_0 = 0$, $Y_0 = 0$, $Z_0 = 0$, $Z - Z_0 = -h$ ($h = $ Flughöhe oder Projektionsentfernung)

$x_0 = 0$, $y_0 = 0$, $z_0 = 0$, $z - z_0 = -c$ ($c = $ Kammerkonstante)

Die Vektor- und Komponentendarstellung der Wirkung der Orientierungsänderungen ist in Bild **39.**1 zusammengefaßt.

Die Änderungen $\mathrm{d}\omega$ und $\mathrm{d}\varphi$ bewirken konstante und nichtlineare Änderungen auf die Projektion. Davon beschreiben die nichtlinearen Glieder die differentiellen FormÄnderungen des projizierten Gitters. Die entsprechenden Formelausdrücke erhält man durch Subtraktion der konstanten Verschiebungen

$$\overline{\mathrm{d}X_\omega} = -\frac{(X - X_0)(Y - Y_0)}{(Z - Z_0)}\,\mathrm{d}\omega = \mathrm{d}X_\omega \qquad (1.38\,\mathrm{a})$$

$$\overline{\mathrm{d}Y_\omega} = \mathrm{d}Y_\omega + (Z - Z_0)\,\mathrm{d}\omega = -\frac{(Y - Y_0)^2}{(Z - Z_0)}\,\mathrm{d}\omega \qquad (1.38\,\mathrm{b})$$

$$\overline{\mathrm{d}X_\varphi} = \mathrm{d}X_\varphi - (Z - Z_0)\,\mathrm{d}\varphi = \frac{(X - X_0)^2}{(Z - Z_0)}\,\mathrm{d}\varphi \qquad (1.39\,\mathrm{a})$$

$$\overline{\mathrm{d}Y_\varphi} = \frac{(X - X_0)(Y - Y_0)}{(Z - Z_0)}\,\mathrm{d}\varphi = \mathrm{d}Y_\varphi \qquad (1.39\,\mathrm{b})$$

Änderungen	dX_0	dY_0	dZ_0	$d\omega$	$d\varphi$	$d\varkappa$
Wirkungen $dX =$	dX_0	0	$\dfrac{X}{h}\,dZ_0$	$\dfrac{XY}{h}\,d\omega$	$-h\left(1 + \dfrac{X^2}{h^2}\right)d\varphi$	$-Y\,d\varkappa$
$dY =$	0	dY_0	$\dfrac{Y}{h}\,dZ_0$	$h\left(1 + \dfrac{Y^2}{h^2}\right)d\omega$	$-\dfrac{XY}{h}\,d\varphi$	$X\,d\varkappa$
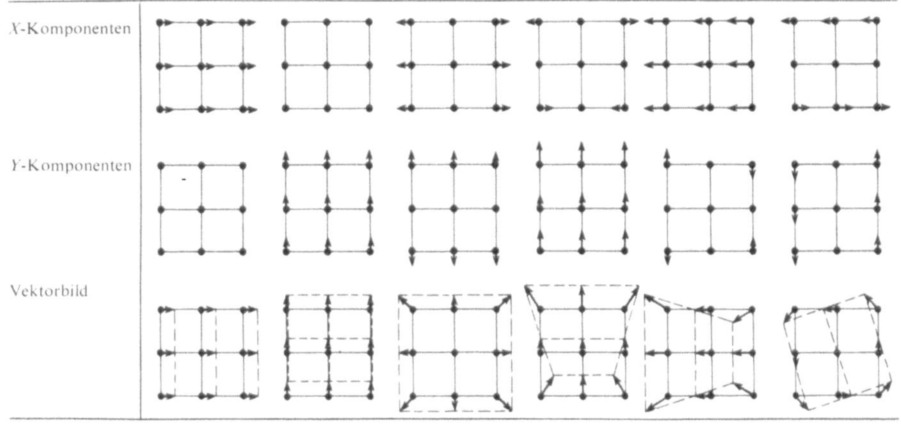 X-Komponenten						
Y-Komponenten						
Vektorbild						

39.1 Graphische Darstellung der Wirkung von Orientierungsänderungen auf die Projektion eines 9-Punkt-Gitters in die XY-Ebene

1.2.5 Weitere Grundformeln

Die Grundgleichungen (1.7a,b) und (1.8a,b) der perspektiven Abbildung sind keine sehr bequemen Arbeitsformeln. In der rechnerischen Photogrammetrie wird daher derselbe geometrische Zusammenhang verschiedentlich auf andere Weise formuliert.

1.2.5.1 Ähnlichkeits-Transformation Wir gehen nach Bild 23.1 wiederum vom Objektpunkt P, dem zugehörigen Bildpunkt P' und dem Projektionszentrum O und den bisher verwendeten Koordinatensystemen aus.

Während bei den Abbildungsgleichungen (1.7) und (1.8) die Geländekoordinaten des Geländepunktes P mit den Bildkoordinaten des Bildpunktes P' in Beziehung gebracht sind, betrachten wir hier zunächst den Geländepunkt P beschrieben im Bildkoordinatensystem (x, y, z).

Führt man den Maßstabfaktor λ_P auf dem Bildstrahl $\overline{OP}$ ein, mit

$$\lambda_P = \overline{OP}/\overline{OP'} \tag{1.40}$$

erhält man direkt

$$\lambda_P \cdot \begin{bmatrix} x_{P'} - x_0 \\ y_{P'} - y_0 \\ z_{P'} - z_0 \end{bmatrix} = \begin{bmatrix} x_P - x_0 \\ y_P - y_0 \\ z_P - z_0 \end{bmatrix} \tag{1.41}$$

Nun kann die Beziehung zwischen dem Geländekoordinatensystem (X, Y, Z) und dem Bildkoordinatensystem (x, y, z), gültig für beliebige Punkte, durch den Spezialfall einer räumlichen Ähnlichkeitstransformation mit 3 Drehungen und 3 Verschiebungen hergestellt werden. Der Zusammenhang zwischen den Bildkoordinaten eines Punktes und den Objektkoordinaten desselben Punktes (nicht seiner Abbildung oder Projektion) lautet somit als orthogonale Transformation

$$\begin{bmatrix} x_P - x_0 \\ y_P - y_0 \\ z_P - z_0 \end{bmatrix} = \lambda_P \begin{bmatrix} x_{P'} - x_0 \\ y_{P'} - y_0 \\ z_{P'} - z_0 \end{bmatrix} = R^{\mathrm{T}} \begin{bmatrix} X_P - X_0 \\ Y_P - Y_0 \\ Z_P - Z_0 \end{bmatrix} \tag{1.42a}$$

bzw. in der Umkehrung

$$\begin{bmatrix} X_P - X_0 \\ Y_P - Y_0 \\ Z_P - Z_0 \end{bmatrix} = \lambda_P \cdot R \begin{bmatrix} x_{P'} - x_0 \\ y_{P'} - y_0 \\ z_{P'} - z_0 \end{bmatrix} = R \begin{bmatrix} x_P - x_0 \\ y_P - y_0 \\ z_P - z_0 \end{bmatrix} \tag{1.42b}$$

In (1.42a), (1.42b) bedeuten X_P, Y_P, Z_P die Geländekoordinaten des Geländepunktes P, x_P, y_P, z_P die Koordinaten des Geländepunktes P ausgedrückt im Bildkoordinatensystem, $x_{P'}, y_{P'}, z_{P'}$ die Bildkoordinaten des Bildpunktes P'.

Umgekehrt ist es gleicherweise möglich, einen Bildpunkt P' sowohl in Bildkoordinaten als auch in Geländekoordinaten auszudrücken und zwischen beiden Systemen wieder die orthogonalen Transformationsbeziehungen einzuführen. Es erscheinen dieselben Formeln wie in (1.42a,b), lediglich mit geändertem Index für den betrachteten (Bild-) Punkt. Hält man weiterhin den Maßstabfaktor λ_P auf jedem Strahl OP an, gilt

$$\begin{bmatrix} x_{P'} - x_0 \\ y_{P'} - y_0 \\ z_{P'} - z_0 \end{bmatrix} = \frac{1}{\lambda_P} R^{\mathrm{T}} \begin{bmatrix} X_P - X_0 \\ Y_P - Y_0 \\ Z_P - Z_0 \end{bmatrix} \begin{matrix} \text{bzw. als} \\ \text{Umkehrung} \end{matrix} \begin{bmatrix} X_P - X_0 \\ Y_P - Y_0 \\ Z_P - Z_0 \end{bmatrix} = \lambda_P \cdot R \begin{bmatrix} x_{P'} - x_0 \\ y_{P'} - y_0 \\ z_{P'} - z_0 \end{bmatrix} \tag{1.43a,b}$$

Durch jeweilige Elimination des Maßstabfaktors λ_P lassen sich aus den Gleichungen (1.42a) und (1.43a) die Abbildungsgleichungen (1.8) bzw. aus den Gleichungen (1.42b) und (1.43b) die Abbildungsgleichungen (1.7) gewinnen (jeweils Division der beiden ersten Gleichungen durch die dritte).

1.2.5.2 Die orthogonale Matrix R In den Transformationsbeziehungen (1.42), (1.43) tritt eine reelle orthogonale Drehmatrix R 3. Ordnung auf. Ihre 9 Elemente $a_{11} \cdots a_{33}$ (s. Gl. (1.6e,f)) können als Funktionen der Drehungen ω, φ, $\varkappa$ definiert werden. Dann gelten die Beziehungen (1.7c) bzw. je nach Definitionen der Drehachsen z.B. die entsprechenden Beziehungen von Tab. **27.1**.

Diese Beziehungen zeigen deutlich, daß die 9 Elemente $a_{11} \cdots a_{33}$ Funktionen von 3 unabhängigen Parametern sind. Zwischen den 9 Elementen müssen daher 6 unabhängige Beziehungen bestehen.

Diese sogenannten *Orthogonalitätsbeziehungen* zwischen den Elementen einer orthogonalen Matrix lauten allgemein:

Das innere Produkt jeder Zeile bzw. jeder Spalte mit sich selbst ist $= 1$.

Das innere Produkt verschiedener Zeilen bzw. verschiedener Spalten miteinander ist $= 0$.

Jedes Element ist gleich seiner Unterdeterminante.

Für die Elemente der orthogonalen Drehmatrix R der Ordnung 3 gelten somit folgende Orthogonalitätsbeziehungen

$$a_{11}^2 + a_{12}^2 + a_{13}^2 = 1$$
$$a_{21}^2 + a_{22}^2 + a_{23}^2 = 1$$
$$a_{31}^2 + a_{32}^2 + a_{33}^2 = 1$$
$$a_{11}^2 + a_{21}^2 + a_{31}^2 = 1$$
$$a_{12}^2 + a_{22}^2 + a_{32}^2 = 1$$
$$a_{13}^2 + a_{23}^2 + a_{33}^2 = 1$$

(1.44a)

$$a_{11}a_{21} + a_{12}a_{22} + a_{13}a_{23} = 0$$
$$a_{11}a_{31} + a_{12}a_{32} + a_{13}a_{33} = 0$$
$$a_{21}a_{31} + a_{22}a_{32} + a_{23}a_{33} = 0$$
$$a_{11}a_{12} + a_{21}a_{22} + a_{31}a_{32} = 0$$
$$a_{11}a_{13} + a_{21}a_{23} + a_{31}a_{33} = 0$$
$$a_{12}a_{13} + a_{22}a_{23} + a_{32}a_{33} = 0$$

(1.44b)

$$a_{11} = (a_{22}a_{33} - a_{23}a_{32})$$
$$a_{12} = (a_{23}a_{31} - a_{21}a_{33})$$
$$a_{13} = (a_{21}a_{32} - a_{22}a_{31})$$
$$a_{21} = (a_{32}a_{13} - a_{12}a_{33})$$
$$a_{22} = (a_{11}a_{33} - a_{13}a_{31})$$
$$a_{23} = (a_{31}a_{12} - a_{11}a_{32})$$
$$a_{31} = (a_{12}a_{23} - a_{13}a_{22})$$
$$a_{32} = (a_{21}a_{13} - a_{11}a_{23})$$
$$a_{33} = (a_{11}a_{22} - a_{12}a_{21})$$

(1.44c)

Zwischen diesen insgesamt 21 Orthogonalitätsbeziehungen bestehen 15 (nichtlineare) Abhängigkeiten, da nur 6 Orthogonalitätsbeziehungen unabhängig sein können.

Jede Matrix R, deren Elemente den Orthogonalitätsbeziehungen (1.44) genügen, kann in den Transformationen (1.42), (1.43) bzw. in den Gleichungen (1.7) und (1.8) der perspektiven Abbildung benutzt werden. Tatsächlich sind auch verschiedene Formulierungen orthogonaler Matrizen 3. Ordnung in Benützung[1].

Eine in der Photogrammetrie neuerdings bevorzugte orthogonale Matrix ist die von Thompson wiederentdeckte Rodrigues-Matrix

$$R = \frac{1}{1 + \frac{1}{4}(a^2 + b^2 + c^2)}$$

(1.45)

$$\times \begin{bmatrix} 1 + \frac{1}{4}(a^2 - b^2 - c^2) & -c + \frac{1}{2}ab & b + \frac{1}{2}ac \\ c + \frac{1}{2}ab & 1 + \frac{1}{4}(-a^2 + b^2 - c^2) & -a + \frac{1}{2}bc \\ -b + \frac{1}{2}ac & a + \frac{1}{2}bc & 1 + \frac{1}{4}(-a^2 - b^2 + c^2) \end{bmatrix}$$

---

[1] Schut, G.H.: Phia XII (1955/56) 311 bis 318; Thompson, E.H.: Phm. Rec. III (1959) 55 bis 59.

Die Elemente dieser Matrix sind (quadratische) Funktionen von 3 unabhängigen Parametern a, b, c. Ihre geometrische Bedeutung ist nicht anschaulich. Für kleine Drehungen entsprechen die Parameter a, b, c den Drehwinkeln ω, φ, $\varkappa$.

Schließlich sei noch eine weitere Formulierung der orthogonalen Matrix gegeben, bei der die drei Elemente a_{21}, a_{31}, a_{32} als unabhängige Elemente benützt und alle übrigen als Funktionen von ihnen ausgedrückt werden

$$(1.46)$$

$$
R = \begin{bmatrix}
\sqrt{1 - a_{21}^2 - a_{31}^2} & \dfrac{-a_{21}\,a_{33} - a_{31}\,a_{32}\,a_{11}}{1 - a_{31}^2} & \dfrac{a_{21}\,a_{32} - a_{31}\,a_{11}\,a_{33}}{1 - a_{31}^2} \\[2ex]
a_{21} & \dfrac{a_{11}\,a_{33} - a_{21}\,a_{31}\,a_{32}}{1 - a_{31}^2} & \dfrac{-a_{32}\,a_{11} - a_{21}\,a_{31}\,a_{33}}{1 - a_{31}^2} \\[2ex]
a_{31} & a_{32} & \sqrt{1 - a_{31}^2 - a_{32}^2}
\end{bmatrix}
$$

mit $a_{11} = \sqrt{1 - a_{21}^2 - a_{31}^2}$ und $a_{33} = \sqrt{1 - a_{31}^2 - a_{32}^2}$

Die Betrachtung der verschiedenen Möglichkeiten für die Formulierung orthogonaler Matrizen für die räumliche Ähnlichkeitstransformation zeigt, daß sie alle ähnliche Schwierigkeiten für das praktische Rechnen enthalten. Entweder benützt man 3 unabhängige Parameter, hat dann aber mit relativ unbequemen, nicht-linearen Beziehungen zu tun, (1.7c), (1.45), (1.46). Umgekehrt kann man mit den linearen Richtungskoeffizienten $a_{11} \cdots a_{33}$ arbeiten, hat dann aber die nichtlinearen Orthogonalitätsbeziehungen (1.44) mitzuführen.

Die Formulierung (1.45) hat gegenüber (1.7c) leichte Vorteile beim elektronischen Rechnen, da insgesamt weniger oder einfachere Rechenoperationen anfallen.

Der Vollständigkeit halber geben wir hier noch die häufig benützten Differentialformeln für kleine Drehungen an. Schreibt man z.B. die Rodrigues-Matrix R (1.45) als $R = \dfrac{1}{k}\,\bar{R}$, mit $k = 1 + \tfrac{1}{4}\,(a^2 + b^2 + c^2)$, gilt

$$
\frac{\partial R}{\partial a} = \frac{1}{2k} \begin{bmatrix} a & b & c \\ b & -a & -2 \\ c & 2 & -a \end{bmatrix} - \frac{a\,\bar{R}}{2k^2}\,; \qquad
\frac{\partial R}{\partial b} = \frac{1}{2k} \begin{bmatrix} -b & a & 2 \\ a & b & c \\ -2 & c & -b \end{bmatrix} - \frac{b\,\bar{R}}{2k^2}\,;
$$

$$
\frac{\partial R}{\partial c} = \frac{1}{2k} \begin{bmatrix} -c & -2 & a \\ 2 & -c & b \\ a & b & c \end{bmatrix} - \frac{c\,\bar{R}}{2k^2}
$$

$$(1.47)$$

Geht man von den Näherungswerten 0 für die Neigungsparameter a, b, c bzw. ω, φ, $\varkappa$ aus, erhält man die viel gebrauchte Beziehung

$$
dR = \begin{bmatrix} 0 & -d\varkappa & d\varphi \\ d\varkappa & 0 & -d\omega \\ -d\varphi & d\omega & 0 \end{bmatrix}
\tag{1.48a}
$$

bzw. für die Koordinatenänderungen durch eine differentielle Drehung dR, von Neigungswerten 0 ausgehend

$$
\begin{bmatrix} dX \\ dY \\ dZ \end{bmatrix} = dR \begin{bmatrix} x \\ y \\ z \end{bmatrix} = \begin{bmatrix} (-\,y\,d\varkappa + z\,d\varphi) \\ (x\,d\varkappa - z\,d\omega) \\ (-\,x\,d\varphi + y\,d\omega) \end{bmatrix}
\tag{1.48b}
$$

1.2.5.3 Verfeinerungen des mathematischen Modells Als Grundlage der mathematischen Zusammenhänge zwischen Objektpunkten und Abbildungen ist in 1.2.1.1 die Zentralprojektion als *das* mathematische Modell der photogrammetrischen Aufnahme eingeführt worden. Dieser postulierte Zusammenhang ist eine theoretische Modellkonzeption, die offenbar zweckmäßig ist und eine brauchbare Basis für Arbeitsverfahren abgibt. Sie ist damit jedoch weder wahr noch ganz allgemein anwendbar. So ist z.B. für die meisten Aufnahmesysteme der Fernerkundung die Zentralprojektion keine brauchbare Theorie mehr für die Beschreibung geometrischer Abbildungseigenschaften.

Aber auch bei den Meßaufnahmen der Photogrammetrie gilt die Konzeption der Zentralprojektion nicht bis zu beliebigen Genauigkeiten. Im Bereich von etwa 10 μm im Bild oder weniger, in dem die numerische Photogrammetrie neuerdings arbeitet, ist das Modell der Zentralprojektion nur noch bedingt oder nicht mehr brauchbar.

Anstatt nun für diesen Genauigkeitsbereich etwa nach einem „besseren" Abbildungsgesetz zu suchen, hält man in der analytischen oder numerischen Photogrammetrie die perspektive Abbildung als Arbeitsmodell an und pflegt erfaßbare Abweichungen zu reduzieren. Die Ist-Abbildung wird sozusagen auf die Soll-Abbildung korrigiert, was als Korrektur systematischer Bildfehler bezeichnet wird.

Zu dieser Reduktion oder Korrektur systematischer Fehler werden die Abbildungsgleichungen (1.8a,b) bzw. (1.16) erweitert

$$x + \Delta x = x_0 + (z - z_0)\frac{Z_x}{N}; \qquad y + \Delta y = y_0 + (z - z_0)\frac{Z_y}{N} \qquad (1.49\,\mathrm{a,b})$$

Dabei stellen die Glieder

$$\Delta x = f_x\,(x, y \dots) \qquad \text{und} \qquad \Delta y = f_y\,(x, y, \dots) \qquad (1.49\,\mathrm{c,d})$$

die Korrekturen der Bildkoordinaten dar. Sie werden in der Regel als Funktionen der Bildkoordinaten angesetzt, können aber im Prinzip auch von weiteren Parametern der Aufnahmekammer, der Bildneigung, des Orts oder gar des Objekts der Abbildung abhängig gemacht werden. Da die Korrekturen klein sind, genügen Näherungsformeln wie z.B. einfache Polynom-Ansätze (ohne konstante Glieder und Maßstabglieder, die schon durch die ursprünglichen Formeln erfaßt sind). Praktisch muß man dabei zwischen den Korrekturen unterscheiden, die à priori bekannt sind oder als bekannt behandelt werden (z.B. aus Kammerkalibrierung, Normatmosphäre) und Korrekturen, die erst aus den Messungen und Auswertungen der Bilder abgeleitet werden können.

1.2.6 Geometrische Grundbegriffe des Bildpaares

Für die 3-dimensionale oder Stereo-Auswertung von Luftbildern bildet nicht das Einzelbild sondern das Bildpaar die grundlegende Arbeitseinheit.

1.2.6.1 Überdeckung, Basis, Kernebenen Unter einem Bildpaar versteht man 2 Bilder, die sich bzw. deren Bildinhalte sich teilweise überdecken. Im Regelfall beträgt die Überdeckung etwa 60% in Flugrichtung, s. Bild **44**.1. Im gemeinsamen Überdeckungsbereich eines Bildpaars gehören zu jedem Objektpunkt P zwei homologe Bildstrahlen (ein homologes Strahlenpaar) und entsprechend je ein homologer Bildpunkt P' und P'' im linken und rechten Bild. Weitere Grundbegriffe sind:

Aufnahmebasis b: Strecke zwischen den beiden Aufnahmeorten (Projektionszentren).

Bildbasis b', b''[1]: Bildstrecke zwischen den Abbildungen beider Nadirpunkte jeweils im linken bzw. rechten Bild. Im allgemeinen ist $b' \neq b''$.

Basiskomponenten bx, by, bz: Komponenten der Aufnahme-Basis in den Koordinatenrichtungen des gemeinsamen übergeordneten Koordinatensystems

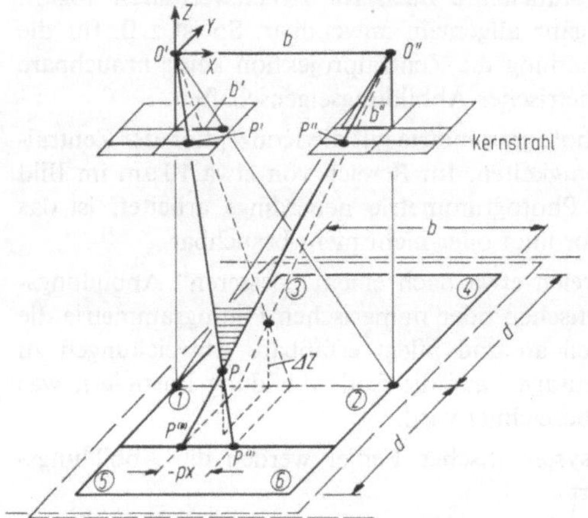

$$bx = X_0'' - X_0'$$
$$by = Y_0'' - Y_0' \qquad (1.50)$$
$$bz = Z_0'' - Z_0'$$

Kernebene: Beliebige Ebene, die die Basis enthält. Jeder Objektpunkt definiert mit der Basis eine Kernebene, ebenso wie jedes homologe Strahlenpaar. Die Schnittgerade einer Kernebene mit der Bildebene heißt *Kernstrahl*.

44.1 Bildpaar, Basis, Kernebene, X-Parallaxe px

Die *äußere Orientierung* eines Bildpaars ist durch 12 unabhängige Orientierungsgrößen festgelegt (ω', φ', $\varkappa'$, X_0', Y_0', Z_0', ω'', φ'', $\varkappa''$, X_0'', Y_0'', Z_0'').

1.2.6.2 Parallaxen Bei der Rückprojektion aus den beiden Bildern eines Bildpaars in den sogenannten Modellraum bzw. Objektraum hat jeder der beiden Strahlen eines homologen Strahlenpaars einen Durchstoßungspunkt mit der Projektionsebene. Der etwaige Unterschied zwischen beiden Durchstoßungspunkten heißt Parallaxe (im Modellraum), deren Komponenten nach den X- und Y-Koordinatenrichtungen als X- und Y-Parallaxen px, py bezeichnet werden[2]. Nach Bild **44.1** gilt

$$px = X^{(\prime\prime)} - X^{(\prime)} \qquad py = Y^{(\prime\prime)} - Y^{(\prime)} \qquad (1.51)$$

Parallaxen treten aus 2 verschiedenen Gründen auf: Wegen Orientierungs- und Bildfehlern und wegen eines Höhenunterschieds des Objektpunktes gegenüber der Bezugsebene. X-Parallaxen werden benützt, um bei einfachen Auswerteverfahren örtliche Höhenunterschiede zu bestimmen. Dabei ist Ausrichtung der X-Achse ungefähr in Basisrichtung vorausgesetzt. Aus Bild **44.1** liest man als vereinfachten Zusammenhang zwischen X-Parallaxe px und Höhenunterschied ΔZ ab

$$\Delta Z \approx -\frac{h - \Delta Z}{b} px \approx -\frac{h}{b - px} px \approx -\frac{h}{b} px \qquad (1.52)$$

Werden in den Beziehungen (1.52) insbesondere die Größen b und px im Bild(maßstab) gemessen und h als Flughöhe eingesetzt, erhält man den Höhenunterschied ΔZ auf das Gelände bezogen. Man vernachlässigt dabei Bildneigungen und Basiskomponenten, d.h. das Ergebnis ist eine mehr oder weniger gute Näherung.

---

[1] Die Bildpunkte, Bilder, Orientierungselemente usw. eines Bildpaares werden üblicherweise mit (′) und (″) bzw. links und rechts unterschieden.

[2] Die noch vielfach verwendeten Bezeichnungen Vertikal- (py) und Horizontal-Parallaxe (px) stammen aus der terrestrischen Photogrammetrie und sind bei Luftbildern irreführend.

Als Zusammenhang zwischen (kleinen) X- und Y-Parallaxen und differentiellen Orientierungsfehlern gilt nach (1.51)

$$px = \mathrm{d}X^{(\prime\prime)} - \mathrm{d}X^{(\prime)} \qquad py = \mathrm{d}Y^{(\prime\prime)} - \mathrm{d}Y^{(\prime)} \tag{1.53a,b}$$

wobei als Änderungen $\mathrm{d}X^{(\prime)}$, $\mathrm{d}X^{(\prime\prime)}$, $\mathrm{d}Y^{(\prime)}$, $\mathrm{d}Y^{(\prime\prime)}$ die entsprechenden Ausdrücke (1.37a,b) einzusetzen sind. Unter Verwendung der Basiskomponenten (1.50) und der speziellen Annahmen $X_0' = 0$, $Y_0' = 0$, $Z_0' = 0$ für das übergeordnete Koordinatensystem, sowie mit $(z - z_0) = -c$ erhält man

$$px = -\frac{(X - bx)\,Y}{Z}\,\mathrm{d}\omega'' + \frac{XY}{Z}\,\mathrm{d}\omega' + Z\left\{1 + \frac{(X - bx)^2}{Z^2}\right\}\,\mathrm{d}\varphi'' - Z\left\{1 + \frac{X^2}{Z^2}\right\}\,\mathrm{d}\varphi'$$

$$- Y(\mathrm{d}\varkappa'' - \mathrm{d}\varkappa') + \mathrm{d}X_0'' - \mathrm{d}X_0' \tag{1.53c}$$

$$-\frac{(X - bx)}{Z}\,\mathrm{d}Z_0'' + \frac{X}{Z}\,\mathrm{d}Z_0' + \frac{Z}{c}(\mathrm{d}x_0'' - \mathrm{d}x_0') - \frac{(X - bx)}{c}\,\mathrm{d}c'' + \frac{X}{c}\,\mathrm{d}c'$$

$$py = -Z\left\{1 + \frac{Y^2}{Z^2}\right\}(\mathrm{d}\omega'' - \mathrm{d}\omega') + \frac{(X - bx)\,Y}{Z}\,\mathrm{d}\varphi'' - \frac{XY}{Z}\,\mathrm{d}\varphi' + (X - bx)\,\mathrm{d}\varkappa''$$

$$- X\,\mathrm{d}\varkappa' + \mathrm{d}Y_0'' - \mathrm{d}Y_0' - \frac{Y}{Z}(\mathrm{d}Z_0'' - \mathrm{d}Z_0') + \frac{Z}{c}(\mathrm{d}y_0'' - \mathrm{d}y_0') \tag{1.53d}$$

$$- \frac{Y}{c}(\mathrm{d}c'' - \mathrm{d}c')$$

1.3 Optische Grundlagen

In diesem Abschnitt setzen wir die Kenntnis der wichtigsten Tatsachen, Begriffe und Beziehungen der geometrischen, physikalischen und technischen Optik voraus. Wir beschränken uns auf einige für das praktische Ausüben der Photogrammetrie wichtige und typische Themen. Auf das grundlegende Schrifttum verweisen wir in Fußnoten und in Kapitel 7[1]).

Photogrammetrie und Fernerkundung haben von den Fortschritten der Optik der letzten Zeit Nutzen ziehen können. Die moderne Rechentechnik und neue Glassorten haben die Bildgüte und Anwendbarkeit der Hochleistungs-Aufnahmeobjektive weiterhin zu vergrößern erlaubt. Die Instrumentierung beherrscht in der Fernerkundung nun den Wellenlängenbereich bis ins mittlere Infrarot. Neue Kalibrierverfahren für den extremen Nahbereich und für Nicht-Meßkammern wurden entwickelt und erprobt. Neben Fortschritten in der Theorie der Bildgütebeurteilung kann diese selbst mittels neuer Filterverfahren gesteigert werden. Theorie und Technik einer allgemeinen digitalen Bildverarbeitung wurden ausgearbeitet. Als grundsätzlich neues Verfahren taucht die Holographie in der Photogrammetrie auf. Photographische Aufnahmeobjektive sind immer noch und bleiben auch vorläufig die wichtigsten optischen Elemente der Bildmessung.

---

[1]) S l e v o g t , H.: Technische Optik. Berlin-New York 1974, 308 S. = Slg. Göschen Bd. 9002.

1.3.1   Sonderobjektive für Messung und Interpretation

Unser Informationssystem (s. 1.1) sollte ein Optimum an Gestaltinformation sowie an geometrischer und/oder physikalischer Information liefern. Das bedeutet für die Objektive ein Optimum an Bild*güte* sowie an geometrischer/physikalischer *Abbildungstreue*. Unter Bildgüte können wir hier das Maß der Abwesenheit (die Güte der Korrektion) der geometrisch-optischen Bildfehler (Öffnungsfehler, Astigmatismus, Bildwölbung, Koma, Farbfehler) sowie von Herstellungsfehlern verstehen, unter geometrischer bzw. physikalischer Abbildungstreue die Übereinstimmung des Bildes mit einer mathematischen Zentralperspektive (Abwesenheit von Verzeichnung) bzw. die richtige Wiedergabe der Objekthelligkeiten oder -farben. Die Randbedingungen der Informationsgewinnung sind beim Luftbild in der Regel rasche Bewegung der Aufnahmekammer während der Aufnahme, kleine Kontraste im abgebildeten Objekt (s. 1.5.1), geringe Leuchtdichte, großer gewünschter Bildwinkel, große Objektentfernungen (kleiner Bildmaßstab), großer Spektralbereich der photographischen Schichten (bis ins Infrarot).

Die Kenngrößen der Objektive müssen also lauten:
a) hohe Lichtstärke (große relative Öffnung),
b) gute Kontrastwiedergabe — hohes Auflösungsvermögen,
c) geringer Lichtabfall zum Bildrand,
d) geringe, mindestens aber stabile Verzeichnung,
e) gute Korrektur der Farbfehler,
schließlich auch noch
f) Ausrüstung mit verzerrungsfrei arbeitenden (Zentral-)Verschlüssen.

Vernachlässigungen sind bei d) und f) möglich, wenn die *geometrische* Information nicht die Hauptsache ist.

Dem Konstrukteur der Objektive bleibt es überlassen, durch Kombination einer vertretbaren Zahl von Einzellinsen zu einem Objektivsystem die gewünschten Systemdaten Öffnungsverhältnis, Bildwinkel, Brennweite (und evtl. noch Baulänge u.ä.) zu erfüllen. Dabei müssen die Bildfehler so korrigiert werden, daß vorgegebene Leistungsgrenzen hinsichtlich Auflösungsvermögen, Kontrastwiedergabe, Bildschärfe, Verzeichnung, Farbwiedergabe, gleichmäßiger Ausleuchtung des Bildfeldes eingehalten werden.

Bei den für photogrammetrische Aufnahmen verwendeten Objektiven stand zunächst (vor 100 Jahren) die Verzeichnungsfreiheit als wichtige Forderung im Vordergrund. Später verlangte die Luftaufnahme aus dem Flugzeug kurze Belichtungszeiten und daher ein großes Öffnungsverhältnis. Es folgten die Wünsche nach immer größerem Bildwinkel, die mit Weitwinkel- und Überweitwinkelobjektiven erfüllt wurden. Schließlich erforderte die Farb-, Infrarot- und Multispektral-Photographie die Ausdehnung der Farbkorrektur auf einen großen Wellenlängenbereich (bis 900 nm).

Schon das symmetrisch aus zwei halbkugeligen Einzellinsen aufgebaute Hypergon von C.P. Goerz (1900) verband — ebenso wie sein Vorläufer, das Pantoskop von E. Busch (1865) — die Forderung nach Verzeichnungsfreiheit mit einem großen Bildwinkel (150°), allerdings mit dem kleinen Öffnungsverhältnis 1:22. Es bedurfte der langwierigen konkurrierenden Entwicklungsarbeiten mehrerer großer optischer Firmen, bis die heute in der Photogrammetrie und Fernerkundung verwendeten lichtstarken viellinsigen Objektive ausgereift waren. Tafel I zeigt eine Auswahl der heute von den Firmen C. Zeiss, Oberkochen und Wild, Heerbrugg, für die Luftaufnahme angebotenen Hochleistungsobjektive sowie als ältere Formen das Orthoprotar, das Topogon und das Teleobjektiv

Tafel I   Objektive für Photogrammetrie und Luftbildwesen

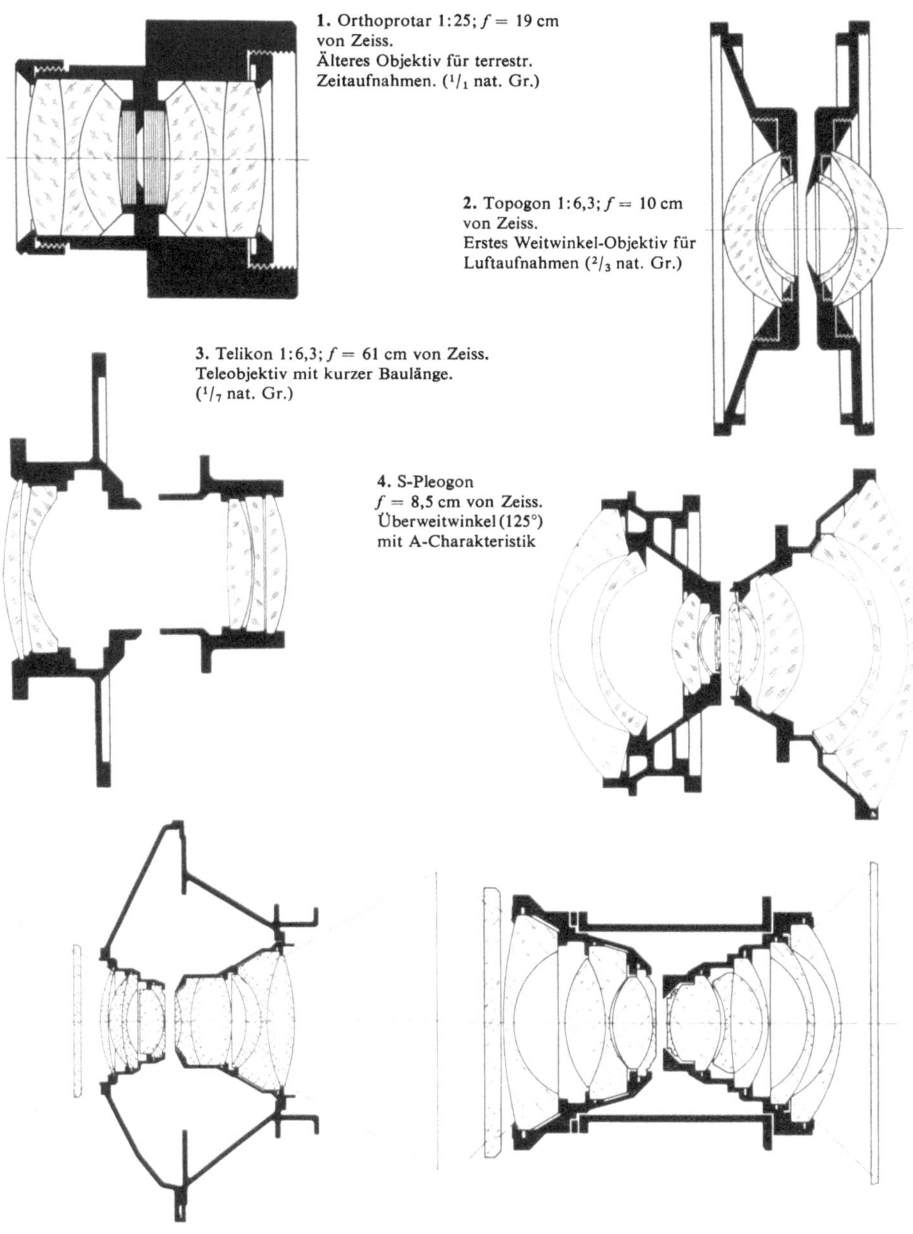

Telikon von Zeiss. Den Spitzenobjektiven ist gemeinsam: das große Öffnungsverhältnis 1:4, Bildwinkel von rd. 100^g bei Weitwinkelobjektiven und rd. 140^g bei Überweitwinkelobjektiven. Verzeichnungsfehler von wenigen μm, Auflösungszahlen von 30 bis 80 L/mm sowie bei den „A"-Objektiven von Zeiss und den Universalobjektiven von Wild eine sehr weitreichende Korrektur der Farbfehler.

Als *Projektionszentrum* eines Objektives gilt 1. in erster Näherung und bei einfachen Objektiven: die Mitte des Objektives; 2. bei theoretischen Erörterungen der geometrischen Optik: für den Dingraum der Dingknotenpunkt, für den Bildraum der Bildknotenpunkt (bei Objektiven in Luft fallen die Knotenpunkte mit den entsprechenden Hauptpunkten zusammen); 3. *im praktisch-physikalischen Sinne haben wir die Mitten der Eintritts- und der Austrittspupille des Objektives als wirkende Projektionszentren anzusehen*, denn sie sind die Mittelpunkte der wirksamen Lichtbündel. (Bei symmetrischen Objektiven liegen die Pupillen in den Hauptebenen.)

1.3.2   Bewertung der Bildgüte eines Objektives

Die Bildgüte eines Objektives hängt (unabhängig vom Typ) von der Größe der Beugung an den Blendenrändern, für einen Objektiv*typ* vom Zusammenwirken der geometrischoptischen Bildfehler (vom Korrektionszustand), für ein vorgelegtes Exemplar zusätzlich vom Einfluß der Herstellungsfehler ab. Für den Benutzer sind rechnerisch ermittelte Bildfehlerkurven wertlos. Er will die wirkliche physikalische Bildqualität beurteilen. Hierfür gibt es mehrere Möglichkeiten:

a) für qualitative Vergleiche eine systematische visuelle Inspektion der Bilder geeigneter Objekte etwa mittels einer Lupe,

b) die Messung des Auflösungsvermögens nach festgelegten Vorschriften,

c) die mikrophotometrische Messung der Lichtverteilung in den Bildern von Testobjekten und die aus den Ergebnissen berechnete Qualität der Kontrastübertragung vom Objekt ins Bild sowie deren Darstellung in Form von Modulationsübertragungs-Funktionen (abgekürzt MÜF, früher als Kontrastübertragungsfunktion CT bezeichnet).

Die drei Verfahren unterscheiden sich wesentlich durch ihre Aussagekraft und durch den erforderlichen Aufwand. Auf die beiden quantitativen Verfahren gehen wir im folgenden etwas näher ein.

1.3.2.1 Das Auflösungsvermögen (AV) eines Objektives läßt sich in verschiedener Weise als die Fähigkeit definieren, feine Einzelheiten a) überhaupt wiederzugeben, b) in ihren Formen erkennbar, d.h. unterscheidbar zu machen und c) benachbarte Einzelheiten noch getrennt abzubilden. Zahlenmäßig wird es meist nach c) durch die Anzahl der Linien eines regelmäßigen Gitters angegeben, die je Millimeter im Bild als getrennt erkannt werden können.

Nach der Beugungstheorie erhält man bei einem völlig aberrationsfreien Idealobjektiv für den kleinsten in der Bildebene noch auflösbaren linearen Abstand ε zweier punktförmiger Lichtquellen

$$\varepsilon = 1{,}2 \cdot \lambda \cdot b \tag{1.54}$$

worin λ die benutzte Wellenlänge des Lichtes und b die Blendenzahl des Objektives sind. Für $\lambda = 0{,}575$ μm ist $\varepsilon = 0{,}7\,b$ (in μm). Der theoretische Grenzwert für die Auflösung eines idealen Objektives beträgt

$$R = \frac{1426}{b} \text{ Linien pro mm} \tag{1.55}$$

Theoretische Vorausberechnungen des AV für Objektive sind nicht möglich.

Das AV photographischer Objektive ist der Natur der Sache nach eine komplexe Größe. Es ist für ein bestimmtes Objektiv zunächst abhängig von der geometrischen Gestalt, dem Helligkeits- und Farbkontrast und der Beleuchtung des verwendeten Testobjektes. Bei direkter Prüfung durch das Auge wird es ferner durch die Betrachtungsanordnung beeinflußt, bei photographischer Prüfung durch die Eigenschaften der verwendeten photographischen Emulsion und die Belichtungs- und Entwicklungsbedingungen.

Zahlenmäßige Aussagen über das AV sind daher nur sinnvoll, wenn die erwähnten Versuchsbedingungen angegeben werden; an verschiedenen Orten erhaltene Ergebnisse sind nur bei gleichen Versuchsbedingungen zahlenmäßig miteinander vergleichbar. Man beachte besonders, daß die visuelle und die photographische Bestimmung des AV eines photographischen Objektives im allgemeinen wesentlich verschiedene Werte ergeben.

Auf Grund internationaler Vereinbarungen wird eine Testtafel nach Bild **49.1** für die Prüfung des AV empfohlen. Auf dunklem Grund sind Gruppen von je drei horizontalen und drei vertikalen Strichen abnehmender Größe angeordnet. Strich- und Lückenbreiten sind gleich. Die Abmessungen aufeinanderfolgender Gruppen stehen jeweils im Verhältnis $\sqrt[6]{2}$. Bei zwei empfohlenen Ausführungen der Tafel beträgt der Kontrast der Striche zum Untergrund im logarithmischen Maß > 2,0 bzw. 0,2[1]).

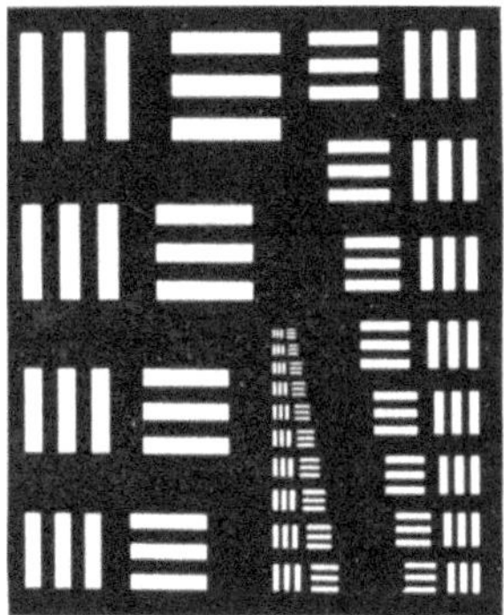

49.1 Testtafel für die Prüfung des Auflösungsvermögens von Objektiven und photographischen Schichten

Die Tafel wird entweder direkt oder in der Brennebene eines Kollimators liegend durch das zu prüfende Objektiv unter verschiedenen Bildwinkeln abgebildet. Als aufgelöst gelten diejenigen Strichgruppen, bei denen die Richtung der Striche einwandfrei erkennbar ist.

Als Beispiel für die Auflösung eines modernen Hochleistungs-Objektives mögen die in Bild **50.1** wiedergegebenen Bestimmungen des photographischen AV für das Pleogon $1:5,6; f = 153$ mm von C. Zeiss in Oberkochen gelten. Die Auflösungszahlen wurden für Bildwinkel bis zu 42° und für vier verschiedene Blendeneinstellungen ermittelt.

Bei *Vergleichen* muß man beachten, daß sich bei Objektiven einer Bauart in erster Näherung die Aberrationen mit der Brennweite vergrößern, während Beugung und Einfluß des Films konstant bleiben. Mit diesem Vorbehalt kann man AV-Zahlen zum genäherten Vergleich auf gleiche Brennweite umrechnen. Die Abhängigkeit des AV von der jeweiligen Blendenöffnung beruht einerseits auf den oben kurz geschilderten Abbildungsfehlern (Aberrationen) des Objek-

---

[1]) Das AV bei schwachem Kontrast interessiert bei Luftbildobjektiven besonders wegen der bei Luftaufnahmen vorliegenden Kontrastverhältnisse (s. 1.5.1).

tives, andererseits aber gemäß Gl. (1.55) auch auf der Beugung des Lichtes an den Pupillenrändern. Während bei stärkerer Abblendung des Objektives der Einfluß der Aberrationen auf die Bildgüte im allgemeinen abnimmt, nimmt der Einfluß der Beugung dann zu. Der jeweilige Korrektionszustand eines Objektivtyps bestimmt daher eine „kritische Blende", bei deren weiterer Verkleinerung die Bildgüte durch Beugung wieder abnimmt.

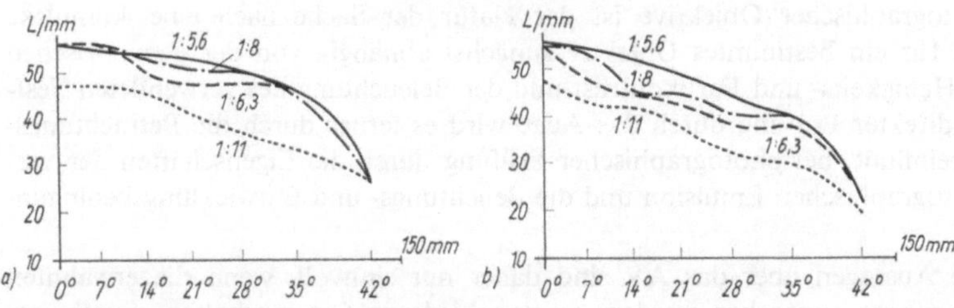

50.1 Photographische Auflösung des Pleogons 1:5,6; $f = 153$ mm für den log. Testkontrast $k = 1,6$ mit Aviphot Pan 30-Film und Zeiss-Gelbfilter B.
a) Gemessene Auflösung für sagittale Bildelemente (senkrechte Striche) bei den Blendeneinstellungen 1:5,6; 1:6,3; 1:8 und 1:11;
b) für tangentiale Bildelemente (waagerechte Striche)

Bild **50.2** zeigt das in etwas schematisierter Form. Beim Pleogon 1:5,6 stimmt die kritische Blende mit der vollen Öffnung des Objektives überein; durch Abblenden ist also bei diesem Objektiv eine weitere Verbesserung der Bildgüte nicht mehr zu erreichen.

1.3.2.2 Modulationsübertragungs-Funktionen[1]

Definitionsgemäß enthalten die Zahlen des AV nur Aussagen über die Wiedergabe der *feinsten*, an der Erkennbarkeitsgrenze liegenden Einzelheiten des Bildes, nicht aber über den Kontrast, mit dem *gröbere* Strukturen abgebildet werden. Es ist auch nicht möglich, die Auflösungsleistung eines aus mehreren Teilprozessen zusammengesetzten Abbildungsvorganges aus den bekannten Auflösungszahlen der Teilvorgänge zu berechnen, also beispielsweise das Zusammenwirken des Aufnahmeobjektives, der photographischen Aufnahmeschicht, der Herstellung eines Diapositives, der Projektion des letzteren durch ein Projektionsobjektiv und schließlich der Augen des Betrachters des Projektionsbildes. Erinnert man sich ferner des subjektiven Ermessensbereiches bei der Beurteilung, ob eine Testgruppe noch als aufgelöst zu gelten habe oder nicht, so erkennt man deutlich grundsätzliche Mängel des AV zur Bewertung der Bildgüte.

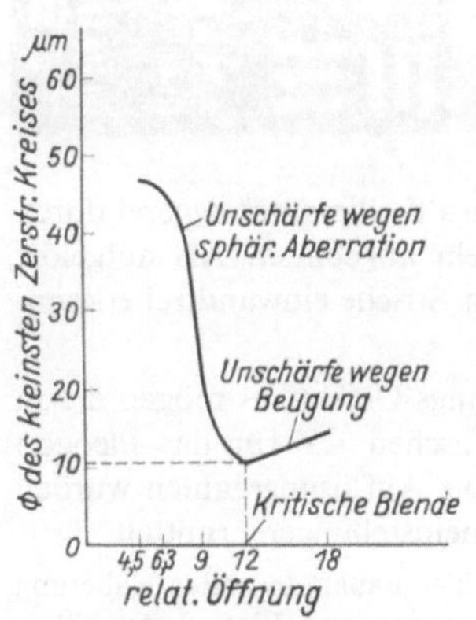

50.2 Änderung der Bildschärfe in der Mitte durch Abblenden bei einem Zeiss-Tessar 1:4,5; $f = 180$ mm. Einstellung auf Unendlich (nach Reckmeyer)

Von diesen Mängeln ist die Beurteilung mittels der sogenannten *Modulationsübertragungs-Funktionen* (abgekürzt MÜF) frei. Da man sich den Gegenstand einer optischen Abbildung seiner Helligkeitsstruktur nach als ein Gemisch von sinusförmigen Schwin

---

[1] S c h w i d e f s k y , K.: BuL **28** (1960) 86 bis 101.

gungen verschiedener Frequenzen (die man hier zur Unterscheidung „Ortsfrequenzen" nennt), Amplituden und Phasen vorstellen kann, so ist ein Vergleich mit elektroakustischen Wiedergabevorgängen möglich. Ein Rundfunkempfänger überträgt innerhalb eines an die Grenzen des menschlichen Gehörs angepaßten Frequenzbereiches die verschiedenen Frequenzen (Tonhöhen) mit verschiedener (meist regelbarer) Stärke und Verzerrungsfreiheit. Während dem AV nur die Angabe der höchsten, noch befriedigend wiedergegebenen Frequenz entspricht, wird durch die MÜF die Wiedergabegüte im *gesamten Frequenzbereich* gekennzeichnet.

Die MÜF stellen demnach die Güte der Wiedergabe der Kontraste des Gegenstandes im Bild (als Ordinate) in Abhängigkeit von der Feinheit der (regelmäßigen) Strukturen des Gegenstandes, gemessen in Linien pro mm (als Abszisse) dar. Bild **51**.1 zeigt schematisch, wie eine MÜF-Kurve aus den im Bild gemessenen Werten des Kontrastes regelmäßiger Strichfiguren (die etwa Bild **51**.1 entsprechen können) für eine gestufte Reihe von Strichfiguren zustande kommt. Auf die Meßtechnik kann hier nicht eingegangen werden.

Bild **51**.2 zeigt den Verlauf der MÜF für 5 verschiedene Bildwinkel beim Pleogon 1:5,6; $f = 153$ mm, und zwar für volle Öffnung. Als Beispiel für die Kombinierbarkeit der

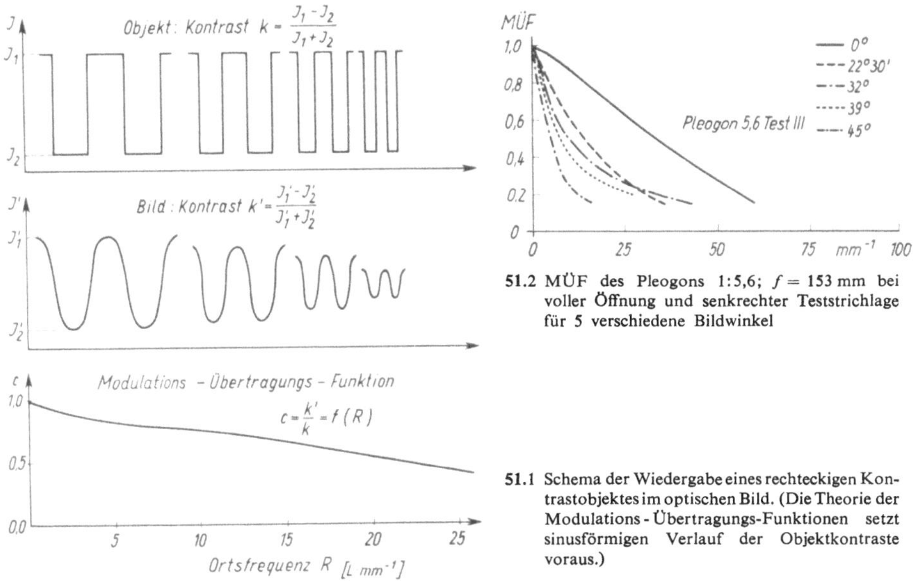

51.2 MÜF des Pleogons 1:5,6; $f = 153$ mm bei voller Öffnung und senkrechter Teststrichlage für 5 verschiedene Bildwinkel

51.1 Schema der Wiedergabe eines rechteckigen Kontrastobjektes im optischen Bild. (Die Theorie der Modulations - Übertragungs-Funktionen setzt sinusförmigen Verlauf der Objektkontraste voraus.)

MÜF sind ferner in Bild **52**.1a die MÜF für drei verschiedene photographische Schichten von Kodak und in Bild **52**.1b die Kombination des Pleogons mit den drei Emulsionen (für Abbildungen in der optischen Achse) hinzugefügt.

Man kann die Ergebnisse der Auflösungsmessungen für ein bestimmtes Objektiv in einigen wenigen Mittelwerten zusammenfassen. Zweckmäßig wird man dabei die den verschiedenen Bildwinkelstufen entsprechenden Bildflächengrößen als Gewichte einführen und ein *gewichtetes Mittel* bilden (das im Englischen mit AWAR von *area weighted average resolution* bezeichnet wird). Es ist mehrfach vorgechlagen worden, um auch die MÜF leichter vergleichbar zu machen, aus ihnen *Gütezahlen* zu errechnen.

4*

1.3.2.3 Verzeichnungsfehler   Die Verzeichnung muß hier als einziger Bildfehler näher besprochen werden, da sie ein wichtiger Teil der inneren Orientierung einer Meßkammer ist und, unbeachtet, systematische Fehler erzeugt. Tafel II zeigt anschaulich ihre Auswirkung. Es handelt sich um Abweichungen der (von der optischen Achse aus gemessenen) Bildgrößen von den einer strengen Zentralperspektive entsprechenden. Soweit diese

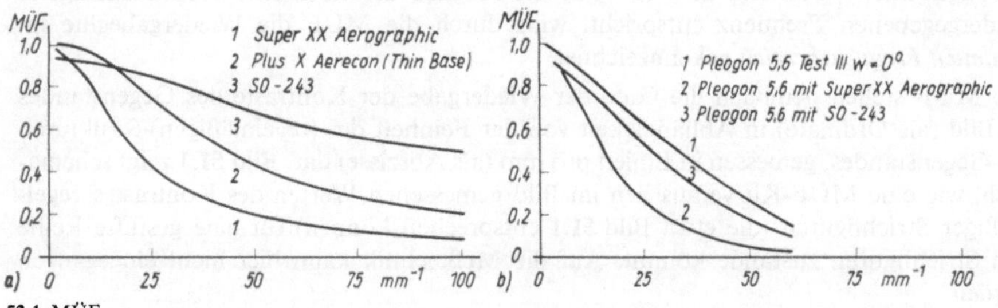

52.1 MÜF
a) der drei Kodak-Emulsionen (1) Super XX Aerographic, (2) Aerecon (auf dünner Unterlage) und (3) SO–243, einem Film mit extrem hoher Auflösung
b) des Pleogons 1:5,6; $f = 153$ mm für die optische Achse (1) allein, (2) in Kombination mit Super XX, (3) mit SO–243

einem bestimmten Objektiv*typ* anhaften, sind ihre Beträge rotationssymmetrisch und radial gerichtet. Individuelle Herstellungsfehler bei den einzelnen Objektiven bewirken Unsymmetrien. Durch Zentrierfehler der Einzellinsen entstehen zusätzlich tangential gerichtete Verlagerungen der Bildpunkte (tangentiale Verzeichnung), die bei guten Objektiven allerdings sehr klein sind (einige wenige µm). Man muß also entweder die Objektive möglichst verzeichnungsfrei ausführen oder den Einfluß der Verzeichnung nachträglich ausschalten. Das klassische Mittel hierzu ist das Verfahren von Porro-Koppe (s. 1.3.4): man mißt das verzeichnete Bild durch ein dem Aufnahmeobjektiv hinsichtlich der Verzeichnung möglichst genau entsprechendes Objektiv hindurch aus. Ein anderes optisches Mittel besteht darin, in der Nähe der Bildebene eine asphärische Glasplatte anzuordnen, deren Krümmungen so berechnet sind, daß die Lichtbündel kleine zusätzliche Brechungen erfahren. Stark verzeichnete Bilder kann man auch mittels Spezialobjektiven umphotographieren. Ein mechanisches Verfahren, das die Wirkung der Verzeichnung aufhebt, ist in 4.6.1.9 beschrieben. In allen Fällen muß sie vom Hersteller der Geräte sorgfältig kontrolliert und gemessen werden. Die numerische Präzisions-Photogrammetrie (z. B. in der Satellitengeodäsie) einerseits und die Anwendung von Nicht-Meßkammern (s. 2.1.5) andererseits fordern die *rechnerische* Berücksichtigung der Verzeichnung (s. 3.1.2.2).

Die *Messung der radialen Verzeichnung* wird durch Bild **52.2** veranschaulicht. Sie besteht in der Ermittlung der Unterschiede zwischen Soll- und Istbildgrößen für verschiedene Bildwinkel w_i,

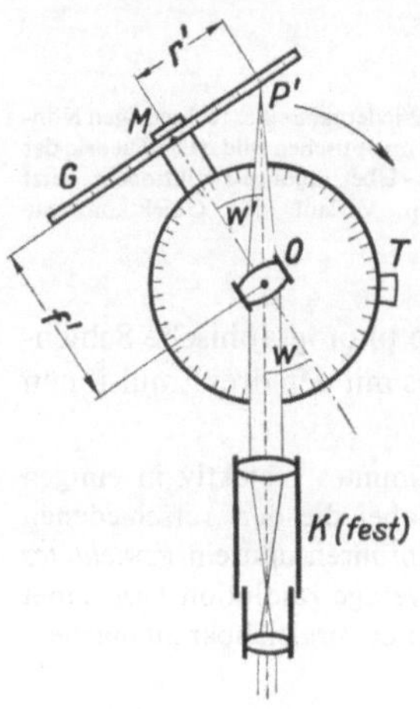

52.2 Messung der Verzeichnung eines Objektives O. Die Teilstriche eines Glasmaßstabes G werden nacheinander durch das Objektiv O hindurch mit dem Zielfernrohr K angezielt. Die dazu notwendige Verdrehung des Tisches wird am Teilkreis T gemessen

Tafel II   Bildbeispiele fehlerhafter Objektive

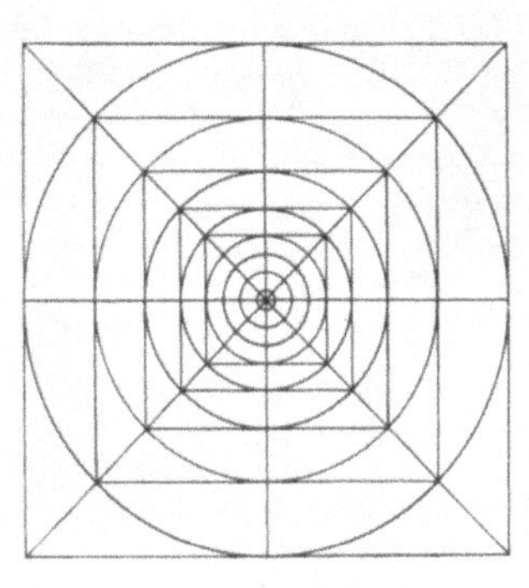

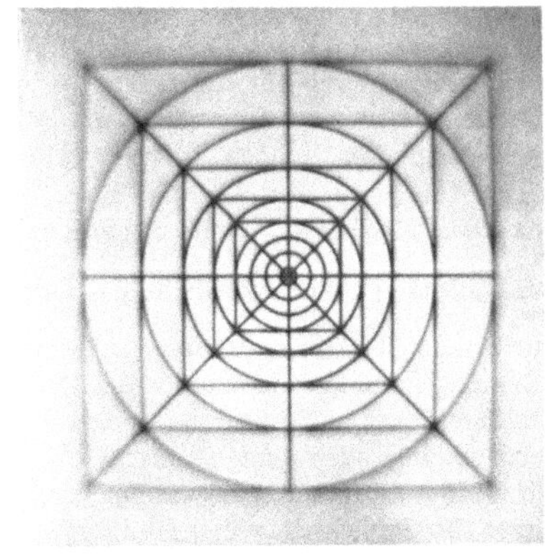

a)   b)

a) Abbildung der Testfigur durch ein gut korrigiertes Objektiv 1

b) Objektiv 2: Einstellung auf beste Mittenschärfe. Die Bildschärfe von a) wird nicht erreicht. Ursache: Öffnungsfehler des Objektives. Der Rand der Figur ist unscharf wiedergegeben. Ursache: Bildfeldwölbung. Die Quadratseiten sind nach außen durchgebogen. Ursache: tonnenförmige Verzeichnung

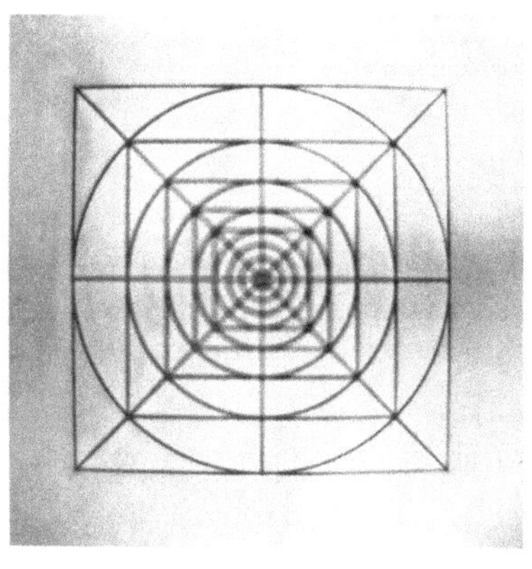

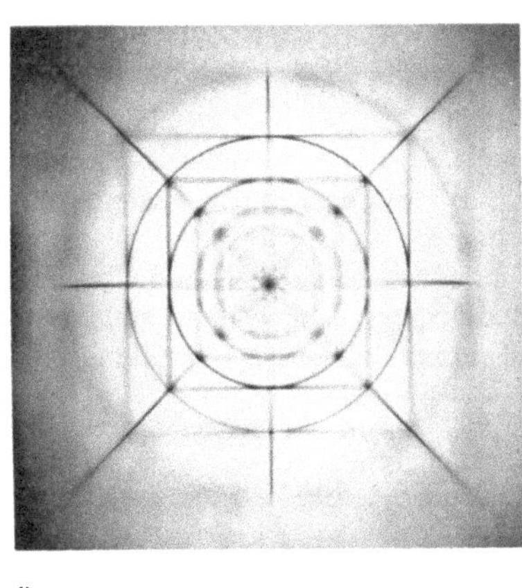

c)   d)

c) Objektiv 2: Einstellung auf den größten Kreis. Bildmitte und äußerste Bildecken sind gleichmäßig unscharf. Ursache wie oben Bildfeldwölbung. Die beiden Bildschalen (siehe d) fallen recht gut zusammen. Tonnenförmige Verzeichnung (wie bei b)

d) Objektiv 3: Einstellung auf den zweitgrößten Kreis, Mitte und Rand weisen sehr große Unschärfen auf. Außer dem eingestellten Kreis sind noch Stücke der radialen Geraden scharf abgebildet. Ursache: starker Astigmatismus, d.h., Differenzen zwischen den beiden Bildschalen, in denen die sagittalen bzw. die tangentialen Bildelemente (Radien bzw. Kreise der Testfigur) abgebildet werden. Außerdem kissenförmige Verzeichnung

wobei die Sollbildgrößen durch die Beziehung $r_i = c \tan w_i$ festgelegt sind. Das Objektiv O wird über der senkrechten Drehachse eines Goniometers derart befestigt, daß seine optische Achse durch den Nullpunkt M der Teilung eines Glasmaßstabes G hindurchgeht und daß seine Hauptebenen parallel zu G sind. Der mit dem Teilkreis T des Goniometers verbundene Maßstab wird in die Brennebene des Objektives gebracht. Indem man nun Objektiv samt Maßstab um die durch O gehende senkrechte Achse dreht und mit dem feststehenden Kollimatorfernrohr K die aufeinanderfolgenden Teilstriche des Glasmaßstabes nacheinander anzielt, ermittelt man durch Ablesen an dem Teilkreis T die Winkel w, unter denen die Teilstriche von der optischen Achse des Objektives aus im Dingraum erscheinen. Für einen bestimmten Teilstrichabstand r_0' wird nun die Kammerkonstante des Objektives $c = \dfrac{r_0'}{\tan w}$ errechnet[1]). Damit ergeben sich für alle anderen Teilstrichabstände als Differenzen zwischen ihrer durch den Glasmaßstab gegebenen Länge r_i' (Istbildgröße) und der aus den Winkelablesungen zu errechnenden Länge $r_i = c \tan w_i$ (Sollbildgröße) die linearen Verzeichnungswerte $v_i = r_i' - r_i = r_i' - c \tan w_i$. (Dieses Vorzeichen entspricht dem Deutschen Normblatt DIN 18716. Einheitliche Bezeichnungen und Formelgrößen in der Photogrammetrie). Bild **54**.1 gibt als Beispiele die linearen Verzeichnungswerte für drei verschiedene Objektivtypen in Abhängigkeit von der Bildgröße, auf die angegebenen Brennweiten bezogen[1]).

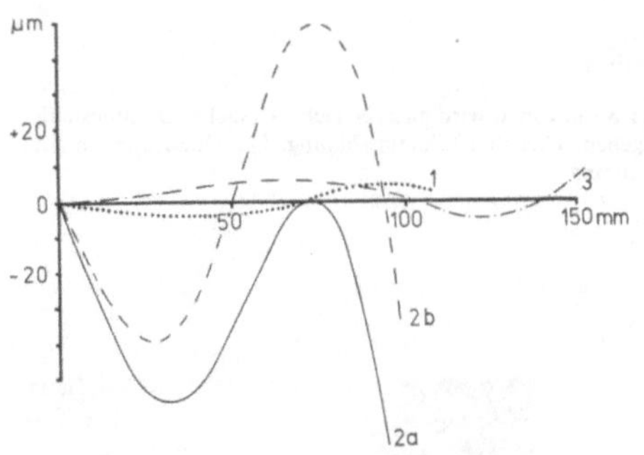

54.1 Lineare Verzeichnungsfehler der drei Objektivtypen
1   Orthoprotar 1:25; $f = 190$ mm
2a Topogon 1:6,3; $f = 100$ mm
2b dsgl., berechnet für die „calibrated focal length"
3   S-Pleogon A 1:4; $f = 85$ mm. Abszissen: Bildabstände in mm
Die Werte beziehen sich auf die jeweiligen Brennweiten; das Vorzeichen entspricht DIN 18716. Die Fehlergrößen von Kurve 3 sind typisch für moderne Hochleistungsobjektive

1.3.3   Kalibrieren von Kammern[2])

Eine Kammer kalibrieren heißt, die Elemente ihrer inneren Orientierung zu bestimmen, und zwar je nach Aufgabestellung unter Labor- oder Anwendungsbedingungen. Diese Elemente sind (s. 1.2.1.3): Die Lage des Bildhauptpunktes bezüglich der Rahmenmarken,

---

1) Während in der geometrischen Optik als „Nennbrennweite" für die Ermittelung der Verzeichnung die Gaußsche Brennweite für achsennahe Strahlen benutzt wird, sucht man in der Photogrammetrie eine möglichst günstige Verzeichnungskurve zu erhalten. Wie Bild **54**.1 (Kurven 2a und 2b) erkennen läßt, ist zwar die *Form* der Verzeichnungskurve eine Eigenschaft des betreffenden Objektives. Die *Größe* der linearen Verzeichnungsfehler dagegen hängt von der Wahl der Nennbrennweite bzw. der Kammerkonstante ab. Man kann z.B. die algebraische Summe der von 5^g zu 5^g bestimmten Verzeichnungsfehler annähernd zu Null machen. Der sich durch derartige Bedingungen ergebende Wert der Kammerkonstante wird in der amerikanischen Literatur *calibrated focal length* genannt, während unter *equivalent focal length* der Abstand vom hinteren Hauptpunkt des Objektives bis zur Ebene der besten Bilddefinition verstanden wird.

2) Ausführlich dargestellt in: Manual of Photogrammetry. 3rd ed. Vol. I, Falls Church 1966, 173 bis 194.

die Größe der Kammerkonstante und die darauf bezogenen Werte der Verzeichnung[1]).
Sorgfältige und periodisch wiederholte Kalibrierung ist eine Voraussetzung für das
Erzielen genauester Ergebnisse.

Da wir aus den Bildkoordinaten von Meßbildern direkt oder indirekt objektseitige Winkel
ableiten wollen, laufen alle Kalibrierverfahren darauf hinaus, die Bildkoordinaten einer
Anzahl wohldefinierter Punkte mit genauen Winkelmessungen am Ort der Eintrittspupille des Objektives nach den entsprechenden Objektpunkten in Beziehung zu setzen
und daraus (mit hinreichender Überbestimmung) die Unbekannten zu ermitteln. Der
Kammerhersteller wendet meist Laborverfahren, der Benutzer oft Feldmethoden an.

Wir nennen zuerst einige *Laborverfahren*:

1. Das visuelle Goniometerverfahren gemäß Bild **52.**2, wobei die zu kalibrierende Kammer an die Stelle von Objektiv und Glasmaßstab tritt.

2. Photographische Mehrfach-Kollimator-Verfahren gemäß Bild **55.**1. Die objektseitigen Winkel werden realisiert durch die aus einer Anzahl fest und genau zueinander
justierter Kollimatoren K_0 bis K_i austretenden, je eine
beleuchtete Zielmarke abbildenden, Strahlenbündel. Die
Kollimatoren können als ebenes Büschel oder als räumliches Bündel in einer oder in mehreren um K_0 gedrehten
Ebenen angeordnet sein. Die photographische Aufnahme
(bei *ebener* Anordnung der Kollimatoren in mehreren
Kammerstellungen) liefert die in einem Präzisions-Kom-
parator auszumessenden Testbilder auf dicken Spiegel-
glasplatten. Um von Farbfehlern der Kollimatoren frei zu
sein, kann man solche mit Spiegelobjektiven verwenden.

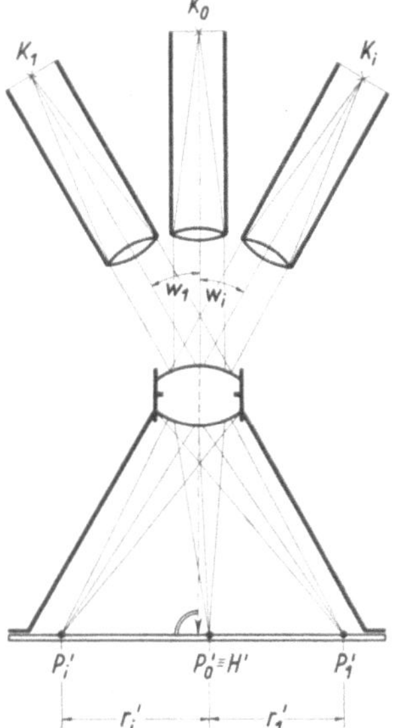

55.1 Photographisches Kalibrieren einer Meßkammer. Ein schwenkbarer
oder eine Anzahl fest eingebauter Kollimatoren K (hier sind nur drei
gezeichnet) definieren die objektseitigen Winkel $w_1 \cdots w_i$ mit hoher
Genauigkeit. Der mittlere Kollimator K_0 ist so justiert, daß er die
Aufnahmeachse verkörpert. Die Kollimatoren werden photographiert
und auf der Platte werden die Bildgrößen $r_1' \cdots r_i'$ gemessen

3. Terrestrische Aufnahmekammern für den Nahbereich kalibriert man mit Hilfe von
ein-, zwei- oder dreidimensionalen Anordnungen von genau vermessenen Testmarken.
Diese können auf festen oder drehbaren Latten, auf stabilen Wänden oder in mehreren
Ebenen hintereinander in festen Stahlrahmen angebracht sein. Ihre unveränderte Lage
sowie der Einfluß der Temperatur sollte leicht kontrollierbar sein.

Feldverfahren sind bisher in folgenden Varianten angewendet worden:

1. Theodolit-Verfahren: Man photographiert mit der zu kalibrierenden Kammer eine
Anzahl längs einer Bildgeraden erscheinender markanter Objekte in größerer Entfernung
und mißt dann am Ort der Eintrittspupille des Objektives die Winkel mit einem Präzi-
sions-Theodoliten. Besser als natürliche Objekte wie Türme, Signalstangen und dergl.
eignen sich gleichartige Signaltafeln, die z.B. an langen Zäunen oder Gebäudefronten
angebracht werden.

---

[1]) In den USA zählt man dazu noch (mindestens) den Symmetriepunkt der Verzeichnung, das
AV des Objektives und die Abweichungen der physikalischen Bildfläche von der Ebenheit.

2. B. Hallert[1]) hat ein Verfahren entwickelt, bei dem die Testkammer auf einem hohen Gittermast mit senkrechter Aufnahmerichtung montiert ist. Im Gelände darunter sind Testmarken in mehreren konzentrischen Ringen angeordnet, sorgfältig vermarkt und genau vermessen worden. Hier sind die Verhältnisse bei der Luftaufnahme zu einem wichtigen Teile nachgeahmt.

3. Ein fast ideales Testfeld stellt der Sternhimmel dar: Die Position einer großen Zahl sehr weit entfernter, gut verteilter Ziele ist aus den Fundamentalkatalogen mit einer Genauigkeit von $< 1''$ bekannt. Bei minimalem Testaufwand bringen nur die Wetterbedingungen, die Identifizierung der abgebildeten Sterne, die Berechnung ihrer wahren Örter und die Datenreduktion sowie die atmosphärische Refraktion einige Probleme.

4. G. Kupfer[2]) konnte durch Überfliegen des sehr genau terrestrisch vermessenen Testfeldes Rheidt und statistische Auswertung der Bilder als räumliche Rückwärtsschnitte und als Aerotriangulationsblock die dominierenden Einflüsse des Filmverhaltens und auch Störungen durch objektivnahe Luftschichten (am Flugzeugrumpf) nachweisen.

In einigen Ländern wird die turnusmäßige Kalibrierung der in der Praxis verwendeten Aufnahmekammern von staatlichen Organisationen vorgeschrieben und ausgeführt.

1.3.4   Bildtheodolit

Der Bildtheodolit wird hier erwähnt, weil er ein typisch photogrammetrischer Erfindungsgedanke ist. Er stammt (in unterschiedlicher Form unabhängig) von I. Porro (mit festem Fernrohr vor 1865) und C. Koppe (1896). Sie schlugen vor, das punktweise Ausmessen von Meßbildern nicht über Bildkoordinaten vorzunehmen, sondern das entwickelte Meßbild wieder in die Aufnahmekammer einzulegen und mit einem davor aufgestellten Theodolit durch das Objektiv hindurch *direkt Winkel* zu messen. Zwei Vorteile sind dabei offensichtlich: a) beliebig große Verzeichnungsfehler des Aufnahmeobjektives werden eliminiert, b) wird die (beliebige) äußere Orientierung der Aufnahmekammer vor den Messungen wieder hergestellt, so kann man in jedem Falle unmittelbar Horizontal- und Vertikalwinkel messen, spart also die bei beliebiger Kammerstellung komplizierten Umrechnungen.

Die Kombination von Kammer und Theodolit heißt Bildtheodolit; das Prinzip wurde nach Porro-Koppe benannt. Es wird übrigens auch in einer Reihe von optisch projizierenden Auswertgeräten verwendet.

Bild **57.**1a stellt den Fall dar, daß das Bild zur Ausmessung in die Aufnahmekammer selbst oder in einen Projektor, dessen Objektiv dem Aufnahmeobjektiv gleich ist, eingesetzt wurde. Die Bildpunkte P_1', $P_2' \ldots$ befinden sich dann nahezu in dessen Brennebene, und die von ihnen ausgehenden Strahlenbündel verlassen das Objektiv als Parallelbündel. Alle Strahlen der Bündel bilden daher den zu messenden Winkel α miteinander, und der Theodolit kann zur Messung von α an beliebiger Stelle innerhalb der Strahlenbündel aufgestellt werden. Die austretenden Parallelstrahlenbündel sind wegen der unmittelbaren Umkehr des Aufnahmestrahlenganges *frei von den Verzeichnungsfehlern des Objektives.*

---

1) Hallert, B.: Photogrammetry. New York-Toronto-London 1960, p. 47 ff.
2) BuL **40** (1972) 153.

Wird (**57.1** b) jedoch ein Auswertobjektiv verwendet, dessen Brennweite z. B. kleiner ist als diejenige der Aufnahmekammer, dann liegt die Bildebene außerhalb der Brennebene des Auswertobjektives. Denn vor Beginn der Messung muß die innere Orientierung der Aufnahmekammer wiederhergestellt werden, damit wenigstens das aus der Kammer des Bildtheodolits austretende Hauptstrahlenbündel dem Aufnahmestrahlenbündel kongruent wird. Dazu muß die Kammerkonstante des Bildtheodolits gleich der Kammerkonstante der Aufnahmekammer gemacht werden. Die austretenden Strahlenbündel sind nun allerdings keine Parallelbündel mehr, sondern sie sind konvergent, und der richtige Winkel α kann nur im Schnittpunkt der Hauptstrahlen, d. h. in der Mitte der Austrittspupille, gemessen werden. Hier muß sich also der Schnittpunkt von Vertikal-, Horizontal- und Zielachse (der Scheitelpunkt der Winkelmessung) des Theodolits befinden.

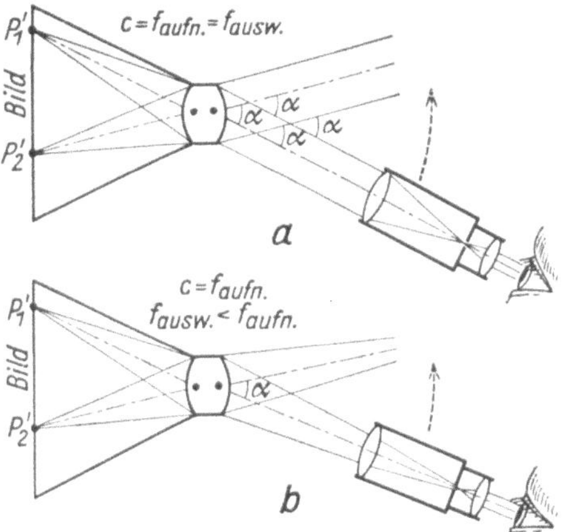

57.1 Messung des Winkels α nach dem Porro-Koppeschen Prinzip durch das Objektiv hindurch, wenn
a) das Auswertobjektiv mit dem Aufnahmeobjektiv übereinstimmt,
b) die Brennweiten von Aufnahme- und Auswertobjektiv (Kammerkonstanten von Aufnahme- und Bildtheodolitkammer) voneinander verschieden sind

1.3.5 Optische Projektion

Im photogrammetrischen Instrumentenbau spielt die objektive optische Projektion eine wichtige Rolle. Wir erwähnen zwei Fälle: 1. Die projektive Umwandlung des ganzen Bildes und 2. die Scharfabbildung von Bildteilen (ohne Projektionsfehler) in beliebigen Entfernungen. Der erste Fall beherrscht die optische Entzerrung (s. 4.5), der zweite tritt bei Doppelprojektoren (s. 4.6.1.2) und bei der Differentialentzerrung (s. 4.7.3) auf. Wenn die ganze Ebene $\mathfrak{E}$ (**57.2**) durch das Objektiv O scharf in die Ebene $\mathfrak{E}'$ abgebildet werden soll, so sind dazu *zwei optische Bedingungen* zu erfüllen:

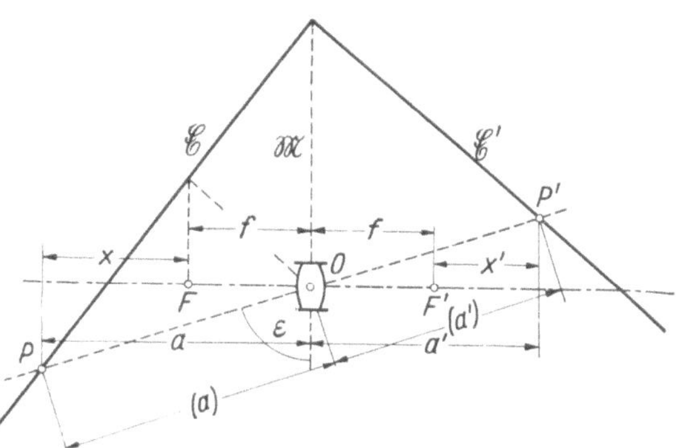

57.2 Geometrisch-optische Bedingungen für die scharfe Abbildung der Ebene $\mathfrak{E}$ in die Ebene $\mathfrak{E}'$ durch das Objektiv O mit der Brennweite f

1. Die in der optischen Achse gemessenen Abstände a und a' eines Punktes P der Ebene $\mathfrak{E}$ bzw. seines Bildpunktes P' in der Ebene $\mathfrak{E}'$ müssen die bekannte *Linsengleichung*

$$\frac{1}{a} + \frac{1}{a'} = \frac{1}{f} \qquad (1.56)$$

erfüllen, in welcher f die Brennweite des Objektives ist. Bezieht man die Abstände auf die Brennpunkte F und F', so erhält man die *Newtonsche Gleichung*

$$x \cdot x' = f^2 \qquad (1.57)$$

2. Die Ebenen $\mathfrak{E}$ und $\mathfrak{E}'$ und die „Mittelebene" $\mathfrak{M}$ des Objektives (Ersatzebene für die beiden Hauptebenen) müssen sich in einer Geraden schneiden. Die Bedeutung dieses Satzes der geometrischen Optik für die Bildmessung wurde zuerst von Th. Scheimpflug erkannt. Nach ihm wird die Bedingung daher als *Scheimpflug-Bedingung* bezeichnet.

Man hat *mechanische Steuerungen* konstruiert, welche diese beiden Bedingungen zwangsläufig erfüllen. Sofern es sich um die mechanische Auflösung der in bezug auf x und x'

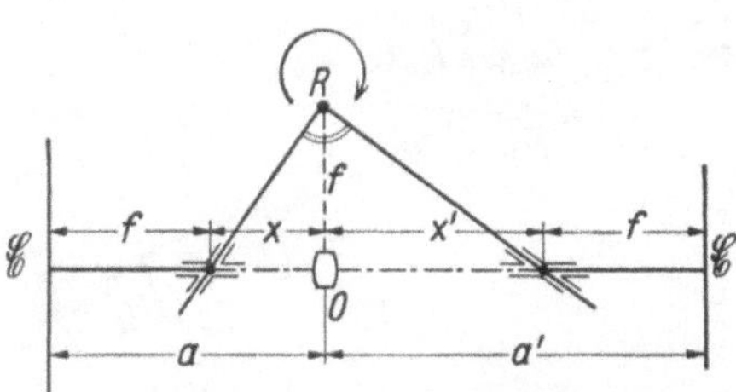

58.1 Automatische Lösung der Newtonschen Abbildungsgleichung $x \cdot x' = f^2$ durch einen Rechtwinkelinversor

inversen Gleichung (1.57) handelt, bezeichnet man diese als *Inversoren*. Eine der einfachsten Konstruktionen ist der *Rechtwinkelinversor*. Durch Drehung eines rechtwinklig geknickten Stabes um den Scheitel R (**58**.1) verschiebt man die auf dessen Schenkeln unter Einschaltung von Zwischenstücken gleitende Bild- bzw. Projektionsebene längs der optischen Achse des Objektives O. Ist der feste Abstand $\overline{RO} = f$ gleich der Länge der Zwischenstücke, so wird in jeder Stellung P scharf in

P' abgebildet, da stets $x \cdot x' = f^2$ ist. Diese einfache Lösung besitzt vor vielen anderen[1]) den Vorzug, bei richtiger Ausführung ohne Selbsthemmung zu arbeiten.

Auch die *Scheimpflug-Bedingung* läßt sich mechanisch erfüllen. Bild **59**.1 zeigt eine praktisch bewährte *Schnittliniensteuerung* nach Carpentier und Becker. Bildebene $\mathfrak{B}$, Objektiv O und Projektionstisch $\mathfrak{P}$ sind um zueinander parallele Achsen A, O bzw. A' kippbar. Die Steuerung der Kippbewegungen erfolgt durch ein Lineal l, welches die drei Punkte B, M und P von drei rechtwinklig mit Bildebene, Mittelebene des Objektives und Projektionsebene verbundenen Kipphebeln auf parallelen Gleitstücken g_1, g_2, g_3 verschiebt. Die Punkte B, M, P können als gnomonische Reziprokalprojektionen der Ebenen $\mathfrak{B}$, $\mathfrak{M}$, $\mathfrak{P}$ aufgefaßt werden. Auf Grund der reziproken Eigenschaft schneiden sich die Ebenen in einer Geraden, sofern ihre gnomonischen Reziprokalprojektionen auf einer Geraden liegen.

Der zweite Fall (der Scharfabbildung von Bildteilen in beliebigem Abstand) bietet dann Schwierigkeiten, wenn die innere Orientierung des Projektors nicht geändert werden darf. Eine scharfe Projektion des Bildes in verschiedene Ebenen ist nur für *Bildteile*, nicht für das ganze Bild gleichzeitig möglich. Es handelt sich, da jetzt die Lage des Bildes und der Projektionsebene — die Größen x und x' in Gl. (1.57) — gegeben sind, darum, die

---

[1]) v. Gruber, O.: Z. f. Instr. **45** (1925) 561 bis 573.

Brennweite des Projektionssystemes so zu verändern, daß Gl. (1.57) erfüllt wird. Das kann durch ein optisches Zusatzsystem mit veränderlicher Brennweite (Telesystem) geschehen. Dieses System muß wegen seines begrenzten Bildwinkels, um alle Bildteile abbilden zu können, in einem Kardan drehbar sein. Damit jedoch keine Projektionsfehler entstehen, muß der hintere Knotenpunkt des Zusatzsystems stets im Kardanmittelpunkt liegen.

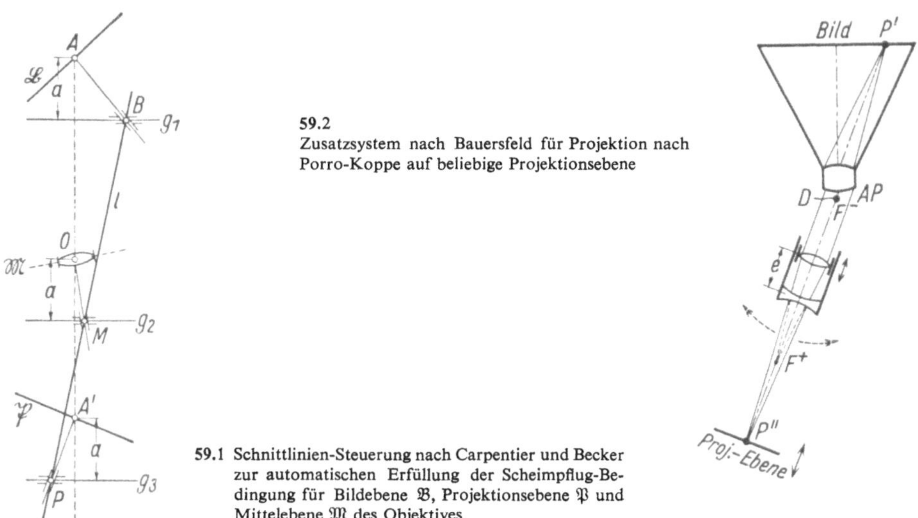

59.2
Zusatzsystem nach Bauersfeld für Projektion nach Porro-Koppe auf beliebige Projektionsebene

59.1 Schnittlinien-Steuerung nach Carpentier und Becker zur automatischen Erfüllung der Scheimpflug-Bedingung für Bildebene 𝔅, Projektionsebene 𝔓 und Mittelebene 𝔐 des Objektives

Nach einer Erfindung von W. Bauersfeld läßt sich das durch ein Teleobjektiv erreichen, das aus einer Positiv- und einer Negativlinse gleicher Brennweite besteht (**59.2**). Die Brennweite f' dieses Systems wird geändert gemäß

$$f' = \frac{f^2}{e} \tag{1.58}$$

(worin f die Brennweite der Einzellinsen und e deren Abstand) durch Verschiebung der Positivlinse. Das System ist um den Kardanmittelpunkt D drehbar. Sein invarianter Knotenpunkt fällt mit D zusammen. In den Punkt D wird ferner die Austrittspupille des Projektors gebracht. Der richtige Abstand e wird in Abhängigkeit von der Entfernung der Projektionsebene durch eine Steuerung eingestellt. Dieses für die Arbeitsweise „klassischer" photogrammetrischer Auswertgeräte typische Zusatzsystem wurde für den Stereoplanigraphen entwickelt; wir finden es auch im Orthoprojektor GZ 1 von Zeiss und in einigen ausländischen Geräten.

1.3.6 Holographie[1]

Der von seinem Erfinder D. Gabor aus griechisch holos = ganz hergeleitete Name dieses modernen optischen Verfahrens deutet eine Eigenschaft an, die den geometrisch

---

[1] Kiemle, H.; Röss, D.: Einführung in die Technik der Holographie (mit 1082 Literaturnachweisen) Frankfurt 1969, 334 S.; v. Berckefeldt, P.: Dissertation TU Hannover 1970; Mikhail, E. M.: Hologrammetry: concepts and applications. Phm. Eng. **40** (1974) 1407 bis 1422.

denkenden Photogrammeter zunächst verblüfft: die *ganze* Information über ein *räumliches* Objekt kann in *einer* ebenen Photoplatte gespeichert und zur genauen und vollständigen Rekonstruktion des Objektes benutzt werden. Die Tragweite dieser bisher auch in der Nah-Photogrammetrie angewandten neuen Technik ist heute noch nicht abzuschätzen. Wir erläutern im folgenden die Grundgedanken.

Während die „normale" Photographie im inkohärenten Licht nur die (dem Betragsquadrat der Amplitude der Lichterregung proportionale) *Intensität* als Schwärzung registriert, vermag ein Hologramm als zweites Bestimmungsstück auch die *Phase* der Lichtwellen zu speichern. Das gelingt, wie die Bilder **60.**1 und **60.**2 zeigen, mit Hilfe

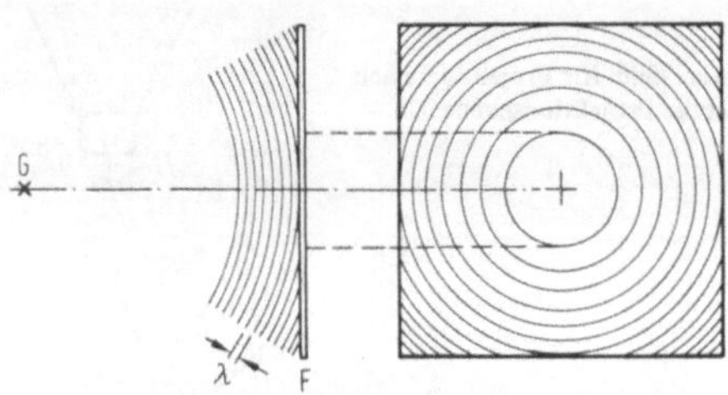

60.1 Eine vom Punkt *G* ausgehende monochromatische Kugelwelle mit der Wellenlänge λ trifft auf eine ebene Beobachtungsfläche auf und läßt dort in einem bestimmten Augenblick als Kurven gleicher Phase konzentrische Kreisringe entstehen (nach Kiemle und Röss)

60.2 Die Kreise gleicher Phase können nach Überlagern mit einer kohärenten ebenen Bezugswelle der gleichen Wellenlänge λ durch Interferenz als Kurven maximaler Intensität sichtbar (und photographierbar) gemacht werden

der Interferenz durch Überlagern der ersten Welle mit einer zu ihr kohärenten Bezugs- oder „Hintergrund"-welle gleicher Wellenlänge, aber anderer Phasenverteilung, z.B. einer ebenen Welle. Die Kurven gleicher Phase prägen sich nun als Interferenzringe aus und können photographiert werden. Die Photographie heißt *Hologramm.* Wir bemerken, daß sich die Lage des Wellenursprungs *G* zum Hologramm aus den Kreisen der Interferenzmaxima (und selbst aus einem Teilstück der ganzen Platte) gewissermaßen als „Rückwärtseinschnitt" rekonstruieren läßt.

Eine Aufnahmeanordnung für den (kleinen) Körper K, die diesen Grundgedanken verwirklicht, zeigt Bild **60.**3 und zwar für den uns hauptsächlich interessierenden Fall der Auflicht- oder Streulicht-Holographie. Die Entstehung gut sichtbarer Interferenzen

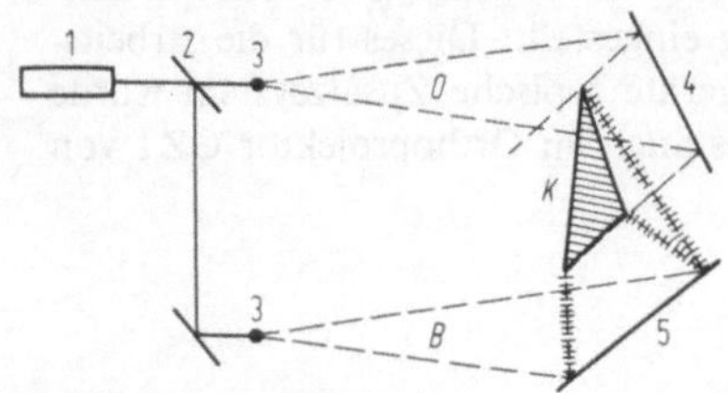

60.3 Schema eines Aufbaus zur Aufnahme des Körpers K durch Auflicht-Holographie auf der Hologramm-Platte 5. O Objektwelle, B Bezugswelle. Zahlen s. Text!

setzt monochromatisches, kohärentes Licht von recht hoher Intensität voraus. Erst die Erfindung des Lasers hat daher die Holographie praktikabel gemacht. Es gibt heute Laser, welche Frequenztoleranzen bis zu 2 Hz einhalten und Kohärenzlängen bis zu 10^{10} Wellenlängen haben. Um für Objekt- und Bezugswelle kohärentes Licht zu erhalten, wird das Strahlenbündel des Lasers 1 durch eine Platte 2 geteilt. Kurzbrennweitige Objektive 3 erzeugen die beiden Beleuchtungsbündel O und B. Der aufzunehmende Körper K wird über den Spiegel 4 beleuchtet. Ein Teil des von seiner Oberfläche kohärent gestreuten Lichtes fällt auf die Photoplatte 5, die außerdem mit der Bezugswelle direkt bestrahlt wird. Auf einer Spezialplatte mit sehr hoher Auflösung (z.B. Kodak 649 F mit 4000 L/mm) werden die Interferenzen der von allen Punkten des beleuchteten Körpers gemäß dem Huygens-Prinzip ausgehenden Wellenzüge mit der Bezugswelle nach Bild **60**.2 photographisch registriert. Das aus der Überlagerung sehr vieler Interferenzsysteme bestehende Hologramm hat keinerlei Ähnlichkeit mit dem Objekt.

Um den Körper K räumlich zu rekonstruieren, durchstrahlt man gemäß Bild **61**.1 das Hologramm 5 mit dem Laser 1. Dabei wird die Wiedergabewelle durch die summierte Schwärzungsverteilung der vielen Beugungsfiguren gedämpft und gebeugt. Hinter und

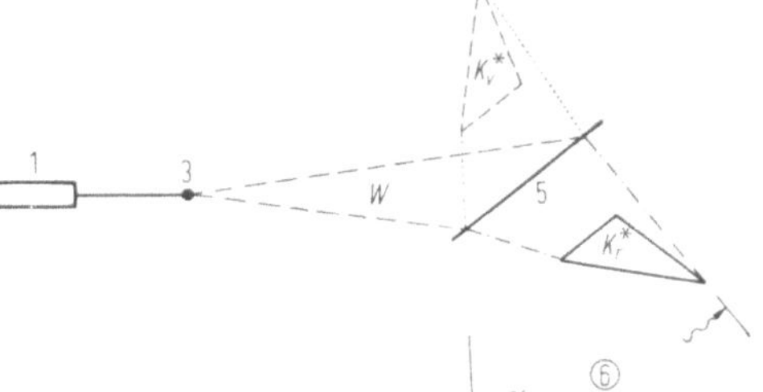

61.1 Rekonstruktion des Körpers K auf Grund des Hologrammes 5. Wegen der Symmetrie der Beugungsmaxima 1. Ordnung der am Hologramm gebeugten Wiedergabewelle W entstehen in symmetrischer Lage zum Hologramm ein reelles Modell K_r^* und ein virtuelles Modell K_v^*. Ein Laser mit anderer Wellenlänge als der zur Aufnahme benutzte ermöglicht eine Maßstabsänderung der Modelle

vor dem Hologramm entsteht je eine Intensitätsverteilung, die genau derjenigen bei der Aufnahme entpricht[1]) und daher für einen Betrachter in 6 nicht von dem Körper K zu unterscheiden ist. Die zwei Wiedergabe-Modelle kommen durch die Symmetrieeigenschaften der Beugungsmaxima der ersten Ordnung zustande. Während das Modell K_r^* reell ist und mit einer Auffangebene geschnitten werden kann, ist das Modell K_v^* virtuell (wie ein Spiegelbild). Es kann vom Beobachter innerhalb des ganzen, durch die Größe der Hologrammplatte gegebenen Beobachtungsraumes, also unter verschiedenen Blickrichtungen und daher auch in verschiedenen Perspektiven betrachtet werden. Fügt man nach dem Devilleschen Prinzip (s. 4.6.1.6) eine selbstleuchtende Meßmarke hinzu, so kann das Modell, wie die bisherigen Versuche gezeigt haben[2]), mit hoher Genauigkeit ausgemessen werden.

Da das holographische Verfahren der Interferenz-Optik entstammt, bestimmt für die praktische Anwendung die Wellenlänge des Lasers (z.B. 0,6 μm) die Toleranzschwelle für die Genauigkeit und Vibrationsfreiheit des mechanischen Aufbaus, für die Oberflächengüte der Spiegel und die Auflösung der photographischen Schicht. Diese Präzision ist teuer.

Bei einem Vergleich der Holographie mit der Photographie mit inkohärentem Licht zeigen sich folgende für uns interessanten Unterschiede: Das Hologramm bildet nicht diskrete Punkte des Objekts in diskreten Bildpunkten ab. Vielmehr beeinflußt jeder Objektpunkt das ganze Hologramm und jeder Punkt des Hologramms enthält Information

---

[1]) Mathematisch wird mit Hilfe der Fourier-Transformation gezeigt, daß das Beugungsbild eines Beugungsbildes mit der ursprünglichen Funktion übereinstimmt.
[2]) Mikhail, E.M.; Glaser, G.H.: Phm. Eng. **37** (1971) 267 bis 276.

über das ganze Objekt. Eine analytische Behandlung der Abbildung ist daher schwierig. Für Aufnahme und Rekonstruktion benötigt die Holographie keine abbildenden optischen Systeme. Im Gegensatz zur Photographie sind bei ihr die Tiefenschärfe unbegrenzt und die Vergrößerungsfähigkeit sehr groß. Nachteilig ist, daß das Hologramm keine Ähnlichkeit mit dem abgebildeten Objekt hat. Die Zukunft muß zeigen, welche Rolle die Holographie in der Photogrammetrie spielen kann.

1.4   Stereoskopisches Sehen und Messen

1.4.1   Das Auge

Am Ende des photogrammetrischen Informationssystems steht meist das bei weitem komplexeste Untersystem, unser aus zwei Augen bestehendes Sehorgan. Der bekannte und teilweise zulässige Vergleich des Auges mit einer photographischen Kammer und der einfache Aufbau des abbildenden Systemes aus Hornhaut, vorderer Augenkammer, Linse, Glaskörper und Netzhaut lassen leicht übersehen, daß bei jeder optischen Wahrnehmung drei verschiedenartige Bereiche mitwirken: der *physikalische* Lichtreiz führt über chemische Umsetzungen in der Netzhaut zu (*physiologisch* beschreibbaren) Empfindungen, welche durch die Nervenfasern als frequenzmodulierte Wechselstromstöße dem Sehzentrum des Hinterhaupthirnes zugeführt und dort unter Mitwirkung des Gedächtnisses (mit Vorstellungen und Erfahrungen) zu Wahrnehmungen verarbeitet werden (*psychologischer* Bereich). Wir müssen uns hier auf einige für uns wichtige Angaben und Abschätzungen beschränken.

Unsere Netzhaut enthält zwei Arten von Empfängern, nämlich $6{,}5 \times 10^6$ helligkeits- und farbempfindliche Zapfen mit $\varnothing$ 2 bis 8 µm und 10^8 Stäbchen mit $\varnothing$ 2 µm, die nicht farbempfindlich sind. Die Stelle des deutlichsten Sehens, die Netzhautgrube (fovea centralis), ist bei einem Durchmesser von 0,8 mm mit 130000 besonders kleinen Zapfen besetzt. Um ein Objekt zu fixieren, drehen wir die Augen so, daß dessen Bild in beiden Augen auf die fovea fällt. Das durch die Beugung an der Augenpupille gemäß Gl. (1.55) und andererseits durch die Zapfendurchmesser bedingte Auflösungsvermögen beträgt hier für punktförmige Objekte 1'. Diese hohe Leistung setzt voraus, daß die Konvergenzeinstellung der Blickrichtungen mit einer Scharfabbildung des Fixierpunktes durch Krümmungs-(Brechkraft-)änderung der Augenlinse gekoppelt ist, die als *Akkomodation* bezeichnet wird. Trotz des großen Gesichtsfeldes des ruhenden Auges von etwa 160° (in der Waagerechten) tasten wir ausgedehnte Objekte beim genauen Sehen durch schnelle Blickbewegungen ab. Als Projektionszentrum der Augen gelten daher die *Dreh*punkte der Augäpfel, die im Mittel einen Abstand von etwa 65 mm haben (Augenbasis).

Seit kurzem wissen wir, daß das Sehen ein *kinetischer* Prozeß ist. Das blickende Auge ist nicht fest auf den Fixierpunkt gerichtet, sondern führt unwillkürlich sehr rasche Zitterbewegungen (mit Frequenzen von 20 bis 100 Hz bei Amplituden von 10 bis 15″) und Flimmerbewegungen (mit Amplituden von 1 bis 25′ und Winkelgeschwindigkeiten von 10°/s) sowie langsamere Abtriftbewegungen aus. Diese haben entscheidende Bedeutung für das Auflösungsvermögen des Auges. Sie werden übrigens bei der elektronischen Bildkorrelation (s. 5.3) nachgeahmt.

Die Informationskapazität des Auges ist sehr groß. Berücksichtigt man die Zahl der Rezeptoren, der wahrnehmbaren Helligkeitsstufen (etwa 1000) und Farben sowie der

Tafel III   Prüftafel für stereoskopisches Sehen

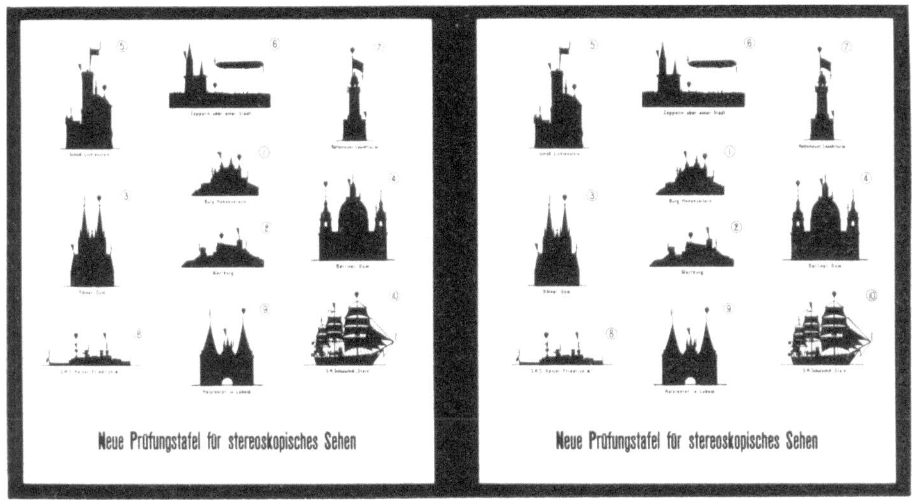

Bei beidäugiger Betrachtung durch ein kleines Stereoskop ermöglicht die Tafel eine genaue Prüfung der Feinheit des stereoskopischen Sehvermögens.

1. Vorübung: Gib die Tiefenfolge der verschiedenen (nicht in einer Ebene liegenden!) Figuren zueinander an. 2. Beurteile die jeweilige Tiefenfolge der vier in jeder Figur enthaltenen Marken ｜＋ ◥ ◗ zu dem zugehörigen Schattenbild, beginnend mit Figur 10. Die Ordnungszahlen der einzelnen Figuren geben zugleich die darin vorkommenden Parallaxenunterschiede der Marken zum Schattenriß in 1/100 mm an. Figur 1 ist daher am schwierigsten zu beurteilen. 3. Vergleiche deine Beurteilungen mit den untenstehenden Angaben.

Kontrolle der Beobachtungen mit der Prüftafel für stereoskopisches Sehen

10
8 und 6
5 und 4
2
3 und 7
1
9

(ganz hinten)

(ganz vorn)

1. Die Reihenfolge der Abbildungen, nach ihrer Entfernung geordnet, ist in der nebenstehenden Skizze angegeben. Die in der gleichen Zeile aufgeführten Abbildungen werden in der gleichen Entfernung gesehen. Der Rahmen wirkt als Fenster, durch das hindurch man die Abbildungen sieht; er liegt also ganz vorn.
2. Tiefenfolge der Meßmarke mit Bezug auf die zugehörigen Abbildungen. Die an erster Stelle genannte Marke befindet sich stets *hinter* der Ebene der Abbildung, die eingeklammerte Marke in der *gleichen* Entfernung. Die zuletzt genannte Marke liegt dem Beobachter am *nächsten*. Beispiel: In der Abbildung 3 liegt die Strichmarke genau in der Ebene des Schattenrisses, der Ballon liegt dahinter, Kreuz und Dreieck liegen vor dem Schattenriß.

1. Kreuz und Strich (Dreieck) Ballon
2. Strich (Kreuz) Ballon und Dreieck
3. Ballon (Strich) Kreuz Dreieck
4. Strich (Ballon und Dreieck) Kreuz
5. Dreieck (Kreuz) Strich und Ballon

6. Stadt: (Ballon) Dreieck Kreuz Zeppelin: (Strich)
7. Strich und Kreuz (Dreieck) Ballon
8. Strich und Dreieck (Kreuz) Ballon
9. Dreieck (Ballon) Kreuz und Strich
10. Kreuz und Ballon (Dreieck) Strich

in einer Sekunde wahrnehmbaren Bilder, so ergibt sich ein Wert von etwa 3×10^6 bit/s. Da unser Bewußtsein nur etwa 16 bit/s zu verarbeiten vermag, ist die optische Wahrnehmung mit einem ungeheueren Reduktionsprozeß verknüpft.

Die Zusammenhänge zwischen Sehen und Wahrnehmen sind nicht so einfach und eindeutig, wie wir meist glauben. Wir unterschätzen den Anteil an Erfahrungen und Vorstellungen, den unser Gedächtnis stets beiträgt. Das beweisen u. a. die vielen bekannten optischen Täuschungen und Vexierbilder. Dies gilt auch für die in der Photogrammetrie so wichtige Raumwahrnehmung.

1.4.2 Räumliches Sehen

Raum*vorstellungen* liefert uns bei der Betrachtung unserer Umgebung oder von Bildern selbst mit *einem* Auge unser Gedächtnis durch die dort gespeicherten Erfahrungen: Größenverhältnisse bekannter Gegenstände, geometrische und Luftperspektive, teilweises Verdecken von Gegenständen bewirken sehr lebhafte räumliche Vorstellungen. Die (gegenständliche) Malerei beruht darauf. Doch sind diese Vorstellungen meist ungenau, oft labil und Täuschungen, ja selbst Inversionen (Vertauschungen von vorn und hinten) ausgesetzt. Genauere, eindeutige und nachprüfbare Raumwahrnehmungen entstehen durch die Unterschiede der Netzhautbilder unseres rechten und linken Auges. Ch. Wheatstone hat das 1833 nachgewiesen.

Wenn wir einen Punkt P des Raumes betrachten (**64.1**), so „blicken" wir dorthin, d. h. wir drehen die Augäpfel so, daß die Augachsen sich in P schneiden. Die beiden Augen können nicht unabhängig voneinander bewegt werden, sondern nur in binokularer

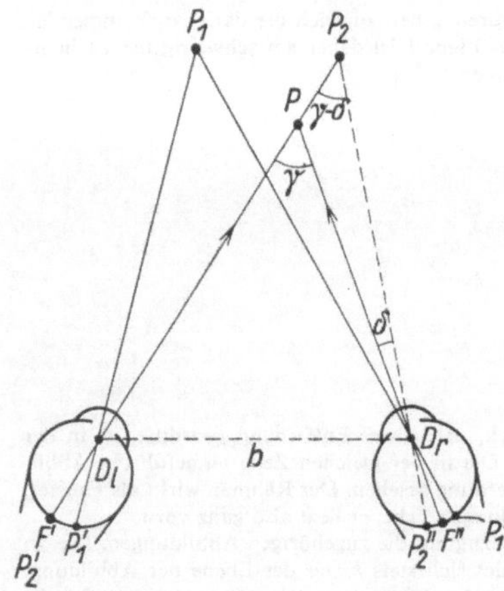

Gemeinschaft. Diese bewirkt, daß beide Blicklinien stets in einer Ebene liegen, der *Blickebene*. *Die natürliche räumliche Betrachtung erfolgt also in Blickebenen, welche nach dem in 1.2.6.1 Gesagten Kernebenen sind.* Kernachse ist die Augenbasis b, die Verbindung der beiden Augendrehpunkte D_l und D_r. Die Bilder von P werden dann auf dem „gelben Fleck" F' bzw. F'', der fovea jedes Auges entworfen, den Stellen des deutlichsten Sehens.

64.1 Wenn die beiden Augen nach dem Punkte P blicken, so wird das räumliche „dahinter" des Punktes P_1 vermöge der Horizontalparallaxe $F' P_1' - F'' P_1'' = p_h$ wahrgenommen

Die Augachsen bilden am Punkte P den Konvergenzwinkel γ miteinander, welcher mit zunehmender Entfernung von P kleiner wird. Die mit der Konvergenzeinstellung gekoppelte Akkomodation sorgt für („automatische") Scharfabbildung von P in beiden Augen. Wir nehmen aber gleichzeitig mit P auch die davor und dahinter liegenden Raumpunkte wahr. Diese unmittelbare Tiefenwahrnehmung ist bedingt durch das Auftreten von *Parallaxen*. Wir denken uns auf den Netzhäuten beider Augen je ein System von Meridianen und Breitenkreisen. In bezug auf die Nullmeridiane (deren Ebenen die Augachsen enthalten mögen), liegen z. B. die Bilder P_1' und P_1'' des Punktes P_1 nicht auf entsprechenden Meridianen. Die längs eines Breitenkreises gemessene Bilddifferenz $F' P_1' - F'' P_1'' = b_1' - b_1'' = p_\mathrm{h}$ heißt *Horizontalparallaxe* (in der Physiologie Querdisparation). Sie entspricht der Parallaxe p in Bild **111**.1 und ist entscheidend für die Wahrnehmung eines Entfernungsunterschiedes der Punkte P und P_1.

Liegen die Bildpunkte P_1' und P_1'' nicht auf entsprechenden Breitenkreisen, so bezeichnen wir ihre „Breitendifferenz" p_h als „*Vertikalparallaxe*". Die Vertikalparallaxen (VP) tragen nicht zur Raumwahrnehmung bei. Kleine VP stören, größere VP verhindern das Zustandekommen einer Raumwahrnehmung[1]).

Bei näherer Untersuchung ergibt sich folgendes: Fixieren wir mit den beiden Augen einen nicht zu weit entfernten Punkt, z. B. P_1 in Bild **64**.1, so werden gleichzeitig alle diejenigen Punkte binokular einfach gesehen, deren Bilder in beiden Augen auf korrespondierende Netzhautstellen fallen. Der geometrische Ort dieser Punkte heißt *Horopter*. Es zeigt sich, daß für die Horizontalebene durch D_1 und D_r der Horopter in erster Näherung der Kreis durch die beiden Augendrehpunkte D_1, D_r und den Fixierpunkt P_1 ist (Vieth-Müllerscher *Horopter*kreis). Die innerhalb oder außerhalb des Horopters liegenden Punkte liefern Doppelbilder. Dies gilt nicht für einen begrenzten, in der Horizontalebene flächenförmigen Bereich um den Horopter herum, den sogenannten *Panum-Bereich*. Die innerhalb des Panum-Bereiches liegenden Punkte (z. B. P in Bild **64**.1) werden ebenfalls einfach gesehen; dadurch wird die Tiefenwahrnehmung nach Bild **64**.1 möglich. Der Panum-Bereich beträgt in Winkelmaß nahe der Netzhautgrube nur etwa $5'$, bei Sehwinkeln oberhalb von $3°$ aber etwa 3% des Sehwinkels. Die außerhalb des Panum-Bereiches liegenden Punkte werden nicht mehr gleichzeitig mit dem Fixierpunkt *einfach* gesehen, sondern es treten Doppelbilder auf, die nur noch einen bedingten Beitrag zur Raumwahrnehmung liefern.

Von größter Wichtigkeit ist ferner, daß wir schon *sehr kleine* Parallaxen deutlich als Tiefenunterschiede auswerten können. Während im einäugigen Sehen zwei Punkte mit dem kleinsten Winkelabstand von 2^c eben noch getrennt wahrgenommen werden, können wir für das zweiäugige Sehen eine „*Tiefensehschärfe*" δ von 80^cc bis 30^cc annehmen. Das räumliche Hintereinander der Punkte P und P_2 kann also noch erkannt werden, wenn die entsprechenden Konvergenzwinkel sich um den Betrag δ unterscheiden.

Die größte Entfernung, in der wir überhaupt noch räumlich sehen können, ist dann erreicht, wenn der Konvergenzwinkel γ auf den Betrag δ gesunken ist. Wir nennen diese Entfernung den „Radius des stereoskopischen Feldes". Mit der mittleren Augenbasis $b = 65\ \mathrm{mm}$ errechnet man Radien von 530 bis 1340 m. Praktische Bedeutung haben diese Zahlen nicht.

1.4.3 „Künstliches" stereoskopisches Sehen

Da jedes Auge allein nur *Richtungen* nach Punkten zu sehen vermag, können wir den Anblick eines natürlichen Objektes dadurch ersetzen, daß wir jedem Auge getrennt ein gezeichnetes oder photographiertes Bild darbieten. Sofern diese Bilder Ansichten von verschiedenen Standpunkten aus darstellen und sich demnach durch Horizontalparallaxen voneinander unterscheiden, entstehen ähnliche Netzhautbilder wie bei der Betrachtung des wirklichen Objektes. Im geometrischen Modell dieses Vorganges wird durch die Schnittpunkte der Sehstrahlen des linken Bildes nach Punkten des linken Auges

---

[1]) Die den Horizontal- und Vertikalparallaxen entsprechenden Größen in der Photogrammetrie werden als x- und y-Parallaxen (*px* bzw. *py*) bezeichnet (s. 1.2.6.2).

und der entsprechenden Strahlen des rechten Bildes nach dem rechten Auge ein im Raume schwebendes, virtuelles Modell des dargestellten Gegenstandes erzeugt. Mit diesem einfachen geometrischen Modell kann der Wahrnehmungsvorgang für unsere Aufgabe hinreichend beschrieben werden[1]).

Wir machen mit Bild **66**.1 folgenden Versuch: Wir halten das Buch in etwa 60 cm Entfernung vom Auge und bringen etwa in die Mitte zwischen Auge und Buch einen senkrecht gehaltenen Bleistift. Dessen Spitze visieren wir so ein, daß wir über sie hinweg mit dem *linken* Auge die

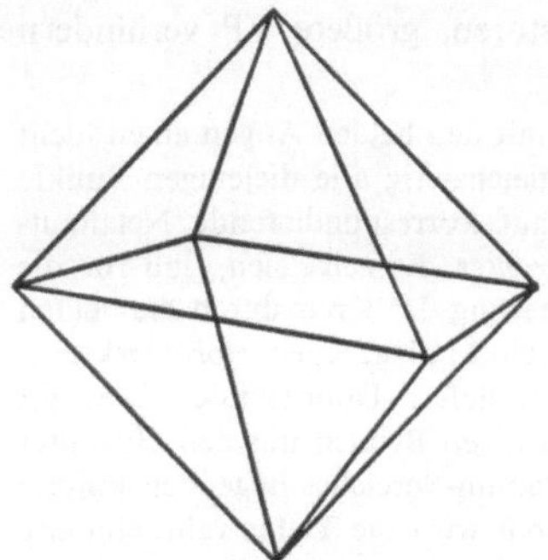 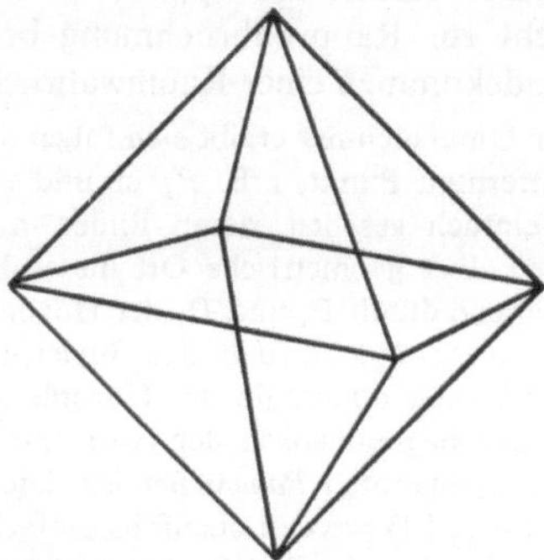

66.1 Stereoskopische Teilbilder eines Oktaeders. Bei Betrachtung mit *gekreuzten* Augachsen erscheint das *ortho*skopische Modell *vor* der Papierebene; mit *gleichgerichteten* Augachsen sieht man das *pseudo*skopische Modell *hinter* der Papierebene. (Man versuche die Betrachtung ohne Zuhilfenahme eines Stereoskopes!)

untere Ecke der *rechten* Figur und zugleich mit dem *rechten* Auge die untere Ecke der *linken* Figur sehen. Wir blicken (konvergieren) nun andauernd auf die Bleistiftspitze, versuchen aber gleichzeitig, auf die dahintergelegenen Figuren scharf einzustellen (zu akkommodieren), ohne die Bleistiftspitze zu verlieren. Nach einigen vergeblichen Versuchen gelingt es uns, Akkommodation und Konvergenz der Augen voneinander loszukoppeln. Wir sehen dann über der Bleistiftspitze im Raum ein Oktaedermodell schweben, das wir jetzt mit der Bleistiftspitze abtasten oder mit einem Zirkel ausmessen können. Der interessante Versuch erfordert im Anfang ein wenig Geduld. Damit das Modell *vor* der Zeichenebene erscheine, sind hier offenbar rechtes und linkes Bild miteinander vertauscht. Sie müssen daher mit *gekreuzten* Augachsen betrachtet werden.

Zu den wesentlichen *Bedingungen des stereoskopischen Sehens* gehört demnach:

1. *Jedem der beiden Augen muß praktisch gleichzeitig und getrennt ein besonderes Bild dargeboten werden.* Die Bilder dürfen nicht kongruent sein, sondern sie müssen Parallaxen aufweisen, also Ansichten von verschiedenen Standorten darstellen.

2. *Die Blickrichtungen nach einander entsprechenden Bildpunkten müssen sich (wenigstens annähernd) im Raume schneiden.* Die Bilder müssen daher für die Betrachtung gegeneinander so ausgerichtet werden, daß entsprechende Kernstrahlen der Aufnahme (s. 1.2.6.1) in derselben Geraden liegen, daß also auch die Betrachtung (wenigstens angenähert) in Kernebenen erfolgen kann. Hinzu kommt noch, falls die Bilder freiäugig betrachtet werden.

---

[1]) Da die räumliche Wahrnehmung ein psychischer Prozeß ist, so ist ihre Nachahmung durch ein künstliches, automatisches System grundsätzlich ausgeschlossen. Für automatische Messungen (s. 5.3) ersetzt man sie durch Verfahren der Korrelation.

3. Einander entsprechende ferne Punkte der beiden Bilder dürfen keinen größeren gegenseitigen Abstand als die Augenbasis (im Durchschnitt 65 mm) voneinander haben. Für die Betrachtung mit einem Stereoskop kann diese Bedingung entfallen. Jedenfalls muß aber *Divergenz* der Augachsen ausgeschlossen sein.

Bildpaare, die diesen Bedingungen genügen (vgl. **66**.1 und **74**.1), kann man nach einiger Übung ohne Hilfsmittel stereoskopisch zu einem Raumbild verschmelzen.

Man verfährt dabei wie folgt: Nachdem man, nach einem fernen Punkte blickend, die Augachsen nahezu parallel gerichtet hat, schiebt man in etwa 30 cm Abstand das Bildpaar zwischen die Augen und den Fernpunkt, so daß jedem Auge ein Teilbild gegenüberliegt. Die Bilder erscheinen zunächst völlig unscharf, aber in *ein* Bild zusammengeflossen. Nun muß man, ohne die Konvergenzstellung der Augen zu ändern, vorsichtig versuchen, auf die Bildebene scharf einzustellen. Bei den ersten Versuchen wird dabei, da man gewohnheitsmäßig auf die Entfernung der Bildebene konvergiert, das Sammelbild wieder in seine beiden Teilbilder auseinanderrücken. Zur Unterstützung kann man die Teilbilder durch eine dazwischengehaltene Scheidewand (Blatt Papier) trennen.

Das aus dem Prismenstereoskop von D. Brewster (1849) entwickelte *Linsenstereoskop* (Bild **67**.1) erleichtert die Betrachtung von Bildpaaren, indem es die Schwierigkeit besei-

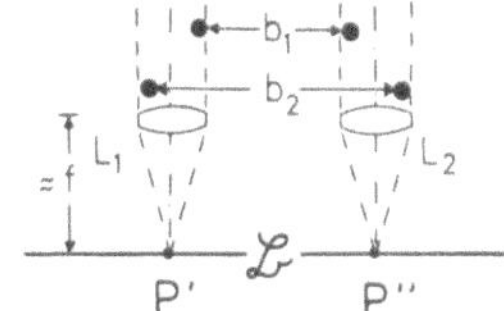

67.1 Schema eines einfachen Linsenstereoskopes. Ist der Abstand der Okularlinsen L_1, L_2 von der Ebene $\mathfrak{B}$ der beiden Teilbilder gleich ihrer Brennweite, so treten Parallelstrahlbündel aus. Die Beobachteraugen sind bei genähert parallelen Blickrichtungen auf die Ferne akkomodiert. Für eine Augenbasis $b_2 > b > b_1$ ist keine Okularverstellung nötig

tigt, mit nahezu parallelen Augachsen (*Fern*punkteinstellung) auf eine *nahe* Bildebene akkomodieren zu müssen. Die aus dem Stereoskop austretenden Lichtstrahlenbündel sind parallel, erlauben also eine Fernpunkt-Akkommodation der Augen.

Um größere Bilder mühelos betrachten zu können, bei denen der Abstand einander entsprechender ferner Punkte wegen der Bildabmessungen größer als der Augenabstand sein muß, konstruierte H. von Helmholtz 1857 (nach dem Vorgang von Ch. Wheatstone 1838) das *Spiegelstereoskop*, bei welchem die Betrachtungszentren durch zweimalige Spiegelung auseinandergerückt sind (**67**.2)[1].

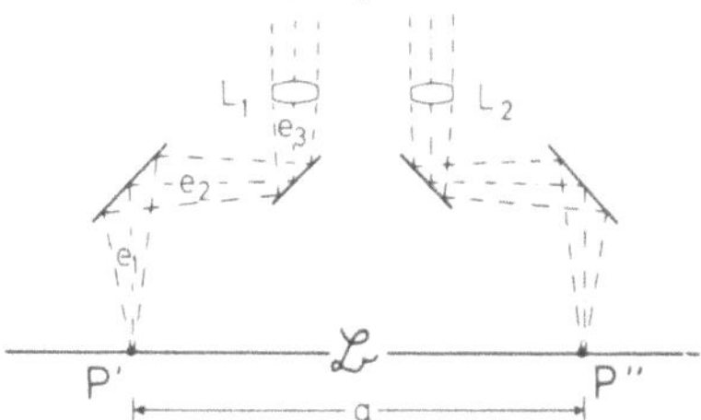

67.2 Spiegelstereoskop für größere Abstände a homologer Punkte P', P''. Wegen $e_1 + e_2 + e_3 = f$ sind nur geringe Okularvergrößerungen $v = 250/f$ möglich. Man kann daher zusätzlich kleine Zusatzsysteme aufsetzen, die bei v_F-facher Eigenvergrößerung eine Gesamtvergrößerung $v_{ges} = v_F$ $250/f$ liefern

Es liegt auf der Hand, daß der sehr fruchtbare Grundgedanke des Spiegelstereoskops in verschiedenen Richtungen von vielen Firmen weiter entwickelt wurde. Der Abstand a

---

[1] Die sehr interessante Geschichte des Stereoskops ist ausführlich bei M. von Rohr, Die binokularen Instrumente, 2. Aufl. Berlin 1920, dargestellt.

5*

in Bild **67.**2 kann leicht durch Verschiebung der großen Spiegel auf einer Brücke veränderlich gemacht und dadurch an wechselnde Bildabstände angepaßt werden. Für eine freie Aufhängung und eine Parallelverschiebung des ganzen Stereoskops wurden Kreuzschlitten-, Parallelogramm- und Rollenführungen entwickelt. Durch Hinzufügen eines Stereomikrometers (Bild **68.**1) wurde das einfachste Stereomeßgerät geschaffen, das

68.1 Mitte: zusammenklappbares Taschenstereoskop, links: Spiegelstereoskop mit vorgeschlagenen Zusatzsystemen, rechts: zusätzlich mit Schrägpult und Stereomikrometer (Werkphoto Zeiss, Oberkochen)

heute in einer sehr großen Zahl von Bauarten verbreitet ist. Durch optische Strahlenteilung kann sogar die gleichzeitige Betrachtung und Diskussion eines Bildpaares durch zwei Beobachter (z.B. Lehrer und Schüler) ermöglicht werden. Die sogenannten Zoom-Optiken (Systeme mit stufenlos veränderlicher Vergrößerung) wurden herangezogen; schließlich wurden auch Stereomikroskope aus dem biologischen und medizinischen Bereich für unsere Aufgabenstellungen hergerichtet. In dieser großen Zahl von Varianten spiegelt sich vor allem die Vielgestaltigkeit der Aufgaben der modernen Photointerpretation.

Wir fragen nun, wie sich die durch stereoskopische Instrumente vermittelte zur natürlichen Raumwahrnehmung verhält und welche Verzerrungen hierbei auftreten können. Leider steht eine befriedigende und anwendbare Theorie der stereoskopischen Wahrnehmung immer noch aus[1]). Wir beschränken uns daher hier auf ein paar schon von C. Pulfrich mitgeteilte einfache Regeln, die einige wichtige und auffällige Erscheinungen betreffen. Die beiden Fälle, daß wir den Raum *direkt* durch ein binokulares Instrument (Feldstecher, Scherenfernrohr, stereoskopischen Entfernungsmesser) betrachten oder daß wir den beiden Augen je ein photographisches Teilbild des Raumes im Stereoskop darbieten, zeigen keine grundsätzlichen Unterschiede.

Um ein *raumtreues Wahrnehmungsmodell* zu erzeugen, müssen bei der Betrachtung durch Instrumente

1. die Länge der Betrachtungsbasis,

2. die Gestalt der Strahlenbündel,

3. die Orientierung derselben gegenüber der Betrachtungsbasis mit den entsprechenden Größen der natürlichen freiäugigen Betrachtung des Raumes bzw. der photographischen Stereoaufnahme übereinstimmen.

Zu 1. Hat die stereoskopische Basis unseres Instrumentes bzw. die Basis der Stereoaufnahme die *n*-fache Länge unserer Augenbasis, so entspricht der Raumeindruck demjenigen, den wir bei freiäugiger Betrachtung eines *n*-fach verkleinerten Modelles

¹) Günther, N.: Optik **2** (1947) und **4** (1949), ferner Zeiss-Mitt. **3** (1964).

des Raumes hätten, das sich in $1/n$ der wirklichen Entfernung befände. Das Tiefenunterscheidungsvermögen ist hierbei n-fach vergrößert, da ja die natürliche Augenbasis den Wert 1 behält und bei n-facher Verkleinerung des Betrachtungsabstandes (s. 2.2.1.1) die Genauigkeit der Tiefenunterscheidung mit n^2 zunimmt. Der Mert von n wird auch *spezifische Plastik* genannt.

Zu 2. Vergrößern die Fernrohre unseres Telemeters bzw. die Linsen unseres Stereoskopes v-mal, so werden alle Winkel des Betrachtungsstrahlenbündels v-mal gegenüber den natürlichen Winkeln vergrößert. Der betrachtete Raumausschnitt erscheint uns wieder wie ein freiäugig betrachtetes Modell desselben in $1/v$ der wirklichen Entfernung. Auch bei diesem Modell sind die Tiefenabmessungen verkleinert zu denken. Im Gegensatz zu 1 haben jedoch die Frontabmessungen ihre natürliche Größe. Die Gegenstände erscheinen wegen dieser relativen Vergrößerung der Fronten *kulissenartig verflacht*. Auch hierbei tritt wie oben eine (v-fache) Steigerung der Tiefensehschärfe ein.

Das Produkt $n \cdot v$ heißt *totale Plastik. Der Zahlenwert der totalen Plastik* gibt demnach jeweils die durch die beiden genannten Mittel zusammen *erreichte Steigerung unserer natürlichen Tiefensehschärfe an*[1]).

Zu 3. Eine der wichtigsten Änderungen der Orientierung der Bilder gegenüber der Basis ist ihre Vertauschung. Wie Bild **69**.1 unmittelbar erkennen läßt, wird im Betrachtungsmodell die Tiefenfolge der Punkte umgekehrt, wenn bei der Betrachtung rechtes und

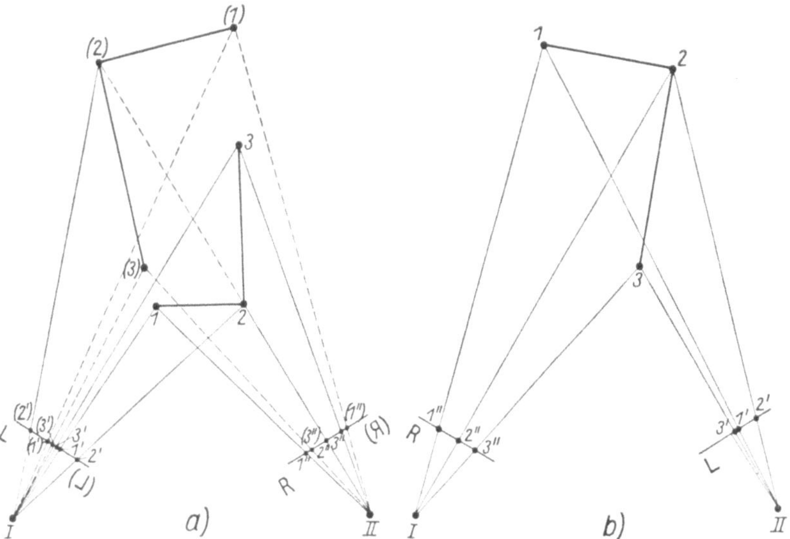

69.1 Vertauscht man bei stereoskopischer Betrachtung (a, voll ausgezogen) rechtes und linkes Teilbild, so erhält man einen pseudoskopischen (tiefenverkehrten) Raumeindruck (b). Das gleiche tritt ein, wenn die Bilder seitenverkehrt betrachtet werden (a, gestrichelt). Im letzteren Falle tritt eine Seitenvertauschung hinzu

---

[1]) Gleichen Zahlenwerten der totalen Plastik entspricht nicht die gleiche *Raumwahrnehmung*. So wird z.B. durch $n = 4$ und $v = 1/4$ keineswegs der natürliche Raumeindruck erzeugt. Wir dürfen bei derartigen schematischen Rechnungen auch nicht vergessen, daß der euklidische Raum der Außenwelt und unser subjektiver Sehraum inkommensurabel sind.

linkes Bild miteinander vertauscht werden: Der *orthoskopische Effekt* geht über in den *pseudoskopischen Effekt*. Das gleiche tritt ein, wenn die Bilder seitenverkehrt betrachtet werden (**69.1** a) oder wenn man sie in ihrer Ebene um 200^g dreht. Eine Zusammenstellung der typischen, bei durchsichtigen, stereoskopischen Teilbildern (Diapositiven) möglichen Anordnungen und der daurch erzielten stereoskopischen Wirkungen ist in Bild **70.1** gegeben.

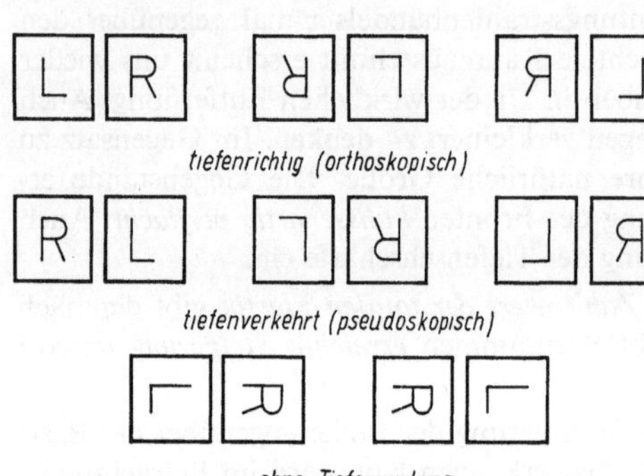

Versuch: Wir überzeugen uns von der Richtigkeit des Gesagten dadurch, daß wir Bild **66.**1 nicht mit gekreuzten Augachsen, sondern mit gleichgerichteten Augachsen betrachten.

70.1 Verschiedene Anordnungen der beiden Teilbilder L und R eines Stereo-Bildpaares (auf Glas) und die dabei erzielte Tiefenwirkung

Wie die Bilder **69.**1a, b erkennen lassen, tritt außer der Tiefenverkehrung auch eine Veränderung der Lage und Größe der Figur ein. Diese läßt sich vermeiden, wenn *nicht die Bilder selbst,* sondern nur die den Augen des Betrachters zugeleiteten *Strahlengänge* (durch Umkehrprismen) verdreht oder (durch ein besonderes optisches System) vertauscht werden. Die geometrischen Beziehungen bleiben dann unberührt, nur die Raumwahrnehmung des Betrachters wird verändert.

Wir fassen zusammen: *Die beiden Mittel, um die Grenzen des normalen stereoskopischen Sehens zu erweitern, sind: künstliche Vergrößerung des Augenabstandes bzw. der Aufnahmebasis und Vergrößerung der Sehwinkel* mittels Lupe, Mikroskop oder Fernrohr.

Wenn wir die obengenannten geometrischen Regeln über die zu erwartende Raumvorstellung durch die eigene Anschauung erhärten wollen, so ist zu beachten, daß hierbei *psychologische Momente* überwiegen. Die zustande kommende Raumvorstellung ist daher stark von der Person des Beobachters und der Eigenart des beobachteten Objektes abhängig. Einwandfrei feststellbar ist in den folgenden Beispielen wohl immer die Steigerung des Wahrnehmungsvermögens für Tiefenunterschiede.

Wir betrachten nun unsere Umgebung durch ein *Spiegelstereoskop* nach Bild **67.**2, nachdem wir die für den normalen Nahabstand bestimmten Brillengläser über den Prismen abgeschraubt haben. Wegen der (etwa 4mal) vergrößerten Betrachtungsbasis erscheinen hier alle Horizontalparallaxen vergrößert, während die Sehwinkel ihre ungeänderte Größe behalten. Dies hat nun zur Folge, daß wir das Gegenteil der Kulissenwirkung, nämlich eine scheinbare Dehnung der Tiefenabmessungen, beobachten. Dabei können wir entweder nahezu ungeänderte Größe und Entfernung der Gegenstände wahrnehmen. Oder aber wir haben — besonders bei öfter abwechselnder Beurteilung des stereoskopischen und des natürlichen Raumeindruckes — die Vorstellung, die Gegenstände seien uns näher gerückt (nahe Gegenstände stärker als entfernte) und etwas verkleinert. Verzerrungen des Raumbildes können wir durch teilweises Zusammenklappen der großen Spiegel erzielen.

Ein *stereoskopischer Entfernungsmesser* von 100 cm Basis und achtfacher Fernrohrvergrößerung ergibt bereits einen Wert der totalen Plastik von 120. Nahe und ferne Gegenstände erscheinen näher gerückt und in den Frontabmessungen vergrößert.

Bei Anaglyphenbildern (Tafel IV) ist darauf hinzuweisen, daß ein raumtreues Modell überhaupt nur in der einen Stellung der Augen zum Anaglyphenbild zustande kommen kann, die der Lage der Projektionszentren zu den Teilbildern entspricht. Alle anderen Augenstellungen des Betrachters haben, wie U. Graf [1]) gezeigt hat, affine Verzerrungen des wahrgenommenen Modells zur Folge.

Das läßt sich durch seitliches und Vor- und Rückwärtsbewegen des Kopfes während der Betrachtung von Tafel IV durch die Farbbrille sehr schön zeigen. Außerdem ändert sich die Tiefenwirkung des Raumbildes proportional dem Abstand der Beobachteraugen von der Schirm- oder Bildfläche. Die Richtigkeit oder Sicherheit der *Messung* mit einfachen Doppelprojektoren wird hiervon jedoch nicht berührt, da die Meßmarke bei Kopfbewegungen zusammen mit dem Raumbild auf dem Tischchen still steht.

Anaglyphendarstellungen, z.B. von Schichtlinienplänen, lassen sich leicht konstruieren, wenn man aus dem Originalplan einen zweiten ableitet, bei welchem die Schichtlinien entsprechend ihrer Höhe Δh gegenüber einer Bezugsebene um künstliche Parallaxen $c \cdot \Delta h$ in der x-Richtung parallel verschoben gezeichnet sind. Die beiden Pläne werden in Anaglyphenfarben übereinander gedruckt. U. Graf bezeichnet sie als „*unechte Anaglyphen*".

Mittels rechnergestützter Zeichenautomaten lassen sich Anaglyphenbilder heute auch vollautomatisch herstellen [2]).

1.4.4   Verschiedene Verfahren zur stereoskopischen Betrachtung von Bildpaaren [3])

Um der Bedingung 1 in 1.4.3 „Jedem Auge ein besonderes Bild" zu genügen, sind außer den Stereoskopen eine Reihe von Verfahren der „Bildtrennung" ausgearbeitet worden, deren Ziel darin besteht, von zwei den beiden Augen gleichzeitig dargebotenen Teilbildern jedem Auge nur eines sichtbar zu machen. Die Bildtrennung kann mit optischen oder mit mechanischen Mitteln erreicht werden. Optisch bestehen die beiden Möglichkeiten, entweder *Art*unterschiede oder *Zustands*unterschiede der Lichtstrahlen für die Trennung auszunutzen, d.h. entweder mit Komplementärfarben oder mit polarisiertem Licht zu arbeiten. Die mechanischen Verfahren bewirken entweder eine zeitliche oder eine räumliche „Verschachtelung" der beiden Teilbilder ineinander. Dem ersteren Zweck dienen stroboskopische Verfahren, die rasch bewegte Wechselblenden benutzen. Die zweite, bisher wohl überwiegend in der Kinoprojektion angewandte Möglichkeit besteht darin, das Raumbild durch die Lücken eines optischen „Lattenzaunes" hindurch zu zeigen, wobei die (sehr schmalen) „Latten" für jedes Auge das diesem nicht zugeordnete Teilbild abzudecken haben (Rasterverfahren [4]), z.B. nach S.P. Iwanow).

1. Das *Anaglyphenverfahren* wurde von W. Rollmann (1853) und von J.Ch. d'Almeida (1858) angegeben. Danach werden die beiden stereoskopischen Teilbilder nicht *neben*einander gelegt, sondern *über*einander gezeichnet, gedruckt (Rollmann) oder projiziert (d'Almeida). Man färbt sie mit komplementären Farben (rot und grün besser als

---

[1]) Graf, U.: Dt. Math. **4** (1939) 432 bis 448; ferner Graf, U.: Z. f. Instr. **63** (1943) 265 bis 275.
[2]) Schwenkel, D., BuL **40** (1972) 144 bis 147.
[3]) Vierling, O.: Die Stereoskopie in der Photographie und Kinematographie. Stuttgart 1965, 249 S.
[4]) Als eine Variante der Rasterverfahren kann die *Xographie* betrachtet werden. Hierbei werden die beiden Teilbilder, in sehr schmale Streifen zerlegt, auf die Rückseite eines Filmes kopiert, auf dessen Vorderseite sehr schmale Zylinderlinsen aufgeprägt sind. Diese bewirken die Bildtrennung. Der technische Aufwand der Xographie ist groß.

blau und gelb) oder projiziert sie mit farbigem Licht und betrachtet sie durch eine Brille, deren Gläser entsprechend gefärbt sind. Hinsichtlich der Wirkungsweise bestehen zwischen den beiden Varianten des Verfahrens die folgenden Unterschiede:

Werden *komplementärfarbige* Teilbilder übereinander gezeichnet, gedruckt oder projiziert (Tafel IV), so sieht jedes Auge durch sein Farbfilter hindurch das zu diesem Filter komplementäre Bild schwarz; das gleichfarbige Bild verschwindet, da ja das weiße Papier in der Farbe des betreffenden Filters erscheint. Jedes Auge sieht also tatsächlich das ihm zugewiesene Bild und nur dieses. Durch die stereoskopische Verschmelzung entsteht dann das Raumbild.

Werden jedoch *schwarze* Teilbilder (etwa gewöhnliche Diapositive) einzeln unter Vorsetzen entsprechender Farbfilter übereinander projiziert, so werden die schwarzen Schatten der mit Zeichnung bedeckten Stellen z.B. in dem mit rotem Filter projizierten Bilde durch das grüne Licht des anderen Bildes beleuchtet, erscheinen also als grüne Zeichnung und umgekehrt. Die mit rotem und grünem Licht zugleich beleuchteten Stellen ohne Zeichnung erscheinen weiß (additive Wirkung). Ohne Brille sieht man daher rote und grüne Schatten auf annähernd weißem Grunde. Betrachtet man dieses Projektionsbild durch eine Rot-Grün-Brille, so entsteht ähnlich wie oben das Raumbild. Der Unterschied der beiden Verfahren ist also: Beim ersten Verfahren sieht jedes Auge das komplementärfarbige *Bild*, beim zweiten Verfahren den komplementärfarbigen *Schatten* als schwarze Zeichnung. Da der letztere aber durch die Zeichnung des gleichfarbigen Bildes erzeugt wird, so sieht hier jedes Auge die Zeichnung des *gleichfarbigen* Bildes.

Für die Projektion bietet die erste Variante den Vorteil, daß jeder gewöhnliche Projektionsapparat verwendbar ist. Die beiden Teilbilder werden farbig kopiert und übereinander gelegt. Für die zweite Variante ist ein Stereoprojektionsapparat mit zwei Projektionsobjektiven erforderlich. Das Anaglyphenverfahren eignet sich gut für Betrachtung, Druck und Projektion beliebig großer — allerdings nur schwarzer — Bilder. *Farbenblindheit* des Beobachters beeinträchtigt den Raumeindruck nicht, da es hier nicht auf die *Farb*empfindung, sondern auf das *Auslöschen* der nicht zugeordneten Bilder ankommt. Diese Auslöschung ist ein vom Beobachter unabhängiger (physikalischer) Vorgang.

2. *Polarisationsfilter.* Verwendet man statt der komplementärfarbigen Filter solche Filter, die die Projektionsstrahlen der beiden Teilbilder senkrecht zueinander (linear) polarisieren, und betrachtet man die projizierten Bilder durch je ein vor jedes Auge gesetztes Filter mit entsprechend paralleler Schwingungsebene als Analysator, so lassen die Analysatorfilter die Lichtstrahlen mit paralleler Schwingungsebene hindurch. Die von dem jeweils anderen Projektionsbilde stammenden, senkrecht dazu polarisierten Lichtstrahlen werden dagegen ausgelöscht. Die Bildtrennung ist somit erreicht; jedes Auge vermag nur das ihm zugewiesene Bild zu sehen[1]). Als Vorzug dieses Verfahrens erwähnen wir die Möglichkeit, auch *farbige* Bilder in annähernd natürlichen Farben stereoskopisch zu projizieren. Das Verfahren ist in der beschriebenen Form für den Druck nicht geeignet. Für Meßzwecke hat sich die starke Richtungsempfindlichkeit des polarisierten Lichtes gegenüber Kopfbewegungen des Beobachters als nachteilig erwiesen. Diese läßt sich beseitigen, wenn nicht linear, sondern (durch Einschalten von phasenverschiebenden $\lambda/4$-Plättchen) *zirkular* polarisiertes Licht verwendet wird.

------

[1]) Der Vorschlag, zur Bildtrennung (linear) polarisiertes Licht zu verwenden, geht auf den Londoner Feinmechaniker J. Anderton zurück, der darauf bereits im Jahre 1891 ein englisches Patent erhielt.

Tafel IV   Anaglyphendruck eines Senkrecht-Bildpaares

Tafel IV   Anaglyphendruck eines Senkrecht-Bildpaares

Das Bild zeigt das Nordende des Walchensees (802 m über NN) und den Kochelsee
(599 m über NN) in Oberbayern. Vergleiche hierzu die Topographische Karte
1 : 25 000 Blatt Nr. 8334 Kochel am See. Norden ist unten. In der oberen Bildhälfte
links der Jochberg (1567 m), in der Mitte das Walchenseekraftwerk mit Druckstollen
und Hochspannungsleitungen. Unten links der Ort Kochel am See.

Aufgenommen mit Weitwinkel-Objektiv Zeiss-Pleogon 1 : 5,6, f = 153 mm aus einer
Flughöhe von 5300 m über NN.
Film: Kodak Super XX — Filter: B — Belichtungszeit: $^{1}/_{200}$ s — Maßstab des Ana-
glyphenbildes: rund 1 : 40 000.

Betrachtung durch die im hinteren Buchdeckel befindliche Anaglyphenbrille (rotes
Filter links!). Bei seitenverkehrt gehaltener Brille oder Tafel entsteht ein tiefenver-
kehrter (pseudoskopischer) Raumeindruck. Im Bild oben rechts sind drei Meßmarken
einkopiert, von denen die rechte auf der Geländeoberfläche aufsitzt, die mittlere unterhalb der Geländeoberfläche erscheint und die linke über dem Gelände in der Luft
schwebt.

Nach einem Verfahren der amerikanischen Polaroid-Gesellschaft wird die *Vectograph-Folie* hergestellt. Sie ist aus zwei Schichten zusammengesetzt, die aus orientierten langen Kettenmolekülen aufgebaut sind. Diese Moleküle erhalten durch Aufnahme eines Zusatzfarbstoffes einen entsprechend der aufgenommenen Farbstoffmenge abgestuften Polarisationsgrad. Die Polarisationsebenen beider Schichten sind um 90° gegeneinander verdreht. Die Übertragung der beiden stereoskopischen Teilbilder auf diese Schichten geschieht über „Auswasch-Reliefs", die in einem Farbstoffbad den Tonabstufungen der Originalnegative entsprechende Farbstoffmengen absorbieren und beim Aufpressen auf die Folien an deren Moleküle abgeben. Die polarisierende Wirkung der unteren Schicht wird durch die darüber liegende nicht gestört. Das Verfahren ist in der Handhabung einfach und eignet sich zur Herstellung von Lichtbildern und Drucken, allerdings nicht nach farbigen Vorlagen.

3. *Wechselblenden.* Man kann schließlich die Trägheit des menschlichen Auges ausnutzen, indem man die beiden Teilbilder nicht genau *gleichzeitig*, sondern in kurzen Intervallen *abwechselnd* den beiden Augen darbietet (Prinzip der „zeitlichen Bildtrennung"). Geschieht der Wechsel schnell genug (mindestens 5 Wechsel/s; für Flimmerfreiheit sind jedoch 35 bis 50 Wechsel/s nötig), so wird auch auf diese Weise ein einwandfreier Raumeindruck erzielt. Eine vorgeschlagene Apparatur verwendet durch Wechselstrom erregte Elektromagnete, welche je zwei kleine, vor den Projektionsapparaten und vor den Augen angebrachte Blenden synchron so in Schwingungen versetzen, daß in raschem Wechsel je ein Auge und das zugehörige Projektionsbild freigegeben werden. Die Betrachtungsmittel sind bei dieser Anordnung offenbar etwas komplizierter. Anstelle der *schwingenden* Blenden können auch schnell *rotierende* Blenden verwendet werden.

Um zwei Teilbilder in sehr raschem, flimmerfreiem Wechsel zu projizieren, kann man sich ferner der Tatsache bedienen, daß bei Gasentladungslampen (z. B. Quecksilberdampflampen) der emittierte Lichtstrom der Stromkurve des speisenden Wechselstromes entspricht. Derartige Lampen erzeugen also bei richtiger Schaltung kurzdauernde, sich gegenseitig ablösende Lichtblitze. Hierdurch werden die obenerwähnten Blenden vor den Projektionsapparaten — nicht aber auch die vor den Augen des Betrachters — überflüssig gemacht.

1.4.5 Stereoskopisches Messen

Wir erinnern daran, daß beim beidäugigen Sehen auf den Netzhäuten beider Augen — und somit auch in jeder Ebene zwischen Augen und Gegenstand — je eine Zentralperspektive des betrachteten Gegenstandes als „stereoskopisches Teilbild" oder „Halbbild" desselben entsteht. Die beiden Perspektiven unterscheiden sich im wesentlichen durch Horizontalparallaxen voneinander. Bietet man nun zusätzlich den Augen je ein entsprechend konstruiertes stereoskopisches Teilbild (auf durchsichtiger Unterlage) dar, so werden wir in dem *natürlichen* Raum den durch unsere Zeichnung dargestellten *künstlichen* Gegenstand erblicken. Entwerfen wir die beiden Teilbilder so, daß sie ein schräg in den Raum hineinragendes Meßband darstellen, so können wir nach Eichung desselben unmittelbar die Entfernung räumlicher Gegenstände von unserem Standpunkt an dem Meßband ablesen (74.1). Wir haben damit den Schritt vom stereoskopischen *Sehen* zum stereoskopischen *Messen* getan. Es kommt hierbei nicht mehr auf eine Entfernungsschätzung an, sondern nur noch auf die Beurteilung des räumlichen Zusammenfallens von Gegenstand und Marke.

Nachdem die grundlegenden Tatsachen des stereoskopischen Sehens durch den englischen Physiker Ch. W h e a t s t o n e (1833) systematisch beobachtet und richtig gedeutet worden waren, folgten A. Rollett (1861) und J. Harmer (1880) dem obigen Gedankengang. Harmer dachte an eine Anwendung seines Vorschlages auf die Messung von Wolkenhöhen. Beide scheinen aber an den Ausführungsschwierigkeiten gescheitert zu sein.

Während die im Raume gesehene Meßskala Rolletts lediglich die Schätzung der Entfernung zwischen zwei Skalenstrichen erlaubte, ging F. Stolze (1892) einen entscheidenden Schritt weiter. Er schlug nämlich vor, auf zwei stereoskopische Geländephotographien je ein Meßgitter aufzulegen, Bilder und Gitter gemeinsam stereoskopisch zu

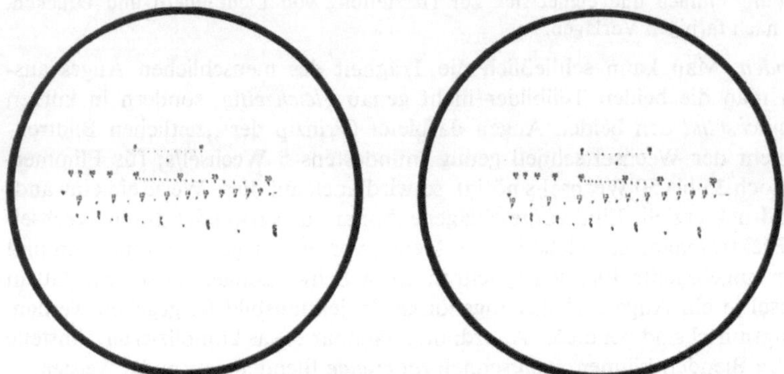

74.1 Stereoskopische Teilbilder einer Meßmarkenreihe, die sich in den Bildebenen des Doppelfernrohres eines neueren stereoskopischen Entfernungsmessers befinden. Bei beidäugiger Betrachtung (entweder freiäugig gemäß S. 66 oder mittels eines kleinen Taschenstereoskopes) erscheint die im Zickzack von vorn nach hinten verlaufende räumliche Markenreihe. Links, rechts und oben Justiermarken. Einheit der Bezifferung: 100 m. Durch Drehen und Neigen des Entfernungsmessers wird die Skala so über den zu messenden Gegenstand gebracht, daß dessen Entfernung zwischen zwei aufeinanderfolgenden Marken abgeschätzt werden kann

betrachten und, um das Raumbild des Meßgitters mit dem Raumbild eines beliebigen Geländepunktes zur Berührung zu bringen, die eine der beiden Gitterplatten *mikrometrisch* gegenüber dem Bild *zu verschieben*. Das Raumbild des Gitters wandert dann in der Tiefenrichtung. Damit war die „*wandernde Marke*" erfunden. Die Einrichtung wird noch heute in den Meßstereoskopen der englischen Firma Barr & Stroud verwendet (s. 4.4). Bei modernen stereoskopischen Meßgeräten haben sich *leuchtende* Meßgitter, -skalen oder -marken gut bewährt, die in die beiden Gesichtsfelder eingespiegelt werden.

Die Idee des stereoskopischen Entfernungsmessers stammt von dem Ingenieur H. de Grousilliers (1891/92), der sich 1893 damit an die Zeissischen Werkstätten wandte. Sein Vorschlag enthielt ein Helmholtzsches Telestereoskop mit Fernrohrvergrößerung. In den Bildebenen des Doppelfernrohres sollten sich die Halbbilder der stereoskopischen Skala nach Rollett befinden. An der Entwicklung des Instrumentes in Jena hatte C. Pulfrich großen Anteil; er veröffentlichte 1899 die erste Beschreibung.

Zum „Vater der Stereophotogrammetrie" wurde Pulfrich durch die Konstruktion des *Stereokomparators* im Jahre 1901. Es war die Aufgabe gestellt, auf Grund eines gegebenen Stereobildpaares die räumliche Lage von Punkten des dargestellten Objektes zu bestimmen. Die Aufgabe besteht in der (sehr genauen) Messung der x-Parallaxen px (s. 1.2.6.2). Zu dieser Messung benutzte Pulfrich das *Prinzip der „wandernden Marke"*.

Versuch: Wir betrachten Bild **66**.1 mit einem kleinen Linsenstereoskop. Auf jedes Bild legen wir, ungefähr senkrecht zur Betrachtungsbasis, parallel zueinander je eine Stecknadel, und zwar so, daß ihre Spitzen entsprechende Ecken des Oktaeders berühren. Dann erscheint im stereoskopischen Bild *eine* räumlich gesehene Nadel in der Entfernung, in der jene Ecke gesehen wird. Verschieben wir nun eine der beiden Nadeln in Richtung der Betrachtungsbasis um wenige Millimeter nach der einen und anderen Seite, so „wandert" das Raumbild der Nadel im Modell deutlich nach vorn bzw. nach hinten. Wir können so durch gegenseitige und gemeinsame Verschiebung der Nadeln jeden beliebigen Punkt des Oktaeders räumlich einstellen. Die gegenseitige Verschiebung der Nadeln entspricht der x-Parallaxe px. Statt der Nadeln kann man auch die Spitzen eines Zirkels verwenden, dessen Öffnung man dann entsprechend ändert.

Die beiden Bilder des auszumessenden Bildpaares sind im Stereokomparator wie in einem Stereoskop angeordnet und werden durch ein Doppelmikroskop betrachtet. In der Bildebene jedes Mikroskopes befindet sich eine feste Meßmarke. Bei der zweiäugigen Betrachtung werden die beiden Marken zu *einer räumlichen Marke* verschmolzen, die sich an einer genau angebbaren Stelle des Raumbildes zu befinden scheint. Um die Raummarke wandern zu lassen, ist nun eine relative Verschiebung der Meßmarke gegenüber dem Bild notwendig. Im Stereokomparator sind die Meßmarken fest, die Bilder werden dagegen verschoben, und zwar einmal gemeinsam in zwei zueinander senkrechten Richtungen und ferner das eine Bild gegenüber dem anderen. Mittels dieser drei Verschiebungen läßt sich die Raummarke auf jeden Punkt des Raumbildes „aufsetzen". An drei Maßstäben kann man Abszisse, Ordinate und Horizontalparallaxe des eingestellten Punktes ablesen. Damit ist das Problem der stereoskopischen Messung für die Photogrammetrie gelöst (s. auch 3.1.1.2). *Ohne die Stereoskopie ist die moderne Entwicklung der Photogrammetrie undenkbar.*

Die Bildmessung hat es nicht, wie die Entfernungsmessung, mit dem *natürlichen* Raum, sondern mit einem aus zwei stereoskopischen Bildern erzeugten *künstlichen* Raum zu tun. Die stereoskopische Verschmelzung der Teilbilder zu einem *Modell* bringt die Vorteile, daß selbst bei einförmigen Objekten[1] (z.B. Sand- oder Eisflächen) eine *eindeutige Zuordnung* der zusammengehörigen Bildpunkte möglich ist und daß bei unscharf bestimmten Gegenständen die *Meßgenauigkeit* gegenüber der einäugigen Messung erhöht ist. An die Stelle der punktförmigen Ausmessung kann nun die *stetige linienweise Ausmessung* der Bilder treten. Zur Messung wird fast ausschließlich die wandernde Marke — in verschiedener konstruktiver Ausbildung — benutzt. Die auszumessenden Teilbilder sollen die Gegenstände in etwa gleichem Maßstab zeigen (Größenunterschiede bis zu etwa 14% sind noch erträglich). Die Bilder (oder wenigstens die zu den Augen gelangenden Strahlenbündel) müssen richtig zueinander orientiert sein (s. 1.4.3). Sie sollen etwa die gleiche Beleuchtungsstärke aufweisen. Erwünscht ist ferner, daß die Meßmarke nur geringen Kontrast gegenüber den Bildern besitzt.

Bei ungleicher Beleuchtungsstärke der Teilbilder treten, wenn die Meßmarke annähernd in Basisrichtung rasch bewegt wird, Störparallaxen auf. Ihre Größe und ihr Vorzeichen hängen vom Verhältnis der Beleuchtungsstärken, von Geschwindigkeit und Richtung der Markenbewegung sowie vom Basisverhältnis ab. Dieser nach seinem Entdecker benannte *Fertsch-Effekt* oder auch *Pulfrich-Effekt* wird mit der Wahrnehmungsverzögerung des dunkleren Bildes erklärt. Er erreicht unter praktischen Arbeitsbedingungen (z.B. beim Messen von Schichtlinien oder Profilen) spürbare Größenordnung[2].

---

[1] die jedoch nicht völlig ohne Struktur sein dürfen!

[2] Neubauer, H.G.: NaKaVerm Reihe I, Nr. 60. Frankfurt/M 1973, 5 bis 21.

1.4.6 Stereologie [1])

Im Jahre 1961 wurde die Internationale Gesellschaft für Stereologie gegründet. Die Aufgabe der Stereologie besteht darin, durch Analyse zweidimensionaler Schnitte oder Projektionen sonst unzugänglicher Raumobjekte deren *räumliche* Struktur mit möglichst hoher Zuverlässigkeit zu erschließen, kurz: um Extrapolationen von zwei- zu dreidimensionalen Räumen. Dabei handelt es sich z. B. um Serien von ebenen Schnitten biologischer Objekte oder um Probenanschliffe in der Metallkunde. Wichtige dabei benutzte Methoden sind statistisch-geometrischer Natur: es müssen also gewisse statistische Voraussetzungen gemacht werden.

Offenbar handelt es sich hier um ein interessantes Gegenstück zu den Methoden der stereometrischen Messung, bei denen ebenfalls ein Raumobjekt aus zwei ebenen Projektionen bestimmt wird. Der Unterschied — und damit der Grad der möglichen Zuverlässigkeit — besteht darin, daß wir über exakte *Abbildungen* der zu bestimmenden Raumstrukturen verfügen, während in der Stereologie Schlüsse durch Inter- oder Extrapolation zwischen statistischen *Stichproben* gezogen werden müssen.

1.5 Photographie

Die dem Luftbildphotographen in der Regel gestellte Aufgabe läßt sich wie folgt beschreiben: Aus einem schnell bewegten Luftfahrzeug sind in großer Höhe über dem Erdboden (bei tiefer Temperatur, die während des Aufstieges rasch eintrat) eine größere Anzahl von Bildern aufzunehmen, die nach einem vorgeschriebenen Plan aufeinander folgen sollen. Die an sich geringen Kontraste des aufzunehmenden Geländes werden durch das „Luftlicht" noch weiter vermindert. Die Bilder müssen daher geringste Helligkeits- und Farbtonunterschiede des Geländes gut wiedergeben. Sie sollen vor allem ein hohes Auflösungsvermögen für alle Bildeinzelheiten zeigen. Es wird weiterhin gefordert, daß möglichst exakte Zentralperspektiven erzeugt werden und daß die Bilder während der Bearbeitung und auch später bei der Lagerung keine merkbaren unregelmäßigen Formveränderungen erleiden, welche den Charakter der Zentralperspektive verändern. Für die Erdbildmessung liegen die Verhältnisse in einigen Punkten einfacher.

1.5.1 Bei Luftaufnahmen wirksame Beleuchtung [2])

Der Zusammenhang zwischen dem Ergebnis der Luftaufnahme, nämlich der Schwärzung der Negativschicht und der auf die Schicht auftreffenden Beleuchtung wird durch die bekannte *Schwärzungskurve* dargestellt (Bild **77**.1). Diese zeigt als Abszissen die logarithmischen Werte der aufgestrahlten Belichtung und als Ordinaten die Schwärzungswerte $S = \log 1/T$ als Logarithmen der Kehrwerte der Transparenz T der geschwärzten Schicht. Das geradlinige Stück der Schwärzungskurve bezeichnet das Gebiet der Normalbelichtung: es umfaßt einen Belichtungsbereich von etwa 1:100 oder zwei logarithmischen Einheiten. Hier werden die Intensitätsverhältnisse unverzerrt als Schwärzungen wiedergegeben. Der Tangens der Neigung dieses geradlinigen Stückes der Kurve heißt *Gradation* γ.

---

[1]) Weibel, E. R. et al. (eds.): Stereology 3. Proc. 3rd Int. Congress for Stereology. Oxford-London-Edinburgh-Melbourne 1972, 395 p.; Underwood, E. E.: Quantitative Stereology. Reading, Ma. 1970, 274 p.

[2]) Schwidefsky, K.: BuL **28** (1960) 46 bis 62.

Je größer das „Gamma" einer Schicht ist, um so kontrastreicher oder härter arbeitet diese. Die Gradation ist in hohem Masse durch die Entwicklung der Schicht zu beeinflussen.

Um Klarheit über die besonderen Verhältnisse bei Luftaufnahmen zu schaffen, müssen wir zuerst über die Abszissen der Schwärzungskurve sprechen, d. h. über die Intensität und spektrale Verteilung der auf die Schicht auffallenden Strahlung. Bild 77.2 gibt eine Übersicht über die Beleuchtungsverhältnisse bei Luftaufnahmen. Von der gesamten extraterrestrischen Sonnenstrahlung wird rund ein Drittel schon beim Eindringen in die Atmosphäre zerstreut in den Weltraum zurückgestrahlt. Der Rest wird in der Atmosphäre bis zum Erreichen der Erdoberfläche weiter durch die *atmosphärische Extinktion* (das ist die Summe der Streuung und Absorption) geschwächt. Wir interessieren uns für die von einer ebenen, horizontalen Geländefläche in Richtung auf die Luftbildkammer abgestrahlte Lichtenergie. Diese hängt zunächst von $\cos z_1$ ab, wenn z_1 die Zenitdistanz der Sonne ist, ferner auch von $\cos z_2$, wenn z_2 die Zenitdistanz der Abstrahlungsrichtung ist, sowie von dem mittleren Reflexionsvermögen des betrachteten Geländestückes, der *Reflexion* oder Albedo desselben. Die Geländefläche wird hierbei nicht nur durch die direkte *Sonnenstrahlung*, sondern auch durch die zerstreute *Himmelsstrahlung* beleuchtet. Die Summe von Sonnen- und Himmelsstrahlung bezeichnet man als *Global-strahlung*. Zwischen Geländefläche und Luftbildkammer durchsetzt das Licht die unteren Teile der Atmosphäre noch ein zweites Mal. Die hierbei den abbildenden Strahlen

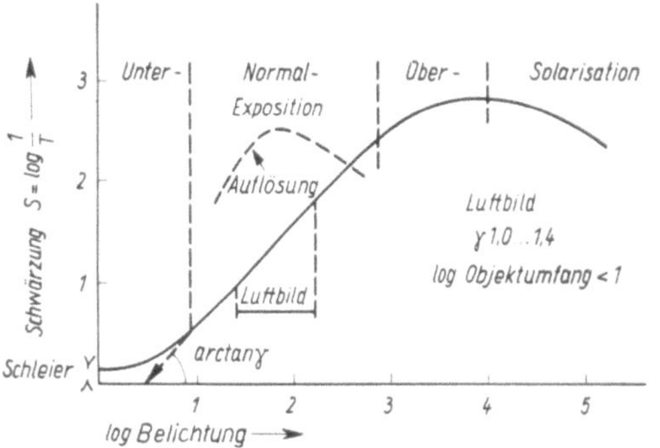

77.1 Schema der Schwärzungskurve einer photographischen Schicht. Über dem Logarithmus der aufgestrahlten Belichtung ($=$ Intensität $\times$ Zeit) ist die Schwärzung (oder Dichte) $S = \log 1/T$ als Ordinate aufgetragen ($T =$ Transparenz). Beachte den Gang der Auflösung mit der Schwärzung!

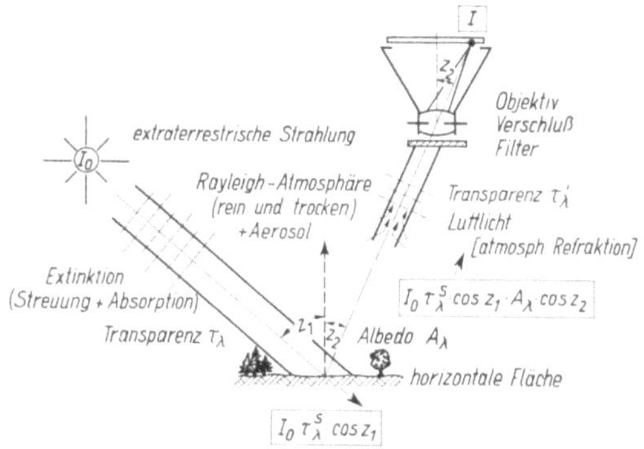

77.2 Schema der Bestrahlung einer photographischen Schicht in einer Luftbildkammer durch eine horizontale Geländefläche (ohne Himmelslicht)

wiederum beigemischte diffuse Himmelsstrahlung trägt als „*Luftlicht*" nicht zum Bildaufbau bei, sondern vermindert durch ihre Überlagerung die Kontraste. Man versucht, das Luftlicht durch Farbfilter vor dem Objektiv der Luftbildkammer zurückzuhalten. Schließlich treten im Aufnahmeobjektiv nochmals Lichtverluste durch Absorption und Streuung auf.

Nach diesem Überblick wollen wir einige wichtige Punkte einzeln hervorheben. Zur *atmosphärischen Extinktion* trägt in einer wolken- und rauchfreien Atmosphäre im

Bereich des sichtbaren Lichtes die *Absorption* fast nichts bei. *Streuung* des Lichtes findet schon in einer ideal reinen und trockenen Atmosphäre („Rayleigh-Atmosphäre") an den Luftmolekülen statt, und zwar derart, daß die Anfangsintensität I_0 nach dem *Rayleighschen Gesetz* auf den Wert

$$I = I_0 \cdot \exp\left(- k \cdot \lambda^{-4} \cdot s\right) \tag{1.59}$$

herabgesetzt wird, worin λ die Wellenlänge des Lichtes, s die zurückgelegte Strecke und k ein Extinktionskoeffizient sind. Voraussetzung für die Gültigkeit des Rayleighschen Gesetzes ist, daß die Durchmesser der streuenden Teilchen klein gegenüber λ sind. Das ist in einer wirklichen Atmosphäre nicht mehr der Fall. Diese enthält eine große Zahl von Schwebeteilchen (wie Rauch, Dampf, Staub, Salzkristalle, Pollen, kleine Lebewesen, Nebel, Regentropfen), die unter dem Namen *Aerosol* zusammengefaßt werden. Ihre Durchmesser gehen von 0,01 µm bis zu 100 µm und mehr. Die Streuung in einer mit Aerosol gefüllten Atmosphäre läßt sich durch Streukoeffizienten zwischen $k \cdot \lambda^{-3}$ und $k \cdot \lambda^{0}$ beschreiben. Hierfür hat G. Mie eine allgemeine Theorie aufgestellt („Mie-Streuung").

Aus dem Gesagten geht hervor, daß die Anteile von Sonnen- und Himmelsstrahlung an der Global-Beleuchtungsstärke stark von den atmosphärischen Bedingungen abhängen. Bei klarem Wetter beträgt ihr Verhältnis (bei einer Sonnenhöhe von 50°) etwa 3:1, bei leichtem Dunst etwa 1:30. Mit zunehmender Bewölkung nimmt das zerstreute Himmelslicht ebenfalls zu; es erzeugt schließlich die dreifache Beleuchtungsstärke wie bei wolkenlosem Himmel. Die *Global-Beleuchtungsstärke* erreicht (bei 45° Sonnenhöhe) bei einer geschlossenen Kumulusdecke noch *rund* $1/3$ *der Größe* wie bei wolkenlosem Himmel, bei einer Altokumulusdecke sogar *nahezu die Hälfte*; ein Cirrusschleier ändert die Werte bei wolkenlosem Himmel kaum. Luftaufnahmen bei geschlossener Wolkendecke sind daher durchaus möglich (und in mancher Hinsicht vorteilhaft, wie später besprochen werden wird), sofern nur die Wolkendecke höher als die erforderliche Flughöhe ist.

Wir fragen nun nach dem bei der Luftbildkammer „*ankommenden Objektumfang*", worunter nach E. Goldberg das Verhältnis der kleinsten zur größten am Aufnahmeort gemessenen Leuchtdichte des Geländes verstanden werden soll. Dazu müssen wir zuerst den beim Gelände „abgehenden Objektumfang" kennen und dann die Wirkung des Luftlichtes hinzufügen. Der abgehende Objektumfang ist bestimmt durch die verschiedene Größe der Reflexion der unterschiedlichen Bodenarten, Bodenbedeckungen, Bauwerke usw. Für sichtbares Licht und senkrechten Lichteinfall gelten folgende durchschnittliche Werte der Reflexion:

dunkler Wald, Hecken	1 ⋯ 3%	gelber Sand, trocken	31%
Teerstraße	8%	rauher Beton, trocken	35%
grünes Gras, trocken	14%	alter Schnee	42 ⋯ 70%
gelber Sand, naß	18%	Neuschnee	80 ⋯ 85%

Der *abgehende* Objektumfang in einer schneefreien Naturlandschaft beträgt daher höchstens etwa 1:20. Wegen des überlagerten Luftlichtes mißt man im Flugzeug zwischen hellem, gelblichem Sand und dunklem Nadelwald einen *ankommenden* Objektumfang von nur etwa 1:8.

Der Helligkeitskontrast *unmittelbar benachbarter* Geländestellen ist im Durchschnitt wesentlich kleiner. Er beträgt nach Messungen von P.D. Carman und R.A.F. Carruthers in der Stadt höchstens 1:4,5, im Wald höchstens 1:2. Die häufigsten Werte liegen bei 1:1,07.

Für die richtige Wahl der Farbfilter vor der Aufnahmekammer ist es wichtig, die *spektrale Verteilung des Luftlichtes* über verschiedenartigem Gelände und für verschiedene Klimazonen zu kennen. Leider sind hierüber nur wenige Messungen veröffentlicht worden. Bild **79.**1 gibt Messungen der relativen spektralen Geländereflexion von R. Schimpf und C. Aschenbrenner aus Flughöhen von 100 m und 2000 m über Wald und Wiese wieder. Zur photographischen Bewertung haben wir die Kurve der relativen spektralen Empfindlichkeit eines panchromatischen Fliegerfilmes hinzugezeichnet. Nimmt man an,

daß in 100 m Flughöhe noch kein Luftlicht wirksam war, dann stellt die Fläche zwischen den beiden Kurven die spektrale Verteilung des Luftlichtes über Wald und Wiese dar. Offensichtlich vergrößert das Luftlicht die Beleuchtungsstärke des Geländes. Es ist im kurzwelligen Bereich am intensivsten und von weißlichblauer Farbe. Benutzt man ein Gelbfilter B (das kürzere Wellenlängen als 480 nm nicht hindurch läßt), so ist trotzdem im Falle der Waldaufnahme das zum Bildaufbau benutzte Licht immer noch zur Hälfte Luftlicht oder „falsches Licht".

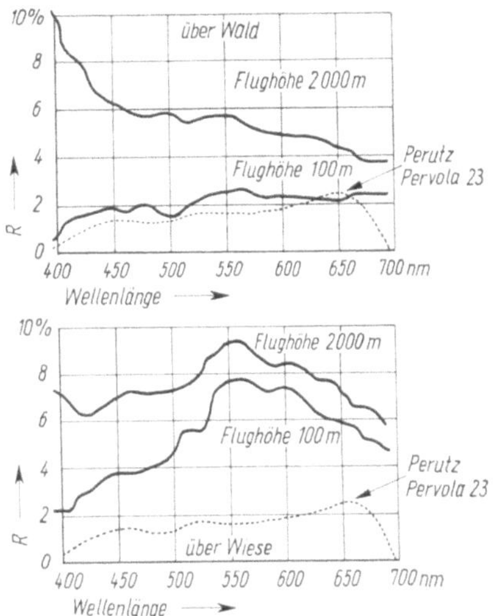

79.1 Relative spektrale Reflexion von Wald und Wiese nach R. Schimpf und C. Aschenbrenner (1940). Die untere Kurve entspricht jeweils etwa der reinen Geländerückstrahlung, die Fläche zwischen beiden Kurven dem in 2000 m Flughöhe beobachteten Luftlicht

Zum Schluß noch einige Feststellungen zu den Bedingungen der *Infrarot-Photographie*. Hierbei interessieren uns die photographische Reichweite der letzteren im Vergleich zur Sichtweite oder zur Reichweite panchromatischer Schichten einerseits und die verschiedenartige Wiedergabe der Tonwerte des Geländes andererseits. Für die ideal reine und trockene Rayleigh-Atmosphäre beträgt der Streukoeffizient für Infrarot-Licht ($\lambda = 0{,}8\,\mu$m) nur $^1/_{16}$ des Wertes wie für Violettlicht mit $\lambda = 0{,}4\,\mu$m. Die photographische Reichweite ist dann für eine Infrarot-Emulsion mit dem wirksamen Schwerpunkt bei $\lambda = 800$ nm gegenüber der Sichtweite (mit $\lambda = 575$ nm) um den Faktor 4 vergrößert. Will man allerdings die Vorteile der Infrarot-Emulsion bei dunstigem Wetter und demgemäß verringerter Sichtweite ausnutzen, so gelten für Abschätzungen die Werte der Mie-Streuung. Damit sinkt der Koeffizient von photographischer Reichweite: Sichtweite auf die Werte 1,18 bzw. 1,0. *Der Gewinn an photographischer Reichweite wird somit bei abnehmender Sichtweite immer kleiner.* Dies muß bei praktischen Anwendungen beachtet werden, um Enttäuschungen zu vermeiden.

Die größere Bedeutung der Infrarot-Photographie für das Luftbildwesen liegt in der stark verschiedenen Reflexion, die einige wichtige Geländeobjekte im langwelligen Bereich aufweisen. Dies wird durch Bild **80.**1 belegt, in dem die relative spektrale Reflexion verschiedener Objekte im Wellenlängenbereich zwischen 400 nm und 850 nm allerdings nach Bodenmessungen, also ohne Luftlicht und ohne die Einflüsse der Objektstrukturen, dargestellt ist.

Komplizierte Streuungsvorgänge in lebendem Blattgewebe verursachen relativ hohe Reflexionswerte im Langwelligen, die oft fälschlich als „Chlorophyll-Effekt" bezeichnet werden[1]). Blattgrün wird daher im positiven Infrarotbild vergleichsweise zu hell wiedergegeben. Umgekehrt sinkt die Reflexion von Wasser im Langwelligen gegenüber dem Sichtbaren stark ab. Auffällig ist auch das Verhalten von Kalkstein und Schnee im lang- und kurzwelligen Bereich. Auf der Abhängigkeit der Reflexion der Geländeobjekte von der Wellenlänge beruht der Informationswert der neuerdings entwickelten Multispektral-Photographie (s. 1.6.4). Vgl. auch die Beilage „Luftbildmontage Langenburg".

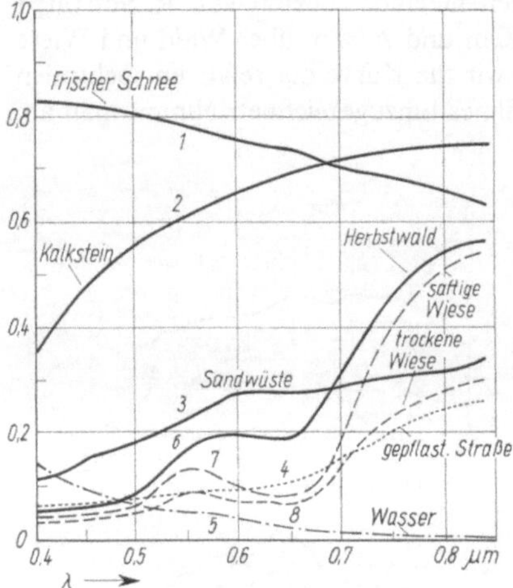

80.1 Relative spektrale Reflexion verschiedener Oberflächen für Wellenlängen zwischen 400 nm und 850 nm (ohne Luftlicht und ohne Einflüsse der Objektstruktur) nach E. L. Krinow. Beachte das spektrale Verhalten von Wasser und Blattgrün!

1.5.2   Schwarz-Weiß-Schichten und Filter

Gemäß den obengenannten Forderungen müssen die in der Luftbildaufnahme zu verwendenden lichtempfindlichen Schichten folgende Eigenschaften besitzen: 1. hohe Allgemeinempfindlichkeit, 2. gute Farbempfindlichkeit, auch im Gebiet der mittleren und längeren Wellen, 3. kräftige Gradation und 4. hohes Auflösungsvermögen.

Hohe Allgemeinempfindlichkeit der Schichten wird durch die große Geschwindigkeit der modernen Flugzeuge gefordert, die, um scharfe Bilder zu gewährleisten, zu kurzen Belichtungszeiten ($^1/_{250}$ s und weniger) zwingt. In besonderen Fällen (Nacht- und Farbaufnahmen) können längere Belichtungszeiten angewendet werden, wenn durch Sondervorrichtungen der ganzen Aufnahmekammer oder dem Objektiv oder dem Film im Augenblick der Aufnahme eine solche Bewegung erteilt wird, daß die aus der Flugzeugbewegung folgende Unschärfe ausgeglichen wird (Bildwanderungsausgleich, s. 2.3.1.4). Die in den verschiedenen Ländern eingeführten Systeme zur Messung der Allgemein-Empfindlichkeit beruhen auf unterschiedlichen Annahmen und Vorschriften; ihre Zahlenwerte sind daher nicht streng miteinander vergleichbar. So geht z. B. das deutsche System (vgl. DIN 4512) von der Belichtungszeit aus, die erforderlich ist, um (unter genau festgelegten Entwicklungsbedingungen) bei der zu prüfenden Schicht eine Schwärzung von 0,1 über dem Schleier zu erzeugen. Für einen Vergleich der DIN-Zahlen mit denen der American Standards Association (ASA) und der British Standards Institution (BSI) mag die folgende Zusammenstellung dienen[2]):

[1]) M e i e n b e r g, P.: Die Landnutzungskartierung nach Pan-, Infrarot- und Farbluftbildern. Kallmünz-Regensburg 1966, 133 S. = Münchner Stud. z. Sozial- u. Wirtsch.-Geographie.
[2]) Kodak hat neuerdings die Aerial Film Speed (AFS) eingeführt. Sie bezieht sich auf eine Schwärzung von 0,3 über dem Schleier gegenüber 0,1 bei den drei genannten Empfindlichkeitsmaßen. Für die Umrechnung gilt genähert ASA = 0,5 · AFS. Vgl. M e i e r, H. K.: BuL **40** (1972) 134 ff.

DIN	17	18	19	20	21	22	23	24	25	26
BSI	26	27	28	29	30	31	32	33	34	35
ASA	32	40	50	64	80	100	125	160	200	250

Für den Luftbildphotographen ist es wichtig, daß grundsätzlich mit der Empfindlichkeit einer Schicht auch deren Korngröße wächst, so daß allgemein höchste Empfindlichkeit nicht mit höchstem Auflösungsvermögen zu vereinbaren ist. Die Lichtempfindlichkeit der photographischen Schichten ist auch von der Temperatur abhängig.

Tab. **81**.1   Spezialfilme für die Luftbildaufnahme (vgl. auch Bild **81**.2)

Hersteller	Bezeichnung	Typ	Empfindl. DIN	ASA	Träger	AV für 1000:1	1,6:1
Agfa-Gevaert	Aviphot Pan 30 PE	Pan	20	80	Polyester	133	
Agfa-Gevaert	Aviphot Pan 36 PE	Pan	27	400	Polyester	85	
Agfa-Gevaert	Aviphot Color Neg.	Farb Negat.	17	40	Triacetat	85	
Ilford	FP 3 Aerial	Pan	24	200	Polyester	100	75
Kodak	Plus X Aerographic 2402	Pan	*AFS* 200		Estar	100	50
Kodak	High Definit. Aerial 3414	Pan	8		Estar	630	250
Kodak	Aerochrome Infrared 2443	Falsch-Farbe	40		Estar	63	32

Gute Farbempfindlichkeit, auch ausreichende Sensibilisierung im Roten, wird verlangt, weil für die mannigfaltigen Verwendungszwecke des Luftbildes oft die Wiedergabe aller Farbschattierungen des Geländes wichtig ist. Die an sich nur auf kurzwellige Strahlung ansprechenden Bromsilberkörner können durch Anfärben mit geeigneten Sensibilisatoren für das ganze sichtbare Gebiet und darüber hinaus lichtempfindlich gemacht werden. So entstehen die verschiedenen Emulsionstypen, bei deren spektraler Charakteristik (Bild **81**.2) meist die Energieverteilung des mittleren Tageslichtes zugrunde gelegt wird.

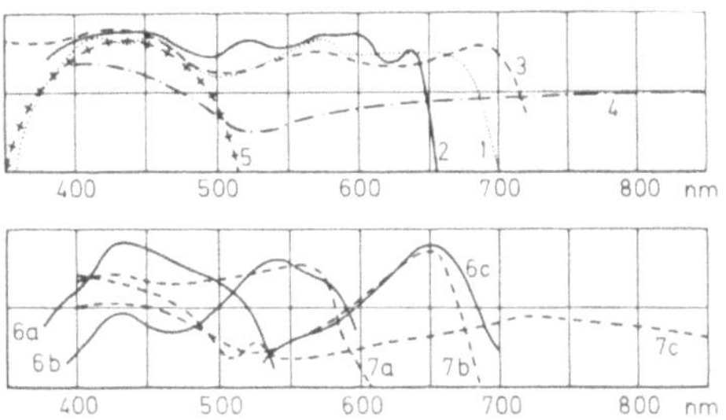

81.2 Relative spektrale Empfindlichkeit einiger für Luftaufnahmen verwendeter photographischer Schichten (vgl. auch Tab. **81**.1).
Oben: 1 Agfa Gevaert Aviphot Pan 30, 2 Ilford FP 3 (Pan), 3 Kodak Plus X Aerogr. (Pan), 4 Kodak Infrared Aerogr. (IR), 5 Orthochromatische Schicht.
Unten: Dreischichten-Farbfilme, 6 Kodak Aerial Color (Farb Pos.), 7 Kodak Aerochrome Infrared (Falschfarbe)

Tab. **81**.1 bringt auf Grund der neuesten erhältlichen Firmenangaben eine Zusammenstellung von Daten für Spezialfilme, die heute für Luftbildaufnahmen angeboten werden. Man sieht daraus, daß der panchromatische Emulsionstyp mit mehr oder weniger stark betonter Rotempfindlichkeit die weitaus größte Rolle spielt. Orthochromatische Schichten werden — abgesehen von der Herstellung von Diapositiven — noch für die terrestrische Photogrammetrie und gelegentlich für forstliche Luftaufnahmen verwendet. Infrarotfilme werden — oft parallel mit panchromatischem Material — für die mannigfaltigen Aufgaben der Luftbildinterpretation herangezogen.

Um für den Bildaufbau unerwünschte Spektralbereiche auszuschließen, benutzt man farbige *Lichtfilter* [1]), die bei der Aufnahme vor das Objektiv gesetzt werden. Am häufigsten werden Gelb- und Orangefilter verwendet, um die kurzwelligen Anteile des Luftlichtes zu absorbieren, welche die Bildkontraste verschlechtern. Da Infrarot-Emulsionen auch für das sichtbare Licht empfindlich sind, muß man dieses, wenn der reine Infraroteffekt gewünscht wird, durch ein kräftiges Rotfilter vernichten. Die Durchlässigkeit einiger häufig verwendeter deutscher Farbfilter geht aus Bild **82.1** hervor. Man bevorzugt für diese Zwecke Farbgläser mit einem steilen Abfall der Durchlässigkeit gegen den kurzwelligen Bereich („Filterkante").

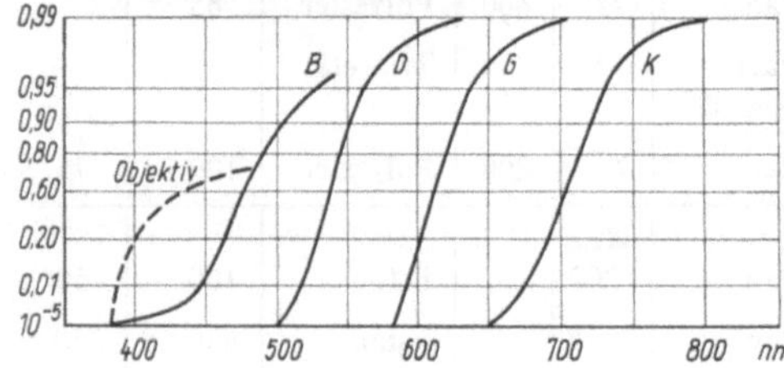

82.1 Spektrale Durchlässigkeit der Zeiss-Filter B (gelb), D (orange), G (rot) und K (dunkelrot), die aus den Filtergläsern GG 7, OG 1, RG 1 bzw. RG 8 von Schott hergestellt werden. Ordinaten (logarithmisch!): Transmissionsgrad

Die für Luftaufnahmen zweckmäßige *Gradation* des Negativmaterials geht aus dem unter 1.5.2 Gesagten hervor. Sowohl der (bei der Luftbildkammer ankommende) Objektumfang im ganzen als auch die Kontraste im einzelnen sind hier, verglichen mit der „bildmäßigen" Photographie, ungewöhnlich klein. Kleine Tonunterschiede des Geländes, seines Bewuchses und seiner Bebauung deutlich wiedergeben heißt also: Kleine Objektkontraste durch hinreichend große Schwärzungsunterschiede abbilden. Die im Negativ erzielte Gradation hängt ab vom Typ der Emulsion, von der Art und Temperatur des Entwicklers und von der Art und Dauer der Entwicklung. Der Entwickler arbeitet schneller, wenn er wärmer ist und wenn durch dauerndes Bewegen des Filmes oder der Flüssigkeit ständig frischer Entwickler auf die Schicht einwirkt.

Die erwünschten Gamma-Werte liegen für panchromatische Filme im allgemeinen zwischen 0,9 und 1,8, im Mittel zwischen 1,1 und 1,4; bei Infrarot-Filmen können sie bis zu 2,3 gehen. Für großmaßstäbige Bilder aus kleiner Flughöhe sind kleinere Gamma-Werte zweckmäßig (0,9 bis 1,1), für kleinere Maßstäbe Werte von 1,3 bis 1,8. Bild **93.1**

---

[1]) Außer farbigen Glasflüssen benutzt man zur Herstellung von absorbierenden Lichtfiltern noch *gefärbte Flüssigkeiten* und *Kolloide* (z.B. in der Form von Gelatine-Trockenfiltern). Im Luftbildwesen werden gegenwärtig wegen ihrer mehrfachen Vorzüge fast nur Filter aus in der Masse gefärbtem optischem Glase verwendet. *Interferenzfilter* bestehen aus mehreren, auf einer Trägerplatte aufgedampften, sehr dünnen, teildurchlässigen Metallschichten. Durch Mehrfachinterferenzen entstehen für frei wählbare Wellenlängen *Linien-* oder Schmalband*filter* mit schmalen Durchlaßbereichen, wie sie mit Absorptionsfiltern nicht herstellbar sind. Als *Farbteiler* werden solche Filter benutzt, um zwei getrennte Strahlengänge von verschiedener Farbe ohne gegenseitige Beeinflussung durch *eine* Optik zu führen (s. z.B. 5.6.2).

zeigt am Beispiel des amerikanischen Standard-Filmes Kodak Super-XX in drei Kurven-
paaren (davon zwei Zeit-Gamma-Kurven) den Einfluß des Entwicklers und der Entwicklungszeit.

1.5.3 Kontrastwiedergabe

Die Schwarzweiß-Photographie bildet den Gegenstandsraum im photographischen Sinne
durch Wiedergabe der Kontraste benachbarter Gegenstände ab. (Bei der Farbphotographie tritt die Wiedergabe der Farbtöne hinzu, von der wir aber in diesem Abschnitt
absehen wollen.) Man definiert den Kontrast zweckmäßig durch den Ausdruck

$$c = \frac{I_1 - I_2}{I_1 + I_2}, \tag{1.60}$$

worin I_1, I_2 bei selbstleuchtenden Gegenständen die Leuchtdichten, bei nicht selbstleuchtenden die Beleuchtungsstärken der beiden Gegenstände sind, die man messen
kann. Alle gebräuchlichen Leistungsbezeichnungen oder Bewertungsmaßstäbe für die
Güte der photographischen Abbildung, wie Schärfe, Auflösungsvermögen, Brillanz,
Tonwiedergabe usw., müssen sich daher auf die Art der Wiedergabe der Objektkontraste
im kleinen oder im großen beziehen.

Eine photographische Schicht ergibt bei einem bestimmten Schwärzungswert einen
Größtwert an Auflösung, der bei schwächerer Schwärzung noch nicht und bei stärkerer
nicht mehr erreicht wird (vgl. die gestrichelte Kurve des Auflösungsvermögens in Bild
77.1). Ferner ist zu beachten, daß photographische *Positiv*schichten (auf Papier noch
ausgeprägter als bei Diapositivmaterial) einen wesentlich geringeren Schwärzungsumfang
als Negativschichten besitzen. Die Anzahl der unterscheidbaren Schwärzungsstufen,
die auf einer Positivkopie untergebracht werden können, ist daher merklich kleiner als
die Anzahl der im Negativ registrierbaren.

Das Endprodukt der Luftbildaufnahme ist in den meisten Fällen ein *Positiv*bild, sei es
ein Kontaktabzug, eine Vergrößerung oder Entzerrung auf Papier oder ein Diapositiv
auf Glas oder Film. Dieses vom „Verbraucher" für seine Auswertarbeit benutzte Endbild
soll in den meisten Fällen ein Maximum von Einzelheiten über das Gelände enthalten,
das abgeschätzt werden kann durch die Feinheit der wiedergegebenen Tonabstufungen,
durch Details auch in den Schatten und in den „Spitzenlichtern" sowie durch das Auflösungsvermögen und die Schärfe des Bildes. Im wirtschaftlich arbeitenden Luftbildwesen sollen die für einen bestimmten Zweck benötigten Geländeeinzelheiten außerdem
in dem *kleinsten möglichen* Bildmaßstab wiedergegeben werden.

Dies bedeutet, daß die mit dem großen optischen Aufwand moderner Hochleistungsobjektive gewonnenen Gelände-Informationen nicht durch vermeidbare Einbußen im
Positivprozeß teilweise wieder verloren gehen dürfen. Es stellt sich damit das Problem
der optimalen Kontrastwiedergabe im Positiv.

Seine Lösung verlangt für unsere Zwecke, daß der gesamte Schwärzungsumfang des
Negatives zusammengedrückt werden muß auf den kleineren Umfang der Positivschicht
und, wenn möglich, sogar auf den noch engeren Schwärzungsbereich, in welchem die
Positivschicht ihre höchste Auflösung besitzt. Dies kann nur durch Verzicht auf „schöne"
Positivbilder, d.h. solche mit großem Schwärzungsumfang, möglich sein. Die Belichtung
der Positivschicht muß zu diesem Zwecke durch zusätzliche Maßnahmen gesteuert
werden. Folgende Verfahren sind entwickelt worden:

6*

1. Das zeitweise Abschatten größerer dünner Stellen des Negatives mit der Hand während der Belichtung („Wedeln") beim Vergrößern oder Entzerren der Bilder oder eine entsprechende Regulierung der Beleuchtung im Kontakt-Kopiergerät.

2. Das Verfahren der unscharfen Masken.

3. Die Belichtung durch zeilenweises Abtasten des Bildes mit einem Elektronenstrahl, dessen Intensität durch Rückkoppelung in Abhängigkeit von der jeweiligen Dichte des Negatives gesteuert wird.

4. Die Erzeugung des Äquivalentes einer unscharfen Maske durch gesteuerte, teilweise Auslöschung der Strahlung eines Fluoreszenzschirmes, welcher die Belichtung bewirkt (Fluoreszenz-Verfahren).

5. Das Blaugelb-Verfahren nach W. Krug.

Das Verfahren der *unscharfen Masken* erlaubt die anschaulichste Erklärung der Sache. In Bild **84**.1 ist unter a) die Schwärzungsverteilung in einem Längsschnitt durch ein Luftbildnegativ schematisch dargestellt. Der Schwärzungsumfang einer Positivschicht ist durch den Bereich zwischen den beiden gestrichelten Geraden angedeutet. Würde man das Negativ unmittelbar kopieren, so könnten offenbar die Einzelheiten in den Spitzenlichtern und Schlagschatten nicht mehr wiedergegeben werden. Man stellt nun ein Diapositiv als „unscharfe Maske" des Negatives her — b) in Bild **84**.1 —, indem man zwischen Negativ- und Diapositivschicht eine etwa 1 bis 2 mm starke Glasplatte bringt und mit zerstreutem Licht kopiert. In b) sind daher die Einzelheiten durch die Unschärfe unterdrückt. Kopiert man jetzt das Negativ mit der unscharfen Maske zusammen (c), dann gelingt es, *alle* Einzelheiten des Negatives zu erhalten und durch Wahl eines kontrastreich arbeitenden Positivmaterials (d) sogar die Kontraste *im kleinen* stark zu vergrößern. Dies ist allerdings nur dadurch möglich, daß die Kontraste *im großen* geopfert werden.

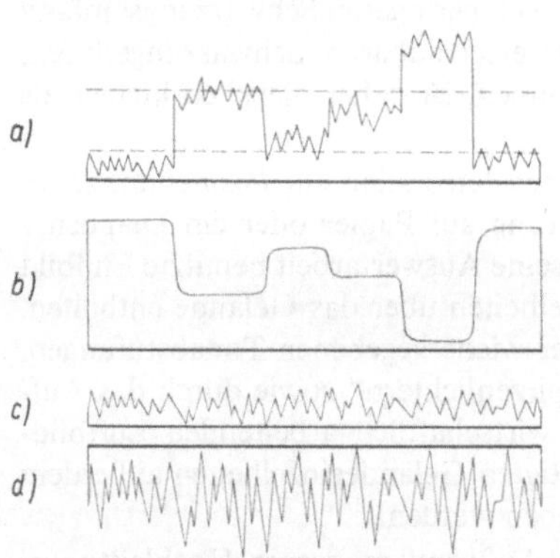

84.1 Verfahren der unscharfen Masken (Bild nach J. A. Eden):
a) schematische Schwärzungsverteilung im Längsschnitt eines Luftbildnegatives (Ordinaten: Schwärzungswerte). Der Bereich zwischen den gestrichelten Linien gibt den Schwärzungsumfang einer Positivschicht an.
b) Schwärzungsverteilung in einer von a) hergestellten „unscharfen Maske" (Diapositiv).
c) Negativ und Maske zusammen kopiert.
d) wie c), aber auf *kontrastreichem* Positivmaterial

Bei dem unter 1. erwähnten *Abschatten* größerer dünner Stellen des Negatives (z.B. von Waldflächen) mit der hin- und herbewegten Hand ist nur eine grobe Nachahmung der soeben beschriebenen Wirkung für einige wenige größere Flächen des Negatives möglich.

Dagegen erlauben die unter 3. genannten Verfahren eine in weiten Grenzen steuerbare Änderung des Positivkontrastes, ohne daß erst Masken für jedes Negativ hergestellt werden müssen. Die Firmen Log Etronics, Inc., Cinema and Television Corp. und Photographic Survey Corp. stellen Geräte für die Kontraststeuerung im Kopierverfahren und neuerdings auch für Vergrößerungs- und Entzerrungsgeräte her. Bei diesen dient ein (in seiner Größe regelbarer) Lichtfleck auf dem Schirm einer Braunschen Röhre als

Lichtquelle. Der Schirm befindet sich in der Nähe des Negatives und der Lichtfleck wird nach einem Zeilenabtastverfahren rasch bewegt. Der je nach der örtlichen Dichte mehr oder weniger große Anteil des von Negativ hindurchgelassenen Lichtes steuert durch Rückkoppelung (ohne Zeitverlust) die Intensität des Lichtfleckes und damit die partielle Belichtung der Positivschicht an der betreffenden Stelle. Der ganze Kopiervorgang dauert etwa 10 Minuten. Der notwendige elektronische Aufwand ist allerdings nicht unbeträchtlich.

In dieser Hinsicht ist das unter 4. erwähnte Verfahren vorteilhaft, da es ganz ohne Elektronik auskommt. Die *Fluoreszenz-Methode* wurde unter dem Namen Kel-O-Wat in USA bekannt[1]). Sie beruht auf dem seit langem bekannten Effekt, daß die Strahlung eines fluoreszierenden Schirmes durch Beleuchtung mit langwelligem Licht teilweise ausgelöscht werden kann. Hier dient ein von einem kräftigen Ultraviolett-Strahler zum Leuchten angeregter Fluoreszenzschirm unter dem Negativ als Lichtquelle. Das Positivmaterial liegt im Kontakt darüber. In einigem Abstand über dem Positiv ist ein Infrarot-Strahler angeordnet. Dieser erzeugt auf dem Fluoreszenzschirm ein unscharfes Bild des durchstrahlten Negatives (und eine beträchtliche Erwärmung). Durch dieses wird umgekehrt proportional zur jeweiligen örtlichen Dichte des Negatives die Fluoreszenzstrahlung geschwächt. Das unscharfe „Schattenbild" des Negatives auf dem Leuchtschirm übernimmt demnach hier die Funktion der unscharfen Maske. Die Belichtungszeit lag nach den Angaben 1958 in der Größenordnung von 10 Sekunden.

Beim *Blaugelb-Verfahren*[2]) läßt sich der Ausgleich von Gesamtkontrast und Detailkontrast dadurch nach Bedarf steuern, daß eine Maske in das Originalnegativ „eingebaut" wird. Dies wird durch ein Blautonbad und nachfolgendes Einfärben des Negatives mit einem gelben wasserlöslichen Farbstoff erreicht. Hierdurch wird zugleich eine Verbesserung der Kantenschärfe erzielt.

1.5.3.1 Störeffekte Sowohl die Wiedergabe der Kontraste als auch die der geometrischen Positionen können bei photographischen Schichten durch Störquellen beeinflußt werden. Der unvermeidliche *Diffusionslichthof* (s. auch 1.5.5) vergrößert stets die Bilder kleiner heller Objekte (z.B. von Paßpunkt-Signalscheiben) über die geometrische Bildgröße hinaus. Er führt auch dazu, daß der Abstand zweier benachbarter paralleler Linien durch den *Trübungseffekt* verkleinert wird. Zu lokalen Schichtverzerrungen (Nachbareffekten) führen *Gelatine-Effekte*, besonders bei Verwendung gerbender Entwickler. Sie bewirken ebenfalls Abstandsverkleinerungen. Auch der Entwicklungsvorgang enthält Störquellen. Zu einer Abstandsvergrößerung nah benachbarter Bilder führt es, daß die einander zugekehrten Bildränder schwächer entwickelt werden (*Kostinsky-Effekt*). Am auffälligsten ist der *Kanten-Effekt:* unmittelbar (1 bis 2 mm) am Rande von Kanten mit großen Schwärzungsunterschieden (z.B. am Bildrahmen eines Meßbildes) treten feine Säume auf; die größere Schwärzung wird verstärkt, die kleinere abgeschwächt. Die Ursache des Effektes sind Austauschvorgänge zwischen dem Entwickler und seinen Reaktionsprodukten in der Nähe der Kante. Die geometrische Größe der Störungen liegt (abgesehen vom Einfluß des Diffusionslichthofes) im μm-Bereich; ihr Vorzeichen ist teilweise entgegengesetzt. In Extremfällen wird man Kontrollen einschalten müssen. Unabhängig von diesen Effekten sind geometrische Verzerrungen des photographischen Bildes, die (bei Filmen) durch die Einwirkung von Feuchtigkeit, Temperaturänderungen und mechanischen Kräften auf den Schicht*träger* zustande kommen (s. 1.5.7).

---

[1]) Watson, A.J.: Phm. Eng. **24** (1958) 638 bis 643.
[2]) Krug, W.; Weide, H.G.: Wissenschaftliche Photographie in der Anwendung. Leipzig 1972.

1.5.4 Äquidensiten[1])

Während photographische Bilder in der Photogrammetrie in erster Linie als zweidimensionale Speicher für Bildkoordinaten betrachtet werden, interessiert man sich bei der Photointerpretation neben der reinen Gestaltinformation (s. 1.1) für die Größen der Bild*schwärzung*. Diese lassen sich linienweise mit einem Mikrodensitometer messen. Oft wünscht man die *flächenhafte* Schwärzungsverteilung im Bildzusammenhang zu kennen. Dies ist mit Hilfe der Äquidensiten möglich; so heißen[2]) in der Photographie Linien oder Flächen gleicher Schwärzung (Dichte). Versieht man ein Bild mit einer Schar von Äquidensiten für abgestufte Dichtewerte, so läßt sich für jeden Bildpunkt (analog den Höhenschichtlinien in der Topographie) durch Interpolation der zugehörige Dichtewert finden. Das Verfahren ist besonders bei sehr kleinen und sehr großen Dichtegradienten nützlich.

Zur Herstellung von Äquidensiten gibt es mehrere alte und neue Verfahren. Eine Äquidensite prägt sich aus, wenn man Negativ und Positivkopie eines Bildes nahezu deckungsgleich aufeinanderlegt. Das zusätzliche Positivbild läßt sich auch einfacher in einer einzigen Schicht durch Ausnützen des *Sabattier-Effektes* erzeugen. Dieser Umkehreffekt entsteht, wenn nach Anentwicklung eines Negativs erneut diffus belichtet und anschließend ausentwickelt wird.

Ein bequemeres Verfahren erlaubt der 1970 von Agfa-Gevaert herausgebrachte Spezialfilm Agfacontour[3]), der eine Mischung einer AgCl-, einer AgBr-Emulsion und kolloidalen Silbersulfids enthält. In einem Spezialentwickler entsteht eine positive neben einer negativen Gradationskurve. Durch die Veränderung der Belichtungszeit läßt sich dabei die gewünschte Dichte D = const wählen, durch die Wahl eines Gelbfilters das Dichteintervall (die Äquidensitenbreite) ΔD. Die einzelnen Äquidensiten können zur besseren Unterscheidung eingefärbt werden; man montiert sie paßgenau zusammen und macht dann eine Reproduktion. Solche Farbäquidensiten liefern sehr anschauliche Bilder der flächenhaften Schwärzungsverteilung; dabei bleibt allerdings der Bildaufbau nur in großen Zügen erhalten.

Mit einer einzigen Belichtung kann man mittels Agfacontour-Film sogenannte *Rasteräquidensiten* erzeugen[4]), wenn man zwischen Original- und Agfacontourfilm ein photographisches Kontaktraster legt und belichtet. Bildflächen verschiedener Schwärzung „modulieren" die Rasterpunkte zu charakteristischen, sehr unterschiedlichen Symbolen, welche Abgrenzung und Flächenmessung leicht möglich machen.

Schließlich lassen sich Äquidensiten nach linienweiser Messung der Bildschwärzungen (und Aufstellung der Bildfunktion, s. 1.1.2.2) auch mittels eines Prozeßrechners auf *digitalem Wege* erzeugen. Hierbei lassen sich zugleich weitere mathematisch formulierbare Bildveränderungen ausführen (digitale Bildverarbeitung).

1.5.5 Photographische Auflösung

Das Auflösungsvermögen (AV) einer photographischen Schicht kann man ermitteln, indem man ein geeignetes feines Testobjekt (vgl. **49**.1) durch Kontaktkopie oder mikroskopische Verkleinerung auf die Schicht überträgt und das Ergebnis nach einer normierten

---

[1]) L a u, E.; K r u g, W.: Die Äquidensitometrie. Grundlagen, Verfahren und Anwendungsgebiete. Berlin 1957.
[2]) Nach W. K r u g und E. L a u 1952.
[3]) R a n z, E.; S c h n e i d e r, S.: BuL **38** (1970) 123 bis 134.
[4]) R a n z, E.; S c h n e i d e r, S.: BuL **40** (1972) 189 bis 193.

Entwicklung der Schicht in Linien pro Millimeter auswertet. Es hängt wesentlich von der Körnigkeit der Schicht und der „Bildverwaschung" durch den Diffusionslichthof (s. unten) ab. Beide Größen sind von der Gesamtschwärzung, und diese ist von der Entwicklung abhängig. Unter *Körnigkeit* haben wir dabei die Größe der statistischen Zusammenballung der Silberkörner in der Schicht[1]) zu verstehen. Die Körnigkeit begrenzt die Vergrößerungsfähigkeit eines photographischen Bildes. Ein objektives Maß, die *Selwyn-Körnigkeit* $k = \sigma_\mathrm{D} \cdot \sqrt{F}$ wird durch mikrodensitometrische Abtastung der Schicht mit einer Meßfläche der Größe F und Berechnung der dabei gefundenen mittleren Streuung σ_D der Schwärzung errechnet.

Unter dem photographischen AV versteht man aber im allgemeinen das AV einer bestimmten *Kombination* von Objektiv und photographischer Schicht. Dieses interessiert uns um so mehr, als es bisher nicht möglich ist, aus dem AV der Schicht und dem visuell ermittelten AV des Objektives mit einiger Sicherheit auf das Zusammenwirken beider zu schließen. Mit anderen Worten: Eine strenge Beziehung zwischen visuellem und photographischem AV eines Objektives konnte bisher trotz aller Bemühungen nicht gefunden werden. Es läßt sich theoretisch zeigen, daß es dabei wesentlich auf die Kontrastempfindlichkeit des Empfängers ankommt. Das Auge vermag Unterschiede der Beleuchtungsstärke von etwa 2% noch wahrzunehmen. Die photographische Schicht ist im allgemeinen wesentlich unempfindlicher. Man kann zeigen, daß es zwei verschiedene Korrektionstypen von Objektiven gibt, bei welchen je nach der Kontrastschwelle des Empfängers ein verschiedenes AV gemessen wird.

Eine interessante Darstellung der Verhältnisse bei einem langbrennweitigen Luftbildobjektiv gibt Bild **87**.1. Wir ziehen daraus folgende Schlüsse: 1. Die beugungs-theoretische Auflösung wird visuell als Grenzfall bei kleinen Blenden erreicht. 2. Das visuelle AV ist, besonders bei voller Öffnung, um ein Mehrfaches größer als das photographische. 3. Der jeweils erreichte Größtwert des AV verschiebt sich in Bild **87**.1 von oben nach unten zu immer kleineren Blenden. 4. Visuelles und photographisches AV ändern sich bei Abblendung in entgegengesetztem Sinne.

Es sei bemerkt, daß für die z. B. in der Erdbildmessung wichtige *Erkennbarkeit* (Auffindbarkeit) ferner Stangensignale im Negativ günstigere Bedingungen bestehen als für die *Trennung benachbarter Einzelheiten*.

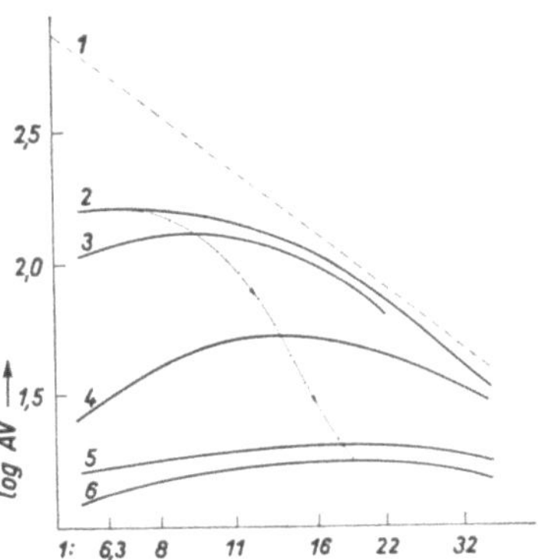

87.1 Gemessene Auflösung eines Luftbildobjektives 1:6,3; $f = 500$ mm in der Bildmitte (nach G. C. Brock). 1: beugungstheoretische (visuelle) Werte; 2. visuell für hohen Kontrast; 3. visuell für schwachen Kontrast; 4. auf Mikrokopie-Emulsion (geringe Empfindlichkeit, feinstes Korn); 5. auf Panatomic X; 6. auf Kodak Super XX (hochempfindlich). Abszissen: Blendeneinstellung, Ordinaten: log der Auflösungszahlen in Linien/mm

Vergleichende Zahlen für das AV verschiedener Emulsionstypen gibt Tab. **81**.1.

Die Luftaufnahme ergibt (wegen Vibrationen, Bildwanderung und anderer Einflüsse) wesentlich weniger:

An 2500 untersuchten Luftbildern stellte Macdonald (1953) ein Häufigkeitsmaximum des photographischen AV bei 15 Linien/mm fest.

---

1) und *nicht* deren Korndurchmesser!

Grenzwerte der photographischen Auflösung werden mit sehr unempfindlichen Spezial-emulsionen, z.B. *Lippmann-* oder *Mikrat*-Emulsionen erreicht. Man kann hiermit Auflösungszahlen bis zu 4000 Linien/mm erhalten.

Wichtig ist wegen der Beeinträchtigung des AV die *Lichthoffreiheit* des verwendeten Materials. Man hat hier zu unterscheiden zwischen dem *Diffusionslichthof*, der durch die Reflexion und Beugung des Lichtes an den Partikeln in der Schicht entsteht, und dem *Reflexionslichthof*, der durch das von der Rückseite des Schichtträgers zurückgeworfene Licht zustande kommt. Die letztere Form tritt naturgemäß bei Glasplatten mit stärkerem seitlichem Versatz auf als bei Film. Man verhütet das Auftreten des Reflexionslichthofes durch einen farbigen Unterguß unter der lichtempfindlichen Emulsion oder auf der Rückseite des Schichtträgers. Aus dem AV einer photographischen Schicht läßt sich die Kapazität zur Informationsspeicherung abschätzen (s. 1.1.2.3).

Wie in 1.3.2.2 gezeigt wurde, gelingt es neuerdings mit Hilfe der Kontrastübertragungs-Funktionen, die Abbildungsleistung verschiedener zusammenwirkender Systeme, z.B. eines Objektives und einer photographischen Emulsion, in wissenschaftlich einwand-freier Weise zu beschreiben.

Grundlegende Arbeiten über die *Wiedergabe kleiner Details* durch photographische Schichten verdanken wir H. Frieser[1]).

Um die *Schärfenleistung* einer Schicht an kontrastreichen Kanten zu beschreiben, haben G.C. Higgins und L.A. Jones eine Metallschneide im Kontakt kopiert und nach der normierten Entwicklung den Schwärzungsverlauf senkrecht zur undurchlässigen Kante gemessen. Als „acutance" definieren sie eine Funktion des Schwärzungsgradienten senkrecht zur Kante.

Wir warnen eindringlich davor, Zahlenangaben über die photographische Auflösung allein als entscheidende Aussagen zu werten, vor allem dann, wenn nähere Angaben über Art und Kontrast der benutzten Testfiguren, Beleuchtung, Entwicklung, über die benutzten Emulsionen und schließlich über die Beurteilungsmethode fehlen. Das ist leider sehr oft der Fall. Auflösungszahlen sagen weder über die Kontrastwiedergabe im großen etwas aus noch über die Kantenschärfe. Selbst wenn vereinbarte Regeln sorgfältig beachtet werden, dürften Streuungen der Zahlenangaben von 10 bis 15 Prozent unver-meidlich sein.

1.5.6   Andere photographische Schichten

1.5.6.1   Infrarot-Schichten[2])   Nach dem heutigen Stand der Emulsionstechnik können durch Sensibilisieren mit geeigneten Farbstoffen Schichten hergestellt werden, deren Empfindlichkeit bis etwa $\lambda = 1,2$ µm reicht. Die Anforderungen der Luftbildaufnahme an Empfindlichkeit und Haltbarkeit der Schichten lassen sich bis zu einer Grenze von etwa 0,9 µm erfüllen. Darüber hinaus erfordert die Einwirkung der thermischen Strahlung Lagerung im Kühlschrank und baldigen Verbrauch. Auch treten dann aus physikalischen Gründen die mit der Infrarot-Photographie erstrebten Wirkungen teilweise oder ganz nicht mehr ein.

---

[1]) Frieser, H.: Phot. Korr. **91** (1955), **92** (1956) und **94** (1958).
[2]) Clark, W.: Photography by Infrared, 2. Aufl. New York 1946.

Wir haben schon in 1.5.1 dargelegt, daß die oft durch Vergleichsaufnahmen sehr augenfällig belegte *Erhöhung der photographischen Reichweite* für die Luftbildaufnahme meist von geringerem Wert ist. Die dabei ausgenutzte geringere Streuung langwelligen Lichtes in der Atmosphäre nimmt mit wachsendem Durchmesser der streuenden Teilchen — also bei stärkerem Dunst — zu und nähert sich damit dem Verhalten im Sichtbaren. Von größerer Bedeutung ist für die *Luftbild-Interpretation* die (durch Bild **80**.1 theoretisch belegte) unterschiedlich starke Reflexion natürlicher und künstlicher Geländeobjekte in den Bereichen längerer und kürzerer Lichtwellenlängen. Man sieht im Infrarot-Bereich das Gelände buchstäblich in einem „anderen und neuen Licht" und vermag Gegenstände zu unterscheiden, die im Empfindlichkeitsbereich einer panchromatischen Emulsion gar keine oder andersartige Kontraste ergeben. Die verschiedenen Zweige der Luftbildforschung (in Forst- und Landwirtschaft, Photogeologie, Bodenforschung, Militärwesen) machen hiervon in stets wachsendem Maße Gebrauch.

In der Praxis der Infrarot-Photographie sind einige Besonderheiten zu beachten: a) die *Farbkorrektion* und die Schnittweitenabstimmung (Abstand der Schicht von der letzten Glasfläche) der Aufnahmeoptik waren früher auf die Empfindlichkeit der panchromatischen Schichten abgestimmt. Infrarot-Material erforderte meist eine Verlängerung der Schnittweite, die etwa durch einen sphärischen Anschliff des zu benutzenden Rotfilters erreicht wurde. In den letzten zehn Jahren konnte die Farbkorrektion der Hochleistungsobjektive so verbessert werden, daß diese ohne zusätzliche Maßnahmen mit panchromatischen, Infrarot- und Farbschichten etwa die gleiche Bildqualität liefern (Objektive „mit A-Charakteristik" bei Zeiss bzw. Universal-Objektive bei Wild).

b) Werden *reine* Infrarot-Aufnahmen gewünscht, dann muß ein geeignetes Rotfilter vorgesetzt werden. Dieses zwingt meist zu einer geringen Verlängerung der Belichtungszeit oder zur Vergrößerung der Blendeneinstellung. Beide Maßnahmen können die Bildgüte verschlechtern.

c) Der Infrarot-Gehalt des Tageslichtes schwankt wegen der Absorption der langwelligen Strahlung durch den Wasserdampfgehalt der Atmosphäre und durch Wolken. Bei verschiedenen Wetterlagen ist die Korrelation zwischen der Beleuchtungsstärke im Sichtbaren und dem Infrarot-Gehalt schlecht. Die Ermittlung der besten *Belichtungszeit* kann daher Schwierigkeiten bereiten.

d) Die Empfindlichkeit der Infrarot-Emulsionen nimmt nach längerem Lagern ab. Ihre Erhöhung durch *Hypersensibilisieren* (z.B. in einem Ammoniak-Bad) kann für die normale Praxis kaum empfohlen werden. — Kodak weist noch darauf hin, daß bei zu geringer Feuchtigkeit erhöhte Gefahr für statische Entladungen auf dem Film („Verblitzen der Schicht") besteht. Das Filmmaterial soll möglichst sogleich nach Öffnen der luftdicht verschlossenen Blechbüchsen verbraucht werden.

1.5.6.2 Farbfilm[1]) Die Gestaltinformation und die physikalische Information (s. 1.1) eines Luftbildes werden durch die Benutzung von Farbfilm gegenüber Schwarz-Weiß-Film vergrößert, da jedes Objektelement nicht durch *einen* Grauwert, sondern durch *drei* Farbkoordinaten wiedergegeben wird. Wir setzen den Aufbau der Mehrschichten-Farbfilme, ihre Entwicklung und die Verfahren der Farbbildung in den Grundzügen als bekannt voraus[2]).

---

[1]) C o r t e n, F. L.: Physik des Luftbildes in „richtigen" und „falschen" Farben. BuL **34** (1966) 191 bis 201; M e i e r, H.-K.: Farbtreue Luftbilder? BuL **35** (1967) 206 bis 214.
[2]) M u t t e r, E.: Farbphotographie. Wien-New York 1967, 463 S. = Die wiss. u. angew. Photographie Bd. IV.

Die Bedingungen der Luftaufnahme sind für den Farbfilm nicht sehr günstig: die Farbsättigung, die im Farbbild heute ohnehin die in den Objekten vorhandene noch nicht erreicht, wird bei Luftbildern durch das Luftlicht weiter verkleinert; die Bildflächen sind bei mittel- und kleinmaßstäbigen Aufnahmen meist klein; eine Reihe von Farben kommen im Gelände in der Regel nicht vor; mehrere Umstände bewirken Farbverfälschungen. Wir nennen für letztere einige Ursachen: Neben der direkten Sonnenstrahlung wirkt in den Schattenpartien eine „zweite Lichtquelle", die bläuliche Himmelsstrahlung allein; nicht nur der *Grad* der Reflexion der Geländeobjekte ist von Sonnen- und Aufnahmerichtung abhängig, sondern auch deren spektrale Zusammensetzung; schließlich ist wegen des kleineren Belichtungsspielraumes der Farbemulsionen der — bei Überweitwinkelobjektiven besonders spürbare — Lichtabfall der Bildebene von der Bildmitte zu den Rändern zu erwähnen.

Wir können also vom Farbluftbild keine *farbtreue* Geländewiedergabe erwarten (die übrigens schwer zu definieren ist), sondern werden mit Farb*konstanz* zufrieden sein müssen. Und selbst diese ist wegen der sich stets ändernden Objektreflexion und der atmosphärischen Bedingungen nur angenähert zu erreichen. Wir nutzen also für die Photointerpretation in erster Linie die wirksamere Differenzierung aus, welche drei Farbkoordinaten anstelle eines Grauwertes ermöglichen.

Während des 2. Weltkrieges wurde für die Aufgabe, künstliche Tarnfarben von natürlichem Blattgrün zu unterscheiden, ein infrarotempfindlicher Enttarnungs(Camouflage detection)-Film entwickelt. Heute spielt der *Falschfarbenfilm* (auch Infrarot-Farbfilm), dessen oberste Schicht infrarotempfindlich ist (Tab. **81.**1) und der gesundes Blattgrün in roter Farbe abbildet, eine wichtige Rolle in der gesamten vegetationskundlichen Bildinterpretation. Hier werden also die natürlichen Farben zu Gunsten der Interpretationsaufgaben bewußt stark verfälscht.

Die *Bildschärfe* des Farbfilmes bleibt (bei gleicher Empfindlichkeit) hinter der des Schwarz-Weiß-Filmes zurück; das gilt besonders für Farb*papier*schichten. Der Hauptgrund hierfür liegt in der größeren Schichtdicke (bis zu 20 µm der bis zu 10 Einzelschichten) und der Lichtstreuung in den Schichten. Die Körnigkeit der Farbumkehrfilme ist im allgemeinen besser als bei Schwarz-Weiß-Filmen (gleicher Empfindlichkeit); die Korrelationen zwischen Empfindlichkeit und Körnigkeit sowie zwischen Empfindlichkeit und Schärfe sind schwächer. Für das *Auflösungsvermögen* gibt Tab. **81.**1 einige Beispiele. Die praktische Anwendung des Farbfilmes wird heute noch durch die schwierigere Verarbeitung (auch bei der Herstellung von Bildmosaiks oder Bildplänen) und durch höhere Kosten gehemmt.

1.5.6.3 Lichtempfindliches Material für Sonderzwecke

Die photographische Industrie ist stets bemüht, für besondere Aufgaben neue Materialien mit speziellen Eigenschaften zu schaffen. Einige Entwicklungen der letzten Zeit seien als Beispiele erwähnt.

Den Agfacontour-Film zur Erzeugung photographischer Äquidensiten haben wir schon in 1.5.4 kurz beschrieben.

Kodak hat 1973 einen Versuchsfilm für die Luftaufnahme von Flachwassergebieten bekanntgemacht[1]). Es handelt sich um einen Zweischichten-Farbfilm mit Empfindlichkeitsmaxima bei 480 und 550 nm. Ebenfalls von Kodak stammt ein Integral-Random-Dot-System, mit dem über ein Zwischenpositiv für Reproduktionszwecke Kopien mit hoher Auflösung und verbesserter Kantenschärfe gewonnen werden[2]).

---

[1]) Specht, M.R.; Needler, D.; Fritz, N.L.: Phm. Eng. **39** (1973) 359 bis 369.
[2]) Tarkington, R.G.; Roemer, W.C.: Comm. du Coll. Int. sur les Orthophotographies et les Orthophotocartes 1971. Paris 1972.

Schließlich sei noch ein neues wasserfestes *Photopapier* Aviphot P.P.W. (projection paper waterproof) von Agfa-Gevaert erwähnt[1]), das hohe Maßbeständigkeit besitzt, bei hoher Geschwindigkeit und Temperatur verarbeitet werden und auf beiden Seiten gleich gut beschriftet werden kann.

1.5.7 Schichtträger

Als Träger der lichtempfindlichen Schichten werden in der Bildmessung und im Luftbildwesen gewöhnliches und durch Metalleinlagen verstärktes Papier, Filmbänder und Glasplatten verwendet. Neben den anderen technologischen Eigenschaften dieser Materialien interessiert uns für alle meßtechnischen Aufgaben in erster Linie die *Maßhaltigkeit.* Man sollte nicht vergessen, daß in allen Fällen die beobachteten Änderungen des Materials eine Resultierende aus dem mechanischen Verhalten des Schichtträgers und der Schicht selbst darstellen.

Gewöhnliches *Photopapier* ist für unmittelbare Meßzwecke nur sehr beschränkt verwendbar, da alle maschinell hergestellten Papiere in der Regel in der Querrichtung (parallel zu den Walzenachsen der Maschinen) wesentlich größere Längenänderungen aufweisen als in der Längsrichtung. Die Agfa gibt für ihre emulsionierten Papiere folgend Längenänderungen an:

	in Längsrichtung	Querrichtung
Dehnung in den Bädern	0,55%	3,05%
Schrumpfung beim Trocknen	0,95%	3,35%
Somit verbleibende Schrumpfung	0,40%	0,30%

Bei *Hochglanzkopien* können die Differenzen ein Mehrfaches hiervon betragen. Für Meßzwecke muß man daher Papiere mit Metallzwischenschicht, z.B. Agfa-Correctostat, benutzen, deren Form- und Größenänderungen sehr klein sind und meist vernachlässigt werden können.

Der für alle Aufnahmearbeiten weitaus am häufigsten gebrauchte Schichtträger ist das *Filmband.* Als Ausgangsmaterial für die Herstellung werden heute auf der Basis von Acetat-Butyrat-Zellulose, Polyäthylen-Terephthalat und Polyester schwer entflammbare Stoffe verwendet. In langjähriger Entwicklungsarbeit ist es gelungen, Sicherheitsfilme von sehr hoher Größen- und Formbeständigkeit zu schaffen. Die Größenänderungen der Filmbänder unterliegen je nach ihrem chemischen Aufbau und Herstellungsgang komplizierten Gesetzen. Die Einflüsse von Temperatur, relativer Feuchte, Art der Entwicklung und Trocknung, Lagerung und Alterung führen zu zeitweiligen und bleibenden (irreversiblen) Änderungen. Die veränderlichen Zugspannungen der Schicht sowie jene in den Bearbeitungsmaschinen auftretenden führen zum „Fließen" der Unterlage. Ungleichmäßige Trocknung (Warmluft, verbleibende Wassertropfen) erzeugen regionale und lokale Störungen. Regelmäßige Größenänderungen des ganzen Filmbandes lassen sich bei photogrammetrischen Messungen meist durch eine kleine Änderung der Kammerkonstante berücksichtigen; affine Formänderungen in Längs- und Querrichtung wirken sich nur bedingt schädlich aus. Am meisten zu fürchten sind die unregelmäßigen Formänderungen.

---

[1]) Stoffelen, R. ebenda.

Über die Größe der zu befürchtenden *regelmäßigen Änderungen*[1]) unterrichten die folgenden Angaben für das amerikanische Standardmatrial für den Luftbildaufnahme, den Kodak Super-XX Aerographic Film (1952), mit denen die Angaben für Gevaert Aviphot-Film gut übereinstimmen:

	I	II	III	IV
Mittelwerte für Länge und Breite des Filmbandes	$0,8^0/_{00}$	$0,4^0/_{00}$	$0,5^0/_{00}$	$1,3^0/_{00}$
	(0,3)	(0,15)	(0,2)	
Unterschied zwischen Längen- und Breitenveränderung	$0,04^0/_{00}$	$0,02^0/_{00}$	$0,1^0/_{00}$	$0,1^0/_{00}$

Hierin bedeuten die Zahlenangaben in $^0/_{00}$ unter

I. die lineare Ausehnung des Filmes für 10% Änderung der relativen Feuchtigkeit (bei konstanter Temperatur),

II. die lineare Ausdehnung für 10°F (entspr. 5°C) Temperaturänderung (bei konstanter relativer Feuchte),

III. die bleibende Schrumpfung durch die photographischen Prozesse,

IV. die bleibende Schrumpfung durch die photographischen Prozesse und durch beschleunigte Alterung des Materials (7 Tage bei 120°F und 20% relativer Feuchtigkeit).

Die Zahlen gelten für Cellulose-Acetat-Butyrat als Filmbasis, die Werte in Klammern für das neue Polyester-Material *Estar*[2]). Nach amerikanischen Angaben von 1961 beträgt für die neue Filmbasis *Cronar* (ein Polyester-Material) der Firma E.I. DuPont de Nemours die Ausdehnung in Längs- und Querrichtung für 10% Änderung der relativen Feuchte nur noch $0,15^0/_{00}$.

Von der *Glasplatte* als Schichtträger ist ausreichende Ebenheit und geringe Durchbiegung zu fordern. Die praktisch mögliche Plattendicke wird dabei (ebenso wie das größtmögliche Format) wesentlich durch das noch zulässige Gewicht begrenzt. Die Zerbrechlichkeit und der schwierige Wechsel bei großen Bildzahlen erschweren die Verwendung in der Luftbildmessung.

Gevaert vergießt seine Luftbild-Emulsionen auf besondere Bestellung auf „ausgewähltem Glas" oder auf „Ultraplanglas" und gibt für verschiedene Plattenformate (1960) folgende Toleranzen für die Ebenheit an:

Format	ausg. Glas	Ultraplan
15×15 cm^2	33 µm	21 µm
19×19	40	23
24×24	48	29

Bei der Erdbildaufnahme handelt es sich um kleinere Bildzahlen. Hier fallen die genannten Nachteile nicht so schwer ins Gewicht. Andererseits muß bei dem kleinen Basisverhältnis der terrestrischen Aufnahmen die höchste erreichbare Genauigkeit der Bildlage ausgenutzt werden.

---

[1]) Hierzu ausführlich: Manual of Photogrammetry, 3rd ed. Vol. I. Falls Church 1966, p. 259 ff.
[2]) Jaksic, Z.: Phm. Eng. **38** (1972) 285 bis 296; ferner Ligterink, G.H.: Phm. Eng. **38** (1972) 269 bis 273 und Kupfer, G.: BuL **41** (1973) 97 bis 103.

1.5.8   Entwicklung und Trocknung[1])

Die hohen Kosten eines Bildfluges und die Schwierigkeit oder gar Unmöglichkeit, ihn termingerecht zu wiederholen, bedingen, daß das Negativmaterial so sorgfältig und sachverständig wie nur möglich behandelt wird. Bei allen Luftbildaufnahmen gilt auch für die photographische Arbeit als oberste Richtschnur, ein Höchstmaß an Geländeeinzelheiten im Negativ wiederzugeben. Dazu tritt für alle meßtechnischen Aufgaben die Bedingung, die geometrischen Verzerrungen des Negativmaterials auf ein absolutes Mindestmaß zu beschränken.

Die Filmhersteller geben für ihre Spezialfilme genaue Entwicklungsvorschriften. Wir wollen uns anhand von Untersuchungen G.C. Brocks einige allgemeine Zusammenhänge klarmachen. Bild **93**.1 zeigt für einen hochempfindlichen panchromatischen Spezialfilm, in welcher Weise Empfindlichkeit, Auflösungsvermögen und Schleier von der Entwicklungszeit abhängen. Wir können zugleich die unterschiedliche Wirkung eines kräftig arbeitenden Metol-Hydrochinon-Entwicklers M (Kodak D 19b) und eines Feinkornentwicklers F (Kodak DK 20) studieren.

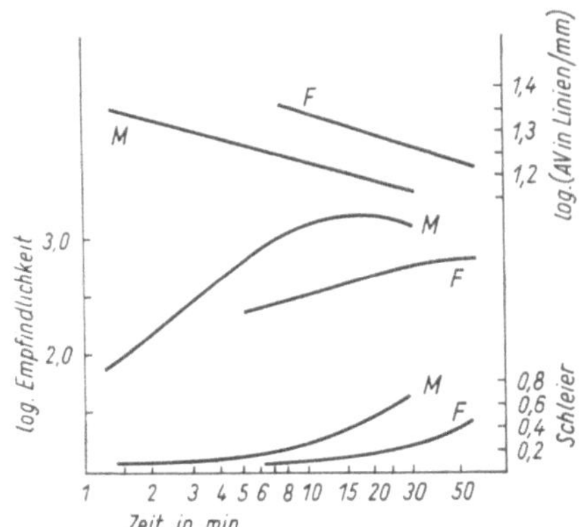

93.1 Abhängigkeit der Film-Empfindlichkeit, des Auflösungsvermögens und des Schleiers von der Entwicklungsdauer. Die mit M bezeichneten Kurven gelten für einen Metol-Hydrochinon-Entwickler, die mit F bezeichneten für einen Feinkorn-Entwickler (nach G.C. Brock)

Empfindlichkeit, Auflösung, Schleier und Entwicklungszeit (sowie Gradation) stehen für ein bestimmtes Aufnahmematerial und gegebene Belichtung in einem festen Zusammenhang. Der Schleier nimmt bei beiden Entwicklern, allerdings in unterschiedlichem Maße, mit der Entwicklungsdauer rasch zu. Die Empfindlichkeit wächst zunächst ebenfalls, nimmt dann aber wieder ab. Mit M wird (bei gleicher Belichtung!) mehr als die doppelte Empfindlichkeit wie mit F erreicht. Das höhere Auflösungsvermögen von F bei gleicher Entwicklungsdauer ist offensichtlich; der Gewinn vermindert sich stark, wenn jeweils bis zu größter Empfindlichkeit entwickelt wird. Man müßte also für den Gebrauch von F die Belichtung erhöhen. Dies kann nur durch Wahl einer größeren Blende oder einer längeren Belichtungszeit geschehen. Im ersten Fall wird es dann von der Korrektion des Objektives, im zweiten von den schwingungsdämpfenden Eigenschaften der Kammeraufhängung abhängen, wie weit der durch die Entwicklung erzielbare Gewinn an Auflösung die hieraus zu befürchtenden Verluste übersteigt. Dieses Beispiel zeigt besonders deutlich die Abhängigkeit des Auflösungsvermögens von Objektiv, Schicht, Entwicklung und Aufhängung der Kammer.

Die Entwicklungstemperatur sollte 20°C betragen, jedenfalls aber im Bereich zwischen 18 bis 24°C liegen. Bei höheren Temperaturen wird der Kontrast vermindert und der

---

1) Kupfer, G.: BuL **41** (1973) 97 bis 103.

Schleier verstärkt. Auch Härtebäder gleichen die schädlichen Wirkungen hoher Entwicklungstemperaturen nicht vollständig aus. In den Tropen soll man daher, wenn irgend möglich, den Entwickler kühlen.

Die einfachen Entwicklungsgeräte, die aus einem Satz von drei Behältern aus rostfreiem Stahl für die Bäder und einem darin umsetzbaren Stahlrahmen mit zwei Aufwickelspulen bestehen, haben sich seit langem bewährt. Der Film wird durch einen selbsttätig umschaltenden Elektromotor während der ganzen Entwicklungs-, Fixierungs- bzw. Wässerungsdauer rasch auf- und abgespult und so hinreichend gleichmäßig mit frischer Flüssigkeit versorgt.

Auch beim *Trocknen* sind alle Zugbeanspruchungen des Filmbandes streng zu vermeiden. Besser als die gelegentlich noch verwendeten großen hölzernen Trockentrommeln, auf welche der Film spiralig aufgewunden wird, sind Trockengeräte, die trockene und staubfreie Luft auf das Filmband blasen. Ein solches Gerät ist in Bild **94.**1 zu sehen. Trocknen in heißer Luft oder in Alkohol ist für die Genauigkeit von Meßfilmen schädlich und sollte daher vermieden werden.

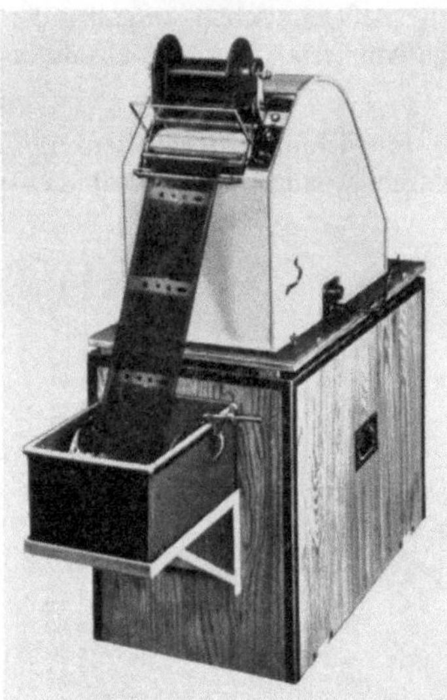

94.1 Automatisches Filmtrocknungsgerät TG 24 von Zeiss, Oberkochen für Filme bis 120 m Länge. Trocknungsdauer für 120 m Filme ca. $2^1/_2$ Stunden

Für die *Lagerung* der Filme empfiehlt die Firma Kodak Temperaturen unter 16 °C, am besten 10 °C, bei einer relativen Feuchte von 40 bis 60 %. Ob es für die Maßhaltigkeit des Filmes zweckmäßiger ist, die Filmbänder unzerschnitten in Rollenform zu lagern oder sie in Einzelfilme zu zerschneiden, scheint noch nicht eindeutig erwiesen zu sein.

Für die Inspektion des aufgenommenen Bildmateriales noch während des Bildfluges oder für die Übermittlung durch Funk an Bodenstationen (z. B. in der Raumfahrt) hat Kodak das *Bimat-Verfahren*[1]) entwickelt. Der Negativfilm wird für kurze Zeit mit dem die Entwicklersubstanzen enthaltenden Bimatfilm in Kontakt gebracht, in dem zugleich mit dem Entwickeln und Fixieren des Negatives ein Positivbild entsteht. Das (Trocken-)Verfahren ist automatisch und wartungsfrei.

1.6 Fernerkundung mittels Strahlung aller Wellenlängen

1.6.1 Photogrammetrie und Fernerkundung

Um 1960 begann sich aus den Bedürfnissen der militärischen Überwachung und den Aufgaben der Raumfahrt heraus ein Komplex von Verfahren und eine Technologie zu entwickeln, die im englischen Sprachbereich als „Remote Sensing" und im deutschen

<hr>

[1]) Tarkington, R.G.: Phm. Eng. **31** (1965) 126 bis 128.

mit „Fernerkundung (der Erdoberfläche)" bezeichnet werden. Man versteht heute darunter die Gewinnung und Verarbeitung von Information aller Art über entfernte Objekte und Vorgänge auf der Erdoberfläche ohne direkten Kontakt mit diesen. Zu der klassischen visuellen Luftbeobachtung und Luftbildphotographie sind eine große Anzahl von Verfahren hinzugekommen: im photographischen Bereich die Infrarot- und die Multispektral-Photographie; die Aufzeichnung der Emission und der Reflexion im mittleren Infrarot; die Registrierung der Reflexion im Radarbereich (mittels Seitwärts-Radar und Radar-Höhenmesser); Registrieren der γ-Strahlung; magnetometrische und gravimetrische Messungen aus der Luft. Die angewandte Technologie schließt grundsätzlich die Anwendung aus Satelliten ein. Wegen der zunehmenden Bedeutung der Verfahren der Fernerkundung für viele nichtmilitärische Aufgaben in der geowissenschaftlichen Forschung, in Land- und Forstwirtschaft, im Umweltschutz usw. und wegen der teilweise engen Verflechtung mit dem klassischen Luftbildwesen wollen wir einige wichtige Grundgedanken und Tatsachen darstellen. Wir beschränken uns dabei auf die Verfahren, die sich der elektromagnetischen Strahlung in verschiedenen Wellenlängenbereichen bedienen.

Der Begriff „Fernerkundung" schließt definitionsgemäß die Photointerpretation und die Photogrammetrie ein. In großen Zügen gilt, daß sich die Photointerpretation auf die *Gestalt*information, die Photogrammetrie auf die *geometrische* Information und die Fernerkundung im engeren Sinne auf die *physikalische* Information[1]) beziehen (vgl. 1.1). Soweit der nicht-photographische Strahlungsbereich ($300\,\text{nm} > \lambda > 900\,\text{nm}$) benutzt wird, ist die Technologie der Informationsgewinnung und -verarbeitung in der Fernerkundung komplizierter und teurer. Bei den benutzten größeren Wellenlängen ist das geometrische Auflösungsvermögen allerdings grundsätzlich schlechter als im photographischen Bereich. Dem stehen aber wichtige Vorteile der neuen Verfahren gegenüber: die Messung von Reflexion und Emission im Gebiet größerer Wellenlängen erschließt neue Informationsbereiche für Erforschung und Kartierung der Bodenobjekte; Oberflächentemperaturen und deren kleine Differenzen können mit hoher Genauigkeit gemessen werden. Radarwellen durchdringen Wolkenfelder und besitzen eine gewisse Eindringtiefe in den Erdboden. Mit der weiteren Ausgestaltung quantitativer Methoden in der Fernerkundung wird es bei den bilderzeugenden Verfahren schwieriger werden, strenge Grenzlinien zur Photogrammetrie hin zu ziehen.

1.6.2 Wirkung von Strahlung auf Körper

Jeder Körper emittiert eine von seiner (absoluten) Temperatur und der Beschaffenheit seiner Oberfläche abhängige Temperaturstrahlung. Trifft Strahlung auf andere Körper, so lösen die Photonen im molekularen und atomaren Bereich unterschiedliche Wirkungen aus. Es können Teile der Strahlung von der Oberflächenschicht zurückgeworfen (reflektiert), vom Körper verschluckt (absorbiert) und hindurchgelassen werden. Ist die Oberfläche des Körpers relativ *glatt*, d. h., sind seine Rauhigkeiten klein im Verhältnis zur Wellenlänge der Strahlung, so tritt regelmäßige oder spiegelnde Reflexion auf, die bei ebenen Flächen den einfachen Gesetzen der geometrischen Optik folgt. In den meisten Fällen ist die Oberfläche relativ *rauh*; die Strahlung wird nach allen Seiten (diffus)

---

[1]) G. K o n e c n y gibt in BuL **43** (1975) 2 bis 11 eine Übersicht über die *geometrischen* Aspekte der Fernerkundungsverfahren.

reflektiert. Die diffuse Reflexion ist die Ursache dafür, daß nicht selbstleuchtende Körper überhaupt gesehen werden, und ihre mit der Wellenlänge veränderliche (durch die selektive Absorption bedingte) Größe ist die Ursache der Körperfarben. Die vom bestrahlten Körper *absorbierte* Strahlung wird bei sichtbarem Licht meist zum größten Teil in Wärme umgewandelt. Die Lichtdurchlässigkeit eines Körpers wird als *Transmission* bezeichnet; meist ist sie mit mehr oder weniger starker Streuung des Lichtes im Körper verbunden.

Entscheidend für die Nutzung der elektromagnetischen Strahlung als Hilfsmittel der Fernerkundung ist, daß das Strahlungsverhalten der Körper der Umwelt (d.h. die Größen von Emission, Reflexion, Absorption, Transmission einer bestimmten Strahlung) abhängig ist von der Wellenlänge der Strahlung einerseits und von der molekularen und atomaren Struktur des auf die Strahlung reagierenden Körpers andererseits. Aus dem beobachteten Verhalten können also Schlüsse auf die Beschaffenheit des Körpers gezogen werden. Bei den klassischen Fernerkundungsverfahren, der visuellen Beobachtung und der Photographie aus der Luft, liefert die Objektreflexion unmittelbar und anschaulich die Graustufen bzw. Farbreize, die die Bildinformation übertragen. Alle anderen modernen Verfahren der Fernerkundung sind weniger anschaulich und erfordern bei der Aufnahme und bei der Auswertung zum Teil wesentlich höheren technischen Aufwand, z.B. für die Umwandlung in sichtbare Bilder.

Zum Vermeiden von Irrtümern kann es heute zweckmäßig sein, zwischen Photographie und Aufzeichnung zu unterscheiden. Bei der *Photographie* ist die bilderzeugende Schicht direkt der elektromagnetischen Strahlung ausgesetzt. Ihr Zustand vor der Belichtung ist nicht wiederherstellbar (irreversibler Prozeß). Von *Aufzeichnungen* (imagery) sollte man sprechen, wenn das Bild erst durch einen Energiewandler zustande kommt und der Zustand des physikalischen (oder chemischen) Detektors reversibel ist. Aufzeichnungen werden oft photographisch fixiert.

Bild **96.**1 zeigt einen Teil des Bandes der elektromagnetischen Strahlung in nicht-linearer Darstellung. Außer den Wellenlängen in den fünf Einheiten Nanometer (nm), Mikrometer (μm), Millimeter, Zentimeter und Meter sind die Frequenzen nach der Beziehung $v \cdot \lambda = 3 \cdot 10^8$ m in Hz angegeben. Einige Strahlungsempfänger für verschiedene λ-Bereiche ergänzen das Bild.

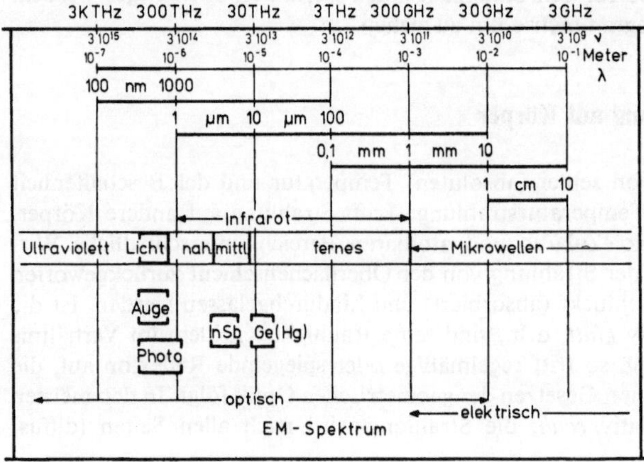

96.1 Bereiche des elektromagnetischen Spektrums mit Bezeichnung nach Wellenlängen λ und Frequenzen v

1.6.3 Strahlungsgesetze für Temperaturstrahler

In der Fernerkundung mit Hilfe der thermischen Infrarotstrahlung will man Oberflächentemperaturen im Gelände und ihre Differenzen messen. Hierzu erinnern wir an die Strahlungsgesetze für Temperaturstrahler. Sie beziehen sich auf den schwarzen Strahler oder schwarzen Körper, der durch einen elektrisch auf die gewünschte (absolute) Temperatur T^0 erhitzten Hohlraumstrahler realisiert wird. Dessen Absorptionsvermögen ist für alle Wellenlängen $= 1$, seine Strahlung ist für einen großen Bereich von Wellenlängen λ und von Temperaturen T durch Messungen genau bekannt. Sie ist in allen Wellenlängenbereichen maximal.

Das *Kirchhoffsche Gesetz*

$$\frac{E(\lambda, T)}{A(\lambda, T)} = e(\lambda, T) \tag{1.61}$$

in dem $E(\lambda, T)$ bzw. $A(\lambda, T)$ die Emission bzw. das Absorptionsvermögen eines beliebigen Temperaturstrahlers für die Temperatur T und die Wellenlänge λ und $e(\lambda, T)$ die Emission des schwarzen Körpers bedeuten, erlaubt für den ersteren $E(\lambda, T)$ zu berechnen, sobald $A(\lambda, T)$ bekannt ist. Ein Körper emittiert Strahlung einer Wellenlänge umso besser, je besser er sie absorbiert. Ist das Emissionsvermögen (bezogen auf den schwarzen Körper) im sichtbaren Bereich konstant und < 1, so sprechen wir von einem *grauen Strahler*. Das Emissionsvermögen ist ein wichtiger material-charakteristischer Zahlenwert. Sein Wert liegt bei natürlichen Bodenoberflächen für die Wellenlänge $\lambda = 10\ \mu\mathrm{m}$ zwischen 0,9 und 1,0, also nahe bei dem des schwarzen Körpers.

Die Abhängigkeit der gesamten Strahlungsleistung einer Fläche bei der Temperatur T wird durch das *Stefan-Boltzmannsche Gesetz*

$$W = \sigma \cdot T^4 \tag{1.62}$$

beschrieben, worin σ eine Konstante bedeutet. Bemerkenswert ist das sehr starke Ansteigen der Strahlungsleistung mit wachsender Temperatur.

Das *Wiensche Verschiebungsgesetz*

$$\lambda_{\max} \cdot T = \mathrm{const} = 2898\ \mu\mathrm{m\ Grad} \tag{1.63}$$

zeigt, daß die Wellenlänge $\lambda_{\max}$ mit dem Höchstwert der Strahlungsdichte je Wellenlängenbereich der absoluten Temperatur T umgekehrt proportional ist. Sie verschiebt sich also mit steigender Temperatur zu kürzeren Wellenlängen. Dieses Gesetz ist uns qualitativ aus der Anschauung bekannt (Farbe glühender Körper). Setzen wir die mittlere Temperatur der Erdoberfläche mit $T = 300$ K ein, so ergibt sich der Höchstwert ihrer Emission bei $\lambda_{\max} = 9,6\ \mu\mathrm{m}$. Umgekehrt wird aus dem gemessenen Wert $\lambda_{\max} = 0,48\ \mu\mathrm{m}$ der (extraterrestrischen) Sonnenstrahlung eine Oberflächentemperatur der Sonne von $T = 6000$ K ermittelt.

1.6.3.1 Strahlungsquellen Die passiven Verfahren der Fernerkundung benutzen die natürlichen Strahlungsquellen, die aktiven Verfahren erzeugen die benötigte Strahlung selbst. Bei weitem die wichtigste natürliche Strahlungsquelle ist die *Sonne*, ein Temperaturstrahler mit einer Oberflächentemperatur von 6000 K. Ihre spektrale Strahlungsverteilung entspricht recht gut der des schwarzen Körpers (Bild **98.1**). Außer der direkten Sonnenstrahlung (bei der wir die Absorption in der Atmosphäre zu beachten haben) wirkt die durch Streuung an den Luftmolekülen und dem Aerosol der Atmosphäre sowie durch Reflexion an Wolken zustande kommende diffuse *Himmelsstrahlung*. Die Summe der direkten Sonnenstrahlung und der diffusen Himmelsstrahlung heißt

Globalstrahlung. Ebenfalls der Sonne verdanken wir die von der erwärmten Erdoberfläche und von der Atmosphäre in längeren Wellenbereichen emittierte Sekundärstrahlung (letztere wird auch *Gegenstrahlung* genannt).

Als künstliche Strahlungsquellen werden für sichtbares Licht chemische Leuchtsätze, Elektronenblitze, elektrische Lampen und Laser verwendet. Im langwelligen Bereich benutzt man Elektronenröhren (Magnetrons, Klystrons) und elektrische Schwingkreise.

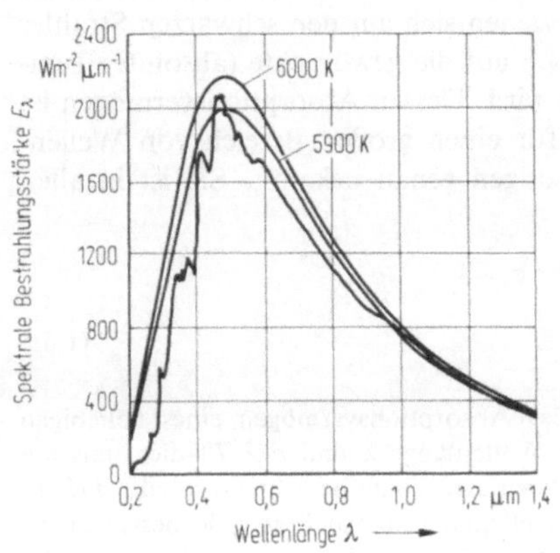

98.1 Spektrale Bestrahlungsstärke der Sonne außerhalb der Atmosphäre im Bereich $0{,}2 < \lambda < 1{,}4\,\mu m$ nach M. P. Thekaekara et al. (1968). Zum Vergleich Werte des Schwarzen Körpers bei 6000 K und 5900 K.

1.6.3.2 Durchlässigkeit der Atmosphäre Der Benutzung der Strahlung für die Zwecke der Fernerkundung setzt die mit der Wellenlänge veränderliche Durchlässigkeit der Atmosphäre Grenzen (Bild **98.2**). Auf ihrem Weg durch die Atmosphäre wird die gerichtete Strahlung durch Streuung und durch Absorption in exponentieller Form geschwächt.

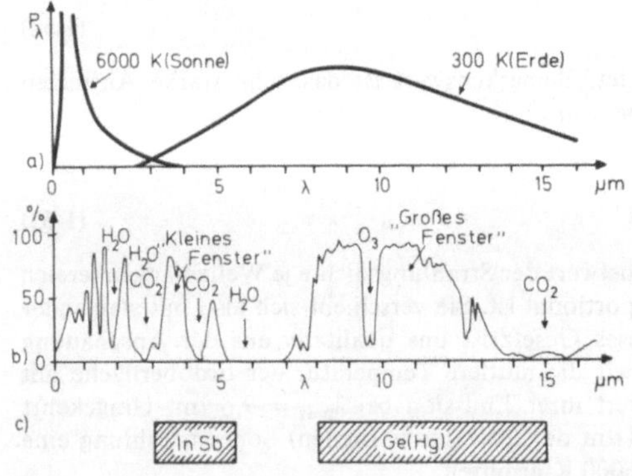

98.2 a) Spektrale Energieverteilung des Schwarzen Körpers bei 6000 K (Sonne, Maximum bei $\lambda = 0{,}48\,\mu m$) und bei 300 K (Erdoberfläche, Maximum bei $\lambda = 9{,}6\,\mu m$)
b) Strahlungsdurchlässigkeit der Atmosphäre in Abhängigkeit von der Wellenlänge λ mit Absorptionsbanden von Wasserdampf (H_2O), Kohlendioxyd (CO_2) und Ozon (O_3) sowie der Lage des „kleinen" und des „großen Fensters"
c) Grenzen der Strahlungsempfindlichkeit von Kristallen aus Indium-Antimonid (InSb) und mit Quecksilber gedoptem Germanium (Ge)

Die Summe beider Wirkungen wird auch als *atmosphärische Extinktion* bezeichnet. Die *Absorption* wird durch die atmosphärischen Gase hervorgerufen und ist auf einige Wellenlängenbereiche (Banden) beschränkt, welche charakteristisch für diese Gase sind (z. B. CO_2, O_2, O_3 und Wasserdampf). Diese liegen im IR- und im Mikrowellenbereich. (Im Sichtbaren wird fast nichts absorbiert.) Die Spektralbereiche zwischen diesen Absorptionsbanden nennt man „atmosphärische Fenster". Ihre Lage geht aus Bild **98.2** hervor.

Die atmosphärische *Streuung* ist von der Wellenlänge λ und von der Größe der die Streuung verursachenden Teilchen abhängig. Die mathematische Beschreibung unterscheidet die beiden

Fälle, daß die Durchmesser der streuenden Teilchen a) klein gegenüber der Wellenlänge λ der Strahlung und b) von der gleichen Größenordnung wie diese oder größer sind. Im ersten Fall handelt es sich um eine reine, nur aus Gasmolekülen bestehende Atmosphäre (Rayleigh-Atmosphäre). Nach Lord Rayleigh ist die Intensität des gestreuten Lichtes proportional zu λ^{-4} (s. auch 1.5.1). G. Mie untersuchte die „Mie-Streuung" in einer mit Aerosol erfüllten Atmosphäre. Die Intensität wächst hier mit einer kleineren Potenz der Wellenlänge. Interessant ist, daß bei wachsendem Teilchenradius die sogenannte Vorwärtsstreuung gegenüber der Rückwärtsstreuung zunimmt. Diese Tatsachen sind für die praktische Anwendung der verschiedenen Fernerkundungsverfahren wichtig.

1.6.3.3 Sensoren Um die in dem großen Wellenlängenbereich der verschiedenen Fernerkundungsverfahren in Form elektromagnetischer Strahlung gesendete Information zu empfangen, benötigen wir Empfänger oder *Sensoren*, die für die jeweils benutzten λ-Bereiche optimal empfindlich sind. Wir behandeln diese als Bestandteile der Verfahren. In diesem einführenden Überblick beschränken wir uns darauf, diejenigen Verfahren zu kennzeichnen, die für die praktischen Anwendungen in Luftfahrzeugen, Raketen und Satelliten als Träger heute als die wichtigsten erscheinen, nämlich die Multispektral-Photographie, die Multispektral-Abtastung des Geländes und die für unsere Aufgaben entwickelten speziellen Radar-Verfahren. Eine Gesamtübersicht zeigt, daß am kurzwelligen Ende des Spektrums (z.B. bei den γ-Strahlen) die *Partikel*eigenschaften der Strahlung dominieren. Hier werden Zählgeräte als Sensoren eingesetzt. Zu den längeren Wellen hin dominieren die *Wellen*eigenschaften; hier sind optische und elektrische Techniken zu verwenden. Im Gesamtbereich werden heute etwa 20 verschiedene Gruppen von Sensoren verwendet, angefangen von Szintillationszählern für γ-Strahlen über Luftbildkammern, Bildröhren, optisch-mechanische Abtaster, IR-Radiometern bis zu den verschiedenen Radar-Empfängern. Es überwiegen deutlich (nach Anzahl und Bedeutung) diejenigen Sensoren, die auf reflektierte Strahlung reagieren und diejenigen, die passiven Systemen angehören. Etwa die Hälfte der Sensoren erzeugen zusammenhängende Bilder; die anderen führen Messungen über größere oder kleinere Flächen aus oder sie messen punktweise oder kontinuierlich Profile. Damit die Sensoren möglichst gut reproduzierbare quantitative Ergebnisse liefern können, bedürfen sie alle einer sorgfältigen und beständigen Kalibrierung (Eichung). Dies gilt sowohl für die geometrische Information (Einhalten geometrischer Abbildungsgesetze) als auch für die physikalische (Benutzen von Referenzstrahlern). Bei den Infrarot-Geräten müssen Eigenstrahlung der Detektoren und thermische Störquellen durch Kühlaggregate (mit flüssigem Stickstoff oder Helium ausgeschaltet werden. Dem Charakter dieses Buches entsprechend werden wir nur die *bilderzeugenden* Systeme berücksichtigen.

1.6.4 Multispektral-Photographie

Als Multispektral- oder Multiband-Verfahren bezeichnet man solche Fernerkundungsverfahren, die auf dem Vergleich der Reflexion oder Emission in mehreren getrennten Bändern des elektromagnetischen Spektrums beruhen. Innerhalb des photographischen Bereiches von 300 bis 900 nm spricht man von Multispektral- oder Multiband-Photographie (MS-Photographie). Sie schließt mit einem geringen technischen Mehraufwand an die bewährte Luftbildaufnahme an und liefert wie diese anschauliche und geometrisch richtige Bilder hoher Auflösung. Diesen Vorteilen steht hauptsächlich der Nachteil der notwendigen photographischen Verarbeitung des belichteten Bildmaterials gegenüber.

Heute stellt die MS-Photographie wohl am häufigsten angewandte Fernerkundungsverfahren dar. Ihre Anfänge liegen bei erdgebundenen Systemen im 2. Weltkrieg.

Wir gehen von der Tatsache aus, daß viele natürliche Objekte, wie die gesamte Vegetation, Boden- und Gesteinsarten, Wasserflächen usw. eine spektrale Reflexion zeigen, die sich innerhalb des photographischen Bereiches in typischer Weise mit der Wellenlänge λ ändert. Dies gilt auch für gewisse Veränderungen der Objekte, z. B. für erkrankte Pflanzen. Besitzt man daher mehrere photographische Bilder der zu analysierenden Objekte, die in verschiedenen λ-Bereichen aufgenommen wurden, so können die fraglichen Objekte aufgrund der Schwärzungsdifferenzen (oder der Farbunterschiede in Farbbildern) voneinander unterschieden und ggf. identifiziert werden. Die Objekte müssen dazu bei geeigneter Witterung und Beleuchtung gleichzeitig in mehreren Spektralbereichen photographiert werden. Optimale Ergebnisse wird man erhalten, wenn Anzahl und Lage der Spektralbereiche aufgrund der bekannten Reflexionskurven der Objekte festgelegt werden können.

1.6.4.1 Technische Anforderungen an die Aufnahme Ohne auf Einzelheiten einzugehen, wollen wir die wichtigsten technischen Bedingungen zusammenstellen. Es versteht sich, daß diese fallweise mit den geometrischen Bedingungen für die Aufnahme von Meßbildern (s. 1.2.1.3) gekoppelt werden können.

Zur Aufnahme von MS-Bildern können mehrere normale, unabhängig voneinander betriebene Kammern (Mehrzweckkammern, Luftbildkammern, Reihenmeßkammern, vgl. 2.3.1.2), die mit verschiedenen Filtern versehen wurden, verwendet werden. In der Praxis hat man bisher meist mehrere (2 bis 4) kleine Kammern zu einem Aggregat mit gemeinsamem Antrieb vereinigt. Eine andere Möglichkeit besteht darin, mehrere (4 bis 9) Objektive mit Filtern in einem Kammerkörper bei getrennten Bildebenen zu vereinigen. Unter Verwendung der optischen Strahlenteilung läßt sich dies auch mit *einem* Objektiv lösen. Vereinigt man mehrere kleinere Bilder auf *einem* breiteren Filmstreifen, so genießt man neben der technische Vereinfachung Vorteile bei der Entwicklung, nimmt aber den Nachteil in Kauf, nur *eine* Filmsorte für alle Spektralbereiche benutzen zu können.

Zum mehr oder weniger scharf getrennten Herausfiltern einiger oder mehrerer (3 bis 9) Spektralbereiche stehen Absorption- und Interferenzfilter mit ihren Vor- und Nachteilen zur Verfügung (s. 1.5.2). In engem Zusammenhang damit steht die Wahl der Filmsorten mit geeigneter spektraler Empfindlichkeit (s. 1.5.2). An Synchronität und Belichtungsdauer der verschiedenen *Verschlüsse* müssen bei streng quantitativer Bildauswertung hohe Ansprüche gestellt werden. Bei nicht ausreichend stabilisiertem Kammerträger ergeben unterschiedliche Belichtungszeitpunkte deutlich verschiedene Bildausschnitte, während schwankende Belichtungszeiten eine Fehlerquelle bei der quantitativen Bewertung der Bildschwärzungen bedeuten. Die letztere erfordert auch — im Gegensatz zu rein geometrisch auszuwertenden Luftbildern — eine photographische Präzisionsentwicklung mit scharf standardisierten Bedingungen. Die hier im Vordergrund stehenden *physikalischen* Informationen zwingen vor allem dann, wenn die photographischen Ergebnisse gemeinsam mit denjenigen von IR-Abtastungen verwendet werden sollen, zu sorgfältigen Kalibrierungen (Eichungen) der radiometrischen Größen.

1.6.4.2 Auswertung der MS-Information Zwischen den Extremfällen, daß etwa einerseits panchromatische, IR- und Falschfarbenbilder ohne selektive Filterung und andererseits scharf gefilterte Aufnahmen in engen Spektralbereichen zusammen mit Abtastbildern im mittleren IR auszuwerten sind, gibt es verschiedene Verfahren der Auswertung.

Von hohem Nutzen kann bereits der visuelle Vergleich der Bilder mittels Lupe oder Stereoskop sein, bei dem die üblichen Kenngrößen der Photointerpretation (Formen, Größen, Schatten, Texturen, Lagebeziehungen) herangezogen werden. Auch das Arbeiten mit Interpretationsschlüsseln wird durch MS-Bilder erleichtert. Voll ausnutzen läßt sich der Informationszuwachs allerdings nur mit neuen Methoden. Hier sind zunächst *optische* Projektionsverfahren zu nennen. Die (z.B. vier) Bilder eines Geländeabschnittes werden gleichzeitig durch frei wählbare Farbfilter hindurch auf die Rückseite von Mattscheiben projiziert. Nach Feinjustierungen zueinander in *x*- und *y*-Richtung können sie hier bei systematisch geänderten Beleuchtungsstärken der einzelnen Bilder als Mischbild betrachtet und analysiert oder auch als Vierfarbenbild photographiert werden. Dieses Verfahren erleichtert das Entdecken und Zuordnen schwacher Bildkontraste und Formzusammenhänge in verschiedenen Wellenlängen.

In komplexeren *elektronischen* Bildverarbeitungssystemen werden durch Abtasten der Bilder mittels eines TV-Systems die Schwärzungswerte punktweise gemessen. Die damit gewonnene Bildfunktion (s. 1.1.2.2) kann in einem Prozeßrechner z.B. zu schwarzen oder farbigen Äquidensiten (s. 1.5.4) oder zu Dichteprofilen mit beliebigen Parametern verarbeitet werden. Die Ergebnisse können photographisch ausgegeben oder auf Magnetband gespeichert werden. Über die Reproduzierbarkeit und die systematischen Fehlerquellen dieser Verfahren war Anfang des Jahres 1974 nur erst wenig bekannt. Die Schwärzungsmessungen in verschiedenen Spektralbereichen lassen sich auch nach den Methoden der Regressions-Analyse zu Identifizierung und Differenzierung von Objekten (z.B. Bodenarten) verwenden, sofern deren Reflexionswerte bekannt sind. Bewährt haben sich ferner Test- oder Trainingsflächen mit terrestrisch ermittelten Bezugswerten.

1.6.5 Thermographie[1])

Unter dem Namen Thermographie sollen die (passiven) Verfahren der Fernerkundung verstanden werden, die die natürliche IR-Strahlung im Bereich von etwa 0,9 bis 14 µm benutzen, um Oberflächentemperaturen im Gelände aus dem Flugzeug oder aus Satelliten zu messen. Dabei können mit fest eingebauten Strahlungsmessern eindimensionale *Temperaturprofile* gemessen und registriert werden. Wichtiger sind diejenigen Verfahren, die mittels optisch-mechanischer Abtasteinrichtungen breite Geländestreifen zeilenweise nacheinander abtasten (englisch: IR-line-scanner, abgekürzt IRLS). Die gemessenen Strahlungstemperaturen können in einem photographischen Ausgabeteil in photographische Schwärzungen umgesetzt und fortlaufend in einem aus schmalen Streifen zusammengesetzten Bild dargestellt werden, das ähnlich wie ein Streifenluftbild des überflogenen Gebietes aussieht[2]). Damit ist eine *flächenhafte* Abbildung der Oberflächentemperaturen erreicht. Im Vergleich mit den im sichtbaren Licht aufgenommenen Luftbildern ist hierbei allerdings wegen der kinetischen Abtastung die *geometrische* Abbildungsfunktion komplizierter als die einfache Zentralperspektive. Vor allem erfordert aber die *physikalische* Informationsgewinnung einige Vorüberlegungen.

Die Voraussetzung dafür, daß Oberflächentemperaturen überhaupt durch Strahlungsmessungen bestimmt werden können, liegt darin, daß die Eigenstrahlung (Emission) von natürlichen Boden-

---

[1]) Sofern exakte Messungen überwiegen, ist es sinnvoll, die Bezeichnung „Thermogrammetrie" zu verwenden.

[2]) Sie können aber auch in analoger oder digitaler Form auf Magnetbändern gespeichert werden.

oberflächen im thermischen Bereich weitgehend durch die Oberflächentemperatur bestimmt ist. Abweichungen lassen sich als Korrekturen ermitteln. In der Wärmehaushaltsgleichung des (unbewachsenen) Bodens

$$S + B + L + V = 0 \tag{1.64}$$

ist S die Gesamtbilanz der thermischen Strahlung, B der Bodenwärmestrom, L der Wärmeaustausch mit der Luft und V die Verdunstungswärme. *Am Tage* wird die Oberflächenstrahlung in der Regel dominierend überlagert durch Anteile der reflektierten Sonnen- und Himmelsstrahlung sowie durch die langwellige Eigenstrahlung der Atmosphäre (Gegenstrahlung). Die Strahlungsbilanz S kann dann im Sinne der Fernerkundung eine Störgröße sein. Entscheidend ist der Bodenwärmestrom B, der *nachts* die dominierende Rolle spielt. Seine Größe hängt neben der empfangenen Einstrahlung ab von der Dichte d, der Wärmeleitfähigkeit k und der spezifischen Wärme c des Bodens[1]), die mit dessen Wassergehalt veränderlich sind. Da dies nicht Oberflächen-, sondern Stoffeigenschaften sind, werden durch sie die Untergrundeigenschaften in den Oberflächentemperaturen wirksam. Die direkte Eindringtiefe der IR-Strahlung ist auf eine Oberflächenhaut von wenigen μm Dicke beschränkt.

Aus dem Gesagten geht hervor, daß Nachtaufnahmen erhebliche Vorteile bieten. Es sei betont, daß die Interpretation von Wärmebildern ein komplexes Geschäft ist, da strahlungsphysikalische, meteorologische und Umwelt-Faktoren mitwirken. Die Strahlungstemperatur wird auch durch Lufttemperaturen, Windgeschwindigkeit und Niederschläge beeinflußt[2]).

1.6.5.1 IR-Zeilen-Abtaster

Bild 102.1 zeigt stark schematisiert einen optisch-mechanischen Infrarot-Zeilen-Abtaster, wie sie heute in verschiedenen Varianten auf dem Markt sind. Die Strahlung eines breiten, unterhalb und symmetrisch der Flugbahn des Aufnahmeflugzeuges gelegenen Geländestreifens wird durch ein rotierendes Spiegelprisma 1 längs langer schmaler Abtaststreifen (Zeilen) senkrecht zur Flugrichtung abgetastet.

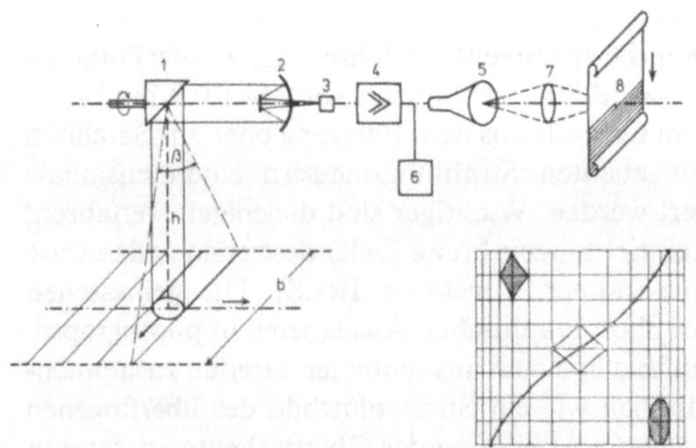

102.1 Schema eines Infrarot-Zeilen-Abtasters (engl. IRLS = Infrared Line Scanner) 1 um eine horizontale Achse rotierendes Spiegelprisma, 2 Spiegeloptik, 3 Detektor, 4 Verstärker, 5 Braunsche Röhre, 6 Magnetbandgerät, 7 Abbildungsoptik, 8 synchron bewegter Film. Rechts: geometrische Verzerrungen in einem nicht entzerrten, durch streifenweises Abtasten erzeugten Bild

Der Winkel β beträgt oft 120°, so daß der erfaßte Geländestreifen eine Breite $b = 3{,}5\,h$, (h = Flughöhe) hat. Eine Spiegeloptik 2 konzentriert die Strahlung des jeweils erfaßten Bodenelements auf den strahlungsempfindlichen Kristall (z.B. InSb oder GeHg) eines Detektors 3, der sie in elektrische Signale umsetzt. (Der Detektor muß mit flüssigem Stickstoff bzw. flüssigem Helium gekühlt werden.) Nach Verstärkung in 4 werden die abgetasteten Zeilen auf dem Leuchtschirm einer Katodenstrahlröhre sichtbar gemacht

---

[1]) Zusammengefaßt in der Wärmeträgheit $I = \sqrt{k \cdot d \cdot c}$.
[2]) Über Erfahrungen berichtet z.B. Lorenz, D.: BuL **41** (1973) 135 bis 141.

und von dort durch die Optik 7 auf dem synchron der Fluggeschwindigkeit v_g bewegten Film 8 als schmale Streifen mit modulierter Schwärzung abgebildet. Das Ergebnis ähnelt einem Luftbild. Ferner ist eine Registrierung auf dem Magnetband 6 möglich. Für 20 im Jahre 1972 erhältliche kommerzielle Gerätetypen gelten etwa folgende Kennzahlenbereiche: Rotationsgeschwindigkeit des Abtastspiegels 1200 bis 8000 U/min; Abtastwinkel $\beta = 80$ bis $145°$; spektrale Empfindlichkeit 0,3 bis 14 μm; geometrische Auflösung 1 bis 35 mrad; thermische Auflösung 0,05 bis 4 °C. Es gibt multispektrale Geräte mit bis zu 24 Kanälen.

Die beträchtlichen Grundrißverzerrungen[1]) eines Wärmeabtastbildes (Thermogrammes) zufolge des Aufnahmesystemes (s. Bild **102**.1) können elektronisch auf dem Schirmbild, falls notwendig auf optischem Wege am photographischen Bild oder rechnerisch aufgrund der Magnetbandregistrierung beseitigt werden. Eine Stabilisierung gegen Rollbewegungen des Flugzeuges ist notwendig. Entscheidend wichtig ist die laufende physikalische Kalibrierung, die z.B. durch Mitabbildung zweier schwarzer Körper von verschiedener Temperatur bei jeder Umdrehung erfolgen kann. Sofern es auf die Zuverlässigkeit der *absoluten* Temperatur ankommt, sind Geländemessungen unerläßlich.

1.6.5.2 Anwendungen der Thermographie Hinsichtlich der Häufigkeit der Anwendung lagen im Jahrzehnt zwischen 1963 und 1973 die Abtaster-Aufnahmen im thermalen IR zwar deutlich hinter der panchromatischen Schwarz-Weiß-Photographie, aber mit Abstand *vor* allen anderen hier genannten Verfahren.

Nach den bis heute vorliegenden beschränkten Erfahrungen lassen sich einige Anwendungsgebiete der Wärmebildverfahren angeben: bodenkundliche Studien, Ermittlung des Bodenwassergehaltes (in den oberen 50 cm) und Grundwasserstudien; Kartierung von Gebieten mit thermischer Wasserverschmutzung; Lokalisation küstennaher Süßwasserquellen im Meer; Kartierung der Luftverschmutzung; Kontrolle vulkanischer Aktivität; Überwachung von Waldbränden (aus Satellitenbildern); Entdecken großflächiger Pflanzenschädigungen durch den geänderten Wasserhaushalt; Bewegung von Kaltluftströmen im Gelände mit starkem Mikrorelief. Durch den methodischen Ausbau und die zunehmende Beherrschung der Fehlerquellen werden in der nächsten Zukunft neue Anwendungen erschlossen werden.

1.6.6 Radargrammetrie

Seit der Mitte der 60er Jahre werden die früher nur für militärische Aufgaben entwickelten aktiven Radarverfahren in zunehmendem Maße für nicht-militärische Zwecke verwendet. Im Gegensatz zu den Wärmebildverfahren, die nur Reflexionswerte und deren Richtung ermitteln, liefern diese Echoverfahren aus den Laufzeiten der elektromagnetischen Impulse auch die (schrägen) Entfernungen. Die heute erhältlichen kommerziellen Systeme benutzen meist das Ka-Band ($\lambda = 0,75$ bis $1,13$ cm) oder das X-Band (2,5 bis 3,8 cm) des elektromagnetischen Spektrums als „monochromatische" Systeme (nur *eine* Wellenlänge); es gibt aber auch panchromatische und multispektrale Systeme. Wichtig ist die Ausnutzung der Polarisationseffekte. Von den vielen zweidimensional abbildenden

---

[1]) Über die geometrische Kalibrierung von Multispektral-Abtaster-Aufnahmen des amerikanischen Erdsatelliten ERTS vgl. K r a t k y , V.: BuL **43** (1975) 29 bis 35.

Systemen wird heute für topographische und geowissenschaftliche Aufgaben hauptsächlich das *Seitwärts-Radar* (engl. Abkürzung SLAR für Side-looking Airborne Radar) verwendet, auf dessen kurze Beschreibung wir uns beschränken müssen.

1.6.6.1 Seitwärts-Radar[1]) Anstelle der rotierenden Antenne des aus der Navigation bekannten PPI-Radars werden eine oder zwei seitlich am Flugzeug fest montierte Antennen 1 verwendet, die laufend in einer Normalebene zur Flugrichtung stark gebündelte Mikrowellenimpulse aussenden (Bild **104.1**). Ein Teil der vom Gelände unterschiedlich stark reflektierten Strahlung trifft nacheinander entsprechend der (schrägen) Entfernung bei der (nun auf Empfang geschalteten) Antenne wieder ein. Der Reflexionsgrad (die „Stärke des Echos") wird durch Modulation des Schirmbildes einer Braunschen Röhre 7 sichtbar gemacht. Eine Optik 8 erzeugt auf einem proportional zur Flugzeuggeschwindigkeit bewegten Filmband 9 ein aus den schmalen Abtaststreifen zusammengesetztes Geländebild.

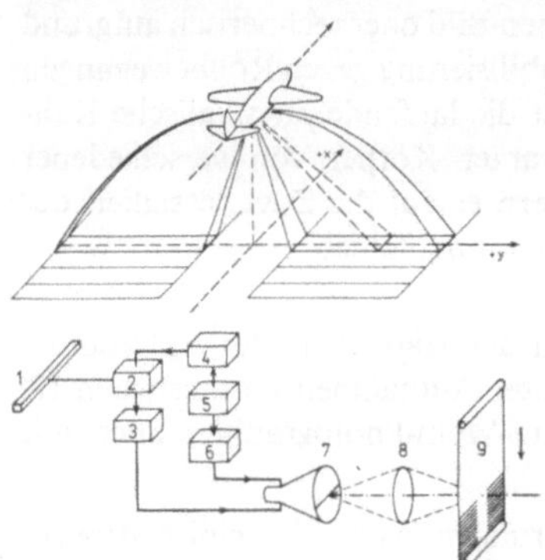

104.1 Schema eines Seitwärts-Radars (engl. SLAR = Side-looking Airborne Radar).
oben: Aufnahmevorgang;
unten: Blockschema eines Gerätes. 1 Antenne, 2 Duplexer, 3 Empfänger, 4 Sender, 5 Impuls-Generator, 7 Braunsche Röhre, 8 Abbildungsoptik, 9 synchron bewegter Film

Die Geländeauflösung dieses Bildes ist in Flugrichtung durch die Büschelbreite der gesendeten Impulse, senkrecht dazu durch die zeitliche Impulslänge gegeben. Für die Bündelung der Strahlung b in Flugrichtung ist gemäß der Beziehung $b = \lambda/a$ die Antennenlänge a in Flugrichtung maßgebend. Um die Bündelung b zu verschärfen, muß man λ verkleinern oder/und a vergrößern. Physikalische und technische Grenzen machen Kompromisse notwendig. Eine Möglichkeit, die wirksame Antennenlänge künstlich zu vergrößern, ist durch die sogenannte *synthetische Apertur* gegeben. Man verwendet hierbei in einer komplexen Technologie entweder die holographische Technik oder man benutzt den Doppler-Effekt. Einige Zahlen für ein System der Firma Westinghouse lassen Größenordnungen erkennen: Antennenlänge 4,9 m; Wellenlänge 0,86 cm; Bündelung 0,1°; Pulslänge 0,11 µs; Geländeauflösung (längs × quer) für Depressionswinkel $\delta = 16°: 37 \times 11 = 406 \text{ m}^2$; für $\delta = 50°: 14 \times 16 = 222 \text{ m}^2$.

1.6.6.2 Bildcharakteristik Im Bereich der Radar-Wellenlängen ist die atmosphärische Absorption unbedeutend. Wolken werden gut durchdrungen, Regenfronten geben Echos gemäß dem Verhältnis d/λ (worin d Tropfendurchmesser) und absorbieren gemäß M/λ (worin M die Tropfenmasse). Die Eindringtiefe der Strahlung in Böden ist bei $\lambda = 1$ cm gering, bei $\lambda = 100$ cm (P-Band) kann sie von 0,3 m bei nassen Böden bis zu 1 m bei trockenen Böden betragen.

Die Reflexion an der Geländeoberfläche wird durch eine große Zahl von Parametern bestimmt. An der Spitze stehen die elektrischen Eigenschaften (Dielektrizitätskonstante

---

[1]) Über ausgedehnte topographische und thematische Aufnahmen in Brasilien und Columbien berichten Fagundes, P.M.: BuL **42** (1974) 47 bis 52 und Leberl, F.: BuL **43** (1975) 11 bis 17.

und Leitfähigkeit) sowie die relative Rauhigkeit, d.h. die Größe der Unebenheiten im Verhältnis zur Wellenlänge λ. Bei $\lambda = 1$ cm sind fast alle Flächen rauh, bei $\lambda = 100$ cm nur noch wenige. Glatte Flächen spiegeln und liefern schwache Echos. Multispektrale Systeme können daher die Informationsausbeute wesentlich vergrößern. Da die elektrischen Eigenschaften vom Wassergehalt abhängen, bestimmt dieser letztere die Reflexion stark. Mit dem Feuchtigkeitsgehalt wächst die Intensität des Echos. Störend sind *Schatten*bildungen, die dort eintreten, wo die Böschungswinkel von Geländeflächen größer sind als die örtlichen Depressionswinkel der Radarstrahlen.

Ein Seitwärts-Radar-Bild zeigt in y-Richtung, da Schrägentfernungen wiedergegeben werden, gegenüber dem Kartengrundriß Verzerrungen, die auf verschiedene Weise reduziert werden können. Bei hohen Genauigkeitsansprüchen[1] wird man Geländepaßpunkte mit Tripelspiegeln signalisieren.

---

[1] Zur topographischen Genauigkeit vgl. Derenyi, E.E.: BuL **43** (1975) 17 bis 22.

2 Informationsgewinnung

2.1 Aufnahmesysteme

2.1.1 Definitionen und Eigenschaften

Insofern wir die Photogrammetrie als ein Verfahren der Fernerkundung betrachten, erweitert sich die Aufgabe der Informationsgewinnung über die bisherigen und wohl auch zukünftigen Schwerpunkte der topographischen Kartographie und der geodätischen Vermessung hinaus auf die geographische Datenbeschaffung und berührt die Grenzen der militärischen Aufklärung. Letztere wird hier nicht behandelt. Andererseits haben die Anwendungen im sogenannten Nahbereich zugenommen, für den ebenfalls die Eigenschaften der Photogrammetrie als eines berührungsfreien Meßverfahrens gelten. Unsere Aufnahmesysteme haben daher die Gewinnung und Speicherung von Gestaltinformation, geometrischer und physikalischer Information (s. 1.1) für verschiedenartige Anwendungsgebiete zu leisten. Wir verschaffen uns zunächst einen Überblick über die wichtigsten Gruppen. Einige gemeinsame Eigenschaften seien zuvor genannt.

Handelt es sich um Meßkammern (für *geometrische* Information), so muß definitionsgemäß (s. 1.2.1.3) die innere Orientierung der Kammer bekannt und in der Regel über längere Zeit konstant sein[1]). Der Verschluß darf bei schnellen Bewegungen keine Bildverzerrungen verursachen. Bei Stativmeßkammern ist auch die äußere Orientierung meist in definierter Weise einstellbar und meßbar. Soll nur *Gestalt*information gewonnen werden, so ist optimale optisch-photographische Bildgüte, heute meist für einen ausgedehnten Wellenlängenbereich, zu fordern. Aufnahmesysteme für *physikalische* Information (z.B. Wärmebilder) sollen über zuverlässige Referenzinformation verfügen, eichfähig und gegen Störeinflüsse abgeschirmt sein.

2.1.2 Stationäre Meßkammern

Die ersten, seit 1859 gebauten Stativmeßkammern waren für die topographische Geländeaufnahme bzw. für die Architekturvermessung bestimmt und nach Art geodätischer Instrumente mittels Dreifüßen auf Feldstativen befestigt. Sie waren bereits mit Libellen zum Lotrechtstellen der Bildebene und mit Zielfernrohren zur azimutalen Orientierung versehen. Mittels verfeinerter Orientierungseinrichtungen (s. z.B. Bild **114**.1) wurden sie

---

[1]) Die in 1.2.1.3 rein geometrisch behandelten Bild-Strahlenbündel müssen physikalisch als Bündel der *Hauptstrahlen*, d.h. der durch die Mitten der Ein- und Austrittspupille des Objektives hindurchgehenden Strahlen definiert werden.

später auch für die Ansprüche der Stereophotogrammetrie brauchbar gemacht. Genauigkeit, Zuverlässigkeit und leichte Beweglichkeit der Stativkammern sowie ihre unmittelbare Verbindung mit geodätischen Messungen haben zur steten Weiterentwicklung und zur Anpassung an viele Sonderaufgaben geführt. Wir zeigen vier neuere Sonderformen. Die stereometrische Doppelkammer SMK 120 (Bild **107**.1) ist bei einer festen Basis von 120 cm Länge mittels eines Architektur-Adapters auf eine Aufnahmeneigung von $+30°$ eingestellt. Sie kann auch mit $0°$ und $+70°$ Neigung, senkrecht nach oben und unten sowie mit senkrecht gestellter Basis arbeiten und ist damit an viele Aufgaben in der Bauaufnahme, im Bau- und Ingenieurwesen anzupassen. Weitwinkelobjektive mit $f = 60$ mm liefern mit der Blende 1:11 einen Tiefenschärfenbereich von 5 m bis ∞, der sich durch Vorsatzlinsen verändern läßt. Die Verschlüsse werden gemeinsam elektrisch ausgelöst.

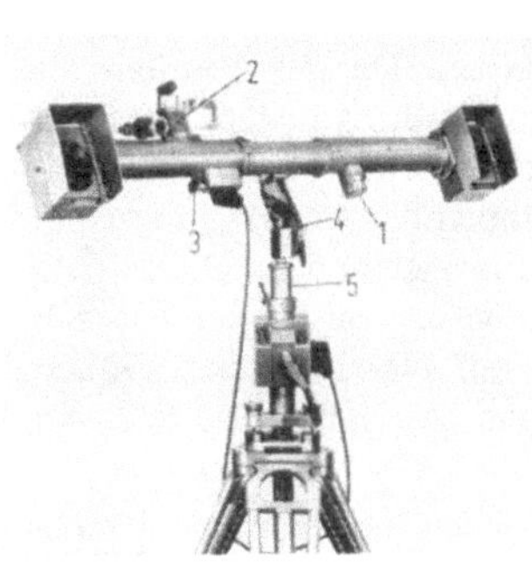

107.1 Stereomeßkammer SMK 120 mit 1,20 m Basislänge von Carl Zeiss, Oberkochen mit Architektur-Adapter in Aufnahmestellung $- 30^s$. 1 beleuchtete Dosenlibelle, 2 Würfeladapter, 3 Weitwinkelsucher, 4 Neigekopf zum Architektur-Adapter, 5 auskurbelbares Standrohr (Werkphoto Zeiss)

Speziell für Aufnahmen in Industriebetrieben hat Jenoptik eine Stereo-Aufnahmeausrüstung entwickelt, deren Kammern in einer sehr stabilen Spezialaufhängung vielseitig verstellbar und auch fokussierbar sind (Bild **107**.2).

Bild **108**.1 führt in das neue Arbeitsgebiet der Satelliten-Geodäsie. Das Ballistische Meßkammer-System BMK 75/18/1:2,5 (Objektiv 1:2,5; $f = 75$ cm, Plattenformat 18×18 cm^2) ist in Verbindung mit der Zeitmeßstation ZMS 2 zur Vermessung passiver und aktiver Satelliten bestimmt. An die Stelle des einfachen geodätischen Stativs tritt eine parallaktische Montierung der Meßkammer, die eine siderische Nachführung ermöglicht. An die Genauigkeit der Bildkoordinaten und der Zeitmessung werden hier extreme Ansprüche gestellt.

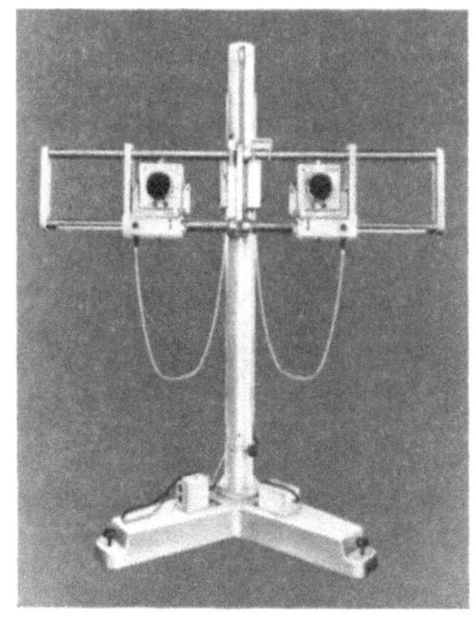

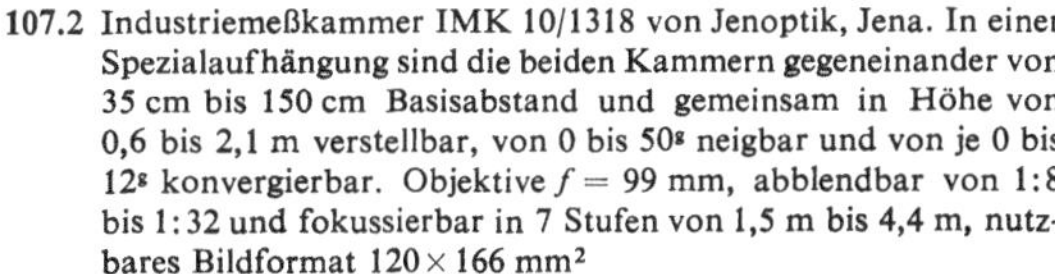

107.2 Industriemeßkammer IMK 10/1318 von Jenoptik, Jena. In einer Spezialaufhängung sind die beiden Kammern gegeneinander von 35 cm bis 150 cm Basisabstand und gemeinsam in Höhe von 0,6 bis 2,1 m verstellbar, von 0 bis 50^s neigbar und von je 0 bis 12^s konvergierbar. Objektive $f = 99$ mm, abblendbar von 1:8 bis 1:32 und fokussierbar in 7 Stufen von 1,5 m bis 4,4 m, nutzbares Bildformat 120×166 mm^2

Wild hat für die Messungen im Satelliten-Weltnetz eine ballistische Meßkammer BC 4 mit fester Aufstellung gebaut, die mit einem Cosmotar 1:3,4; $f = 45$ cm sowie mit einem in den USA entwickelten Spezialverschluß für gleichabständige Reihen von Satellitenaufnahmen sowie Aufnahmen des Sternhimmels ausgerüstet ist (Bild **108**.2).

2.1.3 Luftbildmeßkammern

Die Luftbildkammer wird von ihrem Träger, in der Regel einem Flugzeug, schnell und planmäßig über dem Aufnahmeobjekt bewegt. Es handelt sich fast immer darum, große Geländeflächen in rationeller Weise nach einem genauen Flugplan aufzunehmen. Innerhalb paralleler Bildstreifen müssen die Bilder mit vorgeschriebener gegenseitiger Überdeckung (meist 60%), d.h., in bestimmter Zeitfolge und in der Regel mit möglichst gut nadirwärts gerichteter Aufnahmeachse, reihenweise aufgenommen werden. Da der Zeitplan alle Kammerfunktionen einschließt, arbeiten die Kammern heute über ein elektrisches Steuergerät vollautomatisch. Eine dämpfende Aufhängung muß gegen Vibrationen des Flugzeugbodens abschirmen. Fallweise sind Zusatzdaten zu registrieren, wie z.B. relative oder absolute (auf NN bezogene) Höhenunterschiede der einzelnen Aufnahmeorte oder Abweichungen der Bildlage von der Horizontalen.

Für manche Aufgaben gehen die Ansprüche an den Bildwinkel der Kammer über die Leistungsfähigkeit der Überweitwinkel-Objektive hinaus. Es kann auch zweckmäßig oder aus technischen Gründen notwendig sein, die Bildfläche in schmale, nacheinander aufzunehmende Streifen zu zerlegen. Hierfür wurden Streifen- und Panoramakammern sowie Abtastsysteme verschiedener Art entwickelt. Man kann sie als *kinetische Systeme* von den das ganze Bild momentan aufnehmenden statischen Systemen unterscheiden.

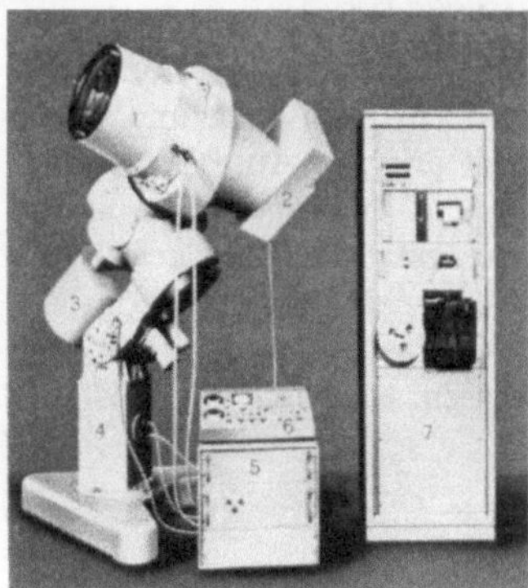

108.1 Satelliten-Meßkammer-System BMK 75/18/1:2,5 von Carl Zeiss, Oberkochen (Werkphoto).
1 Meßkammer, 2 automat. Plattenwechsel, 3 Gegengewicht, 4 parallaktische Montierung, 5 Antriebselektronik, 6 Steuerpult, 7 Steuer- und Registriereinheit

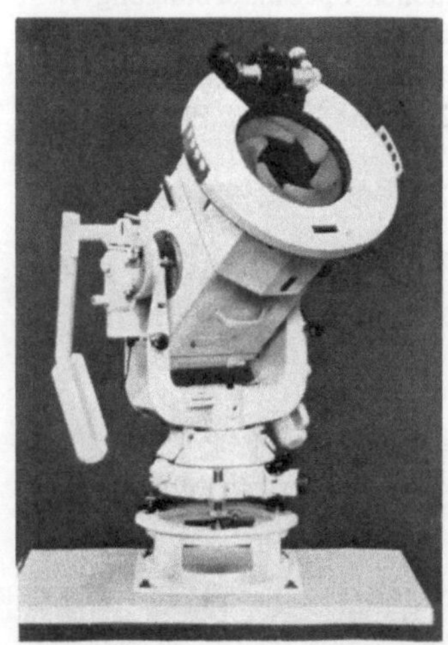

108.2 Ballistische Aufnahmekammer BC 4 von Wild mit Cosmotar 1:3,4; $f =$ 45 cm und Henson-Vorsatzverschluß, der die zeitliche Zuordnung der Bilder mit einer Genauigkeit von 2 bis 7×10^{-5} s ermöglicht. Die seit einigen Jahren nicht mehr gebaute Kammer wurde erfolgreich zur Beobachtung des amerikanischen Satelliten-Weltnetzes verwendet (s. Jordan/Eggert/Kneissl, Bd. IIIa/3 S. 2123 ff.)

2.1.4 Aufnahmesysteme für die Fernerkundung

Wir wollen uns hier auf bilderzeugende Systeme beschränken, die flächenhafte Geländeabbildungen liefern. Als Ausnahme erwähnen wir den als Zusatzgerät zu Luftbildkammern verwendeten Airborne Profile Recorder (APR), der nach dem Echoprinzip aus der Laufzeit von Mikrowellenimpulsen, die vom Gelände reflektiert werden, Höhenprofile ermittelt und registriert.

Wie wir in 1.6 gezeigt haben, benutzen die Fernerkundungssysteme die elektromagnetische Strahlung im Bereich größerer Wellenlängen. Infrarot- und Multispektral-Photographie bleiben noch innerhalb des photographischen Bereiches ($\lambda < 900$ nm). Sie können sich daher der vergleichsweise einfacheren statischen Kammersysteme bedienen. Sobald im mittleren und fernen Infrarot (0,9 bis 14 µm) photographische Schichten als Sensoren ausscheiden und lichtelektrische Kristalle an ihre Stelle treten, geht man zur optisch-mechanischen *Abtastung* über, da geeignete flächenhaft arbeitende Sensoren bisher nicht verfügbar sind. Ein (kinetisches) Abtastprinzip wird auch im Bereich der Mikrowellen angewendet, um beim Seitwärts-Radar die Geländereflexionen zu registrieren. Die Umwandlung ins Sichtbare, z.B. durch Photographie des Schirmbildes einer modulierten Braunschen Röhre, benutzt man zugleich dazu, die nacheinander entstandenen Streifen zu einem Gesamtbild zusammenzusetzen. Offensichtlich unterscheiden sich diese Aufnahmesysteme von Luftbildkammern durch ihren komplexeren Aufbau, schwierigeren Betrieb und schlechter kontrollierbare Fehlerquellen (sowie höhere Beschaffungskosten).

2.1.5 Nicht-Meßkammern

Als extreme Gegenbeispiele zu den Fernerkundungssystemen sollen für den Nahbereich schließlich noch gewöhnliche Photoapparate ohne spezielle Zusatzeinrichtungen erwähnt werden. Sie können Vorteile bieten durch ihre Kleinheit, gute Anpaßbarkeit an technische Aufnahmeobjekte, jederzeitige Verfügbarkeit, Möglichkeit rascher Bildfolge und geringe Kosten. Nachteilig sind: die spürbare Verzeichnung der Objektive, die geringe Stabilität und Reproduzierbarkeit der inneren Orientierung, evtl. mangelhafte Planlage des Aufnahmematerials in der Bildebene, fehlende Einrichtungen für die äußere Orientierung. Mit Photoapparaten hoher Qualität, wie sie z.B. die Firmen Hasselblad, Robot und Linhof unter Verwendung bester Markenobjektive herstellen, lassen sich gute Ergebnisse erzielen, soweit es sich um *punktweise* zu messende Objekte handelt.

Um hohe Genauigkeit zu erreichen, müssen die (im allgemeinen mehr als 10) Unbekannten der inneren und äußeren Orientierung für jede Aufnahme rechnerisch bestimmt werden. Dazu ist ein das Aufnahmeobjekt möglichst einschließender, genau zu vermessender Paßpunkthaufen notwendig. Die gemeinsame Berechnung der Orientierungsunbekannten und der Objektkoordinaten erfordert eine Rechenanlage. Diesem Aufnahmesystem müssen also Kontrollpunkte und eine verfügbare Rechenanlage als wesentliche Bestandteile hinzugerechnet werden.

2.2   Bildaufnahme aus erdfesten Standpunkten

Mit der Entwicklung der Luftbildmessung (Aerophotogrammetrie) nach dem 1. Weltkrieg hatte die Erdbildmessung (Terrestrische Photogrammetrie) ihre Bedeutung als topographisches Aufnahmeverfahren (Phototopographie) zum größten Teil verloren. Ihre entscheidende Beschränkung liegt in der Bindung an erdfeste Aufstellungspunkte für die Stativkammer, die stets eine verminderte Übersicht und Einsicht in das Gelände und Behinderungen durch die Vegetation bedeutet. Selbst in vegetationsarmen Mittel- und Hochgebirgen mit geeigneten Standpunkten hat die Luftbildmessung dem älteren Verfahren mit ihren mehrfachen Vorzügen den Rang abgelaufen. Für die topographische

---

[1]) D ö h l e r, M.: Nahbildmessung mit Nicht-Meßkammern, BuL **39** (1971) 67 bis 76; ferner S c h w i d e f s k y, K.: Phm. Rec. **6** (1970) 567 bis 589.

Aufnahme wird die Erdbildmessung heute nur noch angewendet, wenn es sich um begrenzte Gebiete, etwa bei technischen Spezialprojektierungen oder bei wissenschaftlichen Untersuchungen (z.B. Expeditionen), handelt, bei denen große Bildmaßstäbe, genaue Einzeldarstellung oder z.B. das Studium zeitlicher Veränderungen gefragt sind, oder wenn der organisatorische Apparat der Luftbildaufnahme nicht verfügbar ist.

Mit der Aufnahme, Darstellung und Vermessung kleinerer, komplizierter Objekte im sogenannten Nahbereich hatte ja am Beispiel der Architekturen die Photogrammetrie in Deutschland überhaupt begonnen. In den 100 Jahren seitdem hat sich eine große Zahl vielfältiger Anwendungsgebiete herausgestellt, die die exakte Aufstellung der Meßkammer auf erdfesten, genau einmeßbaren Standpunkten in der Regel voraussetzt. Ihrer Anzahl und Bedeutung nach spielen die „nicht-topographischen" Anwendungen der Photogrammetrie schon heute eine bedeutende Rolle. Wir wollen im folgenden einige wichtige Gesichtspunkte der topographischen und der „nicht-topographischen" Bildaufnahme behandeln.

2.2.1 Topographische Geländeaufnahme

Die Phototopographie knüpfte unmittelbar an die Geländeaufnahme mit dem Meßtisch an, indem sie die Richtungen nach den Aufnahmepunkten nicht mit der Kippregel feststellt, sondern photographisch registriert und dann durch Ausmessung der Bilder gewinnt.

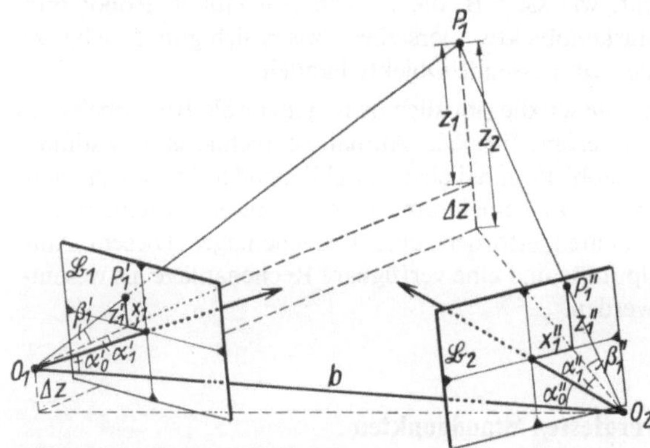

110.1 Bestimmung eines Punktes P_1 durch photogrammetrisches Einschneiden von den Standpunkten O_1 und O_2 aus

Die Geometrie der „*Meßtisch-Photogrammetrie*" oder des „photogrammetrischen Einschneidens" läßt sich leicht aus Bild 110.1 ablesen. Dabei ist angenommen, daß die Aufnahmerichtungen der in O_1 und O_2 aufgestellten Meßkammer horizontal und somit die Bildebenen $\mathfrak{B}_1$ und $\mathfrak{B}_2$ lotrecht sind. Die Winkel α_0', α_0'', die die Aufnahmerichtungen mit der Basis $O_1 O_2 = b$ bilden, werden ebenso wie die Länge der letzteren im Felde gemessen. Um die Lage und Höhe eines Geländepunktes P_1 gegenüber O_1, O_2 und der Horizontalebene durch O_2 zu bestimmen, mißt man im Komparator die Bildkoordinaten x_1', z_1' und x_2', z_2' und erhält daraus nach

$$\tan \alpha' = \frac{x'}{c}; \qquad \tan \beta' = \frac{z'}{\sqrt{x'^2 + c^2}} = \frac{z'}{c} \cos \alpha \qquad (2.1)$$

worin c die Kammerkonstante ist, die Winkel a_1', α_2'' zwischen den Horizontalprojektionen der Bestimmungsstrahlen und den Aufnahmerichtungen sowie die Höhenwinkel β_1' und β_2''. Sind die Aufnahmerichtungen um den gleichen Winkel ω gegen die Horizontale geneigt, dann wird

$$\tan \alpha' = \frac{x'}{c \cos \omega - x' \sin \omega}; \qquad \tan \beta' = \frac{c \sin \omega + z' \cos \omega}{c \cos \omega - z' \sin \omega} \cos \alpha' \qquad (2.2)$$

Damit kann $\Delta O_1 O_2 P_1$ rechnerisch oder zeichnerisch bestimmt werden. Kennt man den Höhenunterschied Δz von O_1 und O_2, so hat man eine Meß- und Rechenkontrolle für die Höhenunterschiede Z_1 und Z_2. Schwierigkeiten bereitet beim Meßtischverfahren wegen der erforderlichen Größe der Basis b das Identifizieren von Geländepunkten in den beiden Bildern.

2.2.1.1 Stereophotogrammetrische Punktbestimmung Diese werden durch Anwendung des Stereoverfahrens beseitigt, weil hier die größere Genauigkeit der stereoskopischen Parallaxenmessung mit einer wesentlich kürzeren Basis zu arbeiten erlaubt. Weitaus am häufigsten werden die Aufnahmeachsen hier gemäß dem *Normalfall* angeordnet, d. h. parallel zueinander und senkrecht zur Basis. Gelegentlich benutzt man auch den *Schwenkungsfall*, bei welchem die parallelen Achsen den Schwenkungswinkel φ mit der Normalen zur Basis einschließen.

Die geometrischen Beziehungen gehen aus Bild **111**.1 hervor. (P^*O_1 ist die Parallele zu PO_2 durch O_1, $\bar{P}$ die Umklappung des Punktes P in die Horizontalebene durch O_1.) Die Raumkoordinaten x, y, z von P werden in einem Rechtssystem mit dem Ursprung

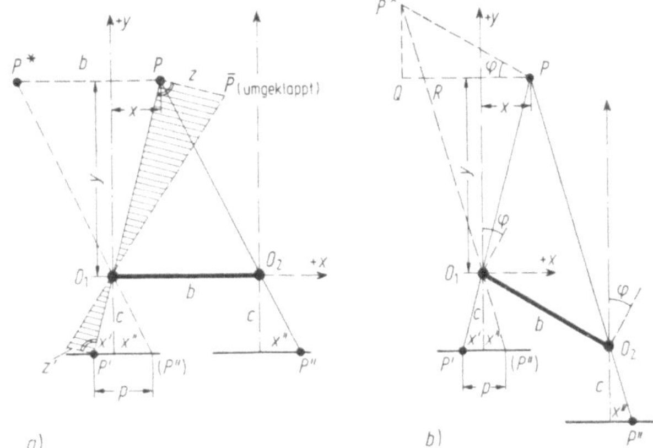

111.1 Bestimmung der Koordinaten x, y, z eines Punktes P von den Aufnahmeorten O_1 und O_2 aus
a) im Normalfall
b) im Schwenkungsfall der Stereophotogrammetrie

in O_1 und der x-Achse durch O_2 bestimmt. Aus dem Bild folgt mit

$$\frac{y}{c} = \frac{b}{x' - x''} \qquad y = \frac{b}{p} c, \qquad (2.3)$$

ferner $\qquad x = \dfrac{b}{p} x'$ $\qquad\qquad\qquad\qquad\qquad (2.4)$

und $\qquad z = \dfrac{b}{p} z'.$ $\qquad\qquad\qquad\qquad\qquad (2.5)$

Gl. (2.3) heißt auch *Grundgleichung der Stereophotogrammetrie.* $p = x' - x''$ ist darin die stereoskopische, im Stereokomparator zu messende x-Parallaxe[1]) und c die Kammerkonstante.

Für den *Schwenkungsfall* ergibt sich aus Bild **111.**1b

$$\text{mit} \qquad PQ = b \cos \varphi \qquad \frac{y}{c} = \frac{PR}{p} = \frac{b \cos \varphi - QR}{p}, \qquad P^*Q = b \sin \varphi$$

$$\text{daraus} \quad RQ = \frac{x'' b \sin \varphi}{c} \quad \text{und} \quad y = b \cos \varphi \, \frac{c - x'' \tan \varphi}{p} = \frac{b \cos \varphi}{p} c', \qquad (2.6)$$

worin $c' = c - x'' \tan \varphi$ mit x'' variabel ist, ferner ist

$$x = \frac{x' \cdot y}{c} \qquad \qquad (2.7)$$

$$\text{und} \qquad z = \frac{z' \cdot y}{c}. \qquad \qquad (2.8)$$

Das Vorzeichen von $x'' \tan \varphi$ in (2.6) gilt für *Links*verschwenkung der Aufnahmerichtung gegenüber der Basisnormalen. Im Falle der *Rechts*verschwenkung ist es durch das Zeichen $+$ zu ersetzen.

2.2.1.2 Die Basis Die zweckmäßige Auswahl der Standlinien oder Basen erfordert Erfahrung und Blick für das Gelände. Mit möglichst wenig Standlinien soll das Auftragsgebiet möglichst lückenlos erfaßt werden. Die spätere Ausfüllung kleiner, nicht eingesehener Geländeabschnitte mittels „Flickstandlinien" ist zeitraubend und kostspielig. Der durch zwei Normalaufnahmen stereoskopisch erfaßte Raum hat (**113.**1) einen vom Aufnahmebildwinkel und der Basislänge abhängigen dreieckförmigen Grundriß.

Die Aufnahmen einer Standlinie umfassen meist ein Paar *Normalaufnahmen*, sowie je nach den Umständen ein oder mehrere Paare von *verschwenkten Aufnahmen.* In Sonderfällen werden gelegentlich auch konvergente Aufnahmerichtungen angewendet; divergente Richtungen sind ausgeschlossen. Mit Rücksicht auf die wesentlich erleichterte Auswertung arbeitet man ganz überwiegend mit *horizontalen* Aufnahmerichtungen. Doch können auch Aufnahmerichtungen angewendet werden, die in einer *geneigten* Ebene liegen, vor allem dann, wenn ein Kartiergerät geeigneter Bauart benutzt wird.

Man kann auch mehrere Standlinien miteinander kombinieren, so daß ein möglichst geringer Aufwand an geodätischer Meßarbeit entsteht (Bild **113.**2).

Die zu wählende *Basislänge* hängt vom Abstand $y_{\max}$ der entferntesten, aber auch von $y_{\min}$ der nächstgelegenen Geländepunkte, die aufzunehmen sind, sowie von der verlangten Genauigkeit ab. Aus Gl. (2.10) geht hervor, daß die *Abstands*fehler dy von der Basis die kritischen Fehler sind und daß diese mit y^2 wachsen. Im Unterschied zur Luftbildmessung, bei der die Abstände aller Geländepunkte von der Aufnahmebasis von gleicher Größenordnung sind, variieren diese bei der topographischen Stereophotogrammetrie um einen Faktor 5 bis 10 oder mehr. Das bedeutet eine starke Zunahme der Abstandsfehler zum Hintergrund hin. Stimmt man die Basislänge auf die erforderliche Abstandsgenauigkeit im Hintergrund ab, so kann die zum Vordergrund hin rasch wachsende Genauigkeit nicht ausgenutzt werden. Für Abschätzungen schreibt man häufig

---

[1]) Der Vergleich mit der für *Luft*aufnahmen geltenden Gl. (1.52) zeigt, daß die x-Parallaxe in der *terrestrischen* Photogrammetrie unterschiedlich definiert ist.

eine Schranke für den relativen Abstandsfehler, z. B. $\mathrm{d}y/y \leqq 1/1000$, vor. Durch Differenzieren der Grundgleichung

$$y = \frac{b}{p}\, c \tag{2.9}$$

erhält man

$$\mathrm{d}y = -\frac{y^2}{b \cdot c}\,\mathrm{d}p + y\,\frac{\mathrm{d}c}{c} + y\,\frac{\mathrm{d}b}{b}, \tag{2.10}$$

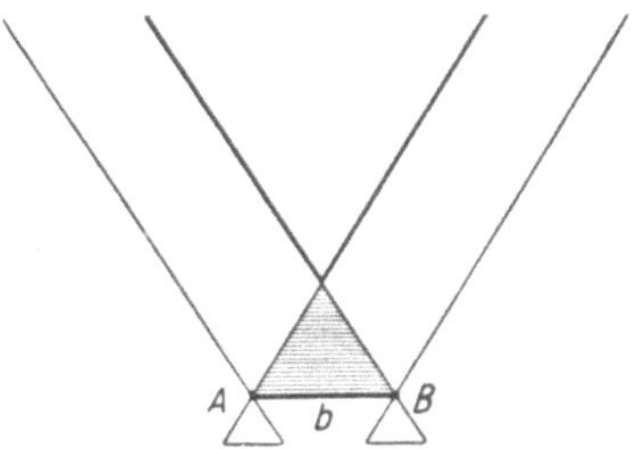

113.1 Durch eine Normalaufnahme stereoskopisch erfaßter Geländeausschnitt (schraffierte Fläche: nicht abgebildet)

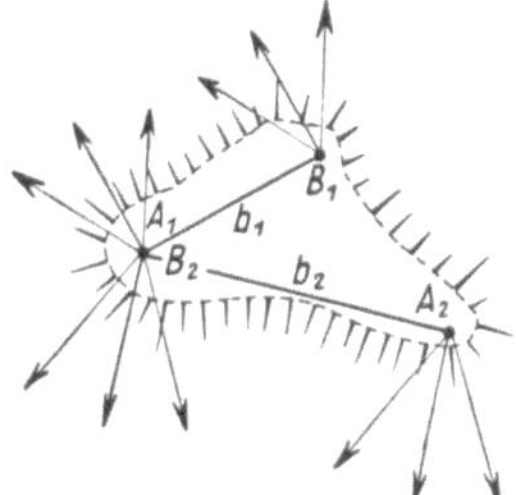

113.2 Zwei kombinierte Standlinien auf einem Gipfelplateau

und bei Vernachlässigung der genau meßbaren relativen Fehler der Kammerkonstante $\mathrm{d}c/c$ und der Basis $\mathrm{d}b/b$ und Umformung

$$\frac{\mathrm{d}y}{y} = -\frac{\mathrm{d}p}{p} = -\frac{y}{b} \cdot \frac{\mathrm{d}p}{c} \tag{2.10a}$$

und daraus für das sogenannte *Basisverhältnis* $\vartheta = b/y$

$$\vartheta = -\frac{\mathrm{d}p}{c}\,\frac{y}{\mathrm{d}y} \tag{2.11}$$

Für eine Parallaxen-Meßgenauigkeit $\mathrm{d}p = 0{,}01$ mm und einen Wert der Kammerkonstante $c = 200$ mm wird, wenn wir $\mathrm{d}y/y \leqq 1/1000$ fordern,

$$\vartheta \geqq 1/20$$

Eine obere Grenze für die Basislänge ergibt sich durch die Forderung, die Bildunterschiede und Verdeckungen im Vordergrund zu beschränken, mit dem Erfahrungswert $\vartheta \leqq 1/5$. Für die Basislänge erhält man also die Richtwerte

$$\frac{y_{\min}}{5} > b > \frac{y_{\max}}{20}. \tag{2.12}$$

Man mißt die Basis mit dem Meßband oder optisch mittels einer Basislatte. Falls man hinreichend viele Paßpunkte im Gelände kennt oder bestimmen kann und das Gelände schwierig ist, kann die Basislänge auch bei der Kartierung aus den Paßpunktabständen ermittelt werden.

2.2.1.3 Aufnahmegeräte Eine stereophotogrammetrische Feldausrüstung umfaßt meist: eine Meßkammer, die entweder Einrichtungen zur Orientierung der Aufnahmeachse oder eine theodolitartige Vorrichtung besitzt, die gleichzeitig zur direkten Winkelmessung im Felde verwendet werden kann; Signale zur Bezeichnung der Basispunkte; Hilfsmittel zur Messung der Basislänge; Kassetten und sonstiges Zubehör. Gewöhnlich besitzt die Meßkammer optische Orientierungsmittel, mit deren Hilfe die Aufnahmeachse entweder normal zur Basis oder auf den gewünschten Schwenkungswinkel dagegen eingestellt werden kann. Zur geodätischen Winkelmessung kann dann ein normaler Theodolit verwendet werden. Oft ist der Theodolit mit der Meßkammer aus Gründen der Vereinfachung der Arbeit und der Gewichtsersparnis kombiniert. Das Aufnahmeobjektiv sollte verzeichnungsfrei sein. An seine Lichtstärke werden keine hohen Anforderungen gestellt. Als Aufnahmematerial werden meist Platten verwendet.

Bild **114.**1 zeigt einen Querschnitt durch einen älteren Phototheodolit mit einem drehbaren Aufsatz zum Einrichten der Aufnahmeachse. Das Instrument ist in erster Linie für genaue topographische Aufnahmen in mittleren und großen Maßstäben bestimmt. Ein Orthoprotar 1:25 zeichnet mit $f = 190$ mm Brennweite das Bildformat 13×18 cm^2 aus; damit ergibt sich ein horizontales bzw. vertikales Bildfeld von 52^g bzw. 38^g, das sich mit vertikaler Verschiebung des Objektives in einem Präzisionsschlitten 1 bis auf Höhen- und Tiefenwinkel von 30^g erweitern läßt.

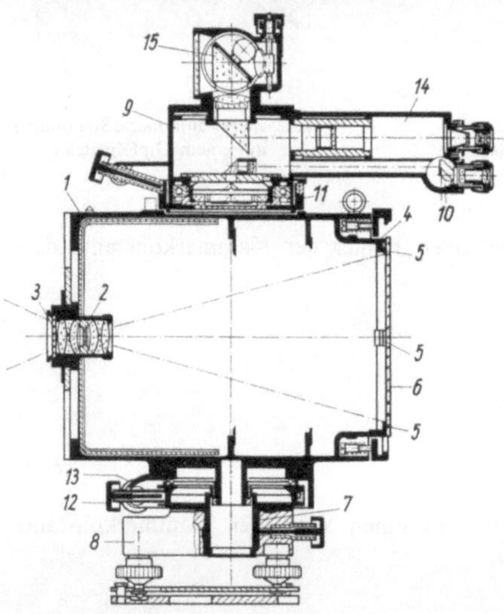

114.1 Querschnitt durch einen Phototheodolit

114.2 Leichte terrestrische Kammer Wild P 32 für topographische Aufnahmen, auf einem Universal-Theodolit montiert

Das Kammergehäuse trägt gegenüber dem Objektiv 2 in dessen Bildebene einen geschliffenen Anlegerahmen 4, gegen den die lichtempfindlichen Platten 6 durch Federn in der Kassette gepreßt werden. Bei der Belichtung übertragen sich die Umrisse von vier Metallmarken 5 des Anlegerahmens auf die Platte und legen dort das Koordinatensystem für die Ausmessung fest; ein Schildchen überträgt den Zahlenwert der Kammerkonstante. Ein Verschluß ist nicht vorgesehen; die Belichtung erfolgt mittels eines abnehmbaren Objektivdeckels. Der Unterbau entspricht mit Dreifuß, Klemmschraube und azimutaler Feinbewegung dem eines geodätischen Instrumentes. Eine zylindrische Präzisionsbuchse 7 erlaubt mit Zwangszentrierung den Austausch des Phototheodolits gegen einen geodätischen Theodolit zur Winkelmessung.

Der auf dem Kammergehäuse befindliche Orientierungsaufsatz 9 ermöglicht die genaue Einstellung der Aufnahmerichtung zur Basis für Normal- und beliebig verschwenkte Aufnahmen.

Eine neuere, besonders leichte, auf einen Theodolit aufzusetzende topographische Aufnahmekammer zeigt Bild **114**.2. Die technischen Daten sind: Objektiv $f = 64$ mm, abblendbar von 1:8 bis 1:22; Bildformat 6×8 cm^2. Als Sucher dient eine Mattscheibe. Es sind Aufnahmen im Längs- und Hochformat möglich.

2.2.2 Nicht-topographische Anwendungen

Diese Bezeichnung ist sicherlich nicht befriedigend; sie ist historisch und auch dadurch bedingt, daß bisher eine bessere nicht gefunden werden konnte. Ihre Aussagekraft entsteht dadurch, daß der größte Teil dieses Buches von Anwendungen der Photogrammetrie auf die Topographie und auf geodätische Punktbestimmungen handelt. Es ist gewiß nicht zweckmäßig, deshalb die in diesem Abschnitt aufgeführten Bereiche ohne Rücksicht auf ihren Umfang und ihre praktische Bedeutung als „Sonderanwendungen" zu deklarieren. Wohl aber werden wir erwarten, daß unterschiedliche Disziplinen, die von der Satelliten-Geodäsie über das Bau- und Ingenieurwesen bis zur Röntgentechnik und zur Elektronenmikroskopie reichen, besondere Randbedingungen bei der Informationsgewinnung stellen. Einige davon sollen hier erwähnt werden.

Da wir es mit einem *optischen* Informationssystem zu tun haben, so muß das Objekt für das Aufnahmesystem *sichtbar* und seine Oberfläche muß *meßbar* sein. Ausreichende Beleuchtungsstärke (ggf. in bestimmten Wellenlängenbereichen) ist daher vorauszusetzen. Durch streifende Beleuchtung erzeugte Schatten können zusätzliche Informationen liefern. Die zu messende Oberfläche muß aber auch genügende Kontraste aufweisen. Im Bedarfsfall werden diese durch Farbspritzer oder projizierte Kontrastmuster erzeugt. Dies gilt auch für die Oberfläche von Flüssigkeiten. Strömungen in Gasen oder Flüssigkeiten kann man mittels eingebrachter leichter, reflektierender Partikel sichtbar machen. Spiegelnde Flächen werden durch aufgesprühte dünne Schichten mattiert.

Bei *bewegten* Objekten ist je nach Aufgabestellung für hinreichende Schärfe und zeitliche Auflösung zu sorgen. Das kann durch eine entsprechend schnelle Bildfolge oder — bei Dunkelheit — durch Blitzbeleuchtung geschehen. Während die Robot-Motor-Recorder-Ausrüstung bis zu 120 Bilder/s aufnimmt, kommt man mit stroboskopischer Beleuchtung (Funkenblitze) in der Ultrakurzzeit-Photographie auf Bildfolgen bis zu 10^{-5} s.

Eine wichtige Rolle spielt die *Zeit*koordinate. Langfristige Zustandsänderungen etwa von Gletschern, Bauwerken oder Versuchsfeldern lassen sich durch die exakte äußere Orientierung der Stativkammern bei Wiederholungsaufnahmen mit sehr hoher Sicherheit feststellen. Dabei können sehr kleine partielle Veränderungen unmittelbar als Parallaxenwerte gemessen werden. Für Geschwindigkeits- und Beschleunigungsmessungen von Fahrzeugen ist eine Reihe von Verfahren ausgearbeitet worden. Bei geradlinigen Bewegungen kann man einfache projektive Beziehungen mittels Einbildverfahren ausnutzen. Bei Bewegungsstudien an Bauwerken oder an Lebewesen hat es sich bewährt, Knotenpunkte mit Lichtquellen (oder Rückstrahlprismen) auszustatten und längere Bewegungsabläufe als Lichtspuren auf einem Bild festzuhalten. Die klassische Flugbahnvermessung in der Ballistik mittels Kinotheodoliten und ihre moderne Variante in der Satelliten-Geodäsie erfordern genaue Zeitmeßanlagen (Größenordnung: ms). Schließlich verdankt die photographische Schicht ihrer Fähigkeit, sehr schwache Lichtströme bei Dauerbelichtungen aufzusummieren, viele wissenschaftliche und technische Anwendungen.

Die *Gestaltinformation*, also die anschauliche und kontinuierliche Darstellung ebener oder räumlicher Objekte wird bei den topographischen Höhenschichtlinien hoch geschätzt. Auch bei biologischen Objekten kann sie von großer Bedeutung sein. Die einfache Möglichkeit, mit dem *Lichtschnittverfahren* die Gestalt von Tunnelröhren oder kleinen technischen oder künstlerischen Körpern durch Serien von Schnitten mit einer Lichtebene darzustellen, bleibe nicht unerwähnt.

Es sollte nicht übersehen werden, daß die Koppelung mit Rechenanlagen nicht nur die Daten*verarbeitung* bestimmt, sondern auch Einfluß auf die Methoden der Informations*gewinnung* hat. So ist die Verwendung von Nicht-Meßkammern in der Präzisions-Photogrammetrie erst mit der Berechnung aller Orientierungsdaten für jedes einzelne Bild oder Bildpaar möglich. In Verbindung mit Rechenanlagen ist das Ziel der Informationsgewinnung heute oft auf die Bildung digitaler Modelle gerichtet, deren bekannteste die „digitalen Geländemodelle" sind. Sie dienen der mathematischen Beschreibung komplizierter Flächen (aller Art) aufgrund von gemessenen codierten Punktrastern oder von Höhenschichtlinien, gestatten es, zusätzliche Informationen, z.B. über die Bodenbeschaffenheit, aufzunehmen und machen diese daher der elektronischen Rechenanlage für die Bearbeitung von Ingenieurprojekten zugänglich. Da sie durch (meist nicht-lineare) Interpolation beliebige Flächenpunkte darstellen können, sind sie auch zur Nachprüfung theoretischer Modellvorstellungen in den technischen Wissenschaften brauchbar.

Schließlich haben wir noch darauf hinzuweisen, daß in den letzten Jahren die Theorie und Praxis der *Mehrmedien-Photogrammetrie* weiterentwickelt wurde. Heute sind mehrere praxisreife Verfahren für den Fall verfügbar[1]), daß die Lichtstrahlen im Objektraum ein- oder mehrmals Grenzflächen von Medien mit verschiedenem Brechungsindex (z.B. Luft, Glas, Wasser) passieren. Spezialobjektive und Aufnahmekammern für Unterwasseraufnahmen sind auf dem Markt erhältlich.

Zusammenfassend ergeben sich folgende allgemeine Kennzeichen der Informationsgewinnung durch Photogrammetrie:

1. Gestalt-, geometrische und physikalische Information werden mit sehr hoher Informationsdichte momentan gespeichert.

2. Die Gestaltinformation liefert ohne zusätzlichen Aufwand die Interpretation der geometrischen und der physikalischen Information.

3. Der Vorgang der Informationsgewinnung beeinflußt, abgesehen von der erforderlichen Beleuchtung, das aufzunehmende Objekt nicht.

4. Das photographische Speicherverfahren eignet sich für die dauerhafte und raumsparende Dokumentation. Messungen sind wiederholbar.

5. Die Informationsgewinnung liefert unmittelbar

a) anschauliche dreidimensionale (bei Hinzunahme von Zeitmessungen vierdimensionale) Modelle von Objekten und Vorgängen;

b) im direkten Betrieb („on line") mit Rechenanlagen digitale Modelle.

6. Die Ergebnisse stehen erst nach einem für die photographische Verarbeitung erforderlichen Zeitverzug zur Verfügung.

7. Die für photographische Abbildungen notwendigen geometrischen und optischen Voraussetzungen müssen erfüllt sein.

---

[1]) Höhle, J.: Zur Theorie und Praxis der Unterwasser-Photogrammetrie. Diss. Karlsruhe 1971; Okamoto, A.; Höhle, J.: BuL **40** (1972).

2.3 Luftbildaufnahme

Das Luftbildwesen ist eine Frucht des 1. Weltkrieges[1]). Dieses neue informationsreiche und genaue Beobachtungs- und Dokumentationssystem erzwang bald eine merkliche Änderung von Taktik und Technik der Kriegsführung. Nach dem Kriege gelang es den zähen Bemühungen der früheren Aufklärungsflieger, ihre Überzeugung von dem vielfältigen Nutzen des Luftbildes für nicht-militärische Aufgaben zu verbreiten und durchzusetzen. In dem vergangenen halben Jahrhundert wurde unter sehr hohem Aufwand an Mitteln die militärische Aufklärung mit Hilfe strategischer Satelliten bis in den Weltraum hinein ausgedehnt. Auf der anderen Seite ist in diesem Zeitraum das Luftbild ein unentbehrliches Mittel zu Bestandsaufnahme, Erforschung und Entwicklung der natürlichen Hilfsquellen in allen Erdteilen geworden. Land- und Forstwirtschaft, Bodenkunde und Geologie bedienen sich seiner ebenso wie die wissenschaftliche und angewandte Geographie mit ihren Sonder- und Grenzgebieten.

In diesem Rahmen spielen die topographischen und meßtechnischen Anwendungen zwar quantitativ eine bescheidenere, dafür aber qualitativ um so bedeutendere, ja unentbehrliche Rolle. In allen Ländern liefert die Aerophotogrammetrie heute die Grundlagen für die topographischen Karten aller Maßstäbe; sie schafft Bildpläne und Orthophotokarten für Wirtschaft, Verkehr, Verwaltung und Wissenschaft und dient in vielen Ländern mit großmaßstäbigen Karten und digitalen Daten dem Kataster, der Flurbereinigung, der Stadt- und Dorfsanierung sowie der Regionalplanung. Sie ist ein ideales Hilfsmittel für Aufbau und Fortführung großangelegter Datenbanken, auf die unsere sich zunehmend schneller komplizierende Zivilisation bald nicht mehr wird verzichten können.

Der primäre Speicher für alle Geländeinformation ist das photographische Luftbild. Diesen Speicher mit einem Optimum an Bild- und metrischer Information zu füllen, Fehlerquellen zu vermeiden und wirtschaftliche Regeln zu beachten, ist Aufgabe der Luftbildaufnahme.

2.3.1 Aufnahmesysteme

2.3.1.1 Bauformen Wir beschränken uns hier zunächst auf klassische Luftbildkammern, die das ganze Bild durch einen einfachen Abbildungsvorgang auf der photographischen Schicht erzeugen. Man kann diese als *„statische"* Systeme bezeichnen und ihnen als *„kinetische"* Systeme[2]) jene gegenüberstellen, bei denen das Bild mittels einer bewegten Optik aus einzelnen Streifen zusammengesetzt wird oder auf einem bewegten Filmband entsteht (s. unten und 2.3.1.4). Von der durch ihre Konstruktion für Luftaufnahmen geeigneten *Luftbildkammer* unterscheidet sich die *Luftbildmeßkammer* dadurch, daß ihre innere Orientierung stabil und bekannt ist und die Belichtung mittels Zentralverschlusses gleichzeitig für das ganze Bild erfolgt.

Der Gebrauch von freihändig gehaltenen *Handkammern* (Bild **118**.1) ist auf solche Fälle beschränkt, in denen wenige gezielte Aufnahmen kleinerer Objekte verlangt werden.

---

[1]) Zur Frühgeschichte der Luftbildaufnahme vgl. auch B e a u m o n t N e w h a l l: Airborne Camera. New York 1969.

[2]) Besser als „dynamische Systeme", da es hier auf die *Bewegung* von Systemteilen ankommt, nicht auf die Kräfte, die diese hervorruft.

Für die planmäßige Aufnahme größerer Geländeflächen wurden schon während des 1. Weltkrieges *Reihenbildner* entwickelt, deren heutige Bauformen, sofern sie die Eigenschaften von Meßkammern besitzen, als *Reihenmeßkammer* bezeichnet werden. Sie werden überwiegend für die Verwendung von Rollfilm konstruiert, besitzen elektrischen Antrieb und eine vollautomatisch ablaufende Koppelung der photographischen Teilvorgänge. Glasplatten als Träger der lichtempfindlichen Schicht werden wegen ihrer empfindlichen Nachteile nur noch in Ausnahmefällen benutzt. Da moderne Kammersysteme nach dem Baukastenprinzip konzipiert sind und die Kombination von Kammerstutzen mit Objektiven verschiedener Brennweite mit denselben Aufhängungen, Kassetten und Steuergeräten gestatten, lassen sich *Schmalwinkel-*, *Normalwinkel-*, *Weitwinkel-* und *Überweitwinkel*kammern durch Auswechseln der Kammerstutzen herstellen. Dabei soll im Idealfall alles Zubehör in jedem Falle benutzbar bleiben.

118.1 Moderne Fliegerhandkammer „Aero-Technika" der Firma Linhof. Bildformat 9×12 cm². Objektive: Zeiss-Biogon 1:4,5; $f = 75$ mm bis Zeiss-Sonnar 1:5,6; $f = 250$ mm

Seit der Einführung leistungsfähiger Weit- und Überweitwinkel-Objektive sind die zur Vergrößerung des Gesamtbildwinkels einer Aufnahme früher gebauten *Mehrfach-* und *Panoramakammern* mit ihrem komplizierten Aufbau aus mehreren Objektiven oder Prismenvorsätzen überflüssig geworden. Vereinzelt wird noch die aus dem Zusammenbau zweier Einzelkammern entstehende *Konvergentkammer* verwendet, deren Aufnahmeachsen zum Erzielen eines großen Basisverhältnisses Winkel von etwa 30° miteinander einschließen. Mit den *Multispektralkammern* (s. 1.6.4.1) werden Aufgaben der Fernerkundung gelöst. Einige Formen *kinetischer* Aufnahmesysteme erwähnen wir weiter unten (s. 2.3.1.4).

2.3.1.2 Bauelemente Die in Deutschland, England, Frankreich, Italien, in der Schweiz und den USA gebauten Reihenmeßkammern (RMK) sind einander im Grundaufbau ähnlich. Einige Beispiele zeigt Tabelle **120.1**. Wir beschreiben exemplarisch eine Zeiss-Kammer.

Eine moderne automatische Reihenmeßkammer für Film besteht aus dem eigentlichen Kammerkörper oder Kammerstutzen mit Objektiv und Bildrahmen, der Aufhängung mit Dreipunkt-Horizontierung, der abnehmbaren Filmkassette, dem Überdeckungsregler als Steuergerät sowie Zusatzgeräten wie Navigationsteleskop, Statoskop und Fernsteuerung. Bild **119.**1 zeigt eine Ansicht der Weitwinkelkammer RMK A 15/23 von Zeiss mit der Brennweite 15 cm und dem Bildformat 23×23 cm² mit dem universellen Steuersystem und dem Navigationsteleskop. Zur Erläuterung der Funktionen benutzen wir den schematischen Querschnitt von Bild **122.**2., der einem etwas älteren Modell entspricht. Der *Kammerstutzen* trägt auf seiner Oberseite den sehr genau plangeschliffenen Anlegerahmen, der die Bildebene definiert, die Rahmenmarken zur Definition des Bildkoordinatensystems enthält (Bild **119.**2), und gegen den das zu belichtende Filmstück kurz vor der Belichtung durch die Andruckplatte 4 der Kassette (Bild **121.**1) gepreßt wird. Die Unterseite des Objektivkonus enthält das Objektiv, zwischen dessen Linsen sich die

Scheiben des Verschlusses drehen. Den Abschluß bildet ein (während des Fluges aus-
wechselbares) Farbfilter. Der Turbinenmotor 8 erzeugt das Vakuum für die Kassette,
der Hauptmotor 1 dreht die Verschlußscheiben und treibt die Kassette 4 an.

119.1 Standard -Weitwinkel - Reihenmeßkammer RMK A 15/23 in
Aufhängung mit Steuerungs-
system und Navigations-Tele-
skop (rechts) von Carl Zeiss,
Oberkochen (Werkphoto)

Der *Verschluß* soll alle Bildteile gleichzeitig belichten und daher an der engsten Ein-
schnürung des durch das Objektiv gehenden Strahlenbündels (also zwischen den Linsen)
wirken (Zentralverschluß); er soll einen hohen Lichtwirkungsgrad[1]) haben und keine
Schläge oder Vibrationen erzeugen. Die vor der Bildebene ablaufenden, einfach gebauten

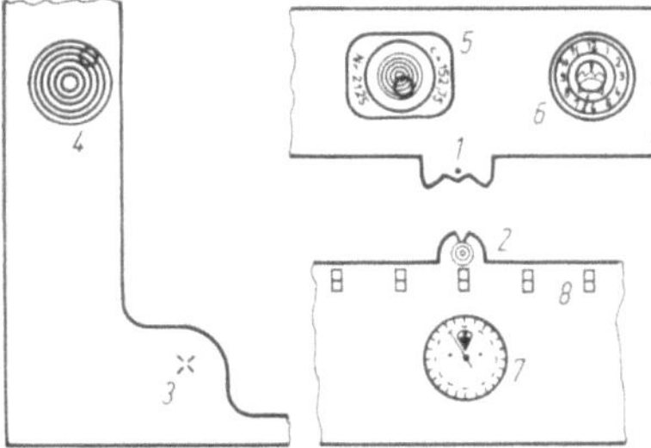

119.2 Verschiedene Formen von Rahmenmarken zur Definition des Bildkoordinatensystemes (vgl. auch Bild **146**.1)
1, 2 Rahmenmarken in den Mitten der Formatseiten,
3 Diagonalmarke. Ferner 4, 5 Abbildungen einer
Dosenlibelle, 6 Zeituhr, 7 Höhenmesser, 8 auf Glas
geätzte Marken zur Kontrolle der Filmschrumpfung

und leicht auswechselbaren Schlitzverschlüsse erfüllen wegen der Flugzeugbewegung die
erste Forderung nicht und erzeugen geometrische Verzerrungen des Bildes; sie sind daher
für Meßkammern nicht brauchbar.

Der Aerotop-Verschluß (Bild **120**.2) besitzt vier mit Ausbrüchen versehene Lamellen 1, die
beständig im gleichen Drehsinn mit der kontinuierlich regelbaren Drehzahl n rotieren. n bestimmt
die Belichtungs*zeit*. Die fest mit 1 verbundene Scheibe 2 läuft mit der Drehzahl n/k um, setzt
dadurch die Zahl der *möglichen* Belichtungen um den Faktor k herab und schafft ein hinreichendes
Zeitintervall für die Betätigung der den Belichtungs*moment* bestimmenden Scheibe 3. Diese

---

[1]) Das ist der Quotient aus dem während der Belichtungszeit tatsächlich durchgelassenen und
dem theoretisch möglichen Lichtstrom.

Tab. **120**.1 Technische Daten einiger Reihenmeßkammern

Hersteller	Carl Zeiss, Oberkochen	
1. Bezeichnung	RMK A 15/23	RMK A 30/23
2. Bildformat [cm²]	23 × 23	23 × 23
3. Brennweite [cm]	15	30
4. Bildfeld/Bildwinkel	83ᵍ/105ᵍ	47ᵍ/63ᵍ
5. Objektiv	Pleogon A	Topar A
6. Blenden	1:4 bis 1:11	1:5,6 bis 1:11
7. Verschluß	Rotationslamellen	
8. Belichtungszeit [s]	1/50 bis 1/500 oder 1/100 bis 1/1000	
9. Kassettenvolumen [m]	120 (150)	
10. kürzeste Bildfolge [s]	2	
11. Gewicht (m. Aufhängung, Kassette und Steuergerät) [kg]	ca. 110	110
12. Zubehör	Navigationssensor Intervall-Zentral-Computer Navigationsteleskop Fernsteuerung Statoskop Belichtungsmesser Belichtungsautomat	
Bemerkungen	5 austauschbare Kammerkörper mit $f = 85$ bis 610 mm	

wird über einen Exzenter 4 durch einen elektrischen Impuls vom Überdeckungsregler bewegt. Der Verschluß arbeitet beschleunigungs- und daher stoßfrei und besitzt aus dem gleichen Grunde einen hohen Wirkungsgrad und Verschlußzeiten bis 1/1000 s.

Die *Rollfilmkassette* (Bild **121**.1) wird auf den Kammerstutzen aufgesetzt und verriegelt. Der Kassettenwechsel ist daher jederzeit möglich. Die Kassette muß ein $24 \times 25 = 600 \text{ cm}^2$ großes Filmstück von der Vorratsspule abwickeln, in die Bildebene transportieren, mittels Vakuum an der Platte 5 ansaugen und damit sehr genau planlegen, durch Senken der Platte gegen den Anlegerahmen des Kammerkörpers pressen, nach der Be-

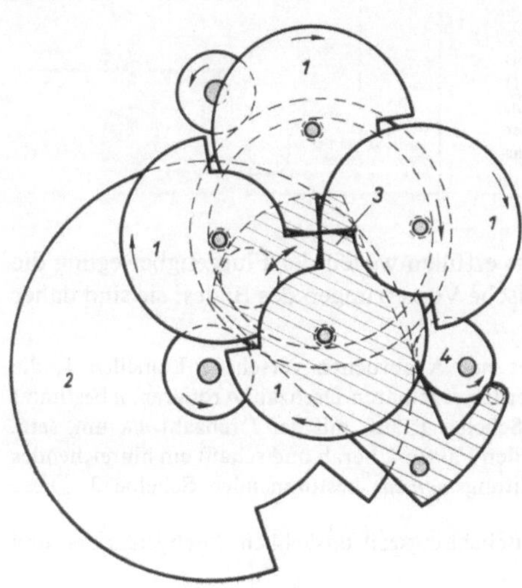

120.2 Aerotop-Verschluß mit vier dauernd gleichsinnig umlaufenden Scheiben 1. Der Ausbruch der Scheibe 2 bestimmt die *möglichen* Belichtungszeitpunkte. Die um kleine Beträge mittels des Exzenters 4 durch einen Impuls vom Überdeckungsregler bewegte Scheibe 3 gibt die tatsächlichen Belichtungen frei

Wild, Heerbrugg		Jenoptik, Jena
1. RC 9	RC 10	MRB 21/1818
2. 23×23	23×23	18×18
3. 9	15*)	21
4. $115^g/135^g$	$83^g/105^g$	$52^g/70^g$
5. Super-Aviogon	Universal-Aviogon	Pinatar PI
6. 1:5,6 bis 1:11	1:5,6 bis 1:22	1:4
7. Rotationsverschluß		
8. 1/100 bis 1/300	1/100 bis 1/1000	1/100 bis 1/1000
9. 60	120	120
10. 3,5	ca. 1,6	2
11. ca. 80	ca. 133	119 (mit 2 Kassetten)
12. Intervallometer Navigationsfernrohr Fernsteuerung	automatischer Belichtungsmesser Fernsteuerung Statoskop Horizontkammer	Überdeckungsregler Belichtungsmesser Statoskop
	*) 5 austauschbare Stutzen mit $f = 9$ bis 30 cm	Randleisten für Schrumpfungskorrektion Stufengraukeil

lichtung durch einen Druckstoß von der Platte lösen und auf der Aufwickelspule speichern. Darauf wiederholt sich der Zyklus. Der Zeitverbrauch für diesen Funktionsablauf bestimmt die kürzeste mit der Aufnahmekammer mögliche Bildfolgezeit. Sie beträgt für die beschriebene Kammer 2 s. Die Kassette faßt je nach Filmdicke ein Filmband von120 bis 150 m Länge.

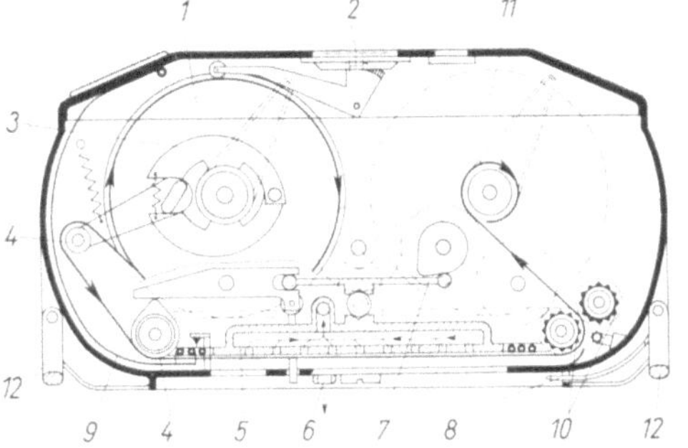

121.1 Querschnitt einer neueren automatischen Filmkassette
1 Vorratspule, 2 Vorratzeiger 3, Bremse für 1, 4 Steuerung für 3, 5 Ansaugplatte, 6 Saugstutzen zu 5, 7 Steuerung für Heben und Senken von 5, 10 Transportwalzen, 11 Aufwickelspule

Der *Überdeckungsregler* (122.1) wird getrennt von der Kammer an passender Stelle im Flugzeugboden eingelassen. Er stellt eine Mattscheibenkammer zur Messung der Winkelgeschwindigkeit des Geländes dar. Auf der Mattscheibe 1 erscheint ein Ausschnitt des überflogenen Geländes. Die endlose Sprossenkette 2 bewegt sich in gleicher Richtung wie der Geländeausschnitt. Hat man beide mittels des Regelknopfes 3 synchronisiert, so entspricht die Zeitfolge der über das Kabel 4 an die Kammer abgegebenen elektrischen Impulse dem an dem Knopf 5 (zwischen 20 % und 90 %) einstellbaren Überdeckungsverhältnis. Der Bildwinkel der Kammer wird vorher mittels des Knopfes 6 eingeführt.

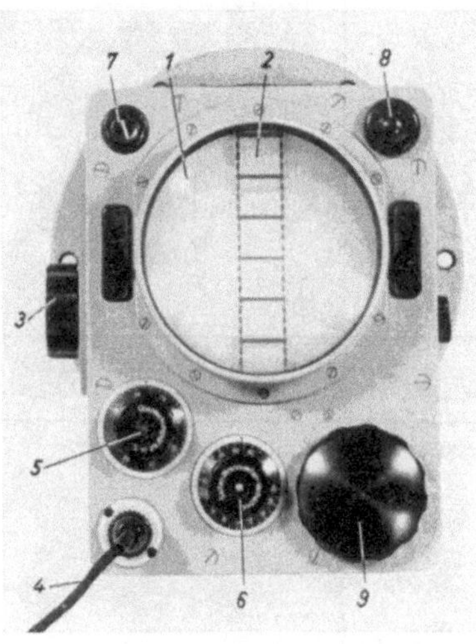

Durch Drehen des ganzen Überdeckungsreglers in seiner Fassung sorgt der Photograph während des Bildfluges dafür, daß die Sprossenkette stets parallel zur Bewegungsrichtung des Geländebildes eingestellt ist. Er kann dann Größe und Vorzeichen des Abtriftwinkels einer Teilung am Umfang des Überdeckungsreglers entnehmen und diesen Wert am Abtriftring der Kammer einstellen. Damit ist ohne Rechnung der Einfluß der Abtrift auf die Bildüberdeckung ausgeschaltet.

122.1 Draufsicht auf einen Mattscheiben-Überdeckungsregler
1 Mattscheibe, 2 Sprossenkette, 3 Regelknopf für 2, 4 Anschlußkabel, 5 Einstellknopf für Überdeckungsverhältnis, 6 Einstellknopf für Kammerbildwinkel, 7 Knopf für Einzelaufnahmen, 8 Kontrollampe, 9 Motorgehäuse

Das Zusammenwirken von Überdeckungsregler und Kammer ist in Bild **122.**2 gezeigt. Die Darstellung bezieht sich auf eine ältere Bauart; sie entspricht daher in den Einzelheiten nicht der soeben beschriebenen Kammer. Die Stromquelle 24 V (Bordstromnetz, Akkumulator oder durch Luftpropeller angetriebener Generator) speist die Elektromotoren 12 des Überdeckungsreglers sowie 1 und 8 der Aufnahmekammer. Die Drehzahl von 12 wird vom Photographen mittels des Regelwiderstandes 18 stufenlos derart geregelt, daß die Sprossen der biegsamen Drahtleiter 11 sich mit der gleichen Geschwindigkeit bewegen, wie das auf der darüber befindlichen Mattscheibe vorbeiziehende Geländebild. Ein Kontaktgeber 19 betätigt dann in den für die gewünschte Überdeckung der Bilder erforderlichen Intervallen eine Magnetkupplung 3 durch einen kurzen Stromimpuls. Der Motor 1 bewegt nun das Kammergetriebe um

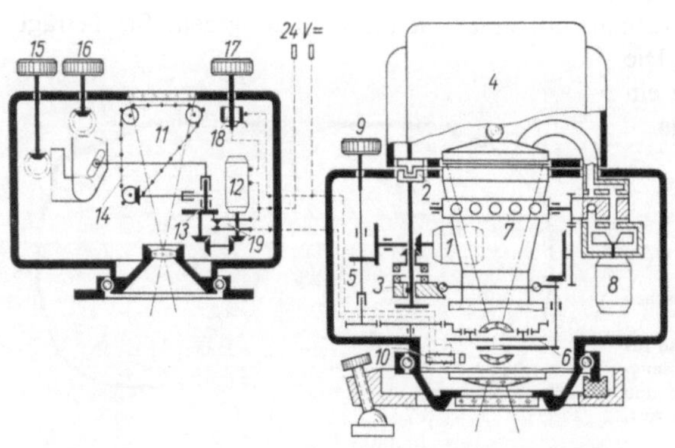

122.2 Schema eines stufenlos regelbaren Kammerantriebes mit elektrischer Impulssteuerung vom Mattscheibenüberdeckungsregler (links) her

einen vollen Umlauf, worauf die Magnetkupplung wieder ausrastet. Die Verschlußscheibe 3 von Bild **120.**2 wird ausgelöst, das Ansaugen des Filmes durch Vakuum geregelt, die Stellung des Aufnahmezählers sowie aller anderen Hilfseinrichtungen

(Libelle, Uhr, Statoskop, Horizontkammer) abgebildet und endlich die Filmspule um eine Bildbreite weiterbewegt. Der Vorgang wiederholt sich bei dem nächsten Impuls.

Die *Kammeraufhängung* verbindet die Aufnahmekammer horizontierbar und azimutal verdrehbar mit dem Flugzeugboden. Sie soll ferner Drehschwingungen der Flugzeugzelle nicht übertragen oder durch Transversalschwingungen derselben anregen. Die theoretisch günstigste Lagerung ist eine reibungsfreie kardanische Aufhängung im Schwerpunkt. In der Praxis werden meist Dreipunktlagerungen auf Schaumgummipolstern oder Kombinationen von Gummi und Metallfedern benutzt.

Durch die azimutale Verdrehung der Aufnahmekammer wird der Einfluß der Abtrift des Flugzeuges auf die Bildüberdeckung ausgeschaltet (s. oben und 2.3.1.6). Ist die Kammer schlecht oder gar nicht zugänglich, so kann die Drehung nach der Messung am Überdeckungsregler mittels einer *Fernsteuerung* durch potentiometergesteuerte Nachlaufmotore automatisch nachgestellt werden.

Damit haben wir die wichtigsten Bauelemente kurz beschrieben. Wir wollen noch auf zwei zusätzliche Einrichtungen hinweisen. Die erste zielt darauf ab, Fehler in der Planlage des Filmes während der Aufnahme sowie regelmäßige und unregelmäßige geometrische Veränderungen des Filmes („Verbildungen") *nach* der Aufnahme zu registrieren. Zu diesem Zweck werden in der Kammer die Kreuzungspunkte eines hochgenauen, als „*Réseau*" bezeichneten Meßgitters bei der Aufnahme auf jedes belichtete Bild übertragen. Die spätere Ausmessung der Gitterkopien gibt Aufschluß über die Verbildung. Das Reseau wird bei den verschiedenen Baumustern von „vorn" oder von „hinten" auf den Film aufkopiert. Der Mehraufwand durch die zusätzliche Messung der Reseau-Punkte ist nicht unbeträchtlich.

Die zweite Einrichtung betrifft die Regelung der Belichtung, die bei Amateurkammern seit langem automatisch erfolgt. Neben einfachen photoelektrischen Belichtungsmessern, die an die besonderen Verhältnisse der Luftaufnahme angepaßt werden, sind neuerdings auch *Belichtungsautomaten* entwickelt worden. Diese können, wie etwa das Gerät EMI 2 von Zeiss, nach Voreinstellung von Filmempfindlichkeit, Belichtungszeit und Filterfaktor über einen kleinen Rechner durch einen Servomotor die Blendenöffnung des Objektivs regeln. Bei anderen Konstruktionen wird die Belichtungszeit verändert.

2.3.1.3 Zusatzgeräte Dem Wunsche, zur Verbesserung, Vereinfachung oder Beschleunigung der Bildauswertung Daten der äußeren Orientierung der Luftbildkammer schon unmittelbar bei der Aufnahme zu bestimmen, wurde schon früh durch Verwenden zusätzlicher Geräte entsprochen. Da die äußere Orientierung durch drei Raumkoordinaten des Projektionszentrums und drei Winkel zum Festlegen der Bildstellung bestimmt ist, handelt es sich darum, die Lage und Höhe des Aufnahmeortes sowie die Neigungswinkel und die azimutale Position der Bildebene in einem geodätischen Bezugssystem mit angemessener, meist hoher Genauigkeit zu ermitteln.

Für die *Lage*bestimmung gibt es eine Reihe elektronischer Navigations- und Ortungsverfahren, die nicht für unsere Zwecke entwickelt wurden und einerseits nicht genügend genau, andererseits für wirtschaftliche Projekte in der Regel viel zu teuer sind. Aufnahmehöhen können wesentlich leichter entweder mit Hilfe des Luftdruckes in bezug auf barometrische Niveauflächen oder mittels elektronischer Echogeräte als Höhen über Grund gemessen werden. Um die *Bildstellung* im Raum zu ermitteln, kann man entweder Abbildungen des natürlichen Horizontes oder der Sonne oder des durch eine Kreiselanlage gelieferten künstlichen Horizontes benutzen.

Für die barometrische Höhenmessung im Flugzeug haben sich Flüssigkeits-*Statoskope* den Aneroiden überlegen gezeigt. Sie messen allerdings im Gegensatz zu jenen nur

Höhen*differenzen* innerhalb eines Bereiches von etwa 50 m, dafür aber mit Genauigkeiten von etwa $\pm$ 0,5 m. Abgelesen oder registriert wird der Flüssigkeitsstand in den beiden Schenkeln eines (modifizierten) U-Rohres, von denen der eine mit dem (statischen) Außendruck, der andere mit einem den Luftdruck der Bezugshöhe übertragenden Vergleichsgefäß verbunden ist.

Einem Höhenunterschied der Flüssigkeitssäulen von einem Teilstrich entspricht ein Flughöhenunterschied

$$\Delta h = \left(1 + \frac{1}{273} t_h\right) \left(c_1 + \frac{c_2}{B}\right), \tag{2.13}$$

worin B der Luftdruck in mm Hg und t_h die Außentemperatur in Flughöhe sowie c_1 und c_2 Instrumentenkonstanten sind. Δh heißt Höhenstufe des Statoskopes. Die über ein Mikroampèremeter auf der Randleiste des Luftbildes abgebildete Skalenanzeige kann über eine Parallelanzeige dem Piloten für die Feinsteuerung der Höhe dienen. Wichtig ist eine gute Wärmeisolierung des Statoskopkörpers.

Fehlerquellen beim Gebrauch des Statoskopes sind örtliche und zeitliche Änderungen des Luftdruckes, Neigungen der Isobaren-Flächen[1] sowie restliche Temperatureinflüsse im Gerät. Mit mittleren Fehlern der Höhendifferenzen von $\pm$ 1 bis 2 m ist zu rechnen[2].

Für die Messung und Registrierung ganzer *Geländehöhenprofile* unter der Flugbahn wird heute das unter der Kurzbezeichnung APR (airborne profile recorder) bekannte, in Kanada entwickelte Gerät verwendet. Die gemessenen Laufzeiten von (auf 1° gebündelten) Mikrowellenimpulsen, die von einem Sender im Flugzeug abgestrahlt und von der Geländeoberfläche reflektiert werden, liefern die momentanen Bodenabstände. Sie werden automatisch durch gleichzeitige Statoskopablesungen auf die Fläche gleichen Luftdrucks bezogen. Das Meßstrahlenbündel sollte mittels eines Kreisels stets lotrecht gehalten werden. Die mit dem APR erzielbare Genauigkeit der absoluten Höhen wird durch die Grob- und Feinstruktur (Rauhigkeit) der Geländeoberfläche, ihre Vegetationsbedeckung (Mischreflexionen!), ferner durch Anomalien der Fortpflanzungsgeschwindigkeit der Mikrowellen (und damit durch die Flughöhe) sowie durch die Genauigkeit der Reduktion auf die Niveaufläche mittels terrestrisch gemessener Paßpunkte bestimmt. Aus kontrollierten Versuchen werden je nach Geländeart mittlere Höhenfehler zwischen $\pm$ 2 m und $\pm$ 8 m angegeben[2].

Ersetzt man die Mikrowellen durch Laser-Strahlen, die sich bis auf $1^0/_{00}$ (entspr. 1°/17) bündeln lassen, so werden Höhengenauigkeiten von etwa $\pm$ 1 m erreicht.

Fügt man APR-Höhenprofile zu flächenhaften Netzen zusammen, so lassen sich damit, wie die neueren Erfahrungen gezeigt haben, ausreichende Höheninformationen für kleinmaßstäbige Aerotriangulationen über große und sehr große Flächen (in der Größenordnung von 100 000 km²) gewinnen.

Um die Neigung der Bildebene im Augenblick der Aufnahme gegenüber der Horizontalebene zu bestimmen, liegt es nahe, sie auf den *natürlichen Horizont* zu beziehen. Dies geschieht am einfachsten durch photographische Abbildung desselben mittels eines Hilfsobjektives oder einer angesetzten Hilfskammer, deren Aufnahmeachse senkrecht zu derjenigen der Aufnahmekammer justiert ist. Da es in aller Regel nicht auf die absoluten Neigungswinkel, sondern auf deren Differenzen in den aufeinanderfolgendenBildern eines Bildstreifens ankommt, kann auf die Bestimmung der Kimmtiefe verzichtet werden.

---

[1] Diese können mittels der „Henry-Korrektur" aus Windmessungen (durch Abtriftmessungen) angenähert ermittelt werden.

[2] Neuerdings werden bessere Ergebnisse erzielt, s. Kapitel 3.6.5

Es kann dann auch ein entfernter Wolken- oder Dunsthorizont verwendet werden. Eine von dem finnischen General Nenonen vorgeschlagene und von Zeiss gebaute Horizontkammer, die mittels einer Schwalbenschwanzfassung an die Aufnahmekammer angesetzt wurde, erlaubte die Ermittelung von Längs- und Querneigung der letzteren aus den synchron mit den Geländeaufnahmen photographierten Horizontbildern. Trotz des sehr einfachen und bei guter photographischer Definition der Horizontlinie recht genauen Verfahrens (mittlerer Fehler der Neigung bis zu $\pm$ 2^c) hat die Horizontkammer in der Praxis keinen Anklang gefunden. Z. Zt. existiert nur die HZ 1 von Wild.

Photographische Abbildungsschwierigkeiten entfallen, wenn der natürliche durch einen *künstlichen Horizont* ersetzt wird. Dieser wird durch einen oder eine Gruppe von Kreiseln definiert aufgrund der Eigenschaft eines ideal reibungsfrei gelagerten Kreiselkörpers, die Richtung seiner Drehachse lange Zeit unverändert beizubehalten. Um die Wirkung restlicher Reibungseinflüsse zu kompensieren, wird der Kreisel mittels Pendels oder Libellen „gestützt". Die ersten Vorschläge, Kreisel bei Luftaufnahmen zu benutzen, machte F. Stolze bereits im Jahr 1881.

Eine Kreiselanlage kann dazu benutzt werden, die im Augenblick der Belichtung vorhandene Größe und Richtung der Nadirdistanz der Aufnahmeachse (am besten auf der Randleiste des Luftbildes) zu registrieren. Dazu genügt z.B. eine Leuchtmarke, die an einem fest mit dem Kreiselkörper verbundenen Spiegel reflektiert wird. Die Abbildung der Marke auf einer Strichplatte in der Bildebene liefert dann direkt die gesuchte Nadirdistanz. U. Nistri hat diesen Gedanken mit zwei Spiegeln und zwei Marken getrennt für die Komponenten Längs- und Querneigung verwirklicht.

Anspruchsvoller ist die Aufgabe, die Aufnahmeachse der Luftbildkammer ständig in der Nadirrichtung zu stabilisieren. Sie kann z.B. mittels lichtelektrischer Abgriffe am Kreisel gelöst werden, welche über Servomotore bewirken, daß die Aufnahmeachse fortlaufend in die Nadirrichtung gedreht wird.

Nach der intensiven Entwicklung von Kreiselanlagen für die Luft- und Raumfahrt in den letzten Jahrzehnten ist die Kleinheit der hierbei erreichbaren Nadirabweichungen lediglich eine Frage des vertretbaren technischen Aufwandes. Kreiselstabilisierte Plattformen als Aufhängungen für Luftbildkammern[1] — wie sie z.B. von der Aeroflex Corp. 1960 in London gezeigt wurden — erreichen optimale Ergebnisse in Flugzeugen mit Dreiachsensteuerung. Bei diesen werden die Drehungen um Längs-, Quer- und Hochachse durch Kreiselaggregate gesteuert.

Überwiegend theoretisches Interesse besitzt ein Vorschlag von S. Finsterwalder (1916), bei Kenntnis der Aufnahmezeit und der geographischen Koordinaten des Aufnahmeortes durch eine geeignete Vorrichtung die *Sonne* mit abzubilden und ihr Bild zur Bestimmung der Stellung der Bildebene im Raum heranzuziehen. Hierbei bleibt zunächst die Drehung um die Achse Aufnahmeort-Sonne unbestimmt; sie erfordert ein weiteres Bestimmungsstück. Das von E. Santoni konstruierte und bei Galileo, Florenz, gebaute *Sonnenperiskop* hat wegen aufnahmetechnischer Schwierigkeiten und der umständlichen Auswertung der Sonnenbilder keine praktische Bedeutung erlangen können.

2.3.1.4 Kinetische Systeme[2]   Bei den bisher von uns behandelten Aufnahmesystemen wurde das ganze Bild gleichzeitig[3] bei unveränderter Lage der Abbildungsoptik zum

---

[1] C. Aschenbrenner erhielt darauf 1950 ein amerikanisches Patent.
[2] Vgl. Fußnote 2 auf S. 117.
[3] Die Ablaufzeit eines Schlitzverschlusses verursacht einen ungewollten Störeffekt.

Sensor (Photoschicht) aufgenommen. Wir können diese Systeme als *statische* bezeichnen und ihnen *kinetische* Systeme gegenüberstellen, bei denen eine sequentielle Aufnahme von Bildteilen bei relativer Bewegung (von Teilen) der Abbildungsoptik in bezug auf den Sensor stattfindet. Kinetische Systeme spielen beim gegenwärtigen Stand der Technologie vor allem in der Fernerkundung (s. 1.6.5.1) eine Rolle, da im IR- und im Mikrowellen-Bereich flächenhafte Sensoren noch nicht verfügbar sind. Beispiele sind a. a. O. erwähnt. Einige weitere Beispiele sollen hier beschrieben werden.

Bei hohen Fluggeschwindigkeiten, niedrigen Flughöhen oder notwendig werdenden längeren Belichtungszeiten beeinträchtigt die *Bildwanderung*, d.h. die während der Belichtungsdauer stattfindende Bildbewegung, die Bildauflösung. Die Bildwanderung läßt sich verhindern, wenn man durch zusätzliche Einrichtungen dafür sorgt, daß während der ganzen Belichtungsdauer Geländepunkt, Projektionszentrum und Bildpunkt auf einer Geraden bleiben. Um diese Bedingung zu erfüllen, kann man während der Belichtung dem Objektiv oder dem Film eine durch die Winkelgeschwindigkeit des Flugzeuges über dem Gelände v_g/h_g gesteuerte kleine Verschiebung oder der ganzen Kammer eine kleine Drehung erteilen; auch läßt sich die Winkelgeschwindigkeit des in die Kammer eintretenden Strahlenbündels durch entsprechend bewegte optische Mittel wie Prismen, Spiegel oder ein Drehkeilpaar kompensieren[1]). Kontinuierliche Messung und Übertragung der Winkelgeschwindigkeit des Flugzeuges über dem Gelände bilden hier die Hauptprobleme.

Unsere Bedingung zur Verhinderung der Bildwanderung läßt sich mit der verschlußlosen *Streifenkammer* für einen ganzen in Flugrichtung beliebig ausgedehnten Bildstreifen erfüllen. Bei dieser Kammer wird durch einen schmalen, unmittelbar vor der Bildebene über die ganze Bildbreite reichenden, feststehenden und dauernd geöffneten Schlitz belichtet. Der Film muß dabei offenbar stets genau mit der Winkelgeschwindigkeit des Flugzeuges hinter dem Schlitz bewegt werden. Seine lineare Geschwindigkeit muß daher bei der Kammerkonstante c die Größe

$$v_F = c\,\frac{v_g}{h_g} \tag{2.14}$$

haben (worin v_g die Flugzeuggeschwindigkeit über Grund und h_g die Flughöhe über Grund bedeuten). Dies wird mit elektronischen Steuermitteln erreicht. Die Belichtungsdauer kann durch Variation der Schlitzbreite verändert werden. Wegen des Auftretens von h_g in der Gleichung für v_F kann bei Gelände mit großen Höhenunterschieden beste Bildschärfe offenbar nur für Punkte in einer mittleren Höhenzone erreicht werden. Die Streifenkammer wird überwiegend für Aufklärungsaufnahmen aus schnell und niedrig fliegenden Flugzeugen verwendet.

Erzeugt die Streifenkammer einen in Flugrichtung ausgedehnten kontinuierlichen Bildstreifen, so lassen sich mit kinetischen Systemen auch Bildstreifen quer zur Flugrichtung von Horizont zu Horizont aufnehmen. Hierzu wurden zwei Typen *kinetischer Panoramakammern* entwickelt[2]).

Bei dem ersten Typ rotiert das Objektiv um eine Drehachse parallel zur Flugrichtung, während der Film auf einem Zylinder aufliegt und das Bild durch einen mit dem Objektiv rotierenden

---

[1]) Der erste Lösungsvorschlag hierzu steht im DRP 359177 von 1921.
[2]) Sie gehen auf terrestrische Panoramakammern aus dem Jahre 1845 mit gedrehtem Objektiv vor einer zylindrischen Aufnahmefläche zurück. Den Namen Panoramakammer erhielten später statische Luftbildkammern mit mehreren feststehenden Objektiven zum Vergrößern des Bildwinkels.

Schlitz differentiell belichtet wird. Bei der zweiten Bauart läßt man vor dem feststehenden Objektiv ein Prisma rotieren und muß dann hinter dem ebenfalls feststehenden Schlitz den Film synchron mit dem Prisma bewegen. Auf die konstruktiven Vor- und Nachteile gehen wir hier nicht ein.

Offenbar erkauft man sowohl bei der Streifen- als auch bei den Panoramakammern den Gewinn an Bildfläche gegenüber statischen Kammern mit komplizierteren geometrischen Zusammenhängen zwischen Gelände- und Bildkoordinaten.

2.3.1.5 Aufnahmearten Die *Einzelaufnahme* tritt in der Photogrammetrie hinter der *Reihenaufnahme* zurück. In der Regel handelt es sich um die Aufnahme von größeren Flächen oder Streifen. Im ersten Falle wird das aufzunehmende Gebiet mit einer Anzahl von möglichst geradlinigen, parallelen Aufnahmestreifen überdeckt. Die Streifenabstände werden so gewählt, daß eine gewisse Sicherheitsüberlappung (etwa 20 bis 30 % der Streifenbreite) nebeneinanderliegender Streifen stattfindet. Die Reihenbilder eines Aufnahmestreifens werden zweckmäßig in allen Fällen mit einer für stereoskopische Betrachtung ausreichenden gegenseitigen Überdeckung von etwa 60 % aufgenommen; in manchen Fällen wählt man 90 % Längsüberdeckung[1]). Eine Anzahl gemeinsam zu bearbeitender Streifen heißt *Block*.

Nach der Richtung der Aufnahmeachse unterscheidet man Senkrecht-, Steil-, Schräg-, Flach- und Waagerechtaufnahmen. Aufnahmen mit *genau lotrecht* gerichteter Aufnahmeachse werden *Nadiraufnahmen* genannt. Sie lassen sich indessen ohne besondere Hilfsmittel (wie Kreiselstabilisierung) heute nur als Zufallstreffer herstellen. Im Durchschnitt weisen beabsichtigte Nadiraufnahmen Abweichungen von 0,5 bis 1$^\text{g}$ von der Nadirrichtung auf. Solche Aufnahmen heißen *Senkrechtaufnahmen*. Für das gesamte Luftbildwesen kommt den Senkrechtaufnahmen von allen Aufnahmearten bei weitem die größte Bedeutung zu. Bezüglich der Richtung zusammengehörender, gemeinsam auszuwertender Aufnahmen hat man noch zu unterscheiden zwischen Parallel- und konvergenten Aufnahmen. Divergente Aufnahmen bringen keine Vorteile und sind unerwünscht.

2.3.1.6 Geometrische Beziehungen Wir wollen nun eine Übersicht über die geometrischen Verhältnisse bei der Aufnahme gewinnen und dann die verschiedenen Aufnahmearten miteinander vergleichen.

Die Beziehungen, welche bei ebenem, horizontalem Gelände für *Nadiraufnahmen* bestehen, lassen sich leicht aus Bild **128**.1 ablesen.

Im folgenden bedeuten:

$\mathfrak{B}$	Bildebene	s	Geländestrecke
F_b	Bildfläche	s'	zugehörige Bildstrecke,
F_g	Geländefläche		hier Bildformatseite
$M = 1:m$	Maßstab (m Maßstabzahl)	b	Basis
O	Aufnahmeort	Ω	Bildfeld (Winkel im Projektionszentrum über den Mitten gegenüberliegender Bildseiten).
f	Brennweite (Kammerkonstante c)		
h	Flughöhe		

Der *Bildmaßstab* M_b ergibt sich zu

$$M_\text{b} = 1:m_\text{b} = \frac{f}{h}. \tag{2.15}$$

---

1) Um bei der Auswertung das jeweils (hinsichtlich des Blattschnitts der Karte oder der verfügbaren Paßpunkte) günstigste Bildpaar auswählen zu können.

Falls f[1]) oder h oder beide Größen nicht bekannt sind, wird M_b gefunden durch Vergleich einer Strecke im Gelände s (in m, aus einer Karte oder durch Messung bekannt) mit der entsprechenden Bildstrecke s' (in mm):

$$M_b = \frac{s'_{[mm]}}{s_{[m]}} \cdot \frac{1}{1000}. \tag{2.16}$$

Der Vergleich von Gl. (2.15) und (2.16) gibt die Möglichkeit, nach

$$h = f_{[mm]} \frac{s_{[m]}}{s'_{[mm]}} = f \cdot m_b$$

die *Flughöhe* (in m) zu bestimmen. Die mit einem Bilde aufgenommene *Geländefläche* ist

$$F_g = F_b \cdot \frac{h^2}{f^2} = F_b \cdot m_b^2. \tag{2.17}$$

Das für die Genauigkeit der Höhenmessung entscheidende *Basisverhältnis* ϑ = Basislänge/Flughöhe über Grund wird bei Senkrechtaufnahmen mit $p\%$ Längsüberdeckung nach

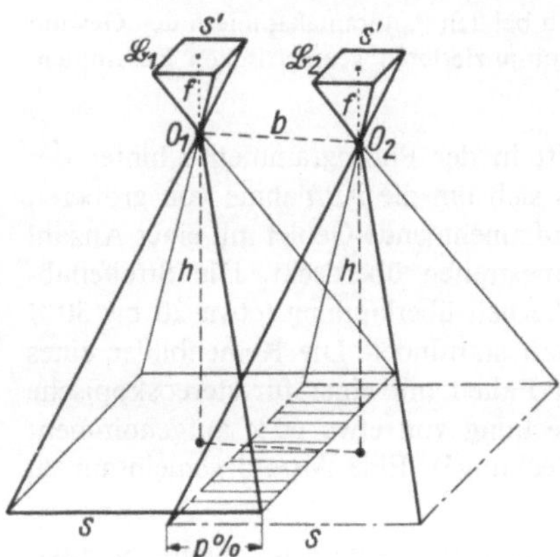

128.1 Zwei aufeinanderfolgende Nadir-Aufnahmen aus gleicher Flughöhe h mit der gegenseitigen Überdeckung p in Flugrichtung

$$\vartheta = 2 \tan \frac{\Omega}{2} \left(1 - \frac{p}{100}\right) = \frac{s'}{f} \left(1 - \frac{p}{100}\right) \tag{2.18}$$

bestimmt, worin Ω das Bildfeld der Kammer bedeutet. Für $p = 60\%$ erhalten wir für wichtige Kammertypen

s'	f	ϑ
23 cm	8,5 cm	1,08
23 cm	15 cm	0,61
23 cm	30 cm	0,31
23 cm	60 cm	0,15

Bei *Konvergentaufnahmen* mit dem Konvergenzwinkel γ der beiden Aufnahmeachsen wird, wenn sich diese in der Geländeoberfläche schneiden,

$$\vartheta = 2 \tan \frac{\gamma}{2} \tag{2.19}$$

und somit für $\gamma = 30^g$ bzw $40°$, $\vartheta = 0,48$ bzw $0,72$.

Die bei rein geometrischer Betrachtung zulässige *maximale Belichtungszeit* ist dadurch gegeben, daß die aus der Fortbewegung der Kammer während der Belichtung folgende Bildunschärfe $\Delta e'$ den Betrag der Auflösung im Bilde nicht wesentlich überschreiten soll. Wenn Δe die von dem Flugzeug bei einer Geschwindigkeit v_g über Grund während der

---

[1]) Für diese Überschlagsrechnungen kann der Wert der genähert bekannten Brennweite f anstelle der genauen Kammerkonstante c benutzt werden.

Belichtungszeit t zurückgelegte Strecke ist, dann folgt

$$v_g\, t_{max} = \Delta e = \Delta e'_{max} \cdot m_b$$

daraus

$$t_{max} = \Delta e'_{max} \cdot \frac{m_b}{v_g}. \tag{2.20}$$

Darin ist v_g in m/s auszudrücken[1]). Die *Geschwindigkeit über Grund* v_g ergibt sich aus der Eigengeschwindigkeit v_e des Flugzeuges und der Windgeschwindigkeit v_w unter Berücksichtigung der Flug- und der Windrichtung entweder graphisch (vektoriell) (**129**.1) oder rechnerisch nach

$$v_g = v_e\, \frac{\sin\beta}{\sin(\alpha+\beta)}. \tag{2.21}$$

Der Abtriftwinkel α wird gefunden aus

$$\sin\alpha = \frac{v_w}{v_e}\sin(\alpha+\beta). \tag{2.22}$$

Beim Bildflug wird er meist direkt beobachtet. Daß bei einem für Hin- und Herflug (parallele Bildstreifen) geforderten gleichbleibenden Kurs über Grund der Abtriftwinkel in beiden Flugrichtungen die gleiche Größe besitzt und nur das Vorzeichen wechselt, geht aus Bild **129**.2 ohne weiteres hervor.

Bei Reihenaufnahmen ist ferner noch wichtig die Kenntnis des (in Zeit oder Länge ausgedrückten) *Abstandes zweier* aufeinanderfolgender *Belichtungen*, der das gewünschte Überdeckungsverhältnis von $p\%$ der Bildfläche ergibt. Die Strecke b (Basis)

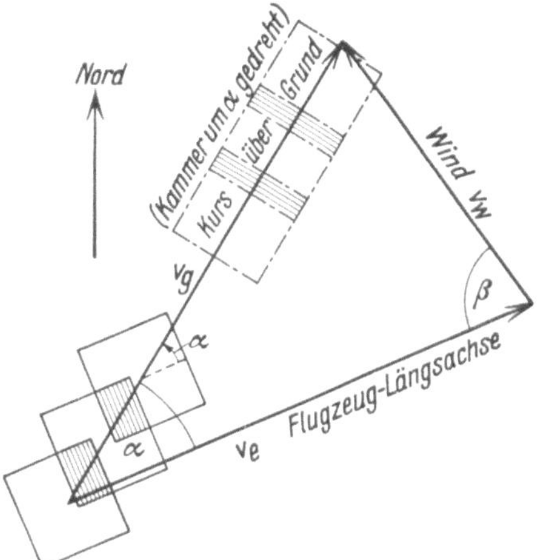

129.1 Die Einwirkung einer Abtrift α des Flugzeuges auf die Überdeckung aufeinanderfolgender Bilder und ihre Beseitigung durch Drehung der Aufnahmekammer um den Winkel α

zwischen zwei Aufnahmen ergibt sich unmittelbar aus der Figur

$$b = s\left(1 - \frac{p}{100}\right) \qquad \text{oder mit} \qquad s = s' \cdot m_b$$

$$b = s' \cdot m_b \cdot \left(1 - \frac{p}{100}\right) \tag{2.23}$$

und das Zeitintervall

$$\Delta t = \frac{b}{v_g} = \frac{s' \cdot m_b}{v_g}\left(1 - \frac{p}{100}\right). \tag{2.24}$$

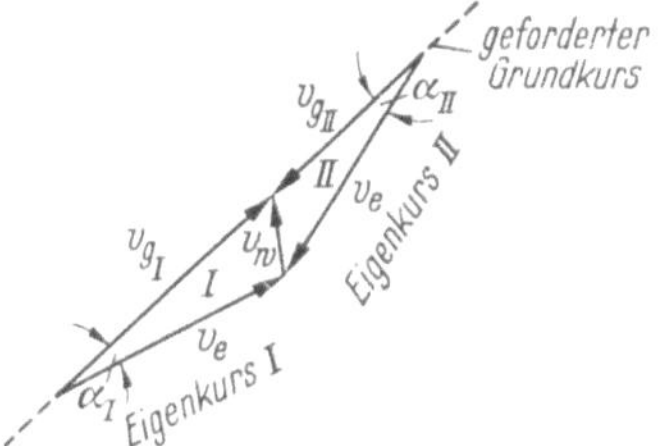

129.2 Winddreiecke I und II bei Hin- und Zurückflug auf gleichem Grundkurs. Abtriftwinkel $\alpha_I = -\alpha_{II}$

---

[1]) Die hierbei praktisch zulässige Bildwanderung Δe_{max} sollte nach der photographischen Bildauflösung bemessen werden. Nach H. K. Meier ist der 1,5fache Betrag der durch das AV gegebenen kleinsten Bildbreite noch zu tolerieren.

Endlich bestimmen wir noch den Streifenabstand a bei einer Querüberdeckung von $q\%$:

$$a = s' \cdot m_b \left(1 - \frac{q}{100}\right). \tag{2.25}$$

In der Praxis wird meist $q = 20\%$ gewählt. Die Formeln (2.23) bis (2.25) werden, zusammen mit (2.15) bis (2.17), bei der Planung des Fluges benutzt. Während des Aufnahmefluges selbst vermeidet man Rechnungen und verwendet die beschriebenen Hilfsmittel.

Beispiel. Die auf einem Blatt der deutschen Topographischen Karte 1:25000 dargestellte Fläche von rd. 130 km^2 mit Höhenunterschieden bis zu 300 m soll für die Neuherstellung der Deutschen Grundkarte 1:5000 auf rund 32 Blättern im Format 40×40 cm^2 aufgenommen werden. Eine Weitwinkel-Reihenmeßkammer mit $c = 15$ cm und dem Bildformat 23×23 cm^2 soll verwendet werden. Der Bildmaßstab ist so zu wählen, daß (mit den notwendigen Sicherheitszuschlägen) ein Kartenblatt aus 2 Modellen kartiert werden kann.
Wir entscheiden uns gemäß Tab. **133.**1 für den Bildmaßstab $M_b = 1:12000$. Mit $f = 0,15$ m folgt daraus nach Gl. (2.15) eine mittlere Flughöhe über Grund von $h_g = 1800$ m. Das aufgenommene Geländequadrat hat eine Seitenlänge von $s = 2,76$ km. Nach Abzug eines Sicherheitsabstandes von je 2,5 cm (der auch für die Produktion von Orthophotokarten erwünscht ist) ergibt sich ein nutzbares Bildformat von 18×18 cm^2 und nach Gl. (2.17) eine nutzbare Geländefläche von $F_n = 4,7$ km^2. Das Gelände soll in Nord-Süd-Streifen mit einer Längsüberdeckung[1]) von $p = 90\%$ und einer Querüberdeckung von $q \approx 30\%$ beflogen werden. Die mittlere Eigengeschwindigkeit des Flugzeuges betrage $v_e = 250$ km/h. Da am Flugtage WNW-Wind Stärke 6 (10 m/s) herrscht, weicht nach Gl. (2.22) der Steuerkurs um $\alpha = 8^g$ von der Nord-Süd-Richtung nach Westen ab. Um diesen Abtriftwinkel ist auch die Kammer in ihrem Ring zu drehen. Als Geschwindigkeit über Grund errechnen wir aus Gl. (2.21) für den Flug von S nach N $v_g = 234$ km/h und für den Flug von N nach S $v_g = 262$ km/h.
Aus dem für die Stereokartierung zu benutzenden Verhältnis $p = 60\%$ folgt nach Gl. (2.23) eine Basislänge $b = 1104$ m und nach Gl. (2.18) ein Basisverhältnis $\vartheta = 0,61$. Für die beiden Flugrichtungen N/S und S/N errechnen sich aus Gl. (2.24) Bildfolgezeiten von 4,3 bzw. 3,8 s. Die Querüberdeckung $q = 28\%$ bedingt einen Streifenabstand $a = 2000$ m. Die nutzbare Fläche eines Stereomodelles beträgt nach Berücksichtigung der Längs- und Querüberdeckung $F_{mod} = 2,0$ km^2. Für die aufzunehmende Fläche werden daher rd. 65 Modelle oder 130 Bilder benötigt.

Die Aufnahme mit $p = 90\%$ kann auch bei größeren *Geländehöhenunterschieden* nützlich sein. In diesem Falle nimmt, wie man leicht einsieht, die prozentuale Überdeckung für die höheren Geländeteile ab. Die dichte Bildfolge ermöglicht es, jeweils die für Stereokartierung optimalen Bilder für die Modelle auszuwählen.

Auf die Entwicklung entsprechender Formeln für *Schrägbilder* wollen wir hier verzichten. Schrägbilder werden in Mitteleuropa nicht mehr für planmäßige Kartierungsaufgaben verwendet. Muß man sich mit Aufgaben der Schrägbildvermessung beschäftigen, dann gibt eine Zeichnung am besten Auskunft auf alle Fragen.

Die besonderen Vor- und Nachteile der beiden wichtigsten Bildarten sind folgende:

Senkrechtbilder weisen bei mäßigem Geländerelief in allen Teilen nahezu gleichen Maßstab auf; sie vermitteln die beste Einsicht in das Gelände und sind leichter auszuwerten (vor allem mittels Näherungsverfahren!) als Schrägbilder. Sie sind andererseits nicht so anschaulich wie jene. Das Flugzeug muß sich unmittelbar über dem aufzunehmenden Objekt befinden.

---

[1]) Um bei den unvermeidlichen Abweichungen der tatsächlichen Aufnahme vom Flugplan jeweils die am besten die Kartenfläche deckenden Modelle mit $p = 60\%$ auswählen zu können. Die Mehrkosten für Film sind unerheblich.

Schrägbilder decken größere Geländeflächen und sind anschaulicher als Senkrechtbilder. Indessen nimmt der Maßstab und damit die Erkennbarkeit von Einzelheiten gegen den Bildhintergrund rasch ab. Die senkrechte Geländegliederung (Berge, Gebäude) verursacht stärkere Verdeckungen und daher verminderte Einsicht in das Gelände. (Bei Strahlneigungen von 50^g verdeckt ein Gegenstand bereits eine Länge, die gleich seiner Höhe ist.)

Man beachte, daß die großen Aufnahmeflächen, die sich rechnerisch bei Schrägaufnahmen ergeben, wegen des gegen den Hintergrund abnehmenden Bildmaßstabes sowie wegen des schrägen Einblicks und der Einwirkung des Dunstes im Vergleich mit Senkrechtaufnahmen meist nicht voll ausnutzbar sind.

2.3.2 Aufnahmeleistungen von Kammern

Die wichtigsten Kenngrößen eines Bildflugauftrages sind: der Bildmaßstab, die absolute und relative Aufnahmeflughöhe, die mit einem Bild aufgenommene Geländefläche und die Breite des mit einem Bildstreifen gedeckten Geländestreifens. Die entscheidende Rolle spielt fast immer der für ein bestimmtes Projekt zu wählende Bildmaßstab (Tab. **133**.1). Die nächste Frage betrifft die sich für die verfügbaren Aufnahmekammern ergebende Flughöhe; sie ist nach oben durch die Dienstgipfelhöhe des zur Verfügung stehenden Flugzeuges[1]), nach unten oft durch die luftpolizeilichen Sicherheitsvorschriften, aber auch durch die Geländestruktur oder durch Turbulenz in den bodennahen Luftschichten begrenzt. Wir haben in Tab. **132**.1 für fünf gebräuchliche Kammertypen einige Verhältniszahlen zusammengestellt, und zwar für zwei Weitwinkelkammern (3 und 1), eine Überweitwinkelkammer (2), eine sogenannte Normalwinkelkammer (4) sowie für eine Schmalwinkelkammer (5).

Aus den jeweils auf die kleinste Größe bezogenen Vergleichszahlen ergibt sich: Bei vorgeschriebenem Bildmaßstab liefern die Kammern 2 bis 4 gleichgroße mit einem Bild aufgenommene Geländeflächen. Allerdings sind dazu unterschiedliche Flughöhen erforderlich: die Schmalwinkelkammer 5 benötigt eine 7mal so große Flughöhe wie die Überweitwinkelkammer 2. Sie eignet sich also weniger für kleine Bildmaßstäbe (große Bildmaßstabzahlen). Hier ist ihr Kammer 2 um den Faktor 7,1 überlegen; sie empfiehlt sich daher für extrem kleine Bildmaßstäbe, für welche die anderen Kammern schon zu unwirtschaftlichen Flughöhen führen. Bei gleicher Flughöhe erkennt man die große Flächenleistung der Überweitwinkelkammer als ihre hervorragende Eigenschaft: Sie übertrifft die Kammer 5 um den Faktor 52,4 und auch die Weitwinkelkammer 3 noch um den Faktor $50,4 : 16,0 = 3,1$. Für große Bildmaßstäbe (und wegen der kleineren Bildwinkel und geringeren Verdeckungen z.B. bei Stadtaufnahmen) zeigen die Kammern 4 und 5 sich überlegen.

2.3.3 Planung und Bildflug

Die Ausgangspunkte der Planung sind: das Aufnahmeprojekt, die verfügbaren Hilfsmittel (Aufnahmekammer samt Zusatzgeräten und Flugzeug) sowie die vorgesehenen Methoden und Geräte der Auswertung, ferner Randbedingungen, die zu erfüllen sind,

---

[1]) Bei kleineren Objekten auch durch den unwirtschaftlichen Steigflug.

9*

wie Terminpläne, Kostengrenzen, Wetterlagen. Optimale Ergebnisse sind nur zu erzielen, wenn das Informationssystem als ganzes konzipiert wurde. Datengewinnung und Datenverarbeitung müssen aufeinander abgestimmt werden.

2.3.3.1 Bildmaßstab Man sieht, daß die für den Gehalt der Luftbilder an Gestaltinformation und geometrischer Information entscheidende Größe der Bild*maßstab* ist.

Tab. **132**.1 Vergleich verschiedener Kammertypen (für Nadiraufnahmen und horizontales Gelände)

	1	2	3	4	5
Bildformat	18×18 cm^2	23×23 cm^2	23×23 cm^2	23×23 cm^2	23×23 cm^2
Objektiv-Brennweite f	11,5 cm	8,5 cm	15 cm	30 cm	60 cm
Bildfeld Ω	85^g	119^g	83^g	46^g	24^g
Bezeichnung	WW	ÜWW	WW	NW	SW
a) bei *gleichem Bildmaßstab* verhalten sich die aufgenommenen Flächen wie die Bildflächen	1	1,6	1,6	1,6	1,6
notwendigen Flughöhen wie die Brennweiten	1,4	1	1,8	3,5	7,1
Streifenbreiten wie die Brennweiten	1	1,3	1,3	1,3	1,3
b) bei *gleicher Flughöhe* verhalten sich die aufgenommenen Flächen wie tan $\Omega/2$	17,0	50,4	16,0	4,0	1
Bildmaßstabzahlen wie $1/f$	5,2	7,1	4,0	2,0	1
Streifenbreiten wie tan $\Omega/2$	4,1	7,1	4,0	2,0	1
c) die aus der *Flughöhe über Grund* h_g aufgenommenen Flächen (in km^2, wenn h_g in km)	2,45 h_g^2	7,32 h_g^2	2,35 h_g^2	0,59 h_g^2	1,47 h_g^2

Der Bildmaßstab sollte zwar theoretisch *so klein wie möglich* sein, um mit jedem Bild eine möglichst große Geländefläche zu decken und damit die Aufnahme wirtschaftlich günstig zu gestalten. Er muß aber auch *so groß wie nötig* sein, um die für das Aufnahmeprojekt erforderliche Bildinformation mit einem Minimum an nachträglicher Geländeerkundung zu liefern und den Anforderungen an die geometrische Genauigkeit zu entsprechen. Bei kleinen Bildmaßstäben kann die Dienstgipfelhöhe des verfügbaren Bildflugzeuges eine Grenze setzen. Unter Umständen muß auf die Maßstabbereiche des zu benutzenden Auswertgerätes Rücksicht genommen werden. Die Planung soll auch den Blattschnitt der Karten bzw. der Bildpläne oder Orthophotopläne beachten, um möglichst zu erreichen, daß ein Kartenblatt mit einer *ganzen* Anzahl von Einzelbildern oder Stereomodellen gedeckt werden kann und unwirtschaftliche Restflächen nicht entstehen. O. v. Gruber hat 1937 für die Abhängigkeit des zweckmäßigen Bildmaßstabes (Maßstabzahl m_b) von einem vorgegebenen Kartenmaßstab (Maßstabzahl m_k) die empirische

Beziehung

$$m_\mathrm{b} = c_1 \cdot m_\mathrm{k}^{c_2} \tag{2.26}$$

gefunden und für die damaligen Verhältnisse $c_2 = 0{,}5$ und $c_1 = 100$ bzw. 130 gesetzt. Wie V. Heißler[1] später gezeigt hat, erlaubt die Steigerung der Bildgüte bei den Hochleistungsobjektiven mit $c_1 = 200$ zu rechnen.

Wir können heute in der Formel

$$m_\mathrm{b} = c_1 \sqrt{m_\mathrm{k}} \tag{2.27}$$

mit $c_1 = 250$ bis 300 rechnen. Bei der Entscheidung muß für kleine Kartenmaßstäbe der *Interpretierbarkeit*, für große der *Genauigkeit* besonderes Gewicht beigelegt werden. In Tab. **133**.1 sind für die gebräuchlichsten Kartenmaßstäbe zweckmäßige Bildmaßstäbe zusammengestellt, die sich in der Praxis bewährt haben. Es braucht nicht betont zu werden, daß besondere Umstände Abweichungen nach oben oder unten erfordern können.

Tab. **133**.1   Zweckmäßige Bildmaßstäbe

Karten-(Bildplan-)maßstab M_k	Zweckmäßiger Bildmaßstab für				
	topogr. Karten	Bildpläne	Orthophotokarten[1]	n	$p\,\%$
1: 500	1: 4500	1: 3500			
1: 1000	1: 6000	1: 6000	1: 6100**	1/2	
1: 2500	1:10000	1:10000	1: 6100*	2	
			1: 7600**		
1: 5000	1:12500	1:15000	1:12200*	2	
	1:15000		1:15300**	2	88 %
1:10000	1:25000	1:25000	1:24500*	2	
			1:30600**	2	
1:25000	1:40000	1:47000	1:68300***	2	
1:50000	1:56000	1:75000			

[1] Nach Brucklacher (BuL **38** (1970) 188 bis 193) für rationelle Ausnutzung quadratischer Kartenblattgrößen *40×40 cm², **50×50 cm², ***45×45 cm². n Anzahl der für ein Kartenblatt benötigten Modelle, p Längsüberdeckung.

Hinsichtlich der zu wählenden Aufnahmekammer gelten die Überlegungen in 2.3.2. Die Frage nach der zweckmäßigen Aufnahmeart wird heute praktisch immer zugunsten der Senkrechtaufnahme entschieden werden. Die meisten stereoskopischen Auswertgeräte sind für die Ausmessung von Schrägbildern nicht geeignet.

Für die bei der Planung eines Bildfluges immer wiederkehrenden einfachen Rechnungen gibt es gezeichnete Rechentafeln. Auch Sonder-Rechenstäbe sind erhältlich (z.B. das Modell „Aristo-Bildflug" von Dennert und Pape).

Hinsichtlich des *Zeitpunktes* des (normalen) Bildfluges ist folgendes zu sagen. In Aufnahmegebieten mit Laubwaldbeständen soll der Bildflug möglichst im zeitigen Frühjahr vor Eintritt der Belaubung ausgeführt werden, damit die Geländeoberfläche in den

---

[1] Heißler, V.: Untersuchungen über den wirtschaftlich zweckmäßigsten Bildmaßstab bei Bildflügen mit Hochleistungsobjektiven. Hannover 1954. = Wiss. Arb. Inst. Geod. u. Phm. TH Hannover Nr. 5.

Bildern überall sichtbar bleibt[1]). Schneebedeckung des Geländes ist fast stets für die Bildmessung ungünstig. Bei Küstenaufnahmen muß unter Umständen ein bestimmter Wasserstand abgewartet werden. — Als Tageszeiten sind bei sonnigem Wetter der frühe Vormittag und der Spätnachmittag wegen der langen Schatten für die Aufnahme weniger geeignet. Zu beachten sind die in manchen Klimazonen regelmäßig auftretenden Bodennebel, Mittagsbewölkungen usw.

Als „*Bildflugtage*" wurden früher gelegentlich im statistischen Sinne solche Tage definiert, an denen der Bewölkungsgrad zwischen 9^h und 15^h kleiner als $1/8$ blieb. Demgegenüber weiß man jetzt, daß Bildflüge auch unter geschlossener Wolkendecke für viele Aufgaben nicht nur *möglich*, sondern — wegen der fehlenden Schlagschatten — sogar *vorteilhaft* sind. Dies gilt besonders für eng bebaute Ortslagen. Läßt man solche Bilder zu, dann wächst die Anzahl der jährlich zur Verfügung stehenden Bildflugtage beträchtlich[2]).

Unerwünscht bleiben häufig vorkommende Wolkenschatten in den Bildern, wenn auch deren ungünstige Wirkung bei der Positivkopie mit Hilfe des Kontrastausgleiches stark vermindert werden kann.

2.3.3.2 Navigation[3]) Ein Bildflug stellt eine besondere fliegerische und navigatorische Leistung dar insofern, als es sich nicht um die gewöhnliche Aufgabe der Flugzeug-Navigation handelt, ein Ziel auf dem günstigsten Wege zu erreichen. Es müssen vielmehr meist eine größere Anzahl von Streifen abgeflogen werden, von denen genaue Geradlinigkeit, genaue Parallelität und das genaue Einhalten eines vorgeschriebenen Abstandes gefordert werden — oft unter erschwerenden Umständen: längere Strecken über einförmigem oder gänzlich unbekanntem Gelände. Als weitere Forderungen treten hinzu: gutes Einhalten der vorgeschriebenen Flughöhe und gleichmäßig ruhige Lage der Maschine während der Aufnahmen, um die Abweichungen der Aufnahmeachse vom Erdlot möglichst klein zu halten. Die Erfüllung dieser Forderungen setzt beim Piloten gutes fliegerisches Können und Verständnis für die Aufgabe selbst voraus.

In der praktischen Ausführung ist zu unterscheiden zwischen der Befliegung *kleiner Gebiete* in großem Bildmaßstab und der Aufnahme *großer Flächen* in mittleren und kleinen Aufnahmemaßstäben. Im ersteren Falle müssen die Streifenabstände auf wenige Zehner-Meter genau eingehalten werden. Das ist (ohne funktechnische Hilfsmittel) nur möglich, wenn eine Karte des Aufnahmegebietes vorhanden ist, in welche die geplanten Flugstreifen eingetragen werden[4]). Die Kursverbesserungen während des Bildfluges werden auf Grund der Beobachtung markanter Geländepunkte in der geplanten Streifenachse oder in deren Nähe gegeben.

Die Sichtnavigation wird durch *Navigationsfernrohre* sehr erleichtert. Verglichen mit den elektronischen Navigationsgeräten handelt es sich hierbei um einfach gebaute und leicht

---

[1]) Für forstliche Aufgaben wird oft der Beginn der Belaubung oder die herbstliche Laubfärbung zur Bestandesausscheidung ausgenutzt.

[2]) Vgl. Schwidefsky, K.: BuL **28** (1960) 46 bis 62; Eranti: ZfV **88** (1963) 86 bis 89.

[3]) Vom Standpunkt des Fliegers behandelt die Probleme des Bildfluges über Großräumen Heidelauf, O.: Diss. TH Braunschweig, abgedr. in L. u. L. Nr. 30, 1944. Die technischen Angaben sind heute zum Teil veraltet. Vgl. auch W. Brucklacher, Diss. TH München 1958 (= Veröff. DGK, Reihe C, Heft Nr. 25) sowie Corten, F.L.: Phia. XVI (1959/60) 251 bis 281.

[4]) Beim Fehlen jeglicher Kartenunterlagen wird zunächst eine kleinmaßstäbige Befliegung des Gebietes vorgenommen. Ein rasch zusammengestelltes Bildmosaik tritt dann an die Stelle der Karte als Planungsunterlage. Soweit es möglich ist, wird man hier die Funkmeßverfahren anwenden.

zu handhabende Hilfsmittel. Die von verschiedenen Firmen, z.B. Zeiss und Wild, hergestellten Fernrohre haben bei mäßiger Vergrößerung aufrechte Bilder und eine nach Wahl des Benutzers ausgeführte Strichplatte. Bild 135.1 zeigt das Gesichtsfeld der Navigationsteleskope NT 1 und NT 2 von Zeiss, Oberkochen. Sie können um die vertikale optische Achse gedreht werden. Der Bildwinkel beträgt $2\alpha = 90°$. Durch ein vorgesetztes Prisma wird die optische Achse um 40° nach vorn abgelenkt. Der Nadirpunkt liegt daher 5° über dem unteren Rand des Gesichtsfeldes und der Horizont 5° oberhalb (außerhalb) des oberen Randes. Das Gesichtsfeld enthält die Kursgerade, den Nadirpunkt, Begrenzungslinien eines Einzelbildes und des ganzen Bildstreifens für die gewählte Aufnahmekammer.

135.1 Standard-Strichplatte des Navigations-Teleskopes NT 1 von Carl Zeiss, Oberkochen. *a* Achse und *b* seitliche Begrenzung des Flugstreifens, *c* vorderer Bildrand, *N* Nadirpunkt, *ABCD* Fläche und *N'* Bildmittelpunkt des vorausliegenden Bildes (Werkzeichnung)

Bei der planmäßigen Aufnahme *großer Flächen* fliegt man zweckmäßig nach den Unterlagen der Koppelnavigation. Deren moderne Form benutzt das Doppler-Radar und die Trägheits-Plattform. Der Trend geht zur elektronischen Navigation, z.B. zum VLF (very low frequency)-System in Verbindung mit Digitalrechnern an Bord des Flugzeuges. Für das VLF-System reichen 8 bis 10 Sendestationen auf der ganzen Erde aus. Auf Einzelheiten gehen wir hier nicht ein. Den neuesten Stand zeigt F. L. Corten[1].

Die Folge mangelnder Sorgfalt beim Bildflug sind krumme Streifen mit schwankender und oft ungenügender Überdeckung, Aufnahmelücken, große Aufnahmeneigungen der Bilder und andere Mißstände, die sich äußerst ungünstig auf die Weiterverarbeitung des Bildmaterials auswirken.

Für die systematische Befliegung und Aufnahme großer Flächen sind während der letzten Jahrzehnte eine Reihe von *funkmeßtechnischen Verfahren* entwickelt und verwendet worden, von denen wir die englischen Systeme Radar GH, Oboe und Decca sowie das amerikanische System Shoran nennen. Das Ziel aller dieser Verfahren war, das Bildflugzeug genau auf vorbestimmten parallelen Geraden (oder Kreisen von großem Radius) von etwa 200 bis 300 km Länge zu führen. Alle Verfahren benötigen mindestens eine, meist mehrere Bodenstationen bekannter geodätischer Lage, die entweder hochfrequente Radiowellen ausstrahlen (Decca) oder die von dem Flugzeug ausgestrahlten Wellen reflektieren (Shoran). Die Ortsbestimmung des Flugzeuges in bezug auf diese Bodenstationen geschieht durch Phasenvergleich oder durch Bestimmung der Laufzeiten der elektromagnetischen Wellen. Der Navigator des Bildflugzeuges erkennt Abweichungen vom vorgeschriebenen Kurs entweder durch akustische oder optische Signale, oder er bestimmt den jeweiligen Standort mittels eines mechanisch-elektrischen Anzeigegerätes. Man kann auch die Korrektionssignale unmittelbar auf die Kurssteuerung des Flugzeuges einwirken lassen, so daß die Kursverbesserungen vollautomatisch erfolgen.

Eine Reihe von systematischen Fehlern (z.B. durch Anomalien der Fortpflanzungsgeschwindigkeit der elektromagnetischen Wellen) müssen noch ausgeschaltet werden.

---

[1] Performance and economy of survey flight systems. Inv. Paper Ottawa 1972, 21 p.

Tab. **136**.1   Vermessungsflugzeuge

Hersteller	Baumuster	Bauart	Triebwerke	Nutzlast	Horizontalgeschw.		
			PS	kg	V_{max} km/h	V_{min}	V_{opt}
Dornier	Do 28 D Skyservant	Ganzmetall, Hochdecker	2 × 385	1140	326	83	283
North American Rockwell	Aero- Commander 685	Ganzmetall, Hochdecker, Druckkabine	2 × 435	1350	448	139	412
Cessna	185 F Skywagon	Ganzmetall, Hochdecker 1motorig	300	805	286	96	272
Gates	Learjet 25 C	Ganzmetall, Tiefdecker	2 × 1340 (Düsen)	3550	860	191	816

2.3.3.3 Vermessungsflugzeuge[1])   In den Anfangsjahren des Luftbildes dienten Freiballone, Fesselballone, Lenkballone und Sonderkonstruktionen tragfähiger Drachen als Träger der Aufnahmekammer. Heute wird im nicht-militärischen Luftbildwesen fast ausschließlich und in der Fernerkundung überwiegend das Flugzeug, gelegentlich auch der Hubschrauber verwendet. Wegen zu kleiner Bauserien ist im zivilen Bereich die Entwicklung von Sonderflugzeugen nicht wirtschaftlich; es existieren nur einige wenige Spezialtypen. Für die militärische Aufklärung wurden neben Aufklärungsflugzeugen mit besonderer Ausrüstung[2]) verschiedenartige Flugkörper als Träger der Sensoren entwickelt. Erdsatelliten, wie z.B. die Typen ERTS und SKYLAB, werden für die Fernerkundung in beiden Bereichen verwendet.

Für nicht-militärische Aufgaben, auf die wir uns in diesem Buch beschränken, bevorzugt man mehrmotorige Reiseflugzeuge. Einige der wichtigsten technischen Anforderungen von der Seite des Bildwesens sind die folgenden:

Hochdecker sind besser geeignet als Tiefdecker. Eine Vollsichtkanzel sollte für Pilot und Navigator beste Sicht gewährleisten. Erwünschte Triebwerkleistung ist mindestens 2 × 200 PS. Eine große Geschwindigkeitsspanne ermöglicht schnellen Reiseflug zur besten Ausnutzung der Wetterlage und langsamen Aufnahmeflug, um auch bei kleinen Flughöhen keine störende Bildwanderung zu erhalten. Die Dienstgipfelhöhe sollte zwischen etwa 6000 und 10000 m betragen. Erwünscht sind ferner STOL-Charakteristik (short take-off and landing), d.h. kurze Start- und Landestrecken; gute Steigleistung; Flugdauer (evtl. mit Zusatztanks) mindestens 6 Stunden; Reichweite mindestens 2000 km.

Die Kabine sollte mindestens 4 bis 5 m³ groß sein. Sie muß eine oder mehrere verschließbare Bodenöffnungen für die Aufnahmekammer(n) und Nebengeräte besitzen; bei druckbelüfteten Flugzeugen müssen die für die Kammern bestimmten Öffnungen mit Glasscheiben von optischer Qualität geschlossen sein. Eine kleine Dunkelkammer ist erwünscht. Besonders bei Propeller-Kolbentriebwerken sind Vibrationsdämpfung durch geeignete Triebwerkaufhängung, Trennpolster zwischen Motoren und Cockpit, ausge-

---

[1]) Hothmer, J.; Margenfeldt, O.: NaKaVerm Reihe I Nr. 63, Frankfurt 1973.
[2]) Der sagenumwobene amerikanische Aufklärer U2 hat mehrmals merklich in die Weltpolitik eingegriffen.

Reichweite (mit Zusatztanks)		Steiggeschw.	Dienstgipfelhöhe	Rollstrecke		STOL	Preis 1972 1000 $ (1000 DM)	auf dem Markt seit
km	h	m/min	m	Start m	Landung m			
730 (1645)	2:30 (5:40)	350	7750	245	215	×	(720)	1966
2050 (2780)	5:00 (6:40)	456	8400	595	—	—	229	1972
1060 (1490)	3:50 (5:30)	308	5200	235	146	—	(92)	1960
3570	4:20	1845	13700	783	1003	—	1070	

wuchtete Kurbelwellen und synchronisierte Propeller erwünscht. Fahrwerk, Antennen, Abgasführungen sollen den Kammer- und Bildwinkelbereich nicht stören. Das elektrische Bordnetz muß eine Leistung von mindestens 300 W je Aufnahmekammer abgeben können. Fernerkundungssensoren, z. B. Seitwärts-Radar-Anlagen (s. 1.6.6.1) können bei einem Gewicht von 200 kg eine Leistungsaufnahme von 600 bis 900 W haben. Bei Verwendung eines Statoskopes ist ein Anschluß an den statischen Außendruck notwendig.

Die normale Bildflugbesatzung besteht aus Pilot, Navigator und Photograph, zu denen noch ein Bordmechaniker und Spezialisten für Fernerkundungsanlagen hinzukommen können.

Im Bereich der „westlichen Welt" werden zur Zeit etwa 100 verschiedene Flugzeugtypen von 26 Herstellern für (nicht-militärische) Vermessungsflüge verwendet; davon sind 79% mehrmotorige Baumuster, 76% mit Kolbentriebwerken ausgerüstet, und 60% sind Tiefdecker. Hubschrauber werden wegen ihrer relativ hohen Anschaffungs- und Betriebskosten wenig verwendet; auch ist die Stabilität der Fluglage bei ihnen nicht optimal. Tab. **136**.1 gibt einige technische Daten bewährter Vermessungsflugzeuge.

3 Digitale Verarbeitung der geometrischen Information – Theorie der photogrammetrischen Punktbestimmung

3.0 Übersicht

3.0.1 Aufgabe und Gliederung der geometrischen Auswerteverfahren

Unter *Auswertung* versteht man ganz allgemein die Informationsverarbeitung aus Bildern, einschließlich geeigneter Darstellung und Speicherung. Die Kapitel 3 und 4 behandeln die Auswertung der *geometrischen Information*, die nach wie vor den zentralen Gegenstand photogrammetrischer Arbeitsverfahren bildet. Am Beginn der geometrischen Auswertung von Bildern steht stets die Bildinformation und ein Interpretationsprozeß, der mit *Identifizierung* bezeichnet wird. Dieser wichtige und komplexe Prozeß der Zuordnung zwischen Gegenständen und Strukturen des Objekts und den Schwärzungssignalen der Bilder ist lange Zeit als trivial behandelt worden und findet erst neuerdings die gebührende Aufmerksamkeit[1].

Die Aufgabe der *geometrischen Auswertung* ist die Erfassung und Darstellung der jeweils interessierenden geometrischen Eigenschaften des Objekts durch entsprechende Messung an Bildern oder an daraus abgeleiteten Folgeprodukten (Projektion, Umbildung). Man spricht von der (selektiven) *Rekonstruktion des Objekts*, obwohl eine zusätzliche Umbildung gefordert sein kann (z.B. Kartenprojektion), und unterscheidet: *Einzelpunktbestimmung* (Koordinaten oder Kartierung), *Liniendarstellung* (Grundrißkartierung, Schichtlinien, Profilschnitte) und Darstellung von *Flächen* oder Flächenelementen (durch photographische Umbildung). Aus diesen Elementen lassen sich gegebenenfalls Funktionen ableiten, wie z.B. Entfernungen, Höhenunterschiede, Richtungen, Neigungen, Volumen, Schnitte.

Die Auswerteverfahren sind nach der Anzahl der jeweils beteiligten Bilder gegliedert (Bild **22.1**):

Die *Einbildauswertung* erfährt neben dem räumlichen Rückwärtsschnitt (s. 3.2.1) vor allem in der *Entzerrung* (s. 3.2.2) seit langem große praktische Anwendung. Das *Bildpaar* bildet für die Stereo- oder Zweibildauswertung die Standardform der photogrammetrischen Auswertung räumlicher Objekte. Das Problem seiner Orientierung, die sog. Doppelpunkteinschaltung im Raum, war lange Zeit Gegenstand eingehender Untersuchungen. Sie hat durch die Aufspaltung in die relative und die absolute Orientierung des Bildpaars eine praktische 2-Stufenlösung gefunden[2], die bis heute Grundlage des

---

[1] Jerie, H.G.: PPP — An operations research programme for project planning, ITC-J. (1973) 349 bis 378.

[2] Die Schrift von O. v. Gruber: Einfache und Doppelpunkteinschaltung im Raum. Jena 1924, 53 S., war dabei von wesentlicher Bedeutung.

weitaus überwiegenden Teils aller Stereo-Auswertungen ist. Der allgemeine Fall der geometrischen Auswertung betrifft die gleichzeitige Behandlung eines *Bildverbandes* oder Bildblocks mit $n \geqq 3$ Bildern, die einander teilweise überdecken müssen. Dieses Problem ist bisher auf die gleichzeitige Bestimmung eines räumlichen Punktfeldes eingeschränkt und hat in der *Aerotriangulation* eine praktische Lösung gefunden.

3.0.2 Paßpunkte

Die grundlegenden Beziehungen (1.7), (1.8) zwischen Objekt und Abbildungen zeigen, daß zur Auswertung gewisse geometrische Mindest-Informationen aus dem Objektraum bekannt sein müssen. In den Beziehungen treten Orientierungsparameter auf, von denen stets mindestens einige unbekannt oder nur näherungsweise bekannt sind. Zur Herstellung der Beziehungen bzw. zur Bestimmung der Orientierungsparameter dienen *Paßpunkte*. Darunter versteht man Punkte, deren Koordinaten im Objektsystem bekannt sind und die in den Bildern oder in Folgeprodukten (Modell) identifiziert und gemessen werden können. Nach den gegebenen Objektkoordinaten (XY, Z, XYZ) unterscheidet man Lage-, Höhen- und Voll- (oder Raum-)Paßpunkte.

In der Regel werden Paßpunkte als übergeordnet genau vorausgesetzt, so daß ihre Objektkoordinaten als fehlerfrei behandelt werden können. Diese Voraussetzung ist jedoch nicht notwendig. Zur Lösung des Auswerteproblems genügen im Prinzip Meßinformationen aus dem Objektraum, die mit den Messungen an Bildern oder daraus abgeleiteten Größen direkt oder indirekt in funktionale und stochastische Beziehung gesetzt werden können.

An die Stelle von Paßpunkten bzw. Koordinaten können auch sonstige Angaben aus dem Objektraum treten, wie Strecken, Azimute, Höhenunterschiede oder absolute geometrische Bedingungen wie z.B. Geraden, Parallelen, rechte Winkel, gleiche Höhen von Uferlinien usw. Paßpunkte werden weitgehend entbehrlich, wenn die Orientierungsparameter direkt gemessen werden können. Die Zusatzgeräte zur Luftaufnahme (s. 2.3.1.3) liefern solche „Hilfsdaten zur Kammerorientierung", sie sind jedoch nach Genauigkeit, Wirksamkeit und Kostenaufwand sehr unterschiedlich zu beurteilen. Größere praktische Bedeutung haben z.Zt. nur Radar-Höhenprofil-(APR-) und Statoskop-Daten.

3.0.3 Digitalauswertung

Die geometrische Informationsverarbeitung aus Luftbildern durch Entzerrung und Bildpaarauswertung ist lange Zeit durch die *Analog-Auswertung* (Kapitel 4) geprägt gewesen und verdankt ihr die große Verbreitung. Sie ist auch heute nach wie vor die wichtigste Auswerteform für Kartierungen bzw. graphische oder photographische Endprodukte.

Für die Punktbestimmung dagegen gewinnt die *Digitalauswertung* durch die Entwicklung der elektronischen Rechenhilfsmittel sowie der Registriergeräte und Datenspeicher zunehmend an Bedeutung. Für den durch die Messung von Bildkoordinaten gekennzeichneten Sonderfall der Digitalauswertung hat sich die Bezeichnung „analytische Photogrammetrie" eingebürgert. Obwohl dabei von derselben geometrischen Theorie der projektiven Abbildung ausgegangen wird wie bei der Analog-Auswertung, sind Problematik und Technik der rechnerischen Verfahren und ihre Genauigkeitsleistung völlig anders. Datenverarbeitung und Ausgleichsrechnung einschließlich Statistik rücken in den Mittelpunkt.

In jüngster Zeit dringen digitale Methoden in Form der *digitalen Kartierung* in die graphische Auswertung und vor allem ihre Automation vor. Dabei werden Linien in Punktfolgen aufgelöst, die mit den digitalen Methoden der Punktbestimmung bearbeitet werden können, um anschließend über digital (magnetband-)gesteuerte automatische Zeichenanlagen wieder als Linien graphisch kartiert zu werden. In Verbindung damit stehen neuartige Geländedarstellungen in Form des digitalen Geländemodells.

Unter dem Oberbegriff der Theorie der photogrammetrischen Punktbestimmung werden in diesem Kapitel 3 gemäß ihrer zunehmend eigenständigen Bedeutung die Methoden der rechnerischen Auswertung von Luftbildern behandelt. Dabei sind die theoretischen Grundlagen für Analog-Verfahren (s. 3.2 und 3.3) und die Meßgeräte für analytische Verfahren (s. 3.1.1) inbegriffen und ist ein Abschnitt über Fehlertheorie und Genauigkeit angefügt (s. 3.6).

3.1   Rekonstruktion der Strahlenbündel

3.1.1   Messung der Bildkoordinaten, Komparatoren

Am Beginn der Auswertung photographischer Meßbilder zur Punktbestimmung steht in der Regel die Rekonstruktion der Bild-Strahlenbündel. Bei der sogenannten analytischen oder digitalen Bildauswertung erfolgt die Festlegung der Bildstrahlen durch die vorgegebene innere Orientierung des Meßbildes und die Festlegung der Bildpunkte in der Bildebene durch Koordinaten-Messung. Bildkoordinaten-Meßgeräte bezeichnet man als Komparatoren und unterscheidet Einbild-(Mono-) und Zweibild-(Stereo-)Komparatoren, je nachdem am einzelnen Bild oder gleichzeitig (stereoskopisch) an beiden Bildern eines Bildpaars gemessen wird.

Seit der ersten Konstruktion von Carl Pulfrich (1901) hat es in der Photogrammetrie stets (Stereo-)Komparatoren gegeben. Des deutlichen Leistungsübergewichts der Analogauswertung wegen ist ihre Anwendung jedoch lange Zeit auf die terrestrische Photogrammetrie und auf Sonderaufgaben beschränkt gewesen. Seit den 50er Jahren sind neue Konstruktionen auf die moderne Datenverarbeitung ausgerichtet und erfahren mit dem Vordringen digitaler Methoden in der Praxis der Luftbildmessung zunehmende Anwendung. Im übrigen ist abzusehen, daß in der Zukunft komparatorähnliche Geräte in Verbindung mit Prozeßrechnern gesteigerte Bedeutung erlangen werden.

Ernst Abbe hat 1890 für genaue Längenmessungen, bei denen die zu messende Länge mit einer Normalteilung verglichen wird, zwei Bedingungen formuliert. Deren zweite, das nach ihm benannte *Komparator-Prinzip*, fordert, „den Meßapparat stets so anzuordnen, daß die zu messende Strecke die geradlinige Fortsetzung der als Maßstab dienenden Teilung bildet". Ist das Abbesche Prinzip nicht erfüllt, befinden sich Meßstrecke und Maßstab in einem größeren seitlichen Abstand voneinander, so werden durch mangelhafte Führungen, Spiel der Führungsstücke usw. Sekundär-Fehler hervorgerufen, die mit dem seitlichen Abstand von Meßstrecke und Maßstab wachsen (Bild **141**.1). Diese Fehler innerhalb einer vorgeschriebenen Toleranz zu halten erfordert mit dem Abbeschen Prinzip daher den geringsten technischen Aufwand. In diesem Sinn ist es ein ökonomisches Prinzip, das sinngemäß auch auf die Ebene ausgedehnt werden kann.

Nach ihrer Aufgabe der Messung ebener Koordinaten sind Komparatoren im Prinzip einfache Geräte. Die Schwierigkeiten und der erhebliche Konstruktionsaufwand beruhen auf den hohen Anforderungen an Genauigkeit (1 bis 2 μm; $1:2 \cdot 10^5$), Meßbereich (23×23 cm^2), Meßkomfort und die automatische Registrierung der Meßergebnisse.

3.1.1.1 Monokomparatoren Diese Geräte messen jeweils rechtwinklig-ebene Koordinaten der Bildpunkte *eines* Bildes. Die Betrachtung des Bildes ist monokular oder binokular, nicht jedoch stereoskopisch. Die Messung setzt daher gute Identifizierbarkeit oder vorabgegangene künstliche Markierung der Bildpunkte voraus.

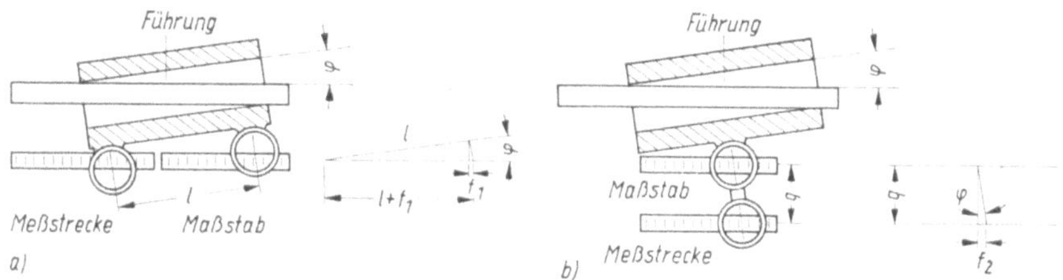

141.1 *Das Abbesche Komparator-Prinzip* ist bei a) erfüllt, bei b) nicht. Verursacht die mangelhafte Führung einen Fehler φ, dann entsteht bei a) ein Längenfehler $f_1 \approx \frac{1}{2} l \varphi^2$ (2. Ordnung), bei b) aber ein Längenfehler $f_2 = b \varphi$ (1. Ordnung).

Die Messung eines Bildpunktes im Monokomparator ist schematisch sehr einfach: Nach der Identifizierung des Bildpunktes wird eine Meßmarke durch x, y-Bewegung mit Hilfe eines optischen Betrachtungssystems auf den Bildpunkt eingestellt. Die Anzeige der erfolgten Bewegung bzw. des Standes der Meßmarke in bezug auf einen willkürlichen Nullpunkt an Skalen des gerätefesten Koordinatensystems stellt das Ergebnis der Messung dar (Bild **141.2**). Zunächst ist jeder so gemessene Bildpunkt auf das (willkürliche) Geräte-Koordinatensystem bezogen. Um später auf das Bildkoordinatensystem übergehen zu können (s. 3.1.2.1), müssen zusätzlich die Bildrahmenmarken gemessen werden.

Mit einer Ausnahme (s. u.) messen alle bisher in Serie gebauten Komparatoren rechtwinklig-ebene Koordinaten. Die Achssysteme sind als mechanische Achsen (Führungen) oder als in Form von Gitterlinien, Kreuz- oder Ringmarken auf Glasplatten geprägte Koordinatengitter verwirklicht[1]). Im letzteren Fall ist die Messung 2stufig. Das Ergebnis setzt sich aus den vorgegebenen kalibrierten Gitterwerten und der Messung der Inkremente Δx, Δy zusammen, an die des geringen Bereichs wegen (2 cm, 1 cm) konstruktiv geringere Anforderungen gestellt werden.

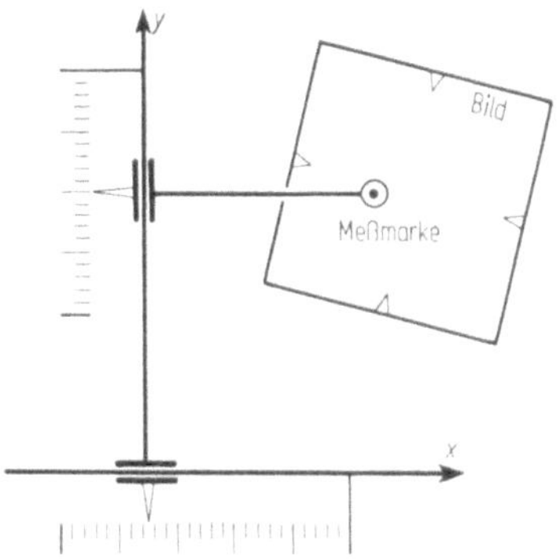

141.2 Prinzip der Messung von Bildkoordinaten im Monokomparator mit mechanischen Achsen

Hinsichtlich der technischen Meßmittel kennt man bei einstufigen Systemen die seit langem üblichen, in der Regel gleichzeitig dem Transport dienenden Meßspindeln, deren Umdrehungen und Bruchteile davon den Meßbetrag angeben. Z. B. entspricht bei 1 mm Spindel-Steigung 1/1000 Umdrehung $= 0{,}4^g$ einem Meßbetrag von 1 µm. Die zweite Hauptform bilden Linearmaßstäbe (Glasmaßstäbe), die nach beliebiger (z. B. freihändiger) Bewegung den Stand der Meßmarke anzeigen. Hierbei sind Transport- und Meßsystem unabhängig voneinander.

---

1) Elektronische oder magnetische Referenz-Gitter wurden bisher nicht verwendet.

Im Vergleich dazu stellt die 2stufige Messung leichter zu erfüllende technische Anforderungen. Die Messung der Inkremente Δx, Δy verlangt höchstens eine relative Genauigkeit von $1:10^4$ und beruht bisher auf mechanischen (Spindeln) oder optischen (Planplatte) Mikrometern bzw. auf elektrischen oder elektronischen Meßwertgebern.

Die automatische Zählung bzw. Ablesung der Messung erfordert einen erheblichen technischen Aufwand, da die Anzeige auf 1 μm genau sein soll und schnelle Bewegungen aufzunehmen hat (bis zu 100000 Einheiten der 0,001 mm Stelle/s). Wandler übertragen Drehbewegungen von Spindeln in Zählimpulse, ebenso lineare Bewegungen, wobei noch zwischen absoluter und Inkrementalzählung zu unterscheiden ist (s. 5.2).

Die Meßergebnisse werden als Sichtanzeige (mit Ziffernröhren) und als Ausdruck (Schreibmaschine) dargeboten, hauptsächlich aber für die weitere Datenverarbeitung auf Lochstreifen, auf Lochkarten oder auf Magnetband ausgegeben. Alle Datenregistrierausrüstungen sehen die Möglichkeit vor, Punktnummern durch automatische Fortschaltung zu vergeben oder einzeln einzutasten.

Als Beispiel moderner Monokomparatoren sind in Bild **142.**1 der Space Optic Monocomparator, Modell 102 und in Bild **142.**2 der Monokomparator MK 2 der Firma Kern, Aarau, je mit einer kurzen Beschreibung dargestellt. Weitere bekannte Monokomparatoren sind: PEK, Zeiss Oberkochen; Ascorecord, Jenoptik Jena; TA 1/P, OMI Rom; Typ 102, SFOM Paris; selbstkalibrierender Monokomparator, DBA Melbourne, Florida; RSS 600 Mono-Digital Comparator, Dell Foster Co. USA; Typ 422 F

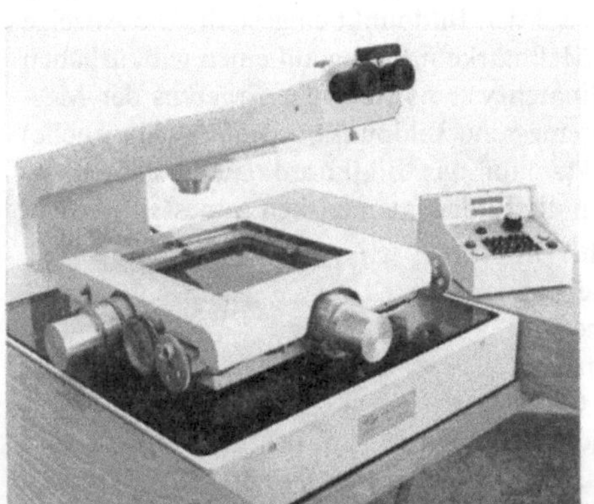

142.1 Monokomparator Modell 102 der Firma Space Optic Ltd., Ottawa/Canada (Vertrieb Wild Heerbrugg AG, Schweiz)
Meßmarken auf Glasplatte in Form eines quadratischen Rasters (Matrix 12 × 12) mit Abständen von 20 mm aufgebracht. Zur Grobeinstellung gemeinsames Verschieben von Bild und Meßmarkenplatte auf luftgelagertem Wagen. Feinmessung der Bildkoordinaten mit 20 mm langen Präzisionsspindeln relativ zur gewählten Meßmarke. Kontinuierliche Anzeige auf 1 μm. Registrierung mit 12stelliger Punktnummer auf beliebige digitale Datenträger

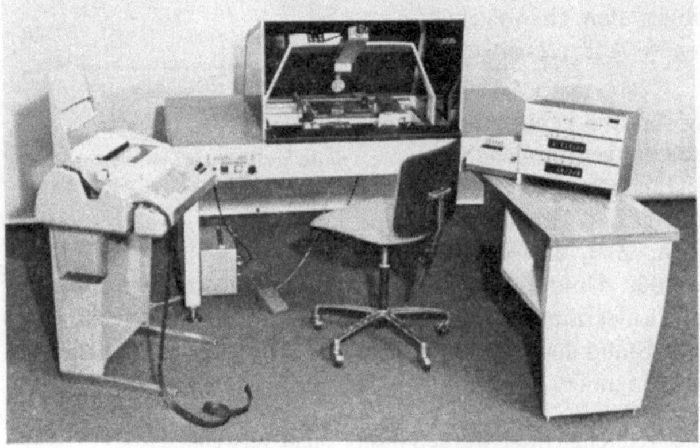

142.2 Monokomparator MK 2 von Kern, Aarau, mit Zubehör (Werkphoto).
Ausleuchtung des ganzen Bildes, Freihandführung, Spiegel für Grobpositionierung, monokulare Betrachtung 16×, Gesichtsfeld 15 mm, Kreuzschlittensystem mit Linear-Encodern mit 0,001 mm Auflösung, Genauigkeit $\sigma_x = \sigma_y = 1,5$ bis 2 μm bzw. 1 μm nach rechnerischer Korrektur systematischer Gerätefehler und mit Temperaturkonstanz auf $\pm\ 2°$C

und Typ 2405 automatic precision monocomparator, Mann Co. USA. Dabei fällt durch besondere Genauigkeit (besser als 1 μm) der Monokomparator Ascorecord von Jenoptik auf, der auf eine Konstruktion für Sternmessungen aus dem Jahre 1938 zurückgeht.

Die Genauigkeit von Komparatoren ist keine konstante, durch die Konstruktion vorgegebene Größe. Sie ist vielmehr beeinflußt durch äußere Umstände wie Klimatisierung des Raumes (für Spindelgeräte) oder dem Grad der Gerätekalibrierung bzw. daraus abgeleitet der Verbesserung der rohen Meßergebnisse durch rechnerische Korrektur der Gerätefehler (z.B. Spindelfehler, Ablauffehler, Rechtwinkelfehler, Maßstabaffinitäten). Die mit den meisten Geräten erreichbaren mittleren Meßgenauigkeiten der Bildkoordinaten von 1 bis 2 μm genügen für die heutigen Anwendungen der photogrammetrischen Punktbestimmung und bedürfen bis auf weiteres keiner wesentlichen Steigerung.

Während alle Monokomparatoren möglichst direkt kartesische Koordinaten bestimmen, beruht der selbstkalibrierende DBA-Monokomparator auf reiner Streckenmessung, erfordert jedoch ein aufwendiges Meßverfahren. Von einem gerätefesten Pol aus werden die Strecken zu den Bildpunkten in 4 verschiedenen Lagen des Bildes (jeweils um 100^g gedreht) gemessen, was einer Trilateration von 4 gerätefesten Polen aus entspricht. Daraus lassen sich rechtwinklige Koordinaten ableiten. Außerdem werden dabei gewisse Gerätefehler automatisch kompensiert. Wir sehen hier ein Beispiel, wie die Datenverarbeitung Rückwirkungen auf die Konzeption der Meßgeräte haben kann.

Bildpunkte können an Stelle von rechtwinkligen auch durch Polarkoordinaten gemessen werden. Über eine Fabrikation derartiger Konstruktions-Vorschläge ist bisher nichts bekannt geworden[1]).

3.1.1.2 Stereo-Komparatoren Die ältere Form des photogrammetrischen Komparators ist das Zweibild-Gerät, mit der gleichzeitigen Koordinatenmessung homologer Bildpunkte in 2 Bildern. Die Rechtfertigung gegenüber dem Monokomparator liegt ausschließlich in der Möglichkeit der stereoskopischen Betrachtung und Messung.

Nach den Konstruktions- und Meßprinzipien gilt dieselbe Einteilung wie bei den Einbildkomparatoren, auch hinsichtlich der Anzeige und Registrierung der Meßdaten.

Am Stereokomparator sind durch stereoskopische Einstellung von 2 Meßmarken auf jeweils homologe Punkte eines Bildpaares 4 unabhängige Größen zu messen. Er benötigt entsprechend 4 unabhängige Bewegungen, deren Bedienung auf 4 Handräder (z.B. Jenoptik Stecometer) oder auf 2 Handräder und 2 Fußscheiben (z.B. Galileo) verteilt werden kann. Die unbequeme Bedienung von 4 Antriebselementen ist beim Zeiss PSK erleichtert, dessen 2 Handräder abwechselnd auf gemeinsame oder einzelne Bildbewegung geschaltet werden können.

Im Zusammenhang mit den Antriebelementen unterscheiden sich die Stereokomparatoren durch die Wahl der unabhängigen Meßelemente. Die Lösung nach Pulfrich (1901) sieht unabhängige Achsen und Antriebe für die Bildkoordinaten des linken Bildes (x', y') und für die Unterschiede $\Delta x''$, $\Delta y''$ des rechten Bildes zum linken vor. Die Bewegungen x', y' sind also beiden Bildern gemeinsam, wodurch der zugeordnete rechte Bildausschnitt nur langsam aus dem Gesichtsfeld wandert. Dieselbe Lösung ist im Wild StK 1, eine Variante davon im Jenoptik Stecometer $(x', y'', \Delta x'', \Delta y')$ verwirklicht. Jeweils 2 Bildkoordinaten werden in diesen Fällen als abgeleitete Größen rechnerisch ermittelt:

$$x' \quad y' \qquad\qquad x'' = x' + \Delta x'' \quad y'' = y' + \Delta y'' \quad \text{(Wild StK 1)} \qquad (3.1a)$$

$$x' \quad y' = y'' - \Delta y' \quad x'' = x' + \Delta x'' \quad y'' \qquad \text{(Jenoptik Stecometer)} \ (3.1b)$$

---

[1]) Nach mündlicher Mitteilung benützt und baut die Firma DBA neuerdings einen Polar-Mono-Komparator.

Andere Stereokomparatoren (z. B. SFOM und Zeiss PSK) messen die Bildkoordinaten x', y', x'', y'' beider Bilder jeweils unabhängig voneinander.

Als Beispiel ist in Bild **144**.1 der Zeiss-Präzisions-Sterokomparator PSK 2 und in Bild **144**.2 sein Meßprinzip dargestellt. Ebenso zeigt Bild **145**.1 das Schema des Jenoptik Stecometers.

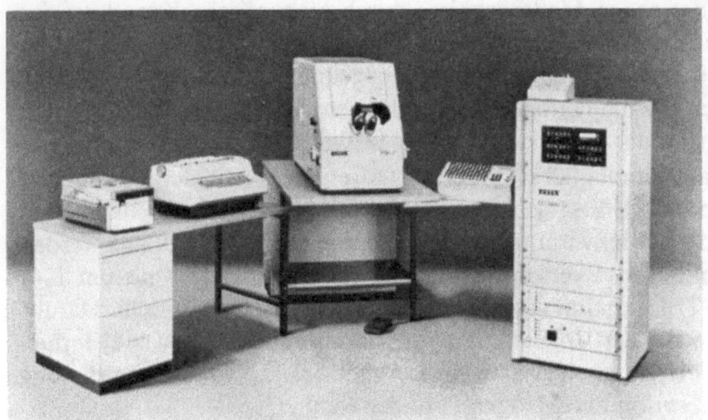

144.1 PSK 2 von Carl Zeiss, Oberkochen.
Präzisions-Stereokomparator zur Bildkoordinatenmessung mit Registrierung im ECOMAT 21. Betrachtungsvergrößerung: 8, 12, 16fach. Meßformat: 25 cm × 25 cm; Einlegeformat bis 29 cm × 29 cm.
Genauigkeit:
Meßstufe 1: Messung durch direkte Auflage des Meßbildes auf die als Meßnormal dienende Präzisionsgitterplatte. Koordinatenmeßgenauigkeit $m_K = \pm\ 1{,}5\ \mu\mathrm{m}$.
Meßstufe 2: Messung mit Spindeln, Koordinatenmeßgenauigkeit $m_K = \pm\ 5\ \mu\mathrm{m}$.
Vorwählbarer Meßprogrammablauf

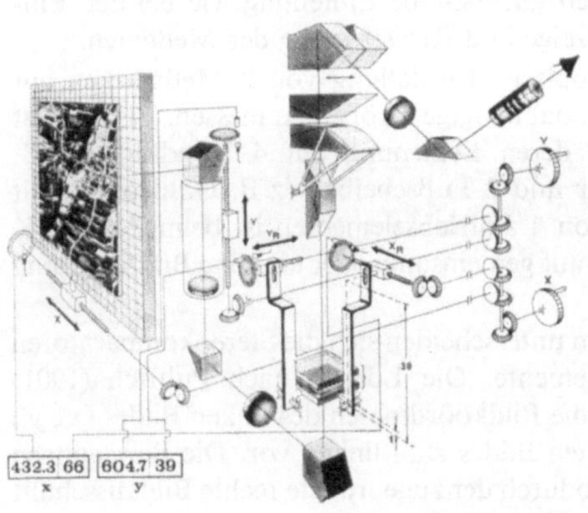

144.2 PSK 2, schematische Darstellung.
Meßbilder senkrecht im Kontakt mit Präzisionsgitter (Maschenweite 5 mm). Dadurch wird in Meßstufe 1 Bildkoordinatenmessung reduziert auf Abstandsmessung zur nächstliegenden Gitterlinie, ausgeführt mittels Präzisions-Meßrechen und Meßspindel nach Hebelvergrößerung 1:30 (x_R, y_R).
Der Koordinatenwert der nächstliegenden Gitterlinie wird aus Umdrehungen der Transportspindel x, y abgeleitet. Durch automatische Addition ergeben sich die Bildkoordinaten, weitgehend unabhängig von Spindel- und Führungsfehlern, Temperatureinflüssen und mechanischen Instabilitäten. Meßgenauigkeit: $m_K = \pm\ 1{,}5\ \mu\mathrm{m}$. In Meßstufe 2 wird die Transportspindel auch zur Messung benutzt. Die Zeit für Koinzidenz des Meßrechens wird eingespart (-30%), die Meßgenauigkeit auf $m_K = \pm\ 5\ \mu\mathrm{m}$ verringert.

Obwohl die photogrammetrische Punktbestimmung in direkter Verwirklichung des mathematischen Modells (s. 1.2.1) von Bildkoordinaten und entsprechend im Regelfall von Komparatormessungen ausgeht, ist darauf hinzuweisen, daß Bildkoordinaten auch aus Messungen im Modellraum von Analog-Zweibildgeräten abgeleitet werden können[1]. Da es im Prinzip nur

---

[1] Jeyapalan, K.: Phm. Rec. VII (1972) 466 bis 472; Maarek, A.: Phm. Eng. XXXIX (1973) 1077 bis 1086.

um die Rekonstruktion der Strahlenbündel geht, kann man sogar noch einen Schritt weiter gehen und zur Punktbestimmung mit beliebigen „Bündelpunkten" auf den Bildstrahlen arbeiten. Bildpunkte sind in dieser Vorstellung nur ein Sonderfall von Bündelpunkten.

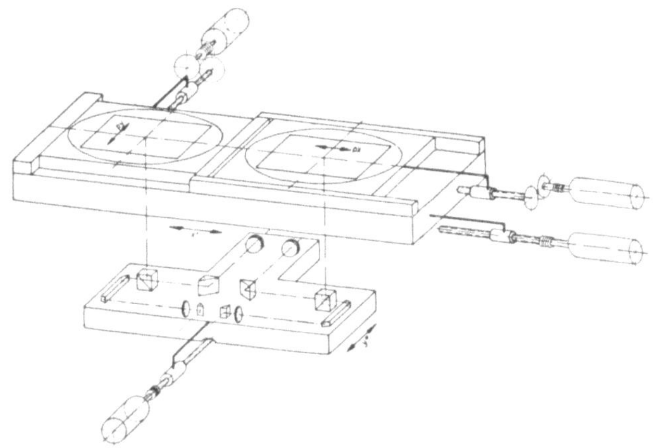

145.1
Stecometer von Jenoptik, Jena
– Mechanischer Aufbau.
Meßgenauigkeit $\sigma < 0,002$ mm;
6 verschiedene Leucht-Meßmarken
(Kreuz, Punkt, Ringe) in 3 Farben;
Betrachtungsvergrößerungen $6\times$,
$9\times$, $12\times$, $18\times$; Sehfeld-Durch-
messer 32 mm ($6\times$) bis 17,5 mm
($18\times$); optische Bilddrehung;
photographische Registrierung des
eingestellten Meßpunktes auf
Kleinbildfilm; Bildformat max.
24 cm $\times$ 24 cm; Meßbereiche x'
und y'' von -140 bis $+140$ mm,
px von -10 bis $+130$ mm, py von
-40 bis $+40$ mm. Feinantriebe
(2 Handräder, 2 Fußscheiben)
1 mm/U, motorischer Schnelltrieb
10 mm/s

Während die Vorteile des stereoskopischen Messens lange Zeit für ausschlaggebend gegolten haben, treten sie mit der Verwendung signalisierter Punkte bzw. mit dem Verfahren der künstlichen Markierung von Bildpunkten in gewissem Umfang in den Hintergrund. Man kann daher verschiedentlich, z.B. in den USA, eine Tendenz zum Einbildkomparator feststellen. Ihre Fortsetzung wird davon abhängen, ob die Methoden und Geräte für Punktidentifizierung, -markierung und -übertragung weiter entwickelt werden (s. 3.5.1.3).

3.1.2 Reduktion der Bildkoordinaten

3.1.2.1 Transformation auf das Bildkoordinatensystem Die Ergebnisse von Komparatormessungen beziehen sich zunächst auf das jeweilige *Maschinensystem*. Zum Übergang auf das Bildkoordinatensystem (s. 1.2.1.2), dessen Ursprung im Projektionszentrum liegt und dessen x-Richtung durch die Bildrahmenmarken definiert ist, ist eine Transformation erforderlich. Sie besteht zunächst aus einer Nullpunktverschiebung (in x, y auf den Bildhauptpunkt, in z auf das Projektionszentrum) und einer Drehung. Wird, wie üblich, zusätzlich eine gemeinsame oder affine Maßstabkorrektur berücksichtigt, enthält die Transformation gleichzeitig eine Reduktion auf die Dimension des Bildes bei der Aufnahme. Die Einzelheiten der Transformation hängen von den Rahmenmarken und den Daten der Kammerkalibrierung ab (Bild **146.1**).

Die Transformation ist rechnerisch am einfachsten und direkt zu bestimmen, wenn sie sich auf die kalibrierten Sollkoordinaten der Bildrahmenmarken stützen kann. In der Regel geben bisher Kammerkalibrierungen jedoch nur die Soll-Abstände zwischen den Bildrahmenmarken vor und beziehen den Bildhauptpunkt durch Koordinatenangaben auf den Bildmittelpunkt (definiert als Schnittpunkt der Rahmenmarken-Verbindungslinien). Beide Punkte weichen in einer modernen Kammer nur innerhalb von 0,02 mm voneinander ab. Mit etwa derselben Genauigkeit bilden die üblichen 4 Rahmenmarken ein Quadrat. Um die Transformation auf das Bildkoordinatensystem durchführen zu können, ist daher zunächst der Bildmittelpunkt $(x'_M\,y'_M)$ aus den gemessenen Koordinaten der Rahmenmarken durch Geradenschnitt zu berechnen.

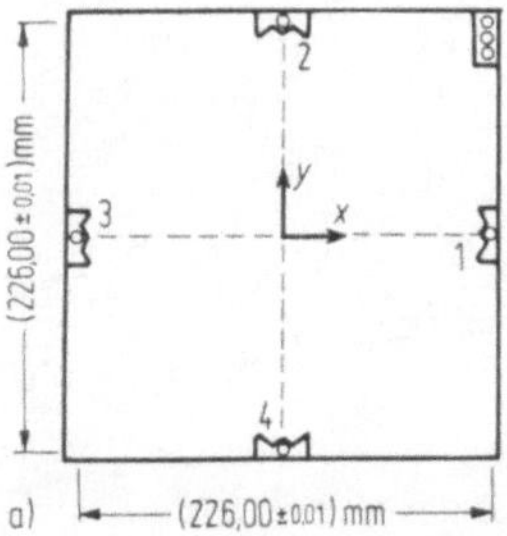
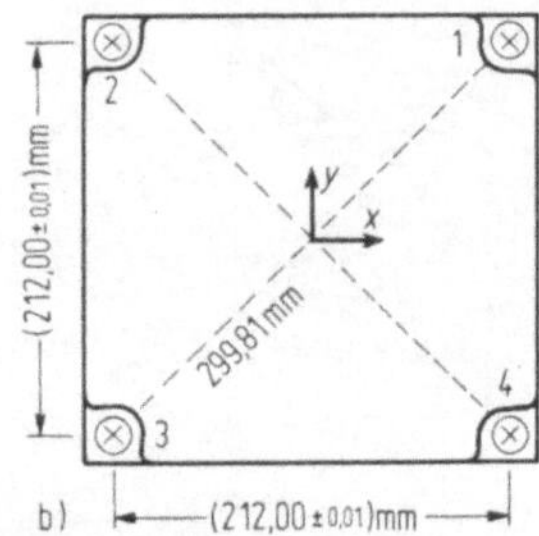

146.1 Schema der Bildrahmenmarken bei Kammern der Firmen Zeiss, Oberkochen (a), und Wild, Heerbrugg (b)

Dazu sind einfache Näherungsverfahren ausreichend. Die Ausrichtung der x-Achse kann willkürlich festgelegt werden, z.B. durch die Rahmenmarke 1 oder das Mittel aus 1 und 4 (Bild **146.1**) in ungefährer Flugrichtung. Den Maßstabfaktor für die Helmert-Transformation erhält man als Mittel aus dem Vergleich der Ist-Strecken $\overline{13}$ und $\overline{24}$ mit den Sollwerten der Kammer-Kalibrierung. Mit Verwendung beider Maßstabfaktoren kann eine Affintransformation (nur für die Maßstabaffinität, keine Winkelaffinität) angesetzt werden. Ihre generelle Zweckmäßigkeit ist allerdings noch umstritten. Sie ist gerechtfertigt, wenn die Maßstabaffinität reell ist und nicht durch Meßfehler, veraltete Kalibrierungsdaten oder Filmverzug der Bildränder, insbesondere der Bildecken, nur vorgetäuscht wird. Mit der Helmert- oder Affintransformation reduziert man bereits das z.B durch Filmverzug verfälschte Bild auf die hypothetische Abbildung im Augenblick der Aufnahme.

Fügt man nach der ebenen Helmert- oder Affintransformation jedem Bildpunkt eine z-Koordinate vom Betrag $z = -c$ zu (Bild **23.1**), dann liegen Bildkoordinaten nach 1.2.1.2 vor.

3.1.2.2 Radialsymmetrische Korrekturen der Bildkoordinaten Die vorläufigen Bildkoordinaten enthalten noch alle Fehlereinflüsse (s. 3.6.1) des photographischen Bildes und der Messung und erfüllen daher nur genähert die projektiven Beziehungen (1.7) zwischen Objekt und Bild. Für genaue Auswertung werden sie daher um alle a priori bekannten Fehler reduziert (s. 1.2.5.3).

Eine wichtige Gruppe bilden die in bezug auf den Hauptpunkt radial-symmetrischen Korrekturen für Objektiv-Verzeichnung, Refraktion und gegebenenfalls Erdkrümmung. Ein Bildpunkt i erhält dabei eine vom Bildhauptpunkt aus gerechnet radiale Korrektur Δr_i, deren Betrag aus einer vorgegebenen Funktion oder Tabelle für den jeweiligen Bildradius interpoliert wird. Korrekturwerte für Erdkrümmung und Refraktion sind in 3.6.1 angegeben. Die radialsymmetrische Verzeichnungskorrektur ergibt sich als Mittel der Verzeichnungswerte der 4 Halbdiagonalen aus der Labor-Kammerkalibrierung. Die radiale Korrektur Δr_i wird in Koordinaten-Komponenten zerlegt:

$$\Delta x_i = \Delta r_i \cos \alpha_i \qquad \Delta y_i = \Delta r_i \sin \alpha_i \qquad (3.2a)$$

mit $\alpha_i = \arctan \dfrac{y_i - y_0}{x_i - x_0} =$ Azimut des Bildstrahls vom Bildhauptpunkt zum Punkt i.

Die Korrekturen Δx_i, Δy_i werden rechnerisch zu den nach 3.1.2.1 erhaltenen vorläufigen Bildkoordinaten addiert:

$$x_i' = x_i + \Delta x_i \qquad y_i' = y_i + \Delta y_i \tag{3.2b}$$

In der Praxis auch der analytischen Präzisionsauswertungen sind dabei der einfacheren Behandlung und der Kleinheit der Korrekturen wegen gewisse Vernachlässigungen in Kauf genommen: Die Verzeichnungsangaben des Kammer-Kalibrierungsprotokolls beziehen sich üblicherweise auf den Symmetrie-Punkt der Verzeichnung, der nicht mit dem Bildhauptpunkt identisch ist ($< 0{,}02$ mm). Refraktion und Erdkrümmung wirken streng genommen nur bei Nadiraufnahmen radialsymmetrisch in bezug auf den Bildhauptpunkt. Die Wirkung der Vernachlässigungen wird jedoch bei der Orientierung durch zusätzliche Bildneigungen in erster Näherung aufgefangen und galt bisher als tolerierbar. Die Erdkrümmung bildet als Eigenschaft des Objekts überhaupt keinen Fehler der Abbildung. Die ,,Korrektur'' erlaubt, wie u.a. Rüd. Finsterwalder[1]) gezeigt hat, bei der Auswertung (auch des Bildpaares) ebene Koordinatensysteme zu benutzen. Die Erdkrümmungskorrektur kann bei analytischen Verfahren zugunsten strengerer Behandlung der geodätischen Abbildung nichtlinearer Bezugsysteme als Bildkorrektur entfallen.

Radiale Bildfehler lassen sich stets als Verzeichnung auffassen, indem nach Bild **147**.1 die Beziehung der strengen perspektiven Abbildung

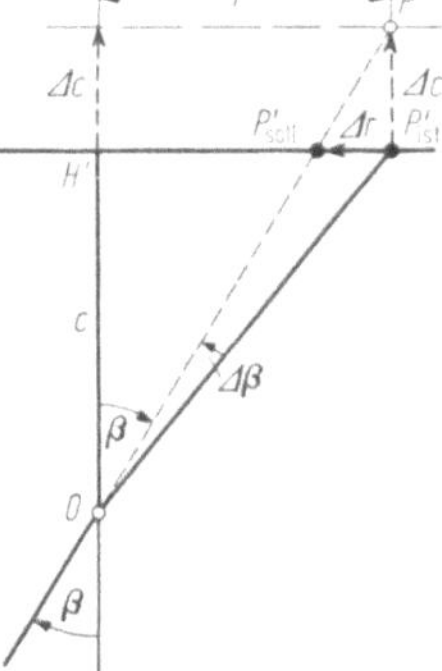

$$r_i = c \cdot \tan \beta_i \tag{3.3a}$$

147.1 Prinzip-Möglichkeiten der Bild-Korrektur (Δr, $\Delta\beta$, Δc)

nicht eingehalten ist ($c =$ Kammerkonstante, $r_i =$ Bildradius zum Punkt i, $\beta_i =$ Bildwinkel). Zur Reduktion von $P_{i\,\mathrm{st}}'$ auf P_{soll}' kann jede der 3 Größen in (3.3a) korrigiert werden:

Radiale Verschiebung Δr_i:	$r_i + \Delta r_i = c \cdot \tan \beta_i$	(3.3b)
Strahlenknickung $\Delta\beta_i$:	$r_i = c \cdot \tan(\beta_i + \Delta\beta_i)$	(3.3c)
Bildverschiebung Δc_i:	$r_i = (c + \Delta c_i)\tan\beta_i$	(3.3d)

Die Version (3.3b) wird bei rechnerischen Korrekturen bevorzugt und findet Anwendung bei der optischen Verzeichnungskorrektur durch Kompensationsplatten bei frontaler Bildbetrachtung in Analog-Geräten (s. 4.6). Die Versionen (3.3c), (3.3d) sind nur in Analog-Geräten verwirklicht. Das sogenannte Pseudo-Porro-Koppe-Prinzip kann als eine Modifikation von (3.3c) mit 2maliger Strahlknickung aufgefaßt werden.

An dieser Stelle kann auf den Zusammenhang zwischen Verzeichnung Δr und Änderung Δc der Kammerkonstante hingewiesen werden, die als rein geometrische Größen austauschbar sind. Man kann damit eine Verzeichnung Δr für einen bestimmten Bildradius mit einer Änderung Δc der Kammerkonstante kompensieren, wobei für den betreffenden Radius r oder Winkel β

---

[1]) ZfV **88** (1963) 190 bis 196.

gilt

$$\Delta c = -\Delta r/\tan\beta \approx -\Delta r \cdot \frac{c}{r} \tag{3.3e}$$

Diese Änderung Δc entspricht der Einführung einer neuen Bezugachse (r) für die Verzeichnung. Man kann dadurch der Verzeichnungskurve bestimmte Eigenschaften aufzwingen (z.B. $\Delta r = 0$ für $r = 100$ mm, oder positiver und negativer Maximalbetrag gleich groß bzw. $|\Delta r|_{max} = \min$, s. auch 1.3.2.3).

3.1.2.3 Weitergehende Bildkorrekturen Mit den steigenden Genauigkeitsanforderungen der photogrammetrischen Punktbestimmung genügt die Beschränkung auf radialsymmetrische Bildkorrekturen nicht mehr. Andererseits bieten rechnerische Verfahren fast unbegrenzte Korrekturmöglichkeiten für alle bekannten Bildfehler. Das Problem verschiebt sich damit auf die Kalibrierung bzw. Ermittlung der Bildfehler.

Die übliche Kammerkalibrierung ermittelt radiale Verzeichnungswerte für jede der 4 Halbdiagonalen eines Bildes. Ein Beispiel, wie daraus durch Interpolation Verzeichnungskorrekturen für beliebige Bildpunkte abgeleitet werden können, geben K. Kraus und E. Stark[1]).

Weitergehende Kammerkalibrierungen (s. auch 1.3.3) werden weniger durch Labor-Messungen als vielmehr durch Aufnahmen des Sternhimmels[2]) oder signalisierter Testgebiete erhalten[3]). In diesen Fällen kann man weitergehende mathematische Ansätze für Bildkorrekturen einschließlich der tangentialen Verzeichnung einführen. Während Kupfer[3]) u.a. einen einfachen Polygonansatz 2. oder 3. Grades verwendet

$$x' = a_0 + a_1\,x + a_2\,y + a_4\,xy + a_3\,x^2 \tag{3.4a}$$

$$y' = b_0 + b_1\,x + b_2\,y' + b_4\,xy + b_3\,x^2 \tag{3.4b}$$

benützen L.W. Fritz und H.H. Schmid[4]) einen wesentlich detaillierteren, auf die einzelnen Verzeichnungsursachen eingehenden Ansatz, der sich aus symmetrischen Radialkorrekturen Δr und zusätzlichen Koordinaten-Korrekturen Δx, Δy zusammensetzt. J. Müller[5]) schlägt folgenden Ansatz in Anlehnung an H. Ziemann[6]) vor

$$x' = x + (c_1\,xy + c_2\,r^3)\,\frac{x}{r} \tag{3.5a}$$

$$y' = y + (c_1\,xy + c_2\,r^3)\,\frac{y}{r} + c_3\,y \tag{3.5b}$$

$(r = \sqrt{x^2 + y^2};\ c_1, c_2, c_3$ zusätzliche Parameter der inneren Orientierung).

Die verschiedenen Ansätze sind noch nicht gegenseitig abgeklärt. Ihre Brauchbarkeit ist stark von Umfang und Art der Kammerkalibrierung abhängig.

Während sich bisher die Bildkorrekturen auf a priori aus der Labor-Kalibrierung bekannte Werte und Parameter stützten, kommen neuerdings die sogenannten selbstkalibrierenden Systeme

[1]) BuL **41** (1973) 50 bis 56.
[2]) Schmid, H.H.: BuL **41** (1973) 170 bis 185.
[3]) Kupfer, G.: DGK, C 170, 1971, 73 S.
[4]) Phm. Eng. XL (1974) 101 bis 115.
[5]) BuL **39** (1971) 107 bis 112.
[6]) DGK, C 104, 1967, 76 S.

auf, bei denen diese Parameter als Unbekannte in die Ausgleichung insbesondere von Bildverbänden eingeführt werden (s. 3.5.7). Diese Systeme haben weiterreichende Möglichkeiten. Sie gehen von dem bisherigen Prinzip ab, die Rekonstruktion der Strahlenbündel vorab vorzunehmen und bei der Auswertung starr anzuhalten. Vielmehr ist dort die endgültige Festlegung der Strahlenbündel integrierter Bestandteil der Auswertung.

Ein Sonderfall der Korrektur von Bildfehlern ist durch das Réseau gegeben (s. 2.3.1.2), das ein bildeigenes Koordinatengitter darstellt. Es genügt dabei, nur noch die Koordinatenunterschiede eines Bildpunktes zu dem oder den benachbarten Réseau-Kreuzen zu messen. Das Réseau erfaßt die Änderungen des Films vom Augenblick der Belichtung ab sowie die Nichtplanlage des Films bei der Aufnahme. Die bisherigen Versuche haben überraschend dem Réseau nur eine geringe Genauigkeitssteigerung bescheinigt, so daß die Praxis zögert, diese meßaufwendige Methode anzuwenden. Sie könnte jedoch bei weiterer Steigerung der Genauigkeitsanforderungen wieder neue Aufmerksamkeit erfahren.

3.2 Einbildauswertung

Die Grundgleichungen (1.7) der projektiven Abbildung und die geometrische Anschauung eines orientierten Strahlenbündels zeigen, daß sich durch die Auswertung eines Einzelbildes nicht ohne weiteres ein räumliches Objekt rekonstruieren läßt. Es müssen vielmehr zusätzliche Informationen über das Objekt vorliegen, z.B. gegebene Höhen oder der Sonderfall des horizontalen ebenen Geländes mit konstanten Z-Werten aller Objektpunkte. Letzterer Fall insbesondere bildet die Voraussetzung für die Anwendung der Entzerrung.

3.2.1 Räumlicher Rückwärtsschnitt

Eine nur rechnerisch praktizierte Form der Einbildauswertung ist der räumliche Rückwärtsschnitt. Er geht über die als bekannt angenommene innere Orientierung und die gemessenen und reduzierten Bildkoordinaten vom wiederhergestellten Strahlenbündel des Bildes aus. Die Aufgabe zerfällt in 2 Teile: die Bestimmung der äußeren Orientierung des Bildes bzw. des Strahlenbündels mit Hilfe von Paßpunkten und anschließend die Bestimmung der unbekannten Geländepunkte. Der schematische Ansatz zur rechnerischen Bestimmung der äußeren Orientierung eines Bildes ist durch die Gleichungen (1.8) gegeben. Jeder Bildpunkt eines (Raum-)Paßpunktes liefert 2 entsprechende Fehlergleichungen, in denen die Parameter $X_0, Y_0, Z_0, a_{11} \cdots a_{33}$ der äußeren Orientierung des Bildes unbekannt sind, wovon letztere wiederum Funktionen der 3 konventionellen Drehgrößen $\omega, \varphi, \varkappa$ nach (1.7c) oder sonstiger unabhängiger Parametertripel, z.B. nach (1.45), (1.46) sind. Zur Bestimmung der 6 unabhängigen Orientierungsparameter müssen mindestens 3 Raum-Paßpunkte gegeben sein, die nicht in der Grundrißebene zu liegen brauchen.

Wegen der Nichtlinearität der Gleichungen (1.8) bereitet eine direkte Lösung des räumlichen Rückwärtsschnitts im allgemeinen Fall Schwierigkeiten. Es ist eine große Anzahl alter, graphischer und rechnerischer Lösungsvorschläge bekannt[1]. In der heutigen

---

[1] Szczepanski, W.: DGK, C 29, 1958, 144 S.

Praxis der elektronischen Berechnung und der Überbestimmung wird mit den von Näherungswerten für die Unbekannten ausgehenden linearisierten Beziehungen die numerische Lösung iterativ angenähert. Man benützt z. B. mit Anfangsnäherungen für die 6 unbekannten Orientierungsparameter die linearisierten Beziehungen (1.17), die sich unter Beschränkung auf die Paßpunkte und ohne Korrekturen für die innere Orientierung für jeden Bildpunkt zu den Fehlergleichungen vereinfachen:

$$
x + v_x = (x)^0 + \left(\frac{\partial x}{\partial \omega}\right)^0 d\omega + \left(\frac{\partial x}{\partial \varphi}\right)^0 d\varphi + \left(\frac{\partial x}{\partial \varkappa}\right)^0 d\varkappa +
$$

$$
+ \left(\frac{\partial x}{\partial X_0}\right)^0 dX_0 + \left(\frac{\partial x}{\partial Y_0}\right)^0 dY_0 + \left(\frac{\partial x}{\partial Z_0}\right)^0 dZ_0
$$

$$
y + v_y = (y)^0 + \left(\frac{\partial y}{\partial \omega}\right)^0 d\omega + \left(\frac{\partial y}{\partial \varphi}\right)^0 d\varphi + \left(\frac{\partial y}{\partial \varkappa}\right)^0 d\varkappa +
$$

$$
+ \left(\frac{\partial y}{\partial X_0}\right)^0 dX_0 + \left(\frac{\partial y}{\partial Y_0}\right)^0 dY_0 + \left(\frac{\partial y}{\partial Z_0}\right)^0 dZ_0
\tag{3.6}
$$

Die Koeffizienten ergeben sich durch Einsetzen der Näherungswerte für die Orientierungsunbekannten sowie der Bild- und Objektkoordinaten der Paßpunkte nach (1.18) bis (1.23).

Man wird im überbestimmten Fall aus (3.6) Normalgleichungen bilden und sie nach den 6 Unbekannten $d\omega$, $d\varphi$, $d\varkappa$, dX_0, dY_0, dZ_0 auflösen. Die Lösungen werden den Näherungswerten zugeschlagen und damit erneut Koeffizienten von (3.6) und die entsprechenden Normalgleichungen berechnet. Deren Lösung ergibt wiederum Zuschläge zu den vorherigen Näherungswerten. Das Verfahren wird bis zur Konvergenz wiederholt. Es konvergiert bei Senkrechtaufnahmen in der Regel mit 3 bis 4 Iterationen, wie das Zahlenbeispiel Tab. **151.**1 bestätigt.

Das beschriebene Rechenverfahren ist die direkte Anwendung des Newtonschen Verfahrens zur Lösung nichtlinearer Gleichungssysteme. Es ist durch den Zyklus: Näherungswerte, Linearisierung, Lösung der Zuschläge, verbesserte Näherungswerte, erneute Linearisierung, Lösung usw. gekennzeichnet.

Die Bestimmung von Näherungswerten für die Unbekannten ist im allgemeinen Fall kein triviales Problem. Solange man jedoch mit genäherten Senkrechtaufnahmen zu tun hat (und der gefährliche Ort vermieden ist, s. u.), kann man in der Regel von den Näherungswerten $\omega = 0$ und $\varphi = 0$ ausgehen bzw. die Näherung für $\varkappa$ der ungefähren Flugrichtung entnehmen. Eine Näherung für Z_0 ist aus der ungefähr bekannten Flughöhe abzuleiten, X_0 und Y_0 können aus den Paßpunktkoordinaten geschätzt werden (z. B. durch Mittelung).

Bei modernen numerischen Methoden ist wichtig, daß die Näherungen völlig automatisch erhalten werden, ohne daß der Bearbeiter den Einzelfall gesondert zu beachten hätte. Folgende Variante erfüllt praktisch alle Anforderungen: $\omega = 0$, $\varphi = 0$; Bildkoordinaten (x, y) durch ebene Helmert-Transformation auf die Lage-Koordinaten der Paßpunkte transformieren. Daraus erhält man Näherungswerte für $\varkappa$ und für den Maßstab. Aus letzterem errechnet man durch Multiplikation mit der Kammerkonstanten die relative Flughöhe, addiert sie zum Mittel der Höhen der Paßpunkte und erhält somit einen Näherungswert für Z_0. Die Näherungen für X_0, Y_0 sind durch die Verschiebungsparameter der Helmert-Transformation gegeben.

Es ist heute ökonomischer, mit einfachen Algorithmen grobe Näherungswerte zu erhalten und die Lösung gegebenenfalls öfter zu iterieren als mit aufwendigeren, nichtlinearen Formeln möglichst gute Näherungswerte zu beschaffen, um dann Iterationen einzusparen.

Tab. **151**.1 Zahlenbeispiel für den räumlichen Rückwärtsschnitt nach (3.6)

| | Bildkoordinaten[1] | | Geländekoordinaten | | | Verbesserungen | |
| | x | y | X | Y | Z | v_x | v_y |
	(mm)	(mm)	(m)	(m)	(m)	(μm)	(μm)
Paßpunkte							
△1	−89,433	101,851	3971,341	5965,121	496,537	−0,8	4,1
△3	114,935	106,549	5963,409	6121,334	584,071	−3,7	−0,6
△7	−89,430	−91,143	4130,777	3972,899	418,889	4,4	0,7
△9	104,480	−98,199	6124,415	4130,682	456,472	0,6	−4,2
Neupunkte							
2	8,778	104,124	4967,237	6043,346	540,304	$\sigma_0 = 5{,}9\ \mu$m	
4	−88,809	3,750	4051,428	4969,268	447,723		
5	7,114	2,247	5047,406	5047,416	491,490		
6	110,579	0,626	6043,400	5125,568	535,257		
8	5,510	−94,911	5127,386	4051,647	442,676		

	ω	φ	$\varkappa$	X_0 (m)	Y_0 (m)	Z_0 (m)
Or. Elemente						
Anfangs-Näh.	0	0	0,0955390[2][3]	4950,806[2]	4990,228[2]	1993,768[2]
1. Iteration	0,0120688[3]	0,0141485[3]	0,0002320	48,710	9,552	6,482
2. Iteration	0,0000206	0,0001306	−0,0003228	0,383	0,089	−0,208
3. Iteration	0,0000001	−0,0000001	−0,0000001	0,000	0,000	0,000
Ergebnis	0,0120895 $= 0{,}76964^{g}$	0,0142790 $= 0{,}90903^{g}$	0,0954481 $6{,}07642^{g}$	4999,898	4999,869	2000,042
σ[4]	29^{cc}	29^{cc}	14^{cc}	10,2 cm	10,2 cm	3,2 cm

[1] reduziert; Positiv-Stellung; $c = 150{,}000$ mm   [2] nach Helmert-Transformation, s. Seite 150
[3] im Bogenmaß   [4] s. Abschn. 3.6.2

Für den räumlichen Rückwärtsschnitt gibt es einen *gefährlichen Ort*, bei dem die Lösung differentiell unbestimmt wird. Wenn nur das Minimum von 3 Paßpunkten vorliegt, gibt es stets einen Kreiszylinder durch diese 3 Punkte und senkrecht auf ihrer Ebene, der dann den gefährlichen Ort des räumlichen Rückwärtsschnitts bildet, wenn das Projektionszentrum auf dem Mantel dieses Zylinders liegt. Der gefährliche Ort ist also unabhängig von der Neigung des Bildes. Er ist grundsätzlich vermieden, wenn ein 4. Paßpunkt benutzt wird, der sogar auf dem Zylinder liegen kann. 3 oder 4 Paßpunkte etwa in den Bildecken eines Senkrechtbildes schließen also den gefährlichen Ort stets aus.

Der gefährliche Ort ist nach S. Finsterwalder von 2. Art, d.h., der Aufnahmeort ändert sich um Größen 1. Ordnung, wenn sich die Meßdaten um Größen 2. Ordnung ändern. 1973 hat E. Gotthardt einen weiteren gefährlichen Ort für den räumlichen Rückwärtsschnitt entdeckt[1]. Die Wahrscheinlichkeit seines Auftretens in der Praxis ist ebenfalls sehr gering.

Nach der Lösung der äußeren Orientierung des Bildes, die z.B. zur Orts- oder Flugwegbestimmung von Flugkörpern auch Selbstzweck sein kann, verbleibt die Bestimmung der Neupunkte P. In der Regel sind die Geländehöhen der Punkte vorgegeben, so daß die gesuchten Lagekoordinaten X_P, Y_P direkt aus den Gleichungen (1.7) berechnet werden können. Geometrisch wird dabei der Durchstoßungspunkt des orientierten Bildstrahls durch die in der Höhe des betreffenden Geländepunktes vorgegebene horizontale Ebene bestimmt.

---

[1] Gotthardt, E.: BuL **42** (1974) 6 bis 8.

3.2.2 Mathematische Grundlagen der Entzerrung

Im Gegensatz zum rechnerischen räumlichen Rückwärtsschnitt findet die zweite Art der Einbildauswertung sehr verbreitet in der optischen oder graphischen Form der Entzerrung Anwendung. Aus Gründen der optischen Scharfabbildung (Scheimpflug-Bedingung, s. 1.3.5) kann bei der Entzerrung die innere Orientierung nicht erhalten bleiben. Sie wird deshalb nicht vorausgesetzt und braucht nicht bekannt zu sein, hinreichend geringe Verzeichnung vorausgesetzt.

Man benützt bei der Entzerrung nur die projektive Verwandschaft zwischen Bild und dem ebenen Objekt (Geländeebene) bzw. dessen Abbildung in einer Karte (Kartenebene). Der Zusammenhang zwischen Bild- und Objektkoordinaten ist durch gebrochene rationale Funktionen gegeben:

$$\frac{X}{Z} = \frac{a_{11}\,x + a_{12}\,y + a_{13}\,z}{a_{31}\,x + a_{32}\,y + a_{33}\,z} \qquad \frac{Y}{Z} = \frac{a_{21}\,x + a_{22}\,y + a_{23}\,z}{a_{31}\,x + a_{32}\,y + a_{33}\,z} \qquad (3.7)$$

Die Verwandschaft mit den Abbildungsgleichungen (1.7) ist deutlich. Lediglich sind hier die Ursprünge der Koordinatensysteme willkürlich, und die Koeffizienten $a_{11} \cdots a_{33}$ sind nicht als Funktionen von 3 unabhängigen Orientierungsgrößen aufzufassen, sondern verkörpern 8 unabhängige Freiheitsgrade. Man kann nämlich stets (3.7) mit $a_{33}\,z/Z \neq 0$ multiplizieren, ohne die Gleichungen zu ändern. Mit Umbenennung der Koeffizienten erhält man folgende Form der projektiven Beziehungen zwischen Bildebene (x, y, z) und Geländeebene (X, Y, Z):

$$X = \frac{a_1\,x + a_2\,y + a_3\,z}{a_7\,x + a_8\,y + 1} \qquad Y = \frac{a_4\,x + a_5\,y + a_6\,z}{a_7\,x + a_8\,y + 1} \qquad (3.8)$$

Um die 8 unabhängigen Koeffizienten dieser für die Entzerrung grundlegenden Beziehungen zu bestimmen, sind mindestens 4 Paßpunkte (in allgemeiner Lage) in der Gelände- oder Kartenebene notwendig.

Die Entzerrung wird in der Praxis nur graphisch oder optisch an Entzerrungsgeräten durchgeführt, weshalb zusätzliche optische Bedingungen der Scharfabbildung eine wichtige Rolle spielen. Hinsichtlich der geometrischen Gesichtspunkte sind 2 Fälle zu unterscheiden:

Die Gleichungen (3.8) beschreiben ohne weitere Einschränkungen die *projektive Umbildung* einer Ebene auf eine andere. Die 8 *Freiheitsgrade* erlauben die Entzerrung eines allgemeinen Vierecks auf ein beliebiges anderes allgemeines Viereck bzw. auf 4 Paßpunkte in allgemeiner Lage. Da die Rückprojektion eines Bildes bei beliebiger innerer Orientierung über 9 Freiheitsgrade verfügt (sofern Verzeichnung vernachlässigbar ist), kann man also rein geometrisch betrachtet eine Orientierungsgröße willkürlich wählen. Durch die zusätzliche optische Bedingung der Scharfabbildung der Bildebene auf die Projektionsebene wird im Entzerrungsgerät gerade eine eindeutige Lösung mit 8 Freiheitsgraden erreicht.

Im zweiten Fall geht man davon aus, daß von der inneren Orientierung der ursprünglichen Aufnahme wenigstens die Kammerkonstante bekannt ist, was zu dem *Drehsatz* der Entzerrung und zu seiner Einhaltung in Entzerrungsgeräten durch sogenannte Fluchtpunktsteuerungen führt.

Die Ableitung des Drehsatzes wird am übersichtlichsten, wenn ohne Einschränkung der Allgemeinheit besondere Koordinatensysteme eingeführt werden. Man legt die x-Richtung der Bild- und Geländekoordinatensysteme in Richtung der Bildneigung v und verschiebt den Ursprung des Bildkoordinatensystems in den winkeltreuen Punkt, den Ursprung des Geländekoordinatensystems (bzw. Koordinatensystems der Karte) in den entsprechenden Durchstoßungspunkt des Fokalstrahls (winkeltreuer Punkt in der Gelände- oder Kartenebene). Dann vereinfachen sich die allgemeinen Projektionsbeziehungen (3.8) zwischen Gelände und Bild mit $Z_0 = h$ und $z - z_0 = -c$, und wenn zudem statt ω das Symbol v benützt wird (Primärneigung), zu

$$X = \frac{h\,x}{c - y\sin v} = \frac{h}{c} \cdot \frac{x}{1 - \dfrac{y}{c}\sin v} \qquad Y = \frac{h\,y}{c - y\sin v} = \frac{h}{c} \cdot \frac{y}{1 - \dfrac{y}{c}\sin v} \qquad (3.9\,a,b)$$

Nun ist für eine Entzerrung weder die innere noch die äußere Orientierung wiederherzustellen. Formal müssen also die Gleichungen (3.9) erfüllt bleiben, wenn auf den rechten Seiten beliebige Orientierungsparameter eingesetzt werden. Wir müssen also mit den entsprechenden Orientierungsparametern h^*, c^*, v^* der Entzerrung (3.9) auch schreiben können als

$$X = \frac{h^*}{c^*} \cdot \frac{x}{1 - \dfrac{y}{c^*}\sin v^*} \qquad Y = \frac{h^*}{c^*} \cdot \frac{y}{1 - \dfrac{y}{c^*}\sin v^*} \qquad (3.10\,a,b)$$

Der Vergleich von (3.9) und (3.10) läßt erkennen, daß 2 Bedingungen erfüllt sein müssen, wenn Entzerrung und Objekt identisch sein sollen:

$$\frac{c^*}{c} = \frac{\sin v^*}{\sin v} \qquad \text{und} \qquad \frac{c^*}{c} = \frac{h^*}{h} \qquad (3.11\,a,b)$$

Die beiden Beziehungen bilden den Inhalt des Drehsatzes (Bild **153.1**). Danach erhält man bei beliebiger Neigung der Bildebene gegen die Projektionsfläche eine geometrisch richtige Entzerrung, wenn die Verbindungslinie zwischen dem Projektionszentrum O^* und dem Fluchtpunkt F' die Länge $c^*/\sin v^*$ = $c/\sin v$ hat und ebenfalls den Winkel v^* mit der Bildebene einschließt.

Die beiden Bedingungen (3.11) des Dreh- oder Fluchtpunktsatzes verbinden die Entzerrung mit der Kammerkonstante c der ursprünglichen Aufnahme, also einem Element der inneren Orientierung. Sie reduzieren die Zahl der Freiheitsgrade der Entzerrung von 8 auf 6. Bei Geräten mit einer Fluchtpunktsteuerung genügen also 3 statt 4 Paßpunkte zur Entzerrung.

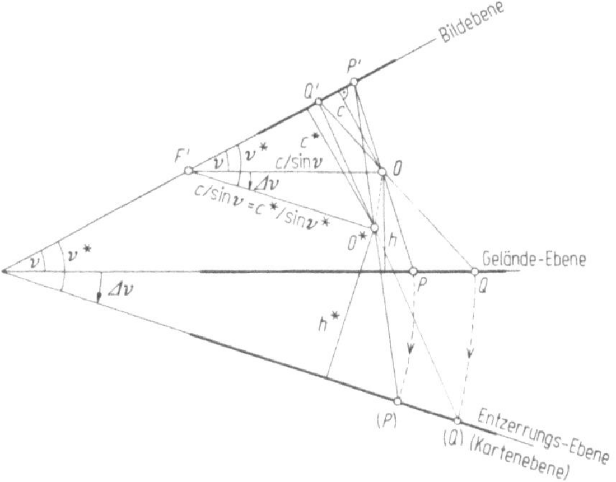

153.1 Der Drehsatz der Entzerrung

Es sei noch kurz auf den Sonderfall der affinen Entzerrung hingewiesen. Ist die Geländeebene nicht horizontal, sondern geneigt, so ist die Karte eine affine Abbildung des Geländes, während Bild und Gelände projektiv sind. Ist auch die Bildebene parallel zur geneigten Geländeebene, dann sind Bild und Karte affin zueinander.

Die Aufgabenstellung der affinen Entzerrung bedeutet geometrisch, daß ein Quadrat durch (optische) Abbildung in ein Rechteck verwandelt werden soll. Scheimpflug hat schon 1903 gezeigt, daß dies bei Verwendung der üblichen Linsensysteme nicht mit einer einzigen optischen Projektion, wohl aber mit 2 (oder mehreren) aufeinanderfolgenden Projektionen möglich ist[1]. Inzwischen gibt es in der Optik „anamorphotische" Systeme mit Zylinderlinsen, die unmittelbar in einem Schritt affine Umbildungen liefern. Anwendungen in Entzerrungsgeräten sind jedoch nicht bekannt.

3.3   Theorie des Bildpaares

Die räumliche Auswertung photogrammetrischer Meßbilder erfordert die Einbeziehung mindestens eines zweiten Bildes, da Schnitte homologer Strahlen die geometrische Rekonstruktion eines räumlichen Objekts erlauben. Die wichtigste Arbeitseinheit der räumlichen oder Stereo-Auswertung ist das Bildpaar. Darunter versteht man 2 Bilder, die sich zu einem Teil überdecken (in der Regel 60% in Flugrichtung, s. 1.2.6).

Beim Arbeiten mit Bildpaaren steht das Problem der äußeren Orientierung im Vordergrund. Grundsätzlich geht es um die Anwendung der Gleichungen (1.7) auf 2 Bilder bzw. bei gegebener innerer Orientierung um die gleichzeitige Bestimmung der insgesamt 12 unabhängigen äußeren Orientierungselemente beider Bilder (X_0', Y_0', Z_0', ω', φ', $\varkappa'$; X_0'', Y_0'', Z_0'', ω'', φ'', $\varkappa''$).

In Anlehnung an das geodätische Problem der Doppelpunkteinschaltung spricht man von der räumlichen Doppelpunkteinschaltung. Seb. Finsterwalder nannte sie die „Hauptaufgabe der Photogrammetrie".

Die Orientierung des Bildpaares bzw. die direkte und gleichzeitige Bestimmung aller 12 unabhängigen Orientierungsparameter ist ein verhältnismäßig lästiges Problem, dessen rechnerische Simultanlösung erst mit modernen Rechenhilfsmitteln möglich geworden ist, nachdem frühere Ansätze (schon um 1920) gescheitert sind oder nur in sehr geringem Umfang in die Praxis gedrungen sind[2].

Die Analogauswertung bedient sich seit Jahrzehnten einer Zweistufenlösung[3]. Man unterscheidet die gegenseitige oder relative Orientierung und die absolute Orientierung des Bildpaares, was einer getrennten Bestimmung der 12 Orientierungsunbekannten in 2 Gruppen von 5 und 7 Elementen entspricht. Der erste Schritt stützt sich ausschließlich auf Bildinformationen. Er erzielt die „gegenseitige" Orientierung der Strahlenbündel durch die Wiederherstellung der Schnitte homologer Strahlenpaare. Die Schnittpunkte bilden eine zum Objekt geometrisch ähnliche Punktmenge, die auch als „Modell" des Objekts bezeichnet wird. Mit der absoluten Orientierung, dem 2. Schritt, wird dann das (bereits relativ orientierte) Modell als Einheit in bezug auf das übergeordnete Koordinatensystem orientiert. Dazu sind Paßpunkte erforderlich.

---

[1] Vergleiche hierzu auch Schwidefsky, K.: Optik **2** (1947) 434 bis 444. Dort sind Gebrauchsformeln für die affine Umbildung angegeben.

[2] Church, E.: Phm. Eng. VIII (1941) 212 bis 252; Syracuse Univ. Bull. **19** (1949) 69 S.

[3] s. Fußnote 2, S. 138.

Die Zweistufenlösung der Orientierung des Bildpaars ist für das praktische Arbeiten bei der Analogauswertung außerordentlich zweckmäßig. Sie bildet zweifellos eine der wesentlichen Voraussetzungen für den Aufschwung und Erfolg der Luftbildmessung seit etwa 1930.

3.3.1 Relative Orientierung, Modellbildung

3.3.1.1 Y-Parallaxen Die relative oder gegenseitige Orientierung eines Bildpaares stellt die gegenseitige Lage der beiden Strahlenbündel zueinander her. Kriterium dafür ist in der Umkehrung des Aufnahme-Strahlengangs der Schnitt homologer Strahlenpaare. Die Gesamtheit der Schnittpunkte bildet ein dem Objekt geometrisch ähnliches Modell, allerdings noch ohne Bezug zum Objekt-Koordinatensystem.

Werden in einem Auswertegerät nach Einlegen der Bilder eines Bildpaars und Herstellung der inneren Orientierung die Strahlenbündel projiziert, dann schneiden sich zunächst homologe Strahlenpaare nicht. Vielmehr hat jeder Strahl eines Paares einen eigenen Durchstoßungspunkt $P^{(\prime)}$ bzw. $P^{(\prime\prime)}$ durch die Projektionsebene. Die Koordinatenunterschiede bilden nach (1.51) die X- und Y-Parallaxen. Nach Bild **44**.1 verschwinden bei richtiger relativer Orientierung, wenn sich homologe Strahlen schneiden, zwar die Y-Parallaxen, nicht aber die X-Parallaxen, die Ausdruck der Höhenunterschiede der Modellpunkte in Bezug zur Projektionsebene sind. Für die relative Orientierung schränkt sich also das Kriterium des Schneidens homologer Strahlenpaare auf das Kriterium des *Verschwindens der Y-Parallaxen* in der Projektionsebene ein.

Dieses Kriterium für die relative Orientierung gilt streng nur, wenn die X-Achse parallel zur Basisrichtung verläuft. Andernfalls sind auch die Y-Parallaxen von der Topographie beeinflußt, d. h. von der Höhe des Modellpunktes über der Projektionsebene. Solange die X-Achse aber genähert in Basisrichtung verläuft und der Modellpunkt dicht bei der Projektionsfläche liegt, ist dieser Effekt zu vernachlässigen.

Zur Ableitung der Arbeitsverfahren der relativen Orientierung wird von den Beziehungen (1.53 b) zwischen Y-Parallaxen und differentiellen Orientierungsänderungen von Senkrechtaufnahmen ausgegangen. Dabei ist ein Modell-Koordinatensystem (X, Y, Z) benutzt, dessen Ursprung im linken Projektionszentrum liegt und dessen X-Achse mit der Basis des Bildpaars zusammenfällt. Die Modellkoordinaten sind Näherungskoordinaten der Schnittpunkte homologer Strahlen, d. h. des betreffenden Modellpunkts (s. Bild **44**.1). Die so erhaltene Ausgangsbeziehung (1.53 d) zur relativen Orientierung kann man nach Gliedern mit gleichen Koeffizienten zusammenfassen:

$$p\,y = -Z\left(1 + \frac{Y^2}{Z^2}\right)(\mathrm{d}\omega'' - \mathrm{d}\omega') + \frac{X\,Y}{Z}(\mathrm{d}\varphi'' - \mathrm{d}\varphi') + X(\mathrm{d}\varkappa'' - \mathrm{d}\varkappa') +$$
$$+ (\mathrm{d}Y_0'' - \mathrm{d}Y_0' - bx\cdot\mathrm{d}\varkappa'') - \frac{Y}{Z}(\mathrm{d}Z_0'' - \mathrm{d}Z_0' + bx\cdot\mathrm{d}\varphi'') \tag{3.12}$$

Gl. (3.12) zeigt, daß sich die 10 der insgesamt 12 Orientierungselemente des Bildpaars, die Einfluß auf die Y-Parallaxen haben ($\mathrm{d}X_0'$, $\mathrm{d}X_0''$ treten nicht auf), nach Gliedern mit gleichen Koeffizienten in 5 unabhängigen Gruppen zusammenfassen lassen. Demnach lassen sich aus Y-Parallaxen nur 5 unabhängige Orientierungsgrößen bestimmen bzw. hat die relative Orientierung 5 Freiheitsgrade. Es ist somit notwendig und hinreichend, an 5 allgemein gelegenen Modellpunkten die Y-Parallaxen zu beseitigen. Dann schneiden sich theoretisch auch alle übrigen homologen Strahlenpaare, d.h. ist das Modell gebildet. Man kann zur Durchführung der relativen Orientierung aus den Klammerausdrücken von (3.12) in beliebigen Kombinationen 5 Elemente auswählen. Im Prinzip könnten auch Funktionen der Elemente als abgeleitete Größen verwendet werden[1]). In der Praxis haben sich hauptsächlich 2 Verfahren der relativen Orientierung eingeführt, die sich durch die Auswahl der Orientierungselemente unterscheiden:

Das Verfahren der Bilddrehungen[2]) benützt die 5 Elemente φ', $\varkappa'$, ω'', φ'', $\varkappa''$ (bzw. wahlweise ω' statt ω''). Es wird also nur mit Drehungen der Bilder gearbeitet, die Projektionszentren bleiben in ihrer (willkürlichen) Ausgangslage unverändert. In (3.12) wird somit $d\omega' = 0$, $dY_0'' = 0$, $dY_0' = 0$, $dZ_0'' = 0$, $dZ_0' = 0$ gesetzt.

Das *Verfahren des Bildanschlusses* benützt die 5 Elemente ω'', φ'', $\varkappa''$, Y_0'', Z_0''. (Statt Y_0'', Z_0'' kann auch by, bz gesetzt werden). Es wird also nur mit Verschiebung und Drehung des rechten Bildes operiert, das zum linken „hinzu orientiert" wird. In (3.12) ist somit $d\omega' = 0$, $d\varphi' = 0$, $d\varkappa' = 0$, $dY_0' = 0$, $dZ_0' = 0$ zu setzen.

Es hängt von der Konstruktion der Analog-Auswertgeräte im einzelnen ab, ob beide Verfahren anwendbar sind.

Für jedes der beiden Hauptverfahren der relativen Orientierung gibt es in der praktischen Anwendung jeweils eine rechnerische und eine „optisch-mechanische" Version. Im ersten Fall werden Y-Parallaxen gemessen, d.h. zahlenmäßig erfaßt und daraus die am Gerät einzustellenden Verbesserungen der betreffenden Orientierungselemente berechnet. Im zweiten Fall wird die Orientierung durch systematisches Wegstellen der Y-Parallaxen mit Hilfe der Orientierungselemente erreicht. Dabei brauchen keine Y-Parallaxen gemessen zu werden, lediglich ihr Verschwinden ist zu beobachten. Früher sind vielfach Mischformen der rechnerischen und optisch-mechanischen Verfahren in Benutzung gewesen. Außerdem ist darauf hinzuweisen, daß die Konstruktion mancher Geräte besondere Varianten der relativen Orientierung erfordert.

Bei der relativen Orientierung sind, welches Verfahren man auch benutzt, 5 Unbekannte zu bestimmen. Eine allgemeine, direkte Bestimmung, z.B. durch Lösung von 5 Gleichungen mit 5 Unbekannten, ist erst neuerdings mit Hilfe von elektronischen Tischrechnern in Betracht zu ziehen, ist aber unter den bisherigen Arbeitsbedingungen nicht möglich gewesen. Alle bisherigen Verfahren der relativen Orientierung vereinfachen deshalb das Problem dadurch, daß an speziell ausgewählten „Schema-Punkten" Y-Parallaxen gemessen bzw. beobachtet werden. Anstatt an beliebig verteilten Punkten die Y-Parallaxen zum Verschwinden zu bringen, wählt man sich besondere Punkte aus, an denen die Koeffizienten der Parallaxenbeziehung (3.12) besondere Werte annehmen. Diese Schema-Punkte sind so gewählt, daß an diesen Stellen die Wirkungen bestimmter Orientierungselemente auf die Y-Parallaxen maximal werden oder verschwinden und sich somit die Einflüsse der Orientierungselemente am leichtesten voneinander trennen lassen[3]).

Man benützt für die relative Orientierung 6 Schemapunkte (1 Überbestimmung), deren Anordnung und konventionelle Bezeichnung Bild **44.1** zeigt. Sie haben in dem Modell-Koordinatensystem des Bildes **44.1** im Falle ebenen Geländes die Koordinaten: ①

---

1) Gotthardt, E.: BuL **15** (1940) 2 bis 24.
2) Auch als „Verfahren des unabhängigen Bildpaars" bezeichnet. Diese Bezeichnung ist neuerdings in der Aerotriangulation in anderer Bedeutung festgelegt (s. 3.5.4).
3) Sie werden nach O. v. Gruber auch „Gruber-Punkte" genannt, s. Fußnote 2, S. 138.

$(0, 0, -h)$, ② $(b, 0, -h)$, ③ $(0, d, -h)$, ④ $(b, d, -h)$, ⑤ $(0, -d, -h)$, ⑥ $(b, -d, -h)$.
Bei üblichen Flugdispositionen ($p = 60\%$, $q = 20\%$) ist $d \approx b$.

3.3.1.2 Rechnerisches Verfahren der Bilddrehungen[1]) Mit der Beschränkung auf die
5 unabhängigen Drehbewegungen ω'', φ', φ'', $\varkappa'$, $\varkappa''$ spezialisiert sich die Beziehung (3.12)
für einen Modellpunkt i zu

$$
\begin{aligned}
py_i = {} & - Z_i \left(1 + \frac{Y_i^2}{Z_i^2}\right) \mathrm{d}\omega'' + \frac{(X_i - b)\,Y_i}{Z_i}\,\mathrm{d}\varphi'' - \frac{X_i\,Y_i}{Z_i}\,\mathrm{d}\varphi' + \\
& + (X_i - b)\,\mathrm{d}\varkappa'' - X_i\,\mathrm{d}\varkappa'
\end{aligned}
\tag{3.13}
$$

Die Meßwerte (s. u.) der Y-Parallaxen in den 6 Schemapunkten ($i = 1$ bis 6) ergeben
6 Beziehungen (3.13). Sie werden der Überbestimmung wegen als Fehlergleichungen im
Sinne der Ausgleichungsrechnung geschrieben und lauten mit den eingeführten Koordinaten und wenn vereinfacht p_i statt py_i geschrieben wird:

$$
\begin{aligned}
p_1 + v_1 &= h\,\mathrm{d}\omega'' & & & & - b\,\mathrm{d}\varkappa'' \\
p_2 + v_2 &= h\,\mathrm{d}\omega'' & & & - b\,\mathrm{d}\varkappa' & \\
p_3 + v_3 &= h\left(1 + \frac{d^2}{h^2}\right)\mathrm{d}\omega'' & & + \frac{b\,d}{h}\,\mathrm{d}\varphi'' & & - b\,\mathrm{d}\varkappa'' \\
p_4 + v_4 &= h\left(1 + \frac{d^2}{h^2}\right)\mathrm{d}\omega'' + \frac{b\,d}{h}\,\mathrm{d}\varphi' & & & - b\,\mathrm{d}\varkappa' & \\
p_5 + v_5 &= h\left(1 + \frac{d^2}{h^2}\right)\mathrm{d}\omega'' & & - \frac{b\,d}{h}\,\mathrm{d}\varphi'' & & - b\,\mathrm{d}\varkappa'' \\
p_6 + v_6 &= h\left(1 + \frac{d^2}{h^2}\right)\mathrm{d}\omega'' - \frac{b\,d}{h}\,\mathrm{d}\varphi' & & & - b\,\mathrm{d}\varkappa' &
\end{aligned}
\tag{3.14}
$$

Behandelt man, der Einfachheit halber, die Y-Parallaxen p_i als unkorrelierte Beobachtungen mit Gewicht 1, erhält man nach den Regeln der Ausgleichung vermittelnder
Beobachtungen Normalgleichungen, die dank der besonderen Lage der Schemapunkte
in 3 unabhängige Teilsysteme zerfallen und allgemein gelöst werden können:

$$
\mathrm{d}\omega'' = \frac{h}{4\,d^2}\left(- 2p_1 - 2p_2 + p_3 + p_4 + p_5 + p_6\right)
$$

$$
\mathrm{d}\varphi' = \frac{h}{2\,b\,d}\left(p_4 - p_6\right)
$$

$$
\mathrm{d}\varphi'' = \frac{h}{2\,b\,d}\left(p_3 - p_5\right)
$$

$$
\begin{aligned}
\mathrm{d}\varkappa' &= \frac{1}{6\,b}\left(- 2p_1 - 4p_2 + p_3 - p_4 + p_5 - p_6\right) + \frac{h}{b}\,\mathrm{d}\omega'' \\
&= - \frac{1}{3\,b}\left(p_2 + p_4 + p_6\right) + \frac{1}{2\,b}\left(\frac{1}{3} + \frac{h^2}{2\,d^2}\right)\left(- 2p_1 - 2p_2 + p_3 + p_4 + p_5 + p_6\right)
\end{aligned}
\tag{3.15}
$$

$$
\begin{aligned}
\mathrm{d}\varkappa'' &= \frac{1}{6\,b}\left(- 4p_1 - 2p_2 - p_3 + p_4 - p_5 + p_6\right) + \frac{h}{b}\,\mathrm{d}\omega'' \\
&= - \frac{1}{3\,b}\left(p_1 + p_3 + p_5\right) + \frac{1}{2\,b}\left(\frac{1}{3} + \frac{h^2}{2\,d^2}\right)\left(- 2p_1 - 2p_2 + p_3 + p_4 + p_5 + p_6\right)
\end{aligned}
$$

---

[1]) Hallert, B.: Über die Herstellung photogrammetrischer Pläne. Stockholm 1944, 118 S.

Man kann also die allgemeine Lösung der Normalgleichungen in einem Formular oder einem Kleinrechner aufbereiten und danach praktisch arbeiten. Die Gebrauchsanleitungen der Stereo-Auswertegeräte enthalten Formulare mit den für das jeweilige Gerät geltenden Vorzeichen.

Für die rechnerische relative Orientierung nach dem Verfahren der Bilddrehungen kommt man also zu folgender Vorschrift:

1. Messung der Y-Parallaxen p_1 bis p_6 in der Nähe der Schemapunkte 1 bis 6;

2. Berechnung der Orientierungsänderungen $d\omega''$, $d\varphi'$, $d\varphi''$, $d\varkappa'$, $d\varkappa''$ nach (3.15);

3. Einstellen der Orientierungsänderungen am Gerät.

Dieser Prozeß muß mehrfach wiederholt werden, bis die Y-Parallaxen verschwunden oder klein genug geworden sind (z.B. $< 0{,}02$ mm im Modell). Die Iteration ist aus mehreren Gründen notwendig:

1. Die Differentialformeln gelten streng nur für Nadiraufnahmen und für differentiell kleine Bewegungen.

2. Die Voraussetzung konstanter Höhe aller Punkte (ebenes Gelände) ist in der Praxis selten erfüllt.

3. Ebenso liegen die Modellpunkte, an denen die Parallaxen gemessen werden, nur mehr oder weniger in der Nähe der Schemapunkte.

4. Die effektive Wirkung der Einstellwerte ist möglicherweise nicht genau gleich den angezeigten Einstellwerten am Gerät.

5. Kontrolle auf Meßfehler der Parallaxen.

In der Praxis sind 2 bis 5 Iterationen erforderlich. Im Gegensatz zu den Methoden der analytischen Orientierung (s. 3.4) werden die nach jedem Schritt noch vorhandenen Y-Parallaxen neu gemessen. Als Folge davon variiert die relative Orientierung bei den letzten Iterationen im Bereich der Meßfehler, konvergiert also nicht auf eine definitive Lösung. Die Wiederholungen werden deshalb abgebrochen, wenn dieser Bereich erreicht ist.

Anmerkung. Der Vollständigkeit halber ist noch die (linearisierte) Bedingung angegeben, die bei einer Überbestimmung zwischen den 6 gemessenen Y-Parallaxen bestehen sollte

$$2 p_1 - 2 p_2 - p_3 + p_4 - p_5 + p_6 = 0 \tag{3.16}$$

Sie wird in der Praxis der relativen Orientierung nicht benützt, kann jedoch zu Kontrollen und Genauigkeitsuntersuchungen herangezogen werden.

3.3.1.3 Rechnerisches Verfahren des Bildanschlusses

Mit der Beschränkung auf die 5 unabhängigen Orientierungselemente ω'', φ'', $\varkappa''$, Y_0'', Z_0'' des Bildanschlusses vereinfacht sich die Beziehung (3.12) für einen Modellpunkt i (X_i, Y_i, Z_i) zu

$$py_i = - Z_i \left(1 + \frac{Y_i^2}{Z_i^2}\right) d\omega'' + \frac{(X_i - b)\,Y_i}{Z_i}\,d\varphi'' + (X_i - b)\,d\varkappa'' +$$
$$+ \, dby - \frac{Y_i}{Z_i}\,dbz \tag{3.17}$$

Dabei wurde $dby = dY_0''$ und $dbz = dZ_0''$ gesetzt.

Die Messung der Y-Parallaxen in den 6 Schemapunkten gibt Anlaß zu 6 Beziehungen (3.17), die der Überbestimmung wegen im Sinne der Ausgleichungsrechnung als Fehlergleichungen geschrieben werden:

$$p_1 + v_1 = h\,\mathrm{d}\omega'' \qquad\qquad\qquad\quad -\,b\,\mathrm{d}\varkappa'' + \mathrm{d}by \quad .$$

$$p_2 + v_2 = h\,\mathrm{d}\omega'' \qquad\qquad\qquad\qquad\qquad +\,\mathrm{d}by \quad .$$

$$p_3 + v_3 = h\left(1 + \frac{d^2}{h^2}\right)\mathrm{d}\omega'' + \frac{b\,d}{h}\,\mathrm{d}\varphi'' - b\,\mathrm{d}\varkappa'' + \mathrm{d}by + \frac{d}{h}\,\mathrm{d}bz$$

$$p_4 + v_4 = h\left(1 + \frac{d^2}{h^2}\right)\mathrm{d}\omega'' \qquad\qquad\qquad +\,\mathrm{d}by + \frac{d}{h}\,\mathrm{d}bz \qquad (3.18)$$

$$p_5 + v_5 = h\left(1 + \frac{d^2}{h^2}\right)\mathrm{d}\omega'' - \frac{b\,d}{h}\,\mathrm{d}\varphi'' - b\,\mathrm{d}\varkappa'' + \mathrm{d}by - \frac{d}{h}\,\mathrm{d}bz$$

$$p_6 + v_6 = h\left(1 + \frac{d^2}{h^2}\right)\mathrm{d}\omega'' \qquad\qquad\qquad +\,\mathrm{d}by - \frac{d}{h}\,\mathrm{d}bz$$

Mit dem Gewicht 1 für die Y-Parallaxen p_1 bis p_6 und Vernachlässigung etwaiger Korrelationen ergeben sich hieraus Normalgleichungen, die wiederum in 2 unabhängige Gruppen zerfallen und sich allgemein lösen lassen:

$$\mathrm{d}\omega'' = \frac{h}{4\,d^2}\,(-\,2\,p_1 - 2\,p_2 + p_3 + p_4 + p_5 + p_6)$$

$$\mathrm{d}\varphi'' = \frac{h}{2\,b\,d}\,(p_3 - p_4 - p_5 + p_6)$$

$$\mathrm{d}\varkappa'' = \frac{1}{3\,b}\,(-\,p_1 + p_2 - p_3 + p_4 - p_5 + p_6)$$

$$\mathrm{d}bz = \frac{h}{2\,d}\,(p_4 - p_6) \qquad\qquad\qquad\qquad\qquad\qquad (3.19)$$

$$\left[\mathrm{d}by = \frac{1}{3}\,(p_2 + p_4 + p_6) + \left(\frac{1}{6} + \frac{h^2}{4\,d^2}\right)(2\,p_1 + 2\,p_2 - p_3 - p_4 - p_5 - p_6)\right.$$

$$\left. = \frac{1}{6}\,(2\,p_1 + 4\,p_2 - p_3 + p_4 - p_5 + p_6) - h\,\mathrm{d}\omega''\right]$$

Diese Lösungsformeln kann man in einem Formular oder einem Kleinrechner aufbereiten und damit praktisch arbeiten. Hinsichtlich der Vorzeichen an bestimmten Geräten wird auf die jeweiligen Gebrauchsanleitungen verwiesen.

Die Lösung für $\mathrm{d}by$ ist eingeklammert, da sie in der Praxis nicht benützt wird, s.u. Ganz analog zum rechnerischen Verfahren der Bilddrehungen gilt somit für das Verfahren des Bildanschlusses folgende Vorschrift:

1. Messung der Y-Parallaxen p_1 bis p_6;

2. Berechnung der 4 Orientierungsänderungen $\mathrm{d}\omega''$, $\mathrm{d}\varphi''$, $\mathrm{d}\varkappa''$, $\mathrm{d}bz$ nach (3.19);

3. Einstellung der Orientierungsänderungen am Gerät.

Der Prozeß wird wie beim Verfahren der Bilddrehungen und aus denselben Gründen wiederholt, bis die Y-Parallaxen verschwunden oder klein genug geworden sind.

Die Verbesserung $\mathrm{d}by$ wird in der Praxis nicht nach (3.19) berechnet, da in der Regel Y-Parallaxen mit by gemessen werden; die Werte $\mathrm{d}by$ ergeben sich durch die neuen

Parallaxenmessungen nach jeder Iteration von selbst. Falls die Restparallaxen nach dem letzten (n-ten) Durchgang nicht ganz verschwunden sind, wird die Basiskomponente by endgültig auf das arithmetische Mittel der verbleibenden Restparallaxen eingestellt:

$$\mathrm{d}by = \frac{1}{6}(p_1 + p_2 + p_3 + p_4 + p_5 + p_6)^{(n)} \tag{3.19a}$$

3.3.1.4 Optisch-mechanisches Verfahren der Bilddrehungen Im Gegensatz zu den rechnerischen Verfahren der relativen Orientierung werden bei den optisch-mechanischen Verfahren die Y-Parallaxen an den Schemapunkten nicht zahlenmäßig gemessen, sondern jeweils durch Betätigung eines der Orientierungselemente „weggestellt"[1]), ohne Ablesen oder Notieren der dazu erforderlichen Änderung. Dabei wird systematisch versucht, die Orientierung dadurch zu lösen, daß die jeweilige Y-Parallaxe an einem Schemapunkt mit demjenigen Orientierungselement beseitigt wird, das sie (im wesentlichen) verursacht hat. Die Wirkungsfiguren der Orientierungsänderungen in 1.2.4.4 bzw. die Fehlergleichungen (3.14) zeigen deutlich, daß man im Falle der Bilddrehungen die 4 Elemente $\varkappa'$, $\varkappa''$, φ', φ'' leicht trennen und damit bestimmen könnte (nacheinander an den Punkten 2, 1, 4, 3), wenn $\mathrm{d}\omega'' = 0$ wäre. Da das Element ω'' in allen Punkten Y-Parallaxen erzeugt, besteht das eigentliche Problem der optisch-mechanischen Orientierungsverfahren in der Trennung des ω-Einflusses von dem der übrigen Elemente.

Nachfolgend wird das Arbeitsverfahren der optisch-mechanischen Orientierung des Verfahrens der Bilddrehungen kurz skizziert und der sogenannte Überkorrekturfaktor für ω abgeleitet.

Wir gehen davon aus, daß vor Beginn der Orientierung an den 6 Schemapunkten die Y-Parallaxen $p_1^{(0)}$ bis $p_6^{(0)}$ vorhanden sind, verursacht durch die unbekannten Orientierungsfehler $\mathrm{d}\omega''$, $\mathrm{d}\varphi'$, $\mathrm{d}\varphi''$, $\mathrm{d}\varkappa'$, $\mathrm{d}\varkappa''$, deren Wirkungsanteile an den Parallaxen durch die einzelnen Glieder der Gleichungen (3.13) bzw. (3.14) beschrieben sind.

Man geht zunächst so vor, als ob $\mathrm{d}\omega'' = 0$ wäre, da sich in diesem Fall die einzelnen Parallaxen-Anteile leicht trennen ließen.

Im ersten Schritt stellt man die im Schemapunkt 1 vorhandene Parallaxe $p_1^{(0)}$ durch eine Drehung $\overline{\mathrm{d}\varkappa''} = p_1^{(0)}/b$ des rechten Bildes weg. Entsprechend beseitigt Schritt 2 die noch ungestörte Parallaxe $p_2^{(0)} = p_2^{(1)}$ durch Drehung des linken Bildes um $\overline{\mathrm{d}\varkappa'} = p_2^{(0)}/b$. Die Maßnahmen $\overline{\mathrm{d}\varkappa''}$ und $\overline{\mathrm{d}\varkappa'}$, die sich nicht gegenseitig beeinflussen und daher vertauschbar sind, bewirken Parallaxenänderungen

$$\Delta p_i^{(1)} = (X_i - b)\,\overline{\mathrm{d}\varkappa''} \qquad \text{und} \qquad \Delta p_i^{(2)} = -X_i\,\overline{\mathrm{d}\varkappa'}$$

in allen anderen Punkten i.

Die Schritte 3 und 4 beseitigen, ebenfalls unabhängig voneinander, die jetzt in den Schemapunkten 3 und 4 vorhandenen Parallaxen $p_3^{(2)}$ und $p_4^{(2)} = p_4^{(3)}$ durch die Änderungen

$$\overline{\mathrm{d}\varphi''} = -\frac{h}{b\,d}p_3^{(2)} \qquad \text{und} \qquad \overline{\mathrm{d}\varphi'} = -\frac{h}{b\,d}p_4^{(2)}$$

---

[1]) „Messen" einer Y-Parallaxe mit by ist ebenfalls „Wegstellen", + Ablesen des dazu notwendigen $\mathrm{d}by$.

des rechten bzw. linken Bildes. Die Maßnahmen $\overline{d\varphi''}$ und $\overline{d\varphi'}$ bewirken an den übrigen Punkten i Parallaxenänderungen

$$\Delta p_i^{(3)} = \frac{(X_i - b)\, Y_i}{Z_i}\, \overline{d\varphi''} \qquad \text{und} \qquad \Delta p_i^{(4)} = - \frac{X_i\, Y_i}{Z_i}\, \overline{d\varphi'}$$

Nach diesen ersten 4 Orientierungsschritten sind die Schemapunkte 1 bis 4 parallaxenfrei. Durch Einsetzen der Beziehungen (3.13) bzw. (3.14) kann man leicht nachvollziehen, daß nun im Schemapunkt 5 die Parallaxe

$$p_5^{(4)} = p_5^{(0)} + \Delta p_5^{(1)} + \Delta p_5^{(2)} + \Delta p_5^{(3)} + \Delta p_5^{(4)} = p_5^{(0)} - b\,\overline{d\varkappa''} - \frac{b\,d}{h}\,\overline{d\varphi''} = 2\,\frac{d^2}{h}\,d\omega''$$

vorhanden ist. (Derselbe Wert ergibt sich auch für den Punkt 6, wie überhaupt für alle Punkte mit der Ordinate $Y = -d$.) Diese Parallaxe ist ausschließlich durch das Element $d\omega''$ verursacht. Ihr Betrag ist jedoch kleiner als der ursprüngliche Anteil $h\,(1 + d^2/h^2)\,d\omega''$. Dadurch wird eine Überkorrektur erforderlich.

Im fünften Schritt des Orientierungsverfahrens soll also durch eine Querneigungsänderung $\overline{d\omega''}$ die Parallaxe $k \cdot p_5^{(4)}$ weggestellt werden. Dabei ist der Faktor k so zu wählen, daß mit $\overline{d\omega''}$ gerade der ursprüngliche Orientierungsfehler $d\omega''$ beseitigt wird.

Mit $\overline{d\omega''} = -d\omega''$ erhält man aus

$$\Delta p_5^{(5)} = h\left(1 + \frac{d^2}{h^2}\right)\overline{d\omega''} = -k \cdot p_5^{(4)} = -2\,k\,\frac{d^2}{h}\,d\omega''$$

den

Korrekturfaktor $\qquad\qquad\qquad k = \frac{1}{2}\left(\frac{h^2}{d^2} + 1\right)$ $\qquad\qquad\qquad\qquad$ (3.20a)

Überkorrekturfaktor $\qquad (k - 1) = \frac{1}{2}\left(\frac{h^2}{d^2} - 1\right)$ $\qquad\qquad\qquad\qquad$ (3.20b)

Mit der Überkorrektur $\overline{d\omega''}$ ist zwar der ursprüngliche Orientierungsfehler $d\omega''$ gelöst, aufgrund der Parallaxenänderungen

$$\Delta p_i^{(5)} = -Z_i\left(1 + \frac{Y_i^2}{Z_i^2}\right)\overline{d\omega''}$$

des 5. Schritts sind jedoch in allen Schema- (und Modell-)Punkten i wieder Y-Parallaxen vorhanden: $p_i^{(5)} = p_i^{(4)} + \Delta p_i^{(5)}$.

Nun beginnt unter der Voraussetzung $d\omega'' = 0$ das ursprüngliche Verfahren von vorne. In Wiederholung der ersten 4 Schritte werden nacheinander die jeweils an den Schemapunkten 1, 2, 3, 4 vorhandenen Parallaxen durch die Änderungen $\widetilde{d\varkappa''}, \widetilde{d\varkappa'}, \widetilde{d\varphi''}, \widetilde{d\varphi'}$ weggestellt. Durch den formelmäßigen Nachvollzug dieser Maßnahmen läßt sich leicht zeigen, daß danach theoretisch die Y-Parallaxen in allen Schemapunkten verschwunden sind und somit die relative Orientierung gelöst ist.

Nach insgesamt 9 Schritten führt also das beschriebene optisch-mechanische Orientierungsverfahren im Prinzip zum Ziel. Da die letzten vier Schritte die Wiederholung der vier ersten sind, kommt man zu folgender Vorschrift für die optisch-mechanische relative Orientierung nach dem Verfahren der Bilddrehungen:

1. Am Punkt 1 Y-Parallaxe beseitigen mit $\varkappa''$
2. Am Punkt 2 Y-Parallaxe beseitigen mit $\varkappa'$
3. Am Punkt 3 Y-Parallaxe beseitigen mit φ''
4. Am Punkt 4 Y-Parallaxe beseitigen mit φ'
5. Am Punkt 5 oder 6 Y-Parallaxe überkorrigieren mit ω'' (oder ω')

Wiederholung der Schritte 1 bis 5, bis die Y-Parallaxen klein genug oder verschwunden sind.

Bemerkung: Die Schritte 1 und 2 können vertauscht werden, ebenso 3 und 4. Die Überkorrektur für ω kann am Punkt 5 oder 6 (oder einem beliebigen Punkt der Ordinate $Y = -d$) erfolgen.

3.3.1.5 Optisch-mechanisches Verfahren des Bildanschlusses Wie beim unabhängigen Bildpaar werden auch bei dem optisch-mechanischen Verfahren des Bildanschlusses die Y-Parallaxen in den einzelnen Schemapunkten durch Betätigung der jeweiligen Orientierungselemente systematisch weggestellt. Das Verfahren versucht auch hier, die Y-Parallaxen nach Möglichkeit durch diejenigen Orientierungselemente zu beseitigen, die sie an den betreffenden Orientierungspunkten hauptsächlich verursacht haben. Das eigentliche Problem der Trennung der Einflüsse bilden die Elemente ω und by, die an allen Punkten wirken.

Wie in 3.3.1.4 können auch für das Verfahren des Bildanschlusses die einzelnen Schritte formelmäßig begründet und verfolgt werden. Hier wird nur das Ergebnis mitgeteilt, das zu folgender Arbeitsvorschrift führt:

1. Am Punkt 2 Y-Parallaxe beseitigen mit by (Y_0'')
2. Am Punkt 1 Y-Parallaxe beseitigen mit $\varkappa''$
3. Am Punkt 4 Y-Parallaxe beseitigen mit bz (Z_0'')
4. Am Punkt 3 Y-Parallaxe beseitigen mit φ''
5. Am Punkt 5 oder 6 Y-Parallaxe überkorrigieren mit ω'' (oder ω')

Wiederholung der Schritte 1 bis 5, bis die Y-Parallaxen klein genug oder verschwunden sind.

Die Überkorrektur ist dieselbe wie beim Verfahren der Bilddrehungen.

3.3.1.6 Ergänzungen zur relativen Orientierung

Überkorrektur für ω. Bei der Überkorrektur für ω wurde in den Gleichungen (3.20) zwischen dem Korrekturfaktor k [1]) und dem Überkorrekturfaktor $(k-1)$ unterschieden, deren Zusammenhang Bild **162**.1 veranschaulicht. Die Überkorrektur hängt quadratisch von dem Verhältnis h/d ab, d.h. vom Öffnungswinkel der Bilder. Tab. **163**.1 stellt einige Zahlenwerte zusammen.

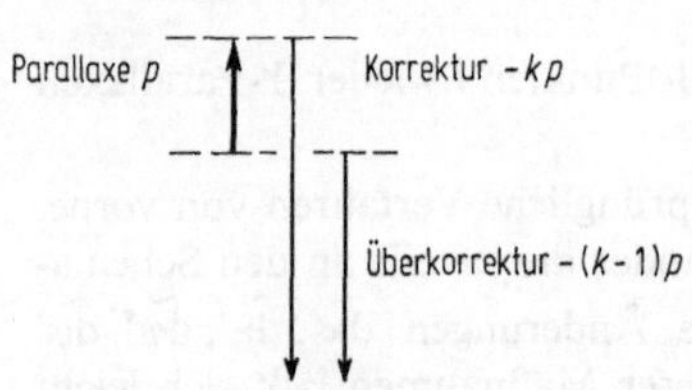

162.1 Zur ω-Überkorrektur

Die Bestimmung von ω ist umso sicherer, je kleiner die Faktoren k bzw. $(k-1)$ sind, d.h., je größer der Öffnungswinkel der Bilder ist und je größer im einzelnen die Ordinate d der Schemapunkte 5 und 6 gewählt wird. Bei Überweitwinkelbildern verschwindet die Überkorrektur, genügt also einfaches Wegstellen der Parallaxen. Wegen der ohnehin erforderlichen Iteration der relativen Orientierung hat es in der Praxis wenig Sinn, die (Über)Korrekturfaktoren im einzelnen sehr genau zu ermitteln.

---

[1]) Auch Überstellungskoeffizient genannt.

Tab. **163**.1   Zusammenstellung einiger Korrektur- und Überkorrekturfaktoren für ω

Aufnahmeart	h^2/d^2 ($d \approx b$ für $p = 60\%$)	Korrekturfaktor $k = \dfrac{1}{2}\left(\dfrac{h^2}{d^2} + 1\right)$	Überkorrekturfaktor $(k - 1) = \dfrac{1}{2}\left(\dfrac{h^2}{d^2} - 1\right)$
Normalwinkel 30/23	$\left(\dfrac{306}{92}\right)^2 = 11$	6	5
Normalwinkel 21/18	$\left(\dfrac{210}{72}\right)^2 = 8{,}5$	$4{,}8 \approx 5$	4
Weitwinkel 15/23	$\left(\dfrac{153}{92}\right)^2 = 2{,}8$	$1{,}9 \approx 2$	1
Überweitwinkel 8,8/23	$\left(\dfrac{88}{92}\right)^2 = 0{,}91$	$0{,}96 \approx 1$	0
Überweitwinkel 8,5/23	$\left(\dfrac{85}{92}\right)^2 = 0{,}85$	$0{,}93 \approx 1$	0

Verteilung der Restparallaxen. Durch die 5 Freiheitsgrade der relativen Orientierung können stets die Y-Parallaxen in 5 Modellpunkten beseitigt werden. Nach dem geometrischen Modell der perspektiven Abbildung sind dann theoretisch die Y-Parallaxen in allen anderen Punkten verschwunden, d.h., alle homologen Strahlen schneiden sich. In der Praxis sind die strengen theoretischen Verhältnisse durch die Wirkung der Bildfehler (s. 3.6.1), der Gerätefehler und der Meßfehler gestört. Als Folge davon verbleibt in der Bedingung (3.16) ein Widerspruch w (der 30 µm im Bildmaßstab nicht überschreiten sollte) bzw. ist nach Beseitigung der Y-Parallaxen in 5 Punkten der 6. Schemapunkt in der Regel nicht völlig parallaxenfrei.

Bei den rechnerischen Orientierungsverfahren erzwingt das Minimumprinzip der kleinsten Quadrate eine optimale Verteilung des Parallaxenwiderspruchs nach Bild **163**.2. Bei optisch-mechanischen Verfahren kann eine Restparallaxe p_6 ebenfalls in guter Näherung optimal verteilt werden:

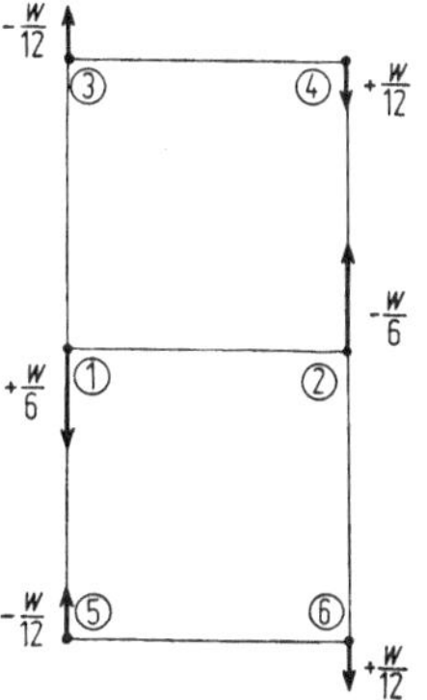

163.2 Optimale Verteilung der Restparallaxen bei der relativen Orientierung. w = Parallaxen-Widerspruch nach (3.16): $w = 2\,p_1 - 2\,p_2 - p_3 + p_4 - p_5 + p_6$

Bildanschluß: $\dfrac{1}{3}p_6$ in Punkt 1 durch d$\varkappa''$, $-\dfrac{1}{2}p_6$ in Punkt 3 durch dφ'', $\dfrac{1}{2}p_6$ in Punkt 4 durch dbz, $-\dfrac{h^2}{4\,d^2}p_6$ ($\approx -0{,}7\,p_6$ für WW, $\approx -0{,}2\,p_6$ für ÜWW) in Punkt 2 durch dω'', dby ausmitteln.

Bilddrehungen: $\left(\dfrac{1}{6} + \dfrac{h^2}{4\,d^2}\right)p_6$ ($\approx 0{,}9\,p_6$ für WW, $\approx 0{,}4\,p_6$ für ÜWW) in Punkt 1 durch d$\varkappa''$, $-\left(\dfrac{1}{6} - \dfrac{h^2}{4\,d^2}\right)p_6$ ($\approx 0{,}5\,p_6$ für WW, $\approx 0{,}1$ für ÜWW) in Punkt 2 durch d$\varkappa'$, $\dfrac{1}{2}p_6$ in Punkt 4 durch dφ', $-\dfrac{h^2}{4\,d^2}p_6$ ($\approx -0{,}7\,p_6$ für WW, $\approx -0{,}2\,p_6$ für ÜWW) in Punkt 1 oder 2 durch dω'', dφ'' ist nicht betroffen.

11*

Nach Beendigung der rechnerischen oder optisch-mechanischen relativen Orientierung soll zusätzlich zu den Schemapunkten auch der übrige Modellbereich auf Restparallaxen überprüft werden. Beträge $> 20\,\mu m$ im Bildmaßstab weisen auf Störungen der Geometrie hin.

Gebirgiges Gelände. Je weniger die Voraussetzung ebenen Geländes erfüllt ist, umso schlechter konvergieren die Standardverfahren der relativen Orientierung. Man hat daher besondere Verfahren für gebirgiges Gelände entwickelt, deren Kernpunkt die Bestimmung der Querneigung ω bzw. die empfindlich von den Höhen abhängige Überkorrektur bildet. Aus der umfangreichen Literatur sei auf die graphische Lösung des Überkorrekturfaktors von H. Kasper verwiesen[1]. Numerische Orientierungsverfahren hat H.G. Jerie[2] angegeben.

Als Besonderheit sind hierbei die Schemapunkte 3, 4, 5 ,6 nicht durch $Y_i = \pm\, d$ sondern durch $Y_i = k \cdot h_i \left(k = \tan\alpha = \left|\dfrac{Y}{h}\right| = \text{const}\right)$, d.h. durch konstanten Öffnungswinkel α festgelegt (Bild **165**.1). Mit den Konstanten k und $K = 1 + k^2$ gelten nach Jerie die folgenden Rechenvorschriften:

Verfahren der Bilddrehungen:

$$(3.21)$$

$$\mathrm{d}\omega'' = -\,\frac{(2Z_1 - Z_3\,K - Z_5\,K)(2p_1 - p_3 - p_5) + (2Z_2 - Z_4\,K - Z_6\,K)(2p_2 - p_4 - p_6)}{(2Z_1 - Z_3\,K - Z_5\,K)^2 + (2Z_2 - Z_4\,K - Z_6\,K)^2}$$

$$\mathrm{d}\varphi'' = \frac{1}{2\,b\,k}(p_3 - p_5) + \frac{K}{2\,b\,k}(Z_3 - Z_5)\,\mathrm{d}\omega''$$

$$\mathrm{d}\varkappa'' = \frac{1}{3\,b}(p_1 + p_3 + p_5) + \frac{1}{3\,b}(Z_1 + Z_3\,K + Z_5\,K)\,\mathrm{d}\omega''$$

$$(3.22)$$

$$\mathrm{d}\varphi' = \frac{1}{2\,b\,k}(p_4 - p_6) + \frac{K}{2\,b\,k}(Z_4 - Z_6)\,\mathrm{d}\omega''$$

$$\mathrm{d}\varkappa' = \frac{1}{3\,b}(p_2 + p_4 + p_6) + \frac{1}{3\,b}(Z_2 + Z_4\,K + Z_6\,K)\,\mathrm{d}\omega''$$

Verfahren des Bildanschlusses:

$\mathrm{d}\omega''$ wie Gl. (3.21)

$$\mathrm{d}\varphi'' = \frac{1}{2\,k\,b}(p_3 - p_5 - p_4 + p_6) + \frac{K}{2\,b\,k}(Z_3 - Z_5 - Z_4 + Z_6)\,\mathrm{d}\omega''$$

$$\mathrm{d}\varkappa'' = \frac{1}{3\,b}(p_1 + p_3 + p_5 - p_2 - p_4 - p_6) + \frac{1}{3\,b}(Z_1 + Z_3\,K + Z_5\,K - Z_2 - Z_4\,K - Z_6\,K)\,\mathrm{d}\omega''$$

$$(3.23)$$

$$\mathrm{d}bz = -\,\frac{1}{2\,k}(p_4 - p_6) - \frac{K}{2\,k}(Z_4 - Z_6)\,\mathrm{d}\omega''$$

$$\left[\mathrm{d}by = \frac{1}{3}(p_2 + p_4 + p_6) + \frac{1}{3}(Z_2 + Z_4\,K + Z_6\,K)\,\mathrm{d}\omega''\right]$$

[1]) Kasper, H.: Phm. Eng. XXII (1956) 239 bis 244.
[2]) Jerie, H.G.: Phia (1953/54) 22 bis 30.

Wenn regelmäßig Bildmaterial mit großen Höhenunterschieden zu bearbeiten ist, lohnt sich die Anwendung der aufwendigen Orientierungsverfahren für gebirgiges Gelände. Die Praktiker pflegen jedoch so lange wie möglich bei den für ebenes Gelände gültigen Standard-Verfahren zu bleiben und nehmen dann lieber öftere Wiederholungen wegen der schlechteren Konvergenz in Kauf.

Der gefährliche Ort. Bei der Auswertung von Luftbildern gebirgigen Geländes ist R. Bosshardt[1] erstmals auf Fälle gestoßen, bei denen die Bestimmung der relativen Orientierung versagt, d.h. ihre Lösung durch das Zusammenwirken bestimmter Geländeformen und Aufnahmedispositionen unbestimmt wird. Man kann diese Fälle aus dem allgemeinen Ansatz rechnerischer Verfahren (für nicht-ebenes Gelände) ableiten, indem die Determinante der Koeffizientenmatrix der Bestimmungsgleichungen gleich Null gesetzt wird.

Wie ausführliche theoretische Untersuchungen[2] geklärt haben, wird die relative Orientierung differentiell unbestimmt, wenn sowohl die Projektionszentren als auch die zur relativen Orientierung benützten Schemapunkte auf einer Regelfläche 2. Ordnung liegen, insbesondere auf einer Zylinder- oder Kegelfläche (Bild **165**.2).

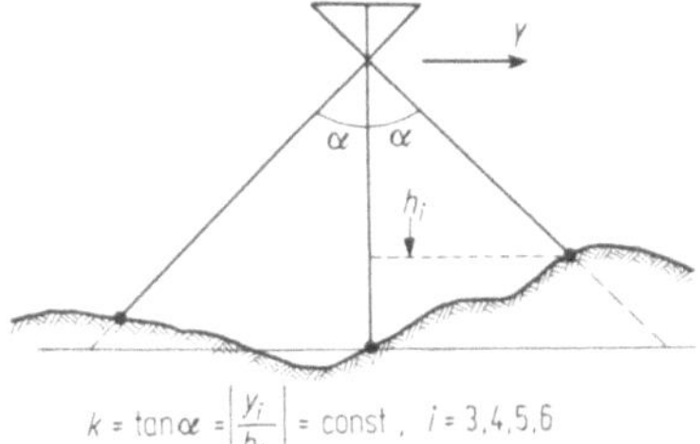

165.1 Zur relativen Orientierung nach Jerie bei gebirgigem Gelände

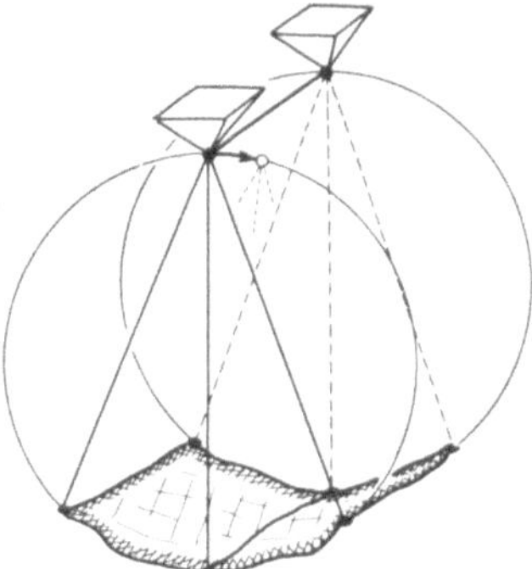

165.2 Gefährlicher Ort der relativen Orientierung

Bei einem gefährlichen Ort wird die Lösung der relativen Orientierung in ω und by bzw. in ω und $\varkappa$ unbestimmt, weil diese Elemente durch die Geländeform bedingt gleichartige Parallaxen-Wirkungen haben und sich nicht voneinander trennen lassen. Man erkennt einen gefährlichen Ort deshalb daran, daß trotz erheblicher Querneigungsänderungen sich die y-Parallaxen nicht wesentlich ändern, das Verfahren also nicht konvergiert.

Mit „gefährlichem Raum" bezeichnet man die Umgebung eines gefährlichen Orts. In diesem Bereich ist die Orientierung nur schwach bestimmt und die Konvergenz der ω-Bestimmung entsprechend langsam. Da schmalwinklige Aufnahmen bei gleicher Flughöhe einen kleineren Geländeausschnitt erfassen, tritt bei ihnen ein gefährlicher Ort oder Raum eher auf als bei Weit- oder gar Überweitwinkelaufnahmen. In der Praxis sind derartige Fälle selten und höchstens bei Bildflügen entlang von Tälern zu befürchten.

Der gefährliche Ort kann fast immer dadurch vermieden werden, daß zur Bestimmung von ω ein Querschnitt herangezogen wird, der von dem gefährlichen Kreis (Ellipse) möglichst weit abweicht. Da ein einziger derartiger Querschnitt genügt, ist praktisch immer eine Lösung zu finden. Sie kann außerdem mit Hilfe von Höhenpaßpunkten über die absolute Orientierung und Kontrolle der Modelldeformation gesichert werden.

Unvollständige Modelle. Ein besonderes Problem für die relative Orientierung bieten unregelmäßige Küsten- und Uferlinien sowie einzelne Inseln. Bei Luftbildern derartigen

---

[1] SZfV, XXXI (1933) 113 bis 120, 145 bis 150.
[2] Zusammenstellung bei Hofmann, W.: DGK, C 3, 1953, 46 S.

Geländes ist häufig ein großer Teil des gemeinsamen Bildinhalts durch Wasserflächen eingenommen und somit für die Messung von Y-Parallaxen nicht verwendbar.

Die möglichen Maßnahmen sind in der Literatur behandelt[1]).

Nach folgenden Gesichtspunkten läßt sich stets eine hinreichende Orientierung erreichen: Einen großen Teil der Fälle kann man dadurch auffangen, daß an mindestens 5 Punkten in allgemeiner Lage die Y-Parallaxen weggestellt werden, auch wenn diese Punkte nicht an den Schemapunkten liegen. Man wird dazu ein empirisches, optisch-mechanisches Verfahren wählen und gegebenenfalls eine langsame Konvergenz der relativen Orientierung in Kauf nehmen. Eine neuerdings mögliche Alternative ist durch die Aufstellung von 5 Gleichungen (3.13) oder (3.17) und ihre numerische Lösung durch elektronische Tischrechner gegeben.

Wenn die zur Messung von Y-Parallaxen geeigneten Modellteile kleiner und ungünstiger werden (s. Bild **166**.1), bis im Extremfall z.B. nur noch eine kleine Insel abgebildet ist, tritt früher oder später der Fall ein, daß nicht mehr alle 5 Elemente einer relativen Orientierung bestimmbar sind, obwohl das Gebiet parallaxenfrei gemacht werden kann.

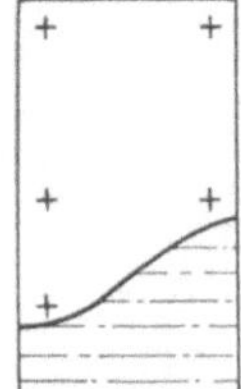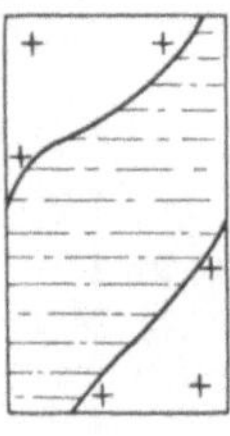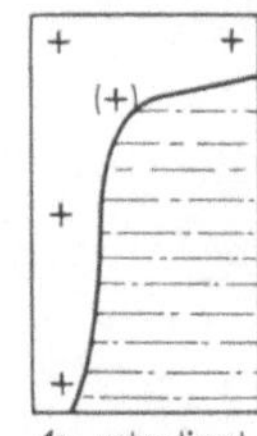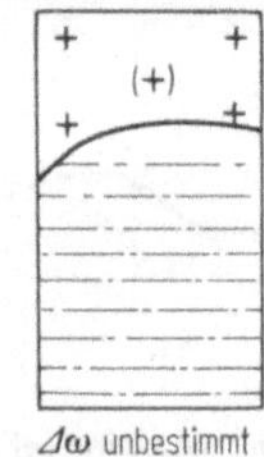

166.1 Beispiele unvollständiger Modelle, mit den wirksamsten Stellen (+) zur Beseitigung der y-Parallaxen

In solchen Fällen ist es zulässig, gewisse Orientierungselemente nicht oder nur schwach zu bestimmen. Mit Hilfe der absoluten Höhen-Orientierung kann dann trotzdem eine Auswertung zustande kommen, die in den interessierenden Bereichen vollwertig und richtig ist.

Eine vollständige oder hinreichende relative Orientierung unvollständiger Modelle ist über die Kontrolle der Modelldeformationen zu erreichen, wenn zusätzlich zu den Y-Parallaxen auch X-Parallaxen bzw. X-Parallaxen-Unterschiede herangezogen werden können. Bei Uferpunkten stehender Gewässer z.B. müssen die Höhenunterschiede und damit auch die X-Parallaxen-Unterschiede verschwinden. Hierbei entfällt die Voraussetzung von 3.3.1.1 zum Ausschluß von X-Parallaxen zur relativen Orientierung.

Ausgehend von Gl. (1.53 c) und unter Annahme des speziellen Modellkoordinatensystems von Bild **44**.1 erhält man für die Differenz der X-Parallaxen zweier Modellpunkte i und j mit gleicher Höhe $Z_i = Z_j = Z$ die Beziehung:

$$\Delta px_{ij} = px_j - px_i = \mathrm{d}X_j^{(\prime\prime)} - \mathrm{d}X_j^{(\prime)} - \mathrm{d}X_i^{(\prime\prime)} + \mathrm{d}X_i^{(\prime)}$$

$$= \{- (X_j - bx)\, Y_j + (X_i - bx)\, Y_i\} \frac{\mathrm{d}\omega''}{Z} + \{(X_j - bx)^2 - (X_i - bx)^2\} \frac{\mathrm{d}\varphi''}{Z}$$

$$+ \{X_j\, Y_j - X_i\, Y_i\} \frac{\mathrm{d}\omega'}{Z} + (- X_j^2 + X_i^2) \frac{\mathrm{d}\varphi'}{Z} \tag{3.24}$$

$$- (Y_j - Y_i)\,(\mathrm{d}\varkappa'' - \mathrm{d}\varkappa') - \frac{(X_j - X_i)}{Z}\,(\mathrm{d}Z_0'' - \mathrm{d}Z_0')$$

---

1) H o s c h t i t z k y, H.: Theory of Relative and Absolute Orientation of near vertical photographs using Analogue Instruments. ITC lecture notes, PHM 70, 1973, 125 S.

Für Punkte gleicher Höhe muß Δpx_{ij} verschwinden. Man erhält somit aus (3.24) – unter Auswahl der jeweiligen Orientierungselemente – zusätzlich zu Gl. (3.13) oder (3.17) weitere Bestimmungsgleichungen zur Lösung der relativen Orientierung.

3.3.2 Absolute Orientierung des Bildpaares

3.3.2.1 Aufgabenstellung der räumlichen Ähnlichkeitstransformation

Nach erfolgter relativer Orientierung sind die Schnitte homologer Strahlen (innerhalb der erreichbaren Genauigkeit) hergestellt, d. h., es ist ein „Modell" gebildet, das dem Gelände geometrisch ähnlich ist. Das Modell, zu dem auch die Projektionszentren gehören, liegt im Auswertegerät reell oder virtuell vor.

Die absolute Orientierung hat die Aufgabe, das Raummodell, dessen Maßstab von der willkürlichen Basiseinstellung abhängt, in Bezug zum Geländekoordinatensystem (U, V, W) zu setzen. Dieser Bezug wird der geometrischen Ähnlichkeit wegen durch eine *räumliche Ähnlichkeitstransformation* hergestellt, durch die das Modell als Einheit im Raume gedreht, gestreckt und verschoben wird. Die 7 unabhängigen Parameter einer räumlichen Ähnlichkeitstransformation ergänzen die bei der relativen Orientierung schon bestimmten 5 Größen zu den für die räumliche Doppelpunkteinschaltung insgesamt notwendigen 12 unabhängigen Orientierungselementen. Zur Bestimmung der absoluten Orientierung eines Bildpaares sind daher mindestens 7 unabhängige Beziehungen erforderlich, um die Verbindung zwischen Modell- und Geländekoordinatensystem herzustellen. Die Beziehungen vermitteln in der Regel *Paßpunkte* (s. 3.0.2).

Aus der Anschauung ist leicht zu bestätigen, daß im einfachsten Fall mindestens 2 Lage- und 3 Höhenpaßpunkte gegeben sein müssen. Von letzteren können 2 mit den Lagepaßpunkten zusammenfallen. Die 3 Höhenpaßpunkte dürfen nicht auf einer Geraden bzw. in einer Vertikalebene liegen. Im übrigen ist deutlich, daß die absolute Orientierung umso genauer bestimmt ist, je größer der Abstand der beiden Lagepaßpunkte und je größer das Dreieck der 3 Höhenpaßpunkte ist.

Mathematisch besteht die absolute Orientierung eines Bildpaares grundsätzlich in der Überführung der Modellkoordinaten (X, Y, Z) beliebiger Punkte i in das Landessystem (U, V, W) mit Hilfe der räumlichen Ähnlichkeitstransformation (Bild **167.1**):

$$\begin{bmatrix} U \\ V \\ W \end{bmatrix}_i = m \cdot R \begin{bmatrix} X \\ Y \\ Z \end{bmatrix}_i + \begin{bmatrix} U_0 \\ V_0 \\ W_0 \end{bmatrix} \quad (3.25)$$

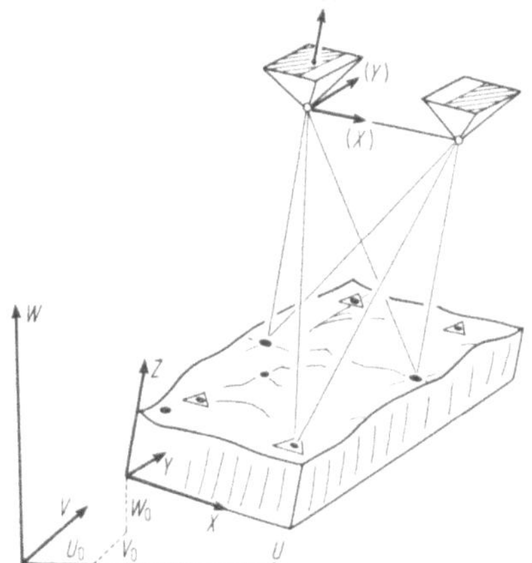

167.1 Absolute Orientierung des Bildpaares

Der Prozeß zerfällt in die Bestimmung der 7 unabhängigen Transformationsparameter (Verschiebungen U_0, V_0, W_0, Maßstabzahl m, 3 unabhängige Elemente der orthogonalen Drehmatrix R (s. 1.2.5.2), z.B. die 3 Drehungen Ω, Φ, A um die U-, V-, W-

Achsen) mit Hilfe der Paßpunkte und in die anschließende triviale Durchführung der Transformation. Die rechnerische Behandlung der absoluten Orientierung als Koordinatentransformation gehört in den Aufgabenbereich der analytischen Verfahren und wird in 3.4 behandelt.

3.3.2.2 Absolute Orientierung am Stereo-Auswertegerät

Die absolute Orientierung am Stereo-Auswertegerät ist wie die relative Orientierung dadurch gekennzeichnet, daß man im Gegensatz zu der gemeinsamen Bestimmung aller Unbekannten in einer rechnerischen Lösung eine schrittweise Lösung der einzelnen Unbekannten anstrebt, dafür aber gegebenenfalls eine größere Anzahl von Wiederholungen in Kauf nimmt. Ein weiterer Unterschied zu den rein rechnerischen Verfahren besteht darin, daß am Gerät zwischen den einzelnen Orientierungsschritten die Paßpunkte im Modell wieder neu gemessen werden, was die Verwendung von Näherungsverfahren erlaubt.

Bei der absoluten Orientierung eines Bildpaares zum Zwecke der graphischen Auswertung am Analog-Gerät ist die allgemeine Aufgabenstellung insofern abgeändert, als am Gerät der Bezug nicht zum Gelände sondern zum Kartenblatt, d.h. zur Abbildung des Geländekoordinatensystems im Gitternetz der Karte hergestellt werden muß. Die Arbeitsverfahren der absoluten Orientierung am Stereo-Auswertegerät sind durch eine Aufspaltung und Iteration von Lage- und Höhenorientierung gekennzeichnet. Sie bietet sich wegen der bei flachem Gelände geringen gegenseitigen Beeinflussung von Lage und Höhe als zweckmäßig an.

Absolute Lage-Orientierung. In der absoluten Lage-Orientierung faßt man die Bestimmung der 4 Parameter M, A, U_0, V_0 (Maßstab, Azimut, Lage-Nullpunktverschiebungen) zusammen. Man beachtet dabei die Parameter der Höhenorientierung nicht bzw. setzt sie als gegeben voraus; wenn diese Voraussetzung zutrifft, ist das Verfahren streng.

Rechnerisch besteht die Lageorientierung in der Durchführung der ebenen Ähnlichkeitstransformation (Helmert-Transformation):

$$\begin{bmatrix} U \\ V \end{bmatrix}_i = \begin{bmatrix} a & -b \\ b & a \end{bmatrix} \cdot \begin{bmatrix} X \\ Y \end{bmatrix}_i + \begin{bmatrix} U_0 \\ V_0 \end{bmatrix} \tag{3.26}$$

Sie ist durch 4 Parameter (Verschiebungen U_0, V_0, Maßstabzahl m, Drehung A; $a = m \cdot \cos A$, $b = m \cdot \sin A$) gekennzeichnet. Bei numerischen Auswertungen (z.B. für Katastermessungen) wird nach diesem Ansatz (3.26) gearbeitet, wenn hinreichende Horizontierung des Modells vorausgesetzt werden kann.

Beim *praktischen Arbeiten* am Gerät für Kartierungen wird die Lage-Orientierung noch weiter aufgespalten. Man erkennt, daß 3 der 4 Parameter (nämlich Verschiebung U_0, V_0 und Drehung A) in trivialer Weise durch *Einpassen des Kartenblattes* auf dem Kartiertisch gelöst werden können. Als Änderung am Modell verbleibt daher von der Lage-Orientierung lediglich die *Maßstabbestimmung*. Sie erfolgt grundsätzlich durch Vergleich mindestens einer Soll-Strecke mit ihrer entsprechenden Ist-Strecke im Modell bzw. in der Kartierung. Die Soll-Strecke kann dabei rechnerisch aus Koordinaten von Paßpunkten oder graphisch als Strecke in einer Karte vorgegeben sein. Beim Streckenvergleich zur Maßstabbestimmung unterscheidet man zwischen Raumstrecken und Projektion der Raumstrecken auf die Horizontalebene.

Für *Raumstrecken* zwischen 2 Paßpunkten 1 und 2 gilt (X, Y, Z = Modellkoordinaten; U, V, W = Gelände- oder Kartenkoordinaten)

Ist-Strecke: $\quad s_{\text{ist}} = \sqrt{(X_2 - X_1)^2 + (Y_2 - Y_1)^2 + (Z_2 - Z_1)^2}$ $\qquad$ (3.27a)

Soll-Strecke: $\quad s_{\text{soll}} = \sqrt{(U_2 - U_1)^2 + (V_2 - V_1)^2 + (W_2 - W_1)^2}$ $\qquad$ (3.27b)

Mit Raumstrecken ist die Maßstabbestimmung streng und völlig unabhängig von den übrigen Orientierungsparametern bestimmt.

In der Praxis wird meist mit den *horizontalen Streckenkomponenten* gearbeitet. Dann entfallen in den Gleichungen (3.27) die Glieder $(Z_2 - Z_1)$ bzw. $(W_2 - W_1)$. In diesem Fall wird der errechnete Maßstabfaktor umso richtiger, je besser das Modell horizontiert ist.

Aus dem Vergleich der Soll- und Ist-Strecke (stehen mehrere Vergleiche zur Verfügung, kann gemittelt werden) ergibt sich der Maßstab des Modells

$$M_{\text{ist}} = \frac{s_{\text{ist}}}{s_{\text{soll}}} = 1 : m_{\text{ist}} \qquad (3.28a)$$

In der Praxis der Kartierung ist primär nicht der absolute Maßstab des Modells gesucht, sondern die Veränderung, die notwendig ist, um das Modell auf den vorgegebenen Soll-Maßstab zu bringen. Hierzu wird die Strecke s_0 eingeführt; sie entspricht der Sollstrecke, reduziert auf den Soll-Modell- oder Kartiermaßstab M_0 ($s_0 = M_0 \cdot s_{\text{soll}}$). Mit der Streckendifferenz $\Delta s = s_0 - s_{\text{ist}}$ erhält man an Stelle von (3.28a)

$$M_{\text{ist}} = \frac{s_{\text{ist}}}{s_{\text{soll}}} = \frac{s_0 - \Delta s}{s_{\text{soll}}} = \frac{s_0}{s_{\text{soll}}} \left(1 - \frac{\Delta s}{s_0}\right) = M_0 \left(1 - \frac{\Delta s}{s_0}\right) \qquad (3.28b)$$

bzw.

$$\frac{M_0}{M_{\text{ist}}} = \frac{m_{\text{ist}}}{m_0} = \frac{s_0}{s_{\text{ist}}} = \left(1 + \frac{\Delta s}{s_{\text{ist}}}\right) = (1 + \Delta M) \qquad (3.28c)$$

Hierbei ist $\Delta s / s_{\text{ist}} = \Delta M$ gesetzt (relativer Streckenfehler im Modell = Maßstabfehler des Modells).

Mit dem Faktor $M_0 / M_{\text{ist}} = 1 + \Delta M$ müssen alle Ist-Basiskomponenten multipliziert werden, um im Modell bzw. in der Kartierung den Soll-Maßstab M_0 zu erhalten:

$$
\begin{aligned}
bx_{\text{soll}} &= (1 + \Delta M)\, bx_{\text{ist}} \quad \text{bzw.} \quad & \Delta bx &= \Delta M \cdot bx_{\text{ist}} \\
by_{\text{soll}} &= (1 + \Delta M)\, by_{\text{ist}} & \Delta by &= \Delta M \cdot by_{\text{ist}} \\
bz_{\text{soll}} &= (1 + \Delta M)\, bz_{\text{ist}} & \Delta bz &= \Delta M \cdot bz_{\text{ist}}
\end{aligned}
\qquad (3.29)
$$

Die absolute Lage-Einpassung eines Modells auf ein Kartenblatt bzw. auf eine vorbereitete Kartierungsunterlage kann also nach folgendem Verfahren ablaufen:

1. Meßmarke im Modell auf Lagepaßpunkt 1 einstellen; Lupe am Zeichentisch auf den entsprechenden Kartenpunkt 1 einstellen; Zeichentisch ankoppeln ($\triangleq$ Bestimmung der Nullpunktverschiebung X_0, Y_0).

2. Meßmarke im Modell (mit angekoppeltem Zeichentisch) auf Punkt 2 führen. Zeichenblatt um Punkt 1 drehen, bis die Strecken $\overline{12}$ dieselbe Richtung haben ($\triangleq$ Bestimmung des Azimuts A).

3. Differenz Δs in der Karte messen, $\Delta M = \Delta s / s_{\text{ist}}$ berechnen (Maßstabkorrektur) und nach (3.29) verbesserte Basiskomponenten am Gerät einstellen.

4. Kontrolle bzw. Wiederholung der Schritte 1 bis 3 nach Höheneinpassung.

Absolute Höhenorientierung. Nach der (vorläufigen) Lage-Orientierung sind die verbleibenden 3 Größen Querneigung Ω, Längsneigung Φ und Nullpunktverschiebung W_0 des Höhenzählers mit Hilfe von Höhenpaßpunkten zu bestimmen. Man spricht von der *Horizontierung und Z_0-Bestimmung* des Modells. Grundlage der absoluten Höhenorientierung ist die dritte Zeile der Gleichungen (3.25):

$$W = m\,(a_{31}\,X + a_{32}\,Y + a_{33}\,Z) + W_0 \tag{3.30a}$$

wobei nach der Lage-Orientierung voraussetzungsgemäß die Maßstabzahl $m = 1$ gesetzt werden kann. Die Richtungskoeffizienten a_{31}, a_{32}, a_{33} sind entsprechend nur noch Funktionen der Quer- und Längsneigung (Ω, Φ) und nach (1.44a) durch die Orthogonalitätsbedingung $a_{31}^2 + a_{32}^2 + a_{33}^2 = 1$ miteinander verknüpft.

Somit erhält man an Stelle von (3.30a)

$$W = (a_{31}\,X + a_{32}\,Y + Z \cdot \sqrt{1 - a_{31}^2 - a_{32}^2} + W_0 \tag{3.30b}$$

Diese Gleichung kann als Grundlage einer *rechnerischen Iterationslösung* mit den 3 unabhängigen Parametern $a_{32} = \sin \Omega$, $a_{31} = -\sin \Phi \cos \Omega$, W_0 dienen. Dabei sind in dem Wurzelausdruck für a_{31}, a_{32} jeweils die vorhergehenden Näherungswerte einzusetzen. Die Lösung gilt auch für große Drehungen.

Bei der *praktischen Arbeit am Stereo-Auswertegerät* wird die Höhenorientierung ebenfalls iterativ gelöst. Im Unterschied zum rein rechnerischen Verfahren legt man dabei die linearisierte Beziehung

$$W - Z = \Delta Z = -X \cdot \Delta \Phi + Y \cdot \Delta \Omega + \Delta W_0 \quad \text{oder} \quad \Delta Z = a\,X + b\,Y + c \tag{3.31}$$

zugrunde und mißt nach jedem Orientierungsschritt die Modellhöhen (Z) der Paßpunkte neu.

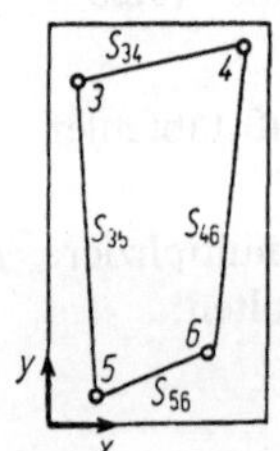
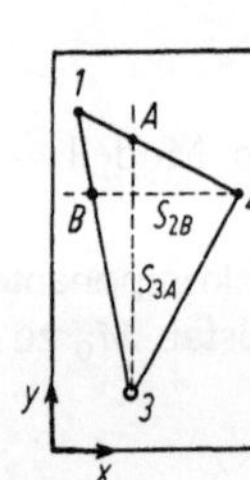

170.1 Zur absoluten Höhenorientierung mit 4 und 3 Höhenpaßpunkten

Jeder Höhenpaßpunkt i gibt mit der Differenz $\Delta Z_i = W_i - Z_i$ zwischen Soll- und Isthöhen Anlaß zu einer Gleichung (3.31). Das Gleichungssystem (oder bei Überbestimmung das der entsprechenden Normalgleichungen) könnte mit elektronischen Tischrechnern numerisch gelöst werden. Die bisherige Praxis pflegt solche Berechnungen zu vermeiden und bestimmt zunächst die Parameter $\Delta \Omega$, $\Delta \Phi$ in vereinfachter Weise. Man unterscheidet nach der Zahl der gegebenen Paßpunkte 2 Standardfälle:

In der Regel sind 4 *Höhenpaßpunkte* gegeben, die in der Nähe der Modellecken liegen und nach Bild **170.1** nach den Schemapunkten (der relativen Orientierung) numeriert seien. Diese Anordnung erlaubt jeweils aus der Differenz zweier Widersprüche ΔZ direkt eine getrennte Bestimmung der Korrekturen für Quer- und Längsneigung

$$\Delta \Omega = \frac{1}{2}(\Delta \Omega_{35} + \Delta \Omega_{46}) \approx \frac{1}{2}\left\{\frac{\Delta Z_3 - \Delta Z_5}{s_{35}} + \frac{\Delta Z_4 - \Delta Z_6}{s_{46}}\right\} \varrho^{\,1)} \tag{3.32a}$$

$$\Delta \Phi = \frac{1}{2}(\Delta \Phi_{34} + \Delta \Phi_{56}) \approx \frac{1}{2}\left\{\frac{\Delta Z_3 - \Delta Z_4}{s_{34}} + \frac{\Delta Z_5 - \Delta Z_6}{s_{56}}\right\} \varrho^{\,1)} \tag{3.32b}$$

---

[1] Die Vorzeichen beziehen sich hier auf ein Rechtssystem, sie müssen im Einzelfall dem Gerät angepaßt werden.

Wenn nur die minimale Anzahl von 3 *Höhenpaßpunkten* gegeben ist, kann man anhand der kleinen Hilfskonstruktion nach Bild **170**.1 die Widersprüche ΔZ_A und ΔZ_B der Hilfspunkte A und B aus denen der 3 Paßpunkte interpolieren:

$$\Delta Z_A = \Delta Z_1 + \frac{s_{1A}}{s_{12}}(\Delta Z_2 - \Delta Z_1) = \frac{s_{A2}\,\Delta Z_1 + s_{1A}\,\Delta Z_2}{s_{12}};$$

$$\Delta Z_B = \Delta Z_1 + \frac{s_{1B}}{s_{13}}(\Delta Z_3 - \Delta Z_1) = \frac{s_{B3}\,\Delta Z_1 + s_{1B}\,\Delta Z_3}{s_{13}}$$

(3.33 a, b)

und erhält

$$\Delta \Omega = \frac{\Delta Z_A - \Delta Z_3}{s_{3A}}\varrho \qquad \Delta \Phi = \frac{\Delta Z_B - \Delta Z_2}{s_{2B}}\varrho$$

(3.33 c, d)

Nach Einstellen der Längs- und Querneigungskorrekturen am Gerät werden zur Kontrolle bzw. zur nächsten Iteration erneut die Höhen Z_i der Paßpunkte gemessen und die verbleibenden Widersprüche $\Delta Z_i = W_i - Z_i$ berechnet. Wenn sie klein genug geworden sind, wird die Nullpunktverschiebung ΔW_0 des Höhenzählers als Mittel über alle Höhenpaßpunkte i ermittelt und eingestellt:

$$\Delta W_0 = \frac{1}{n_i}\sum_i \Delta Z_i$$

(3.34)

Da eine Maßstabkorrektur auch die Höhen und eine Neigungskorrektur die Lagekoordinaten der Modellpunkte ändert, beeinflussen sich Lage- und Höhenorientierung eines Modells gegenseitig. Die Abhängigkeit, die bei ebenem Gelände verschwindet, wächst mit zunehmenden Gelände-Höhenunterschieden. Die Lage- und Höhenorientierungen müssen daher bis zur Konvergenz wiederholt werden. Außerdem ist es zweckmäßig, dazwischen auch die relative Orientierung zu überprüfen und gegebenenfalls zu verbessern.

3.3.2.3 Zerlegung räumlicher Modelldrehungen Von den 7 Parametern der absoluten Orientierung können bei der Auswertung 4 in trivialer Weise (durch Zählereinstellung und Verschiebung/Drehung des Kartenblattes) erfaßt werden. Nur die 3 Verbesserungen von Maßstab, Längs- und Querneigung sind am Gerät einzustellen. Da alle Stereo-Auswertegeräte die Basiseinstellung vorsehen, sind die Voraussetzungen zur Maßstabkorrektur stets direkt gegeben. Dagegen haben nicht alle Geräte Drehachsen für Längsneigung Φ und Querneigung Ω. In diesen Fällen können die gemeinsamen Modell-Drehungen Ω und Φ ersatzweise durch die Bildneigungen ω', ω'', φ', φ'' und zusätzliche Korrekturen der Basiskomponenten erzeugt werden, ohne die relative Orientierung zu stören. Die Zusammenhänge sind aus den Bildern **172**.1 bis **172**.3 direkt zu ersehen:

Längsneigung $\Delta \Phi$ wird erzeugt durch

$$\Delta\varphi' = \Delta\Phi \qquad \Delta bx = -bx\,(1 - \cos\Delta\Phi) + bz\,\sin\Delta\Phi \approx bz\cdot\Delta\Phi$$
$$\Delta\varphi'' = \Delta\Phi \qquad \Delta bz = -bx\,\sin\Delta\Phi - bz\,(1 - \cos\Delta\Phi) \approx -bx\cdot\Delta\Phi$$

(3.35)

Querneigung $\Delta\Omega$ wird erzeugt durch

$$\Delta\omega' = \Delta\Omega \qquad \Delta by = -by\,(1 - \cos\Delta\Omega) - bz\,\sin\Delta\Omega \approx -bz\cdot\Delta\Omega$$
$$\Delta\omega'' = \Delta\Omega \qquad \Delta bz = by\,\sin\Delta\Omega - bz\,(1 - \cos\Delta\Omega) \approx by\cdot\Delta\Omega$$

(3.36)

Gelegentlich wird auch eine
Azimutänderung ΔA des Modells im Gerät vorgenommen. Sie wird erzeugt durch

$$\Delta \varkappa' = \Delta A \qquad \Delta bx = - bx\,(1 - \cos \Delta A) - by \sin \Delta A \approx - by \cdot \Delta A$$
$$\Delta \varkappa'' = \Delta A \qquad \Delta by = bx \sin \Delta A - by\,(1 - \cos \Delta A) \approx bx \cdot \Delta A$$

(3.37)

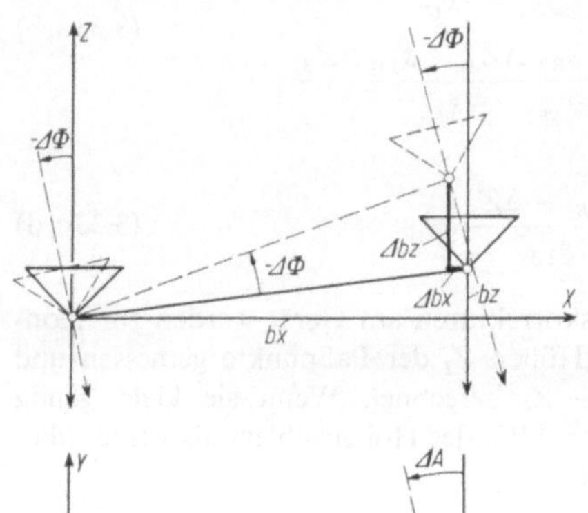

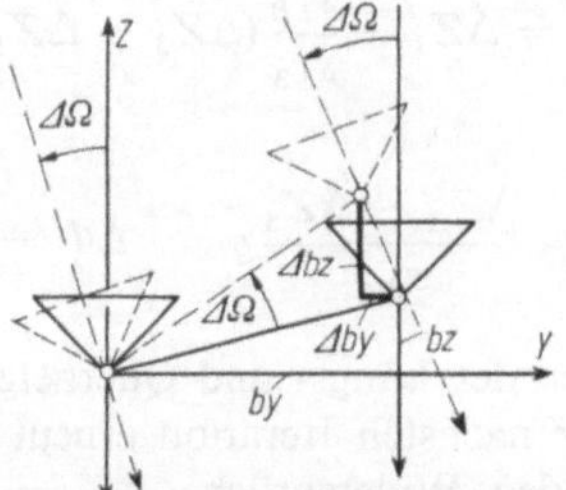

172.1 Komponenten-Zerlegung der gemeinsamen Längsneigung

172.2 Komponenten-Zerlegung der gemeinsamen Querneigung

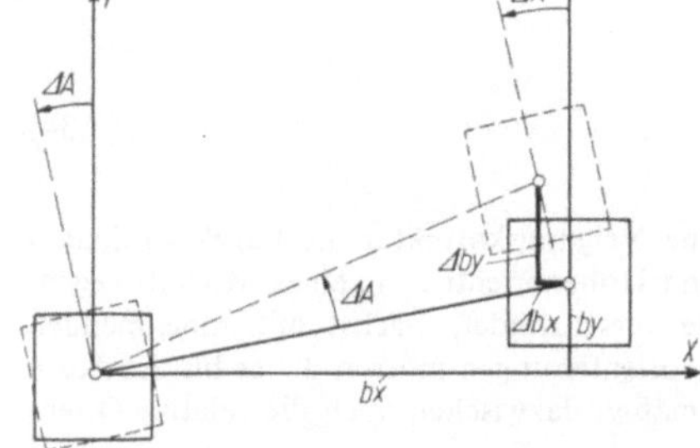

172.3 Komponenten-Zerlegung einer gemeinsamen Azimut-Drehung

3.3.3 Bestimmung der Projektionszentren von Analoggeräten

Die Projektionszentren gehören grundsätzlich zum Modell, können jedoch an Analoggeräten nicht direkt gemessen werden. Sie treten bei der üblichen Auswertung nicht in Funktion und werden dort nicht weiter beachtet. Wird jedoch ein im Analoggerät gebildetes Modell zur Aerotriangulation nach der Methode der unabhängigen Modelle weiterverwendet, müssen die Projektionszentren zusammen mit den ausgewählten Modellpunkten auf ein gemeinsames Modellkoordinatensystem (Maschinensystem) bezogen angegeben werden. Zur Bestimmung der Projektionszentren in Analoggeräten sind bisher 4 Verfahren bekannt geworden[1]):

Messung in 2 Projektionsebenen. Nach Bild **172.4** legt die Messung (X, Y, Z) der Projektion eines Bildpunktes P_i in 2 Höhen Z_1 und Z_2 den betreffenden Bildstrahl als Raumgerade

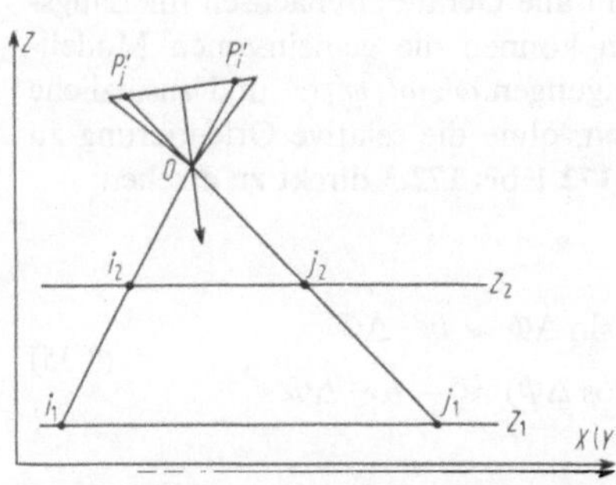

172.4 Bestimmung des Projektionszentrums durch (Gitter-)Messung in 2 Ebenen

1) Siehe auch Fereday, D.L.: Phm. Rec. VII (1973) 582 bis 586.

im Modellraum fest. Das betreffende Projektionszentrum ist bestimmt durch den Schnitt von mindestens 2 solcher Geraden. Jede Raumgerade i gibt Anlaß zu 2 Gleichungen für die unbekannten Koordinaten X_0, Y_0, Z_0 des Projektionszentrums O:

$$X_0 (Z_2 - Z_1)_i - Z_0 (X_2 - X_1)_i = - (X_2 Z_1 - X_1 Z_2)_i$$
$$Y_0 (Z_2 - Z_1)_i - Z_0 (Y_2 - Y_1)_i = - (Y_2 Z_1 - Y_1 Z_2)_i \tag{3.38}$$

Zur überbestimmten Lösung der 3 Unbekannten X_0, Y_0, Z_0 aus 2 oder mehr Geraden kann man die Gleichungen (3.38) als Fehlergleichungen auffassen und Normalgleichungen bilden. Dieser Ansatz ist sehr allgemein, z.B. brauchen entsprechende Höhen nicht gleich zu sein. Selbstverständlich ist die Bestimmung umso genauer, je mehr Geraden beteiligt sind und je größere Winkel sie einschließen.

In der Praxis wird häufig ein einfacheres, hinreichend genaues Verfahren benützt. Man berechnet aus je einem Geradenpaar, das in X- oder Y-Richtung einen möglichst großen Winkel einschließt, den Schnittpunkt und erhält das endgültige Projektionszentrum gegebenenfalls als Mittel der verschiedenen Bestimmungen. Mit der Voraussetzung $Z_{i1} = Z_{j1}$ und $Z_{i2} = Z_{j2}$ lauten die Rechenformeln für ein Geradenpaar i, j:
großer Winkel zwischen den Geraden i, j in x-Richtung

$$Z_0 = \frac{- Z_2 (X_{1i} - X_{1j}) + Z_1 (X_{2i} - X_{2j})}{(X_2 - X_1)_i - (X_2 - X_1)_j}$$

$$X_0 = \frac{- X_{1i} X_{2j} + X_{2i} X_{1j}}{(X_2 - X_1)_i - (X_2 - X_1)_j} \tag{3.39a}$$

$$Y_0 = \frac{- (Y_{1i} + Y_{1j})(Z_0 - Z_2) + (Y_{2i} + Y_{2j})(Z_0 - Z_1)}{2 \cdot (Z_2 - Z_1)}$$

großer Winkel zwischen den Geraden i, j in y-Richtung

$$Z_0 = \frac{- Z_2 (Y_{1i} - Y_{1j}) + Z_1 (Y_{2i} - Y_{2j})}{(Y_2 - Y_1)_i - (Y_2 - Y_1)_j}$$

$$X_0 = \frac{- (X_{1i} + X_{1j})(Z_0 - Z_2) + (X_{2i} - X_{2j})(Z_0 - Z_1)}{2 \cdot (Z_2 - Z_1)} \tag{3.39b}$$

$$Y_0 = \frac{- Y_{1i} Y_{2j} + Y_{2i} Y_{1j}}{(Y_2 - Y_1)_i - (Y_2 - Y_1)_j}$$

Zur Bestimmung eines Projektionszentrums können Gitterpunkte verwendet werden bzw. die Bildrahmenmarken oder beliebige sonstige Bildpunkte eines tatsächlichen Meßbildes. Die innere Orientierung des Bildes kann beliebig sein; ebenso sind Bildneigungen zulässig.

Räumlicher Rückwärtsschnitt. Das Projektionszentrum läßt sich als Bestandteil der äußeren Orientierung eines Strahlenbündels durch räumlichen Rückwärtsschnitt (s. 3.2.1) bestimmen, wenn die Projektion eines regelmäßigen Gitters (eingelegte Gitterplatte oder auf Bildträger aufgravierte Gitter) in einer Projektionsebene im Modellraum gemessen wird. Dabei wird das dem idealen Gitter mit bekannter innerer Orientierung entsprechende Strahlenbündel auf die gemeinsame Ist-Projektion der Gitterpunkte (= Paß-punkte) eingepaßt. Auch hier kann die Kammer geneigt sein.

Senkrechtstellen der Lenker. Einige Analog-Auswertegeräte (Zeiss Planimat/Planicart, Kern PG 2/PG 3) sind mit Vorrichtungen ausgestattet (Libellen, Autokollimation), mit denen die Raumlenker lotrecht oder senkrecht zur X, Y-Ebene gestellt und die Aufpunkte N auf einen vorgegebenen kalibrierten Abstand k vom Projektionszentrum eingestellt werden können.

Aus den abgelesenen oder registrierten Koordinaten des Aufpunktes N erhält man die Modellkoordinaten des Projektionszentrums

$$X_0 = X_N, \qquad Y_0 = Y_N, \qquad Z_0 = Z_N + k \tag{3.40}$$

Absolute Orientierung eines Gitter-Modells. Während die bisher genannten Verfahren im Prinzip jedes der beiden Projektionszentren einzeln bestimmen, wenn auch gegebenenfalls nach der relativen Orientierung, geht das 4. Verfahren von einem Gittermodell aus, das im Analog-Gerät durch relative Orientierung zweier Gitterplatten (als ideale Nadirbilder eines idealen Gitter-Objekts) erhalten wird. Die Modellkoordinaten (X, Y, Z) des Gittermodelles werden im Gerät gemessen. Diese Punkte dienen als Paßpunkte für die absolute Orientierung des entsprechenden nominellen Gitter-Sollmodells, einschließlich der darauf bezogenen Soll-Projektionszentren. Die transformierten Projektionszentren des auf das Ist-Gittermodell transformierten Gitter-Sollmodells stellen die effektiven Projektionszentren des Geräts in Arbeitsstellung dar, bezogen auf das Modell-Koordinatensystem. Sie decken sich nicht unbedingt mit den tatsächlichen mechanischen oder optischen Projektionszentren des betreffenden Gerätes.

3.4   Analytische Auswertung des Bildpaares

Mit analytisch bezeichnet man die seit den 50er Jahren aufgekommenen bzw. reaktivierten rein rechnerischen Verfahren der photogrammetrischen Punktbestimmung, die von Bildkoordinaten ausgehend die Geländekoordinaten der gemessenen Punkte durch digitale Berechnung ableiten. Technische Voraussetzung für den Aufschwung der analytischen Photogrammetrie ist einerseits die Entwicklung von Komparatoren mit entsprechenden Datenregistriergeräten (Lochstreifen-, Lochkarten- oder Magnetbandausgabe), andererseits das programmgesteuerte elektronische Rechnen. Ihre Rechtfertigung und Begründung bilden Genauigkeit, Universalität und Wirtschaftlichkeit.

Die Entwicklung der analytischen Verfahren, die wohl zuerst beim British Ordnance Survey[1] seit etwa 1948 regulär in der Praxis eingesetzt wurden, hat sich zunächst gedanklich an der Theorie der instrumentellen Arbeitsverfahren ausgerichtet und sich anfänglich auf die relative und die absolute Orientierung des Bildpaars sowie auf die Streifenbildung konzentriert. Zunehmend eigenständig sind analytische Verfahren seitdem auf die direkte räumliche Doppelpunkteinschaltung bis zur Punktbestimmung im Bildverband ausgeweitet worden. Der Begriff der analytischen Auswertung, der ursprünglich in der Beschränkung auf Bildpaar und Streifenbildung eindeutig war, ist durch die Erweiterung auf Bildverbände nicht mehr klar abgegrenzt. Er deckt im Sprachgebrauch im wesentlichen die ,,Bündelmethode", umfaßt damit aber nicht alle numerischen Verfahren der Punktbestimmung.

In diesem Abschnitt wird nur die analytische Auswertung des Bildpaares in Form der relativen und absoluten Orientierung sowie der Doppelpunkteinschaltung behandelt. Dabei ist Beschränkung auf repräsentative Verfahren geboten. Kurze Ergänzungen und Literaturhinweise müssen

---

[1] Thompson, E H.: J. Roy. Inst. Chart. Surv. **30** (1951) 781 bis 792; Shewell, H.A.L.: Phm. Rec. 1 (1953) 35 bis 58.

genügen, um die Vielfalt der existierenden Verfahren, Vorschläge und Rechenprogramme anzudeuten, deren Bedeutung neuerdings durch die Simultanlösungen für den Bildverband (s. 3.5) stark zurückgeht.

3.4.1 Analytische relative Orientierung

Die allgemeinen Voraussetzungen der analytischen relativen Orientierung sind dieselben wie bei den instrumentellen Verfahren. Es müssen mindestens 5 Paare homologer Bildpunkte gemessen sein. Kriterium der relativen Orientierung ist der Schnitt homologer Bildstrahlen. Nach der Auswahl der 5 unabhängigen Orientierungselemente unterscheidet man wie in 3.3 die Verfahren der Bilddrehungen und des Bildanschlusses.

Wegen der Nichtlinearität der mathematischen Beziehungen arbeiten analytische Orientierungsverfahren iterativ. Die einzelnen Rechenschritte müssen streng sein, da zwischen den Iterationen keine neue Messung erfolgt.

3.4.1.1 Verfahren nach Schut Eines der bekanntesten und leicht verständlichen Verfahren der analytischen relativen Orientierung stammt von G. Schut[1]. Es geht, wie alle analytischen Verfahren, von den gemessenen und reduzierten Bildkoordinaten (s. 3.1.2) von mindestens 5 Paaren homologer Bildpunkte P_i' und P_i'' aus und erreicht die Modellbildung über die Bestimmung der Orientierungselemente und die anschließende Berechnung der Strahlenschnitte. Wir beziehen uns im folgenden auf die Koordinatensysteme und Bezeichnungen von Bild **175.1** (linkes Bildkoordinatensystem = Modellkoordinatensystem).

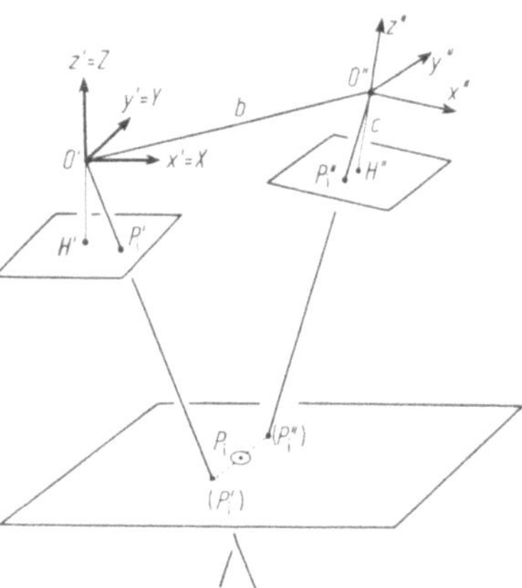

175.1 Zur Koplanaritätsbedingung der relativen Orientierung und zur Definition eines Modellpunktes bei windschiefen Bildstrahlen

Schut setzt die Schnittbedingung für homologe Strahlenpaare geometrisch gleichbedeutend als *Koplanaritätsbedingung* an: Die Bildpunkte P_i', P_i'' und die Projektionszentren O', O'' müssen jeweils in einer (Kern-)Ebene liegen. Mit den Modellkoordinaten (X_i', Y_i', Z_i'), (X_i'', Y_i'', Z_i''), (X_0', Y_0', Z_0'), (X_0'', Y_0'', Z_0'') der jeweils 4 beteiligten Punkte P_i', P_i'', O', O'' kann deren Koplanarität durch das Verschwinden folgender Determinanten formuliert werden:

$$\begin{vmatrix} X_i' & Y_i' & Z_i' & 1 \\ X_0' & Y_0' & Z_0' & 1 \\ X_i'' & Y_i'' & Z_i'' & 1 \\ X_0'' & Y_0'' & Z_0'' & 1 \end{vmatrix} = 0 \quad \text{bzw.} \quad \begin{vmatrix} bx & by & bz \\ X_i' & Y_i' & Z_i' \\ X_i'' & Y_i'' & Z_i'' \end{vmatrix} = 0 \qquad (3.41\,\text{a,b})$$

oder

$$bx\,(Y_i'\,Z_i'' - Z_i'\,Y_i'') + by\,(Z_i'\,X_i'' - X_i'\,Z_i'') + bz\,(X_i'\,Y_i'' - Y_i'\,X_i'') = 0 \qquad (3.42)$$

---

[1]) Schut, G.: Phia XII (1955/56) 311 bis 318 und Phia XIV (1957/58) 16 bis 32.

Die Beziehungen (3.41 b), (3.42) gehen aus (3.41 a) durch Einführung der Basiskomponenten $(X_0'' = X_0' + bx,\ Y_0'' = Y_0' + by,\ Z_0'' = Z_0' + bz)$ und Berücksichtigung des speziellen Koordinatensystems $(X_0' = 0,\ Y_0' = 0,\ Z_0' = 0)$ hervor.

Die Koplanaritätsbedingung (3.42) stellt die Schnittbedingung für ein homologes Strahlenpaar i dar. Dabei sind die Modellkoordinaten der Bildpunkte P_i' und P_i'' Funktionen der äußeren Orientierung der Bilder. Zur Durchführung der relativen Orientierung werden nun die Orientierungsunbekannten auf 5 unabhängige Elemente eingeschränkt. Für das *Verfahren des Bildanschlusses* dient das linke Bild als Bezug, d.h., sein Bildkoordinatensystem legt das Modellkoordinatensystem fest. Es gilt also mit $X_0' = Y_0' = Z_0' = 0,\ \omega' = \varphi' = \varkappa' = 0$:

$$X_i' = x_i', \qquad Y_i' = y_i', \qquad Z_i' = z_i' = -c' \tag{3.43}$$

Die Modellkoordinaten des Bildpunktes P_i'' werden nach (3.44a) als transformierte Bildkoordinaten aufgefaßt und sind somit Funktionen von 5 unabhängigen unbekannten Orientierungselementen, wenn die Basiskomponente bx willkürlich eingeführt wird. Schut wählt für die Drehmatrix R die konventionellen Drehungen $\omega, \varphi, \varkappa$ und erhält nach 1.2.4.1, von Neigungswerten 0 als Näherung ausgehend, die linearisierten Transformationsbeziehungen (3.44b)[1].

$$\begin{bmatrix} X_i'' \\ Y_i'' \\ Z_i'' \end{bmatrix} = R'' \begin{bmatrix} x_i'' \\ y_i'' \\ z_i'' \end{bmatrix} + \begin{bmatrix} bx \\ by \\ bz \end{bmatrix} \quad \begin{array}{l} \text{bzw.} \\ \text{linearisiert} \end{array} \quad \begin{array}{l} X_i'' = x_i'' - z_i''\,\mathrm{d}\varphi'' + y_i''\,\mathrm{d}\varkappa'' + bx \\ Y_i'' = y_i'' + z_i''\,\mathrm{d}\omega'' - x_i''\,\mathrm{d}\varkappa'' + by \\ Z_i'' = z_i'' - y_i''\,\mathrm{d}\omega'' + x_i''\,\mathrm{d}\varphi'' + bz \end{array} \tag{3.44a,b}$$

Setzt man (3.43) und (3.44b) in (3.42) ein und ersetzt gleichzeitig wieder die Bildkoordinaten durch die Modellkoordinaten, entsprechend dieser Stufe der Näherung

$$x_i'' = X_i'' - bx, \qquad y_i'' = Y_i'' - by, \qquad z_i'' = Z_i'' - bz \tag{3.45}$$

dann erhält man als Arbeitsbeziehung für das Verfahren des Bildanschlusses nach Schut

$$[\{- Y_i'\,(Y_i'' - by) + Z_i'\,(Z_i'' - bz)\}\,bx + X_i'\,(Y_i'' - by)\,by + X_i'\,(Z_i'' - bz)\,bz]\,\mathrm{d}\omega'' +$$
$$+ [Y_i'\,(X_i'' - bx)\,bx - \{Z_i'\,(Z_i'' - bz) + X_i'\,(X_i'' - bx)\}\,by + Y_i'\,(Z_i'' - bz)\,bz]\,\mathrm{d}\varphi'' +$$
$$+ [Z_i'\,(X_i'' - bx)\,bx + Z_i'\,(Y_i'' - by)\,by - \{X_i'\,(X_i'' - bx) + Y_i'\,(Y_i'' - by)\}\,bz]\,\mathrm{d}\varkappa'' +$$
$$+ [Z_i'\,(X_i'' - bx) - X_i'\,(Z_i'' - bz)]\,by + [X_i'\,(Y_i'' - by) - Y_i'\,(X_i'' - bx)]\,bz +$$
$$+ [Y_i'\,(Z_i'' - bz) - Z_i'\,(Y_i'' - by)]\,bx = 0 \tag{3.46}$$

Die Werte in den eckigen Klammern entsprechen der jeweiligen Näherung.

Mit 5 Gleichungen (3.46) ist die (differentielle) Lösung der relativen Orientierung bestimmt. Sind mehr homologe Punktpaare gemessen (in der Regel mindestens 6) können die Gleichungen (3.46) als gleichgewichtige Fehlergleichungen angesetzt und die Lösungen nach den Regeln der Ausgleichungsrechnung aus den Normalgleichungen berechnet werden. Schut benützt allerdings (in seinem ursprünglichen Programm) für die ersten Iterationen jeweils nur 5 Punktepaare und geht erst bei der letzten Iteration auf eine Ausgleichung mit Einbeziehung aller Punkte über. Er führt dabei die Verbesserungen der Bildkoordinaten streng ein und erhält an Stelle von (3.46) Bedingungsgleichungen[2].

---

[1]) Die Vorzeichen der Drehungen in Gl. (3.44a, b) sind nach Schut gegenüber (1.6e) bzw. (1.48) umgekehrt definiert.

[2]) Siehe Fußnote 1, S. 175.

Ebenso wie für den Bildanschluß kann aus (3.42) auch die linearisierte Beziehung für das Verfahren der Bilddrehungen abgeleitet werden. Legt man das Modellkoordinatensystem fest durch $X_0' = 0$, $Y_0' = 0$, $Z_0' = 0$, $Y_0'' = 0$, $Z_0'' = 0$ (X-Achse in Basisrichtung) und setzt außerdem $\omega' = 0$, erhält man analog zu (3.46) als Ausgangsbeziehung für das *Verfahren der Bilddrehungen* nach Schut:

$$- X_i' \, Y_i'' \, \mathrm{d}\varphi' - X_i' \, Z_i'' \, \mathrm{d}\varkappa' - (Y_i' \, Y_i'' + Z_i' \, Z_i'') \, \mathrm{d}\omega'' + Y_i' \, (X_i'' - bx) \, \mathrm{d}\varphi'' +$$
$$+ \, Z_i' \, (X_i'' - bx) \, \mathrm{d}\varkappa'' + (Y_i' \, Z_i'' - Z_i' \, Y_i'') = 0 \qquad (3.47)$$

Iterationen. Die Berechnung der Orientierungsverbesserungen nach (3.46) oder (3.47) bzw. den zugeordneten Normalgleichungen ergibt Zuschläge zu den Näherungswerten der Orientierung, von denen ausgegangen wurde. Diese Verbesserungen entsprechen in der Regel wegen ungenügender Anfangsnäherungen noch nicht der endgültigen Lösung, der man sich durch Wiederholung des Verfahrens schrittweise annähert. Der Iterationsprozeß kann für das Verfahren des Bildanschlusses wie folgt skizziert werden:

1. Die Koordinaten (X_i', Y_i', Z_i') der linken Bildpunkte P_i', bezogen auf das Modellsystem, sind nach (3.43) gegeben und bleiben unverändert; bx wird willkürlich festgelegt (meistens $\approx$ Bildbasis). Für die unbekannten Orientierungselemente werden bekannte oder angenommene Näherungswerte $by_{(0)}$, $bz_{(0)}$, $\omega''_{(0)}$, $\varphi''_{(0)}$, $\varkappa''_{(0)}$ eingeführt (in der Regel $= 0$ gesetzt) und damit nach (1.6e,f), (1.7c) streng die Richtungskoeffizienten $a_{11} \cdots a_{33}$ der Drehmatrix R ermittelt. Damit können streng nach (3.44a) mit Hilfe der Bildkoordinaten x_i'', y_i'', z_i'' die Koordinaten X_i'', Y_i'', Z_i'' der Bildpunkte P_i'' des rechten Bildes, ausgedrückt im Modellsystem, berechnet werden. Sie entsprechen der Näherung (0) der relativen Orientierung.

2. Aufstellen und Lösen von 5 Gleichungen (3.46), oder der entsprechenden 5 Normalgleichungen, ergibt differentielle Zuschläge $\mathrm{d}\omega''$, $\mathrm{d}\varphi''$, $\mathrm{d}\varkappa''$, sowie $by_{(1)}$, $bz_{(1)}$.

3. Nun werden die Bildpunkte P_i'' in Abwandlung von (3.44a) mit den Änderungen der Unbekannten transformiert nach

$$\begin{bmatrix} X'' \\ Y'' \\ Z'' \end{bmatrix}^{(r+1)} = R'' \begin{bmatrix} X'' - bx \\ Y'' - by \\ Z'' - bz \end{bmatrix}^{(r)} + \begin{bmatrix} bx \\ by \\ bz \end{bmatrix}^{(r+1)} \qquad (3.48)$$

Hier bedeutet der Index (r) die r-te Näherung, zunächst also $r = 0$. Die Drehmatrix R wird nach (1.7c) berechnet, indem statt der Drehgrößen ω, φ, $\varkappa$ die Änderungen $\mathrm{d}\omega''$, $\mathrm{d}\varphi''$, $\mathrm{d}\varkappa''$ eingesetzt werden. Als Ergebnis erhält man die $(r+1)$-te Näherung der Koordinaten X_i'', Y_i'', Z_i'' der Bildpunkte P_i'' des rechten Bildes.

4. Die Schritte 2 und 3 werden wiederholt, bis Konvergenz erreicht ist.

Dieses Iterationsverfahren ist dadurch gekennzeichnet, daß nach jedem Schritt das rechte Bild gedreht und verschoben wird und die neue Stellung wiederum als 0-Stellung für die Linearisierung genommen wird. Dadurch genügt es nicht, die einzelnen Verbesserungen der Winkelgrößen nur aufzuaddieren. Die resultierende Drehmatrix R der endgültigen Gesamtorientierung ergibt sich nach r Iterationen vielmehr als Produkt der Drehungen der einzelnen Schritte:

$$R^{(r)} = R^{(r-1)} \ldots R^{(2)} \cdot R^{(1)} \cdot R^{(0)} \qquad (3.49)$$

Daraus erhält man die Orientierungswinkel ω'', φ'', $\varkappa''$ nach (1.6g).

12 Photogrammetrie

In Tab. **179**.1 ist ein Zahlenbeispiel für die relative Orientierung nach Schut angegeben, das die Konvergenz des Verfahrens zeigt.

Berechnung der Modellpunkte. Nach Bestimmung der Orientierung des rechten Bildes können alle Bildpunkte P_i'' des rechten Bildes (auch diejenigen, die nicht zur relativen Orientierung benützt wurden) nach (3.44a) transformiert werden, es sei denn, sie seien alle schon während der Iteration schrittweise mitgeführt worden. Es sind also die Modellkoordinaten (X, Y, Z) der beiden Projektionszentren O', O'' und aller Bildpunkte P_i' und P_i'' gegeben, womit die Bildstrahlen in diesem Koordinatensystem festliegen. Damit kann ein Modellpunkt P_i als Schnitt seiner erzeugenden Bildstrahlen i', i'' bestimmt werden. Im allgemeinen werden sich jedoch wegen nicht näher zu erfassender Restfehler entsprechende Strahlen nicht exakt schneiden, sondern windschief kreuzen. Man muß daher definieren, welchen Punkt man als Modellpunkt ansehen will. Die einfachste Definition, die auch Schut verwendet, lehnt sich an die entsprechende vermittelnde Einstellung in Analog-Geräten beim Vorhandensein von Rest-Y-Parallaxen an. Danach wird in der Höhe Z, in der die X-Parallaxe verschwindet, die Mitte der Verbindungslinie der Durchstoßungspunkte $P_i^{(\prime)}$ und $P_i^{(\prime\prime)}$ als Modellpunkt P_i definiert, s. Bild **175**.1. Mit den Maßstabfaktoren λ_i' und λ_i'' auf den homologen Bildstrahlen i gelten nach (1.41) folgende Beziehungen zwischen den Bildpunkten P_i', P_i'', den Projektionszentren O', O'' und den Punkten $P_i^{(\prime)}$, $P_i^{(\prime\prime)}$ in der jeweiligen Projektionsebene:

$$
\begin{aligned}
X_i^{(\prime)} &= X_0' + \lambda_i'(X_i' - X_0') & X_i^{(\prime\prime)} &= X_0'' + \lambda_i''(X_i'' - X_0'') \\
Y_i^{(\prime)} &= Y_0' + \lambda_i'(Y_i' - Y_0') & Y_i^{(\prime\prime)} &= Y_0'' + \lambda_0''(Y_i'' - Y_0'') \\
Z_i^{(\prime)} &= Z_0' + \lambda_i'(Z_i' - Z_0') & Z_i^{(\prime\prime)} &= Z_0'' + \lambda_i''(Z_i'' - Z_0'')
\end{aligned}
\tag{3.50}
$$

Mit den Bedingungen

$$
X_i^{(\prime)} = X_i^{(\prime\prime)} \qquad \text{und} \qquad Z_i^{(\prime)} = Z_i^{(\prime\prime)}
\tag{3.51}
$$

lassen sich die Maßstabfaktoren λ_i' und λ_i'' eines Strahlenpaares aus (3.50) bestimmen:

$$
\begin{aligned}
\lambda_i' &= \frac{bx\,(Z_i'' - Z_0'') - bz\,(X_i'' - X_0'')}{(X_i' - X_0')\,(Z_i'' - Z_0'') - (X_i'' - X_0'')\,(Z_i' - Z_0')} \\[2mm]
\lambda_i'' &= \frac{bx\,(Z_i' - Z_0') - bz\,(X_i' - X_0')}{(X_i' - X_0')\,(Z_i'' - Z_0'') - (X_i'' - X_0'')\,(Z_i' - Z_0')}
\end{aligned}
\tag{3.52}
$$

Damit erhält man aus (3.50) die Modellkoordinaten des Modellpunktes P_i:

$$
X_i = X_i^{(\prime)} = X_i^{(\prime\prime)}, \qquad Y = \tfrac{1}{2}(Y_i^{(\prime)} + Y_i^{(\prime\prime)}), \qquad Z_i = Z_i^{(\prime)} = Z_i^{(\prime\prime)}
\tag{3.53}
$$

Die Differenz der Y-Koordinaten der Durchstoßungspunkte weist eine Y-Parallaxe im Modell in der Höhe Z_i aus:

$$
py = Y_i^{(\prime\prime)} - Y_i^{(\prime)}
\tag{3.54}
$$

die zur Qualitätsbeurteilung des analytischen Modells benützt wird.

Dieses Verfahren der Berechnung eines Modellpunktes macht seine Definition von der Wahl des Modell-Koordinantensystems abhängig, was theoretisch nicht befriedigt. Diesen Mangel umgeht die Definition eines Modellpunktes als Mitte des kürzesten Abstandes windschiefer Bildstrahlen[1]. Die Unterschiede beider Definitionen sind in der Praxis zu vernachlässigen.

---

[1] Rinner, K.: DGK, A 25, 1957, 40 S. und BuL (1956) 1 bis 10; 44 bis 56.

12*

Tab. **179**.1 Zahlenbeispiel für die analytische relative Orientierung nach Schut

	Bildkoordinaten ($z' = z'' = -150$ mm)				Modellkoordinaten			
	x' (mm)	y' (mm)	x'' (mm)	y'' (mm)	X (mm)	Y (mm)	Z (mm)	P_y (μm)
11	16,012	79,963	$-73,930$	78,706	10,0179	79,9290	$-149,8734$	$-0,7$
13	88,560	81,134	$-5,252$	78,184	79,9620	79,9472	$-147,8912$	0,6
21	14,618	$-0,231$	$-76,006$	0,036	10,0254	$-0,0003$	$-151,8849$	1,4
23	86,140	$-1,346$	$-7,706$	$-2,112$	79,9773	0,0129	$-149,9102$	$-1,3$
31	13,362	$-79,370$	$-79,122$	$-78,879$	10,0225	$-79,9572$	$-151,9135$	$-0,7$
33	82,240	$-80,027$	$-9,887$	$-80,089$	79,9999	$-79,9502$	$-154,9205$	0,7
12[1])	51,758	80,555	$-39,953$	78,463	44,9772	79,9571	$-148,8901$	0,7
22[1])	49,880	$-0,782$	$-42,201$	$-1,022$	45,0020	0,0078	$-150,9039$	6,6
32[1])	48,035	$-79,962$	$-44,438$	$-79,736$	45,0129	$-79,9569$	$-152,9278$	4,7

Orientierungselemente[2]) ($\omega' = -8,8^{cc}$; $X_0' = Y_0' = Z_0' = 0$; $X_0'' = 90$ mm, $Y_0'' = Z_0'' = 0$)

Restparallaxen im Modell (in μm)

	$\varphi'^{(g)}$	$\varkappa'^{(g)}$	$\omega''^{(g)}$	$\varphi''^{(g)}$	$\varkappa''^{(g)}$	σ_{py} (μm)	Pkt. 11	13	21	23	31	33
1. It.	0	0	0	0	0	3230	-1258	-2830	265	-735	478	-61
2. It.	1,92950	0,97748	1,00560	0,90314	2,01805	146	-94	-12	-14	35	62	86
3. It.	0,05991	0,02879	$-0,00138$	0,10981	$-0,01900$	2,3	$-0,6$	0,7	1,4	$-1,2$	$-0,8$	0,6
4. It.	$-0,00011$	0,00011	0,00006	$-0,00012$	0,00011	2,3	$-0,7$	0,6	1,4	$-1,3$	$-0,7$	0,7
5. It.	0,00000	0,00000	0,00000	0,00000	0,00000	2,3	$-0,7$	0,6	1,4	$-1,3$	$-0,7$	0,7
Ergebnis	1,98929	1,00639	1,00457	1,01252	1,99743	2,3	$-0,7$	0,6	1,4	$-1,3$	$-0,7$	0,7

[1]) Nicht zur relativen Orientierung benützt.   [2]) $\omega' \neq 0$ ergibt sich als Folge des Iterationsprozesses.

3.4.1.2 Weitere Verfahren der analytischen relativen Orientierung Es gibt eine große Zahl von Varianten und Verfahren der analytischen relativen Orientierung. Die wichtigsten Unterscheidungsmerkmale sind die verwendeten Orientierungsparameter und die Formulierung der Schnittbedingung.

Die *Wahl der Orientierungsparameter* gibt eine Reihe von Varianten, die sich nur geringfügig unterscheiden: Verschiedene Definitionen der Drehwinkel, Reihenfolge von Primär-, Sekundär- und Tertiärdrehung, Drehung um feste Achsen, Eulersche Winkel usw.[1]. Weiterhin Verwendung von orthogonalen Drehmatrizen mit 3 unabhängigen Elementen, z.B. a, b, c nach (1.45) oder a_{21}, a_{31}, a_{32} nach (1.46), an Stelle von geometrisch anschaulichen Winkelgrößen.

Die Verwendung der (abhängigen) *Richtungskoeffizienten* $a_{11} \cdots a_{33}$ als Orientierungsgrößen unter Mitführung der (nicht-linearen) Orthogonalitätsbeziehungen ist mathematisch interessant, bietet aber gewisse Schwierigkeiten. Wie schon R i n n e r nachgewiesen und neuerdings Stefanovic wieder betont hat, kann man das Problem der relativen Orientierung mit insgesamt 8 homologen Punktepaaren völlig allgemein und direkt lösen, wenn auf die Orthogonalitätsbedingungen der Richtungskoeffizienten verzichtet wird. In diesem Fall sind keine Näherungswerte erforderlich und können die Bildneigungen beliebig groß sein. Es ist dabei möglich, die Orthogonalitätsbedingungen nachträglich aufzuerlegen, so daß auch diese Ansätze als streng gelten können[2].

Eine weitere Gruppe löst sich noch weiter von den herkömmlichen geometrischen Drehwinkeln und benützt geeignete *Funktionen* dieser Größen als *Orientierungsgrößen*. Die Funktionen sollen unabhängig voneinander sein und lineare Rechengrößen darstellen. Unter diesen Verfahren ist das von Van den Hout bemerkenswert, das für ebenes Gelände bei beliebigen Neigungen eine lineare Direktlösung der relativen Orientierung leistet, in der Regel aber ebenfalls iterieren muß. Es hat weiterhin die Eigenschaft, daß die Koeffizientenmatrix der Normalgleichungen bei allen Iterationen unverändert bleibt[3].

Verschiedentlich sind auch analytische Verfahren vorgeschlagen worden und in praktischer Anwendung, die wie die instrumentellen Verfahren von 6 *Schemapunkten* ausgehen und dadurch wesentlich vereinfachte Rechenvorschriften erreichen. Tatsächlich kann man auch nach den Ansätzen (3.14) und (3.18) analytisch relativ orientieren, wenn nur die Transformationen nach jeder Iteration streng durchgeführt werden. Diese Verfahren konnten sich jedoch gegen die Forderungen nach einer beliebigen Lage und Anzahl der Orientierungspunkte nicht behaupten, zumal heute die mittlere Datentechnik die numerischen Probleme der analytischen relativen Orientierung leicht bewältigen kann.

Neben den Orientierungsparametern ist ein zweites Hauptmerkmal der analytischen Verfahren der relativen Orientierung die *Formulierung der Schnittbedingung*. Bekannt sind: Koplanaritätsbedingung, Verschwinden der Y-Parallaxen im Modellraum oder der kürzesten Abstände windschiefer Strahlen, Winkelgleichheit zwischen Bildstrahlen im Bild- und Modellraum. Die verschiedenen Formulierungen der Schnittbedingung der relativen Orientierung führen zu Gleichungen, die sich äußerlich erheblich von (3.41) unterscheiden. Trotzdem führen die verschiedenen Formulierungen desselben geometrischen Sachverhalts zu völlig identischen Ergebnissen, solange nur mit 5 homologen

---

[1] G o t t h a r d t, E.: BuL (1959) 109 bis 121; S c h m i d, H.: BuL (1958) 103 bis 113; (1959) 1 bis 12; C h u r c h, E.: Phm. Eng. VIII (1941) 212 bis 252; W a s s e f, A. M.: Phia X (1953/54) 76 bis 82.
[2] R i n n e r, K.: Phia (1942) 41 bis 54; B l a i s, J. A. R.: Can. Surv. **26** (1972) 71 bis 76; S t e f a - n o v i c, P.: ITC-J. (1973) 417 bis 448; T h o m p s o n, E. H.: Phia **23** (1968) 67 bis 75.
[3] V a n d e n H o u t, C. M. A.: Boll. Geod. Science Aff. XX (1961) 418 bis 427.

Punktepaaren, d.h. ohne Überbestimmung, gearbeitet wird. Mit Überbestimmungen stimmen die Lösungen jedoch nicht mehr völlig überein, da jeweils verschiedene Funktionen durch die Ausgleichung minimalisiert bzw. verschiedene Größen als (Pseudo-) Beobachtungen behandelt werden. Man kann davon ausgehen, daß diese Unterschiede bei den üblichen Senkrechtaufnahmen von völlig untergeordneter Bedeutung sind. Allerdings fehlen Untersuchungen darüber. Überhaupt fällt auf, daß die analytischen Verfahren die relative Orientierung fast nur als geometrisches Problem sehen denn nach fehlertheoretischen Gesichtspunkten als Ausgleichungsproblem.

Die verschiedenen Ansätze der analytischen relativen Orientierung, insbesondere auch die Bemühungen um nicht-iterative Direktlösungen für den allgemeinen Fall beliebiger Bildneigungen und beliebiger Geländeformen, sind zwar von erheblichem theoretischen und für Sonderfälle auch praktischem Interesse. Bei der in der Praxis der Luftbildmessung weitgehend erreichten Standardisierung auf Senkrechtaufnahmen sind jedoch die Unterschiede in Genauigkeit, Rechenaufwand, Konvergenz (3 bis 4 Iterationen) recht unerheblich. Es ist bezeichnend, daß es kaum vergleichende Untersuchungen darüber gibt.

3.4.1.3 Direkter Ansatz zur analytischen relativen Orientierung nach der Bündelmethode

Das Verfahren von Schut und die übrigen genannten Verfahren der analytischen relativen Orientierung, die in der Praxis angewendet werden, sind von der Konzeption her noch eng mit den instrumentellen Orientierungsverfahren verwandt. Im Gegensatz dazu kann man auch von den fundamentalen Abbildungsbeziehungen (1.8) ausgehen und sie der direkten und simultanen Bestimmung aller Unbekannten einer Orientierung zugrundelegen. Dieser direkte Ansatz wird auch bei der Aerotriangulation verwendet werden. Er ist dort als „Bündelmethode" bekannt und ist vor allem im Hinblick auf die Ausgleichungsrechnung konsequent und allgemein. Pseudoprobleme wie die Definition eines Modellpunktes treten dabei nicht auf.

Der Ansatz zur direkten analytischen Lösung des Orientierungsproblems ist durch die Abbildungsgleichungen (1.8) gegeben, wobei die innere Orientierung als gegeben betrachtet wird. Die (reduzierten) Bildkoordinaten x, y gelten als Beobachtungen, denen im Sinne der Ausgleichungsrechnung bei Überbestimmung Verbesserungen v zugeordnet werden. Man erhält somit nach (1.8) für jedes Paar homologer Bildpunkte $P_i^{(\prime)}$ und $P_i^{(\prime\prime)}$ 4 Fehlergleichungen der allgemeinen Form:

$$
\begin{aligned}
x_i' + v_x' &= f_x' \, (X_0', Y_0', Z_0', \omega', \varphi', \varkappa', X_i, Y_i, Z_i) \\
y_i' + v_y' &= f_y' \, (X_0', Y_0', Z_0', \omega', \varphi', \varkappa', X_i, Y_i, Z_i) \\
x_i'' + v_x'' &= f_x'' \, (X_0'', Y_0'', Z_0'', \omega'', \varphi'', \varkappa'', X_i, Y_i, Z_i) \\
y_i'' + v_y'' &= f_y'' \, (X_0'', Y_0'', Z_0'', \omega'', \varphi'', \varkappa'', X_i, Y_i, Z_i)
\end{aligned}
\tag{3.55a}
$$

Dabei treten jeweils die insgesamt 12 Orientierungselemente der beiden Bilder und die Koordinaten X_i, Y_i, Z_i des Modellpunktes i als Unbekannte auf. Dieser Ansatz entspricht zunächst dem der räumlichen Doppelpunkteinschaltung (s. 3.4.3). Er wird auf die relative Orientierung durch die im Prinzip willkürliche Annahme eines Modellkoordinatensystems (X, Y, Z) zurückgeführt, durch das 7 Orientierungsgrößen der Bilder bzw. der Bildkoordinatensysteme festgelegt sind. Z.B. ist mit $X_0' = 0$, $Y_0' = 0$, $Z_0' = 0$, $\omega' = 0$, $\varphi' = 0$, $\varkappa' = 0$, $X_0'' = X_0' + bx = bx$ das Modellkoordinatensystem mit dem linken Bildkoordinatensystem zusammengelegt. Wenn von 5 homologen Punktepaaren die insgesamt 20 ebenen Bildkoordinaten x_i', y_i', x_i'', y_i'' $(i = 1, \ldots, 5)$ gemessen sind, ergeben sich nach (3.55a) genau 20 unabhängige Gleichungen zur Bestimmung der 20 Unbekannten, die sich aus den verbliebenen 5 Orientierungsgrößen (Y_0'', Z_0'', ω'', φ'', $\varkappa''$) und den 15 Modellkoordinaten X_i, Y_i, Z_i ($i = 1, \ldots, 5$) der 5 Modellpunkte zusammensetzen. Jedes weitere gemessene Punktepaar j (4 Beobachtungen x_j', y_j', x_j'', y_j'', 3 Unbekannte X_j, Y_j, Z_j) gibt Anlaß zu einer Überbestimmung und somit zur Ausgleichung. Zur Lösung des Ausgleichungsproblems werden die nichtlinearen Beziehungen (3.55a) nach den Unbekannten linearisiert, s. (1.17). Dazu müssen Näherungswerte der Unbekannten einschließlich der Modell-Koordinaten bekannt sein, ferner wird die innere Orientierung als gegeben betrachtet. Näherungswerte der Modellkoordinaten sind z. B. mit

$$X_i^{(0)} = k\, x_i', \qquad Y_i^{(0)} = k\, y_i', \qquad Z_i^{(0)} = -\,k\, c' \qquad (3.55\,\mathrm{b})$$

zu gewinnen, wobei $k = bx/b'$ ($b' = $ Bildbasis). Im Gegensatz zu der beim Verfahren Schut besprochenen Linearisierung wird anstatt von der Stelle 0 hier von einer allgemeinen Näherungsstelle aus linearisiert, obgleich bei der ersten Iteration in der Regel für die Neigungsnäherungen die Werte 0 eingeführt werden.

Wenn die Ausgleichung nach der Methode der kleinsten Quadrate nach vermittelnden Beobachtungen angesetzt wird, erhält man Normalgleichungen mit $(5 + 3i)$ Unbekannten ($i = $ Anzahl der Modellpunkte). Die Koeffizienten-Submatrix für die unbekannten Modellkoordinaten bildet dabei eine Hyper-Diagonalmatrix. Diese Unbekannten sind daher leicht allgemein zu eliminieren (s. 3.4.3), wodurch ein teilreduziertes Normalgleichungssystem mit 5 Orientierungsunbekannten übrig bleibt.

Die numerische Lösung dieses Systems ergibt im Fall des Bildanschlusses die Korrekturen $\mathrm{d}\omega''$, $\mathrm{d}\varphi''$, $\mathrm{d}\varkappa''$, $\mathrm{d}Y_0''$, $\mathrm{d}Z_0''$. Durch Rücksubstitution in die ursprünglichen Normalgleichungen erhält man leicht die zugehörigen Koordinatenänderungen $\mathrm{d}X_i$, $\mathrm{d}Y_i$, $\mathrm{d}Z_i$ der Modellpunkte P_i. Addition der Änderungen zu den ursprünglichen Näherungswerten ergibt jeweils die nächste Näherung. Damit werden die Fehlergleichungen (3.55a) neu linearisiert und der Ausgleichungsprozeß wiederholt.

Bei diesem Verfahren wird die Schnittbedingung dadurch verwirklicht, daß die Modell-Koordinaten des Schnittpunktes explizit als Unbekannte eingeführt und im Prinzip simultan mit den Orientierungsunbekannten gelöst werden. Jedes Fehlergleichungspaar stellt die Bedingung dar, daß der orientierte Strahl durch diesen Modellpunkt geht. Bei Überbestimmung würden sich die Strahlen in der Regel nicht schneiden, sondern windschief aneinander vorbeilaufen. Durch Verbesserung der Bildkoordinaten ist dann ein Modellpunkt nach dem Minimumprinzip der Methode der kleinsten Quadrate in der Weise eindeutig definiert, daß für alle Bildpunkte insgesamt (und für jedes homologe Punktepaar einzeln) die Quadratsumme der betroffenen Bildkoordinaten minimalisiert wird:

$$\sum_i (v_x' v_x' + v_y' v_y' + v_x'' v_x'' + v_y'' v_y'')_i = \min \qquad (3.56)$$

Mit anderen Worten definieren die verbesserten Bildkoordinaten stets Bildstrahlen, die sich exakt schneiden, s. Bild **182.1**. Punkte, die sich nicht auf die relative Orientierung auswirken sollen (weil sie sich z. B. vom Objekt her nicht dafür eignen), werden bei diesem Verfahren zweckmäßig mit dem Gewicht 0 für die Bildkoordinaten mitgeführt.

182.1 Zur Definition eines Geländepunktes bei der Bündellösung.
$(v_x')^2 + (v_y')^2 + (v_x'')^2 + (v_y'')^2 = \min$

Neben der analytischen relativen Orientierung des Bildpaars ist einige Zeit die analytische *Triplet*-Orientierung diskutiert und auch angewandt worden[1]). Dabei handelt es sich um die gleichzeitige gegenseitige Orientierung dreier aufeinanderfolgender Bilder einer Bildreihe. In der Regel wurde dabei der Maßstab durch die Basis der ersten beiden Bilder und die Orientierung des mittleren Bildes vorgegeben. Der allgemeine Ansatz der Fehlergleichungen ist derselbe wie in (3.55a) mit jeweils einem zusätzlichen Paar von Fehlergleichungen für die Bildpunkte des 3. Bildes. Im 3fach überdeckten Gebiet sind einem Punkt *i* 3 Bildstrahlen oder 6 Fehlergleichungen zugeordnet. Die Triplet-Orientierung ist ursprünglich in der Erwartung erheblich günstigerer Resultate der Aerotriangulation vorgeschlagen worden. Diese Erwartung hat sich nicht im erhofften Maße erfüllt[2]). Das Verfahren ist im übrigen durch die strengeren Verfahren der Aerotriangulation weitgehend überholt. Es wird noch beim USOS[3]), offenbar wegen der bequemen Aufdeckung grober Datenfehler, für die Streifenbildung angewendet.

3.4.2   Rechnerische absolute Orientierung des Bildpaares

Nach der analytischen relativen Orientierung eines Bildpaares liegen die räumlichen Koordinaten sämtlicher Modellpunkte einschließlich der beiden Projektionszentren vor, bezogen auf das jeweilige Modellkoordinatensystem (Y, X, Z). Nach den grundsätzlichen Ausführungen in Abschn. 3.3.2.1, die auch für rein rechnerische Verfahren gelten, besteht die absolute Orientierung des Bildpaars in der *räumlichen Ähnlichkeitstransformation* der Modellkoordinaten (X, Y, Z) in das übergeordnete (Landes)Koordinatensystem (U, V, W). Die Aufgabe zerfällt wie bei den instrumentellen Verfahren in die Bestimmung der Transformationsparameter mit Hilfe von Paßpunkten (im Minimum 2 Lage-, 3 Höhenpaßpunkte, die in der Regel nicht zusammenfallen) und der anschließenden Transformation aller Modellpunkte.

Nach (3.25) lautet der Ansatz für die räumliche Ähnlichkeitstransformation eines Punktes *i*, als Fehlergleichungen geschrieben[4]):

$$\begin{bmatrix} V_X \\ V_Y \\ V_Z \end{bmatrix}_i - \begin{bmatrix} U \\ V \\ W \end{bmatrix}_i = -m \cdot R \begin{bmatrix} X \\ Y \\ Z \end{bmatrix}_i - \begin{bmatrix} U_0 \\ V_0 \\ W_0 \end{bmatrix} = -m \begin{bmatrix} a_{11} & a_{12} & a_{13} \\ a_{21} & a_{22} & a_{23} \\ a_{31} & a_{32} & a_{33} \end{bmatrix} \begin{bmatrix} X \\ Y \\ Z \end{bmatrix}_i - \begin{bmatrix} U_0 \\ V_0 \\ W_0 \end{bmatrix} \qquad (3.57)$$

Dabei ist R eine orthogonale Drehmatrix, deren 9 Elemente $a_{11} \cdots a_{33}$ als Funktionen von 3 unabhängigen Parametern, z.B. Φ, Ω, A (1.7c) oder a, b, c (1.45), darstellbar sind. Mit Näherungen $m^{(0)}$ und $R^{(0)}$ für die nichtlinear auftretenden Unbekannten erhält man die linearisierten Fehlergleichungen:

$$\begin{bmatrix} V_X \\ V_Y \\ V_Z \end{bmatrix}_i = \begin{bmatrix} U \\ V \\ W \end{bmatrix}_i - \{m^{(0)} \cdot R^{(0)} + R^{(0)} \, \mathrm{d}m + m^{(0)} \cdot \mathrm{d}R\} \begin{bmatrix} X \\ Y \\ Z \end{bmatrix}_i - \begin{bmatrix} U_0 \\ V_0 \\ W_0 \end{bmatrix} \qquad (3.58)$$

---

[1]) Mikhail, E.: Phm. Eng. XVIII (1962) 625 bis 632.

[2]) Lehmann, G.: ZfV **88** (1963) 485 bis 492; vgl. dazu aber Marks, G.W.; Mikhail, E.: Experimental Results from Block Triangulation by Bundles, Pairs, and Triplets. DGK, B 214, 1975, 19 bis 23.

[3]) USOS = US Oceanographic Survey; früher USCGS = US Coast and Geodetic Survey.

[4]) Vorzeichen definiert durch $X_{\text{transf}} + V_x = U$ usw.; transformierte Modellkoordinaten werden verbessert.

In der Regel wird $R^{(0)} = E$ (Einheitsmatrix) gesetzt, d.h. von Neigungswerten 0 als erster Näherung ausgegangen[1]).

Außerdem kann man nach Vortransformation[1]) $m^{(0)} = 1$ setzen und den Maßstabfaktor $1 + dm = m$ direkt als Unbekannte führen. Man erhält für die Fehlergleichungen (3.58), mit Ω, Φ, A als Drehgrößen:

$$\begin{bmatrix} V_X \\ V_Y \\ V_Z \end{bmatrix}_i = \begin{bmatrix} U \\ V \\ W \end{bmatrix}_i + m_0 \begin{bmatrix} -X & 0 & -Z & Y \\ -Y & Z & 0 & -X \\ -Z & -Y & X & 0 \end{bmatrix}_i \begin{bmatrix} m/m_0 \\ d\Omega \\ d\Phi \\ dA \end{bmatrix} - \begin{bmatrix} U_0 \\ V_0 \\ W_0 \end{bmatrix} \qquad (3.59)$$

Geht man anstatt von den Drehgrößen Ω, Φ, A von den entsprechenden Parametern a, b, c der Rodrigues-Matrix (1.45) aus, erhält man nach (1.47) ebenfalls die linearisierten Fehlergleichungen (3.59), hat lediglich die Inkremente $d\Omega$, $d\Phi$, dA durch da, db, dc zu ersetzen.

Sind l Lagepaßpunkte und h Höhenpaßpunkte gegeben (wobei einige der Lage- und Höhenpaßpunkte zusammenfallen können) und behandelt man sie als gleichgewichtig[2]), erhält man aus den jeweiligen Fehlergleichungen (3.59) mit $m_0 = 1$ das Normalgleichungssystem (3.60):

$$\begin{array}{lllllllcl}
\{[X^2+Y^2]_l+[Z^2]_h\}\,m & +\{-[YZ]_l+[YZ]_h\}\,d\Omega & +\{[XZ]_l-[XZ]_h\}\,d\Phi & \cdot & +[X]_l\,U_0 & +[Y]_l\,V_0 & +[Z]_h\,W_0 & = & [XU+YV]_l+[ZW]_h \\[4pt]
\{-[YZ]_l+[YZ]_h\}\,m & +\{[Z^2]_l+[Y^2]_h\}\,d\Omega & +\{-[XY]_h\}\,d\Phi & +\{-[XZ]_l\}\,dA & \cdot & -[Z]_l\,V_0 & +[Y]_h\,W_0 & = & [-ZV]_l+[YW]_h \\[4pt]
\{[XZ]_l-[XZ]_h\}\,m & +\{-[XY]_h\}\,d\Omega & +\{[Z^2]_l+[X^2]_h\}\,d\Phi & +\{-[YZ]_l\}\,dA & +[Z]_l\,U_0 & \cdot & -[X]_h\,W_0 & = & [ZU]_l-[XW]_h \\[4pt]
\cdot & +\{-[XZ]_l\}\,d\Omega & +\{-[YZ]_l\}\,d\Phi & +\{[X^2+Y^2]_l\}\,dA & -[Y]_l\,U_0 & +[X]_l\,V_0 & \cdot & = & [-YU+XV]_l \\[4pt]
\{[X]_l\}\,m & \cdot & +\{[Z]_l\}\,d\Phi & -\{[Y]_l\}\,dA & +n_l\,U_0 & \cdot & \cdot & = & [U]_l \\[4pt]
\{[Y]_l\}\,m & -\{[Z]_l\}\,d\Omega & \cdot & +\{[X]_l\}\,dA & \cdot & +n_l\,V_0 & \cdot & = & [V]_l \\[4pt]
\{[Z]_h\}\,m & +\{[Y]_h\}\,d\Omega & -\{[X]_h\}\,d\Phi & \cdot & \cdot & \cdot & +n_h\,W_0 & = & [W]_h
\end{array} \qquad (3.60)$$

---

[1]) Sind Näherungen $m^{(0)} \neq 1$, $\Omega^{(0)} \neq 0$, $\Phi^{(0)} \neq 0$, $A^{(0)} \neq 0$ bekannt, so wird das Modell zunächst transformiert und davon als 0-Näherung ausgegangen. In der Praxis der Luftbildmessung können große Werte vor allem für das Azimut A auftreten.

[2]) Formal bezieht sich das Gewicht auf die mit den Näherungswerten transformierten Modellkoordinaten.

Die numerische Lösung der Normalgleichungen (3.60) ergibt die Unbekannten m, U_0, V_0, W_0 und die Änderungen $d\Omega$, $d\Phi$, dA. Mit ihnen wird das der 0-Näherung entsprechende Modell streng transformiert, nach (3.57) bzw. (3.25). Bezeichnet man das Ergebnis der Transformation wieder mit (X, Y, Z)[1], dann gelten für die nächste Iteration wiederum die Fehlergleichungen (3.59) und die Normalgleichungen (3.60). Bei Senkrechtaufnahmen sind in der Regel 2 bis 3 Iterationen ausreichend. Tab. **185**.1 zeigt ein numerisches Beispiel für die absolute Orientierung nach dem beschriebenen Verfahren.

Obwohl praktisch völlig ausreichend, sind die auf Näherungswerten und wiederholten Linearisierungen beruhenden Verfahren theoretisch nicht sehr befriedigend. Es bleibt stets das Problem der Konvergenz im Zusammenwirken von zu groben oder verfälschenden Näherungswerten mit gegebenenfalls schlechter Kondition des Gleichungssystems durch besondere Lage der Paßpunkte und große Höhenunterschiede. Es ist daher immer wieder nach sogenannten direkten Lösungen des nichtlinearen Problems der absoluten Orientierung gesucht worden[2]. Unter verschiedenen Voraussetzungen, insbesondere für den nicht überbestimmten Fall, sind direkte Lösungen auch gefunden worden. Sie haben in der Praxis noch keine allgemeine Verbreitung gefunden.

Tab. **185**.1 Zahlenbeispiel für die rechnerische absolute Orientierung eines Bildpaares

	Modellkoordinaten			Geländekoordinaten			Verbesserungen		
	X	Y	Z	U	V	W	V_X	V_Y	V_Z
	(mm)	(mm)	(mm)	(m)	(m)	(m)	(cm)	(cm)	(cm)
△ 11	10,018	79,931	−149,872	5083,205	5852,099	527,925	−6,2	5,3	−2,1
△ 13	79,962	79,949	−147,890	5780,020	5906,365	571,549	4,9	−2,4	2,1
△ 31	10,022	−79,955	−151,915	5210,879	4258,446	461,810	12,8	−2,5	2,1
△ 33	80,000	−79,948	−154,922	5909,264	4314,283	455,484	−11,6	−0,5	−2,1
12	44,977	79,959	−148,889	5431,477	5879,399	549,658			
21	10,025	0,001	−151,885	5147,362	5055,701	484,961			
22	45,002	0,010	−150,904	5495,767	5082,880	506,654			
23	79,977	0,015	−149,910	5844,151	5110,013	528,474			
32	45,013	−79,955	−152,929	5559,933	4286,193	463,540			

Orientierungselemente

	1. It.	2. It.	3. It.	4. It.	Ergebnis[1]	σ
Ω (g)	1,98953	−0,00132	0,00000	0,00000	1,98585	37^{cc}
Φ (g)	−2,01045	0,00112	0,00000	0,00000	−2,01165	83^{cc}
A (g)	5,12799	−0,07474	0,00005	0,00000	5,05327	34^{cc}
U_0 (m)	5000,043	−11,946	0,010	0,000	4999,396	20,1 cm
V_0 (m)	4999,979	0,931	0,001	0,000	5000,461	10,1 cm
W_0 (m)	1998,281	−0,342	0,000	0,000	1999,899	11,1 cm
m	9995,764	1,00107790	0,99999900	1,00000000	10006,529	$0,52 \triangleq 0,05\ ^0/_{00}$
σ_0 (cm)	124,8	9,1	9,2	9,2	9,2	

[1] Nicht gleichbedeutend mit der Summe der einzelnen Iterationen

---

[1] Streng genommen müßte man von den Koordinaten $U^{(1)}$, $V^{(1)}$, $W^{(1)}$ der Näherung (1) sprechen.

[2] Thompson, E. H.: Phia XV (1958/59) 163 bis 179; Schut, G. H.: Phia XVII (1960/61) 34 bis 37; van den Hout, C. M. A.: Boll. Geod. Science Aff., XX (1961) 418 bis 424; Tienstra, J. M.: A method for the calculation of orthogonal transformation matrices and its application to photogrammetry and other disciplines, Diss. TH Delft 1969; Sanso, F.: Phia **29** (1973) 203 bis 216.

3.4.3 Analytische räumliche Doppelpunkteinschaltung nach der Bündelmethode

Die Zweistufenlösung der räumlichen Doppelpunkteinschaltung, d.h. die Trennung von relativer und absoluter Orientierung, wird bis heute bei der analytischen Auswertung des Bildpaares häufig verwendet. Wesentliche Gründe sind die Übersichtlichkeit des Verfahrens, einfache Berechnung, keine Erfordernis für Näherungskoordinaten der Geländepunkte, einfachere Lokalisierung grober Datenfehler. Andererseits ist die theoretisch strengere[1]) direkte Behandlung des Zweibild-Orientierungsproblems in Form der Doppelpunkteinschaltung mit den modernen Rechenhilfsmitteln ohne weiteres möglich. Es handelt sich um den einfachsten Fall ($n = 2$) der allgemeinen Lösung der analytischen Punktbestimmung aus einem Bildverband, die als Bündelmethode bekannt ist und in Abschn. 3.5.5 weiter behandelt wird. Dabei wird nicht mehr zwischen Orientierung und Punktbestimmung unterschieden. Beide Gruppen von Unbekannten treten gemeinsam in den Bestimmungsgleichungen auf und werden im Prinzip simultan bestimmt.

Den allgemeinen Ansatz zur simultanen analytischen Auswertung des Bildpaares, die aus Orientierung von 2 Strahlenbündeln *und* Bestimmung der Neupunkte besteht, bilden wie in Abschn. 3.4.1.3 die fundamentalen Abbildungsgleichungen (1.8). In dem praktisch stets anzunehmenden Fall von Überbestimmung werden die (reduzierten, s. 3.1.2) Bildkoordinaten x_i', y_i', x_i'', y_i'' homologer Bildpunkte P_i', P_i'' im Sinne der Ausgleichungsrechnung als Beobachtungen mit zugeordneten Verbesserungen v behandelt, so daß jedes Paar (i) homologer Bildpunkte Anlaß zu 4 Fehlergleichungen des Typs (3.55a) gibt, wobei die innere Orientierung als gegeben vorausgesetzt ist. Linearisiert lauten sie allgemein, nach (1.17), wobei für das übergeordnete Landessystem jetzt die Bezeichnungen (U, V, W) gewählt werden[2]):

$$
\begin{bmatrix} v_x' \\ v_y' \end{bmatrix}_i = \begin{bmatrix} a_0' \\ b_0' \end{bmatrix}_i + \begin{bmatrix} a_1'\,dU_0' + a_2'\,dV_0' + a_3'\,dW_0' + a_4'\,d\omega' + a_5'\,d\varphi' + a_6'\,d\varkappa' \\ b_1'\,dU_0' + b_2'\,dV_0' + b_3'\,dW_0' + b_4'\,d\omega' + b_5'\,d\varphi' + b_6'\,d\varkappa' \end{bmatrix}_i +
$$
$$
+ \begin{bmatrix} a_7'\,dU_i + a_8'\,dV_i + a_9'\,dW_i \\ b_7'\,dU_i + b_8'\,dV_i + b_9'\,dW_i \end{bmatrix}_i
$$

$$(3.61\,a)$$

$$
\begin{bmatrix} v_x'' \\ v_y'' \end{bmatrix}_i = \begin{bmatrix} a_0'' \\ b_0'' \end{bmatrix}_i + \begin{bmatrix} a_1''\,dU_0'' + a_2''\,dV_0'' + a_3''\,dW_0'' + a_4''\,d\omega'' + a_5''\,d\varphi'' + a_6''\,d\varkappa'' \\ b_1''\,dU_0'' + b_2''\,dV_0'' + b_3''\,dW_0'' + b_4''\,d\omega'' + b_5''\,d\varphi'' + b_6''\,d\varkappa'' \end{bmatrix}_i +
$$
$$
+ \begin{bmatrix} a_7''\,dU_i + a_8''\,dV_i + a_9''\,dW_i \\ b_7''\,dU_i + b_8''\,dV_i + b_9''\,dW_i \end{bmatrix}_i
$$

oder $\quad v_i' = a_i' + A_i'\,p' + B_i'\,x_i$

$\qquad\quad v_i'' = a_i'' + A_i''\,p'' + B_i''\,x_i \qquad$ (s. u.)

$$(3.61\,b)$$

---

[1]) Die Zweistufen-Orientierung wäre fehlertheoretisch streng, wenn die nach der relativen Orientierung entstandenen Korrelationen bei der absoluten Orientierung berücksichtigt würden.

[2]) Leider sind die Koeffizienten so umfangreich, daß zu symbolisch-schematischer Schreibweise gegriffen werden muß. Diese Darstellung, die in 3.5 noch stärker in Erscheinung tritt, erleichtert zwar den Überblick, führt aber dazu, daß die rechnerischen Verfahren nur noch sehr pauschal beschrieben zu werden pflegen.

Die Koeffizienten, denen jeweils der Index i zugeordnet ist, sind als Differentialquotienten nach (1.18) bis (1.23) bestimmt; die konstanten Glieder sind nach (1.16) durch

$$a_0' = - c \frac{Z_x'}{N'} - x'; \qquad b_0' = - c \frac{Z_y'}{N'} - y';$$

$$a_0'' = - c \frac{Z_x''}{N''} - x''; \qquad b_0'' = - c \frac{Z_y''}{N''} - y'' \tag{3.62}$$

gegeben. Zur Berechnung der Koeffizienten sind Näherungswerte für die unbekannten Orientierungsparameter wie auch für die unbekannten Geländekoordinaten $(U_i,\ V_i,\ W_i)$ der Punkte P erforderlich (s. 3.4.4.4).

In den Fehlergleichungen (3.55 a), (3.61) treten jeweils die insgesamt 12 Orientierungselemente der beiden Bilder sowie für jeden Geländepunkt i die Geländekoordinaten $(U_i,\ V_i,\ W_i)$ als Unbekannte auf. Nur wenn es sich um einen Paßpunkt handelt sind die Koordinaten U_i, V_i und/oder W_i bekannt bzw. in (3.61) die Größen $\mathrm{d}U_i$, $\mathrm{d}V_i$ und/oder $\mathrm{d}W_i$ gleich 0 zu setzen. Man sieht, daß von mindestens 5 Geländepunkten P_i die insgesamt 20 Bildkoordinaten x_i', y_i', x_i'', y_i'' $(i = 1, \ldots, 5)$ gemessen und mindestens 7 der Geländekoordinaten als Paßpunktkoordinaten gegeben sein müssen, um die 12 Orientierungsunbekannten und die von den 5 Geländepunkten mit 15 Koordinaten nach Abzug der Paßpunktkoordinaten verbleibenden 8 unbekannten Geländekoordinaten bestimmen zu können. Eine genauere Analyse würde die volle Übereinstimmung mit den aus der relativen und absoluten Orientierung bekannten Regeln bestätigen. Jeder zusätzlich gemessene Punkt (4 Beobachtungen, 3 Unbekannte) gibt Anlaß zu einer Überbestimmung in der Ausgleichung, abgesehen von weiteren Paßpunktkoordinaten. In Matrizenschreibweise kann man die Fehlergleichungen (3.61) für $i \geqq 5$ Punkte wie folgt zusammengefaßt darstellen:

$$\begin{aligned} v' &= A' p' &&+ B' x + a' \\ v'' &= && A'' p'' + B'' x + a'' \end{aligned} \tag{3.63a}$$

Dabei bedeuten

p',p'' Vektoren der je 6 unbekannten Orientierungsparameter $[\mathrm{d}U_0',\ \mathrm{d}V_0',\ \mathrm{d}W_0',\ \mathrm{d}\omega',\ \mathrm{d}\varphi',\ \mathrm{d}\varkappa']^{\mathrm{tr}}$ bzw. $[\mathrm{d}U_0'',\ \mathrm{d}V_0'',\ \mathrm{d}W_0'',\ \mathrm{d}\omega'',\ \mathrm{d}\varphi'',\ \mathrm{d}\varkappa'']^{\mathrm{tr}}$ der beiden Bilder,

v',v'' Vektoren $[v_{xi}', \ldots, v_{yi}', \ldots]^{\mathrm{tr}}$ bzw. $[v_{xi}'', \ldots, v_{yi}'', \ldots]^{\mathrm{tr}}$ $(i = 1, \ldots, n)$ der Verbesserungen der Bildkoordinaten,

x Vektoren $[U_i, \ldots, V_i, \ldots, W_i, \ldots]^{\mathrm{tr}}$ der Geländekoordinaten,

a',a'' Vektoren der Absolutglieder $[a_i', \ldots, a_i'', \ldots]^{\mathrm{tr}}$,

A',A'' Koeffizientenmatrizen der Orientierungsunbekannten, je $2\,i$ Zeilen, 6 Spalten,

B',B'' Koeffizientenmatrizen der Geländekoordinaten, s.u.

Mit der Annahme gleichgewichtiger und unkorrelierter Bildkoordinaten erhält man die Normalgleichungen

$$\begin{aligned} A'^{\mathrm{tr}} A' p' &+ A'^{\mathrm{tr}} B' x + A'^{\mathrm{tr}} a' = 0 \\ A''^{\mathrm{tr}} A'' p'' &+ A''^{\mathrm{tr}} B'' x + A''^{\mathrm{tr}} a'' = 0 \end{aligned} \tag{3.64a}$$

$$B'^{\mathrm{tr}} A' p' + B''^{\mathrm{tr}} A'' p'' + (B'^{\mathrm{tr}} B' + B''^{\mathrm{tr}} B'') x + B'^{\mathrm{tr}} a' + B''^{\mathrm{tr}} a'' = 0$$

Die Fehler- und Normalgleichungen (3.63a), (3.64a) haben eine klar gegliederte Struktur, die folgendes Beispiel für $i = 6$ Punkte verdeutlichen soll:

Schema der Fehlergleichungen der räumlichen Doppelpunkteinschaltung für $i = 6$ Punkte ($4\,i = 24$ Zeilen, $2 \cdot 6 + 6 \cdot 3$ Spalten $+$ 1 Spaltenvektor)

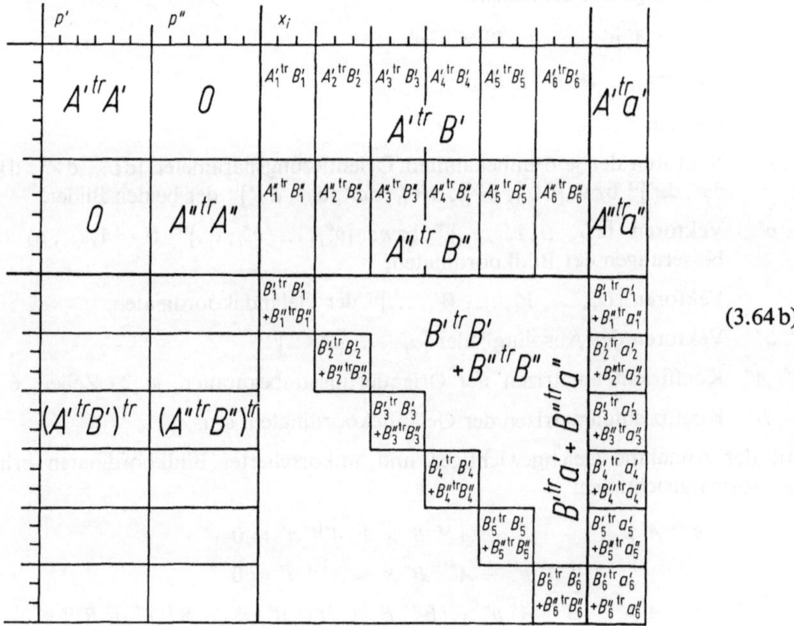

(3.63 b)

Schema der Normalgleichungen der räumlichen Doppelpunkteinschaltung ($2 \cdot 6 + 6 \cdot 3 = 30$ Unbekannte)

(3.64 b)

In den Schemadarstellungen (3.63b), (3.64b) sind zunächst alle Geländekoordinaten dU_i, dV_i, dW_i als Unbekannte eingeführt. Mindestens 7 von ihnen müssen aber durch Paßpunkte gegeben sein. Diese Unbekannten entfallen, d.h., die entsprechenden Spalten in (3.63b) bzw. Spalten und Zeilen in (3.64b) sind zu streichen. (Falls jedoch, wie in Abschn. 3.4.4.2 zu besprechen sein wird, die terrestrischen Paßpunktkoordinaten als Beobachtungen behandelt werden, verbleiben die endgültigen Koordinaten auch der Paßpunkte als Unbekannte in den Fehler- und Normalgleichungen.)

Im Prinzip ist das Normalgleichungssystem (3.64) mit $(12 + 3i)$ Unbekannten numerisch zu lösen. Dieses System nimmt mit vielen Neupunkten ($i \geqq 5$) einen erheblichen Umfang an, so daß es aus Gründen der Rechenökonomie in kleinere Subsysteme zerlegt wird.

Die besondere Struktur der Koeffizientenmatrix der Normalgleichungen (Hyperdiagonalstruktur der Submatrix $B'^{tr} B'$) legt die Elimination der unbekannten Geländekoordinaten nahe. Man erhält ein (teil-)reduziertes Normalgleichungssystem, das nur noch die 12 Orientierungsgrößen als Unbekannte enthält:

$$N_{11} p' + N_{12} p'' = n_1$$
$$N_{21} p' + N_{22} p'' = n_2 \qquad \text{(3.65a)}$$

Die Koeffizientenmatrizen können allgemeiner angegeben werden:

$$N_{11} = A'^{tr} A' - (A'^{tr} B') (B'^{tr} B' + B''^{tr} B'')^{-1} (B'^{tr} A')$$
$$N_{12} = \qquad\quad - (A'^{tr} B') (B'^{tr} B' + B''^{tr} B'')^{-1} (B''^{tr} A'') \qquad \text{(3.65b, c, d)}$$
$$N_{22} = A''^{tr} A'' - (A''^{tr} B'') (B'^{tr} B' + B''^{tr} B'')^{-1} (B''^{tr} A'')$$

Das (teil-)reduzierte Gleichungssystem (3.65) kann aus den gegebenen Größen direkt aufgebaut werden. Nach der numerischen Lösung seiner 12 Unbekannten erhält man die Unbekannten dU_i, dV_i, dW_i durch Rücksubstitution aus (3.64a):

$$(B'^{tr} B' + B''^{tr} B'') x = - B'^{tr} a' - B''^{tr} a'' - B'^{tr} A' p' - B''^{tr} A'' p'' \qquad \text{(3.65e)}$$

Dieses Gleichungssystem zerfällt für jeden Punkt unabhängig in eine Gruppe von 3 Gleichungen (je für dU_i, dV_i, dW_i) und läßt sich daher leicht lösen.

Im Ergebnis liegen somit als Lösung des Gesamtsystems (3.64) Zuschläge zu den Ausgangsnäherungen der 12 unbekannten Orientierungsgrößen und der unbekannten Geländekoordinaten vor. Mit den somit verbesserten Näherungswerten wird das ganze Verfahren wiederholt, ausgehend von neuen Koeffizienten der Fehlergleichungen (3.61), d.h. von einer neuen Linearisierung, mit Aufstellung und Lösung des neuen reduzierten Normalgleichungssystems (3.65) und der Lösung der unbekannten Koordinaten durch Rücksubstitution (3.65e). Das Verfahren wird bis zur Konvergenz iteriert, die durch Unterschreiten von Schwellenwerten der Änderungen der Unbekannten beurteilt wird (z.B. max. Winkeländerungen $\leqq 1^{cc}$, max. Koordinatenänderung $\leqq 0{,}3\,\mu$m im Bildmaßstab).

Im Ergebnis sind die Strahlenbündel beider Bilder so orientiert, daß homologe Strahlen so dicht wie möglich am jeweiligen ausgeglichenen Geländepunkt bzw. am Paßpunkt verlaufen. Die durch die Verbesserungen der Bildkoordinaten definierten verbesserten Bildstrahlen erfüllen alle Schnitt- und Koordinatenbedingungen exakt. Aus den Verbesserungen der Bildkoordinaten (v'_{xi}, v'_{yi}, v''_{xi}, v''_{yi}) erhält man als Schätzung der Genauigkeit der ursprünglichen Bildkoordinaten (Beobachtungen von Gewicht 1) den Streuungsfaktor σ_0 (= „mittleren Gewichtseinheitsfehler"):

$$\sigma_0 = \sqrt{\frac{[v\,v]}{r}}, \qquad r = 4\,i - 12 - 3\,i + j = i - 12 + j \tag{3.66}$$

(i Zahl der Geländepunkte, j Zahl der gegebenen Paßpunktkoordinaten).

Bemerkung: Wenn die x'- und x''-Achsen genähert parallel zur U-Achse verlaufen, sind die Verbesserungen v_x' und v_x'' sehr klein, da die auszugleichenden Widersprüche im wesentlichen als Y- (V-)Parallaxen auftreten. Im übrigen sind die Verbesserungen v der geringen Redundanz wegen stets im Mittel beträchtlich kleiner als σ_0 und stellen kein geeignetes Indiz für die Genauigkeit der Bildkoordinatenmessung dar.

In Tab. **191.**1 ist ein Zahlenbeispiel für das beschriebene Verfahren der analytischen Punktbestimmung durch räumliche Doppelpunkteinschaltung angegeben.

3.4.4 Ergänzungen

3.4.4.1 Rechnerische Streifenbildung Die kurz vor und um 1960 entwickelten analytischen Verfahren zielten mit der erwarteten Genauigkeitssteigerung auf die Anwendung in der Aerotriangulation. Deshalb behandeln die meisten der frühen Vorschläge auch die sogenannte Streifenbildung, in Nachahmung der damals üblichen instrumentellen Verfahren. Die weitgehend auf Streifen beschränkte Aerotriangulation unterschied klar zwischen der Streifenbildung und der anschließenden, meist mit einfachen graphischen oder rechnerischen Hilfsmitteln behandelten Streifenausgleichung.

In der einfachsten Form besteht die Streifenbildung nach der sogenannten *Aeropolygon*-Methode in fortgesetztem Folgebildanschluß durch relative Orientierung des jeweils nächsten Bildes einer Bildreihe zum bereits orientierten vorhergehenden und durch Maßstabanschluß des jeweils gebildeten Modells an das vorhergehende. Zum Maßstabanschluß genügt es, gleiche Höhe an einem Maßstab-Übertragungspunkt herzustellen, Bild **190.**1.

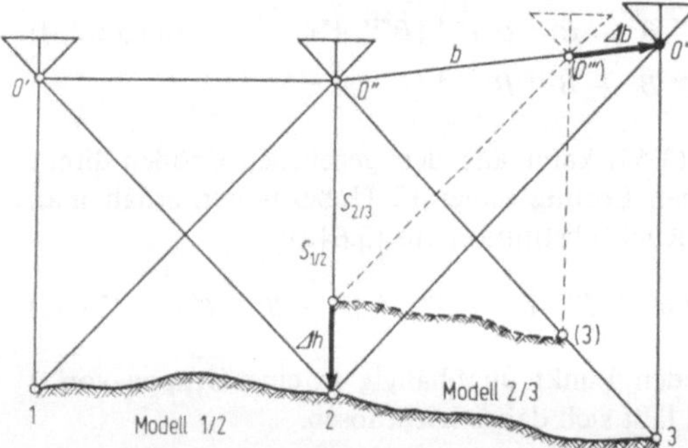

190.1 Maßstabübertragung auf das anschließende Modell bei der Streifenbildung durch fortgesetzten Folgebildanschluß (Aeropolygonierung)

Bei der analytischen Streifenbildung geht man von der analytischen Berechnung des 1. Modells einer Bildreihe aus (relative Orientierung und Modellkoordinaten in bezug auf das willkürlich gewählte Modell-Koordinatensystem des ersten Bildpaars 1/2), z. B. nach Schut mit dem Ansatz (3.46) oder (3.47). Insbesondere werden die Modellkoordinaten eines in der Nähe des Nadirpunktes des rechten Bildes gelegenen geeigneten (gute Höhenbestimmung) Maßstab-Übertragungspunktes (2 in Bild **190.**1) berechnet. Das Modell-Koordinatensystem (X, Y, Z) des ersten Bildpaares bleibt für alle folgenden Bildpaare angehalten und wird so zum Streifen-Koordinatensystem.

Nun wird nach Wahl einer Basiskomponente b_x des Bildpaars 2/3, d. h. nach willkürlicher Festlegung der Koordinate X_0''', das 3. Bild nach der Methode des Bildanschlusses relativ orientiert, z. B. ausgehend von der Schnittbedingung (3.42) nach Schut, mit der Modifikation, das orientierte 2. Bild nicht als neues Bezugssystem zu benützen, sondern die aus der Orientierung dieses

Tab. **191.**1 Zahlenbeispiel für die räumliche Doppelpunkteinschaltung (direkte analytische Orientierung eines Bildpaars und Punktbestimmung nach der Bündelmethode)

| | Bildkoordinaten (in mm), $z' = z'' = -150{,}000$ | | | | Geländekoordinaten (in m) | | | Verbesserungen (in µm) | | | |
	x'	y'	x''	y''	U	V	W	v_x	v_y	v_x	v_y
△11	16,012	79,963	−73,930	78,706	5083,205	5852,099	527,925	−3,2	2,3	4,0	1,6
△13	88,560	81,134	−5,252	78,184	5780,020	5906,365	571,549	−0,4	−1,0	−0,6	1,9
△31	13,362	−79,370	−79,122	−78,879	5210,879	4258,446	461,810	6,4	1,6	4,0	−4,7
△33	82,240	−80,027	−9,887	−80,089	5909,264	4314,283	455,484	−2,8	−5,2	−7,3	3,5
12	51,758	80,555	−39,953	78,463	5431,489	5879,359	549,739	0,0	−0,2	0,0	0,2
21	14,618	−0,231	−76,006	0,036	5147,387	5055,564	484,995	0,0	2,5	−0,1	−2,6
22	49,880	−0,782	−42,201	−1,022	5495,786	5082,741	506,668	0,0	2,5	−0,1	−2,5
23	86,140	−1,346	−7,706	−2,112	5844,172	5109,875	528,423	−0,1	−4,1	0,1	4,2
32	48,035	−79,962	−44,438	−79,736	5559,944	4286,174	463,499	0,1	1,7	−0,1	−1,7

Anfangsnäherungen der Geländekoordinaten (in m)

Pkt.	12	21	22	23	32
U	5430,762	5145,744	5495,459	5855,069	5558,274
V	5877,971	5040,026	5070,680	5102,227	4284,780
W	504,192	504,192	504,192	504,192	504,192

Restfehler an den Paßpunkten (in cm)

Pkt.	ΔU	ΔV	ΔW
11	−2,7	8,6	−11,9
13	−0,7	0,0	0,7
33	5,9	0,4	2,9
33	−7,9	3,0	9,4

Orientierungselemente[1]

	Anf.-Näh.	1. It.	2. It.	3. It.	4. It.	σ
φ' $(^g)$	0	−0,01236	−0,01424	−0,01423	−0,01423	84^{cc}
ω' $(^g)$	0	1,83967	1,84739	1,84739	1,84739	67^{cc}
$\varkappa'$ $(^g)$	6,56071	6,06544	6,06226	6,06227	6,06227	28^{cc}
φ'' $(^g)$	0	−0,94009	−0,91887	−0,91892	−0,91892	87^{cc}
ω'' $(^g)$	0	2,93746	2,92838	2,92844	2,92844	70^{cc}
$\varkappa''$ $(^g)$	6,89616	7,03290	7,03346	7,03345	7,03345	26^{cc}
U_0' (m)	5000,765	4999,473	4999,757	4999,757	4999,757	0,21 m
V_0' (m)	5027,343	5000,040	4999,834	4999,834	4999,834	0,22 m
W_0' (m)	1997,357	2000,189	1999,994	1999,994	1999,994	0,09 m
U_0'' (m)	5918,253	5896,745	5896,830	5896,829	5896,829	0,22 m
V_0'' (m)	5134,023	5070,129	5070,281	5070,279	5070,279	0,22 m
W_0'' (m)	2022,014	2032,261	2030,449	2030,451	2030,451	0,08 m
σ_0 (µm)		1917,8	80,8	5,6	5,6	

[1]) φ ist Primär-, ω Sekundär-, $\varkappa$ Tertiärdrehung.

Bildes bekannten transformierten Bildkoordinaten an die Stelle von (3.43) zu setzen. Auch für das Modell 2/3 werden nach (3.50) bis (3.54) die Modellkoordinaten im Streifensystem berechnet. Wegen der zunächst willkürlichen Basisfestlegung ist der Maßstab des neuen Modells noch willkürlich, insbesondere stimmen die einander entsprechenden Strecken $\overline{0''2}$ im Modell 1/2 und im Modell 2/3 noch nicht überein. Durch Vergleich der Strecken $s_{1/2} = \overline{0''2}$ im Modell 1/2 und $s_{2/3} = \overline{0''(2)}$ im Modell 2/3 bzw. damit gleichbedeutend der entsprechenden Z-Komponenten oder der Faktoren λ (3.52) erhält man den Maßstabfaktor

$$ m = \frac{s_{1/2}}{s_{2/3}} = \frac{Z_0'' - Z_2}{Z_0'' - Z_{(2)}} = \frac{\lambda_2''}{\lambda_{(2)}''} \tag{3.67} $$

mit dem die Basiskomponenten des Modells 2/3 zu multiplizieren sind, um die Streifenkoordinaten X_0''', Y_0''', Z_0''' des Projektionszentrums O_0''' und schließlich die Streifenkoordinaten aller Punkte des Modells 2/3 zu erhalten.

Dieses Verfahren des rechnerischen Bildanschlusses mit Maßstabübertragung wird sukzessive bis zum letzten Bild der Reihe fortgesetzt. Als Ergebnis liegen die Modellpunkte aller aufeinanderfolgenden Bildpaare vor, bezogen auf das als Streifensystem benützte Koordinatensystem des ersten Bildpaars 1/2. Die im gemeinsamen Überdeckungsgebiet benachbarter Modelle liegenden Punkte sind dabei doppelt koordiniert (abgesehen von den Z-Koordinaten der jeweiligen Maßstab-Übertragungspunkte). Sind die dadurch verursachten „Klaffen" klein genug, wird durch Mittelung Eindeutigkeit hergestellt.

Zu dieser Form der analytischen Streifenbildung gibt es eine Reihe von Varianten. So kann man den Maßstabanschluß statt nur auf einen Punkt auf mehrere oder alle Punkte beziehen, die benachbarten Modellen gemeinsam sind[1]). Die Frage zusätzlicher Korrekturen („Ankippen") zur Verringerung der Klaffen beim Modellanschluß, die im Zusammenhang mit systematischen Fehlern steht, ist nie ausdiskutiert worden[2]). Sie stellt sich bei strengeren Lösungen nicht mehr. Eine allgemeine Methode der rechnerischen Streifenbildung enthält das System STRIM[3]) der Streifenausgleichung mit unabhängigen Modellen. Dort werden die Einzelmodelle zunächst als unabhängig gebildet vorausgesetzt, das heißt jedes mit eigenem Modell-Koordinatensystem. Der Modellanschluß wird durch räumliche Ähnlichkeitstransformation jedes Folgemodells an das vorhergehende hergestellt, wobei alle gemeinsamen Punkte (einschließlich des Projektionszentrums) als Verknüpfungspunkte dienen. Formal wird das Anschlußmodell sozusagen absolut auf die gemeinsamen Punkte des vorhergehenden Modells orientiert, wobei allerdings die Modellkoordinaten beider Modelle als gleichgewichtige Beobachtungen behandelt werden und Verbesserungen erhalten. Das gilt insbesondere auch für das gemeinsame Projektionszentrum. Dieses Verfahren ist im Prinzip als Simultanlösung angesetzt und beinhaltet damit schon die Mittelung der Klaffen, d.h. die eindeutige Ausgabe ausgeglichener Streifenkoordinaten und die zugehörige Angabe der Verbesserungen v und des Streuungsfaktors σ_0. Die Ausgleichung zerfällt jedoch modellweise in unabhängige Subsysteme und kann daher auch als Verfahren sukzessiver Modellanschlüsse zur Streifenbildung aufgefaßt werden.

In der Aerotriangulation hat die Streifenbildung direkte Bedeutung nur noch für die Polynom- oder Interpolationsverfahren der Streifen- und der streifenweisen Blockausgleichung. Die strengeren Verfahren der rechnerischen Streifen- oder Blocktriangulation benützen die Streifenbildung verschiedentlich noch als Zwischenstufe zur Bestimmung möglichst guter Näherungswerte für die Gesamtausgleichung.

3.4.4.2 Paßpunktkoordinaten als Beobachtungen, Gewichte Es ist in der Photogrammetrie stets üblich gewesen, die Paßpunkte als fehlerfrei zu behandeln, teils ihrer postulierten

1) Arthur, D.W.G.: Phm. Rec. **3** (1959) 112 bis 124.
2) Waldhäusl, P.: ÖZfV **52** (1964) 94 bis 98; Jordan/Eggert/Kneissl: Handbuch der Vermessungskunde. Bd. 3a/3. Stuttgart 1972, § 130.3, 130.5.
3) Ackermann, F.; Ebner, H.; Klein, H.: BuL **38** (1970) 206 bis 217.

übergeordneten Genauigkeit wegen, teils in Befolgung des hierarchischen Prinzips der praktischen Geodäsie. Die Voraussetzungen sind jedoch häufig nicht gegeben, so daß es theoretisch richtiger ist, die terrestrischen Paßpunktkoordinaten als Beobachtungen mit bestimmtem Gewicht zu behandeln und ihnen in der Ausgleichung Verbesserungen zuzuordnen. Die rechnerischen Verfahren der photogrammetrischen Punktbestimmung erlauben es, Paßpunktgewichte im Sinne eines strengeren stochastischen Ansatzes zu berücksichtigen und wenden das Verfahren zunehmend in der Praxis an. Allerdings beschränkt man sich bisher auf Gewichte und vernachlässigt etwaige Korrelationen zwischen den Paßpunktkoordinaten, die im übrigen in der Regel nicht bekannt sind.

Der einfachste Ansatz besteht darin, wie in Abschn. 3.4.3 bei der räumlichen Doppelpunkteinschaltung die Geländekoordinaten (U_i, V_i, W_i) aller Punkte P_i als Unbekannte einzuführen, und die gegebenen terrestrischen Koordinaten $(U_t^{\text{terr}}, V_t^{\text{terr}}, W_t^{\text{terr}})$ der Paßpunkte P_t ($t = $ Submenge von i) als zu verbessernde Beobachtungen zu behandeln, was Anlaß zu folgenden zusätzlichen Fehlergleichungen gibt:

$$(v_{U_t} + U_t)^{\text{terr}} = U_t, \qquad (v_{V_t} + V_t)^{\text{terr}} = V_t, \qquad (v_{W_t} + W_t)^{\text{terr}} = W_t \quad (3.68)$$

Diesen Fehlergleichungen werden die Gewichte

$$p_U = \frac{\sigma_0^2}{\sigma_U^2}, \qquad p_V = \frac{\sigma_0^2}{\sigma_V^2}, \qquad p_W = \frac{\sigma_0^2}{\sigma_W^2} \qquad (3.69)$$

zugeordnet, wobei σ_0 den mittleren Fehler der Gewichtseinheit bedeutet, z. B. $\sigma_0 = \sigma_x' = \sigma_y' = \sigma_x'' = \sigma_y''$. In der Regel ist $p_U = p_V$.

Die Fehlergleichungen (3.68) werden den Fehlergleichungen (3.63) zugeordnet und ergeben als Zuschläge auf der Hauptdiagonalen der Normalgleichungen (3.64) jeweils für die Unbekannten U_t, V_t oder W_t die Einzelbeträge p_{U_t}, p_{V_t} oder p_{W_t}. Alle übrigen Koeffizienten bleiben unverändert, insbesondere auch die Absolutglieder, wenn für die (Paß)punkte t die gegebenen Werte $U_t^{\text{terr}}, V_t^{\text{terr}}, W_t^{\text{terr}}$ als Näherungswerte für die Unbekannten U_t, V_t, W_t gesetzt werden. Die weiteren Ausführungen in 3.4.3 über die Reduktion der Normalgleichungen bleiben unverändert gültig. Als Ergebnis der Ausgleichung erhalten neben den photogrammetrischen Messungen auch die gegebenen terrestrischen Paßpunktkoordinaten Verbesserungen. Die Methode ist sehr flexibel. Durch Einführung numerisch großer Gewichte ($p \to \infty$) kann der Grenzfall fehlerfreier terrestrischer Paßpunkte verwirklicht werden. Umgekehrt haben mit dem Gewicht $p = 0$ terrestrische Koordinaten keinen Einfluß auf die Ausgleichung (z. B. bei Verdacht grober Fehler oder bei der Mitführung von Vergleichspunkten zu Genauigkeitsstudien).

In der gleichen Weise können Paßpunkte als Beobachtungen auch bei der absoluten Orientierung (s. 3.4.2) verwendet werden. Der Ansatz ist derselbe wie in (3.59), lediglich müssen jetzt die Koordinaten (U_i, V_i, W_i) als Unbekannte mitgeführt und die zusätzlichen Fehlergleichungen (3.68) berücksichtigt werden. Aus den entstehenden erweiterten Normalgleichungen können wiederum die unbekannten Koordinaten eliminiert werden, so daß das numerisch direkt zu lösende System wie in (3.60) nur noch die 7 Orientierungsunbekannten enthält.

Die Einführung terrestrischer Paßpunktkoordinaten als Beobachtungen mit Verbesserungen erhält besonders in der Aerotriangulation ihre Bedeutung. Sie dient dort nicht nur der Genauigkeitssteigerung sondern erleichtert auch das schwierige Problem der Lokalisierung grober Datenfehler an den Paßpunkten.

3.4.4.3 Strengere stochastische Ansätze Die bisherigen analytischen Auswertungen, wie auch die rechnerischen Verfahren der Aerotriangulation sind durch sehr vereinfachte fehlertheoretische Ansätze gekennzeichnet. Bild- oder Modellkoordinaten werden als

13 Photogrammetrie

unkorreliert und bestenfalls mit verschiedenen Gewichten behandelt, obwohl sicher ist, daß sie wenigstens innerhalb ihrer Recheneinheit (Bild, Modell) stark korreliert sind. Erste Versuche, die Korrelation zwischen Modellkoordinaten bei der absoluten Orientierung zu berücksichtigen[1]) haben die Wirksamkeit der Methode bestätigt. Es ist zu erwarten, daß mit der weiteren Verfeinerung der Rechenverfahren und der weiteren Untersuchung der Fehlereigenschaften der Bild- und Modellkoordinaten solche strengeren stochastischen Ansätze in die Praxis dringen werden, um die Genauigkeit der Messungen möglichst voll auszunutzen. Das gilt auch für die Verfahren der Aerotriangulation.

3.4.4.4 Näherungswerte der Unbekannten Sämtliche bisher behandelten rechnerischen Verfahren der relativen und absoluten Orientierung und der räumlichen Doppelpunkteinschaltung beruhen auf nichtlinearen Beziehungen und bedienen sich in der numerischen Durchführung des Newtonschen Verfahrens zur Lösung nichtlinearer Gleichungssysteme (Iterationen mit Relinearisierung). Auf die Bemühungen, in gewissen Fällen eine direkte Lösung der nichtlinearen Systeme zu erreichen, wurde schon hingewiesen.

Im Gegensatz zu den instrumentellen Verfahren der Orientierung gewinnt das Problem der Näherungswerte der Unbekannten bei den rechnerischen Verfahren zunehmend selbständige Bedeutung, zumal man fordern muß, sie möglichst aus dem gegebenen Datenmaterial zu ermitteln, und nicht auf systemfremde Information zurückzugreifen gezwungen sein soll.

Die rechnerischen Verfahren der relativen und der absoluten Orientierung nach 3.4.1 und 3.4.2 benötigen Näherungswerte für die Drehgrößen der Orientierungsparameter (bzw. zusätzlich die Basiskomponenten by und bz beim Bildanschluß und den Maßstabfaktor m bei der absoluten Orientierung). Dagegen sind insbesondere Näherungswerte für die Translationen U_0, V_0, W_0 nicht erforderlich. Bei der heute üblichen Standardisierung auf Senkrechtaufnahmen sind die Näherungswerte 0 für die Neigungen $\omega, \varphi, \varkappa$ bzw. Ω, Φ stets ausreichend, um Konvergenz zu sichern, ebenso genügt selbst $m_0 = 1$. Das Azimut A dagegen kann beliebige Winkelwerte zwischen 0 und 2π annehmen, je nach Flugrichtung. Näherungswerte sind in der Regel aus dem Flugplan bekannt. In dieser Hinsicht ist eine Modifikation der absoluten Orientierung von praktischer Bedeutung: Spaltet man die absolute Orientierung des Bildpaars in getrennte Lage- und Höhenorientierung (wie bei den instrumentellen Verfahren, s. 3.3.2.2) mit entsprechender Iteration auf, sind auch für beliebige Werte des Azimuts A keine Näherungen erforderlich, da die Helmert-Transformation in den 4 Transformationsparametern linear ist, s. (3.26).

Mit der analytischen Lösung des Bildpaares (räumliche Doppelpunkteinschaltung nach der Bündelmethode, s. 3.4.3) nähert man sich dem allgemeinen Fall der Punktbestimmung, der bei den üblichen Verfahren Näherungswerte sowohl für die Drehparameter der Orientierungselemente als auch für die Projektionszentren *und* die Geländekoordinaten aller Neupunkte erfordert. Beim Bildpaar bieten sich hauptsächlich 2 Möglichkeiten an:

1. Rechnerische relative und absolute Orientierung des Bildpaars mit Neigungsnäherungen 0. Koordinatenergebnisse (und Bild-Neigungen) nach der absoluten Orientierung sind Näherungen für die Bündellösung. Eine Variante davon schlägt H. Schmid für die Aerotriangulation vor[2]).

---

1) Stark, E.: DGK, C 193, 1973, 152 S.
2) Schmid, H.: BuL (1958) 103 bis 113; (1959) 1 bis 12, Gleichungen (44) und (45).

2. Direkte Beschaffung von Näherungswerten für Geländekoordinaten und Projektionszentren. Durch ebene Transformation des linken und/oder rechten Bildes auf die Lagepaßpunkte erhält man z. B. Näherungswerte für die Geländekoordinaten U_i, V_i der Geländepunkte i sowie U_0', V_0', U_0'', V_0'' der Projektionszentren, ferner für die Kantungen $\varkappa'$, $\varkappa''$ der Bilder und die Maßstabwerte. Mit letzteren leitet man aus der Kammerkonstanten genähert die Flughöhe ab und setzt im übrigen die Geländehöhen W_i genähert gleich der mittleren Paßpunkthöhe. Die Neigungen ω', φ', ω'', φ'' erhalten wie in allen anderen Verfahren die Anfangsnäherungen 0, wenn nichts genaueres darüber bekannt ist.

Diesen beiden Methoden der Näherungswertbeschaffung werden wir bei der Aerotriangulation wieder begegnen.

Da die Anzahl der erforderlichen Iterationen von der Güte der Anfangsnäherungswerte der Unbekannten abhängt, kann man die automatische Beschaffung guter Näherungen als ein vordringliches Problem der analytischen Verfahren bezeichnen.

3.4.4.5 Numerische Probleme; grobe Datenfehler Die Ausführungen über die Beschaffung von Näherungswerten lassen schon erkennen, daß bei der analytischen Auswertung des Bildpaars — und in verstärktem Maße bei der rechnerischen Lösung des Bildverbandes, s. 3.5 — die rein numerischen Fragen der Lösung nicht-linearer Systeme in den Vordergrund treten. Photogrammetrische Betrachtungen beeinflussen nur noch die zugrundeliegenden Funktionalansätze und die Fehlereigenschaften der als Input für die Datenverarbeitung dienenden Meßwerte sowie in gewissem Grade noch die Näherungswerte der Unbekannten. Alles weitere gehört in den Bereich der Ausgleichungsrechnung und der numerischen Mathematik, insbesondere die Probleme der Konvergenz der Iterationen in Abhängigkeit von Näherungswerten und Kondition der Gleichungssysteme sowie die der Rechenschärfe. Ein weiteres, wichtiges Problem, bei dem Rechenverfahren und fehlertheoretisch-statistische Konzeptionen zusammenfließen, betrifft die automatische Erkennung und Elimination oder Korrektur grober Datenfehler, deren Anwesenheit in der Regel zu mehrfacher Wiederholung des ganzen Rechenprozesses zwingt. Durch die dominierende Bedeutung der Rechentechnik verlagert sich insgesamt der Schwerpunkt des Interesses und der Bemühungen von den photogrammetrischen Methoden zu den numerischen Verfahren oder konkret zu den Rechenprogrammen. Diese Verlagerung hat einerseits den Leistungsbereich der photogrammetrischen Punktbestimmung außerordentlich ausgeweitet und ihn von vielerlei früheren Beschränkungen befreit. Andererseits sind Methoden an die jeweilige Realisierung in Rechenprogrammen gekoppelt, die in der Regel nicht vollständig veröffentlicht werden können und deren Einzelheiten sich daher der Beurteilung weitgehend entziehen, abgesehen von den ständigen Verbesserungen, denen sie unterzogen werden. So hat die Verlagerung auf numerische Verfahren die photogrammetrische Punktbestimmung zwar zu unerwarteten Leistungen geführt, andererseits aber den Überblick verwirrt und den Einblick in die vielen Rechenprogramme praktisch unmöglich gemacht.

3.5 Punktbestimmung im Bildverband, Aerotriangulation

3.5.1 Übersicht

3.5.1.1 Definition, Entwicklung Die Aerotriangulation behandelt die Aufgabe der photogrammetrischen Punktbestimmung im Bildverband. Sie ist heute durch numerische Verfahren geprägt und hat dadurch eine erstaunliche Leistungssteigerung erfahren.

13*

Lange Zeit war die Aerotriangulation durch ihre wichtigste Anwendung definiert, mit photogrammetrischen Mitteln Paßpunkte für die absolute Orientierung von Bildpaaren zum Zwecke der Kartierung festpunktarmer oder festpunktloser Gebiete zu beschaffen. Dieser Anwendungsbereich ist nach wie vor dominierend. Doch sind weitere Anwendungen der Punktbestimmung für geodätische Zwecke (Kataster, Netzverdichtung) sowie das ganze Gebiet der Satelliten-Photogrammetrie, die hier nicht weiter behandelt wird, hinzugekommen.

Wir *definieren* heute die Aerotriangulation unabhängig von der Anwendung als den *allgemeinen Fall der photogrammetrischen Punktbestimmung* mit $n > 2$ Bildern (Bild **22.**1). Die hohen Genauigkeitsleistungen lassen die Aerotriangulation heute als selbständiges Präzisionsverfahren der geodätischen Punktbestimmung einordnen.

Eine Sonderform der Aerotriangulation ist die auf die Bestimmung von Lagekoordinaten beschränkte Bild- oder *Radialtriangulation*, die in der mechanischen Radialschlitztriangulation lange Zeit große praktische Bedeutung gehabt hat. Sie ist durch die neuere Entwicklung der räumlichen Aerotriangulation völlig überholt worden und aus der Praxis weitgehend verschwunden.

In der Entwicklung der *räumlichen Aerotriangulation* stand bis etwa zum Jahre 1960 die *Streifentriangulation*, insbesondere in ihrer Verwirklichung in Stereo-Auswertegeräten als „Aeropolygonierung“, im Mittelpunkt der Theorie und der praktischen Anwendung. Durch die Verlagerung des Interesses vom Streifen zum *Block* und durch die Entwicklung der numerischen Verfahren verliert sie rasch an eigenständiger Bedeutung und wird daher in Abschn. 3.5.2 nur kurz gestreift. Die Industrie hat der Entwicklung Rechnung getragen und die Triangulationsgeräte mit Basiswechsel aus der Produktion genommen.

In der Aerotriangulation hat sich ein tiefgreifender *Auffassungswandel* vollzogen. Die Streifenverfahren konzentrierten sich nach der Konzeption der „Wiederherstellung der geometrischen Aufnahmesituation“ auf die sukzessive Streifenbildung im Analoggerät, möglichst unter Vermeidung von Rechnungen. Die anschließende Transformation des Streifens und eine einfache graphische oder rechnerische Interpolationsausgleichung blieb zumindest in der theoretischen Behandlung vergleichsweise von untergeordneter Bedeutung. Der Block-Bildverband stand lange Zeit nicht als die eigentliche Aufgabenstellung im Vordergrund, abgesehen von der Radialschlitzmethode, und wurde als Zusammenschluß von Streifen behandelt.

Über die Zwischenstufe mechanischer Analogrechner[1]) hat sich die Konzeption der Aufgabe durch die Entwicklung der digitalen Rechentechnik völlig gewandelt. Die instrumentelle *Messung* soll auf höchste Genauigkeit gerichtet sein, sich auf das Notwendige beschränken (Messung von Bildkoordinaten) und die Ergebnisse in computergerechter Form liefern. Die *Verknüpfung* der Bilder (oder Bildpaare) zum Bild- oder *Blockverband*, d.h. die gemeinsame äußere Orientierung aller Bilder und damit verbunden die gemeinsame Bestimmung aller Neupunkte, wird in die digitale Datenverarbeitung verwiesen. Der Streifen erscheint hierbei nur noch als Sonderfall des Bildverbandes ohne eigenständige methodische Behandlung. Die Entwicklung der digitalen Rechenanlagen und der Rechentechnik erlaubt heute streng und grundsätzlich die digitale Behandlung und Lösung der gemeinsamen Punktbestimmung im Bildverband bis hin

---

1) J e r i e , H. G.: Phia, XIV (1957/58) 161 bis 176; Institut Géographique National: Méthodes de détermination du canevas de restitution des cartes à petit échelle. Int. Arch. Phot., XII, 4a (1956), Komm. III, 33 S.; S c h e r , M. B.: Phm. Eng. XXI (1955) 655 bis 664.

zu größten Blöcken ($n > 1000$). Es ist offensichtlich, daß die Technik und Problemlösung der Aerotriangulation fast völlig auf die *elektronische Datenverarbeitung* und die numerische Mathematik übergegangen ist und sich heute den Anforderungen der Automation der photogrammetrischen Punktbestimmung ausgesetzt sieht. Von diesem Entwicklungsstand aus betrachtet sind die früheren Verfahren der Messung und Ausgleichung von Aerotriangulationen als Ersatz- und Näherungsverfahren einzuordnen, die mit der neuen Technologie der Rechenhilfsmittel ihre Bedeutung fast völlig verloren haben. Wir streifen daher die älteren Verfahren nur noch ganz kurz und verweisen im übrigen auf die reichhaltige Literatur[1]). In der neuen Auffassung entfällt auch die Unterscheidung zwischen der (Streifen-)Triangulation im Sinne der Streifenbildung und der Ausgleichung. Die (Streifen- oder) Blocktriangulation gilt heute als Oberbegriff für den Meß- und Rechenprozeß der Punktbestimmung. Durch die neuere Rechentechnik in Verbindung mit der hohen Genauigkeit moderner Luftbilder und der Meßgeräte sind die Leistungen der Aerotriangulation im letzten Jahrzehnt außerordentlich gesteigert worden. Sie bildet ein wesentliches Element der modernen Photogrammetrie und ist heute auch Grundlage großmaßstäbiger Kartierungen und numerischer Präzisionsauswertungen.

3.5.1.2 Gliederung Nach der Art des Bildverbandes unterscheidet man in der Praxis der Aerotriangulation Einzelstreifen, reguläre Blöcke aus parallelen Bildstreifen mit rund 20 % Querüberdeckung, gegebenenfalls mit Querstreifen, sowie Mehrfachbefliegungen in Form von Parallelstreifen mit 60 % Querüberdeckung oder mit gekreuzten Flugrichtungen. Auch Mehrfachüberdeckungen eines Gebiets mit verschiedenen Bildmaßstäben (Hoch-, Tief-Befliegung) kommen vor. Die verschiedenen Arten der Bildverbände haben zwar ihre praktische Bedeutung hinsichtlich Genauigkeit und Anwendung, sie bilden aber kein wesentliches Kriterium mehr für die Methodengliederung der Aerotriangulation.

Der Prozeß der Aerotriangulation ist deutlich in die 3 Phasen Planung/Vorbereitung, Messung und Berechnung gegliedert.

Gemäß dem allgemeinen geometrischen Modell der Strahlenbündel eines Bildverbandes (Bild **22**.1) entspricht die *Messung* der Bildkoordinaten mit Mono- oder Stereokomparatoren (s. 3.1) unmittelbar der Theorie und bildet zunehmend den Standardfall. Erhebliche Bedeutung hat in der Praxis der Aerotriangulation auch die direkte Messung unabhängiger Modelle, d.h. die Koordinatenmessung der Modellpunkte einschließlich der Projektionszentren nach der relativen Orientierung von Bildpaaren in Präzisions-Analoggeräten. Dagegen ist die früher dominierende Streifenbildung mit Hilfe von Analoggeräten, d.h. die direkte Messung von Streifenkoordinaten, sehr stark zurückgegangen. Bemerkenswert ist die Möglichkeit, Analoggeräte gewissermaßen als Komparatoren zu verwenden und in der Projektion Strahlenbündel zu messen[2]). Diese „Bündelpunkte" können entweder direkt oder nach Reduktion auf die Bildebene in analytische Verfahren eingebracht werden.

Entsprechend der dominierenden Bedeutung der Berechnung in der Aerotriangulation werden die Verfahren nach den sogenannten Recheneinheiten oder gleichbedeutend damit nach dem Funktionsmodell der Ausgleichung klassifiziert. Die *Recheneinheiten* charakterisieren die Verfahren, denn man kann die Aufgabe der Ausgleichung anschaulich als simultane Orientierung (Transformation) verschiedener unabhängiger Einheiten (mit jeweils

---

[1]) Jordan/Eggert/Kneissl: Handbuch der Vermessungskunde. Bd. IIIa/3. Stuttgart 1972.
[2]) Vgl. Fußnote 1, Seite 144.

eigenem Koordinatensystem) unter gleichzeitiger Berücksichtigung aller durch die Verknüpfungen, Paßpunkte und gegebenenfalls Hilfsdaten gegebenen Beziehungen auffassen.

Demnach unterscheidet man:

die *Bündelmethode* oder Methode der analytischen Aerotriangulation; entspricht simultanen räumlichen Rückwärtsschnitten aller Bilder eines Verbandes; Recheneinheit ist das einzelne Bild bzw. sein zugeordnetes Strahlenbündel, auszugleichende Beobachtungen sind die Bildkoordinaten,

die *Methode der unabhängigen Modelle*, gekennzeichnet durch simultane absolute Orientierung aller Bildpaare eines Verbandes; Recheneinheit ist das einzelne relativ orientierte Bildpaar; auszugleichende Beobachtungen sind die Modellkoordinaten,

die Methode der *Blockausgleichung mit Streifen*; gekennzeichnet durch Interpolationsverfahren mit Polynomen oder Spline-Funktionen, häufig einfach als *Polynommethode* der Blockausgleichung bezeichnet.

Diese Gliederung entsprach ursprünglich den drei Niveaus der Datenerfassung (Bildkoordinaten, Modellkoordinaten, Streifenkoordinaten) mit Komparatoren und Zweibild-Analog-Geräten ohne oder mit Basiswechsel. Entsprechend trug die Methode der unabhängigen Modelle auch die Bezeichnung halbanalytisch.

Die klare Übersichtlichkeit der Verfahrens-Gliederung der Streifen- und Blocktriangulation nach den Recheneinheiten wird dadurch verwässert, daß die genannten Recheneinheiten jeweils auch rechnerisch ableitbar sind, s. Bild **198.**1. Unabhängige Modelle können z. B. durch analytische relative Orientierung aus Bildkoordinaten berechnet werden. Oder es werden analytisch oder nach der Methode der unabhängigen Modelle Streifen gebildet und anschließend mit Polynomverfahren ausgeglichen. Solche gemischten Verfahren tragen keine eigenen Bezeichnungen. Auf den umgekehrten Fall, aus Modellkoordinaten am Analoggerät, z. B. nach relativer Orientierung, Bildkoordinaten abzuleiten, wurde schon hingewiesen.

198.1 Übersichtsschema der Methoden der Aerotriangulation

Die verschiedenen Methoden der rechnerischen Streifen- und Blocktriangulation unterscheiden sich abgesehen von der Genauigkeit der Eingangsdaten durch die Strenge des Funktionalansatzes, d. h. durch die Genauigkeit der Ergebnisse und — gegenläufig dazu — durch den jeweiligen Rechenaufwand.

Eine weitere Störung der einfachen Klassifizierung ist dadurch gegeben, daß manche Rechenverfahren vor der strengen Gesamtausgleichung, z. B. nach der Bündelmethode oder der Methode der unabhängigen Modelle, schrittweise Streifen oder Teilblöcke bilden und möglicherweise in mehreren Stufen einfache Streifen- oder Blockausgleichungen mit Polynomen durchführen. Diese Vorausgleichungen haben den doppelten Zweck, gute Näherungswerte für die Unbekannten der Gesamtausgleichung zu liefern und grobe Fehler im Datenmaterial vorab aufzudecken und zu eliminieren. Abgesehen von sehr großen Blöcken ist die Wirksamkeit dieser Strategie im Hinblick auf Minimierung des Gesamt-Rechenaufwandes umstritten.

Bemerkung: Ein Streifen wird als einfacher Sonderfall eines Blocks aufgefaßt. Die 3 Hauptmethoden der Blockausgleichung gelten daher auch für die Streifenausgleichung.

Grundsätzlich wären zu den genannten 3 Hauptverfahren der Blocktriangulation noch weitere Möglichkeiten zu nennen, da ein Block aus beliebigen, auch vorausgeglichenen Einheiten oder Subblöcken aufgebaut werden kann. Solche Einheiten sind z. B. Triplets, zweidimensionale Triplets[1]), „Sektionen" oder Subblöcke aus 2, 8 oder mehr Modellen, Streifenstücke oder größere Subblöcke. Die Bedeutung dieser Zwischenformen, die zumindest mit stochastischen Vernachlässigungen arbeiten und ihre Berechtigung aus geringerem Rechenaufwand herleiten, ist in dem Maße geringer geworden als sich Direktverfahren für die relativ strengen Methoden der Bündelausgleichung und der unabhängigen Modelle durchgesetzt haben. Sie werden deshalb hier nicht behandelt.

Bei der Blocktriangulation handelt es sich in der Regel um große bis sehr *große numerische Systeme*, im Bereich von etwa $0,5 \cdot 10^2$ bis $5 \cdot 10^4$ Unbekannten. Eine Beschreibung der Rechenverfahren ist daher notwendigerweise pauschal-schematisch und muß sich auf die Formelansätze und einige Hinweise auf Besonderheiten und die Struktur der Rechenverfahren beschränken. Ebenso ist es unmöglich, Beispiele zu bringen.

3.5.1.3 Vorbereitung der Aerotriangulation Die Aerotriangulation kann zwar große festpunktlose Gebiete überbrücken, benötigt aber in gewissem, bei den konventionellen Anwendungen möglichst klein zu haltendem Umfang *Paßpunkte*. Ihre Anzahl und Anordnung hängt von den Genauigkeitsanforderungen und der Überdeckung ab und ist entsprechend bei der *Planung* der Aerotriangulation zu entscheiden. Ebenso gehören Fragen geodätischer Bestimmung oder der Signalisierung, Luftsichtbarkeit und Identifizierbarkeit von Paßpunkten in den Bereich der Vorarbeiten zur Aerotriangulation.

Schematische Standardfälle für die *Anordnung von Paßpunkten* bei regulären Blöcken mit 20% Querüberdeckung sind die sogenannte Randbesetzung mit Lagepaßpunkten und mindestens 3 Querketten von Höhenpaßpunkten, Bild **199.1**. Der Abstand i_L der

Lagepaßpunkte variiert in der Regel zwischen 2 und 6 Basislängen. Der Abstand i_H der Höhenpaßpunkt-Ketten bestimmt die erreichbare Genauigkeit; er liegt in der Praxis je nach den Anforderungen zwischen 4 und 10 Basislängen. Innerhalb jeder Kette haben die Höhenpaßpunkte zusätzlich die Funktion, die Querneigungen der Streifen bzw. der jeweiligen Recheneinheiten zu bestimmen und somit die Lösbarkeit des Systems zu gewährleisten. Zu diesem Zweck sollen die Höhenpaßpunkte jeweils in (oder in der Nähe) der doppelten Überdeckungszone benachbarter Streifen liegen. Querketten sind zum Teil durch Querstreifen oder APR-Profile ersetzbar. Bei Blöcken mit 60% Querüberdeckung dürfen die Höhenpaßpunktketten ausgedünnt werden, da

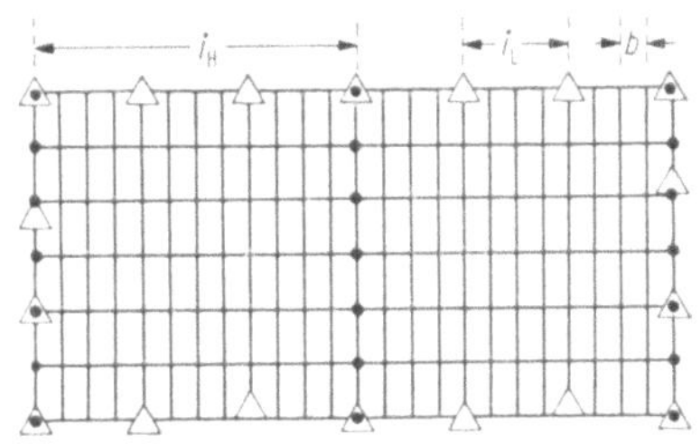

△ Lagepaßpunkte , Randbesetzung , $i_L \approx 2b$ bis $6b$

● Höhenpaßpunkte , 3 oder 4 Querketten , $i_H \approx 4b$ bis $10b$

199.1 Schematische Standard-Anordnung von Paßpunkten beim regulären Block mit 20% Querüberdeckung

der Gesichtspunkt der Lösbarkeit des Systems entfällt. Durch die Verwendung von Hilfsdaten (Statoskop oder APR) können Höhenpaßpunkte auf die Stirnseiten der Blöcke beschränkt werden, gegebenenfalls mit zusätzlichen Querstreifen oder APR-Querprofilen.

Vor der Messung einer Aerotriangulation steht als eigene Arbeitsphase die sogenannte *Vorbereitung*. Sie hat neben allgemeiner Bereitstellung der benötigten Unterlagen (Indexkarte, Paßpunkt-Listen) als Hauptaufgabe die Festlegung von *Verknüpfungspunkten*. Darunter versteht man (Gelände-)Punkte, von denen jeweils in mindestens 2 Recheneinheiten homologe Punkte[2]) abgebildet bzw. gemessen sind und deren jeweilige Iden-

1) Mikhail, E. M.: Phm. Eng. XXVIII (1962) 625 bis 632; XXIX (1963) 1014 bis 1024.
2) Eine gewisse Erweiterung des Begriffs der homologen Bildpunkte.

tität, in der Blockausgleichung als Bedingung eingeführt, zur Verknüpfung benachbarter Recheneinheiten beiträgt. Verknüpfungspunkte sind in der Regel unbekannte Geländepunkte, doch verknüpfen selbstverständlich auch Paßpunkte, die in mehreren Recheneinheiten auftreten. Funktion, Art und Anordnung der Verknüpfungspunkte ist von den Verfahren der Messung und Berechnung von Streifen und Blöcken sowie von den Genauigkeitsforderungen abhängig.

Den Idealfall von Verknüpfungspunkten bilden im Gelände *signalisierte Punkte*, die entweder ohnehin als Neupunkte zu bestimmen sind (z. B. Katastervermessung) oder zum Zweck der Verknüpfung im Gelände ausgelegt wurden (gegebenenfalls ist dann gezielte Befliegung zweckmäßig). In der Regel werden jedoch Verknüpfungspunkte bei der Vorbereitung in den Bildern ausgewählt und zur eindeutigen Identifizierung beschrieben, markiert und gegebenenfalls in die Nachbarbilder übertragen. Zur Verknüpfung eignen sich eindeutig identifizierbare Bilddetails, sogenannte *natürliche Verknüpfungspunkte*. Sie müssen eindeutig, z. B. in den Papierabzügen oder den Diapositiven, gekennzeichnet bzw. durch Skizzen oder textlich beschrieben werden. Geeignete Punkte zu finden ist in der Praxis häufig schwierig und aufwendig. Eine Variante bilden die „*Eden blobs*", kleine, nur in der vergrößerten Bildbetrachtung erkennbare Schwärzungsdetails, die zum Wiederauffinden in den Filmen oder Diapositiven mit Hinweismarkierungen (z. B. zentrische Ringmarkierung, ⌀ 2 mm) zu versehen sind[1]). Die meisten Anwendungen benützen *künstliche Markierung* der Übertragungspunkte durch (mechanische) Punktierung der Emulsion der Filmnegative oder Diapositive mit *Punktmarkiergeräten*. Sie sind gleichzeitig zur *stereoskopischen Punktübertragung* eingerichtet. Darunter versteht man die Übertragung bzw. Identifizierung eines homologen Punktes im Nachbarbild unter steroskopischer Betrachtung und seine Markierung oder die gleichzeitige Markierung beider homologer Punkte. Bekannte Punktmarkier- und -übertragungsgeräte sind:

Punktübertragungsgerät PUG IV, Fa. Wild, Heerbrugg, mechanische Markierung durch sich drehende Stichel; pankratisches Betrachtungssystem,

Punktübertragungsgerät Transmark der Firma Jenoptik, Jena; Markierung durch Laserstrahl, Verdampfen der Emulsion,

Punktübertragungsgerät der Fa. Carl Zeiss, Oberkochen, bestehend aus Stereoskop, Schlaggerät und Einstellgerät; mechanische Markierung durch Stahlkugel,

Stereo-Point-Marking-Instrument Variscale der Fa. Bausch and Lomb, Rochester, USA; Markierung durch Wärmestempel, Schmelzen der Emulsion.

Die Markierungen haben in der Emulsion in der Regel einen Durchmesser zwischen 50 und 100 μm (200 μm).

Die geringsten Anforderungen an die Verknüpfungspunkte stellt die Blockausgleichung mit Streifenpolynomen, vor allem wenn die Streifen im Analoggerät nach der Aeropolygonmethode gebildet wurden. In diesem Fall ist die Verknüpfung im Streifen schon besorgt, es genügen daher für den Blockverband Streifenverknüpfungspunkte im Abstand von 1 bis 3 Basislängen im Gebiet der gemeinsamen Querüberdeckung benachbarter Streifen. Diese Punkte brauchen keine andere Funktion zu haben, z. B. im jeweiligen Streifen nicht zu verknüpfen.

Für die Methode der unabhängigen Modelle ist bei der Vorbereitung zwischen den Verknüpfungen im Streifen und denen quer dazu zu unterscheiden, obwohl bei der Berechnung beide Verknüpfungsarten simultan Berücksichtigung finden. Im Streifen sind von Modell zu Modell mindestens 3 Verknüpfungspunkte notwendig, wovon einer durch das gemeinsame Projektionszentrum vorgegeben ist. In der Regel wird in der Nähe des Lotfußpunktes des Projektions-

---

1) E d e n, J. A.: Phm. Rec. V (1967) 474 bis 491.

zentrums ein weiterer Verknüpfungspunkt verwendet. Die Verknüpfungspunkte brauchen nicht an die Schemapunkte der relativen Orientierung gekoppelt zu sein. Bei künstlicher Markierung genügt es, im dreifachen Überdeckungsbereich, d. h. in der Mittelzone eines Bildes, 3 Punkte zu markieren, ohne sie in die Nachbarbilder zu übertragen, s. Bild **201**.1. Zur Verknüpfung quer zur Streifenrichtung werden jeweils Punkte der einen Modellreihe in die anderen Modellreihen übertragen und umgekehrt und jeweils in einem Bild markiert. Grundsätzlich könnten dazu besondere Punkte ausgewählt werden, praktisch benützt man die bereits markierten Punkte der Modellverknüpfung im Streifen. Falls im Stereokomparator gemessen wird, gelten bei den analytischen Verfahren der Aerotriangulation nach der Bündelmethode dieselben Regeln für Verknüpfungspunkte wie bei den unabhängigen Modellen. Lediglich die Projektionszentren verlieren diese Funktion, und häufig werden die Bildverknüpfungspunkte mit den Punkten für die relative Orientierung (obwohl diese nicht getrennt in Erscheinung tritt) zusammengelegt. Auch die Markierung der Punkte in jeweils nur einem Bild innerhalb jedes Streifens kann bei-

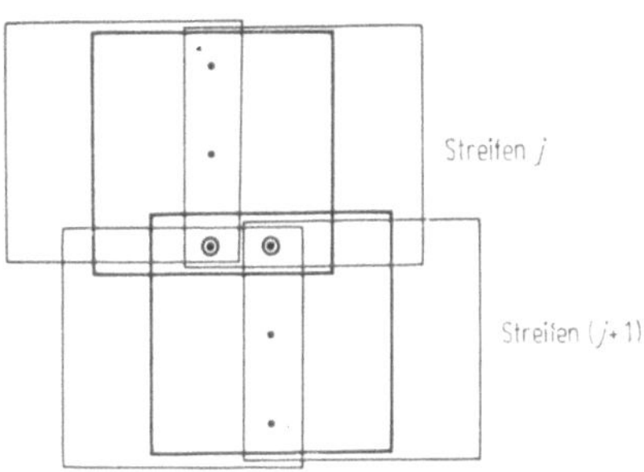

201.1 Zur Punktmarkierung und Punktübertragung (für die analytische Aerotriangulation mit Stereokomparator-Messungen und für die Methode der unabhängigen Modelle)

behalten werden. Dagegen müssen alle Punkte in jeweils alle beteiligten Bilder übertragen (und in der Regel markiert) werden, wenn im Monokomparator gemessen wird, da dann die Zuordnung durch die stereoskopische Messung entfällt. Diese Übertragung ist der einzige Grund, weshalb vielfach gezögert wird, vom Stereokomparator auf den Monokomparator überzugehen. Beim Einbild-System wird die Meßgenauigkeit der Bildpunkte entscheidend in die Punktidentifizierung einschließlich Punktübertragung und -markierung, d. h. in die Vorbereitung, verlegt.

Die Auswahl, Identifizierung, Übertragung und Markierung der *Verknüpfungspunkte* ist eine ganz *entscheidende Voraussetzung* für die Zuverlässigkeit und Genauigkeit einer Blocktriangulation. Ihre Bedeutung wird häufig unterschätzt. Die verfügbaren Punktübertragungsgeräte sind zwar derzeit genau genug, doch bleiben noch Wünsche hinsichtlich Bequemlichkeit und Zeitaufwand der Bedienung offen.

Die Messung gut markierter Bildpunkte im Monokomparator geht schnell und sehr genau vonstatten. Sie wird möglicherweise in Zukunft voll automatisiert.

Auf die Möglichkeit, bei der analytischen Aerotriangulation völlig auf Markierung und Übertragung von Verknüpfungspunkten zu verzichten und die Verknüpfungen über Parallaxenmessungen zustande zu bringen, sei hingewiesen[1]).

3.5.2 Streifenbildung, Polynom-Streifenausgleichung

Die bis vor wenigen Jahren weit verbreiteten Verfahren der Streifenbildung im Analoggerät und die Streifenausgleichung mit Polynomen haben in der Praxis noch eine gewisse Bedeutung behalten und werden daher kurz skizziert.

In Abschn. 3.4.4.1 ist ein analytisches Verfahren der *Streifenbildung* beschrieben worden, das dem *instrumentellen Verfahren* der Streifentriangulation nach der Aeropolygon-Methode entspricht. Nach der relativen und möglicherweise absoluten Orientierung des ersten Bildpaars

[1]) Albertz, J.: BuL **40** (1972) 38 bis 40; Albertz, J.; Kreiling, W.; Wiesel, J.: Blocktriangulation without point transfer, DGK, B 214, 1975, 104 bis 110.

eines Streifens wird das nächste Bild nach dem Verfahren des Bildanschlusses hinzuorientiert und das neu gebildete Modell durch Basisveränderung im Maßstab an das vorhergehende angeglichen, bis an einem Maßstab-Übertragungspunkt dieselbe Höhe gemessen wird wie im vorhergehenden Modell. Dabei darf das Höhenbezugssystem nicht verändert werden. Durch Fortsetzung des Verfahrens werden nacheinander alle Bilder eines Streifens orientiert und können die Modellpunkte der jeweiligen Bildpaare im Bezugssystem des ersten Modells gemessen werden. In dieser Form wurden Streifen am Multiplex trianguliert. Entsprechend ließen sich Streifen mit den genaueren Zweibild-Analoggeräten mit Basiswechsel (früher Triangulations- oder Geräte 1. Ordnung genannt) bilden. Zwar war dabei jeweils nur 1 Bildpaar im Gerät, aber mit Hilfe des Basiswechsels konnte die jeweilige Koordinatenmessung auf das Koordinatensystem des ersten Bildpaares bezogen werden. Dazu war lediglich beim Modellanschluß die Koordinatenverknüpfung in X und Y mit Hilfe eines geeigneten Übertragungspunktes erforderlich.

Ein derartig gebildeter Streifen weist zunächst *Klaffen* in den gemeinsamen Überdeckungszonen benachbarter Modelle auf. Sie pflegten regelmäßig Beträge bis zu 40 μm (bezogen auf den Bildmaßstab) anzunehmen und zeigten häufig alternierende Systematik. Sie wurden durch Mittelung und gelegentlich durch zusätzliche Transformationen („Ankippen" der Modelle) eliminiert. Auf die vielen, im Lauf der Zeit entwickelten Varianten und die Probleme der Gerätebereiche bei langen Streifen braucht nicht mehr eingegangen zu werden[1]), ebensowenig wie auf die verschiedenen Möglichkeiten der halbrechnerischen Streifenbildung mit Geräten ohne Basiswechsel.

Nach einer Ähnlichkeitstransformation des Streifens, häufig in Lage und Höhe getrennt, zur Beschaffung guter Näherungswerte, erfolgt die *Streifenausgleichung*. Dazu wurden in der Regel einfache graphische oder rechnerische Interpolationsverfahren angewendet. Unter den graphischen Verfahren, deren wesentlichen Bestandteil Koordinaten-Korrekturen bilden, sind besonders die Standardisierung nach Zarzycki[2]) und die Anwendung von Spline-Funktionen mit Hilfe elastischer Lineale zu erwähnen. Rechnerische Verfahren bedienen sich entsprechender Korrekturpolynome 2. oder 3. Grades. Allgemein erhält man die endgültigen Koordinaten (U_i, V_i, W_i) eines Punktes i aus seinen vorläufigen Streifenkoordinaten X_i, Y_i, Z_i und den Korrekturen $\Delta X_i, \Delta Y_i, \Delta Z_i$:

$$U_i = X_i + \Delta X_i \qquad V_i = Y_i + \Delta Y_i \qquad W_i = Z_i + \Delta Z_i \tag{3.70}$$

Dabei sind die Korrekturen ΔX, ΔY, ΔZ Polynomfunktionen, die nach der Fehlertheorie der Streifen (s. 3.6) im allgemeinen Fall voneinander abhängig sind[3]):

$$\Delta X = f_X(X) - Y f_Y'(X) - Z f_Z'(X) = \text{Pol}_X(X, Y, Z)$$
$$\Delta Y = f_Y(X) + Y f_X'(X) - Z f_Q(X) = \text{Pol}_Y(X, Y, Z) \tag{3.71}$$
$$\Delta Z = f_Z(X) + Y f_Q(X) + Z f_X'(X) = \text{Pol}_Z(X, Y, Z)$$

Hier bedeuten f_X, f_Y, f_Z unabhängige Polynome 2. oder 3. Grades in X (X-Richtung parallel zur Streifenachse), ebenso ist f_Q eine unabhängige Funktion von X für die Querneigung. Die Funktionen f_X', f_Y', f_Z' sind die entsprechenden ersten Ableitungen nach X.

In der Praxis sind die Abhängigkeiten zwischen Lage und Höhe in der Regel vernachlässigt und die Polynomkorrekturen nur als Funktionen der X-, Y-Koordinaten eines Punktes angesetzt worden. Die üblichen Korrekturformeln 2. und 3. Grades lauten also

$$\Delta X = a_0 + a_1 X - b_1 Y + a_2 X^2 - 2 b_2 XY \;\Big|\; + a_3 X^3 - 3 b_3 X^2 Y$$
$$\Delta Y = b_0 + b_1 X + a_1 Y + b_2 X^2 + 2 a_2 XY \;\Big|\; + b_3 X^3 + 3 a_3 X^2 Y \tag{3.72a,b,c}$$
$$\Delta Z = c_0 + c_1 X + c_2 Y + c_3 X^2 + c_4 XY \;\Big|\; + c_5 X^3 + c_6 X^2 Y$$

---

[1]) Jordan/Eggert/Kneissl: Handbuch der Vermessungskunde, Bd. IIIa/3. Suttgart 1972, § 130.3.
[2]) Zarzycki, J. M.: SZfV, **47** (1949) 177 bis 184.
[3]) Ausführliche Darstellung in[1]) § 131.3,4, § 132.1.

Häufig werden die Korrekturen der Lagekoordinaten auch als konforme Polynome

$$\Delta X = a_0 + a_1 X - b_1 Y + a_2 (X^2 - Y^2) - 2 b_2 XY$$
$$+ a_3 (X^3 - 3 X Y^2) - b_3 (3 X^2 Y - Y^3)$$
$$\Delta Y = b_0 + b_1 X + a_1 Y + b_2 (X^2 - Y^2) + 2 a_2 XY$$
$$+ b_3 (X^3 - 3 XY^2) + a_3 (3 X^2 Y - Y^3)$$

$$(3.73 \, a, b)$$

oder als unabhängige Polynome angesetzt

$$\Delta X = a_0 + a_1 X + a_2 Y + a_3 X^2 + a_4 XY \;\vdots\; + a_5 X^3 + a_6 X^2 Y$$
$$\Delta Y = b_0 + b_1 X + b_2 Y + b_3 X^2 + b_4 XY \;\vdots\; + b_5 X^3 + b_6 X^2 Y$$

$$(3.74 \, a, b)$$

Die Parameter der Polynome werden mit Hilfe der Paßpunkte aus den Differenzen

$$\Delta X_J = U_J - X_J; \quad \Delta Y_J = V_J - Y_J; \quad \Delta Z_J = W_J - Z_J \quad (j = \text{Paßpunktindex}) \qquad (3.75)$$

durch Ausgleichung bestimmt. Die Beziehungen (3.72) bis (3.74) dienen entsprechend als Fehlergleichungen.

Zur Erleichterung der graphischen Verfahren sind Schema-Anordnungen für Paßpunkte eingeführt worden, 3 bzw. 4 Punktgruppen in etwa gleichem Abstand i. Obwohl weniger strikt daran gebunden, pflegt man sich auch bei rechnerischen Polynomausgleichungen danach zu richten.

Im Bemühen, strengere und anpassungfähigere Streifenausgleichungen zu entwickeln, sind Spline-Funktionen oder *verknüpfte Polynome* als Grundlage rechnerischer Verfahren eingeführt worden[1]). Diese Verfahren sind rechenaufwendig, die Korrekturflächen sind aber in der Anpassung an unregelmäßig verteilte und viele Paßpunkte wesentlich leistungsfähiger als die einfachen Polynomverfahren. Es handelt sich jedoch nach wie vor um Interpolationsverfahren.

Davon zu unterscheiden sind die in vieler Hinsicht allgemeineren und strengeren Streifenausgleichungen nach der Methode der unabhängigen Modelle. Instrumentell gebildete Streifen können, wenn die Mittelung von Koordinaten an den Modellübergängen unterlassen wird, als vorläufig verknüpfte unabhängige Modelle aufgefaßt und in der weiteren Ausgleichung wie rechnerisch gebildete Modellstreifen behandelt werden. (Dabei genügt es, die jeweils für benachbarte Modelle identisch genommenen Projektionszentren nur näherungsweise zu kennen.) An dieser Stelle mündet die konventionelle Aeropolygon-Methode in die numerische Aerotriangulation der Methode der unabhängigen Modelle.

3.5.3 Blockausgleichung mit Streifenpolynomen

Blockausgleichungen auf der Basis von Korrekturpolynomen für die beteiligten Streifen sind ihrer Einfachheit und ihres mäßigen Rechenaufwandes wegen noch vielfach in Benützung.

Man geht davon aus, daß die Streifen eines Blockes schon genähert transformiert und orientiert sind, so daß nur noch relativ kleine Korrekturen ΔU, ΔV, ΔW der vorläufigen Blockkoordinaten (U^0, V^0, W^0) erforderlich sind. Diese Korrekturen ΔU, ΔV, ΔW werden als Polynomfunktionen der jeweiligen Streifenkoordinaten (X, Y, Z), für einen Punkt i im Streifen k dargestellt:

$$\Delta U_{ik} = \text{Pol}_U (X_{ik}, Y_{ik}), \quad \Delta V_{ik} = \text{Pol}_V (X_{ik}, Y_{ik}), \quad \Delta W_{ik} = \text{Pol}_W (X_{ik}, Y_{ik}) \qquad (3.76)$$

Für die Polynome wird einer der Ansätze 2. oder 3. Grades der Gleichungen (3.72) bis (3.74) benützt, nachdem sich Polynome höheren Grades als ungeeignet erwiesen haben[2])

---

[1]) A c k e r m a n n, F.: BuL (1961) 108 bis 123; K u b i k, K.: Efficient methods for strip- and block-adjustment. Rijkswaterstaat, Data processing department. The Hague 1971, 17 S.; s. auch W a l d h ä u s l, P.: ÖZfV, Sonderheft 26 (1973) 106 S.
[2]) A c k e r m a n n, F.: BuL **31** (1963) 2 bis 10.

Die Blockausgleichung besteht aus simultanen Streifenausgleichungen. Zu deren Bestimmung werden zusätzlich die relativen Widersprüche der Streifenverknüpfungspunkte herangezogen. Zweckmäßig sind die Paßpunkte nach Bild **199.**1 angeordnet. Allerdings benützt man zur besseren Bestimmung der Lagepolynome nach Möglichkeit auch Lage-Paßpunkte im Blockinnern.

Der Ansatz der Ausgleichung unterscheidet zwischen Paßpunkten und Streifen-Verknüpfungspunkten. Für einen Paßpunkt j im Streifen k gilt

$$U^0_{j,k} + v_{j,k} + \Delta U_{j,k} = U_j \tag{3.77}$$

(entsprechend für die Koordinaten V und W).

Für einen Streifenverknüpfungspunkt i der Streifen k und $k+1$ gelten die Gleichheitsbedingungen

$$U^0_{i,k} + v_{i,k} + \Delta U_{i,k} = U_i \qquad U^0_{i,k+1} + v_{i,k+1} + \Delta U_{i,k+1} = U_i \tag{3.78a,b}$$

(entsprechend für die Koordinaten V und W).

Hierbei sind die Koordinaten U^0, V^0, W^0 die vorläufigen Blockkoordinaten (der einzelnen Streifenpunkte); U_j, V_j, W_j bzw. U_i, V_i, W_i sind die gegebenen terrestrischen Koordinaten der Paßpunkte bzw. die unbekannten terrestrischen Koordinaten der Streifenverknüpfungspunkte; die Ausdrücke ΔU, ΔV, ΔW stellen die Polynomkorrekturen der Streifen als Funktion der jeweiligen Streifenkoordinaten (!) nach (3.76) dar, sie enthalten die unbekannten Parameter der Polynome; die Größen v bilden die Verbesserungen im Sinne der Ausgleichungsrechnung.

Führt man nun in (3.77) und (3.78) ein:

die absoluten Widersprüche $\Delta U_{j,k} = U_j - U^0_{j,k}$ (entsprechend $\Delta V_{j,k}$, $\Delta W_{j,k}$)

die relativen Widersprüche $dU_{i,k/k+1} = U^0_{i,k+1} - U^0_{i,k}$ (entsprechend dV, dW)

und bezeichnet die Korrekturpolynome mit $(A_{i,k}\, p_k)$, dann erhält man für jede der 3 Koordinaten folgende Fehlergleichungen bzw. Bedingungen, an Stelle von (3.77), (3.78):

$$v_{j,k} = -(A_{j,k}\, p_k) + \Delta U_{j,k} \tag{3.79a}$$

$$v_{i,k+1} - v_{i,k} = \bar{v}_{i,k/k+1} = (A_{i,k}\, p_k) - (A_{i,k+1}\, p_{k+1}) - dU_{i,k/k+1} \tag{3.79b}$$

Diese Gleichungen enthalten auf den rechten Seiten nur die Streifenpolynome mit den Parametern als Unbekannten und die gegebenen relativen und absoluten Widersprüche. Der Einfachheit halber ist in (3.79b) die Differenz der Verbesserungen v zu einer Verbesserung $\bar{v}$ des relativen Widerspruchs zusammengezogen. Dadurch verbleiben einfache Fehlergleichungen. Man kann nachweisen, daß diese Vereinfachung streng erlaubt ist, wenn für die entsprechenden Gleichungen das Gewicht 1/2 angesetzt würde, was in der Regel vernachlässigt wird.

Mit dem Gewicht 1 für die jeweiligen Fehlergleichungen bildet man Normalgleichungen, die für einen regelmäßigen (und regelmäßig numerierten) Block die Bandstruktur der nichtverschwindenden Koeffizienten des Bildes **204.**1 aufweisen.

Die numerische Lösung der Normalgleichungen ergibt die Polynomparameter. Damit können die Streifenkoordinaten aller Punkte korrigiert werden. Die doppelten Koordinatenwerte von Verknüpfungspunkten sind zu mitteln. Abgesehen von eventuellen Wiederholungen wegen grober Datenfehler finden keine Iterationen statt.

Wenn die Höhenkorrektur unabhängig von der Lagekorrektur angesetzt wird (3.72), sind Höhen- und Lage-Blockausgleichung unabhängig voneinander. Gegebenen-

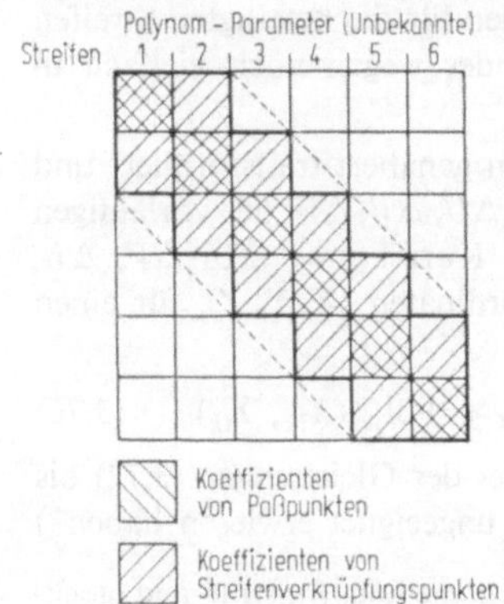

204.1 Bandstruktur der Normalgleichungen bei Blockausgleichung mit Streifenpolynomen

falls zerfällt auch die Lageblockausgleichung in 2 unabhängige Ausgleichungen für U und V. Ein Polynomansatz 3. (2.) Grades enthält also pro Streifen 8 (6) bzw. 7 (5) unbekannte Parameter der Lage-Korrekturpolynome und 7 (5) unbekannte Parameter der Höhen-Korrekturpolynome. Die Anzahl der Unbekannten eines Normalgleichungssystems beträgt bei einem Block von n parallelen Streifen $8n$ ($6n$) bzw. $7n$ ($5n$), übersteigt also die Zahl 100 erst bei $n > 12$ (16) bzw. $n > 14$ (20). Die Normalgleichungen setzen sich überschaubar und gesetzmäßig aus Submatrizen zusammen, die einzeln aufgestellt werden können. Sie spiegeln die Verknüpfungen zwischen benachbarten Streifen wider. Fortschreitende Numerierung aufeinanderfolgender Streifen ergibt die optimale Bandstruktur, die durch zusätzliche Streifenstücke oder Querstreifen gestört würde.

Die übliche Fehlerrechnung ($\sigma_0 = \sqrt{[vv]/r}$; $r = n_a + n_r - n_p$; $n_a, n_r = $ Anzahl der absoluten und relativen Widersprüche, $n_p = $ Anzahl der unbekannten Polynomparameter; oder quadratische Mittelwerte der Restfehler an Paß- oder Verknüpfungspunkten) ist im Sinne der Ausgleichungsrechnung nicht aussagekräftig. Sie ist nur als „goodness of fit" der Funktionsanpassung zu werten und gibt keinen Hinweis auf die erreichte Genauigkeit.

Man kann den Ansatz der Polynomausgleichung erweitern, indem man die unbekannten Koordinaten (U_i, V_i, W_i) der Verknüpfungspunkte i nicht aus den Gleichungen (3.78) eliminiert, sondern sie als Unbekannte mitführt. Dann sind alle Fehlergleichungen vom gleichen Typ. Man erhält ein völlig anders strukturiertes und zunächst wesentlich umfangreicheres Normalgleichungssystem (Bild **205**.1), aus dem sich die unbekannten Koordinaten durch die Reduktion ($N_{11} - N_{12} N_{22}^{-1} N_{21}$) leicht eliminieren lassen. Beim regulären Block führt diese Reduktion auf die Struktur des Bildes **204**.1. Mit dem erweiterten Ansatz lassen sich Blöcke mit zusätzlichen Streifen, z. B. Querstreifen, oder Mehrfachüberdeckungen bequem berücksichtigen. Wir werden dem erweiterten, allgemeinen Ansatz, in dem alle Unbekannten zunächst mitgeführt werden, bei den strengeren Verfahren der Blockausgleichung als Standardfall wieder begegnen.

Polynom-Blockausgleichungen sind in der Photogrammetrie seit den 60er Jahren weit verbreitet. Sie können mit kleinen oder mittleren Rechenanlagen bewältigt werden und sind relativ einfach zu programmieren. Sehr bekannt sind die Rechenprogramme von Schut[1]), bei denen jedoch lange Zeit zur Einsparung von Rechnerkapazität im Gegensatz zur hier beschriebenen Direktlösung Iterationsverfahren verwendet wurden. Dabei

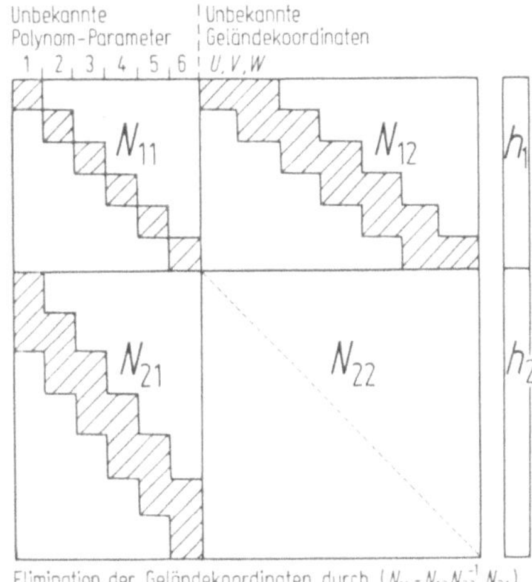

205.1 Struktur der Normalgleichungen der erweiterten Polynom-Blockausgleichung mit Polynom-Parametern *und* unbekannten Geländekoordinaten

wurden zur Beschleunigung der Konvergenz den Paßpunkt-Fehlergleichungen formal hohe Gewichte zugeordnet, was nichts mit Gewichten im fehlertheoretischen Sinn zu tun hat.

Polynomverfahren der Streifen- und Blockausgleichung sind durch die Festlegung auf den 2. oder 3. Grad der Polynome in der Genauigkeitsleistung begrenzt. Diesen Nachteil

---

1) Schut, G. H.: Phm. Eng. XXXIII (1967) 1042 bis 1053.

vermeiden Verfahren, die flexiblere Interpolationsfunktionen für die Streifen eines Blocks benützen. Das erste erfolgreiche Beispiel dafür sind die Analogrechner aus den 50er Jahren für die Höhen-Blockausgleichung[1]), die mit mechanisch realisierten Spline-Funktionen arbeiten. Ein entsprechendes Rechenverfahren[2]) ist der ungünstigen numerischen Struktur der Normalgleichungen wegen nicht weiter verfolgt worden, doch sei auf die Methode der verknüpften Polynome besonders hingewiesen, bei der zusätzliche Minimumbedingungen für die Krümmungen numerische Instabilitäten vermeiden[3]).

3.5.4   Blockausgleichung mit unabhängigen Modellen

3.5.4.1   Die Methode Blockausgleichungen mit Streifenpolynomen haben ihrer Einfachheit und relativen Wirksamkeit wegen starke Verbreitung gefunden, sind jedoch als Korrektur- und Interpolationsverfahren zu klassifizieren. Im Gegensatz dazu ist die Blocktriangulation mit unabhängigen Modellen als eine theoretisch wesentlich strengere, anspruchsvolleren Kriterien hinsichtlich Allgemeinheit und Genauigkeit genügende Methode zu bezeichnen, die höhere Anforderungen an Programmierung und Rechenaufwand stellt. Ihre wichtigsten Kennzeichen sind:

Recheneinheiten sind relativ orientierte Bildpaare, einschließlich der Projektionszentren. Die Bildpaare können am Analoggerät oder rechnerisch durch analytische relative Orientierung entstanden sein. Der Funktionalansatz der Blocktriangulation entspricht der simultanen absoluten Orientierung der unabhängigen Bildpaare, gekennzeichnet durch räumliche Ähnlichkeitstransformation des jeweiligen (Modell-)Koordinatensystems der Recheneinheit. Die Nichtlinearität der Transformationen erfordert Näherungswerte für die Neigungsparameter, Linearisierung und iterative Annäherung an die Lösung. Der Blockverband wird über Modellverknüpfungspunkte hergestellt, s. Bild **206**.1, zu denen auch die Projektionszentren gehören.

Die Aufgabe der als Ausgleichung anzusetzenden Berechnung sind die simultanen räumlichen Ähnlichkeitstransformationen aller Recheneinheiten (Modelle), mit gleichzeitiger Bestimmung aller unbekannten Neupunkte, unter Beachtung aller Verknüpfungen und Paßpunkte. Der Formelansatz benützt die Formulierung (3.57) der räumlichen Ähnlichkeitstransformation. Für die Linearisierung werden nur Näherungswerte der Neigungsgrößen (z.B. Φ, Ω, A oder a, b, c; siehe Abschn. 1.2.5.2) und der Maßstabfaktoren m benötigt. Man geht von den gegebenen (im Analoggerät gemessenen oder nach analytischer relativer Orientierung aus Bildkoordinaten berechneten) Modellkoordinaten (X, Y, Z) oder, falls Näherungswerte für Maßstab und Neigungen, insbesondere für das

206.1 Verknüpfung unabhängiger Modelle zum Blockverband

---

1) Jerie, H.G.; Inst. Geogr. Nat.; Fußnote 1, S. 196.
2) Ackermann, F.: Phia, XIX (1962/64) 457 bis 465.
3) Kubik, K.: s. Fußnote 1, S. 203; Belling, G.E.: South Afr. J. Phot. **2** (1966) 262 bis 271.

Azimut A bekannt sind, von entsprechend vortransformierten Modellkoordinaten aus und linearisiert mit den Näherungswerten 0 für die Neigungsgrößen. Im Prinzip hat jedes Modell sein eigenes, unabhängiges Modellkoordinatensystem. Für einen Punkt i im Modell j gelten mit $m_0 = 1$ nach (3.59) die linearisierten Fehlergleichungen

$$\begin{bmatrix} v_X \\ v_Y \\ v_Z \end{bmatrix}_{ij} = \begin{bmatrix} -X & 0 & -Z & Y \\ -Y & Z & 0 & -X \\ -Z & -Y & X & 0 \end{bmatrix}_{ij} \cdot \begin{bmatrix} m \\ d\Omega \\ d\Phi \\ dA \end{bmatrix}_j - \begin{bmatrix} U_0 \\ V_0 \\ W_0 \end{bmatrix}_j + \begin{bmatrix} U \\ V \\ W \end{bmatrix}_i \qquad (3.80\,\text{a})$$

oder allgemein

$$v = A\,p + B\,x \qquad (3.80\,\text{b})$$

Hierbei bedeuten:

$[X, Y, Z]^{tr}_{ij}$ Koordinaten des Punktes i im Modell j, bezogen auf das Modellkoordinatensystem j,

$[m, d\Omega, d\Phi, dA, U_0, V_0, W_0]^{tr}_j$ unbekannte Transformationsparameter bzw. ihre differentiellen Änderungen des Modell-Koordinatensystems j,

$[U, V, W]^{tr}_i$ unbekannte Geländekoordinaten des Punktes i,

$[v_X, v_Y, v_Z]^{tr}_{ij}$ Verbesserungen der transformierten Modellkoordinaten des Punktes ij im Sinne der Ausgleichungsrechnung = Restfehler zwischen dem ausgeglichenen Punkt i und dem transformierten Modellpunkt ij, s. Bild **207.1**.

In (3.80b) stehen die Vektoren p_j und x_i für die unbekannten Transformationsparameter und die unbekannten Koordinaten.

Falls sich die Fehlergleichungen (3.80) auf einen fehlerfrei gegebenen Paßpunkt i beziehen, gelten die Größen $(U, V, W)_i$ als bekannt. Es ist jedoch allgemeiner und formal bequemer, die Koordinaten $(U, V, W)_i$ der Geländepunkte i stets als Unbekannte zu führen und die terrestrischen Paß-punktkoordinaten als Beobachtungen mit zusätz-lichen Fehlergleichungen (3.68) mit entsprechen-den Gewichten (3.69) zu behandeln. Die nur

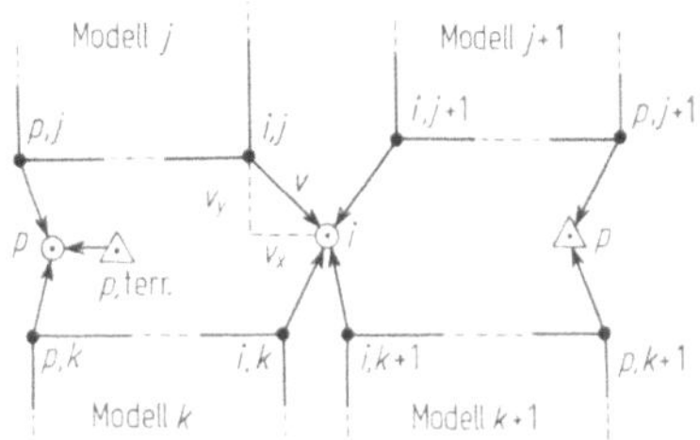

207.1 Verbesserungen v an Modellverknüpfungs-punkten

einfach gemessenen Modellpunkte können formal nach (3.80) mitgeführt werden, aus Gründen der Rechenökonomie pflegt man sie aber aus der Ausgleichung, zu der sie nichts beitragen, auszuklammern und nur anschließend mitzutransformieren[1]).

Der Ansatz (3.80) gilt für beliebige Streifen oder Blockverbände, auch mit Mehrfach-überdeckung. Er setzt im Prinzip keinerlei vorabgegangene Streifen- oder Blockbildung voraus, da er keine Näherungswerte für die unbekannten Koordinaten oder die Pro-jektionszentren benötigt.

Aus den Fehlergleichungen (3.80) erhält man, gegebenenfalls unter Beachtung von Ge-wichten[2]), nach den üblichen Regeln Normalgleichungen, die bei entsprechender Ord-

---

1) Das Verfahren ist zulässig, solange keine Korrelationen im Modell berücksichtigt werden.
2) Korrelationen sind bisher nicht eingeführt worden.

nung der Unbekannten die allgemeine Struktur von Bild **213**.1 aufweisen. Diese Struktur finden wir stets, wenn unabhängige Recheneinheiten über Verknüpfungspunkte, deren Koordinaten als Unbekannte mitgeführt werden, simultan zum Blockverband transformiert werden. Es ist eine Haupt-Unterteilung der Normalgleichungen gemäß den 2 Hauptgruppen p_j und x_i der Unbekannten zu erkennen:

$$N_{11}\,p + N_{12}\,x = h_1 \qquad N_{21}\,p + N_{22}\,x = h_2 \tag{3.81}$$

Die Matrizen $N_{11}, N_{12}, N_{21}, N_{22}$ und die Vektoren h_1, h_2 haben alle ein sehr einfaches und übersichtliches Bildungsgesetz: Die Matrix N_{11} ist eine Hyper-Diagonalmatrix, die aus (7×7)-Submatrizen für die Parameter der einzelnen Modelle besteht. Entsprechend ist die Matrix N_{22} eine reine Diagonalmatrix. Ihre Elemente setzen sich aus den Gewichten und den sogenannten Vielfachheitszahlen der Verknüpfungen zusammen:

$$(N_{11})_{jj} = A_{kj}^{\mathrm{tr}}\,PA_{kj};$$

$$(N_{22})_{ii} = B_{ki}^{\mathrm{tr}}\,PB_{ki} = \begin{bmatrix} (n_X\,p_X + p_U) & 0 & 0 \\ 0 & (n_Y\,p_Y + p_V) & 0 \\ 0 & 0 & (n_Z\,p_Z + p_W) \end{bmatrix} \tag{3.82a, b}$$

$P =$ Gewichtsmatrix der Modellkoordinaten; Einzelgewichte: p_X, p_Y, p_Z; falls die terrestrischen Paßpunkte als Beobachtungen behandelt werden, kommen zu den jeweils betroffenen Diagonalelementen die Gewichte p_U, p_V, p_W der terrestrischen Koordinaten hinzu.

Die Matrix $N_{12}\,(= N_{21}^{\mathrm{tr}})$ ist jeweils an den Stellen ji mit (7×3)-Submatrizen besetzt, die somit die Verknüpfungen widerspiegeln:

$$(N_{12})_{ji} = A_{kj}^{\mathrm{tr}}\,PB_{ki} \tag{3.82c}$$

Von den Absolutgliedern ist $h_1 = 0$; der Vektor h_2 ist an den Stellen i, die sich auf Paßpunkte beziehen, mit den Werten $p_U\,U_i^{\mathrm{terr}}$, $p_V\,V_i^{\mathrm{terr}}$ oder $p_W\,W_i^{\mathrm{terr}}$ besetzt. (Falls die terrestrischen Paßpunktkoordinaten von Anfang an als gegebene Absolutglieder eingeführt werden, ist $h_2 = 0$, und der Vektor h_1 hat einzelne Stellen besetzt.)

Die besondere Struktur der Normalgleichungen und deren Größe legt eine Eliminierung der unbekannten Koordinaten und somit eine Teilreduktion auf die unbekannten Transformationsparameter nahe:

$$(N_{11} - N_{12}\,N_{22}^{-1}\,N_{21})\,p = h_1 - N_{12}\,N_{22}^{-1}\,h_2 \tag{3.83}$$

Da die Inversion N_{22}^{-1} als Diagonalmatrix keine Schwierigkeiten bietet, kann dieses Gleichungssystem ganz allgemein aus den gegebenen Koordinaten aufgebaut werden. Ein Rechenprogramm überspringt daher die Systeme (3.80), (3.81) und berechnet direkt die Koeffizienten von (3.83). Dieses System, das auf eine vorteilhafte Bandstruktur gebracht werden kann (s.u.), ist numerisch zu lösen.

Mit den gelösten Parametern werden die einzelnen Modelle transformiert, je als strenge, räumliche Ähnlichkeitstransformation. Die neuen Modellkoordinaten bilden die Ausgangsdaten für die nächste Iteration, für die wiederum die Gleichungen (3.80) bis (3.83) gelten.

Nach der letzten Iteration (in der Regel genügen 2) sind die unbekannten Geländekoordinaten U_i, V_i, W_i zu bestimmen, was z.B. durch Rücksubstitution der gelösten

Transformationsparameter in die Normalgleichungen (3.81) erfolgen kann:

$$N_{22}\, x = h_2 - N_{21}\, p \tag{3.84}$$

Man erkennt aus der Zusammensetzung der beteiligten Matrizen, daß diese Rücksubstitution elementar berechnet werden kann: Der ausgeglichene Punkt ist streng gleich dem arithmetischen Mittel der beteiligten transformierten Modellpunkte. Bei Paßpunkten gilt entsprechend das gewogene arithmetische Mittel. Das Gleichungssystem (3.81) braucht also tatsächlich nicht aufgestellt zu werden. Damit erhält man auch unmittelbar die Verbesserungen (Restfehler):

$$v_{X_{ij}} = U_i - X_{ij}^{\text{transf}} \qquad v_{Y_{ij}} = V_i - Y_{ij}^{\text{transf}} \qquad v_{Z_{ij}} = W_i - Z_{ij}^{\text{transf}} \tag{3.85a}$$

bzw. für die terrestrischen Koordinaten von Paßpunkten

$$v_{U_i} = U_i - U_i^{\text{terr}} \qquad v_{V_i} = V_i - V_i^{\text{terr}} \qquad v_{W_i} = W_i - W_i^{\text{terr}} \tag{3.85b}$$

Zur Fehlerrechnung ist der Streuungsfaktor (mittl. Gewichtseinheitsfehler) σ_0 zu berechnen:

$$\sigma_0^2 = \sum (v_X v_X p_X + v_Y v_Y p_Y + v_Z v_Z p_Z + v_U v_U p_U + v_V v_V p_V + v_W v_W p_W)/r \tag{3.86}$$

wobei $\quad r = n_k - n_p - n_x$

$n_k \quad$ Zahl der als Beobachtungen eingeführten Koordinaten (Modellkoordinaten der Punkte ij, einschließlich der Projektionszentren, *und* der terrestrischen Paßpunktkoordinaten),

$n_p = 7 \cdot n_{\text{Mod}} \quad$ Zahl der unbekannten Transformationsparameter (7 pro Modell),

$n_x \quad$ Zahl der unbekannten Neupunktkoordinaten, einschließlich der Paßpunkte.

Anhand der Verbesserungen v und der Größe σ_0 wird allgemein die Qualität der Ausgleichung beurteilt, insbesondere aber die Prüfung auf grobe Datenfehler vorgenommen. Gegebenenfalls muß die ganze Ausgleichung nach schrittweiser Eliminierung grober Fehler mehrmals wiederholt werden.

Die endgültigen Orientierungsgrößen der orientierten Modelle lassen sich wie folgt bestimmen: Die den einzelnen Iterationen $(r) = 0 \dots r$ entsprechenden Maßstabfaktoren $m^{(r)}$ und Drehmatrizen $\Delta R^{(r)}$ werden multipliziert; für die linearen Unbekannten genügt Summation:

$$
\begin{aligned}
m_j^r &= m_j^{(0)}\, m_j^{(1)}\, m_j^{(2)} \cdots m_j^{(r)} \\[4pt]
R_j^r &= R_j^{(r)}\, \Delta R_j^{(r-1)} \cdots \Delta R_j^{(1)}\, \Delta R_j^{(0)}
\end{aligned}
\qquad
\begin{bmatrix} U_0 \\ V_0 \\ W_0 \end{bmatrix}^r
=
\begin{bmatrix} U_0 \\ V_0 \\ W_0 \end{bmatrix}^{(0)}
+
\begin{bmatrix} U_0 \\ V_0 \\ W_0 \end{bmatrix}^{(2)}
+ \cdots +
\begin{bmatrix} U_0 \\ V_0 \\ W_0 \end{bmatrix}^{(r)}
\tag{3.87a,b,c}
$$

Eine Alternative, bei der die Orientierungsänderungen bzw. die Matrizen der einzelnen Iterationen nicht gespeichert zu werden brauchen, ist die getrennte Berechnung der absoluten Orientierung jedes Einzelmodells nach der Ausgleichung auf die endgültigen Geländepunkte bzw. damit identisch auf die endgültig transformierten Modellpunkte.

3.5.4.2 Verschiedene Varianten Der beschriebene Rechenprozeß entspricht einer direkten Realisierung der Konzeption der Blocktriangulation mit unabhängigen Modellen. Von existierenden Rechenprogrammen kommen ihm die Systeme *SPACE-M* [1]) und

---

[1]) Blais, J.A.R.: Program SPACE-M, unpublished manuscript, Dept. Energy, Mines and Resources, Ottawa, 1973, 22 S.

STRIM[1]) am nächsten, letzteres allerdings auf Streifen beschränkt und mit vorabgehender Streifenbildung. Andere Programme weichen davon im Bestreben, den Rechenaufwand oder (nicht damit identisch) die Anforderungen an die Rechenkapazität zu reduzieren, mehr oder weniger stark ab.

Eines der frühesten Rechenprogramme der Methode der unabhängigen Modelle, beim *British Ordnance Survey*[2]), löst (3.81) iterativ durch abwechselnde Vorgabe von Näherungswerten der unbekannten Koordinaten und der Transformationsparameter. Dadurch zerfällt das Normalgleichungssystem, das überhaupt nicht aufgestellt wird. Der Rechenprozeß reduziert sich auf die sukzessive absolute Orientierung der Einzelmodelle auf die vorübergehend als Paßpunkte dienenden Näherungswerte der Geländepunkte und die Berechnung verbesserter Näherungen der Geländepunkte. Die sehr langsame Konvergenz dieses Prozesses konnte durch sogenannte Beschleunigungsfaktoren und gute Ausgangsnäherungen verbessert werden. Das Verfahren arbeitet bei guter Paßpunktbesetzung befriedigend, hat aber keine Nachahmung gefunden.

Als „*Anblock*"-Methode[3]) sehr bekannt geworden ist die Lageblockausgleichung mit unabhängigen Modellen. Sie setzt hinreichend horizontierte Modelle voraus. Der zulässige Neigungsfehler ist von den Höhenunterschieden im Modell und den zulässigen Lagekoordinatenfehlern abhängig:

$$\Delta X_{zul} \approx (Z_{max} - Z_{min})\, \Delta\Phi_{zul} \qquad \Delta Y_{zul} \approx (Z_{max} - Z_{min})\, \Delta\Omega_{zul} \qquad (3.88)$$

Die Beschränkung auf die Lagekoordinaten reduziert die räumliche Ähnlichkeitstransformation eines Modells auf die ebene Helmert-Transformation (3.26), die nur 4 lineare Transformationsparameter enthält und somit keine Näherungswerte und Iterationen erfordert. Weitere Vereinfachungen sind möglich:

Legt man den Ursprung des Modell-Koordinatensystems jeweils in den Schwerpunkt der gemessenen Punkte eines Modells, reduziert sich auch die Koeffizientenmatrix N_{11} (3.82 a) auf eine Diagonalmatrix. Die speziellen Werte der Koeffizienten erlauben weitere Vereinfachung durch Zuordnung zu Real- und Imaginärteil komplexer Darstellung[4]). Die erste Verwirklichung des Anblock-Programms am International Training Centre for Aerial Survey (ITC)[3]) war schon ausgereift, zeichnete sich durch eine Direktlösung des Gleichungssystems aus, das im Gegensatz zu (3.83) auf die Koordinaten der Neupunkte als Unbekannte reduziert war, und erlaubte trotz des verwendeten kleinen Elektronenrechners schon die Ausgleichung von Blöcken bis zu mehreren hundert Modellen. In diesem Zusammenhang wird als Vorläufer (seit 1958) auf den mechanischen ITC-Jerie-Analogrechner[5]) für Lage-Blockausgleichungen unabhängiger „Sektionen" als Recheneinheiten (s. 3.5.1.2) nach einem halbrechnerischen Verfahren hingewiesen, mit dem auch sehr große Blöcke bearbeitet wurden.

Unter den Verfahren der räumlichen Blocktriangulation mit unabhängigen Modellen ist die Trennung und Iteration zwischen Lage- und Höhenblockausgleichung von besonderer praktischer Bedeutung. Bei sonst fast völlig identischen Ergebnissen, auch hinsichtlich des Konvergenzverhaltens, ist der Rechenaufwand etwa um den Faktor 3

[1]) A c k e r m a n n , F.; E b n e r , H.; K l e i n , H : BuL **38** (1970) 206 bis 217
[2]) A m e r , F.: Phm. Rec. IV (1962) 34 bis 47; P r o c t o r , D. W.: Phm. Rec. IV (1962) 24 bis 33.
[3]) V a n d e n H o u t , C. M. A.: Phia **21** (1966) 171 bis 178; E c k h a r t , D.: BuL **35** (1967) 135 bis 142.
[4]) D o r r e r , E.: Phm. Eng. XXXVII (1971) 85 bis 98.
[5]) J e r i e , H. G.: Phia XIV (1957/58) 161 bis 176.

geringer[1]). Größere Verbreitung hat das Programm *PAT-M* 43[2]) gefunden. Es entspricht bis auf die Iteration zwischen Lage und Höhe der Darstellung von 3.5.4.1. Die Lage-Ausgleichung ist durch Vernachlässigung der Z-Glieder mit dem Anblock-Verfahren identisch und benötigt keinerlei Näherungswerte, auch nicht bei beliebigen Azimut-Werten. Deshalb findet auch keinerlei Vorbehandlung der unabhängigen Modelle statt, insbesondere werden die Modelle nicht vorher zu Streifen oder einem vorläufigen Block zusammengefaßt. Die Projektionszentren werden bei der Lage-Blockausgleichung nicht mitgeführt, da sie von den Restneigungsfehlern der Modelle am stärksten betroffen sind und die Konvergenz stören würden. Nachdem die Modelle mit den Ergebnissen der ersten Lage-Blockausgleichung streng transformiert sind (einschließlich der Z-Koordinaten) wird die Höhenausgleichung für alle Punkte einschließlich der Projektionszentren mit den betroffenen Gliedern der 3. Zeile der linearisierten Fehlergleichung angesetzt:

$$v_{Z_{ij}} = -Y_{ij}\,\mathrm{d}\Omega_j + X_{ij}\,\mathrm{d}\Phi_j - W_{0j} + W_i \tag{3.89a}$$

Zusätzlich werden die Lagekoordinaten der Projektionszentren ebenfalls nach (3.80a) in der Höhen-Blockausgleichung berücksichtigt:

$$v_{X_{ij}}^{PZ} = -Z_{ij}\,\mathrm{d}\Phi_j - U_{0j} + U_i \qquad v_{Y_{ij}}^{PZ} = Z_{ij}\,\mathrm{d}\Omega - V_{0j} + V_i \tag{3.89b,c}$$

Nach der Lösung der Normalgleichungen der Höhenblockausgleichung, aus denen wiederum die unbekannten Koordinaten W_i bzw. U_i^{PZ}, V_i^{PZ} eliminiert wurden, werden die Modelle wiederum streng transformiert. Jeweils eine Lage- und Höhenausgleichung entspricht einer Iteration des räumlichen Verfahrens. Der Entstehung nach erhält man analog zu (3.86) 2 getrennte Streuungsfaktoren (mittlere Gewichtseinheitsfehler) σ_{0L} und σ_{0H} für Lage und Höhe. Die Konvergenzeigenschaften der unabhängigen Modelle sind außerordentlich günstig. In der Regel reichen 2 Iterations-Schritte aus. In Tab. **211**.1 und **212**.1 sind empirische Angaben über das Konvergenzverhalten und über Rechenzeiten zusammengestellt.

Tab. **211**.1 Konvergenz der Lage-Höhen-Iterationen der räumlichen Blockausgleichung mit dem Rechenprogramm PAT-M 43, gezeigt an den maximalen Koordinatendifferenzen zwischen aufeinanderfolgenden Ausgleichungen

Block	max. Koord. Diff.	1. Iteration		2. Iteration		3. Iteration	
		Lage (m)	Höhe (m)	Lage (m)	Höhe (m)	Lage (m)	Höhe (m)
50 Modelle 1:3750	ΔX_{max}	1 501	8	0,78	0,18	0,005	0,005
	ΔY_{max}	1 758	23	0,93	0,19	0,006	0,001
	ΔZ_{max}	318	147	0,47	0,21	0,005	0,001
129 Modelle 1:14 000	ΔX_{max}	10 229	30	0,92	0,52	0,000	0,000
	ΔY_{max}	7 303	85	2,68	0,35	0,000	0,000
	ΔZ_{max}	389	527	0,78	0,65	0,000	0,000
200 Modelle 1:28 000	ΔX_{max}	31 856	142	15,05	1,99	0,017	0,005
	ΔY_{max}	18 031	210	16,43	2,34	0,023	0,002
	ΔZ_{max}	477	5 120	4,87	4,02	0,016	0,006

---

[1]) E b n e r , H.: ÖZfV **59** (1971) 129 bis 139.
[2]) A c k e r m a n n , F.; E b n e r , H.; K l e i n , H.: BuL **38** (1970) 218 bis 224.

14*

Tab. **212.**1 Beispiele von Rechenzeiten an verschiedenen Rechenanlagen für Blockausgleichungen mit dem Rechenprogramm PAT-M 43; jeweils 3 Lage-
Höhen-Iterationen desselben Blockes (72 Modelle, 1341 Punkte)

Rechenanlage	CPU-Zeit (s)	CPU-Zeit/Modell (s)
CDC 6600	61	0,85
CDC 6400	231	3,21
IBM 360/50	1440[1])	20
IBM 360/65	365	5,07
IBM 360/75	266[1])	3,7
IBM 360/85	68	0,94
IBM 370/145	450	6,25
IBM 370/155	271	3,76
IBM 370/158	160	2,22
IBM 370/165	78	1,08
UNIVAC 1106	203	2,82
UNIVAC 1108	108	1,50

[1]) Aus anderen Vergleichsberechnungen abgeleitet.

Eine interessante Variante der Blockausgleichung mit unabhängigen Modellen bilden die unabhängigen Triplets[1]). Sie werden wie Modelle behandelt, der starken Längsüberlappung wegen können entweder die Projektionszentren entfallen, oder die Zahl der Einheiten wird unter Verzicht auf die Längsüberlappung auf die Hälfte reduziert.

Hinsichtlich weiterer Rechenprogramme wird auf die Literatur verwiesen. Gegen die Vorschläge, die Blockausgleichung unabhängiger Modelle mit räumlichen Affintransformationen an Stelle von Ähnlichkeitstransformationen anzusetzen[2]), bestehen fehlertheoretische Bedenken.

Als Ableger der photogrammetrischen Blockausgleichung ist die Methode der unabhängigen Recheneinheiten wegen ihrer Genauigkeit und ihrer numerischen Vorteile auch für geodätische Rechen- und Ausgleichungsprobleme vorgeschlagen und angewendet worden[3]). Ebenso wird die Methode auf die Positions-Astronomie übertragen[4]).

3.5.4.3 Gesichtspunkte der Rechentechnik   Bei den Rechenprogrammen für die Blocktriangulation mit unabhängigen Modellen sowie nach der Bündelmethode (s. 3.5.5) tritt die dominierende Bedeutung der rein rechentechnischen Gesichtspunkte (s. 3.4.4.5) voll in Erscheinung. Der Umfang der numerischen Aufgabe ist auch unter den heutigen Bedingungen des elektronischen Rechnens sehr erheblich. Die Praxis wendet z. Zt. simultane Blockausgleichungen mit bis zu 2000 Modellen oder Bildern oder bis zu 10000 und mehr Neupunkten an. Die Gesamtzahl aller Unbekannten (Orientierungsparameter *und* Geländekoordinaten) reicht also bis in die Größenordnung von $5 \cdot 10^4$. Selbst nach Elimination der Geländepunkte enthalten die auf die Transformationsparameter reduzierten Normalgleichungen pro Iteration noch $7 \cdot n_{Mod}$ (n_{Mod} = Anzahl der Modelle eines Blocks) bei der räumlichen Lösung bzw. $4 n_{Mod}$ und $3 n_{Mod}$ Unbekannte bei der Lage-Höhen-Iteration. Es sind also mehrfach lineare Gleichungssysteme mit

[1]) Mikhail, E.: Phm. Eng. XXVIII (1962) 625 bis 632.
[2]) Müller, B.-G.: Betrachtungen und Untersuchungen zur blockweisen Aerotriangulation. Diss. TH Aachen 1963, 230 S.
[3]) Ackermann, F.: Samml. Wichmann, **15**, 1971, 17 bis 30.
[4]) Ebner, H.; de Vegt, C.: Astron. Astrophys. XVII (1972) 276 bis 285.

bis zu 10^4 Unbekannten numerisch zu lösen. Der Rechenaufwand einer Gesamtausgleichung liegt in der Größenordnung von 10^5 bis 10^6 Multiplikationen pro Modell oder Bild! Offensichtlich stehen demnach strategische Probleme der numerischen Datenverarbeitung an. Die Hauptüberlegungen betreffen zunächst die Probleme der Aufstellung, Speicherung und Lösung der Normalgleichungen.

Minimierung der Bandbreite. Die Koeffizienten und Absolutglieder der teilreduzierten Normalgleichungen werden direkt aus den gegebenen Daten für die nicht verschwindenden Submatrizen, die durch die Verknüpfungen im Block von Anfang an bekannt sind,

berechnet. Dabei wird angestrebt, die besetzten Submatrizen in einer Reihenfolge zu ordnen, daß sie ein möglichst schmales Band entlang der Hauptdiagonale der Koeffizientenmatrix bilden. Der Rechenaufwand zur Lösung des Gleichungssystems wächst mit dem Quadrat der Bandbreite. Von einem modernen Rechenprogramm mit Anspruch auf Allgemeinheit wird eine möglichst automatische, vollständige oder genäherte Minimierung der Bandbreite bei beliebiger Überdeckung und beliebiger Numerierung und Reihenfolge der gegebenen Modelle gefordert, wie z. B. bei PAT-M 43. Bei regulären rechteckigen Blöcken ist ein hinreichendes Optimum durch die Numerierung der Modelle quer zur Streifenrichtung erreicht, s. Bild **213.1**. Bei großen Blöcken sind auch innerhalb des Bandes noch viele Leerstellen. Es würde sich lohnen, das Band noch weiter zu komprimieren bzw. die Leerstellen in Speicherung und Berechnung zu überspringen[1]).

Speicherung. Die teilreduzierten Normalgleichungssysteme sind, auch bei Beschränkung auf das Band, zu groß, um im Kernspeicher einer Rechenanlage untergebracht zu werden.

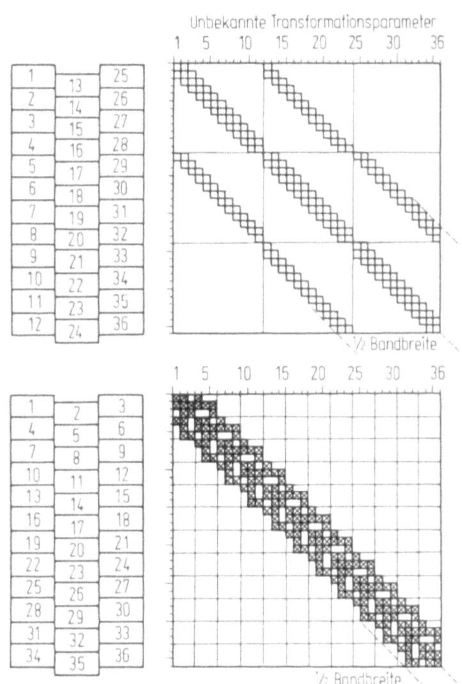

213.1 Einfluß der Reihenfolge der Modelle eines Blocks auf die Bandbreite der auf die unbekannten Transformationsparameter reduzierten Normalgleichungen

Daher werden die Submatrizen auf externen Speichern (Magnetplatte) abgelegt, zur Lösung des Gleichungssystems nacheinander in kleinen Gruppen in den Kern gebracht und reduziert wieder extern abgespeichert. Der Programmieraufwand dafür ist groß, wenn hohe Ansprüche an Allgemeinheit und optimale Ausnützung des jeweiligen Kernspeichers gestellt werden. Derartige Techniken sind als „recursive partitioning" bzw. ihre unbezeichnete Entsprechung in anderen Programmen bekannt[2]). Sie erlauben praktisch beliebig große Gleichungssysteme zu lösen und sind im wesentlichen nur durch die auflaufenden Rechenzeiten begrenzt.

---

[1]) Schenk, A.: Mitt. Inst. Geod. Phot. ETH Zürich **16** (1972) 133 S.
[2]) Brown, D. C.: Phm. Eng. XXXIV (1968) 1272 bis 1292; Wong, K. W.; Elphingstone, G. M.: Phm. Eng. XXXIX (1973) 267 bis 274; Elassal, A. A.: Phm. Eng. XXXV (1969) 1268 bis 1277.

Hinsichtlich der *Lösung der Normalgleichungen* sind vielfach iterative Techniken, z. B. nach Gauß-Seidel oder der Methode der konjugierten Gradienten[1]) vorgeschlagen und benützt worden, zumal sie in der numerischen Mathematik als Standardverfahren gelten. Nachdem sich gezeigt hat, daß ihre Rechenschärfe auch bei sehr großen Systemen ausreicht, setzen sich Direktlösungen zunehmend durch. Man wird dadurch unabhängiger von Näherungswerten, von Paßpunktverteilung und der Kondition des Gleichungssystems sowie von Konvergenzkriterien, kann die Rechenzeit a priori abschätzen und hat keine Störungen der Konvergenz z. B. durch grobe Datenfehler.

Zu den bisher genannten Gesichtspunkten, die sich alle auf die Lösung der Normalgleichungen beziehen, treten weitere, die mit dem Grad der Automation der rechnerischen Blocktriangulation zusammenhängen. Ein Rechenprozeß dieser Größenordnung muß selbstverständlich ohne Eingriff von außen ablaufen und nach vorgegebenen Konvergenzkriterien terminiert werden. Darüber hinaus soll das Rechenprogramm den Eingabedaten möglichst wenig Kodierungsvorschriften und Bedingungen auferlegen. So stellt z. B. das Programm PAT-M 43 mit aufwendigen Suchprozessen durch Vergleich jeden Punktes mit jedem anderen die Verknüpfungen im Block und zum terrestrischen System selbsttätig zusammen, und zwar an hand identischer Punktnummern, unter Verzicht auf spezielle Kodierung der Verknüpfungsfunktion eines Punktes. Weiterhin hat ein Rechenprogramm die Daten auf formale Fehler zu prüfen, z. B. auf Doppelnumerierung oder unzureichende Verknüpfungen, und gegebenenfalls entsprechende Fehlermeldungen abzugeben. Ein erst in den Anfängen gelöstes Problem ist das automatische Auffinden, Eliminieren und gegebenenfalls Korrigieren grober Datenfehler[2]), deren Existenz und nur schrittweise Elimination durch den Sachbearbeiter bisher zu mehrfacher Wiederholung der Blockausgleichungen zwingt. Bei einem leistungsfähigen Rechenprogramm ist der administrative Anteil nach Programmierungs- und Rechenaufwand mit dem arithmetischen vergleichbar.

Die hohen Anforderungen der Blocktriangulation und die noch stets steigenden Wünsche hinsichtlich Genauigkeit, Allgemeinheit, Wirtschaftlichkeit, Automation und Komfort zwingen zur Entwicklung möglichst leistungsfähiger, allgemein anwendbarer Rechenprogramme. Um wirtschaftlich zu sein, setzen sie die Benützung mindestens mittelgroßer elektronischer Rechenanlagen voraus (z. B. ab IBM 370/145) und verlangen im einzelnen sehr weit getriebene Optimierung, der Übertragbarkeit wegen möglichst ohne auf Assembler zurückzugreifen. Tatsächlich gibt es hochgezüchtete Rechenprogramme, die nach Rechenzeit und -kosten mit weniger optimierten, einfacheren, nach Voraussetzungen und Anwendungsbereich beschränkteren Programmen oder mit den Polynomausgleichungen konkurrieren können. Der umgekehrten Strategie der einfacheren, auf begrenzte Anwendungsbereiche und auf kleine Rechner zugeschnittenen Rechenprogramme entsprechen noch viele der heute gebrauchten Rechenprogramme. Sie erfüllen ihren Zweck in weiten Bereichen. Abgesehen vom erheblichen Entwicklungsaufwand kollidieren sie jedoch mit dem Prinzip, daß zur Erfüllung einer gegebenen Aufgabe die angemessenen Rechenhilfsmittel zu benützen sind und der Anwendungs- und Leistungsbereich einer Methode heute nicht mehr von der Datenverarbeitung her eingeschränkt sein sollte.

---

[1]) B r o w n, D. C.: Evolution, application and potential of the bundle method of photogrammetric triangulation. IGP-Komm. III Symposium Stuttgart 1974, 95 S.
K u b i k, K.: ITC Publ. A 39, 1967, 63 S. und A 40, 1967, 22 S.; C a r l s o n, E.: Phot. J. Finland 6 (1972) 25 bis 29 und 6 (1974) 154 bis 159; H a l j a l a, S,: Phot. J. Finland 6 (1974) 160 bis 165.
[2]) K r a u s, K.; K r a c k, K.: Samml. Wichmann 19, 1973, 82 bis 97.

3.5.5   Analytische Blocktriangulation, Bündelmethode

Die Bündelmethode ist die direkte und vollständige analytische Realisierung des durch perspektive Abbildungen und zugeordnete Strahlenbündel gekennzeichneten geometrischen Modells der Bilder eines Bildverbandes. Ihr unmittelbarer Bezug zur allgemeinen Theorie qualifiziert sie in der Konzeption als strenge Methode der photogrammetrischen Punktbestimmung. Gegeben sind die innere Orientierung der Bilder, die gemessenen und reduzierten Bildkoordinaten der Bildpunkte sowie Paßpunktkoordinaten im übergeordneten Koordinatensystem, deren erforderliche Mindestanzahl von der Überdeckung des Bildverbandes abhängt. Gesucht sind die Parameter der äußeren Orientierungen der Bilder und die unbekannten Geländekoordinaten der gemessenen Punkte. Den funktionalen Zusammenhang bilden die projektiven Beziehungen (1.8) zwischen den Bild- und Geländekoordinaten. Beobachtungen mit Verbesserungen im Sinne der Ausgleichsrechnung sind die Bildkoordinaten. Dieser Ansatz entspricht dem der allgemeinen räumlichen Doppelpunkteinschaltung in Abschn. 3.4.3 mit der Erweiterung, daß an Stelle von (3.61) jetzt Fehlergleichungen für eine beliebige Anzahl von Bildern mit beliebiger Überdeckung vorzusehen sind. Einem Geländepunkt können jetzt mehr als 2 homologe Bildpunkte zugeordnet sein (z. B. bei 20 % Querüberdeckung bis zu 6, bei 60 % Querüberdeckung bis zu 9, bei gekreuzter Doppelbefliegung bis zu 12, bei 4facher Befliegung bis zu 24).

Das Verfahren kann hier nur schematisch im Ansatz beschrieben werden: Für einen Bildpunkt i im Bild j kann man bei gegebener innerer Orientierung die Fehlergleichungen als Funktion der 6 Orientierungsunbekannten des Bildes und der Geländekoordinaten des betreffenden Punktes ansetzen:

$$v_{xij} + x_{ij} = f_x\,(\omega_j, \varphi_j, \varkappa_j, U_{0j}, V_{0j}, W_{0j}, U_i, V_i, W_i) \tag{3.90a}$$

$$v_{yij} + y_{ij} = f_y\,(\omega_j, \varphi_j, \varkappa_j, U_{0j}, V_{0j}, W_{0j}, U_i, V_i, W_i) \tag{3.90b}$$

Hinzu kommen im allgemeinen Fall die Fehlergleichungen (3.68) für die terrestrischen Paßpunkt-Koordinaten[1]).

Von Näherungswerten $U_{0j}^0, V_{0j}^0, W_{0j}^0, \omega_j^0, \varphi_j^0, \varkappa_j^0, U_i^0, V_i^0, W_i^0$ aller beteiligten Unbekannten ausgehend entwickelt man die linearisierten Fehlergleichungen:

$$v_{xij} + x_{ij} = f_x^0 + \left(\frac{\partial f_x}{\partial \omega_j}\right)^0 \mathrm{d}\omega_j + \left(\frac{\partial f_x}{\partial \varphi_j}\right)^0 \mathrm{d}\varphi_j + \left(\frac{\partial f_x}{\partial \varkappa_j}\right)^0 \mathrm{d}\varkappa_j +$$
$$+ \left(\frac{\partial f_x}{\partial U_{0j}}\right)^0 \mathrm{d}U_{0j} + \left(\frac{\partial f_x}{\partial V_{0j}}\right)^0 \mathrm{d}V_{0j} + \left(\frac{\partial f_x}{\partial W_{0j}}\right)^0 \mathrm{d}W_{0j} + \quad (3.91a)$$
$$+ \left(\frac{\partial f_x}{\partial U_i}\right)^0 \mathrm{d}U_i + \left(\frac{\partial f_x}{\partial V_i}\right)^0 \mathrm{d}V_i + \left(\frac{\partial f_x}{\partial W_i}\right)^0 \mathrm{d}W_i$$

$$v_{yij} + y_{ij} = f_y^0 + \left(\frac{\partial f_y}{\partial \omega_j}\right)^0 \mathrm{d}\omega_j + \left(\frac{\partial f_y}{\partial \varphi_j}\right)^0 \mathrm{d}\varphi_j + \left(\frac{\partial f_y}{\partial \varkappa_j}\right)^0 \mathrm{d}\varkappa_j +$$
$$+ \left(\frac{\partial f_y}{\partial U_{0j}}\right)^0 \mathrm{d}U_{0j} + \left(\frac{\partial f_y}{\partial V_{0j}}\right)^0 \mathrm{d}V_{0j} + \left(\frac{\partial f_y}{\partial W_{0j}}\right)^0 \mathrm{d}W_{0j} + \quad (3.91b)$$
$$+ \left(\frac{\partial f_y}{\partial U_i}\right)^0 \mathrm{d}U_i + \left(\frac{\partial f_y}{\partial V_i}\right)^0 \mathrm{d}V_i + \left(\frac{\partial f_y}{\partial W_i}\right)^0 \mathrm{d}W_i$$

---

[1]) Es ist unzweckmäßig, die Verbesserungen v_{Ut}, v_{Vt}, v_{Wt} der terrestrischen Paßpunkte direkt in (3.90) einzuführen. Die entstehenden Bedingungsgleichungen mit Unbekannten sind im Rechenprogramm umständlicher zu handhaben als der Ansatz über unbekannte Koordinaten und Fehlergleichungen.

mit
$$f_x^0 = f_x \left(\omega_j^0, \varphi_j^0, \varkappa_j^0, U_{0j}^0, V_{0j}^0, W_{0j}^0, U_i^0, V_i^0, W_i^0\right)$$
$$f_y^0 = f_y \left(\omega_j^0, \varphi_j^0, \varkappa_j^0, U_{0j}^0, V_{0j}^0, W_{0j}^0, U_i^0, V_i^0, W_i^0\right)$$

Für die Koeffizienten der Fehlergleichungen (3.91) können direkt die entsprechenden Ausdrücke der Gleichungen (1.18) bis (1.23) eingesetzt werden (nach Umbenennung von X, Y, Z in U, V, W). Mit den Beziehungen von Tab. **35**.1 lassen sich die Koeffizienten in der Form der nachfolgenden Gleichungen (3.92) darstellen. Dabei werden die den Näherungen ω_j^0, φ_j^0, $\varkappa_j^0$ der Bildneigungen nach (1.7c) entsprechenden Näherungen $((a_{11})_j^0 \cdots (a_{33})_j^0$ der Richtungskoeffizienten benützt. In dieser Form brauchen die Näherungswerte der Geländepunkte und der Projektionszentren im Gegensatz zu den Beziehungen (1.18) bis (1.23) nicht mit den Bildkoordinaten x_{ij}, y_{ij} in Beziehung gesetzt zu sein.

$$\left(\frac{\partial f_x}{\partial \omega_j}\right)^0 = \frac{-c_j}{N_{ij}^0}\left[\left\{-(a_{31})_j^0\,(V_i^0 - V_{0j}^0) + (a_{21})_j^0\,(W_i^0 - W_{0j}^0)\right\} - \right. \tag{3.92}$$
$$\left. - \left(\frac{Z_x}{N}\right)_{ij}^0\left\{-(a_{33})_j^0\,(V_i^0 - V_{0j}^0) + (a_{23})_j^0\,(W_i^0 - W_{0j}^0)\right\}\right]$$

$$\left(\frac{\partial f_x}{\partial \varphi_j}\right)^0 = \frac{-c_j}{N_{ij}^0}\left[-N_{ij}^0 \cos\varkappa_j^0 - \left(\frac{Z_x}{N}\right)_{ij}^0\left\{\cos\varphi_j^0\,(U_i^0 - U_{0j}^0) - \right.\right.$$
$$\left.\left. - (a_{23})_j^0 \tan\varphi_j^0\,(V_i^0 - V_{0j}^0) - (a_{33})_j^0 \tan\varphi_j^0\,(W_i^0 - W_{0j}^0)\right\}\right]$$

$$\left(\frac{\partial f_x}{\partial \varkappa_j}\right)^0 = -c_j\left(\frac{Z_y}{N}\right)_{ij}^0 \qquad \left(\frac{\partial f_y}{\partial \varkappa_j}\right)^0 = c_j\left(\frac{Z_x}{N}\right)_{ij}^0$$

$$\left(\frac{\partial f_y}{\partial \omega_j}\right)^0 = \frac{-c_j}{N_{ij}^0}\left[\left\{-(a_{32})_j^0\,(V_i^0 - V_{0j}^0) + (a_{22})_j^0\,(W_i^0 - W_{0j}^0)\right\} - \right.$$
$$\left. - \left(\frac{Z_y}{N}\right)_{ij}^0\left\{-(a_{33})_j^0\,(V_i^0 - V_{0j}^0) + (a_{23})_j^0\,(W_i^0 - W_{0j}^0)\right\}\right]$$

$$\left(\frac{\partial f_y}{\partial \varphi_j}\right)^0 = \frac{-c_j}{N_{ij}^0}\left[N_{ij}^0 \sin\varkappa_j^0 - \left(\frac{Z_y}{N}\right)_{ij}^0\left\{\cos\varphi_j^0\,(U_i^0 - U_{0j}^0) - \right.\right.$$
$$\left.\left. - (a_{23})_j^0 \tan\varphi_j\,(V_i^0 - V_{0j}^0) - (a_{33})_j^0 \tan\varphi_j^0\,(W_i^0 - W_{0j}^0)\right\}\right]$$

$$\left(\frac{\partial f_x}{\partial U_i}\right)^0 = -\left(\frac{\partial f_x}{\partial U_{0j}}\right)^0 = \frac{-c_j}{N_{ij}^0}\left[(a_{11})_j^0 - \left(\frac{Z_x}{N}\right)_{ij}^0 (a_{13})_j^0\right]$$

$$\left(\frac{\partial f_x}{\partial V_i}\right)^0 = -\left(\frac{\partial f_x}{\partial V_{0j}}\right)^0 = \frac{-c_j}{N_{ij}^0}\left[(a_{21})_j^0 - \left(\frac{Z_x}{N}\right)_{ij}^0 (a_{23})_j^0\right]$$

$$\left(\frac{\partial f_x}{\partial W_i}\right)^0 = -\left(\frac{\partial f_x}{\partial W_{0j}}\right)^0 = \frac{-c_j}{N_{ij}^0}\left[(a_{31})_j^0 - \left(\frac{Z_x}{N}\right)_{ij}^0 (a_{33})_j^0\right]$$

$$\left(\frac{\partial f_y}{\partial U_i}\right)^0 = -\left(\frac{\partial f_y}{\partial U_{0j}}\right)^0 = \frac{-c_j}{N_{ij}^0}\left[(a_{12})_j^0 - \left(\frac{Z_y}{N}\right)_{ij}^0 (a_{13})_j^0\right]$$

$$\left(\frac{\partial f_y}{\partial V_i}\right)^0 = -\left(\frac{\partial f_y}{\partial V_{0j}}\right)^0 = \frac{-c_j}{N_{ij}^0}\left[(a_{22})_j^0 - \left(\frac{Z_y}{N}\right)_{ij}^0 (a_{23})_j^0\right]$$

$$\left(\frac{\partial f_y}{\partial W_i}\right)^0 = -\left(\frac{\partial f_y}{\partial W_{0j}}\right)^0 = \frac{-c_j}{N_{ij}^0}\left[(a_{32})_j^0 - \left(\frac{Z_y}{N}\right)_{ij}^0 (a_{33})_j^0\right]$$

mit
$$(Z_x)_{ij}^0 = (a_{11})_j^0 (U_i^0 - U_{0j}^0) + (a_{21})_j^0 (V_i^0 - V_{0j}^0) + (a_{31})_j^0 (W_i^0 - W_{0j}^0)$$
$$(Z_y)_{ij}^0 = (a_{12})_j^0 (U_i^0 - U_{0j}^0) + (a_{22})_j^0 (V_i^0 - V_{0j}^0) + (a_{32})_j^0 (W_i^0 - W_{0j}^0)$$
$$N_{ij}^0 = (a_{13})_j^0 (U_i^0 - U_{0j}^0) + (a_{23})_j^0 (V_i^0 - V_{0j}^0) + (a_{33})_j^0 (W_i^0 - W_{0j}^0)$$

Für Rechenverfahren, die anstatt von allgemeinen von den speziellen Näherungswerten 0 der Bildneigungen ausgehen und diesen Ansatz auch bei wiederholten Iterationen durch entsprechende Transformation der Bildkoordinatensysteme beibehalten (s. dazu die Bemerkung S. 177), lassen sich die Beziehungen (3.92) mit $\omega_j^0 = 0$, $\varphi_j^0 = 0$ und gegebenenfalls auch $\varkappa_j^0 = 0$ leicht entsprechend spezialisieren. Das Ergebnis entspricht den Gleichungen (1.36) bzw. kann in äquivalenter Form unter Benutzung der Näherungswerte der Geländekoordinaten formuliert werden.

Aus den linearisierten Fehlergleichungen (3.90) ergeben sich mit der üblichen Annahme unkorrelierter und gleichgewichtiger (Gewicht 1) Bildkoordinaten die Normalgleichungen mit $6 n_B$ (n_B = Anzahl der Bilder) unbekannten Orientierungsparametern und $3 n_p$ (n_p = Anzahl der Geländepunkte) unbekannten Geländekoordinaten. Die Normalgleichungen zeigen bei getrennter Ordnung der beiden Gruppen von Unbekannten eine Struktur wie (3.81), wobei sowohl N_{11} und N_{22} Hyper-Diagonalmatrizen sind. Die Submatrizen $(N_{22})_{ii}$ auf der Hauptdiagonale von N_{22} sind vom Typ (3×3), die Inversion $N_{22}^{-1} = (N_{ii}^{-1})_{22}$ ist daher noch leicht möglich. Dementsprechend können wie bei den unabhängigen Modellen die unbekannten Geländekoordinaten nach (3.83) eliminiert werden. Das verbleibende teilreduzierte Normalgleichungssystem enthält die $6 n_B$ unbekannten Orientierungsparameter der Bilder. Es kann im Rechenprogramm unmittelbar aus den gegebenen Daten aufgestellt werden und ist numerisch zu lösen. Anschließend lassen sich durch Rücksubstitution aus der zweiten Gruppe der Normalgleichungen (3.81) nach (3.84) die unbekannten Geländekoordinaten U_i, V_i, W_i, lösen. Dieses System zerfällt in unabhängige Gleichungstripel.

Die numerische Lösung der Normalgleichungen ergibt Verbesserungen der Unbekannten. Durch Addition zu den ursprünglichen Näherungen erhält man damit verbesserte Näherungswerte der Unbekannten. Falls die Ausgangsnäherungen nicht sehr gut waren, muß das Verfahren iteriert werden, indem von den neuen Näherungen ausgehend die Fehlergleichungen (3.91) neu linearisiert werden.

Bei diesem Verfahren der Relinearisierung von zunehmend besseren Näherungen aus sind die endgültigen Unbekannten nach Beendigung der Iterationen additiv durch die Summe der Anfangsnäherungen und der Iterationszuschläge gegeben. Zwischen den Iterationen sind keine Transformationen erforderlich.

Zur Fehlerrechnung der Bündelblockausgleichung gilt
$$\sigma_0^2 = \sum (v_x v_x p_x + v_y v_y p_y + v_U v_U p_U + v_V v_V p_V + v_W v_W p_W)/r \tag{3.93}$$

wobei v_x, v_y, p_x, p_y Verbesserungen und Gewichte der Bildkoordinaten,

$v_U, v_V, v_W, p_U, p_V, p_W$ Verbesserungen und Gewichte der Gelände-Paßpunktkoordinaten,

$r = n_k - n_p - n_x$ = Redundanz, mit n_k = Zahl der als Beobachtungen eingeführten Bild- und Paßpunkt-Geländekoordinaten, $n_p = 6 \cdot n_B$ = Zahl der unbekannten Orientierungsparameter (6 pro Bild), n_x = Zahl der unbekannten Neupunktkoordinaten, einschließlich der Paßpunkte.

Hierzu ist besonders anzumerken, daß das σ_0 der Bündelmethode eine andere Größe ist und auch bei Ausgang von gleichen Meßdaten andere Zahlenwerte annimmt als das σ_{0L} der unabhängigen Modelle[1]). Das theoretische Verhältnis ist etwa 1:1,5.

---

[1]) E b n e r, H.: BuL **39** (1971) 118 bis 125.

In der Anfangszeit der analytischen Blocktriangulation wurde verschiedentlich versucht, mit Bedingungsgleichungen an Stelle von Fehlergleichungen zu operieren und einfache Iterationsverfahren anzuwenden, die ohne die Lösung großer Gleichungssysteme auskommen. Gegenwärtig verzichtet man auf solche Verfahren zugunsten der allgemeinen Brauchbarkeit des schematischen Ansatzes der Fehlergleichungen für beliebige Überdeckungsfälle und nimmt eher größere, dafür aber gleichartig aufgebaute numerische Systeme in Kauf. In noch stärkerem Maße als bei der Blocktriangulation mit unabhängigen Modellen verlagern sich bei den Rechenprogrammen der Bündelmethode die Bemühungen bei gegebenem Formelansatz auf die Gesichtspunkte des numerischen Rechnens, der Programmierung und der Automation des gesamten Prozesses, insbesondere auf die Beschaffung von Näherungswerten, die Datenorganisation, die großen Gleichungssysteme, Rechengeschwindigkeit und Speicherkapazität, Konvergenzkriterien und grobe Datenfehler:

Hinsichtlich der *Bandstruktur* der reduzierten Normalgleichungen, ihrer Minimierung und der Frage ihrer Speicherung und direkten Lösung gelten die Hinweise in 3.5.4.3 in gleicher Weise. Bei regulären Blöcken ist die Bild-Numerierung quer zur Flugrichtung vorteilhaft, bei allgemeineren Überdeckungsfällen sollte das Rechenprogramm die Bildnummern weitgehend automatisch optimal ordnen.

Die Beschaffung von *Näherungswerten* ist ein wesentlich kritischeres Problem als bei der Methode der unabhängigen Modelle, da die Bündelmethode nach dem geschilderten Ansatz auch Näherungswerte für die Koordinaten der Projektionszentren und der Geländepunkte verlangt. Dabei werden 2 verschiedene Strategien verfolgt: Das Rechenprogramm PAT-B[1]) versucht, aus dem gegebenen Datenmaterial vollautomatisch die erforderlichen Näherungswerte abzuleiten. Dazu wird aus den gegebenen Bildkoordinaten mit Benützung aller Verknüpfungen und Lagepaßpunkte eine „Anblock"-Lage-Ausgleichung berechnet. Sie liefert als Ergebnis Näherungswerte für die Geländekoordinaten, die Flughöhen (über die Bildmaßstabfaktoren), die Projektionszentren und die Kantungen $\varkappa$ der Bilder, die — wie sich herausgestellt hat — für die Konvergenz der Iterationen von Bedeutung sind. Genäherte Höhen der Geländepunkte werden aus den Paßpunkt-Höhen abgeleitet. Lediglich die Bildneigungen ω_j und φ_j werden zunächst gleich 0 angenommen. Dieses Verfahren beansprucht weniger als 10% der Rechenzeit der sonstigen Blockausgleichung. Es ist praktisch automatisch und erfüllt gleichzeitig die Funktion einer Kontrolle auf grobe Fehler. Weiterhin werden die festgestellten Verknüpfungen der Bilder für die weitere Ausgleichung verwendet. Nach Berechnung der Näherungen arbeitet das Programm PAT-B schematisch nach dem oben beschriebenen Verfahren, mit jeweils direkter Lösung der reduzierten Normalgleichungssysteme. Nach ersten Erfahrungen sind in der Regel 5 Iterationen erforderlich. Die Frage der Formelansätze für Bündelausgleichungen, die weniger oder keine Näherungswerte der Unbekannten verlangen, werden in Zukunft noch näher zu prüfen sein.

Die andere Strategie[2]) zur Beschaffung von Näherungswerten arbeitet sich schrittweise durch sequentielle Näherungsausgleichungen an die gewünschten Näherungen heran. Die übliche Reihenfolge ist Berechnung von Modellen, Streifen, Streifenausgleichungen (sofern möglich), vorläufige Blockbildung, und Blockausgleichung mit Polynomen und gegebenenfalls sogar mit unabhängigen Modellen. Mehr oder weniger ausgeprägt

---

[1]) M e i x n e r , H.: AVN **79** (1972) 281 bis 289.
[2]) Die Beschaffung von Näherungswerten mit nicht systemkonformen Methoden, z.B. durch Radialschlitztriangulation, wird nicht in Betracht gezogen.

operieren mit derartiger schrittweiser Annäherung die Programmsysteme des IGN Paris, des USCGS, von Kubik und von Schenk[1]). Die Strategie wird mit der Verwendung konventioneller und einfacher Programmteile und mit der schrittweisen Eliminierung grober Datenfehler begründet. Im Extremfall soll die Näherung so gut und die Elimination grober Fehler vollständig sein, daß im Anschluß *eine* linearisierte Gesamtausgleichung genügt (IGN, USCGS)[1]). Nach Schenk sind noch 2 Iterationen erforderlich. Die Wirksamkeit dieser Strategie, die sich durch einen gewissen Pragmatismus auszeichnet, ist gegenüber der geschlossenen Automation und Allgemeinheit der erstgenannten Strategie umstritten. Ebenso ist die Frage des geringeren Gesamtaufwandes für Programmierung und Berechnung noch nicht nachgewiesen.

Abgesehen von der Beschaffung von Näherungswerten und der Frage der Konvergenz der Iterationen ist der Rechenaufwand der Bündelblockausgleichung erheblich größer als bei der Methode der unabhängigen Modelle. Der Rechenaufwand der Modellausgleichung mit Lage-Höhe-Iteration verhält sich zur Modellausgleichung mit 7-Parameter-Transformation und zur Bündelausgleichung etwa wie $1:3:5$[2]).

Bis 1974 ist eine überraschend große Zahl von mindestens 20 Rechenprogrammen der Bündelblocktriangulation bekannt geworden. Es ist im Rahmen dieses Buches nicht möglich, sie einzeln zu besprechen. Leider lassen die veröffentlichten Angaben auch keinen echten Vergleich der erforderlichen Rechenzeiten zu. Außerdem entsprechen die veröffentlichten Beschreibungen meistens dem Anfangsergebnis von Programmentwicklungen, die erfahrungsgemäß im Laufe der Jahre ganz erheblich weiter getrieben und modifiziert werden. Neben den schon genannten gelten als besonders leistungsfähig und durch Anwendung erprobt eine Reihe von Programmen aus den Vereinigten Staaten von Amerika (MUSAT, SURBAT, COMBAT)[3]), siehe ferner Harris, Tewinkel und Whitten[4]) sowie Elassal[5]), außerdem Programme aus Finnland[6]) und Frankreich[7]). Eine extreme und erfolgreiche Anwendung der Bündelmethode (mit verfeinertem mathematischen Modell, s. 3.5.7) bildet die Satellitentriangulation, auf die hier nur hingewiesen werden kann.

Schließlich sei noch auf eine bisher nicht erprobte Variante der Bündelblockausgleichung aufmerksam gemacht. In Abweichung vom grundlegenden geometrischen Modell, das jedem Bild ein Strahlenbündel zuordnet, kann die Ausgleichung in gewisser Analogie zu den unabhängigen Modellen auch mit Halb-Bildern durchgeführt werden, jedem Halb-Strahlenbündel einen eigenen Satz von 6 Orientierungsparametern mit Verknüpfungsbedingungen für identische Projektionszentren zuordnend. Es handelt sich dabei um eine gewisse Erweiterung des mathematischen Modells hinsichtlich der Erfassung von Bildfehlern.

Die Bündelmethode ist die strenge Realisierung des mathematischen Modells des Bildverbandes und sollte dementsprechend in ihren Genauigkeitsergebnissen allen anderen

---

1) Créhange, A.: Théorie de l'Aérotriangulation analytique. Min. des Travaux Publics, Paris 1964, 63 S.; Keller, M.: Phm. Eng. XXXIII (1967) 1266 bis 1275; Kubik, K.: ITC Publ. A 40, 1967, 22 S; Schenk, A.: s. Fußnote 1, S. 213.

2) Ebner, H.: ÖZfV **59** (1971) 129 bis 139.

3) Brown, D.C.: Evolution, application and potential of the bundle method of photogrammetric triangulation. IGP-Komm. III Symposium Stuttgart 1974.

4) Harris, W.D.; Tewinkel, G.C.; Whitten, C.A.: Phm. Eng. XXVIII (1962) 44 bis 69.

5) Elassal, A.A.: Phm. Eng. XXXV (1969) 1268 bis 1277.

6) Halonen, R.S.: Theory, practice and results of the applications of the finnish analytical block triangulation. Phot. J. Finland **5** (1971) 9 bis 28.

7) de Masson d'Autume, G.: Compensation d'un bloc de plusieurs bandes. Boll. Geod. Scienze Aff. **20** (1961) 529 bis 539.

Verfahren überlegen sein. Die theoretische Überlegenheit über die Methode der unabhängigen Modelle konnte bisher empirisch nicht oder nicht deutlich bestätigt werden. Der Grund hierfür ist in der Unvollkommenheit des mathematischen Modells zu suchen, wie in Abschn. 3.5.7 und 3.6 auszuführen sein wird.

3.5.6 Blockausgleichung mit Hilfsdaten, hybride Systeme

Eine besonders für kleinmaßstäbige Kartierungen wichtige Erweiterung der Aerotriangulation besteht in der Einbeziehung von Hilfsdaten zur Bildorientierung. Man unterscheidet dabei Hilfsdaten zur Bestimmung der Projektionszentren (Shoran, Hiran, Shiran, Aerodist, Doppler, APR, Statoskop) oder der Geländepunkte (APR-Höhenprofile) und Daten zur Neigungskontrolle der Bilder (Sonnenperiskop, Horizontbilder, Kreiselanzeige, 3-Komponenten-Kreiselstabilisierung der Kammer, Azimutkontrolle durch Schrägaufnahmen). In der Raumfahrt-Photogrammetrie können weitere astronomische Orientierungen und Orbit-Bedingungen hinzukommen. Die meisten Hilfsdaten sind entweder der Hardware oder Logistik (Bodenstationen) wegen sehr aufwendig zu gewinnen oder in ihrer Wirkung von Wetterbedingungen abhängig. Da außerdem die Anforderungen der Lage-Blockausgleichung an Paßpunkte außerordentlich gering sind, konzentriert sich heute das Interesse in der Praxis der Luftbildmessung auf Hilfsdaten, die auf die Höhengenauigkeit wirken, insbesondere Statoskop und APR.

Nach der früheren Konzeption war man bestrebt, die Hilfsdaten möglichst direkt bzw. nach linearer Korrektur als Orientierungsgrößen in die (instrumentelle) Aerotriangulation einzuführen. So ergaben im „Aeronivellement" die Statoskop-Messungen direkt die bz-Komponenten bei der Streifentriangulation, oder man benützt bis heute Punkte aus APR-Höhenprofilen als Höhenpaßpunkte. Ähnliches gilt für Horizontbilddaten[1]. Den extremsten Versuch, alle Orientierungselemente direkt aus Hilfsdaten zu gewinnen und somit die Aerotriangulation vollständig zu umgehen, stellt das AN/USQ 28-Projekt dar[2]. Dabei werden während des Bildfluges Aufnahmeort, Flughöhe, Maßstab und Neigungen jedes Bildes ermittelt und auf dem Bild registriert. Das Verfahren scheint für kleinmaßstäbige Aufnahmen technisch erfolgreich erprobt worden zu sein, ist aber offenbar viel zu aufwendig, um in absehbarer Zeit in die photogrammetrische Praxis zu kommen.

Die vorläufig wirksamste und mit heutigen Rechenhilfsmitteln einfachste Methode, Hilfsdaten in der Aerotriangulation zu verwenden, ist ihre zusätzliche Berücksichtigung als Beobachtungen in der Gesamtausgleichung. Wir beschränken uns hier auf Statoskop- und APR-Daten, s. Bild 220.1. Die Statoskop-Daten werden nach Konversion in

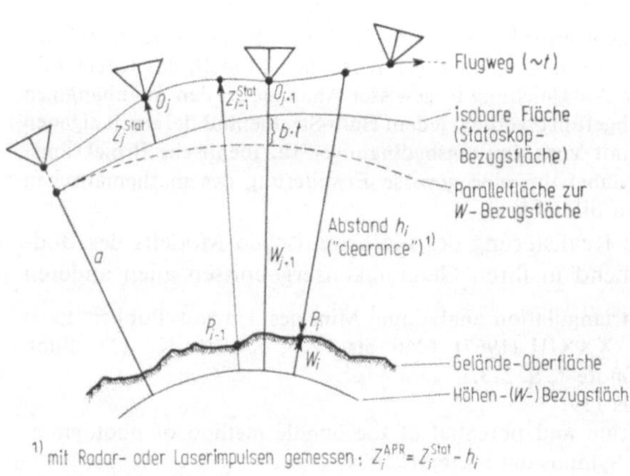

220.1 Zur Höhenbestimmung mit Statoskop und APR (Airborne profile recorder, Radar-Höhenprofil-Schreiber)

[1] Zarzycki, J. M.: Phm. Eng. XXIX (1963) 692 bis 701.
[2] Powell, R. W.: AN/USQ-28 verticality verification test. pres. paper, Komm. I. IGP-Kongress Ottawa 1972.

Höhen (Z^{stat}) als Messungen für die unbekannten Höhen W_{0j} der Projektionszentren, die APR-Profildaten entsprechend und gegebenenfalls nach Henry-Korrektur[1]) als Messungen der Höhen W_i ausgewählter Geländepunkte (in der Nähe der Streifenachse) betrachtet. In beiden Fällen beziehen sich die Messungen physikalisch auf eine unbekannte isobare Fläche. Es müssen daher zur Verbindung der Hilfsdaten mit dem (U, V, W)-Koordinatensystem zusätzliche Orientierungsparameter eingeführt werden. Sie sind als Unbekannte in der Ausgleichung zu behandeln und können hier mit einem konstanten Glied a für die Nullpunktverschiebung und eine lineare Neigungskorrektur $b \cdot t$ der isobaren Fläche auf 2 Parameter pro Linie begrenzt bleiben. Die lineare Korrektur kann als Funktion des Flugwegs oder bequemer als Funktion der Flugzeit t eingeführt werden. Man erhält somit folgende Fehlergleichungen für die Statoskop-Messung eines Projektionszentrums j im Streifen k bzw. für die APR-Höhe eines Gelände-Profilpunktes i im Profil k:

$$v_{jk}^{\text{stat}} = -Z_{jk}^{\text{stat}} - (a_k + b_k\,t_{jk}) + W_{0j} \qquad (3.94\,\text{a})$$

$$v_{ik}^{\text{APR}} = -Z_{ik}^{\text{APR}} - (a_k + b_k\,t_{ik}) + W_i \qquad (3.94\,\text{b})$$

Die Fehlergleichung (3.94 b) gilt sowohl für APR-Profile, die simultan mit dem Bildflug aufgenommen wurden, als auch für zusätzliche Profile ohne Luftaufnahmen, z.B. Querprofile mit Laser-APR aus niedriger Flughöhe.

Beide Ansätze gelten in der obigen Form unmittelbar für die Blockausgleichung mit unabhängigen Modellen und für die Bündelmethode. Sie verknüpfen mit den entsprechenden Fehlergleichungen der Blockausgleichung über die unbekannten Höhen W_{0j} bzw. W_i der Projektionszentren bzw. der Geländepunkte. (Die Punkte können auch Höhenpaßpunkte sein und außerhalb des Blocks liegen, z.B. wenn APR-Linien an Wasserflächen abgeschlossen werden.) Mit entsprechenden Gewichten leisten diese Fehlergleichungen Beiträge zu den Koeffizientenmatrizen N_{22} der Normalgleichungen. Die Analogie zu der Einführung terrestrischer Paßpunktkoordinaten als zusätzliche Messungen für die unbekannten Koordinaten ist deutlich.

Den einzigen Unterschied bilden die zusätzlichen unbekannten Orientierungsparameter a_k, b_k der Hilfsdaten. Faßt man diese Größen als eigene Gruppe von Unbekannten zusammen, lassen sich nach Elimination der unbekannten Koordinaten die nicht verschwindenden Koeffizienten der reduzierten Normalgleichungen als geränderte Bandmatrix („banded-bordered") darstellen, s. Bild 221.1. Die Vergrößerung des Gesamtsystems ist unerheblich. Direkte Gleichungslösungen mit „recursive partitioning" oder äquivalenten Prozeduren sind auch für geränderte Bandmatrizen sehr effektiv.

Nach den beschriebenen Verfahren ist die APR/Statoskop-Version des Systems PAT-M 43 als Simultanausgleichung unabhängiger Modelle und der Hilfsdaten programmiert worden. Hinsichtlich der beliebigen Unterbrechung und Anordnung der Linien, beliebiger

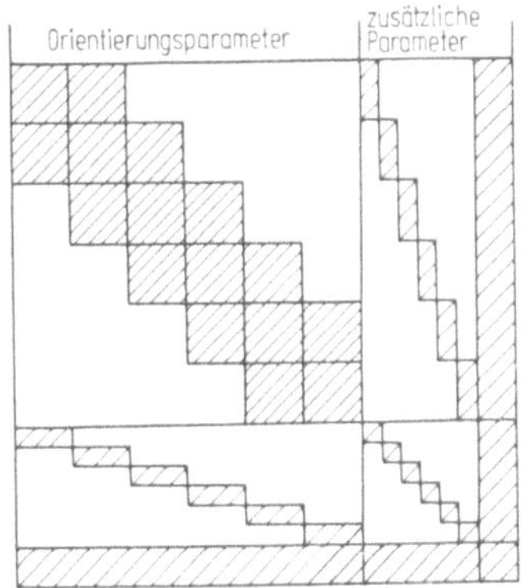

221.1 Beispiel einer geränderten Bandmatrix, wie sie bei Blockausgleichung mit zusätzlichen Parametern vorkommt

---

[1]) Henry, T.J.G.: Determination of topographic profiles by use of radar and pressure altimeters. Dept. of transport, Meteorological Div., Ottawa, unveröffentlichter Bericht (1949?); Jerie, H.G.; Kure, J.: ITC-Publ. A 25/26, 1964, 80 S.

Blockgröße sowie des APR-Anschlusses außerhalb des Blocks ist dabei auf möglichste Allgemeinheit geachtet worden. (Außerdem enthält das Programm zusätzliche Bedingungen für gleiche Höhen von Punkten an Uferlinien.) Die Rechenzeiten erhöhen sich dabei um rund 10%. Soweit in Erfahrung gebracht werden konnte, ist auch das Bündelprogramm PLODS[1]) zur Behandlung von Hilfsdaten in ähnlicher Weise eingerichtet. Mit der Simultanausgleichung von Blöcken und APR/Statoskop-Daten verspricht man sich eine erhebliche Leistungssteigerung bzw. Paßpunktreduktion im Hinblick auf die Höhen.

Nach dem beschriebenen Prinzip können bei Bedarf für beliebige weitere Hilfsdaten, auch für Neigungsgrößen, entsprechende Fehlergleichungen mit zusätzlichen Orientierungsunbekannten aufgestellt und in die simultane Ausgleichung eingebracht werden.

Die Einbeziehung von Hilfsdaten in die Blockausgleichung ist ein Sonderfall des allgemeineren Problems der *Ausgleichung hybrider Systeme*, d. h. der gleichzeitigen Behandlung von Beobachtungen, die nach Art und Herkunft sehr verschiedenartig sind. Mit der weiteren Ausbreitung rechnerischer Methoden werden insbesondere gemeinsame Ausgleichungen gemischter photogrammetrischer und geodätischer Messungen an Bedeutung zunehmen. Solche Systeme formal anzusetzen bereitet in der Regel keine besonderen Schwierigkeiten. Die Probleme liegen vielmehr im numerischen Bereich, da sehr ungünstige Koeffizientenstrukturen der Normalgleichungen auftreten können. Beispiele gemischt photogrammetrisch-geodätischer Ausgleichungen sind das Programm SAPGO[2]) und die mit gewissen stochastischen Vernachlässigungen arbeitende, auf PAT-M 4 beruhende gemeinsame Block- und Spannmaßausgleichung[3]) für Katastervermessungen. Im übrigen kann die Methode der unabhängigen Modelle besonders in der Beschränkung auf die Lage-Blockausgleichung gemischte unabhängige Recheneinheiten beliebigen photogrammetrischen oder geodätischen Ursprungs gemeinsam behandeln (z. B. photogrammetrische Modelle und terrestrische Polaraufnahmen, gegebenenfalls gemeinsam mit alten Orthogonalaufnahmen).

3.5.7 Blockausgleichung mit zusätzlichen Parametern, selbstkalibrierende Systeme

Das geometrische Modell der projektiven Beziehungen zwischen Gelände- und Bildpunkten ist eine Arbeitshypothese, auf der wie beschrieben praktisch alle Verfahren der photogrammetrischen Punktbestimmung beruhen, und die ihre Zweckmäßigkeit in theoretischer und praktischer Hinsicht vielfach unter Beweis gestellt hat. Dieses Funktionalmodell liefert jedoch nur bis zum Genauigkeitsniveau von etwa 10 μm eine hinreichende Beschreibung der geometrischen Eigenschaften tatsächlicher Meßbilder. Unter diesem Bereich treten Effekte auf, die unter dem Begriff der *systematischen Bildfehler* zusammengefaßt werden und zu deren angemessener Beschreibung ein erweitertes Funktionalmodell erforderlich wird.

Dieser Tatsache wurde schon immer dadurch Rechnung getragen, daß a priori bekannte systematische Bildfehler (Verzeichnung, Refraktion) korrigiert werden, was einer Reduktion der tatsächlichen Bildgeometrie auf das Arbeitsmodell der projektiven Beziehungen entspricht.

---

[1]) Eine Erweiterung des Programms LOBAT (Lunar Orbiter Block Analytical Triangulation), s. Fußnote 3, S. 219.
[2]) Wong, K. W.: Phm. Eng. XXXVIII (1972) 779 bis 790.
[3]) Kraus, K.; Bettin, R.: BuL **38** (1970) 241 bis 248.

Dieses Prinzip der Reduktion wird auch bei den neueren Entwicklungen beibehalten, die aber zusätzlich zu den apriori-Korrekturen die Bestimmung weiterer Bildkorrekturen in den Rechenprozeß der Blocktriangulation hineinnehmen. Man setzt Glieder für mögliche systematische Fehler an und bestimmt ihre jeweiligen Zahlenwerte aus dem gegebenen Datenmaterial in der Blockausgleichung. Die Verfahren sind als „Blockausgleichung mit zusätzlichen Parametern" bzw. als selbstkalibrierende Verfahren bekannt.

H. Schmid hat um 1957 als erster das Problem der räumlichen Blocktriangulation allgemein formuliert[1]) und dabei neben den 6 Elementen der äußeren auch die 3 Grundelemente (x_0, y_0, c) der inneren Orientierung eines Bildes als Unbekannte eingeführt. Dieser Ansatz, der bereits der Methode der zusätzlichen Parameter entspricht, ist lediglich auf allgemeinere Glieder zur Verzeichnungskorrektur zu erweitern.

Einfache Ansätze für zusätzliche Bildkorrekturen sind in Abschn. 3.1.2.3 in den Gleichungen (3.4), (3.5) aufgeführt worden. Im Rahmen der Blockausgleichung mit zusätzlichen Parametern sind diese Ansätze verschiedentlich erheblich erweitert worden. Dabei ist vorläufig noch nicht abgeklärt, wie weit die Korrekturen sinnvollerweise getrieben werden sollen. In das Programm BAP[2]) sind verschiedene Ansätze versuchsweise eingeführt worden:

Richtungsabhängige radiale Bildkorrekturen ($x, y =$ Bildkoordinaten, $\alpha = \arctan (y/x)$, $r = \sqrt{x^2 + y^2}$; $a_1 \cdots a_4 =$ Parameter):

$$\begin{aligned}
\Delta x &= a_1 x (r^2 - r_0^2) + a_2 x (r^5 - r_0^5) + a_3 x \cos 2\alpha + a_4 x \sin 2\alpha \\
\Delta y &= a_1 y (r^2 - r_0^2) + a_2 y (r^5 - r_0^5) + a_3 y \cos 2\alpha + a_4 y \sin 2\alpha
\end{aligned} \qquad (3.95\,\text{a})$$

Korrektur nichtradialer Fehler und tangentialer Verzeichnung:

$$\begin{aligned}
\Delta x &= \qquad\quad - b_2 x - b_3 y \cos 2\alpha - b_4 y \sin 2\alpha \\
\Delta y &= b_1 x + b_2 y + b_3 x \cos 2\alpha + b_4 y \sin 2\alpha
\end{aligned} \qquad (3.95\,\text{b})$$

Korrekturen mit einfacher und 4facher Periode der Bildrichtung ($n = 1, 4$):

$$\begin{aligned}
\Delta x &= c_1 x \cos n\alpha + c_2 x \sin n\alpha - c_3 y \cos n\alpha - c_4 y \sin n\alpha \\
\Delta y &= c_1 y \cos n\alpha + c_2 y \sin n\alpha + c_3 x \cos n\alpha + c_4 x \sin n\alpha
\end{aligned} \qquad (3.95\,\text{c})$$

Das Programm COMBAT II[3]) sieht folgende Korrekturmöglichkeiten vor:

3 Parameter für die Grundelemente der inneren Orientierung,
bis zu 3 Parameter für radiale Verzeichnung,
2 Parameter für die Wirkung von Dezentrierungen,
bis zu 14 Parameter in x und y für Filmdeformation,
bis zu 7 Parameter für Nichtplanlage des Films.

Weitere Varianten sind aus der Satellitentriangulation[4]), dem finnischen Programm[5]) und nach Schut[6]) bekannt.

---

[1]) Schmid, H.: BuL (1958) 103 bis 113; (1959) 1 bis 12.

[2]) Bauer, H.; Müller, J.: Festschrift Gerhard Lehmann. Hannover 1972, 7 bis 44.

[3]) Siehe Fußnote 3, Seite 219.

[4]) Schmid, H. in: Jordan/Eggert/Kneissl: Handbuch der Vermessungskunde, Bd. IIIa/3. Stuttgart 1972, § 141 bis 143, 2081 bis 2233.

[5]) Salmenperä, H.; Andersen, J.M.; Savolainen, A.: Efficiency of the extended mathematical model in bundle adjustment. DGK B214, 1975, 66 bis 75.

[6]) Schut, G.: On correction terms for systematic errors in bundle adjustment. DGK B214, 1975, 76 bis 82.

Mit zusätzlichen Parametern können nicht nur systematische Bildfehler, sondern entsprechend auch systematische Modelldeformationen in Verbindung mit der Methode der unabhängigen Modelle erfaßt und korrigiert werden. Bisher bekannt geworden und erprobt ist für das System PAT-M 43)[1] der vom Modellkoordinatensystem unabhängige Ansatz[2])

für die Lage-Blockausgleichung

$$\left.\begin{array}{l} \Delta X = e\,X + f\,Y + p\,(X^2 - Y^2) - 2\,q\,X\,Y \\ \Delta Y = -\,e\,Y + f\,X + 2\,p\,X\,Y \quad + q\,(X^2 - Y^2) \end{array}\right\} \text{Modellpunkte} \qquad (3.96\,\text{a})$$

für die Höhen-Blockausgleichung

$$\Delta Z = r\,X^2 + s\,Y^2 + t\,X\,Y \qquad\qquad \text{Modellpunkte} \qquad\qquad (3.96\,\text{b})$$

$$\left.\begin{array}{l} \Delta X = -\,2\,r\,X\,Z \quad -\,t\,Y\,Z + (-)\,u \\ \Delta Y = -\,2\,s\,Y\,Z \quad -\,t\,X\,Z + (-)\,v \\ \Delta Z = r\,X^2 + s\,Y^2 + t\,X\,Y + (-)\,w \end{array}\right\} \begin{array}{l} \text{linkes (rechtes)} \\ \text{Projektionszentrum} \end{array} \qquad (3.96\,\text{c})$$

Mit den zusätzlichen Parametern wird bisher in der Praxis noch experimentiert. Einerseits pflegt man die verschiedenen Parametergruppen sequentiell zu bestimmen, als Nachkorrekturen zur einfachen Bündel- oder Modell-Blockausgleichung. Andererseits ist noch weitgehend ungeklärt, ob systematische Fehler über alle Bilder/Modelle eines Blocks als konstant angenommen werden dürfen oder ob eigene Parameter für Untergruppen (z.B. Bildstreifen) eines Blocks oder gar für jedes Bild angesetzt werden sollen. Außerdem bestehen offenbar unterschiedliche Auffassungen darüber, ob die Parameter nur phänomenologisch die Typen möglicher oder wahrscheinlicher Bild-/Modelldeformationen oder möglichst genaue Einzelbeschreibung der Wirkungen der verschiedenen physikalischen Fehlerursachen darstellen sollen.

Diese Fragen hängen mit der Behandlung der Parameter bei der Berechnung zusammen. Sie werden üblicherweise als freie, zusätzliche Unbekannte eingeführt, was die bekannte Struktur geränderter Bandmatrizen ergibt, s. Bild **221**.1. Dabei treten jedoch sehr schnell Probleme der Kondition der Gleichungssysteme, d.h. der Bestimmbarkeit der Parameter, auf. Die Parameter sind zum Teil stark korreliert, und die Gleichungssysteme können in schwer vorhersehbarer Weise unbestimmt werden, was zur Einschränkung auf wenige Parameter zwingt. Diese Schwierigkeit und Einschränkung ist gegenstandslos, wenn den unbekannten Parametern Zahlenwerte (die Null sein können) als Beobachtungen mit Gewicht zugeordnet und entsprechende zusätzliche Fehlergleichungen eingeführt werden. (Beispiel: Parameter a_i, Zahlenwert (Beobachtung) $a_i^0 = 0$, Fehlergleichung $v_{ai} = a_i - a_i^0$, Gewicht $p_{ai} = \sigma_0^2/\sigma_{ai}^2$; die Streuung σ_{ai} kann aus der durchschnittlichen Größe des betreffenden systematischen Fehlers geschätzt werden.)

Das Minimumprinzip der Methode der kleinsten Quadrate erzwingt hier in jedem Fall eine eindeutige Lösung. Bei funktionaler Unbestimmtheit wird der als Beobachtung eingegebene Wert mit der Verbesserung 0 angehalten. Dieses Verfahren ist mehr als nur ein rechnerischer Trick zur Vermeidung unbestimmter Systeme. Es entspricht vielmehr dem tatsächlichen Informationsstand über die zusätzlichen Parameter. Man

---

[1]) Siehe Fußnote 2, S. 211.

[2]) Ebner, H.; Schneider, W.: Simultaneous compensation of systematic errors with block adjustment by independent models. DGK B214, 1975, 90 bis 96.

erhält damit ohne numerische Probleme große Freiheiten hinsichtlich Art und Anzahl der zusätzlichen Parameter und kann gleichzeitig verschiedene Parametergruppen (selbst gleicher Art) mitführen, die gemeinsam auf alle Bilder eines Blocks wirken oder kleineren Bildgruppen, z. B. den einzelnen Bildstreifen, zugeordnet sind.

Die Verfahren der Blockausgleichung mit zusätzlichen Parametern sind auch als „selbstkalibrierende Systeme" bekannt. Sie stellen die genauesten Verfahren der photogrammetrischen Punktbestimmung dar und haben ihre Wirksamkeit bei der Satellitenphotogrammetrie, bei Versuchen und in jüngster Zeit in der praktischen Anwendung bewiesen. Es ist zu erwarten, daß sie schnell weitere Verbreitung finden. Einen abgegrenzten Sonderfall bildet ihre Anwendung zur Kammer- und Bildkalibrierung, gegebenenfalls mit Hilfe von Testfeldern[1]).

3.5.8 Radialtriangulation

In der Vergangenheit haben die verschiedenen Formen der Radialtriangulation eine wichtige Rolle in der Aerotriangulation gespielt. Die Radialtriangulation beruht darauf, daß aus einer Senkrechtaufnahme ebene Richtungssätze von einem Radialzentrum aus zu ausgewählten Bildpunkten abgeleitet werden können. Die Richtungssätze entsprechen in guter Näherung, in Sonderfällen streng (z. B. bei ebenem Gelände, Radialzentrum im winkeltreuen Punkt) den zugeordneten geodätischen Richtungssätzen im Gelände. Damit lassen sich nach den Regeln der geodätischen Dreieckmessung Richtungsnetze aufbauen und das entsprechende ebene Punktfeld bestimmen, sofern mindestens 2 der Punkte als Paßpunkte gegeben sind. Die Methode ist auf die Bestimmung von Lagekoordinaten beschränkt.

Die Genauigkeit der Radialmethode ist von der Wahl der Radialzentren (Bildmittelpunkt, Fokalpunkt, oder Nadirpunkt) bzw. von der Kenntnis der Bildneigungen abhängig, die zur Korrektur der Richtungsmessungen erforderlich sind.

Während die graphische und die numerische Methode der Radialtriangulation keine größere Verbreitung gefunden haben, ist die mechanische Radialschlitztriangulation seit etwa 1935 als Grundlage für kleinmaßstäbige Kartierungen außerordentlich viel angewendet worden. Dabei werden die einzelnen Richtungssätze als Schlitze in Schablonen mechanisch verkörpert, die zu einem Verband geknüpft Blöcke zu bilden gestatten. Auf dieser Eigenschaft beruhte wohl die starke Verbreitung der Methode zu einer Zeit, da die räumliche Aerotriangulation noch keine Blöcke zu bearbeiten in der Lage war.

Die Radialtriangulation ist seit einigen Jahren fast vollständig aus der photogrammetrischen Praxis verschwunden (Ausnahme Australien[2])), so daß sich eine Behandlung hier erübrigt.

---

[1]) K u p f e r, G.: DGK, Heft 170, München 1971, 73 S.; B r o w n, D. C.: Advanced methods for the calibration of metric cameras. Presented paper, Symposium on computational photogrammetry, Syracuse University, Syracuse, N.Y. 1969; S a l m e n p e r ä, K.: Phot. J. Finland 6 (1972) 13 bis 23; K ö l b l, O.: Tangential and asymmetric lens distortion, determined by self-calibration. DGK B214, 1975, 153 bis 159; H å d e m, I.: Camera calibration by photographing test fields. DGK B214, 1975, 145 bis 152.
[2]) L a m b e r t, B. P.: BuL **38** (1970) 16 bis 24.

3.6 Fehlertheorie und Genauigkeit der photogrammetrischen Punktbestimmung

3.6.1 Das Fehlermodell des Einzelbildes

Alle Genauigkeitsfragen der photogrammetrischen Punktbestimmung gehen im wesentlichen auf die Fehlereigenschaften des einzelnen Meßbildes zurück. Ergänzend kommen die Eigenschaften der Korrelation zwischen den Bildern eines Bildverbandes hinzu sowie die Fehlereinflüsse der Meß- und Rechenprozesse.

Die Fehlertheorie insbesondere des Luftbildes versteht bislang unter *Bildfehlern* die geometrischen Abweichungen der Bildpunkte gegenüber ihrer hypothetischen Lage, die dem zugrundegelegten Funktionalmodell, d.h. der strengen perspektiven Abbildung der zugeordneten Objektpunkte, entsprechen würde.

3.6.1.1 Physikalische Ursachen der Bildfehler In der konventionellen Betrachtungsweise werden Bildfehler überwiegend als „systematische" Fehler aufgefaßt, denen bestimmte physikalische Ursachen zugeordnet werden können. Die wichtigsten Einflußgruppen aus dem Gesamtprozeß der photogrammetrischen Aufnahme sind im folgenden kurz besprochen[1]):

Atmosphärische Refraktion (Bild **226**.1). Der Verlauf der für die Abbildung wirksamen Lichtstrahlen und dementsprechend die Lage eines Bildpunktes P' entspricht nicht der geradlinigen Verbindung von Objektpunkt P und Projektionszentrum O. Der Winkelfehler $\Delta\beta$ des einfallenden Bildstrahls, gemessen in der Vertikalebene durch O, ist in erster Näherung vom Tangens der Strahlneigung β abhängig. Für die entsprechende Bildversetzung Δr in radialer Richtung auf den Bildnadir N' gilt

$$\Delta r = \frac{-c \cdot \cos \bar{v}}{\cos v \cdot \cos^2 (\beta \pm \bar{v})} \Delta\beta \tag{3.97a}$$

$$\approx \frac{-c}{\cos^2 \beta} \Delta\beta \qquad \text{für } v \to 0;$$

mit $\Delta\beta = \Delta\beta_0 \cdot \tan \beta$ wird

$$\Delta r \approx -r \left(1 + \frac{r^2}{c^2}\right) \Delta\beta_0 \tag{3.97b}$$

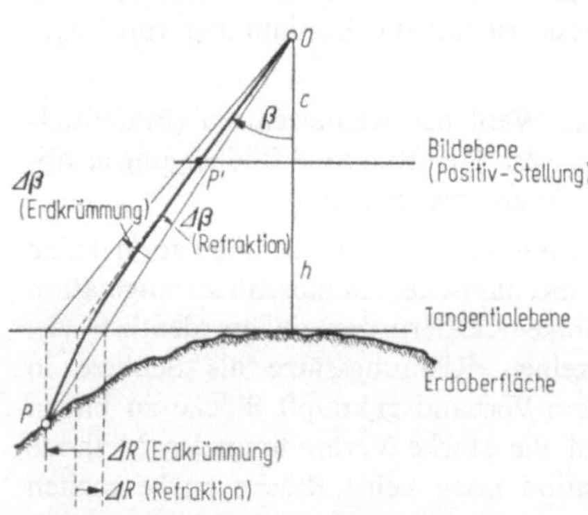

226.1 Verzeichnungswirkung von Refraktion und Erdkrümmung im Einzelbild, bezogen auf die Tangentialebene im Nadirpunkt

(c = Kammerkonstante, v = Bildneigung, $\bar{v}$ = Komponente der Bildneigung im Azimut $N'P'$, β = Strahlneigung).

Der Faktor $\Delta\beta_0$ ist für die regelmäßige Refraktion der freien Atmosphäre auf der Grundlage der physikalischen Bedingungen der einen oder anderen Normatmosphäre verschiedentlich berechnet worden[2]). Er kann hinreichend genau in Abhängigkeit von der

---

1) Siehe K u p f e r, G.: DGK, C 170, 1971, 73 S.; F i s h, R.W.: Phm. Rec. **4** (1964) 379 bis 390; H a l l e r t, B.: Sources of error in photogrammetry. Willem Schermerhorn Jubilee Volume. Delft 1964, 163 bis 176; S z a n g o l i e s, K.: Jenaer Jahrbuch 1963 I, 101 bis 163.

2) L e i j o n h u f v u d, A.: Phia (1952/53) 93 bis 113; S c h u t, G.H.: Phm. Eng. XXXV (1969) 79 bis 86.

absoluten Flughöhe H_0 der Aufnahmekammer und der Meereshöhe H_p des Objektpunktes angegeben werden.

In Tab. **227.1**[1]) sind einige Angaben über die Verzeichnungswirkung der Refraktion zusammengestellt. Die Zahlenwerte zeigen, daß zwar durch Änderung der Kammerkonstante (Maßstabänderung) ein erheblicher Anteil der Fehlerwirkung kompensiert werden kann, daß aber für mittlere und kleine Maßstäbe (etwa ab 1:25000) Korrekturen nicht mehr vernachlässigbar sind. Allgemein sind ÜWW-Bilder stärker von der Refraktion betroffen als WW-Bilder.

Tab. **227.1** Verzeichnungs-Wirkung Δr (in μm) der atmosphärischen Refraktion nach Albertz/Kreiling; Beispiel für Geländehöhe $Z_p = 0,5$ km

absolute Flughöhe Z_0 (km)		Bildradius r (in mm)						
		20	40	60	80	100	120	140
1	WW	0,1	0,3	0,4	0,6	0,9	1,2	1,6
	ÜWW	0,1	0,3	0,6	1,0	1,5	2,3	3,3
2	WW	0,4	0,8	1,2	1,8	2,6	3,5	4,6
	ÜWW	0,4	0,9	1,6	2,7	4,3	6,5	9,4
4	WW	0,8	1,6	2,6	3,9	5,4	7,4	9,8
	ÜWW	0,8	1,9	3,4	5,7	9,1	13,7	19,8
6	WW	1,1	2,3	3,7	5,5	7,7	10,4	13,9
	ÜWW	1,1	2,6	4,8	8,1	12,8	19,4	28,0
8	WW	1,3	2,8	4,6	6,7	9,4	12,8	17,0
	ÜWW	1,4	3,2	5,9	10,0	15,8	23,7	34,3

WW: $c = 153$ mm; ÜWW: $c = 85$ mm; $\Delta r = r_{\text{ist}} - r_{\text{soll}}$ (in μm)

Die Refraktion wird bei der analytischen Auswertung von Senkrechtbildern radialsymmetrisch vom Bildhauptpunkt aus korrigiert. Bildneigungen pflegen nicht berücksichtigt zu werden.

Über die unregelmäßige Refraktion auf Grund von Turbulenz oder Inhomogenitäten in der Atmosphäre ist wenig bekannt. Der Einfluß von Turbulenz am Flugzeug sowie der Effekt von Motorabgasen bei einmotorigen Flugzeugen ist nachgewiesen[2]).

Zusammen mit der Refraktion wird bei analytischen Auswertungen häufig eine radiale Bildkorrektur Δr angebracht, die sich auf die *Erdkrümmung* bezieht. Es handelt sich um eine Ersatzmaßnahme — ein zu korrigierender Bildfehler liegt ja nicht vor — durch die bei der Auswertung das Objekt bzw das geodätische Bezugssystem hinsichtlich der Höhen als „entkrümmt" gelten kann und somit Kompatibilität mit den kartesischen photogrammetrischen Koordinatensystemen erreicht ist. Es läßt sich zeigen[3]), daß bei Senkrechtaufnahmen eine um den Bildhauptpunkt radialsymmetrische Bildkorrektur auch für gebirgiges Gelände ausreichend ist.

$$\Delta r \approx r \cdot \frac{h}{2\,R} \tan^2 \beta = \frac{r^3\,h}{2\,c^2\,R} \tag{3.98}$$

(r = Bildradius, h = Flughöhe, R = Erdradius, β = Neigungswinkel des Bildstrahls, c = Kammerkonstante).

Diese „Erdkrümmungskorrektur" wird häufig mit der Refraktionskorrektur (3.97) zusammengefaßt. Sie übersteigt letztere mit umgekehrtem Vorzeichen um ein Mehrfaches (Bild **226.1**).

[1]) A l b e r t z / K r e i l i n g: Photogrammetrisches Taschenbuch. Karlsruhe 1972, 207 S.
[2]) H a l w a x, F.: Phia XVI (1959/60) 2 bis 7; K u p f e r, G.: DGK, C 170, 1971. 73 S.
[3]) F i n s t e r w a l d e r, Rüd.: ZfV **88** (1963) 190 bis 196.

Optische Verzeichnung. Die Objektive photographischer Meßkammern sind schon auf Grund ihrer Konstruktion als auch durch zusätzliche Fertigungs- und Montierungsungenauigkeiten nicht völlig verzeichnungsfrei[1]). Die Verzeichnung wirkt vorwiegend radialsymmetrisch und ist im einzelnen von der Farbe des abbildenden Lichtes abhängig. Die Fehlerbeträge in der Bildebene erreichen bei modernen Luftbildkammern nach Laboratoriumsmessungen am Goniometer nur noch etwa 5 µm (s. 1.3.2.3). Die sogenannte tangentiale Verzeichnung wird in der Regel nicht ermittelt. Sie soll mit Beträgen unter oder um 2 µm an der Grenze der Meßbarkeit liegen. Allerdings sind aus Testfeldkalibrierungen verschiedentlich größere Beträge festgestellt worden[2]).

Zur optischen Verzeichnung einer Kammer tragen neben dem Objektiv auch vorgesetzte Filtergläser bei und gegebenenfalls das Abschlußglas (Fenster), mit dem das Bodenloch des Flugzeuges druckdicht abgeschlossen wird. H.K. Meier hat mit einer theoretischen Studie[3]) nachgewiesen, daß die Verzeichnung eines Abschlußglases auf Grund von Druck- und Temperaturwirkungen in 10 km Flughöhe bei WW-Bildern zwar Beträge bis 40 µm erreicht, nach Korrektur der Kammerkonstante jedoch mit maximal 5 µm erstaunlich geringe Werte wirksam bleiben.

Mechanik der Kammer. Weitere Ursachen von Bildfehlern bilden die mechanischen Elemente einer Kammer, von denen die allgemeine Stabilität abhängt. Zu nennen sind hier der Anlegerahmen der Kammer und die Andruckplatte mit der Ansaugvorrichtung in der Filmkassette. Die Verzeichnungswirkungen scheinen in der Regel maximale Beträge von 5 µm kaum zu überschreiten[4]). Allerdings hat H. Ziemann örtlich wesentlich größere, auf Verschmutzung der Andruckplatte oder Verstopfung einzelner Ansaugkanäle zurückzuführende Beträge nachgewiesen[5]). Ebenheitsfehler des Films ergeben sich weiterhin aus den Dickenschwankungen des Films, die in der Regel unter 10 µm bleiben.

An dieser Stelle sei auf die *Bewegungsunschärfen* hingewiesen, die als Folge der linearen und der Winkelbewegungen des Flugzeugs auftreten (s. auch 2.3.1.4 und 2.3.1.6). Sie wirken sich jedoch — abgesehen von der Unschärfe des Bildes — in erster Näherung als konstante oder systematische Verschiebungen der Bildpunkte aus, so daß die geometrische Fehlerwirkung bei der Auswertung von selbst weitgehend kompensiert wird. Dasselbe gilt auch für die mechanischen Schwingungen der Aufnahmekammer[6]).

Bild- oder Filmdeformation. Eine der wichtigsten Fehlerquellen bildet das photographische Bild mit seinem Bildträger (Film). Unter dem Begriff der Bilddeformation — nach seiner primären Ursache stellvertretend auch als Filmdeformation bezeichnet — faßt man die geometrischen Änderungen des Bildes zwischen dem Augenblick der Belichtung und der Messung des Bildes zusammen. Dabei sind die Einflüsse der photographischen Entwicklung und gegebenenfalls der Umbildung auf Glas- oder Film-Diapositive enthalten. Das geometrische Verhalten von Filmen, das sich aus der Veränderung der Filmbasis

---

[1]) Bei terrestrischen Meßkammern kommt gegebenenfalls noch ein Einfluß der Fokussierung hinzu.

[2]) Schmid, H.: Phia XVIII (1961/62) 55 bis 64; Brown, D.C.: Evolution, Application and Potential of Bundle Method of Photogrammetric Triangulation. IGP-Komm. III Symposium, Stuttgart 1974, 95 S.

[3]) Festschrift Gerhard Lehmann. Hannover 1972, 111 bis 121; ebenso Phm. Rec. **8** (1974) 87 bis 93.

[4]) Clark, J.M.T.: Phm. Rec. **6** (1968) 168 bis 187; Meier, H.-K.: BuL **40** (1972) 56 bis 63; Tempfli, K.: ITC-J. (1973) 562 bis 582.

[5]) Réseaux photography in photogrammetry — a review. NRC 10408, AP-PR 39, Ottawa 1968.

[6]) Bei Aufnahmen aus dem Hubschrauber erfordern die starken auftretenden Schwingungen eine besondere Dämpfung der Kammeraufhängung.

und der Emulsion zusammensetzt (einschließlich des Fließens beim Ansaugen), ist verschiedentlich untersucht worden[1]). Man kann allgemein feststellen, daß die älteren Untersuchungen quantitativ gegenstandslos geworden sind, seit in den 60er Jahren Filme mit der wesentlich stabileren Polyesterbasis die Azetatfilme verdrängt haben.

Die allgemeine Dimensionsänderung des Films (s. auch 1.5.7) liegt heute in der Regel unter 0,05 %, d. h. etwa bei 0,1 mm über das ganze Bildformat. Die Maßstabänderung ist an den Rahmenmarken erkennbar und durch Anpassung der Kammerkonstante korrigierbar. Es kommen sowohl Dehnung als Schrumpfung vor. In der Regel tritt zusätzlich eine ebenfalls an den Bildrahmenmarken erkennbare affine Deformation des Films auf, die durch eine affine Maßstabdifferenz zwischen Längs- und Querrichtung des Films von durchschnittlich 0,1 bis $0,2^0/_{00}$ ($= 20$ bis $40\,\mu$m Längendifferenz über das Bildformat) sowie einem dem Betrag nach geringeren ($0,1^0/_{00} = 0,6^c \doteq 20\,\mu$m) Scherungseffekt (Rechtwinkelfehler) gekennzeichnet ist. Nach der Korrektur dieser deutlich systematischen Filmfehler verbleiben Restfehler in der Größenordnung von $5\,\mu$m. Allerdings sind diese Restfehler innerhalb der Bildfläche hoch korreliert und zeigen zumindest zonenweise deutlich systematische Tendenz, s. Bild **229.**1. Nach Abspaltung der korrelierten (d. h. der örtlich-systematischen) Fehleranteile verbleiben unregelmäßige, zufällige Fehler mit einer Streuung von etwa $2,5\,\mu$m (Rauschpegel). Nach heutiger Auffassung kann das Filmverhalten nur statistisch mit der Theorie der stochastischen Prozesse beschrieben werden[2]) und ist entsprechend durch Trendanteil ($=$ Systematik), stochastische Anteile (Korrelationen, gegebenenfalls variabel von Bild zu Bild) und zufällige Anteile („Rauschen") gekennzeichnet. Größe, Streuung und zeitliche Veränderung der statistischen Parameter sind derzeit noch nicht genügend untersucht. Benachbarte Bilder einer Filmrolle weisen untereinander ebenfalls starke Korrelationen auf. Besondere Störungen des Schrumpfungsverhaltens scheinen am Anfang und Ende einer Filmrolle sowie dazwischen bei den ersten Aufnahmen nach größerer Pause aufzutreten.

229.1 Beispiel für die Bilddeformation durch Filmschrumpfung (Restfehler an Réseau-Punkten)

Die Herstellung von Diapositiven aus Original-Filmnegativen nimmt die zu dem betreffenden Zeitpunkt vorhandene Filmdeformation ab und fügt die Fehlereinflüsse des Kopierprozesses hinzu, die ähnliche Beträge wie die ursprünglichen Filmfehler annehmen können[3]). Neuerdings

[1]) Brucklacher, W.A.; Lüder, W.: DGK, B 31, 1956, 39 S.; Ahrend, M.: DGK, C 23, 1957, 94 S.; Adelstein, P.Z.: Phm. Eng. XXXVIII (1972) 55 bis 64; Young, M.E.H.; Ziemann, H.: Phm. Eng. XXXVIII (1972) 65 bis 69 und 353 bis 360; Schmidt-Falkenberg, H.: NaKaVerm **1**, 31 (1965) 33 bis 44.
[2]) Tempfli, K.: ITC-J. (1974) 111 bis 137.
[3]) Schwidefsky, K.: BuL **34** (1966) 99 bis 103; Ligterink, G.H.; Zijlstra, R.: Phia **24** (1969) 23 bis 28.

verwendet man aus Kostengründen zunehmend Diapositive auf Filmbasis anstatt auf Glas, offenbar ohne merklichen Genauigkeitsverlust.

Es ist deutlich, daß die bei der photogrammetrischen Auswertung verbleibenden Fehlerwirkungen des Films (wie auch aller anderen Fehlerursachen) von der Art der Korrekturen abhängig sind[1]). Die weitestgehende Erfassung und Korrektur von Filmdeformationen ist bei Bildern mit Réseau möglich. Allerdings haben die bisher bekannten Untersuchungen noch keine deutliche Überlegenheit bestätigen können[2]), so daß die Praxis zögert, Réseau-Kammern zu verwenden.

3.6.1.2 Die Genauigkeit der Bildkoordinaten Nach der obigen Aufzählung sind zwar die wichtigsten der wirksamen Ursachen der Bildfehler erkannt, die bisherigen Untersuchungen haben sich aber im wesentlichen nur auf die durchschnittlichen Fehlerbeträge konzentriert, ohne das Zusammenwirken und die gegenseitige Kompensation zu erfassen, die auf Grund der internen Korrelationen wirksam ist[3]). Dies gilt auch für die theoretischen Versuche zur Ableitung der Bildgenauigkeit in Abhängigkeit von den Öffnungswinkeln der Objektive, die unter dem Stichwort des „optimalen Bildwinkels" bekanntgeworden sind[4]). Die Untersuchungen müssen in erweiterter und verfeinerter Form vertieft werden, da auch über die Abhängigkeit der Bildfehler von Flug- und Kammerparametern sehr wenig bekannt ist. Schließlich sei darauf hingewiesen, daß noch weitere Fehlerquellen existieren, die bisher überhaupt nicht erfaßt sind, wie z.B. die Einflüsse von Form, Größe, Farbe und Umgebung der Objekte im Zusammenhang mit Lichtintensität und Kontrast der Abbildungen[5]).

Neben die Fehler des Meßbildes treten bei der Auswertung die Fehler der *Messung* und der *Meßgeräte*. Soweit es sich um das Einzelbild bzw. um die Messung von Bildkoordinaten handelt, mit durchschnittlichen Streuungen von 1 bis 1,5 μm bei Mono- oder Stereokomparatoren, können sie als untergeordnete Fehlerkomponenten gelten. Im übrigen liegen die durchschnittlichen Genauigkeiten der Präzisions-Stereoauswertegeräte für Lagekoordinaten und Parallaxen bei 5 μm, bezogen auf den Bildmaßstab (vgl. auch 4.6.3).

Die integrale, bei der Auswertung im Endeffekt realisierbare Genauigkeit des photogrammetrischen Meßbildes hängt neben den verschiedenen Ursachen, die eine Störung der Geometrie der Zentralprojektion bewirken, in gleicher Weise von den Verfahren der Auswertung ab. Insbesondere bei den auf höchste Genauigkeit ausgerichteten rechnerischen Auswerteverfahren ist die unabhängige Bedeutung der mathematischen Modelle für die resultierende Genauigkeit deutlich. Darunter sind vornehmlich die verschieden weit gehenden Korrekturen von Bildfehlern sowie die sonstigen zugelassenen Vernachlässigungen zu verstehen. Der mögliche Grad der Verfeinerung der mathematischen Modelle ist dabei von den verfügbaren Kalibrierungsdaten sowie von den Paßpunkten und von der Bildüberdeckung abhängig.

---

[1]) Ziemann, H.: Can. Surv. **25** (1971) 367 bis 377; Talts, J.: Various Transformations for correction of error caused by film distortion. Int. Arch. Phot. XV, 4 (1965).
[2]) Visser, J.; Leberl, F.; Kure, J.: OEEPE, Publ. off. No. 8 (1973) 289 bis 318.
[3]) Ahrend, M.: Analyse photogrammetrischer Fehler. Zeiss-Mitt. **4** (1966) 62 bis 78.
[4]) Meier, H.-K.: BuL **32** (1964) 83 bis 92; Löscher, W.: ÖZfV **51** (1963) 140 bis 158; 174 bis 192.
[5]) Schwidefsky, K.: BuL **37** (1969) 97 bis 106.

Da ein großer Teil der Bildfehler durch deutliche Trendanteile und durch starke Korrelationen im Bild gekennzeichnet ist, liegen günstige Voraussetzungen zu sehr weitgehender nachträglicher Korrektur vor, wie auch die üblichen Auswerteprozesse mit der Einpassung auf Paßpunkte einen großen Teil der Fehlerwirkungen neutralisieren.

Für gut identifizierbare Bildpunkte (signalisierte Punkte) werden heute effektive Bildkoordinatengenauigkeiten von 4 bis 6 μm erreicht (ausgewiesen durch $\sigma_0 = $,,mittlerer Gewichtseinheitsfehler" bei analytischer Bildauswertung). Auf dieses Genauigkeitsniveau kommt man, wenn die üblichen radialsymmetrischen Korrekturen (für Verzeichnung, Erdkrümmung) sowie gegebenenfalls affine Bilddeformationen berücksichtigt werden. Mit verfeinerten mathematischen Modellen kann man sogar den Bereich von 2 bis 3 μm erreichen. Die nicht unterschreitbare Schwelle (Rauschpegel) für die zufälligen Fehler von Bildkoordinaten (einschließlich der Messung) scheint derzeit bei 2 bis 2,5 μm zu liegen, wenn ein Gewichtsabfall zum Bildrand hin berücksichtigt wird. Man liegt damit sehr dicht bei den Ergebnissen der Satelliten-Photogrammetrie[1]).

Trotz vieler Einzeluntersuchungen über Bildfehler und -genauigkeit muß festgestellt werden, daß eine umfassende, operationell verwertbare Kenntnis über die Bildgenauigkeit noch nicht vorliegt und zwar weder im Sinne der Kenntnis der statistischen Parameter (Kovarianz-Matrizen mit Trend-Funktionen) noch im Sinne ihrer Abhängigkeit von äußeren Umständen. Fehlertheorie soll ja nicht nur im Rückblick Ergebnisse qualitativ verständlich machen, sondern Arbeitsmodelle bereitstellen, die für beliebige Fälle zuverlässige Voraussagen erlauben. Unter diesem Gesichtspunkt kann man von einer erschöpfenden Fehlertheorie des Bildes vorläufig nicht sprechen. Bis auf weiteres ist man auf vereinfachte Fehlermodelle angewiesen und verläßt sich weitgehend auf empirische Testergebnisse. Gegen deren begrenzte Aussagekraft stellt Jerie ein Simulationssystem zur umfassenden Untersuchung der Genauigkeit photogrammetrischer Operationen[2]).

Es ist eine der wichtigsten Erfahrungen der neuesten Entwicklung der numerischen Bildauswertung, daß auch in der Praxis die genannten Genauigkeitswerte der Bildkoordinaten um 5 μm (σ_0) bzw. der entsprechenden Rekonstruktion der Strahlenbündel regelmäßig erreicht werden und die Variationsbreite der Ergebnisse mit etwa 50% nur gering ist. Damit ist nachgewiesen, daß die sehr hohe inhärente Genauigkeit des photogrammetrischen Bildes auch tatsächlich in den praktischen Ergebnissen wirksam ist. Voraussetzung dazu sind allerdings geeignete (signalisierte) Objektpunkte und die hochgezüchteten und spezialisierten modernen Aufnahme- und Auswertetechniken. Es soll bei der Diskussion um die höchste Genauigkeit nicht übersehen werden, daß ein sehr großer Teil photogrammetrischer Auswertungen sich nach Aufgabenstellung, Art der Objekte und Technologie der Auswertung in Bereichen geringerer Genauigkeit bewegt.

3.6.2 Genauigkeit des räumlichen Rückwärtsschnittes

Der einzelne räumliche Rückwärtsschnitt (s. 3.2.1) findet in der heutigen Praxis der Luftbildmessung nur geringe Anwendung. Er dient dann weniger der Punktbestimmung als der Ermittlung der äußeren Orientierung eines Bildes. Es gibt nur wenige theoretische oder experimentelle Genauigkeitsuntersuchungen[3]).

---

[1]) Schmid, H.: BuL **41** (1973) 170 bis 185.

[2]) Jerie, H.G.: ITC-J. (1973) 547 bis 561.

[3]) Halonen, R.S.: Über die Genauigkeit der Methoden zur Bestimmung der äußeren Orientierungsgrößen der Luftkammer. Finland's Institute of Technology, Helsinki 1951, 51 S. und: Phia (1950/51) 8 bis 23.

Bezogen auf das bisher übliche, stark vereinfachte Fehlermodell, bei dem die Bildkoordinaten als unkorreliert und gleichgewichtig behandelt werden und die innere Orientierung als fehlerfrei vorausgesetzt ist, läßt sich die *theoretische Genauigkeit* der Elemente der äußeren Orientierung über die Inversion der Normalgleichungen bestimmen, die sich aus dem Ansatz (3.6) für den rechnerischen räumlichen Rückwärtsschnitt ergeben. Für den Fall des Senkrechtbildes mit vier, ideal in den Bildecken abgebildeten Paßpunkten gleicher Höhe erhält man die Genauigkeitswerte von Tab. 232.1. Danach ist insbesondere die Flughöhe (Z_0) mit der Streuung $0,6\,\sigma_0$ bzw. $0,3\,\sigma_0$ für WW bzw. ÜWW mit erstaunlicher Genauigkeit bestimmt, die mit $\sigma_0 = 10\,\mu\text{m}$ für beide Bildarten $0,04\,^0/_{00}$ der Flughöhe entspricht (s. auch Tab. 151.1).

Tab. 232.1 Genauigkeit des räumlichen Rückwärtsschnitts

   Gegeben 4 Paßpunkte in den Bildecken ($x = \pm\,d$, $y = \pm\,d$, $d = 90$ mm). Vereinfachtes Fehlermodell: Bildkoordinaten der Paßpunkte unkorreliert und gleich genau, $\sigma_x = \sigma_y = \sigma_0$; alle anderen Einflüsse vernachlässigt.

		$\sigma_0 = 10\,\mu\text{m}$ $c = 153$ mm (WW)	$\sigma_0 = 10\,\mu\text{m}$ $c = 85$ mm (ÜWW)
$\sigma_\omega = \sigma_\varphi$	$\dfrac{c}{2\,d^2}\,\sigma_0$	60^{cc}	33^{cc}
$\sigma_\varkappa$	$\dfrac{\sigma_0}{\sqrt{8}\,d}$	25^{cc}	25^{cc}
$\sigma_{X_0} = \sigma_{Y_0}$[1]	$\dfrac{\sigma_0}{2}\sqrt{2 + \dfrac{2\,c^2}{d^2} + \dfrac{c^4}{d^4}}$	$20\,\mu\text{m}$	$11\,\mu\text{m}$
σ_{Z_0}[1]	$\dfrac{c}{\sqrt{8}\,d}\,\sigma_0$	$6\,\mu\text{m}$	$3\,\mu\text{m}$

$(\sigma_{\omega\,Y_0} \neq 0,\ \sigma_{\varphi\,X_0} \neq 0)$
[1] Bezogen auf den Bildmaßstab.

Für den Einfluß der Orientierungselemente auf die *Genauigkeit der Lagekoordinaten* der durch räumlichen Rückwärtsschnitt bestimmten Neupunkte P erhält man entsprechend bei fehlerfrei gegebenen Höhen Z_p durch theoretische Fehlerfortpflanzung

$$\sigma_x^2 = \frac{\sigma_0^2}{8\,d^4}\,[2\,x^4 + 2\,x^2\,y^2 - d^2\,(3\,x^2 - y^2) + 4\,d^4];$$

$$\sigma_y^2 = \frac{\sigma_0^2}{8\,d^4}\,[2\,y^4 + 2\,x^2\,y^2 - d^2\,(3\,y^2 - x^2) + 4\,d^4]$$

$$\sigma_{xy} = \frac{\sigma_0^2}{4\,d^4}\,[x\,y\,(x^2 - y^2)];$$

$$\sigma_p^2 = \sigma_x^2 + \sigma_y^2 = \frac{\sigma_0^2}{4\,d^4}\,[(x^2 + y^2)^2 - d^2\,(x^2 + y^2) + 4\,d^4]\,[1]$$

$$(3.99)$$

Für Punkte innerhalb des Paßpunktvierecks sind die Fehlerellipsen der Neupunkte fast kreisförmig. Die aus der Unsicherheit der Einpassung auf die Paßpunkte resultierenden mittleren Koordinatenfehler sind unabhängig vom Öffnungswinkel der Kammer und betragen im Durch-

---

[1] Ursprung des Koordinatensystems im Bildmittelpunkt bzw. Schwerpunkt der Paßpunktfigur.

schnitt 0,70 σ_0 (mittlerer Punktfehler 0,99 σ_0). Diesen Werten überlagern sich unabhängig die Beträge $\sigma_x = \sigma_y = 1\,\sigma_0$ der zusätzlichen Messung der Bildkoordinaten der Neupunkte, so daß sich für das Endergebnis im Durchschnitt mittlere Koordinatenfehler vom Betrag 1,22 σ_0 (mittlerer Punktfehler 1,72 σ_0) ergeben. Außerhalb des Paßpunktrahmens fallen die Genauigkeiten mit dem Quadrat der Entfernung rasch ab. Die Genauigkeitssteigerung bei Verwendung von mehr als 4 Paßpunkten ist nicht erheblich.

Zwar beziehen sich obige Angaben auf die gemachten idealen Voraussetzungen. Sie belegen aber insgesamt die bemerkenswerte Genauigkeit des räumlichen Rückwärtsschnitts.

Ausführliche *empirische Untersuchungen* über den räumlichen Rückwärtsschnitt aus Bildflügen über dem Testfeld Rheidt hat K u p f e r 1971 veröffentlicht[1]). Unter Benützung von jeweils 9 symmetrisch verteilten Paßpunkten und ausgehend von Komparatormessungen der Bildpunkte des signalisierten Testfeldes erhält Kupfer für den Bildmaßstab 1:11 000 und für verschiedene Kammern mit Kammerkonstanten von 15 cm, 21 cm und 30 cm aus 10 verschiedenen Befliegungen folgende Bereiche der Genauigkeitsangaben:

mittlerer Gewichtseinheitsfehler: σ_0 von 4,2 µm bis 7,7 µm,
mittlerer Punktfehler an Vergleichspunkten: σ_p von 5,1 µm bis 8,3 µm,
Streckenfehler für kurze Entfernungen: σ_s von 2,7 µm bis 3,9 µm.

Die Ergebnisse sind im einzelnen von den verwendeten Transformationen auf die Rahmenmarken abhängig. Außerdem konnte eine geringe Abhängigkeit der Punktgenauigkeit vom Bildradius festgestellt werden. Ähnlich hohe Genauigkeiten hat W. W u n d e r l i c h schon 1961 nachgewiesen[2]).

Durch Analyse der Restfehler leitet Kupfer Regressionspolynome zur empirischen Korrektur der Bildfehler ab und erzielt dadurch eine beträchtliche Genauigkeitssteigerung. Die empirischen Genauigkeitsbereiche erstrecken sich nun für σ_0 von 2,0 µm bis 5,7 µm, für σ_p von 4,6 µm bis 7,0 µm. Dagegen ändert sich die Nachbargenauigkeit (σ_s) durch die zusätzlichen Korrekturen der Bildfehler praktisch nicht.

3.6.3 Genauigkeit der Entzerrung

Bei der Entzerrung ist zwischen der Genauigkeit des Entzerrungs-Prozesses (in Abhängigkeit vom Verfahren und von Anzahl, Lage und Qualität der Paßpunkte) und dem Einfluß der Topographie (Abweichungen von einer vermittelnden Gelände-Ebene) zu unterscheiden.

Zur *theoretischen Genauigkeits*untersuchung der Entzerrung kann man von einem auf den Gleichungen (3.8) beruhenden numerischen Verfahren ausgehen, das dem Verfahren am Entzerrungsgerät (ohne Fluchtpunktsteuerung) entspricht. B ä r o und P i e t s c h n e r haben so die Genauigkeit der Entzerrung von Senkrechtbildern in Abhängigkeit von Anzahl und Anordnung der Paßpunkte untersucht[3]). Danach wirkt sich bei vier,

---

1) K u p f e r , G.: DGK, C 170, 1971, 73 S.
2) Siehe Fußnote 3, S. 242.
3) B ä r o , W.: Phia (1951/52) 65 bis 77; P i e t s c h n e r , J.: Verm. Technik **14** (1966) 295 bis 298 und: Kompendium Photogrammetrie VII. Jena 1967, 29 bis 51; J o r d a n / E g g e r t / K n e i s s l : Handbuch der Vermessungskunde, Bd. IIIa/1. Stuttgart 1972, § 57.3, 534 bis 540.

annähernd ein Quadrat bildenden Paßpunkten die Ungenauigkeit der Entzerrung auf Punkte innerhalb des Paßpunktvierecks im Mittel mit einem mittleren Punktfehler von $\sigma_p = 1,1\,\sigma_0$ aus (σ_0 = Genauigkeit der Bildkoordinaten der Paßpunkte). Dieser Wert erhöht sich durch die zusätzlichen Meß- oder Identifizierungsungenauigkeiten dieser Punkte vom Betrag $\sqrt{2}\,\sigma_0$ im Mittel auf $\sigma_p = 1,8\,\sigma_0$.

Innerhalb des Paßpunktvierecks sind die Fehlerellipsen der Einzelpunkte nach der Entzerrung genähert kreisförmig. Bei außerhalb gelegenen Punkten zeigen die großen Achsen der Fehlerellipsen radial auf den Mittelpunkt des Paßpunktvierecks. Dabei nehmen die mittleren Punktfehler mit dem Quadrat des Abstandes rasch zu. Die Einbeziehung weiterer Paßpunkte steigert die Genauigkeit der Entzerrung nicht mehr erheblich.

Die Genauigkeit der numerischen Entzerrung ist — wenn die sonstigen Voraussetzungen gegeben und vergleichbar sind — dem Ergebnis des räumlichen Rückwärtsschnitts praktisch gleichwertig. Dagegen erlaubt die optisch-mechanische Einpassung am Entzerrungsgerät nur graphische Genauigkeit. Je nach der Art der gegebenen Paßpunkte kann daher im Maßstab der Entzerrung in der Regel nur mit einem Wert für σ_0 von 0,1 mm bis 0,3 mm oder größer gerechnet werden.

Die Genauigkeitsuntersuchung des Entzerrungsprozesses, die noch auf die Einbeziehung der Fluchtpunktsteuerung erweitert werden sollte, hat bisher wenig Aufmerksamkeit erfahren, da in der Praxis der Entzerrung die Nichtebenheit des Geländes den in der Regel dominierenden Fehlereinfluß bildet. Die in radialer Richtung wirkende *Reliefversetzung* ist, bezogen auf das Gelände oder den Entzerrungsmaßstab, nach Bild 33.1 und Gl. (1.15a) proportional zum Höhenunterschied ΔZ und zum Tangens der Neigung des Aufnahme-Bildstrahls. Für Senkrechtbilder schätzt man mit der Beziehung $\Delta r/r = \Delta Z/h$ (Δr, r im Bildmaßstab, h = Flughöhe über Grund) leicht ab, daß mit $r = 130$ mm (entspricht der regulären Lage der Paßpunkte in den Bildecken) eine relative Höhendifferenz $\Delta Z/h = 1\%$ schon eine Reliefversetzung im Bildmaßstab von 1,3 mm bewirkt. Da in der Regel die Entzerrung eine Vergrößerung vom Bildmaßstab um den Faktor 2 bis 4 enthält, ist deutlich, daß Reliefversetzungen in der Größenordnung von 1 mm schon bei sehr flachem Gelände ($\Delta Z < h/200$) auftreten, auch wenn ein Teil der Störungen durch vermittelnde Entzerrung auf die Paßpunkte kompensiert werden kann. Die Voraussetzungen für Präzisionsentzerrung sind nur bei extrem flachem Gelände gegeben ($\Delta Z < h/2000$).

Bei gegebenen Höhenunterschieden ΔZ im Gelände läßt sich die Reliefversetzung in der Entzerrung nur durch Verminderung der Strahlneigung β, d.h. Begrenzung des Öffnungswinkels des Strahlenbündels, herabsetzen. Dazu dienen die Verwendung von Aufnahmekammern mit möglichst langer Brennweite ($c = 21$ cm, 30 cm oder 60 cm) und/oder die Beschränkung bei der Entzerrung auf die inneren Bildflächen ohne die Randzonen.

3.6.4   Fehlertheorie des Bildpaares

3.6.4.1 Theoretische Genauigkeit des relativ orientierten Modells Die ersten theoretischen Untersuchungen über die Genauigkeit der relativen Orientierung sind im Zusammenhang mit den auf der Messung von Y-Parallaxen beruhenden rechnerischen Orientierungsverfahren entstanden[1]). Durch Inversion der Normalgleichungen erhält man mit $\sigma_0 = \sigma_{py}$ die *Genauigkeit der Orientierungselemente*, z.B. nach Abschn. 3.3.1.2 für das Verfahren der Bilddrehungen

$$\sigma_{\varphi'} = \sigma_{\varphi''} = \frac{h}{\sqrt{2}\,b\,d}\,\sigma_0; \qquad \sigma_{\varkappa'} = \sigma_{\varkappa''} = \frac{\sigma_0}{2\sqrt{3}\,b\,d^2}\,\sqrt{8\,d^4 + 12\,h^2\,d^2 + 9\,h^4};$$

$$\sigma_{\omega''} = \frac{\sqrt{3}\,h}{2\,d^2}\,\sigma_0; \qquad \sigma_{\omega'\varkappa'} = \sigma_{\omega'\varkappa''} = \frac{h}{4\,b\,d^4}\,(2\,d^2 + 3\,h^2)\,\sigma_0^2; \qquad (3.100)$$

$$\sigma_{\varkappa'\varkappa''} = \frac{1}{12\,b^2\,d^4}\,(4\,d^4 + 12\,h^2\,d^2 + 9\,h^4)\,\sigma_0^2;$$

$$\sigma_{\varphi'\varphi''} = \sigma_{\varphi'\varkappa'} = \sigma_{\varphi'\varkappa''} = \sigma_{\varphi'\omega''} = \sigma_{\varphi''\varkappa'} = \sigma_{\varphi''\varkappa''} = \sigma_{\varphi''\omega''} = 0$$

Geht man von einer Y-Parallaxen-Meßgenauigkeit $\sigma_0 = \sigma_{py} = 5\ \mu\mathrm{m}$ im Bildmaßstab aus, erhält man mit $b = d = 92\ \mathrm{mm}$ bei WW-(ÜWW-)Bildern mittlere Fehler der Elemente ω, φ, $\varkappa$ sowie der Differenz $\Delta\varkappa = \varkappa'' - \varkappa'$ von 50^{cc}, 41^{cc}, 105^{cc}, 28^{cc} (29^{cc}, 23^{cc}, 51^{cc}, 28^{cc}).

Diese Genauigkeiten der Orientierungsgrößen haben nur Bedeutung hinsichtlich ihrer Größenordnung, da sie neben den idealen geometrischen Voraussetzungen auf der stark vereinfachten Annahme unkorrelierter und gleichgewichtiger Y-Parallaxen beruhen. Empirische Untersuchungen der OEEPE[2]) haben die theoretischen Werte nicht oder nur schwach verifizieren können. Deshalb können auch die daraus abgeleiteten weiteren theoretischen Ergebnisse über die Genauigkeit nicht als empirisch bestätigt gelten, wie z.B. die schon von B. Hallert 1950[1]) angegebene Formel für den mittleren Betrag $\bar{\sigma}_{py}$ und die Verteilung der *Rest-Y-Parallaxen* im Modell:

$$\bar{\sigma}_{py}^2 = \left[\frac{2}{3} + \frac{2\,X^2}{3\,b^2} + \frac{X^2\,Y^2}{b^2\,d^2} - \frac{2\,X}{3\,b} - \frac{X\,Y^2}{b\,d^2} + \frac{3\,Y^4}{4\,d^4} - \frac{Y^2}{2\,d^2}\right]\sigma_0^2 \qquad (3.101)$$

Der entsprechende quadratische Mittelwert der Rest-Y-Parallaxen innerhalb des Rahmens der Schemapunkte („Netto-Modell") von $0{,}70\,\sigma_0$ bestätigt immerhin, daß nach der relativen Orientierung die auf den zufälligen Orientierungsfehlern beruhenden Restparallaxen im Modell nur an oder unterhalb der Grenze der Meßgenauigkeit liegen, also nicht störend in Erscheinung treten. Sind Restparallaxen deutlich sichtbar, liegen Störungen der Bildgeometrie vor.

Die Genauigkeit der Y-Parallaxen in Stereo-Auswertegeräten kann heute, reduziert auf das Bild, im Mittel mit 4 bis 6 μm angenommen werden. Sie ist im Einzelfall von der Textur des Geländes, der Qualität und den örtlichen Bilddetails sowie von der Erfahrung des Operateurs abhängig, aber insgesamt bemerkenswert wenig vom jeweiligen Ort im Modell, dem Kontrast und Maßstab des Bildes, der Geländeform und dem Meßgerät beeinflußt. Außerdem hat der Operateur die Möglichkeit, die Parallaxen-Meßgenauigkeit an schwierigen Stellen durch Mehrfachmessung an benachbarten Punkten zu erhöhen[3]). Bei Stereokomparator-Messungen signalisierter Punkte erreicht die Y-Parallaxe Genauigkeitswerte von durchschnittlich 3 bis 4 μm.

---

1) Gotthardt, E.: BuL (1940) 2 bis 34; Hallert, B.: Über die Herstellung photogrammetrischer Pläne. Diss. Stockholm 1944, 118 S. und: Contribution to theory of errors for double point intersection in space. Stockholm 1950, 80 S.

2) Mit dem Versuchsmaterial Oberriet: Härry, H.: Phia XIV (1957/58) 141 bis 156.

3) Die Verwendung von Dove-Prismen zur Messung von Y-Parallaxen als X-Parallaxen erhöht die Meßgenauigkeit, wird jedoch in der Praxis auf die Fälle schlecht meßbarer Y-Parallaxen beschränkt.

Mit Hilfe analytischer Verfahren ist mehrfach der Einfluß der Anzahl und der *Verteilung der Meßpunkte* für die relative Orientierung untersucht worden[1]). Danach ist die übliche Anordnung der 6 Schemapunkte optimal. Eine Steigerung der Anzahl der Y-Parallaxen-Meßpunkte ist nicht sonderlich wirksam, gegebenenfalls sollen Punktnester an den 6 Schemastellen herangezogen werden. Systematische Bild- oder Gerätefehler sind durch Mehrfachmessungen nicht zu beeinflussen. Sie begrenzen daher die erreichbare Genauigkeit der relativen Orientierung. Auch bei analytischen Verfahren stützt man daher häufig die Modellbildung nur auf die 6 Schemapunkte. Die mögliche Verwendung aller gemessenen Punkte eines Bildpaares zur analytischen relativen Orientierung ist nur dann vertretbar, wenn alle Punkte annähernd gleich genau zu messen sind, wie z. B. signalisierte Punkte. Bei der relativen Orientierung an Analoggeräten reicht die Genauigkeit der optisch-mechanischen Verfahren nicht ganz (Unterschiede in der Genauigkeit einzelner Orientierungselemente bis um den Faktor 2 oder darüber) an die der rechnerischen Verfahren heran. Trotzdem sind wegen des geringen Einflusses auf Restparallaxen und Modellverbiegungen (s. u.) optisch-mechanische Orientierungs-Verfahren auch für Präzisionsauswertungen zulässig.

Die Genauigkeit der Orientierungselemente der relativen Orientierung ist vor allem von Interesse, weil von ihr die Genauigkeit der Modellkoordinaten X, Y, Z nach der Modellbildung abhängt. Dabei nimmt in der älteren Literatur die Theorie der *Modelldeformationen*, insbesondere für die Höhen Z, einen breiten Raum ein. Gl. (1.53c) zeigt unmittelbar, daß Orientierungsfehler X-Parallaxen und damit nach (1.52) Höhenfehler dZ verursachen:

$$\mathrm{d}Z = -\,\frac{(X - bx)\,Y}{bx}\,\mathrm{d}\omega'' + \frac{XY}{bx}\,\mathrm{d}\omega' + \frac{Z^2 + (X - bx)^2}{bx}\,\mathrm{d}\varphi'' - \frac{Z^2 + X^2}{bx}\,\mathrm{d}\varphi' -$$

$$-\,\frac{YZ}{bx}\,(\mathrm{d}\varkappa'' - \mathrm{d}\varkappa') + \frac{Z}{bx}\,(\mathrm{d}X_0'' - \mathrm{d}X_0') - \frac{(X - bx)}{bx}\,\mathrm{d}Z_0'' + \frac{X}{bx}\,\mathrm{d}Z_0' \tag{3.102}$$

Für ein ebenes Modell mit konstanter Höhe Z treten 3 verschiedene Fehlerwirkungen in Erscheinung: Fehler d$\varkappa'$, d$\varkappa''$ und dbz neigen das Modell in Y- bzw. X-Richtung; Fehler dφ', dφ'' deformieren das Modell als parabolische Zylinderfläche ($\sim X^2$); Fehler dω', dω'' verwinden das Modell ($\sim XY$); hinzu treten konstante Höhenverschiebungen infolge dbx (Maßstabfehler) und dφ', dφ''. Echte (nichtlineare) Modelldeformationen, die durch die nachfolgende Höheneinpassung bei der absoluten Orientierung des Modells nicht kompensiert werden können, bilden nur der „φ-Zylinder" und die „ω-Verwindung".

Die Theorie der Modellverbiegungen wurde in ihrer praktischen Bedeutung vielfach überschätzt, insbesondere die Erwartung, aus beobachteten Modellverbiegungen, wie sie an Höhenpaßpunkten bei der absoluten Orientierung in Erscheinung treten, rückwirkend die relative Orientierung verbessern zu können. Abgesehen vom Fall der unvollständigen Modelle (s. 3.3.1.6) ist dieses Verfahren nur schwach wirksam, weil nicht empfindlich genug. Modelldeformationen sind erst dann deutlich meßbar, wenn die Orientierungsfehler ein Mehrfaches ihrer mittleren Fehler betragen. Z. B. erzeugt bei einem WW-Bildpaar ein Orientierungsfehler $\mathrm{d}\omega'' = 4^{\mathrm{c}}$ ($\approx 8\,\sigma_\omega$) maximale Höhenfehler in den Modellecken gegenüber der vermittelnden Ebene vom Betrag 29 μm im Bildmaßstab ($\triangleq 0{,}2\,{}^0\!/_{00}$ der Flughöhe). Ebenso bewirkt ein Orientierungsfehler $\mathrm{d}\varphi' = 4^{\mathrm{c}}$ oder $\mathrm{d}\varphi'' = 4^{\mathrm{c}}$ ($\triangleq 10\,\sigma_\varphi$) eine maximale Durchbiegung in Modellmitte von nur 14 μm. Falls Modelldeformationen feststellbar sind, beruhen sie daher in der Regel nicht auf Ungenauigkeiten der relativen Orientierung, sondern vielmehr auf systematischen Bild- oder Gerätefehlern. Sie können nicht durch nachträgliche Korrektur der relativen Orientierung kompensiert werden, ohne daß untolerierbar große y-Parallaxen wieder eingeführt würden[2]).

---

[1]) Z.B. T o g l i a t t i, G.: Boll. Geod. Sci. aff. **21** (1962) 440 bis 448.
[2]) L ö s c h e r, W.: SZfV **57** (1959) 273 bis 278.

Die Ungenauigkeiten der relativen Orientierung bewirken auch Modellverbiegungen hinsichtlich der Lagekoordinaten (X, Y). Nach Hoschtitzky[1]) gilt

$$dX = \frac{X\,Y\,(X - bx)}{bx\,Z}\,(d\omega' - d\omega'') - \frac{(X - bx)\,(Z^2 + X^2)}{bx\,Z}\,d\varphi' +$$

$$+ \frac{X\,(Z^2 + (X - bx)^2)}{bx\,Z}\,d\varphi'' + \frac{(X - bx)\,Y}{bx}\,d\varkappa' - \frac{X\,Y}{bx}\,d\varkappa'' - \tag{3.103a}$$

$$- \frac{(X - bx)}{bx}\,dX_0' + \frac{X}{bx}\,dX_0'' + \frac{(X - bx)\,X}{bx\,Z}\,(dZ_0' - dZ_0'')$$

$$dY = \frac{1}{Z}\left(\frac{X\,Y^2}{bx} - \frac{Z^2 + Y^2}{2}\right)d\omega' - \frac{1}{Z}\left(\frac{(X - bx)\,Y^2}{bx} + \frac{Z^2 + Y^2}{2}\right)d\omega'' -$$

$$- \frac{Y}{Z}\left(\frac{Z^2 + X^2}{bx} - \frac{X}{2}\right)d\varphi' + \frac{Y}{Z}\left(\frac{Z^2 + (X - bx)^2}{bx} + \frac{X - bx}{2}\right)d\varphi'' +$$

$$+ \left(\frac{Y^2}{bx} + \frac{X}{2}\right)d\varkappa' - \left(\frac{Y^2}{bx} - \frac{X - bx}{2}\right)d\varkappa'' + \frac{Y}{bx}\,(dX_0'' - dX_0') + \tag{3.103b}$$

$$+ \frac{1}{2}\,(dY_0'' + dY_0') + \frac{Y}{Z}\left(\frac{X}{bx} - \frac{1}{2}\right)dZ_0' - \frac{Y}{Z}\left(\frac{X - bx}{bx} + \frac{1}{2}\right)dZ_0''$$

Die Modelldeformationen in den Lagekoordinaten sind Funktionen 1. bis 3. Grades in X und Y. Sie sind in den nach der absoluten Orientierung verbleibenden Anteilen noch weniger empfindlich von den Orientierungsfehlern beeinflußt als die Höhendeformationen.

Von den durch die Ungenauigkeit der relativen Orientierung verursachten Modellfehlern sind die Modellverbiegungen auf Grund systematischer Bildfehler, wie z. B. nicht oder nicht vollständig korrigierter optischer Verzeichnung, zu unterscheiden. Radialsymmetrische Verzeichnung der Bildpunkte bewirkt, daß homologe Bildstrahlen bei ansonsten theoretisch richtiger Orientierung der Bilder im allgemeinen windschief aneinander vorbeilaufen, also sowohl X- als auch Y-Parallaxen auftreten. Dadurch entstehen primäre Modellverbiegungen in allen 3 Koordinaten (X, Y, Z). Ihnen überlagern sich die Modellverbiegungen, die durch die Beseitigung der (von der Verzeichnung herrührenden) Y-Parallaxen an den 6 Orientierungspunkten durch die relative Orientierung zusätzlich hervorgerufen werden. Bei den geringen Verzeichnungen moderner Objektive spielen dabei nur die Höhendeformationen eine Rolle. Sie sind für jeden Objektivtyp charakteristisch[2]) und müssen z. B. bei stereoskopischen Gittermessungen berücksichtigt werden. Das Beispiel von Tab. **238**.1 zeigt, daß auch geringe radialsymmetrische Verzeichnungen ($\Delta r < 10\,\mu m$) ohne Kompensation nicht mehr ohne weiteres tolerierbare Höhenfehler verursachen.

Die *Streckengenauigkeit*[3]) oder Nachbargenauigkeit im Einzelmodell ist für viele Anwendungen wichtiger als die Lagegenauigkeit der einzelnen Modellpunkte. Stellt man die Strecke s_{ij} vom Modellpunkt i zum Punkt j als Funktion der Lagekoordinaten dar

$$s_{ij} = \sqrt{(X_j - X_i)^2 + (Y_j - Y_i)^2} \tag{3.104}$$

---

[1]) Hoschtitzky, H.: Theory of Relative and Absolute Orientation of near vertical photographs using Analogue Instruments, ITC-lecture notes, PHM 70, 1973, 125 S.; s. auch Gotthardt, E.: BuL **15** (1940) 2 bis 24.

[2]) Samsioe, A. F.; Tham, P. H.: Phia (1951/52) 111 bis 116; Kasper, H C : Phia (1951/52) 117 bis 126; Tham, P. H.: BuL (1955) 117 bis 122.

[3]) Förstner, R.: BuL (1955) 65 bis 75, 110 bis 117.

Tab. 238.1 Zwei Beispiele für Höhenfehler der Modelle bei Auswertung ohne Verzeichnungskompensation

Bildradius r (mm)	Verzeichnung Δr (μm) [1]		Modellpunkte $(Z = -c)$		Höhenfehler dZ [1][2]	
	I (μm)	II (μm)	X [2] (mm)	Y [2] (mm)	I (μm)	II (μm)
0	0	0	0	90 [3]	0	0
			45	90	+3	−2
20	−6	3	90	90 [3]	0	0
			22,5	67,5	−4	2
40	−8	4	67,5	67,5	−4	2
			0	45	0	8
60	−7	3	45	45	−24	9
			90	45	0	8
80	−3	1	22,5	22,5	−27	11
			67,5	22,5	−27	11
100	7	−3	0	0 [3]	−7	2
			45	0	−34	16
120	10	−4	90	0 [3]	−7	2
			22,5	−22,5	−27	11
140	0	0	67,5	−22,5	−27	11
			0	−45	0	8
I: Aviogon 153			45	−45	−24	9
II: Pleogon 153			90	−45	0	8
[1] Vorzeichen im Sinne			22,5	−67,5	−4	2
einer Verbesserung			67,5	−67,5	−4	2
[2] bezogen auf den			0	−90 [3]	0	0
Bildmaßstab			45	−90	+3	−2
[3] zur relativen Orientierung			90	−90 [3]	0	0
benützt			quadr. Mittel:		15 μm = 0,10 ⁰/₀₀ c	7 μm = 0,05 ⁰/₀₀ c

gilt für den mittleren Streckenfehler allgemein (mit α_{ij} = Azimut der Strecke s_{ij})

$$\sigma_s^2 = \cos^2 \alpha_{ij} (\sigma_{Xj}^2 + \sigma_{Xi}^2 - 2\,\sigma_{XiXj}) + \sin^2 \alpha_{ij} (\sigma_{Yj}^2 + \sigma_{Yi}^2 - 2\,\sigma_{YiYj}) +$$
$$+ 2 \sin \alpha_{ij} \cos \alpha_{ij} (\sigma_{XjYj} - \sigma_{XjYi} - \sigma_{XiYj} + \sigma_{XiYi}) \qquad (3.105)$$

Mit der Annahme konstanter Lage-Koordinatengenauigkeit $\sigma_{Xi} = \sigma_{Yi} = \sigma_{Xj} = \sigma_{Yj} = \sigma_k$ und unter zusätzlicher Vernachlässigung aller Korrelationen erhält man das „Gesetz" der konstanten (entfernungsunabhängigen) photogrammetrischen Streckengenauigkeit im maßstäblichen (und genähert horizontierten) Modell

$$\sigma_s = \sqrt{2}\,\sigma_k \qquad (3.106)$$

Dieses Gesetz kann jedoch angesichts der gravierenden fehlertheoretischen Vernachlässigungen nur eine untere Genauigkeitsgrenze angeben. Tatsächlich bewirken die starken Korrelationen im Modell eine erheblich günstigere Streckengenauigkeit. Die mittleren Fehler kurzer Strecken reduzieren sich auf 1/3 bis 1/4 des Grenzwertes (3.106), $\sigma_s \to 3$ μm. Dabei können für den mittleren Lage-Koordinatenfehler σ_k im absolut orientierten Modell nach empirischen Ergebnissen Beträge von etwa 6 μm bei analytischer Auswertung bzw. 8 bis 10 μm bei Analogauswertung angesetzt werden, jeweils bezogen auf den Bildmaßstab (s. 3.6.4.3). Voraussetzung sind allerdings entsprechend klar definierte Strecken (signalisierte Endpunkte).

Bei Strecken, deren Endpunkte nicht im selben Modell liegen, sind der geringeren Korrelationen wegen auch kurze Strecken entsprechend ungenauer als innerhalb eines Modells. Die Grenzwerte (3.106) werden jedoch nicht erreicht.

Über die *Genauigkeit der Projektionszentren* gibt es bisher nur wenige Untersuchungen. Insbesondere ist die vorhandene starke Korrelation mit den übrigen Modellpunkten im einzelnen nicht bekannt. Die innere Bestimmungsgenauigkeit der Projektionszentren an Analoggeräten (s. 3.3.3) ist zwar in geringer Abhängigkeit vom Verfahren mit auf den Bildmaßstab reduzierten Streuungen der Lagekoordinaten um 4 bis 7 μm (WW) bzw. 3 μm (ÜWW) und Streuungen der Z-Koordinaten um 3 μm (WW und ÜWW) sehr hoch. Die systematischen Gerätefehler können aber leicht Beträge über 20 μm annehmen[1]).

3.6.4.2 Theoretische Genauigkeit des Bildpaares nach der absoluten Orientierung Die Genauigkeit der Stereoauswertung von Bildpaaren an *Analoggeräten* setzt sich aus den 3 getrennten Vorgängen der relativen Orientierung, der absoluten Orientierung und der nachfolgenden Messung der Modellpunkte zusammen. Diese Kette kann fehlertheoretisch streng verfolgt werden. Die umständliche Ableitung scheint bisher nur für die Höhengenauigkeit durchgeführt worden zu sein, wobei von vereinfachten und schematischen Annahmen ausgegangen wird. Dabei ergeben sich theoretische mittlere Höhenfehler, die im einzelnen von der Art der relativen Orientierung, von Lage und Anzahl der Höhenpaßpunkte und von der Lage des jeweiligen Punktes im Modell abhängig sind. Hoschtitzky[2]) erhält für die *theoretische Höhengenauigkeit* im absolut orientierten Modell als quadratischen Mittelwert den Betrag

$$\sigma_Z = 0{,}15\,^0/_{00}\ \text{der Flughöhe} \tag{3.107}$$

Dieses Ergebnis gilt theoretisch für beliebige Kammerkonstanten der Bilder. Es beruht auf einer relativen Orientierung mit 5 Punkten, 4 fehlerfreien Höhenpaßpunkten in den Modellecken und der Annahme, die Y- und X-Parallaxen seien unkorreliert und gleich genau mit $\sigma_{px} = \sigma_{py} = 10$ μm im Bildmaßstab. Diese Fehlerwerte setzen sich quadratisch aus folgenden Komponenten zusammen: Bildfehler 5 μm, Gerätefehler 7 μm, Meßfehler der Beobachtung 5 μm. Trotz erheblicher stochastischer Vernachlässigungen kann diese theoretisch abgeleitete Höhengenauigkeit des Bildpaares für viele praktische Fälle als realistisch gelten. Unter günstigen Verhältnissen werden jedoch neuerdings bis um den Faktor 2 günstigere Ergebnisse erzielt (s. 3.6.4.3).

Bemerkung. Beim direkten Zeichnen von *Schichtlinien* im absolut orientierten Modell treten zusätzliche Fehler auf, die sich nicht theoretisch erfassen lassen. In Kapitel 6 werden Erfahrungswerte angeführt, nach denen die Höhengenauigkeit von Schichtlinien bei 0,2 bis 0,3 $^0/_{00}$ der Flughöhe liegt.

Hinsichtlich der *Lagegenauigkeit* des Modells sind ähnlich vollständige theoretische Ableitungen wie für die Höhen nicht bekannt. Es bestehen jedoch Untersuchungen über einzelne Phasen des Gesamtprozesses, insbesondere über die Auswirkung der Meß- und Identifizierungsfehler an Lagepaßpunkten auf die absolute Orientierung[3]). So beeinflussen z.B. die zufälligen (Lage-)

---

[1]) Ebner, H.; Wagner, W.: BuL **38** (1970) 249 bis 257; Ligterink, G.H.: Phia **26** (1970) 5 bis 16.
[2]) Siehe Fußnote 1, Seite 237.
[3]) z.B. Lehmann, G.: ZfV **81** (1956) 185 bis 194.

Koordinatenfehler $\bar{\sigma}_0$ der photogrammetrischen Messung der Paßpunkte im relativ orientierten Modell (bzw. auch die Fehler der terrestrischen Paßpunktkoordinaten) die als Helmert-Transformation angenommene absolute Lageorientierung des Modells. Bei 4 Lagepaßpunkten in den Modellecken wirkt sich diese Einpaß-Ungenauigkeit auf einen transformierten Modellpunkt abhängig von seiner Lage im Modell mit einem mittleren Punktfehler aus vom Betrag

$$\sigma_p = \bar{\sigma}_0 \sqrt{\frac{2\,(X^2 + Y^2)}{b^2 + 4\,d^2} + \frac{1}{2}}^{\,[1]} \tag{3.108}$$

Die geometrischen Örter gleicher mittlerer Punktfehler sind Kreise um den Modellmittelpunkt. Der Gesamteinfluß der Einpaß-Ungenauigkeit, als quadratischer Mittelwert aller Punktfehler des Modellbereichs ausgedrückt, beträgt $\sigma_p = 0{,}91\,\bar{\sigma}_0$.

Durch diese Untersuchungen wurde bestätigt, daß 4 Paßpunkte in den Modellecken eine sehr wirksame Paßpunktanordnung darstellen. Eine weitere Erhöhung der Zahl der Paßpunkte bewirkt bei der üblichen Art der absoluten Orientierung des Modells nur noch eine mäßige Genauigkeitssteigerung.

Realistische theoretische Genauigkeitsuntersuchungen der Bildpaarauswertung an Analoggeräten sind durch das Zusammenwirken von Bildfehlern, Gerätefehlern und Meß- und Orientierungsprozessen erschwert. Im Vergleich dazu ist die Situation bei *analytischen Modellauswertungen* einfacher, da Gerätefehler vernachlässigt werden können und ein eindeutiger, von Bildkoordinaten ausgehender Rechenprozeß vorliegt, der mit den Mitteln der theoretischen Fehlerfortpflanzung oder der Simulation klar verfolgt werden kann. Da analytische Modellauswertungen außerdem auf höchste Genauigkeiten ausgerichtet sind, bei denen Genauigkeitsprognosen und Kenntnis der Fehlerwirkungen wesentlich sind, hat sich neuerdings das Interesse auf die analytischen Verfahren verlagert. Der Einfachheit halber und mangels besserer Kenntnis wird dabei von unkorrelierten Bildkoordinaten ausgegangen[2]. Gotthardt[3] berücksichtigt darüber hinaus die durch den Meßprozeß am Stereokomparator entstandene Korrelation der Bildkoordinaten. Bei den theoretischen Genauigkeitsuntersuchungen der analytischen Verfahren ist von besonderem Interesse der Vergleich zwischen der direkten analytischen Doppelpunkteinschaltung und der analytischen Zweistufenorientierung mit getrennter relativer und absoluter Orientierung.

Einige der Ergebnisse der theoretischen Untersuchung von Heimes[1] sind in Tab. **240.**1 und in Bild **241.**1 dargestellt. Sie beruhen auf der Annahme unkorrelierter Bildkoordi-

Tab. **240.**1 Theoretische Genauigkeit der Modellkoordinaten nach Heimes,
bezogen auf $\sigma_x = \sigma_y = \sigma_0 = 5\,\mu\text{m}$

		σ_X (μm)	σ_Y (μm)	σ_Z (μm)	σ_Z ($^0/_{00}$ h)
WW 15/23	I	4,6	9,6	14,4	0,94
	II	4,0	6,4	12,2	0,80
ÜWW 8,5/23	I	4,5	9,5	8,9	1,05
	II	4,0	6,5	7,4	0,87

I: Zweistufen-Orientierung, II: räumliche Doppelpunkteinschaltung

---

[1] Ursprung des Koordinatensystems (X, Y) im Schwerpunkt des Paßpunktvierecks.
[2] Heimes, F. J.: DGK, C 109, 1967, 127 S.; Talts, J.: Phm. Eng. XXXIV (1968) 962 bis 970.
[3] Gotthardt, E.: DGK, A 41, 1962, 57 S.

naten mit $\sigma_0 = 5\,\mu\text{m}$ Streuung und beziehen sich im übrigen auf Senkrechtbilder mit $p = 60\%$ Längsüberdeckung, relative Orientierung mit 6 Schemapunkten und absolute Orientierung mit 4 Lage- und 4 Höhenpaßpunkten in den Modellecken. Die Ergebnisse weisen neben der hohen allgemeinen Genauigkeit der analytischen Auswertung auf einen deutlichen Unterschied zwischen der Zweistufenorientierung und der direkten Doppelpunkteinschaltung hin. Die theoretische Steigerung der durchschnittlichen Genauigkeit für WW (ÜWW) von 13% (11%) in X, 15% (17%) in Z und insbesondere von 33% (32%) in Y ist erheblich genug, um der analytischen Doppelpunkteinschaltung in der Praxis den Vorzug zu geben. Bild **241**.1 zeigt die Genauigkeitsverteilung im Modell (in μm), die für beide Verfahren ähnlich ist.

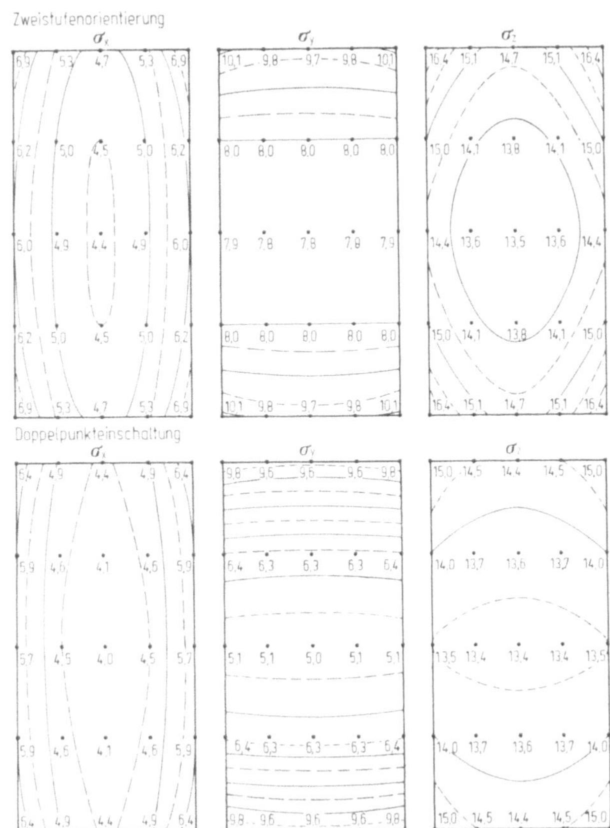

241.1
Genauigkeit der Modellkoordinaten
nach Heimes, bezogen auf $\sigma_0 = 5\,\mu\text{m}$

Außerhalb des Paßpunktvierecks wachsen die mittleren Koordinatenfehler rasch an. Im übrigen bestehen zwischen den Modellkoordinaten starke Korrelationen, die hier nicht dargestellt sind.

In ähnlicher Weise läßt sich theoretisch durch Simulation auch der Einfluß der *Geländeform* auf die Genauigkeit des analytisch gebildeten und orientierten Modells untersuchen. Er erweist sich (mit fehlerfrei vorausgesetzter innerer Orientierung!) als gering, abgesehen von der Auswirkung der örtlichen Bildmaßstabunterschiede.

16 Photogrammetrie

Die auf analytische Verfahren bezogenen theoretischen Untersuchungen haben zwar wichtige Erkenntnisse über die erreichbaren Genauigkeiten und ihre Abhängigkeit von verschiedenen Faktoren gebracht, die Ergebnisse dürfen jedoch nur mit Vorbehalt als Prognosen direkt auf die Praxis übertragen werden. Abgesehen von den stets schematisierten und idealisierten Annahmen bei theoretischen Untersuchungen ist das zugrunde gelegte Fehlermodell der Bildkoordinaten immer noch stark vereinfacht, da über die Genauigkeitsstruktur des Bildes, d.h. über die systematischen Fehler und die Korrelationen im Bild, noch zu wenig bekannt ist. Die theoretischen Ergebnisse können daher im Detail noch nicht als realistisch gelten.

3.6.4.3 Empirische Genauigkeitsuntersuchungen des Bildpaares Unabhängig von theoretischen Annahmen zeigen kontrollierte empirische Untersuchungen die tatsächlich erreichte Genauigkeit von Modellauswertungen. Wir verstehen darunter den Vergleich der Ergebnisse mit unabhängigen (geodätischen) Bestimmungen von übergeordneter Genauigkeit. Derartige Untersuchungen benützen in der Regel *Testgebiete* mit signalisierten Punkten und erfordern einen entsprechend hohen Aufwand. In den beiden letzten Jahrzehnten sind verschiedentlich kontrollierte empirische Genauigkeitsuntersuchungen durchgeführt worden, teilweise in internationaler Zusammenarbeit. Aus der großen Menge der Ergebnisse können hier nur einige wenige repräsentative Beispiele angeführt werden.

Die Versuche „*Oberriet*" der IGP[1]) und der OEEPE[2]) beziehen sich auf NW- und WW-Plattenkammern mit dem Bildformat 14 cm × 14 cm bzw. auf NW-Filmkammern mit dem Bildformat 18 cm × 18 cm. Sie sind daher heute nur noch von untergeordnetem Interesse. Immerhin erreichte nach Härry[1]) die Auswertung von 5 Bildpaaren der Filmaufnahmen (Aviotar $c = 21$ cm, Format 18 cm × 18 cm) mit dem Wild-Autograph A 5 aus dem Bildmaßstab 1:4770 mittlere Punktfehler in der Lage von 16 bis 20 µm, mittlere Höhenfehler von 0,08 bis 0,15⁰/₀₀ der Flughöhe und mittlere Streckenfehler von 5 bis 9 µm. Im übrigen wurde (bei Plattenaufnahmen) eine Steigerung der auf die Bildebene bezogenen Genauigkeiten mit kleiner werdendem Bildmaßstab festgestellt. Aus den wesentlich umfangreicheren Untersuchungen der OEEPE[2]) ergaben sich ebenfalls für Aviotar-Filmaufnahmen als Mittel verschiedener Auswertungen mit Auswertegeräten Zeiss-Stereoplanigraph C 8 und Wild-Autograph A 7 für die Bildmaßstäbe 1:4700, 1:8600, 1:12400 mittlere Punktfehler (Lage) von 20 µm, 21 µm, 15 µm und mittlere Höhenfehler von 0,20⁰/₀₀, 0,18⁰/₀₀, 0,13⁰/₀₀ der Flughöhe.

In Tab. **243**.1 sind einige der von Wunderlich[3]) bei kontrollierten Auswertungen des Kataster-Versuchsfeldes „*Empelde*" mit signalisierten Punkten erzielten Genauigkeitsergebnisse zusammengestellt. Sie beziehen sich auf Befliegungen aus dem Jahre 1958. Seit diesen Untersuchungen hält man Lagekoordinaten-Genauigkeiten von 10 µm und Höhengenauigkeiten von 0,1⁰/₀₀ h bei Analogauswertung von Einzelmodellen mit signalisierten Punkten unter den Bedingungen praktischer Arbeiten für erreichbar. Im einzelnen hat sich eine nur geringe Abhängigkeit der Streckengenauigkeit von der Streckenlänge ergeben und eine deutliche Abhängigkeit der Genauigkeitsergebnisse von der Anzahl der verwendeten Paßpunkte, d.h. ein starker Einfluß der Fehler an den Paßpunkten, gezeigt.

Sehr eindrucksvoll sind auch die Ergebnisse des Versuchs „*Twixlum*"[4]), der sich auf WW-Bilder des Bildmaßstabs 1:7000 auf Cronar-Film (Polyesterbasis) und im übrigen ebenfalls auf signali-

---

[1]) Härry, H.: Phia XVI (1957/58) 141 bis 156.
[2]) Gotthardt, E.: Phia (1968/59) 114 bis 148.
[3]) Wunderlich, W.: Zur Leistungssteigerung großmaßstäbiger Luftbildauswertungen. Wiss. Arb. Inst. Geod. und Phot. TH Hannover, **15** (1961) 134 S.
[4]) Wunderlich, W.: BuL **32** (1964) 209 bis 215.

Tab. **243**.1 Empirische Modellgenauigkeiten aus dem Versuch Empelde
(9 Modelle WW 15/23, Film, Bildmaßstäbe von 1:6500 bis 1:8300)

	σ_K (μm)	σ_Z (μm)	σ_Z ($^0/_{00}\,h$)	σ_s in μm (1)	(2)	(3)
Analog- auswertung I (C 8) II	7,0 bis 12,8 6,1 bis 8,8	13,4 bis 17,5 III 13,0 bis 16,1	0,09 bis 0,11 0,08 bis 0,10	7,0 bis 12,8 4,9 bis 6,6	14,4 bis 24,6 10,7 bis 15,2	6,4 bis 10,8 6,0 bis 7,7
analytische Auswertung I (PSK)	4,0 bis 9,2	III 9,0 bis 10,4	0,06 bis 0,07	3,5 bis 4,7		

σ_K = mittlerer Fehler der Lagekoordinaten (1) Strecken im Einzelmodell
σ_Z = mittlerer Höhenfehler (2) Strecken bei Modellübergängen
σ_s = mittlerer Streckenfehler (3) wie (2) im gemeinsamen Überdeckungsgebiet

  I: absolute Orientierung mit 5 Paßpunkten
 II: absolute Lage-Orientierung auf alle Vergleichspunkte
III: mit maschenweiser Höhenverbesserung

sierte Punkte bezieht. Die Genauigkeiten der Lagekoordinaten (σ_K) und der Höhen (σ_Z) erreichten bei

Analogauswertung (C 8): $\sigma_K = 5,3\ \mu$m ($\triangleq 3,7$ cm im Gelände)

analytischer Auswertung (PSK): $\sigma_K = 3,1\ \mu$m ($\triangleq 2,2$ cm im Gelände)

$\sigma_Z = 7,0\ \mu$m ($\triangleq 4,9$ cm $= 0,05\,^0/_{00}\,h$)

Die Kommission C der OEEPE hat sich mit den kontrollierten Auswertungen signalisierter Punkte des Versuchsgebietes „*Reichenbach*" das Ziel gesetzt, die Genauigkeit der Einzelmodell-auswertung bergigen Geländes zu untersuchen[1]). Aus dem außerordentlich umfangreichen Arbeitsprogramm sind die auf WW (Pleogon 15/23) und Filmmaterial bezogenen Ergebnisse in Tab. **243**.2 zusammengefaßt. Diese Auswertungen der Befliegungen aus dem Jahre 1959

Tab. **243**.2 Mittlere Modellgenauigkeiten aus dem OEEPE-Versuch Reichenbach — WW (15/23), Film

	Bildmaßstab	σ_K (μm)	σ_Z (μm)	σ_Z ($^0/_{00}\,h$)	σ_s (in μm) (1)	(2)	(3)	(4)
Analog- auswertung (A 7/C 8)	1:8 000 1:12 000	11,7 13,4	31,6 29,7	0,21 0,20	10,2 11,4	16,0 16,6	16,0 19,0	13,2 14,5
analytische Auswertung (StK 1/PSK)	1:8 000 1:12 000	10,4 15,6	33,6 35,6	0,22 0,24	9,3 8,2	12,4 16,5	14,8 13,8	8,9 18,3

(1), (3): durchschnittl. Streckenlänge im Bild 1,5 cm
(2), (4): durchschnittl. Streckenlänge im Bild 4,6 cm
(1), (2): Strecken innerhalb eines Modells
(3), (4): Streckenendpunkte in verschiedenen Modellen

[1]) Förstner, R.: OEEPE Publ. off. No. 4, 1968, I, 145 S.; II, 95 S. und NaKaVerm, Sonderheft D 7, 1972, 191 S.

16*

können heute nicht mehr ganz als repräsentativ gelten. Sie weisen jedoch darauf hin, daß Schwierigkeiten äußerer Art (Gelände, Signalisierung) die Genauigkeitsergebnisse empfindlich beeinträchtigen können.

In Tab. **244**.1 sind anhand von Befliegungen des Testfeldes „*Rheidt*" die Ergebnisse einer Untersuchung über den Einfluß der Kammerkonstanten bzw. des Öffnungswinkels auf die Modellgenauigkeit zusammengestellt. Von jedem Kammertyp wurden 2 Modelle am Zeiss-Planimat[1]) mit nachträglicher rechnerischer absoluter Orientierung und inzwischen durch Messungen am PSK analytisch durch Doppelpunkteinschaltung ausgewertet. Danach wird bei der Analogauswertung die Fehlerschwelle von 10 μm für die Lagegenauigkeit bzw. von $0,1\,^0/_{00}\,h$ für die Höhengenauigkeit bei WW-Bildern deutlich unterboten.

Tab. **244**.1 Genauigkeiten der Lage- und Höhenkoordinaten $(\sigma_X, \sigma_Y, \sigma_Z)$ von Einzelmodellen verschiedener Aufnahme-Öffnungswinkel (Testfeld Rheidt, Bildmaßstab 1:10000 bis 1:11000)

Kammer	Befliegung 1969, je 2 Modelle								
	Analogauswertung Planimat				analytische Auswertung[1])				
	σ_X (μm)	σ_Y (μm)	σ_Z (μm)	σ_Z $(^0/_{00}\,h)$	σ_0[2]) (μm)	σ_X (μm)	σ_Y (μm)	σ_Z (μm)	σ_Z $(^0/_{00}\,h)$
RMK 30/23 (NW)	4,8	5,0	21,1	0,07	5,2	6,7	5,2	16,6	0,054
RMK 21/23	5,8	7,8	11,0	0,05	4,8	5,0	6,3	12,5	0,060
RMK 15/23 (WW)	5,8	7,4	11,3	0,07	3,7	3,4	4,1	8,3	0,054
RMK 8,5/23 (ÜWW)	4,6	6,7	12,0	0,14	4,7	4,2	4,9	6,3	0,074

Kammer	Befliegung 1974, je 8 Modelle, analytische Auswertung[3])										
	σ_0[2]) (μm)	σ_X (μm)	σ_Y (μm)	σ_Z (μm)	σ_Z $(^0/_{00}\,h)$	σ_s[4]) (korr. Anteil) (X) (μm)	(Y)	(Z)	σ_r[4]) (zuf. Anteil) (X) (μm)	(Y)	(Z)
RMK 30/23 (NW)	4,2	3,9	4,7	14,4	0,047	3,5	4,0	12,5	1,7	2,3	7,1
RMK 21/23	4,0	3,5	4,5	9,3	0,045	3,0	3,8	7,7	1,9	2,5	5.3
RMK 15/23 (WW)[5])	3,7	3,6	4,2	7,4	0,048	2,7	3,1	5,9	2,4	2,8	4,5
RMK 8,5/23 (ÜWW)	5,0	3,6	4,8	5,8	0,068	2,7	3,7	5,0	2,3	3,1	3,1

[1]) räumliche Doppelpunkteinschaltung; Auswertung 1974 der 1969 gefertigten Film-Diapositive
[2]) betrifft Bildkoordinaten
[3]) Glas-Diapositive
[4]) vgl. Tab. **246**.1 c
[5]) aus einer anderen Befliegung 1969, Mittel aus 47 Modellen

Bei den hier angeführten Versuchen Empelde, Twixlum, Reichenbach und Rheidt wurden neben der Analogauswertung jeweils mit dem gleichen Material auch analytische Auswertungen vorgenommen, deren Ergebnisse in den entsprechenden Tabellen mit aufgeführt sind. Dabei zeigt sich eine deutliche Genauigkeitssteigerung durch die analytische Auswertung bis über 40%. Allerdings hat der OEEPE-Versuch Reichenbach keine Genauigkeitssteigerung nachweisen können, und es gibt weitere Beispiele dieser

[1]) Meier, H.-K.: BuL **38** (1970) 50 bis 62.

Art[1]). Sie haben in den 60er Jahren das weitere Vordringen analytischer Methoden in die Praxis gebremst. In diesen Fällen muß angenommen werden, daß äußere begrenzende Faktoren die inhärente Genauigkeit der analytischen Auswertung nicht wirksam werden ließen. Wenn die für Präzisionsauswertungen notwendigen Voraussetzungen gegeben sind, kann man nach den verschiedenen Versuchsergebnissen eine deutlich überlegene Genauigkeit der analytischen Auswertung erwarten. Sie setzt sich auch in der Praxis zunehmend durch.

Die *Abhängigkeit* der Modellgenauigkeit *vom Bildmaßstab* bzw. von der Flughöhe ist bei den verschiedenen Testauswertungen behandelt worden, konnte aber nicht signifikant nachgewiesen werden. Man kann daher davon ausgehen, daß für gegebene Kammertypen die auf den Bildmaßstab bezogene Genauigkeit der Modellauswertung in erster Näherung konstant und unabhängig von der Flughöhe ist. Erst bei sehr großen Bildmaßstäben treten zusätzliche Störfaktoren auf (Bewegungsunschärfe, Definition der Punkte im Gelände im mm-Bereich, Genauigkeit der terrestrischen Paßpunkte usw.).

Diese Störfaktoren konnten bei den analytischen Auswertungen (Doppelpunkteinschaltung) der großmaßstäbigen Bilder des signalisierten Testgebiets „*Böhmenkirch*" (Tab. **245**.1) nachgewiesen werden[2]). Ihre Wirkung ist jedoch bis zum Bildmaßstab 1:1000 nicht dominierend, bis zu dem sich mit wachsendem Bildmaßstab eine Steigerung der auf das Gelände bezogenen Genauigkeit bestätigte.

Tab. **245**.1 Modellgenauigkeiten der kontrollierten analytischen Auswertung Böhmenkirch

Befliegung 1970	Anzahl der Modelle	σ_0 (μm)	σ_K (μm)	σ_Z (μm)	σ_K (cm)	σ_Z (cm)	σ_s[1]) (μm)	σ_s[1]) (cm)
RMK 15/23								
1:3000	2	6,0	9,5	26	2,8	7,7	3,0	0,9
1:1500	5	6,0	9,8	27	1,5	4,0	5,6	0,8
1:1000	8	7,0	11,5	30	1,2	3,0	7,1	0,7

[1]) kurze Strecken < 20 m.

Dieser Befund wird gestützt durch die ebenfalls auf signalisierte Punkte bezogenen Ergebnisse der analytischen Auswertung von zwei aus dem Hubschrauber in niedriger Flughöhe mit einer WW-Meßkammer 15/23 aufgenommenen Bildpaaren[3]). Unabhängige Vergleichspunkte ergaben als Genauigkeit der Lagekoordinaten (σ_K) und der Höhen (σ_Z) für den Bildmaßstab

1:1200 ($h = 180$ m)

$\qquad \sigma_K = 6,5\ \mu$m $\stackrel{\wedge}{=}$ 8 mm im Gelände (8 Vergleichspunkte),

$\qquad \sigma_Z = 7,5\ \mu$m $\stackrel{\wedge}{=}$ 9 mm im Gelände $= 0,05^0/_{00}\ h$ (8 Vergleichspunkte),

1:600 ($h = 90$ m)

$\qquad \sigma_K = 15\ \mu$m $\stackrel{\wedge}{=}$ 9 mm im Gelände (4 Vergleichspunkte),

$\qquad \sigma_Z = 15\ \mu$m $\stackrel{\wedge}{=}$ 9 mm im Gelände $= 0,10^0/_{00}\ h$ (22 Vergleichspunkte).

---

[1]) Z.B. Williams, H.S.: A controlled investigation of the metrical requirements and practical accuracies of analytical photogrammetry. Ph. D. Thesis, University of the Witwatersrand, Johannesburg 1974, 522 S.
[2]) Förstner, W.; Gönnenwein, H.: AVN **79** (1972) 271 bis 281.
[3]) Untersuchung des Verfassers, nicht veröffentlicht.

Sämtliche der besprochenen empirischen Genauigkeitsuntersuchungen entsprechen insofern der konventionellen Auswertepraxis, als nur a priori bekannte radialsymmetrische Bildkorrekturen, teilweise ergänzt durch affine Transformationen auf die Bildrahmenmarken oder bei der absoluten Orientierung, berücksichtigt wurden. Deshalb ist der Versuch von E. Stark[1]) als erster dieser Art von besonderem Interesse, die interne Genauigkeitsstruktur des Modells rein empirisch zu erfassen. Er hat 47 unabhängige WW-Bildpaare (Pleogon A 15/23, Bildmaßstab 1:10500) einer Befliegung des Testfeldes Rheidt aus dem Jahre 1969 analytisch ausgewertet. Die wichtigsten Ergebnisse sind in Tab. **246.**1 dargestellt.

Tab. **246.**1 Modellgenauigkeit mit statistischer Analyse nach Stark.
Mittelwerte aus 47 Modellen, WW, 1:10500, Testfeld Rheidt.

I (I′):   nach relativer Orientierung mit 6 (69) Punkten.
II (II′): Zweistufen-Orientierung, I (I′) + 4 Paßpunkte.
III: wie II, aber simultane Bündellösung (Doppelpunkteinschaltung).

a) Genauigkeit der Modellkoordinaten (μm)

	σ_0	σ_X	σ_Y	σ_Z
I	2.6 [1])	4,7	5,5	6,9
II	(2.6)	5,3	8,1	9,4
III	5,4 [2])	4,1	5,3	9,7

b) Streckengenauigkeit σ_s (μm)

	Strecken s (mm im Bild)					
	0,5	35	50	75	100	200
I	3,3	6,7	6,1	7,1	9,7	8,2
II	3,3	6,7	6,1	7,1	10,0	8,2
III	3,3	6,1	5,5	6,2	9,0	8,2

c) Statistische Analyse von a)

	σ_s (stochastischer = korr. Anteil) (μm)			σ_r (zuf. Anteil) (μm)		
	(X)	(Y)	(Z)	(X)	(Y)	(Z)
I	4,1	4,8	5,4	2,4	2,9	4,5
II	4,8 [3])	7,4 [3])	8,3 [3])	2,3	3,2	4,5
III	3,4 [3])	4,5 [3])	8,7 [3])	2,3	2,8	4,4

d) Genauigkeit der Modellkoordinaten nach absoluter Orientierung mit Berücksichtigung der Korrelation (μm)

	σ_X	σ_Y	σ_Z
II′	4,2	5,3	9,2 = 0,06 ⁰/₀₀ h
II″[4])	3,4	4,0	6,5 = 0,04 ⁰/₀₀ h

[1]) 2,2 μm für Variante I′
[2]) 2,9 μm für Variante III′
[3]) Einschl. Trend-(deterministischer) Anteil
[4]) mit 6 Höhenpaßpunkten

Zunächst ist die ohne besondere Bildkorrekturen erreichte absolute Genauigkeit der Auswertungen mit $\sigma_K \approx 5$ μm und $\sigma_Z < 10$ μm sowie der Vergleich zwischen Zweistufenorientierung und Doppelpunkteinschaltung von Interesse (Tab. **246.**1a). In den Lagekoordinaten entspricht die Genauigkeitssteigerung der theoretischen Erwartung, insbesondere bestätigt sich die große Verbesserung der Y-Komponente, dagegen ergab sich in den Höhen keine Genauigkeitssteigerung. Die Streckengenauigkeit σ_s (im Modell) ist fast nicht vom Orientierungsverfahren abhängig und wirft mit Durchschnittswerten von 7,2 μm $\approx 1,1\,\sigma_K$ (II) bzw. 6,6 μm $\approx 1,4\,\sigma_K$ (III) ein neues Licht auf die theoretische Beziehung (3.106). Bemerkenswert ist der Grenzwert der Nachbargenauigkeit von 3,3 μm für $s \to 0$.

Die in dem Verlauf der Streckengenauigkeit sichtbare Wirksamkeit von Korrelation im Modell wird durch die statistische Analyse (Tab. **246.**1c) deutlich bestätigt. Durch die Aufstellung

---

[1]) DGK, C 193, 1973, 152 S.

empirischer Kovarianzfunktionen konnte Stark die Gesamtstreuung der Modellkoordinaten in einen rein zufälligen Anteil σ_r (r von „random") und einen stochastischen (korrelierten) Anteil σ_s (s von „stochastisch") aufspalten. Der die systematischen Modellverbiegungen verkörpernde deterministische oder Trendanteil war in der Z-Koordinate erheblich. Bemerkenswert ist der vom Orientierungszustand unabhängige Grenzwert σ_r der zufälligen Fehleranteile der Modellkoordinaten von 2,6 µm in der Lage und 4,5 µm $\triangleq$ 0,03 $^0/_{00}$ h in der Höhe. Er markiert die potentiell erreichbare Genauigkeit und verdeutlicht andererseits im Vergleich mit den Werten σ_s den hohen Fehleranteil, der durch Modellverbiegungen (systematische Fehler) und vor allem durch korrelierte (variable, örtlich systematische) Fehlereinflüsse im Modell verursacht wird.

Die Genauigkeitsstruktur im Modell, insbesondere die hohe Korrelation zwischen den Modellkoordinaten, hat Stark durch Aufstellung empirischer Kovarianz-Matrizen der Modellkoordinaten nach der relativen Orientierung aus dem Datenmaterial aufgezeigt. Dabei ergeben sich deutliche Genauigkeitsunterschiede zwischen verschiedenen Zonen des Modells. Die Autokorrelationen in den X-Koordinaten nehmen Werte bis zu 85 % an, in den Y-Koordinaten bis zu 77 % und in den Z-Koordinaten bis zu 68 %. Kreuzkorrelation zwischen X und Z sowie Y und Z existiert nicht signifikant, ist aber zwischen X und Y mit Werten bis zu 83 % wiederum sehr ausgeprägt. Durch Anwendung der Kovarianzmatrizen auf die Zweistufenorientierung mit strenger absoluter Orientierung (mit Berücksichtigung der Korrelation) ergaben sich die empirischen Ergebnisse von Tab. **246**.1 d für den Fall mit 4 und mit 6 Paßpunkten. Diese fehlertheoretisch richtigere Behandlung des relativ orientierten Modells leistet gegenüber dem Fall II der konventionellen Zweistufen-Orientierung eine erhebliche Genauigkeitssteigerung, insbesondere mit 6 Paßpunkten, die auch die zufälligen Modelldeformationen der Höhen zu erfassen gestatten, mit Endgenauigkeiten von 3,7 µm der Lagekoordinaten und 6,5 µm $= 0,04\,^0/_{00}\,h$ in der Höhe.

Inzwischen konnte durch Analyse der Kovarianzmatrix nachgewiesen werden, daß die Korrelation der Lagekoordinaten fast ausschließlich durch zufällige Modelldeformationen hervorgerufen ist, die im wesentlichen durch nur 2 Parameter beschreibbar sind[1]. Danach kann erwartet werden, daß diese empirisch ermittelten Genauigkeitsstrukturen photogrammetrischer Bildpaare sich auf andere Fälle in gewissem Umfang übertragen lassen.

Diese Untersuchungen sollten mit anderem Bildmaterial wiederholt und ergänzt werden und insbesondere auf die Genauigkeitsstruktur des Bildes bzw. von Bildgruppen ausgedehnt werden. Sie zeigen jedenfalls das nach bisherigen Vorstellungen außerordentlich hohe Genauigkeitspotential der photogrammetrischen Meßbilder, das durch die konventionellen Auswertemethoden noch nicht ausgeschöpft wird. Mit verfeinerten fehlertheoretischen Ansätzen wird sich die Genauigkeit numerischer Auswertung bis an die Schwelle um 3 µm bzw. 5 µm oder darunter der zufälligen Fehler der Modellkoordinaten in Lage bzw. Höhe (entspricht 2 µm bei den Bildkoordinaten) steigern lassen.

3.6.4.4 Ergänzungen *Optimaler Bildwinkel.* Der Einfluß des Öffnungswinkels der Aufnahmekammer auf die Bild- oder Modellgenauigkeit konnte bisher nicht völlig geklärt werden. W. Löscher hat weitgehend theoretisch für die optimale Höhengenauigkeit den ÜWW-Bildwinkel von 120° gefunden[2]. Entsprechend hat H. K. Meier gezeigt, daß optimale Lagegenauigkeit mit möglichst kleinen Öffnungswinkeln erreicht wird[2]. Diese theoretischen Erwartungen sind bis heute nicht hinreichend empirisch überprüft. Dabei ist die Frage der ÜWW-Höhengenauigkeit von vordringlichem Interesse. Die nach der rein geometrischen Betrachtungsweise auf Grund des günstigeren Basis/Höhen-Verhältnisses $(1:0,9 = 1,1)$ zu erwartende Steigerung der ÜWW- gegenüber der WW-Höhengenauigkeit um den Faktor 1,8 $(= 45 \%)$, bezogen auf den gleichen Bildmaßstab, hat sich bisher bei Einzelmodellauswertungen nicht oder nicht vollständig bestätigen lassen. Immerhin weisen die empirischen Ergebnisse von Tab. **244**.1 eine Verminderung der

---

[1] Ebner, H.: Analysis of covariance matrices. IGP-Komm. DGK B214, 1975, 111 bis 121.
[2] Siehe Fußnote 4, Seite 230.

mittleren Höhenfehler bei analytischen Modellauswertungen um bis zu 30% nach und erreichen eine relative Höhengenauigkeit der ÜWW-Modelle von $0,07^0/_{00}\,h$. Offenbar verhindern die bei der Aufnahme und Auswertung von ÜWW-Bildern allgemein schwierigeren physikalischen, mechanischen, optischen und physiologischen Bedingungen und dementsprechend größeren systematischen und korrelierten Bildfehler, daß das Basis/Höhenverhältnis bei ÜWW-Bildern in vollem Umfang wirksam wird. Es ist demnach zu erwarten, und die Werte der zufälligen Fehleranteile σ_r in Tab. **244**.1 deuten darauf hin, daß bei praktisch vollständiger Erfassung der Modellverbiegungen (z. B. durch analytische Auswertung mit zusätzlichen Parametern) die Steigerung der absoluten Höhengenauigkeit dem Verhältnis der Kammerkonstanten und damit dem Basis/Höhenverhältnis besser entsprechen wird.

Im übrigen kann man nach den Ergebnissen von Tab. **244**.1 die Lagegenauigkeit des Modells, bezogen auf den Bildmaßstab, in erster Näherung als konstant und unabhängig von der Brennweite der Meßkammer betrachten.

Die *Bildpaarauswertung durch Stereometermessungen* ist die Grundlage vieler der einfachen Verfahren der Auswertung von Luftbildern, vgl. Abschn. 4.4.3. Dabei bildet in der Regel der Grundriß des linken Bildes eines Bildpaares maßstäblich umgebildet direkt den Grundriß der (zeichnerischen) Auswertung. Die Höhenauswertung beruht auf der Umrechnung der gemessenen x-Parallaxen nach (1.52). Diese Art der Auswertung gilt hinsichtlich des Verfahrens und der Genauigkeit als Näherungslösung. In Abhängigkeit von Bildneigung, Basiskomponenten und Höhenunterschieden im Gelände hat H. Deker[1]) vollständige Formeln der Höhenfehler bei Stereometer-Auswertungen abgeleitet. Sie sind von der allgemeinen Form

$$\mathrm{d}px = A_1 + A_2\,x + A_3\,y + A_4\,x^2 + A_5\,x\,y + B_1\,\Delta z + B_2\,x\,\Delta z +$$
$$+ B_3\,y\,\Delta z + A_6\,y^2 + A_7\,x^3 + A_8\,x^2\,y + A_9\,x\,y^2 + \dots \tag{3.109}$$

(Hierbei bedeuten x, y Bildkoordinaten des linken Bildes, Δz Gelände-Höhenunterschiede gegenüber der vermittelnden Bezugsebene, ausgedrückt im Bildmaßstab).

Die Modellverbiegungen sind schon bei geringen Bildneigungen sehr erheblich. So nehmen bei Senkrechtbildern mit Bildneigungen bis zu 4^g die drei ersten Glieder von Gl. (3.109) maximale Beträge im Bildmaßstab zwischen 5 und 10 mm, die beiden nächsten Glieder noch Beträge um 3 mm an. Die übrigen Einflüsse sind etwa um eine Zehnerpotenz geringer. Daher sind die aus Stereometermessungen abgeleiteten Höhenunterschiede nur im örtlichen Bereich, bei sehr geringen Bildneigungen und bei geringen Höhenunterschieden genau. Selbst wenn bei Auswertegeräten vom Typ Stereotop, Stereomikrometer oder Thompson-CP 1 Plotter[2]) (s. Abschn. 4.6.2.3) die Hauptglieder der Modellverbiegungen (3.109) korrigiert werden, verbleiben noch deutliche Fehlereinflüsse. Unter anderem aus diesem Grund konnten sich diese Geräte mit Näherungslösungen gegen die Analog-Auswertegeräte mit strenger Lösung nicht behaupten.

Die Grundrißkartierung bei Stereometerauswertungen von Bildpaaren bezieht sich in der Regel auf das linke Bild. Ohne zusätzliche Korrekturen wirken sich dabei die Reliefversetzungen (s. Abschn. 1.2.3.2) und die projektiven Verzerrungen (s. Abschn. 1.2.3.1) voll aus, deren Summe bei Senkrechtbildern und bei hügeligem Gelände leicht Beträge über 10 mm in den Bildecken annehmen kann. Auch nach der Korrektur beider Effekte,

---

1) Deker, H.: Rechengetriebe in neueren photogrammetrischen Stereo-Auswertegeräten. Diss. TH Stuttgart 1959, 73 S.
2) Thompson, E.H.: Phm. Rec. VII (1971) 157 bis 181.

z. B. im Stereotop, verbleiben wegen ihrer gegenseitigen Beeinflussung Lagefehler, deren Beträge den mm-Bereich erreichen können und somit für Präzisionskartierungen nicht mehr zulässig sind.

Für einigermaßen strenge Genauigkeitsanforderungen setzen Auswertungen mit Geräten, die auf dem Stereometerprinzip mit zusätzlichen Korrekturen beruhen, kleine Bildneitungen voraus, wie sie gegenwärtig nur bei Bildflügen mit kreiselstabilisierter Kammer zu erreichen sind (Bildneigungen $v < 0,5^g$ oder $< 0,2^g$). Etwa dieselbe Qualität wird erreicht, wenn die Luftbilder vorab um die bekannten, z. B. mit Aerotriangulation bestimmten Bildneigungen entzerrt werden.

3.6.5 Fehlertheorie und Genauigkeit der Aerotriangulation

In der Aerotriangulation standen lange Zeit die methodischen und Genauigkeitsfragen der Streifentriangulation im Vordergrund des Interesses. Dagegen gibt es systematische Genauigkeits-Untersuchungen über Blöcke erst seit rund einem Jahrzehnt. Sie beruhen zwar alle ebenfalls auf vereinfachten fehlertheoretischen Annahmen, konnten aber doch weitgehend Klarheit über wichtige praktische Fragen bringen. Die Untersuchungen konzentrieren sich auf 2 Problemkreise:

Vergleich der Genauigkeitsleistung verschiedener Methoden der Aerotriangulation,

Abhängigkeit der Genauigkeit von Projektparametern wie Bildmaßstab, Paßpunktverteilung, Hilfsdaten, Blockgröße, Überdeckung usw.

Es ist das Ziel der Theorie, die mit gegebenen Projektparametern zu erwartende Genauigkeit einschließlich des Streubereichs vorhersagen zu können bzw. umgekehrt für gegebene Genauigkeitsspezifikationen die optimale Wahl der Projektparameter zu ermöglichen.

3.6.5.1 Genauigkeit der Streifentriangulation Schon in den 30er Jahren hat die Streifentriangulation in der Form der Aeropolygonierung (und der numerischen Radialtriangulation) Anlaß zu fehlertheoretischen Überlegungen gegeben. Aus den unerwartet großen Durch- oder Aufbiegungen triangulierter Streifen schloß man einerseits auf große systematische Fehler, deren Ursachen in erster Linie in Gerätefehlern gesucht wurden[1]. Andererseits variierten die Streifendeformationen bei Wiederholung der Aerotriangulation beträchtlich, was zur Konzeption der „quasisystematischen" Fehler führte[2], die dann eine theoretische Erklärung in der „doppelten Summation zufälliger Fehler" der Modellanschlüsse erfuhr[3]. Bei diesem nach Vermeir[4] benannten Fehlermodell werden die Streifendeformationen unter Vernachlässigung der Koordinatenanschlußfehler als Ergebnis der Übertragungs-(Anschluß-)fehler Δm, Δa, $\Delta \varphi$, $\Delta \omega$ von Maßstab, Azimut, Längs- und Querneigung von Modell zu Modell im Streifen aufgefaßt. Ihre Summation ergibt die absoluten Maßstab-, Azimut-, Längs- und Querneigungsfehler des i-ten Modells im Streifen[5]:

$$\Delta M_i = \sum_{v=1}^{i-1} \Delta m_v; \qquad \Delta A_i = \sum_{v=1}^{i-1} \Delta a_v; \qquad \Delta \Phi_i = \sum_{v=1}^{i-1} \Delta \varphi_v; \qquad \Delta \Omega_i = \sum_{v=1}^{i-1} \Delta \omega_v \qquad (3.110)$$

---

[1] von Gruber, O.: BuL **10** (1935) 127 bis 141, 167 bis 190.

[2] Zarzycki, J. M.: Beitrag zur Fehlertheorie der räumlichen Aerotriangulation. Heerbrugg 1952, 54 S.

[3] Schermerhorn, W.: Phia (1940) 22 bis 33, 129 bis 147; (1941) 29 bis 45; Gotthardt, E.: ZfV **73** (1944) 73 bis 97; Roelofs, R.: Phia (1949) 29 bis 41; Förstner, R.: DGK, A 35, 1960, 12 bis 21.

[4] Vermeir, P. A.: Bull. Soc. Belge Phot. **35** (1954) 17 bis 57.

[5] Jordan/Eggert/Kneissl: Handbuch der Vermessungskunde, Bd. IIIa/3. Stuttgart 1972, § 131, 1736 bis 1764.

Durch weitere Summation erhält man für die Koordinatenfehler eines Punktes (X, Y, Z) im Modell i

$$\Delta X = \sum_{v=1}^{i-1} (X - X_v)\, \Delta m_v - Y \sum_{v=1}^{i-1} \Delta a_v + Z \sum_{v=1}^{i-1} \Delta\varphi_v \tag{3.111a}$$

$$\Delta Y = \sum_{v=1}^{i-1} (X - X_v)\, \Delta a_v + Y \sum_{v=1}^{i-1} \Delta m_v - Z \sum_{v=1}^{i-1} \Delta\omega_v \tag{3.111b}$$

$$\Delta Z = - \sum_{v=1}^{i-1} (X - X_v)\, \Delta\varphi_v + Y \sum_{v=1}^{i-1} \Delta\omega_v + Z \sum_{v=1}^{i-1} \Delta m_v \tag{3.111c}$$

Dabei bedeutet X_v die Abszisse (im Streifenkoordinatensystem) des jeweiligen Nadirpunktes. Das jeweils erste Glied, z. B. $\sum (X - X_v)\,\Delta m_v$, ist entstanden aus der doppelten Summation der entsprechenden Übertragungsfehler $\left(\sum_{\mu=1}^{i-1} b_\mu \sum_{v=1}^{\mu-1} \Delta m_v = b \sum_{\mu=1}^{i-1} \sum_{v=1}^{\mu-1} \Delta m_v \right)$ und hat dieser Fehlertheorie den Namen gegeben.

Wenn die Übertragungsfehler Δm_i, Δa_i, $\Delta\varphi_i$, $\Delta\omega_i$ als konstant angenommen werden, erhält man aus (3.111) die Beziehungen:

$$\Delta X = X^2 \frac{\Delta m}{2\,b} - X\,Y \frac{\Delta a}{b} + X\,Z \frac{\Delta\varphi}{b} \tag{3.112a}$$

$$\Delta Y = X^2 \frac{\Delta a}{2\,b} + X\,Y \frac{\Delta m}{b} - X\,Z \frac{\Delta\omega}{b} \tag{3.112b}$$

$$\Delta Z = - X^2 \frac{\Delta\varphi}{2\,b} + X\,Y \frac{\Delta\omega}{b} + X\,Z \frac{\Delta m}{b} \tag{3.112c}$$

Sie beschreiben systematische Streifenverbiegungen, die für konstante Höhen Z und mit zusätzlichen konstanten und linearen Gliedern als Polynome Verwendung zur Streifenausgleichung finden, vgl. (3.72).

Betrachtet man die Übertragungsfehler Δm_i, Δa_i, $\Delta\varphi_i$, $\Delta\omega_i$ als zufällige Größen mit den Streuungen σ_m, σ_a, σ_φ, σ_ω, kann man durch Fehlerfortpflanzung aus (3.111) die Genauigkeit und Korrelation der Streifenkoordinaten X, Y, Z ableiten[1]). Dabei ergibt sich, daß die mittleren Fehler σ_X, σ_Y, σ_Z proportional mit $\sqrt{X^3}$ bzw $\sqrt{n^3}$ (n = Anzahl der Modelle im Streifen) wachsen, also einem sehr ungünstigen Fehlergesetz folgen, das die Verwendung langer Einzelstreifen mit entsprechend großen Intervallen zwischen den Paßpunkten bei hohen Genauigkeitsansprüchen ausschließt.

Auf Grund der vereinfachten Theorie der Übertragungsfehler bei den Modellanschlüssen kann man recht allgemein die mittleren Koordinatengenauigkeiten (μ_X, μ_Y, μ_Z) ausgeglichener Streifen in Abhängigkeit von der „Überbrückungsdistanz" i, d. h. von der Länge i der Paßpunktintervalle angeben, ungefähr gleiche Intervalle vorausgesetzt:

$$\mu_Z^2 \approx \left(0{,}09\, b \sqrt{\left(\frac{i}{b}\right)^3}\, \sigma_\varphi \right)^2 + \left(0{,}4\, d \sqrt{\frac{i}{b}}\, \sigma_\omega \right)^2 + \left(0{,}4\, h \sqrt{\frac{i}{b}}\, \sigma_m \right)^2 + (0{,}9\, \sigma_{Zp})^2 + \sigma_Z^2 \tag{3.113a}$$

$$\mu_X^2 \approx \left(0{,}09\, b \sqrt{\left(\frac{i}{b}\right)^3}\, \sigma_m \right)^2 + \left(0{,}4\, d \sqrt{\frac{i}{b}}\, \sigma_a \right)^2 + \left(0{,}4\, h \sqrt{\frac{i}{b}}\, \sigma_\varphi \right)^2 + (0{,}9\, \sigma_{Xp})^2 + \sigma_X^2 \tag{3.113b}$$

$$\mu_Y^2 \approx \left(0{,}09\, b \sqrt{\left(\frac{i}{b}\right)^3}\, \sigma_a \right)^2 + \left(0{,}4\, d \sqrt{\frac{i}{b}}\, \sigma_m \right)^2 + \left(0{,}4\, h \sqrt{\frac{i}{b}}\, \sigma_\omega \right)^2 + (0{,}9\, \sigma_{Yp})^2 + \sigma_Y^2 \tag{3.113c}$$

---

[1]) A c k e r m a n n, F.: DGK, C 87, 1965, 140 S.

für die maximalen mittleren Fehler (jeweils in den Intervallmitten zu erwarten) gilt

$$(\sigma_Z)^2_{max} \approx \left(0{,}12\,b\sqrt{\left(\frac{i}{b}\right)^3}\,\sigma_\varphi\right)^2 + \left(0{,}5\,d\sqrt{\frac{i}{b}}\,\sigma_\omega\right)^2 + \left(0{,}5\,h\sqrt{\frac{i}{b}}\,\sigma_m\right)^2 +$$
$$+\,(\sigma_{Zp})^2 + \sigma_Z^2 \qquad\qquad (3.114)$$

entsprechend für $(\sigma_X)_{max}$ und $(\sigma_Y)_{max}$.

Hierbei bedeuten σ_m, σ_a, σ_φ, σ_ω die mittleren Modell-Anschlußfehler in der Streifen-triangulation, σ_{Xp}, σ_{Yp}, σ_{Zp} die mittleren Identifizierungs- und Meßfehler an den Paß-punkten und entsprechend σ_X, σ_Y, σ_Z die mittleren Meßfehler (Einstellfehler) der Tri-angulations-Neupunkte. Während man bis vor kurzem noch mit relativ großen Zahlen-werten für die mittleren Modell-Anschlußfehler gerechnet hat, kann man heute bei einwandfreiem Material[1]) für analytische Triangula-tionen (Bündel, unabhängige Modelle) mit WW-Bil-dern etwa setzen:

$$\sigma_\omega \approx \sigma_x \approx 0{,}30^c,$$
$$\sigma_\varphi \approx 0{,}50^c\ (\bar\sigma_\varphi \approx 0{,}30^c),$$
$$\sigma_m \approx 1/25\,000 = 0{,}04\,^0/_{00}, \qquad (3.115)$$
$$\sigma_{Zp} \approx \sigma_Z \approx 10\ \mu\mathrm{m},$$
$$\sigma_{Xp} \approx \sigma_{Yp} \approx \sigma_X \approx \sigma_Y \approx 6\ \mu\mathrm{m}$$

Die darauf beruhenden Streifengenauigkeiten sind in Bild **251.1** zusammengestellt.

251.1 Theoretische Genauigkeit von Bild-streifen, nach (3.113) und (3.115), in Abhängigkeit von der Überbrük-kungsdistanz i dargestellt

Danach wird die in dem Glied mit $\sqrt{i^3}$ wirksame doppelte Fehlersummation erst ab Überbrückungsdistanzen $i > 10\,b$ dominierend. Bis dahin ist der Fehleranstieg mit zunehmender Intervall-Länge i wesentlich langsamer als $\sim \sqrt{i^3}$. Bis $i = 4\,b$ ist die Genauigkeit der Streifentriangulation kaum von der des Einzelmodells unterschieden.

Die Genauigkeitsformeln (3.113) gelten in erster Näherung für alle Ausgleichungs-verfahren, die flexibel genug sind, um den Streifen den Paßpunkten anpassen zu können. Dazu gehören bei beliebig vielen Intervallen die Ausgleichungen nach der Bündel-methode und der Methode der unabhängigen Modelle sowie verknüpfte Polynome. Darüber hinaus gelten die Formeln genähert auch für Polynome 2. Grades für Streifen mit 2 Paßpunktintervallen bzw. für Polynome dritten Grades für Streifen mit 3 Paß-punktintervallen (s. u.).

Neben der Fehlertheorie nach Vermeir sind neuerdings auch theoretische Genauigkeitsunter-suchungen nach der Bündelmethode und der Methode der unabhängigen Modelle vorgelegt worden, die sich ebenfalls nur auf die Annahme zufälliger und unkorrelierter Bild- bzw Modell-koordinaten beziehen. Sie zeigen dieselben allgemeinen Genauigkeitseigenschaften der Streifen-triangulation auf, sind jedoch nicht im einzelnen miteinander in vergleichenden Bezug gesetzt worden.

---

[1]) Mit signalisierten Punkten oder entsprechend vielen natürlichen oder künstlichen Verknü-pfungspunkten; unter den bisher üblichen, praktischen Bedingungen können die Zahlenwerte bis um den Faktor 2 größer sein.

Man kann die wichtigsten Ergebnisse der theoretischen Untersuchungen wie folgt zusammenfassen:

Die Genauigkeit der Streifentriangulation ist bei angemessenem Ausgleichungsverfahren im wesentlichen durch die Länge der jeweiligen Intervalle zwischen den Paßpunkten oder Paßpunktgruppen im Streifen bestimmt, unabhängig von der über 2 hinausgehenden Zahl der Intervalle. Daraus ergibt sich die Forderung nach gleicher Intervall-Länge, wenn 3 oder mehr Paßpunktgruppen vorhanden sind. Das an und für sich sehr ungünstige Fehlergesetz der doppelten Summation ($\sqrt{i^3}$) macht sich erst bei großen Überbrückungsdistanzen ($i > 10\,b$) dominierend bemerkbar. Mit kurzen Intervallen ($i \leq 4\,b$) ist die Streifentriangulation sehr genau und weicht wenig von der Genauigkeit des Einzelmodells ab.

Eine besondere Rolle spielen die Polynom-Streifenausgleichungen. Nachdem gezeigt werden konnte, daß Polynome vom vierten und höheren Grad ungeeignet für die Streifenausgleichung sind[1]), verwendet man nur Polynome 2. oder 3. Grades. Man hat dabei die Fälle der nicht oder nur schwach überbestimmten Polynome von denen der stark überbestimmten zu unterscheiden. Wenn z.B. ein Streifen von 24 Modellen nach jeweils 4 Modellen mit einer Paßpunktgruppe besetzt ist, sich also aus 6 Paßpunktintervallen zusammensetzt, kann sich ein Polynom 2. oder 3. Grades den Paßpunkten nur mehr oder weniger vermittelnd anpassen. Diese Polynomausgleichungen müssen also gegenüber strengeren und flexibleren Ausgleichungen, zu denen auch die verknüpften Polynome gehören, in der Genauigkeit deutlich unterlegen sein. Andererseits sind die Polynomausgleichungen 2. (3.) Grades von Streifen mit nur 2 (3) Paßpunktintervallen den strengeren Ausgleichungsverfahren gleichwertig. Diese Aussage gilt auch noch bei schwacher Überbestimmung. Streifen mit z.B. 3 (4) kurzen Paßpunktintervallen können noch mit Polynomen 2. (3.) Grades ausgeglichen werden, während bei langen Intervallen der 2. (3.) Grad strikt an 2 (3) Intervalle gebunden sein sollte. Man kann sogar nachweisen, daß wegen des Einflusses der örtlichen Paßpunktfehler bei Streifen mit 3 kurzen Intervallen die überbestimmte Polynomausgleichung 2. Grades der des 3. Grades bis etwa $i \leq 5\,b$ gleichwertig oder überlegen ist. Die früher vielfach empfohlene Polynomausgleichung 3. Grades von Streifen mit Paßpunkten nur im ersten und letzten Modell des Streifens ist fehlertheoretisch sehr ungünstig, auch bei strengen Verfahren, weil sich kleine Fehler an den Paßpunkten stark auf den Streifen auswirken.

Diese Aussagen über den Genauigkeitsvergleich verschiedener Verfahren der Streifenausgleichung gelten unter der Voraussetzung gleicher Streifenbildung. Zieht man auch noch die verschiedenen Möglichkeiten der Streifenbildung und die Kombination mit verschiedenen Ausgleichungsverfahren in Betracht, wird das Bild unübersichtlicher. Nach H. Mohl[2]) können Genauigkeitsunterschiede zwischen verschiedenen rechnerischen Verfahren der Streifenbildung und Streifenausgleichung im Vergleich zur strengsten (Bündel-)Lösung bis auf mehr als den Faktor 2 ansteigen, wenn auch die vergleichbaren qualifizierten Verfahren dichter beieinander liegen. Immerhin beträgt auf der Basis zufälliger Bildfehler der Genauigkeitsunterschied bei einem Streifen aus 12 Modellen mit 3 Paßpunktpaaren zwischen der direkten Bündelausgleichung und der Methode der unabhängigen Modelle in X, Y, Z 42%, 14%, 7%. Andererseits fällt bei dem entsprechenden, aus unabhängigen Modellen gebildeten Streifen die Genauigkeit der Polynomausgleichung 2. Grades gegenüber der strengen Methode der unabhängigen Modelle theoretisch um weitere 37%, 18%, 8% ab.

Nun konnte schon H. Mohl zeigen, daß die Anwesenheit von Korrelationen im Bild die auf der Basis zufälliger Fehler berechneten Genauigkeitsunterschiede zwischen den verschiedenen Verfahren der Streifenausgleichung deutlich verringert. Dieser Effekt tritt noch deutlicher in Erscheinung bei systematischen Bildfehlern bzw. den entsprechenden systematischen Streifen-

---

[1]) A c k e r m a n n, F.: BuL **31** (1963) 2 bis 10.
[2]) M o h l, H.: DGK, C 149, 1970, 175 S.

deformationen. Nach Kubik[1]) sind die strengsten Verfahren der Streifenausgleichung (Bündelmethode) am empfindlichsten gegen systematische Bildfehler, die fälschlich wie zufällige Fehler in der Ausgleichung behandelt werden. Andererseits sind Polynome am besten zur Ausgleichung systematischer Streifendeformationen geeignet. Wegen der stets anzunehmenden Existenz systematischer Fehler benützen Streifenausgleichungen — abgesehen von ganz kurzen Streifen — stets mindestens 3 Paßpunktgruppen, an den Streifenenden und in Streifenmitte.

Das Zusammenwirken aller Einflüsse auf die Genauigkeit der Streifentriangulation ist theoretisch (z. B. durch Simulation) nicht untersucht. Man kann aber erwarten, daß die Genauigkeitsleistungen der Bündelmethode, der Methode der unabhängigen Modelle und der Polynomverfahren, sofern die Voraussetzungen für letztere gegeben sind (nur 2 oder 3 Intervalle), in der Praxis sehr dicht beieinander liegen. Dabei ist angenommen, daß die strengeren Verfahren keine verfeinerten mathematischen Modelle benutzen und ohne zusätzliche Parameter arbeiten. Die Genauigkeit der strengen Ausgleichungen (Bündel, unabhängige Modelle, Triplets) müßte aber den Polynomausgleichungen um so überlegener sein, je mehr und je unregelmäßiger verteilt Paßpunkte im Streifen vorhanden sind.

Streifen sind geometrisch schwache Gebilde, sofern sie nicht durch entsprechend viele Paßpunkte gestützt werden. Deswegen können die Genauigkeitsergebnisse im Einzelfall stark gegenüber der theoretischen Erwartung streuen. Trotzdem muß festgestellt werden, daß die in der Anfangszeit der Streifentriangulation häufig beobachteten Unregelmäßigkeiten heute praktisch nicht mehr in Erscheinung treten. Auch streuen die Ergebnisse von Wiederholungsmessungen nur mehr sehr wenig[2]). Diese Genauigkeitssteigerung ist wohl auf das stabile Filmmaterial, den Wegfall der Gerätefehler bei der analytisch-numerischen Streifentriangulation und Beschränkung auf kurze Überbrückungsdistanzen zurückzuführen. Mit der Beschränkung auf kurze Paßpunktintervalle ($4\,b \leq i \leq 8\,b$) kann die Streifentriangulation zuverlässig hohe Genauigkeit gewährleisten.

Empirische Untersuchungen über die Koordinatengenauigkeit ausgeglichener Streifen sind verschiedentlich gemacht worden. Kontrollierte Aerotriangulationen sind jedoch sehr aufwendig, daher gibt es wenige systematische, empirische Untersuchungen großen Umfangs. Die internationalen Organisationen OEEPE und IGP haben in der Vergangenheit umfangreiche Versuche gemacht, auf die hier nur verwiesen werden kann[3]). In Bild **254.**1 und Tab. **255.**1 sollen jedoch die Ergebnisse der Streifentriangulation des *OEEPE-Versuchs „Oberschwaben"* zusammengefaßt dargestellt werden.

Die Daten des hier angezogenen Versuchs sind: Gebiet 40,0 km × 62,5 km, 544 signalisierte Vergleichspunkte im Testgebiet, alle Verknüpfungspunkte doppelt signalisiert, gezielte Befliegung (mit Statoskop) je 15 Streifen (in Nord-Süd-Richtung) mit Zeiss RMK 15/23 (WW) und Zeiss RMK 8,5/23 (ÜWW) mit 60% Längs- und 60% Querüberdeckung (jeder Block in 2 Teilblöcke unterteilt mit 7 bzw. 8 Streifen mit 20% Querüberdeckung, nach den Auswertezentren als Block Frankfurt (8 Str. WW), Wien (7 Str. WW), Den Haag (8 Str. ÜWW), Delft (7 Str. ÜWW) bezeichnet), Bildmaßstab 1:28000, Auswertungen mit Stereokomparator Zeiss PSK (Frankfurt, Den Haag) und Wild StK 1 (Wien, Delft). Rechnerische Streifentriangulationen nach der Bündelmethode (simultan) und nach Streifenbildung mit analytischen unabhängigen Modellen. Mit letzteren Streifenausgleichungen nach der Methode der unabhängigen Modelle und mit verschiedenen Polynomansätzen. Genauigkeitsvergleiche für verschiedene Streifenlängen und Paßpunktbesetzungen.

---

[1]) Kubik, K.: The effect of systematic image errors in block triangulation. ITC Publ. A 49, 1971, 143 S.

[2]) Wiser, P.: Phia XIX (1962–1964) 401 bis 410.

[3]) OEEPE Publ. off. No. 8, 1973, 350 S.

Die in Bild **254**.1 zusammengefaßten Ergebnisse beziehen sich auf konstante Streifenlängen von jeweils 25 Bildpaaren. Sie bestätigen zunächst für die WW-Befliegung die sehr hohe Genauigkeit der Streifenausgleichungen, die bis zu Überbrückungsdistanzen von $i \leq 6\,b$ für Lagekoordinaten bei 10 μm, für die Höhe bei 15 μm $(= 0{,}1\,^0\!/_{00}\,h)$ liegt. Mit zunehmendem Paßpunktabstand wachsen die mittleren Fehler, um mit $i = 12\,b$ etwa das Doppelte der genannten Anfangswerte zu erreichen. Die Polynomausgleichungen 3. und 2. Grades fallen erwartungsgemäß bei mehr als 3 (2) Paßpunktintervallen in der Genauigkeit ab und unterscheiden sich untereinander deutlich. Dagegen haben sich verschiedene Formulierungen der Polynomformeln ((1) X, Y, Z abhängig, (2) X, Y, Z unabhängig, (3) X, Y abhängig, Z unabhängig, (4) wie (3), in X, Y konform) bei gegebenem Grad des Polynoms als gleichwertig erwiesen.

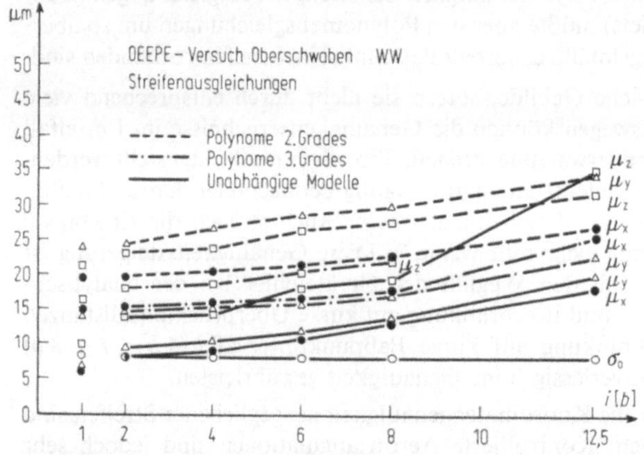

254.1
Ergebnisse der WW-Streifenausgleichungen des OEEPE-Versuchs „Oberschwaben" (Paßpunktabstände i variabel, Streifenlänge konstant = 25 Modelle)

Eine gewisse Überraschung bietet die geringere Genauigkeit der Ergebnisse der Bündelmethode im Vergleich zur Streifenausgleichung mit unabhängigen Modellen. Ebenso überraschend ist die Höhengenauigkeit der ÜWW-Streifen stets geringer ausgefallen als die der WW-Streifen. Beide Ergebnisse müssen der Existenz systematischer Fehler zugeschrieben werden, brauchen deshalb nicht als allgemein repräsentativ zu gelten.

Die Wirksamkeit systematischer Fehler ist auch in den Ergebnissen von Tab. **255**.1 zu erkennen, in der die Vergleiche auf konstanter Länge der Paßpunktintervalle und im Hinblick auf die Polynomausgleichungen auf verschiedenen Streifenlängen beruhen. Zunächst bestätigt sich, daß bei den flexiblen Verfahren (hier: Methode der unabhängigen Modelle) die Genauigkeit unabhängig von der Anzahl nur von der Länge (i) der Paßpunktintervalle abhängig ist. Außerdem ist diese Abhängigkeit bei kurzen Intervallen schwach. Wesentlich ist nun die Feststellung, daß in den dafür geeigneten Fällen (2 bis 4 Intervalle) die Polynomausgleichungen praktisch gleich genau wie die Methode der unabhängigen Modelle sind. Es zeigt sich sogar bei den Höhen deutlich, daß mit zunehmender Länge der Paßpunktintervalle die Polynomausgleichungen zunehmend überlegen sind, was als Auswirkung systematischer Fehler zu erklären und zu erwarten ist. Im übrigen ist besonders die Lagegenauigkeit bis $i \approx 6\,b$ bemerkenswert wenig von der Länge der Paßpunktintervalle abhängig.

Diese Ergebnisse der Streifentriangulation des Versuchs Oberschwaben sind unter Testbedingungen entstanden. Die Voraussetzungen praktischer Aerotriangulationen sind

Tab. **255**.1 OEPPE Oberschwaben, Block Frankfurt (WW, 8 Streifen, je 25 Modelle, 1:28000), Genauigkeit von Streifenausgleichungen als Funktion von Streifenlänge n_{Mod} und Paßpunktabstand i.

Überbrückungsdistanz	$i = 2\,b$					$i = 4\,b$					$i = 6\,b$				$i = 8\,b$			$i = 12.5\,b$
Streifenlänge n_{Mod}	4	6	8	12	Mit-	8	12	16	25	Mit-	12	18	25	Mit-	16	25	Mit-	25
Anz. d. Paßp. Intervalle	2	3	4	6	tel[1])	2	3	4	6	tel[1])	2	3	4	tel[1])	2	3	tel[1])	2
unabh. Modelle μ_X (μm)	7,4	7,5	7,5	7,6	**7,5**	9,1	10,0	9,9	9,6	**9,7**	10,7	10,6	10,6	**10,6**	14,8	13,6	**14,2**	**14,7**
μ_Y (μm)	8,7	8,9	9,2	8,9	**8,9**	10,7	10,8	11,4	11,0	**11,0**	12,2	13,3	11,6	**12,4**	16,5	15,8	**16,2**	**23,8**
Polynome 2. Gr. μ_X (μm)	7,6	8,4	8,6	10,2	**8,0**	9,4	11,3	13,4	16,7	**10,4**	12,5	13,8	17,8	**13,2**	16,6	19,2	**17,9**	**21,5**
μ_Y (μm)	9,1	9,6	9,8	10,9	**9,4**	11,3	11,4	12,3	21,0	**11,4**	12,0	14,8	21,9	**13,5**	13,6	22,9	**18,8**	**28,9**
Polynome 3. Gr. μ_X (μm)		7,9	8,1	8,8	**8,0**		9,5	10,9	13,9	**10,2**		12,8	15,2	**14,1**		17,1	**17,1**	
μ_Y (μm)		9,5	9,2	9,9	**9,4**		10,6	10,6	13,3	**10,6**		12,7	13,7	**13,2**		14,3	**14,3**	
unabh. Modelle μ_Z (μm)	14,7	14,7	13,9	15,0	**14,6**	15,8	16,1	15,5	16,7	**16,0**	25,5	18,7	23,2	**22,6**	32,2	28,0	**30,2**	**51,1**
Polynome 2. Gr. μ_Z (μm)	15,3	15,0	15,5	15,5	**15,2**	15,5	16,9	16,2	22,9	**16,2**	18,9	20,1	24,5	**19,5**	18,1	27,1	**23,0**	**31,9**
Polynome 3. Gr. μ_Z (μm)		16,0	15,7	15,4	**15,9**		15,9	15,6	18,7	**15,8**		17,3	20,8	**19,1**		22,3	**22,3**	

[1]) Quadratisches Mittel über die jeweils vergleichbaren kursiven Werte.

häufig weniger ideal. Trotzdem sind die Testergebnisse in den allgemeinen Aussagen repräsentativ, deren wichtigste sind:

Bei den strengeren Verfahren der Streifentriangulation und Ausgleichung ist die Genauigkeit in erster Näherung nur von der Länge der Paßpunktintervalle, nicht aber von der Streifenlänge abhängig.

Bei kurzen Paßpunktintervallen ($i \lesssim 4b$) ist die Genauigkeit mit der des Einzelmodells vergleichbar.

Bei Streifen mit 2 bis 3 (3 bis 4) Paßpunktintervallen sind Polynomausgleichungen 2. (3.) Grades den strengeren Verfahren gleichwertig, können sogar deutlich überlegen sein, wenn erhebliche systematische Fehler wirksam sind.

Das ungünstige $\sqrt{i^3}$ Fehlergesetz tritt bei den üblichen Paßpunktintervallen ($i < 10b$) noch nicht dominierend in Erscheinung.

Über Streifenausgleichungen mit verfeinerten mathematischen Modellen zur Erfassung systematischer Fehler sind bisher noch keine Versuche bekannt geworden.

3.6.5.2 Genauigkeit der Blocktriangulation Etwa seit 1960 bildet die *theoretische Genauigkeitsuntersuchung* photogrammetrischer Blöcke in Verbindung mit der Entwicklung leistungsfähiger Ausgleichungsverfahren ein zentrales Forschungsthema der Aerotriangulation. Die Technik der theoretischen Untersuchungen besteht in der Ermittlung von Gewichtskoeffizienten oder (Ko-)Varianzen der unbekannten Transformationsparameter und/oder Koordinaten eines Blockes durch Inversion der Normalgleichungs-Koeffizientenmatrix oder durch Verfolgung numerischer Fehlersimulation durch den Rechenprozeß der Blockausgleichung hindurch. Mit ersterer Technik beruhen alle bisherigen Untersuchungen auf der Annahme unkorrelierter (und meistens gleichgewichtiger) Bild- oder Modellkoordinaten, d. h. auf der Annahme zufälliger Fehler. Dagegen ist die Wirkung systematischer Fehler leichter durch Simulation zu studieren. Diese beiden Annahmen über die Fehlereigenschaften der Bild- oder der Modellkoordinaten sind stark vereinfacht und können nur als Grenzfälle der Fehlereigenschaften realer Meßdaten aufgefaßt werden. Mit ihnen haben sich jedoch die wichtigsten Genauigkeitseigenschaften ausgeglichener Blöcke qualitativ und in vieler Hinsicht auch quantitativ erkennen und ableiten und weitreichende praktische Folgerungen ziehen lassen.

Als erste wichtige Aufgabenstellung war die Genauigkeit der im Block nach einem gegebenen Verfahren der Blocktriangulation bestimmten Neupunkte in Abhängigkeit von Form und Größe des Blocks, von der Paßpunktverteilung und von der jeweiligen Lage eines Neupunkts im Block zu klären. Dabei können Lage- und Höhengenauigkeit weitgehend getrennt voneinander betrachtet werden.

Lagegenauigkeit. Mit einer Serie theoretisch schematischer Blöcke ist die theoretische Lagegenauigkeit ausgeglichener Blöcke mit der *Methode der unabhängigen Modelle* untersucht worden[1]), bezogen auf die vereinfachte Annahme unkorrelierter und gleich genauer Modellkoordinaten. Die Ergebnisse zeigen, daß die Besetzung des Blockrandes durch Lagepaßpunkte (s. Bild **199**.1) die für die Blockgenauigkeit wirksamste Paßpunktanordnung darstellt. Bei dichter Randbesetzung der Paßpunkte ($i_L \leq 4b$) ist die Genauigkeitsverteilung im Block sehr gleichmäßig, s. Bild **257**.1. Die mehr oder weniger gleichmäßige Besetzung der Fläche des Blocks durch Lagepaßpunkte verbessert die Genauigkeit zwar örtlich, hat aber insgesamt nur eine geringe Wirkung. Die größten

---

[1]) Ackermann, F.: BuL **34** (1966) 119 bis 124, 178 bis 184; **35** (1967) 114 bis 122; **36** (1968) 3 bis 15.

Fehler sind theoretisch stets an den offenen Blockrändern zu erwarten, auf deren Sicherung deshalb die Paßpunktanordnung in erster Linie bedacht sein muß.

Unter der Voraussetzung der dichten Randbesetzung hat die Form des Blockes keinen Einfluß auf die resultierende Genauigkeit, auch nicht bei vor- oder zurückspringender Randlinie.

Als zweites, hochbedeutsames Ergebnis ließ die Untersuchung mit dem unerwartet geringen Einfluß der Blockgröße auf die Lagegenauigkeit ein ganz besonders günstiges Fehlergesetz erkennen. Bei dichter Paßpunkt-Randbesetzung ist die größte Streuung der Lagekoordinaten im Blockmittelpunkt zu erwarten. Für einen quadratischen Block von 200 Modellen beträgt dieser Wert $\sigma_{max} = 1,2\,\sigma_0$. Er steigt nach einem logarithmischen Gesetz außerordentlich langsam an, um bei einem Block von 10000 Modellen erst den Wert $\sigma_{max} = 1,5\,\sigma_0$ zu erreichen[1]). Inzwischen ist dieses günstige Gesetz rein theoretisch abgeleitet und bis zum Grenzwert $n \to \infty$ bestätigt worden[2]).

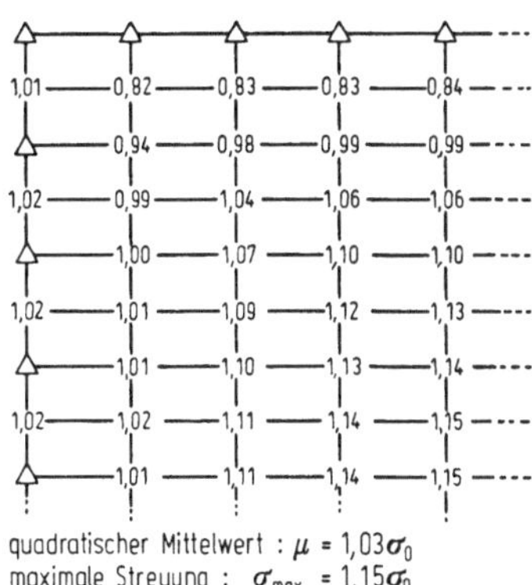

quadratischer Mittelwert : $\mu = 1,03\sigma_0$
maximale Streuung : $\sigma_{max} = 1,15\sigma_0$

257.1 Theoretische Streuungen $\sigma_x/\sigma_0 = \sigma_y/\sigma_0$ der Lage-Koordinaten der Verknüpfungspunkte nach Blockausgleichung mit unabhängigen Modellen (quadratischer Block, 8 Streifen, $q = 20\%$, Lagepaßpunkte am Blockrand)

Wegen der guten Lagegenauigkeit in der Fläche des Blocks sind mit einer Auflockerung der Paßpunktbesetzung am Blockrand auch bei sehr großen Blöcken dort die größten Fehler zu erwarten. Sie nehmen unter sonst gleichen Umständen linear mit dem Paßpunktabstand i_L zu. Deshalb gilt z. B. für Paßpunkt-Randbesetzungen mit konstanter Anzahl von Paßpunkten (z. B. 4 in den Blockecken, oder 4 zusätzliche in den Seitenmitten) eine wesentlich ungünstigere Abhängigkeit von der Blockgröße. Der ungünstige Effekt der Auflockerung des Paßpunktrahmens kann durch „Ränderung" des Blocks durch zusätzliche Streifen weitgehend neutralisiert werden[3]).

Auf der Annahme zufälliger unkorrelierter Fehler der Modellkoordinaten hat H. Ebner für regelmäßige quadratische Lageblöcke unabhängiger Modelle mit dichter oder aufgelockerter Paßpunkt-Randbesetzung allgemeine Beziehungen für die zu erwartenden quadratischen Mittelwerte μ_L der mittleren Fehler der Lagekoordinaten in Abhängigkeit von der Blockgröße (ausgedrückt in $n_s = $ Anzahl der Streifen) angegeben[4]). Für die 4 Paßpunktfälle P1 bis P4 (P1: dichte Randbesetzung, $i = 2b$; P2: 16 Paßpunkte; P3: 8 Paßpunkte; P4: 4 Paßpunkte in den Blockecken) sind die theoretischen Mittelwerte μ_L der Streuungen der Lagekoordinaten für WW-Blöcke mit 20% und mit 60% Querüberdeckung nach folgenden Beziehungen von der Blockgröße (n_s) abhängig:

$$q = 20\% \qquad\qquad\qquad\qquad q = 60\%$$

$$\text{P1}: \mu_L = (0,70 + 0,29 \log n_s)\,\sigma_{0L} \qquad \mu_L - (0,50 + 0,21 \log n_s^*)\,\sigma_{0L}{}^5)$$

$$\text{P2}: \mu_L = (0,83 + 0,02\, n_s)\,\sigma_{0L} \qquad\qquad\qquad\qquad (3.116a)$$

$$\text{P3}: \mu_L = (0,83 + 0,05\, n_s)\,\sigma_{0L} \qquad \mu_L = (0,58 + 0,03\, n_s^*)\,\sigma_{0L}$$

$$\text{P4}: \mu_L = (0,47 + 0,25\, n_s)\,\sigma_{0L} \qquad \mu_L = (0,34 + 0,15\, n_s^*)\,\sigma_{0L}$$

---

[1]) Ebner, H.: BuL **38** (1970) 225 bis 231.
[2]) Meissl, P.: ÖZfV **60** (1972) 61 bis 65.
[3]) Siehe Fußnote 1, Seite 256.
[4]) Ebner, H.: BuL **40** (1972) 214 bis 221.
[5]) n_s^* ist bei $q = 60\%$ für gleiche Blockfläche identisch mit dem Wert bei $q = 20\%$.

Die Lagegenauigkeit von Blöcken mit 20% und 60% Querüberdeckung unterscheidet sich also bei Modell-Blöcken theoretisch um den Faktor 1,4 bis 1,6.

Bei der Anwendung der Blocktriangulation in der Katasterphotogrammetrie tritt der Fall der sogenannten *starken Verknüpfungen* auf. Pro Bildpaar können bis zu 100 und mehr signalisierte Grenzpunkte als Verknüpfungspunkte den Blockverband erheblich versteifen. Die theoretische Untersuchung[1] eines Blocks von 32 Modellen hat ergeben, daß mit Paßpunkt-Randbesetzung die mittleren Lage-Koordinatenfehler des ausgeglichenen Blocks von $\mu_L = 1,30\,\sigma_0$ bei 4 Verknüpfungspunkten pro Modell auf $\mu_L = 1,06\,\sigma_0$ ($\mu_L = 0,99\,\sigma_0$) bei 60 (∞) Verknüpfungspunkten abnehmen und damit der Block insgesamt genauer ist als bei unabhängiger absoluter Orientierung aller Einzelmodelle auf je 4 Paßpunkte ($\mu_L = 1,14\,\sigma_0$).

Die theoretische Untersuchung der Lagegenauigkeit von Blockauslgeichungen nach der Methode der unabhängigen Modelle hat als wichtigstes Ergebnis die hohe Absolutgenauigkeit ($\mu_L < 1,5\,\sigma_0$) bei dichtem Paßpunktrand und ihre sehr geringe Abhängigkeit von der Blockgröße und -form aufgezeigt. Daraus ergeben sich für die Anwendung der Blocktriangulation 2 Folgerungen, die entscheidend über die bisherige Praxis hinausreichen: (1) für die kleinmaßstäbige Kartierung können Großblöcke (mit über 1000 Modellen) mit Paßpunkt-Randbesetzung vorgeschlagen werden. Sie erfüllen die geforderte Lagegenauigkeit bei beliebiger Größe und sind hinsichtlich der Einsparung an terrestrischen Lagepaßpunkten um so wirtschaftlicher, je größer sie sind. (2) Umgekehrt kann in einem Gebiet gegebener Größe mit zunehmendem Bildmaßstab, d.h. Überdeckung mit zunehmender Anzahl von Modellen, die Genauigkeit der Blocktriangulation, bezogen auf das Gelände, nur wenig abhängig von der Paßpunktdichte fast beliebig gesteigert werden, bis mit Bildmaßstäben etwa um 1:3000 die praktische Grenze mit Genauigkeiten von einigen cm erreicht ist.

Mit diesen Folgerungen haben die theoretischen Genauigkeitsuntersuchungen den Anstoß zur wesentlich erweiterten praktischen Anwendung der Blocktriangulation gegeben. Hier haben einmal theoretische Untersuchungen der Praxis den Weg gewiesen.

Höhengenauigkeit. Die ersten theoretischen Untersuchungen über die Genauigkeit von Höhenblöcken und ihre Abhängigkeit von der Überbrückungsdistanz i_H (Bild **199**.1) sind mit dem ITC-Jerie-Analogrechner für die Höhenblockausgleichung entstanden[2], der die formale Verwirklichung des auf den Block ausgedehnten Fehlermodells nach Vermeir darstellt.

Inzwischen sind die Untersuchungen rechnerisch auf die *Methode der unabhängigen Modelle* ausgedehnt worden[3]. Bei Blöcken mit 20% Querüberdeckung und quer zur Flugrichtung verlaufenden Höhenpaßpunktketten sind stets die Mittelzonen zwischen den Paßpunktketten am ungenauesten. Die maximalen mittleren Höhenfehler treten an den offenen Blockrändern zwischen den Paßpunktketten auf.

Die weitere Untersuchung hat gezeigt, daß die mittlere Höhengenauigkeit eines ausgeglichenen Blocks mit 20% Querüberdeckung fast unabhängig von der Größe und Form des Blocks ist und praktisch nur von der Überbrückungsdistanz i_H zwischen den Paßpunktketten abhängt. Die offenen Ränder sind am ungenauesten. Sie sollen daher entweder durch zusätzliche Höhenpaßpunkte oder zusätzliche Randstreifen gesichert werden. Blöcke mit Höhenpaßpunkten nur am Blockrand sind wegen systematischer Fehler stark gefährdet. Die dichte Höhenpaßpunkt-Randbesetzung ist daher höchstens bei kleinen Blöcken zulässig. Bei Blöcken mit 60% Quer-

---

[1] E b n e r, H.: NaKaVerm I, 53 (1971) 51 bis 71.
[2] J e r i e, H. G.: ITC Publ. A 24, 1964, 21 S.
[3] Siehe Fußnote 4, Seite 257.

überdeckung (oder Doppelblöcken mit gekreuzten Flugrichtungen) kann die Kettenanordnung der Höhenpaßpunkte bis zu einer lockeren Rasteranordnung aufgelöst werden.

Unter den Annahmen unkorrelierter, zufälliger Höhenfehler der Modellkoordinaten können die Mittel- und Maximalwerte der mittleren Höhenfehler der schematischen Verknüpfungspunkte nach der Blockausgleichung mit unabhängigen Modellen als einfache Funktionen der Überbrückungsdistanz $i_H = i$ angegeben werden.

Die mittleren Höhengenauigkeiten (μ_Z) aller Verknüpfungspunkte im Block sind für die beiden Standardfälle von Blöcken mit 20% bzw. 60% Querüberdeckung und den entsprechenden Paßpunktanordnungen (Querketten + einzelne Randpunkte bzw. Rasteranordnung) nach folgenden Beziehungen von der Überbrückungsdistanz i abhängig[1]):

$$q = 20\% \qquad\qquad\qquad q = 60\%$$

$$\mu_Z \approx (0{,}34 + 0{,}22\,i)\,\sigma_{0H} \qquad\qquad \mu_Z \approx 0{,}25\,i\,\sigma_{0H}$$

$$(\sigma_Z)_{max} \approx (0{,}27 + 0{,}31\,i)\,\sigma_{0H} \qquad\qquad (\sigma_Z)_{max} \approx 0{,}31\,i\,\sigma_{0H} \qquad (3.116\,b)$$

$$(\sigma_Z)_{max}/\mu_Z \approx 1{,}3 \qquad\qquad\qquad (\sigma_Z)_{max}/\mu_Z = 1{,}24$$

Die Überbrückungsdistanzen i sind hier in Vielfachen der Basislängen einzusetzen. Sie beziehen sich auf den Abstand der Höhenpaßpunkt-Querketten ($q = 20\%$) bzw. die Maschenweite der Höhenpaßpunkt-Raster ($q = 60\%$).

In den üblichen Bereichen ($i < 12\,b$) ist bei gleichen Überbrückungsdistanzen i die Höhengenauigkeit von Streifen durchschnittlich etwa 20% geringer als im Block.

Genauigkeit von Bündelblöcken. Während bei der Blockausgleichung mit unabhängigen Modellen die Lage- und die Höhengenauigkeit des ausgeglichenen Blocks wegen ihrer weitgehenden Unabhängigkeit getrennt betrachtet werden können, sind die räumlichen Koordinaten bei der analytischen Blocktriangulation nach der Bündelmethode gemeinsam zu behandeln. Theoretische Genauigkeitsuntersuchungen von Bündelblöcken, beruhend auf der Inversion der Normalgleichungen, sind etwa seit 1968 von verschiedenen Autoren vorgelegt worden[2]). Sie beziehen sich alle auf schematische Blöcke und Paßpunktanordnungen und gehen von der Annahme zufälliger Fehler unkorrelierter und gleich genauer Bildkoordinaten aus. Detailfragen wie Anzahl und Anordnung von Verknüpfungspunkten sind bisher nicht theoretisch untersucht.

Bild **260**.1 zeigt an einem Beispiel nach B. Kunji Größe und Verteilung der theoretischen Streuungen σ_x, σ_y der Lagekoordinaten der Verknüpfungspunkte nach der Bündelausgleichung eines Blocks mit dichter Paßpunkt-Randbesetzung. Ebenso sind in Bild **260**.2 die Streuungen σ_Z der Höhen der Verknüpfungspunkte eines Bündelblocks mit 3 Höhenpaßpunkt-Ketten dargestellt. Die Zahlenwerte beziehen sich jeweils auf die Referenzgenauigkeit σ_0 der Bildkoordinaten.

Die theoretischen Untersuchungen bestätigen, daß Bündelblöcke qualitativ ähnliche Genauigkeitseigenschaften aufweisen wie die Modellblöcke, obwohl im Detail deutliche Unterschiede bestehen. Insbesondere gilt wiederum die sehr schwache Abhängigkeit der Lagegenauigkeit von der Blockgröße bei dichter Paßpunkt-Randbesetzung sowie die Abhängigkeit der Höhengenauig-

---

[1]) Für die Genauigkeit der Projektionszentren ist angenommen $\sigma_X = \sigma_Y = 2{,}5\,\sigma_{0H}$, $\sigma_Z = 0{,}6\,\sigma_{0H}$.
[2]) Talts, J.: On the theoretical accuracy of rigorous block adjustment in planimetry and elevation. Int. Arch. Phot. XVII (1969) 8, 3–33, 19 S.; Kunji, B.: The accuracy of spatially adjusted blocks. Int. Arch. Phot. XVII (1968) 8, 3–22, 25 S.; Kilpelä, E.: Phot. J. Finland 5 (1971) 29 bis 80; Gyer, M.S.; Kenefick, J.K.: Phm. Eng. XXXVI (1970) 967 bis 973.

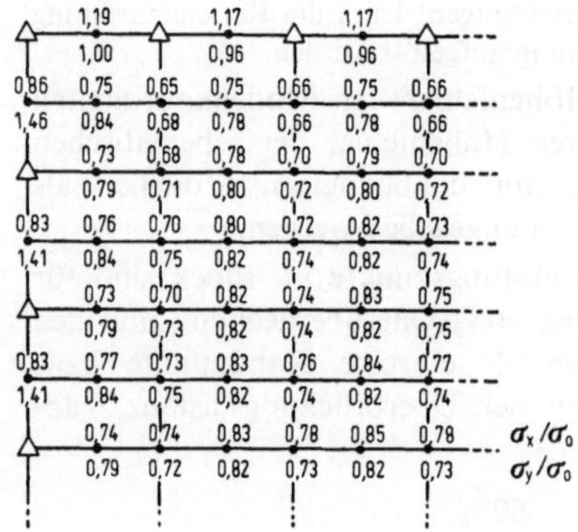
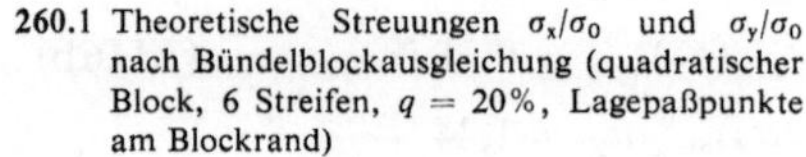

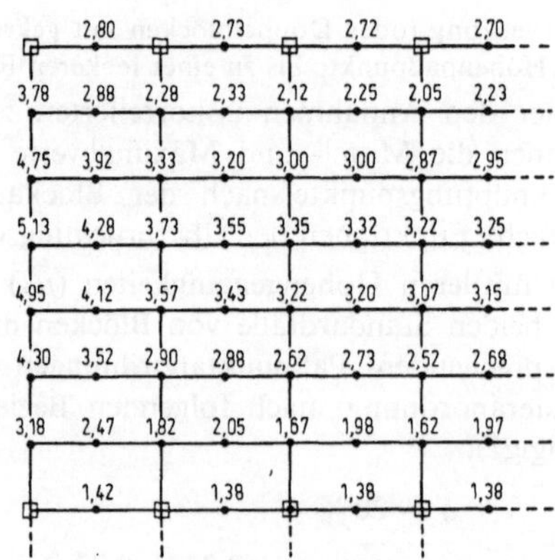

260.1 Theoretische Streuungen σ_x/σ_0 und σ_y/σ_0 nach Bündelblockausgleichung (quadratischer Block, 6 Streifen, $q = 20\%$, Lagepaßpunkte am Blockrand)

260.2 Theoretische Streuungen σ_z/σ_0 nach Bündelblockausgleichung (quadratischer Block, 7 Streifen, $q = 20\%$, 3 Höhenpaßpunkt-Ketten, $i = 7\,b$)

keit fast ausschließlich von der Überbrückungsdistanz i. Die Regeln für die Paßpunktanordnung sind dieselben wie bei Modellblöcken.

Analog zu den Beziehungen (3.116a, b) können genähert gültige theoretische Gesetzmäßigkeiten für die Mittel- und Maximalwerte der mittleren Koordinatenfehler ausgeglichener Bündelblöcke aufgestellt werden:

$$q = 20\% \qquad\qquad\qquad\qquad q = 60\%$$

Lagegenauigkeit

$$P1:\ \mu_L \approx 0{,}87\,\sigma_0 \qquad\qquad \mu_L \approx 0{,}58\,\sigma_0$$
$$P3:\ \mu_L \approx (0{,}28 + 0{,}15\,n_s)\,\sigma_0 \qquad \mu_L \approx (0{,}33 + 0{,}07\,n_s^*)\,\sigma_0 \ \text{[1]} \qquad (3.317\text{a})$$
$$P4:\ \mu_L \approx 0{,}53\,n_s\,\sigma_0 \qquad\qquad \mu_L \approx 0{,}27\,n_s^*\,\sigma_0$$

Höhengenauigkeit

$$\mu_Z \approx (0{,}93 + 0{,}19\,i)\,\sigma_0 \qquad \mu_Z \approx 0{,}31\,i\,\sigma_0 \ \text{[2]}$$
$$(\sigma_Z)_{max}/\mu_Z \approx 1{,}4 \text{ bis } 1{,}5 \qquad\qquad\qquad\qquad\qquad\qquad (3.317\text{b})$$

Ähnlich wie bei den Modellblöcken sind auch hier die Abhängigkeiten praktisch linear. Querüberdeckung von 60% steigert die Lagegenauigkeit um Faktoren von 1,5 bis 2,0. Die Steigerung der Höhengenauigkeit hängt stark von der Paßpunktanordnung ab.

Der theoretische Genauigkeitsvergleich zwischen Bündel- und Modellblöcken ist nicht ganz einfach zu führen. Die jeweiligen σ_0-Werte beziehen sich auf Bild- bzw. Modellkoordinaten und sind daher nicht gleich. Unter sonst gleichen Umständen gilt für WW $(\sigma_{0H})_{Modell} \approx 2{,}4\,(\sigma_0)_{Bild}$ und $(\sigma_{0L})_{Modell} \approx 1{,}5\,(\sigma_0)_{Bild}$. Weiterhin sind die theoretischen Genauigkeiten beider Blockausgleichungen nicht genau gleich und in leicht unterschiedlicher Weise von Blockgröße, Paßpunktanordnung und Überdeckung abhängig. Insgesamt ist der Bündelblock dem Modellblock bei dichtem Paßpunktrand in der

---

[1] Siehe Fußnote 5, Seite 257.
[2] Rasterförmige Höhenpaßpunkt-Anordnung bei $q = 60\%$.

Lagegenauigkeit theoretisch um den Faktor 1,6 überlegen. Die entsprechende theoretische Überlegenheit der Höhengenauigkeit des Bündelblocks reicht bis zum Faktor 1,3. Sie ist um so ausgeprägter, je mehr Modelle überbrückt werden.

Abschließend sei betont, daß alle behandelten theoretischen Genauigkeitsangaben auf der Annahme zufälliger Fehler der Bild- bzw. Modellkoordinaten beruhen. Korrelationen und systematische Fehler sind nicht berücksichtigt. Man kann von diesem vereinfachten Fehlermodell nicht ohne weiteres eine realistische Beschreibung des Genauigkeitsverhaltens von Blöcken in der praktischen Anwendung erwarten.

Bemerkung: Theoretische Untersuchungen über die nach Blockausgleichung mit Polynomen zu erwartende Genauigkeit sind bisher nicht bekannt.

Blockausgleichung mit Hilfsdaten. Die auf die Lagegenauigkeit eines Blocks wirkenden Hilfsdaten sind dank der geringen Lagepaßpunkt-Anforderungen großer Blöcke aus wirtschaftlichen Gründen weitgehend gegenstandslos geworden. Im Gegensatz dazu ist die Unterstützung der Höhengenauigkeit und die Einsparung von Höhenpaßpunkten durch Hilfsdaten in der kleinmaßstäbigen Anwendung der Blocktriangulation nach wie vor von größtem Interesse. Dabei unterscheidet man 2 Gruppen: (1) Hilfsdaten, die sich direkt und damit besonders wirksam auf die Höhen von Projektionszentren oder Geländepunkten beziehen, wie Statoskop- und APR-Daten (APR = airborne profile recorder = Radar-Höhenprofil-Schreiber, Abschn. 2.3.1.3), und (2) Hilfsdaten, die sich auf die Bildneigungen beziehen, wie Horizontbild-, Sonnenperiskop-, Kreiseldaten einschließlich kreiselstabilisierter Kammer-Plattform.

Theoretische Untersuchungen[1] haben bestätigt, daß durch die Einbeziehung von Hilfsdaten in die Blockausgleichung für die Zwecke der kleinmaßstäbigen Kartierung sehr große Gebiete ohne Höhenpaßpunkte überbrückt werden können. Bild **261.1** zeigt daraus

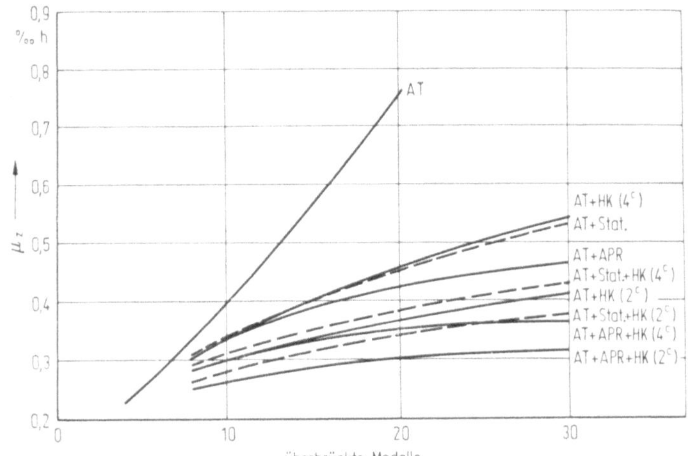

261.1 Theoretische mittlere Höhengenauigkeit von Blöcken mit Hilfsdaten, dargestellt in Abhängigkeit von der Überbrückungsdistanz; Weitwinkel, Flughöhe 6000 m
AT: Blocktriangulation
HK (4ᶜ): Horizontbild-Daten, Winkelgenauigkeit 4ᶜ
HK (2ᶜ): Horizontbild-Daten, Winkelgenauigkeit 2ᶜ
Stat.:   Statoskop-Daten
APR: APR-Daten

---

[1] Jerie, H.: Phia **23** (1968) 19 bis 44.

ein Beispiel, das die Wirksamkeit verschiedener Hilfsdaten demonstriert. Dabei sind heute teilweise noch wesentlich günstigere Höhengenauigkeiten zu erreichen (s. u.).

Neuere theoretische Genauigkeitsstudien über Hilfsdaten liegen nicht vor. Dagegen sind einige *empirische Untersuchungen* bekannt, deren Ergebnisse die hohen theoretischen Genauigkeitserwartungen bestätigt und übertroffen haben.

Ein kontrollierter *APR-Test* aus England[1]) hat schon 1964 mittlere Höhengenauigkeiten von 2,3 m bis 2,6 m für verschiedene Versionen der kombinierten Höhenblockausgleichung mit APR-Daten unter Benützung von jeweils nur 1 bzw. 4 Höhenpaßpunkten ergeben. Es handelte sich um einen mit APR aus 5660 m Flughöhe ü. G. im Bildmaßstab 1:37000 beflogenen Block von 6 Streifen mit insgesamt 200 WW-Bildern und 7 Querstreifen mit weiteren 99 Bildern. Weiterhin waren 6 zusätzliche Längsprofile in den Überdeckungsgebieten benachbarter Streifen aus einer APR-Tiefbefliegung aus 2000 m Flughöhe verfügbar.

Der *APR-Testblock Southwestern Ontario*[2]), beflogen 1972 aus 5250 m absoluter Flughöhe im Maßstab 1:33000, besteht aus 5 Parallelstreifen zu je 76 Modellen. Er deckt eine Fläche von 25 km × 250 km und enthält 440 Höhen-Vergleichspunkte. Zusätzlich zu den 5 APR-Längsprofilen des Bildflugs sind 10 APR-Querprofile aus 2000 m Flughöhe gegeben. Alle APR-Profile enden über Wasserflächen, teilweise weit außerhalb des Blocks.

Die in Tab. **262**.1 zusammengestellten Ergebnisse der simultanen Block- und APR-Ausgleichung nach der Methode der unabhängigen Modelle (s. 3.5.6) bestätigen, daß selbst ohne Höhenpaßpunkte, nur mit Abschluß der APR-Profile über Wasserflächen bekannter Höhe, Entfernungen von 250 km oder 76 Basislängen mit einer Höhengenauigkeit von 2 m oder besser überbrückt werden können. Die Höhengenauigkeit steigt mit zusätzlichen APR-Querprofilen mit 62 km oder 19 Basislängen Abstand auf 1,60 m, um mit Querprofilen im Abstand von 15 bis 30 km oder 5 bis 10 Basislängen Werte um 1,20 m zu erreichen, die hier offenbar die Grenzgenauigkeit des Systems darstellen. An allen APR-Daten war vor der Blockausgleichung die Henry-Korrektur angebracht worden.

Tab. **262**.1 APR-Testblock Southwestern Ontario.
Absolute Höhengenauigkeit in m, ermittelt aus 170 Vergleichspunkten

	ganzer Block			halber Block				
i[1]) in b	76	38	19	38	19	10	5	
in km	250	125	62	125	62	32	16	
Test 1	2,45	1,66	1,46	1,57	1,32	1,20	1,21	2)
3	2,77	1,91	1,72	1,85	1,56	1,36	1,37	3)
7	1,96	2,38	1,98	2,33	1,93	1,63	1,77	4)
9	1,38	2,35	1,56	2,31	1,51	1,22	1,14	5)

[1]) $i =$ Abstand der APR-Querprofile, Höhenpaßpunkte (HPP) nur an den Stirnseiten des Blocks, Abstand 250 km.
[2]) mit HPP, freie APR-Profile, 2 APR-Punkte/b.
[3]) wie Test 1, 1 APR-Punkt/b.
[4]) ohne HPP, APR-Profil-Abschluß über Wasser, 1 APR-Punkt/b.
[5]) wie Test 7, 2 APR-Punkte/b; nach Korrektur des systematischen APR-Abschlußfehlers über Wasser.

[1]) Jerie, H. G.; Kure, J.: ITC Publ. A 25/26, 1964, 80 S.
[2]) Klein, H.: Results from the South-Western Ontario APR-Testblock, DGK B214, 1975, 97 bis 103.

Bei den Befliegungen des OEEPE-Testblocks Oberschwaben im Jahr 1969 wurden gleichzeitig Statoskop-Angaben registriert[1]. Die simultane Ausgleichung von Block- und Statoskop-Daten nach der Methode der unabhängigen Modelle (s. 3.5.6) unterscheidet für die WW-Befliegung (abs. Flughöhe 4990 m) und für die ÜWW-Befliegung (abs. Flughöhe 3085 m) je 2 Blöcke von 8 bzw. 7 Streifen mit jeweils 20% Querüberdeckung. Die Blocklänge ist 25 b oder 62,5 km. Die Ergebnisse der Simultanausgleichung zeigen in Form der quadratischen Mittelwerte μ_z der jeweils in beiden Teilblöcken aus rund 450 Vergleichspunkten ermittelten Höhenfehler, daß große Entfernungen überbrückt werden können und die hervorragende Höhengenauigkeit von Statoskopblöcken nur sehr geringfügig von dem Abstand i der Höhenpaßpunkt-Ketten abhängig ist:

$$
\text{WW:} \quad
\begin{aligned}
\mu_z &= 80\ \text{cm} = 0{,}19\,^0\!/_{00}\ h, & i &= 25\ b & &= 62{,}5\ \text{km} \\
\mu_z &= 68\ \text{cm} = 0{,}16\,^0\!/_{00}\ h, & i &= 25\ b & &= 62{,}5\ \text{km}\ [2] \\
\mu_z &= 63\ \text{cm} = 0{,}15\,^0\!/_{00}\ h, & i &= 12{,}5\ b &= 31 & \text{km} \\
\mu_z &= 59\ \text{cm} = 0{,}14\,^0\!/_{00}\ h, & i &= 12{,}5\ b &= 31 & \text{km}\ [2]
\end{aligned}
\tag{3.118}
$$

$$
\text{ÜWW:} \quad
\begin{aligned}
\mu_z &= 70\ \text{cm} = 0{,}28\,^0\!/_{00}\ h, & i &= 25\ b & &= 62{,}5\ \text{km} \\
\mu_z &= 59\ \text{cm} = 0{,}24\,^0\!/_{00}\ h, & i &= 25\ b & &= 62{,}5\ \text{km}\ [2] \\
\mu_z &= 59\ \text{cm} = 0{,}24\,^0\!/_{00}\ h, & i &= 12{,}5\ b &= 31 & \text{km} \\
\mu_z &= 58\ \text{cm} = 0{,}24\,^0\!/_{00}\ h, & i &= 12{,}5\ b &= 31 & \text{km}\ [2]
\end{aligned}
\tag{3.119}
$$

Aus den Testergebnissen kann die Folgerung gezogen werden, daß die isobaren Flächen bei gutem Flugwetter wesentlich zuverlässiger und weniger gestört sind als bisher angenommen wurde und Höhengenauigkeiten von 0,5 m bis 1 m über beträchtliche Entfernungen ermöglichen. Um diese Genauigkeiten ausschöpfen zu können, muß die Meßgenauigkeit und Empfindlichkeit der Statoskope entsprechend hoch sein.

Die hervorragenden Genauigkeitseigenschaften der simultanen Blockausgleichung mit Statoskop- oder APR-Daten schaffen für die Höhenauswertung mittlerer und kleiner Kartenmaßstäbe eine neue Situation, indem sie die Anzahl der erforderlichen Höhenpaßpunkte sehr erheblich zu reduzieren gestatten. Selbst bei Überbrückung sehr großer Entfernungen genügt die Höhengenauigkeit der Blöcke als Grundlage der Kartierung von Schichtlinien mit Intervallen von 10 m, 5 m und 10'. Im Vergleich zu der teuren APR-Ausrüstung muß dabei das Statoskop als ein besonders effektives und wirtschaftliches Hilfsmittel hervorgehoben werden.

Empirische Genauigkeitsuntersuchungen von Blöcken. Da rein theoretische Genauigkeitsergebnisse immer auf vereinfachten Annahmen beruhen, müssen sie durch empirische Untersuchungen ergänzt und überprüft werden. Obwohl es sehr aufwendig ist, Testgebiete anzulegen und gegebenenfalls zu unterhalten, sind in neuerer Zeit verschiedentlich umfangreiche Genauigkeitsuntersuchungen an Hand kontrollierter Blocktriangulationen in Angriff genommen worden. Auf ältere Studien der IGP des Blocks „*Massif Central*"[3] und der OEEPE[4] sei hingewiesen. Die Ergebnisse können heute als überholt gelten.

---

[1] Ackermann, F.: Accuracy of statoscope data — Results from the OEEPE-test „Oberschwaben", DGK B214, 1975, 280 bis 286.

[2] Mit je 1 zusätzlichen Paßpunkt in der Mitte der offenen Blockseiten.

[3] Cassinis, G.; Cunietti, M.: Group of study for the experimental researches on blocks of strips — General Report. Int. Arch. Phot. XV, 5, Lisboa 1965, 180 S.

[4] OEEPE, Publ. off. No. 3, 1968, 226 S.

Die vordringlichen Fragestellungen betreffen die Abhängigkeit der Lage- und Höhengenauigkeit von Blockgröße, Paßpunktanordnung, Überdeckung und von der Methode der Blocktriangulation bzw. -ausgleichung. Empirische Untersuchungen sollen die Übereinstimmung der Ergebnisse mit den theoretischen Erwartungen prüfen und Erfahrungswerte setzen in Bereichen, für die keine Theorie vorliegt.

Im folgenden sind als Auswahl einige Ergebnisse aus den Testversuchen Jämijärvi[1]), Oberschwaben[2]) und Appenweier[3]) zusammengestellt:

Das 2 km × 2 km große finnische Testgebiet „*Jämijärvi*", mit signalisierten Punkten, wurde im Bildmaßstab 1:4000 (WW) beflogen. Als repräsentativ für die verschiedenen Auswertungen kann ein Block von 48 Bildern mit 60 % Längs- und 60 % Querüberdeckung unter Verwendung von 8 Lage- und 16 Höhenpaßpunkten gelten. Die simultane Bündelblockausgleichung ergab folgende mittlere Genauigkeitswerte (aus 112 Lage- und 104 Höhenvergleichspunkten):

$$\sigma_0 = 5,4\,\mu\text{m}, \qquad \mu_X = 1,8\,\text{cm} = 4,5\,\mu\text{m}, \qquad\qquad \varepsilon_{X\,max} = 5,6\,\text{cm} = 14\,\mu\text{m}$$

$$\mu_Y = 1,9\,\text{cm} = 4,7\,\mu\text{m}, \qquad\qquad \varepsilon_{Y\,max} = 5,2\,\text{cm} = 13\,\mu\text{m} \qquad (3.120)$$

$$\mu_Z = 3,3\,\text{cm} = 8,2\,\mu\text{m} = 0,054\,^0/_{00}\,h, \qquad \varepsilon_{Z\,max} = 7,6\,\text{cm} = 19\,\mu\text{m}$$

Dieser Versuch bietet ein Beispiel für die hohe Genauigkeit großmaßstäbiger Aerotriangulation. Er bezieht sich auf ein kleines Gebiet mit doppelter Überdeckung und dichter Paßpunktbesetzung.

Das signalisierte Testgebiet „*Appenweier*" hat eine Ausdehnung von 9,1 km × 10,4 km. Es enthält 28 Lage- und etwa 150, im Raster in Dreiergruppen angeordnete Höhenpaßpunkte. Die 4fache Befliegung im Bildmaßstab 1:7800 (WW, 4 verschiedene Flugrichtungen) erlaubte neben dem Gesamtblock die getrennte Untersuchung von 4 Einfachblöcken mit 20 % Querüberdeckung und von 2 Doppelblöcken mit gekreuzten Flugachsen. Die Blockausgleichung nach der Methode der unabhängigen Modelle beruht auf Komparatormessungen und analytisch gebildeten Modellen.

Die wichtigsten Ergebnisse können wie folgt zusammengefaßt werden:

Lagegenauigkeit (Paßpunkte am Blockrand)

Einzelblöcke: $\sigma_{0L} = 4,7\,\mu\text{m}$, $\mu_{X,Y} = 6,5\,\mu\text{m} = 5,1\,\text{cm}$ (bzw. $5,7\,\mu\text{m} = 4,4\,\text{cm}$ nach Kleinste-Quadrate-Interpolation, s. S. 347)

4fach Block: $\sigma_{0L} = 4,9\,\mu\text{m}$, $\mu_{X,Y} = 4,1\,\mu\text{m} = 3,2\,\text{cm}$ (bzw. $3,2\,\mu\text{m} = 2,5\,\text{cm}$ nach Kleinste-Quadrate-Interpolation)

Höhengenauigkeit (Paßpunkt-Raster, $i = 4\,b$)

Einzelblöcke: $\sigma_{0H} = 7,6\,\mu\text{m}$, $\mu_Z = 13,6\,\mu\text{m} = 10,6\,\text{cm} = 0,089\,^0/_{00}\,h$

4fach Block: $\sigma_{0H} = 8,2\,\mu\text{m}$, $\mu_Z = 9,6\,\mu\text{m} = 7,5\,\text{cm} = 0,063\,^0/_{00}\,h$

Aus dem sehr umfangreichen Material des OEEPE-Testblocks Oberschwaben, über den auf Seite 253 die wichtigsten Angaben zusammengestellt sind, können hier nur einige Ergebnisse angeführt werden. Tab. 265.1 zeigt die mit 3 verschiedenen Ausgleichungsmethoden (Polynome, unabhängige Modelle, Bündel) erreichten Lage- und Höhengenauigkeiten des aus 8 Streifen mit je 25 Modellen bestehenden WW-Teilblocks Frankfurt, in Abhängigkeit von der Paßpunktanordnung. Entsprechend sind in Tab. 265.2 die für gegebene Paßpunktanordnungen aus demselben Bildmaterial erhaltenen Lage- und Höhengenauigkeiten in Abhängigkeit von der Blockgröße dargestellt.

---

1) Kilpelä, E.; Savolainen, A.: Phot. J. Finland **6** (1972) 31 bis 54.
2) OEEPE, Publ. off. No. 8, 1973, 350 S.
3) Ackermann, F.: Photogrammetric densification of trigonometric networks — The Project Appenweier. DGK B214, 1975, 43 bis 48.

Tab. **265**.1 OEEPE-Test Oberschwaben, Teilblock Frankfurt (WW, 1:28000, 8×25 = 200 Modelle). Lage- und Höhengenauigkeit nach Blockausgleichung, Abhängigkeit von der Paßpunktanordnung und Methodenvergleich

Paßpunkte		Blockausgleichung mit Polynomen 2. Grades		Methode der unabhängigen Modelle				Bündel-Methode		
Lage	Höhe	$\mu_{X,Y}$ (μm)	μ_Z (μm)	σ_{0L} (μm)	σ_{0H} (μm)	$\mu_{X,Y}$ (μm)	μ_Z (μm)	σ_0 (μm)	$\mu_{X,Y}$ (μm)	μ_Z (μm)
Rand $i = 2\,b$	13 Ketten $i = 2\,b$	25,8	23,9	6,9	8,4	12,1	12,9	5,7	14,7	18,2
Rand $i = 4\,b$	7 Ketten[1] $i = 4\,b$	30,0	24,1	6,7	8,3	17,1	13,8	5,0	22,0	19,1
Rand $i = 6\,b$	5 Ketten[1] $i = 6\,b$	31,3	26,4	6,6	8,4	20,7	15,9	4,7	27,9	22,2
Rand $i = 8\,b$	4 Ketten[1] $i = 8\,b$	34,6	27,5	6,3	8,4	25,6	16,1	4,3	30,6	19,0
4 Eck-punkte	3 Ketten[1] $i = 12,5\,b$	62,0	32,8	6,0	8,4	45,3	19,0	4,0	47,1	22,2

[1] Mit zusätzlichen Einzelpunkten an den offenen Blockrändern.

Tab. **265**.2 OEEPE-Test Oberschwaben, Teilblock Frankfurt (WW, 1:28000).
Lage- und Höhengenauigkeit der Blockausgleichung mit unabhängigen Modellen in Abhängigkeit von Blockgröße und Paßpunktanordnung

Blockgröße	Paßpunkte		Genauigkeit			
	Lage	Höhe	σ_{0L} (μm)	σ_{0H} (μm)	$\mu_{X,Y}$ (μm)	μ_Z (μm)
8×17 = 136 Modelle (2 Blöcke)	Rand $i = 2\,b$	3 Ketten[1] $i = 8\,b$	7,0	8,2	11,9	19,3
	Rand $i = 4\,b$	3 Ketten $i = 8\,b$	6,7	8,2	16,9	19,4
	Rand $i = 8\,b$	5 Ketten[1] $i = 4\,b$	6,2	8,2	24,3	13,3
	4 Ecken ($i = 16\,b$)	9 Ketten $i = 2\,b$	6,0	8,3	35,7	12,7
4×8 = 32 Modelle (6 Blöcke)	Rand $i = 2\,b$	3 Ketten $i = 4\,b$	6,7	8,3	8,9	14,1
	Rand $i = 4\,b$	3 Ketten[1] $i = 4\,b$	6,5	8,3	11,4	13,8
	4 Ecken ($i = 8\,b$)	5 Ketten $i = 2\,b$	6,0	8,4	15,8	13,1
2×4 = 8 Modelle (12 Blöcke)	Rand $i = 2\,b$	3 Ketten $i = 2\,b$	6.6	8,5	8,2	14,4
	4 Ecken ($i = 4\,b$)	3 Ketten $i = 2\,b$	6,2	8,5	10,5	14,4

[1] Mit zusätzlichen Einzelpunkten an den offenen Blockrändern.

Ohne hier die Einzelheiten zu analysieren, können die bislang verfügbaren Ergebnisse aus dem Test Oberschwaben in folgenden Aussagen zusammengefaßt werden, die auch den Ergebnissen der übrigen kontrollierten Versuche weitgehend entsprechen. Die für die Praxis wichtigsten theoretischen Genauigkeitseigenschaften von Blöcken sind im wesentlichen empirisch bestätigt, insbesondere für Modellblöcke:

Bei dichter Paßpunkt-Randbesetzung ist die Lagegenauigkeit nur schwach von der Blockgröße abhängig.

Zusätzliche Paßpunkte im Blockinnern steigern die durchschnittliche Genauigkeit nur unwesentlich.

Die Höhengenauigkeit ist bei Blöcken mit 20% Querüberdeckung praktisch nur von dem Abstand der Paßpunktketten, d.h. von der Überbrückungsdistanz i, abhängig. Die Abhängigkeit ist in erster Näherung linear und unbeeinflußt von der Blockgröße.

Im Hinblick auf andere wichtige Eigenschaften und Einzelheiten sind die empirischen Ergebnisse jedoch nicht oder nicht genügend in Übereinstimmung mit der (auf der Annahme zufälliger Fehler beruhenden) Theorie:

Bei Auflockerung der Paßpunktbesetzung der Blockränder steigen die mittleren Lagefehler wesentlich rascher an als die Theorie erwarten läßt.

Doppelblöcke (60% Querüberdeckung oder gekreuzte Flugachsen) bringen bei weitem nicht die erwartete Genauigkeitssteigerung. Dasselbe gilt auch für 4fach-Blöcke.

Bezogen auf die empirischen Werte von σ_0 stimmen die mittleren Genauigkeiten der Blöcke nicht mit der Theorie überein. Die Diskrepanz ist bei der Bündelmethode mit Faktoren bis 3 oder 4 besonders ausgeprägt.

Der Methodenvergleich zeigt die Unterlegenheit der Polynomausgleichung. Das Verhältnis zu der Methode der unabhängigen Modelle bleibt jedoch innerhalb des Faktors 2 und nimmt mit schwacher Paßpunktbesetzung deutlich ab.

Die Bündelmethode hat beim Test Oberschwaben entgegen aller Erwartung zu durchweg ungünstigeren Genauigkeitsergebnissen geführt als die auf den gleichen Meßdaten beruhenden Ausgleichungen mit unabhängigen Modellen.

Die σ_0-Werte der verschiedenen Blockausgleichungen müßten für eine gegebene Methode konstant sein. Tatsächlich ändern sie sich aber signifikant in Abhängigkeit von Blockgröße und Paßpunktdichte.

Alle genannten Eigenschaften treten für ÜWW-Bildmaterial in verstärktem Maße in Erscheinung. Als besondere Überraschung ist zu werten, daß beim Test Oberschwaben unter sonst gleichen Umständen die mittleren Lage- *und* Höhengenauigkeiten der ÜWW-Blöcke durchschnittlich um 20 bis 30% ungünstiger ausfielen als bei den entsprechenden WW-Blöcken gleichen Bildmaßstabs Es ist noch ungeklärt, inwieweit dieses Ergebnis als repräsentativ gelten kann.

In diesem Zusammenhang sei auf die Ergebnisse des 64 km × 72 km großen „*Kansas*"-Testblocks des USCGS hingewiesen[1]). Es handelt sich um eine ÜWW-Befliegung, Bildmaßstab 1:70000, 60% Längs- und 60% Querüberdeckung, 11 Bildstreifen mit durchschnittlich 16 Bildern/Streifen. Die Bündelblockausgleichung mit 27 Lagepaßpunkten am Blockrand ergab einen σ_0-Wert von 7 μm und anhand von 50 Vergleichspunkten eine mittlere Genauigkeit der Lagekoordinaten von 64 cm = 9,1 μm.

Obwohl die empirischen Ergebnisse der verschiedenen kontrollierten Versuche eine im Vergleich zu den bisherigen Vorstellungen und Erfahrungen höchst bemerkenswerte Genauigkeitssteigerung darstellen und das außerordentlich hohe Leistungsniveau der numerischen Blocktriangulation konsistent bestätigen, ist eine erhebliche Diskrepanz zu

---

[1]) K e l l e r , M.: Phm. Eng. XXXIII (1967) 1266 bis 1275.

den auf der Annahme zufälliger Fehler beruhenden theoretischen Genauigkeitserwartungen festzustellen. Das einfache stochastische Fehlermodell ist offensichtlich nicht in der Lage, das Genauigkeitsverhalten praktischer Blöcke hinreichend zu beschreiben. Daraus ist die Folgerung zu ziehen, daß Fehlermodell und Rechenmethoden durch Berücksichtigung systematischer und möglicherweise auch korrelierter Bildfehler erweitert werden müssen.

Systematische Bildfehler, verfeinertes mathematisches Modell selbstkalibrierender Systeme. Wohl als erster hat K. Kubik die Auswirkung systematischer Bildfehler auf Streifen und Blöcke in Abhängigkeit von Streifenlänge bzw. Blockgröße und Paßpunktanordnung untersucht[1]). Er ist dabei von axiomatisch angesetzten möglichen Bilddeformationen ausgegangen (Typ A: Maßstabsaffinität; Typ P: Winkelaffinität; Typ T: Trapez; Typ R: Stern), die für alle Bilder eines Blocks gleich und konstant angenommen werden.

Ganz entsprechend können verschiedene Typen möglicher Modelldeformationen abgeleitet oder axiomatisch angesetzt werden, z.B. nach den Gleichungen (3.96) 4 Typen systematischer Lage- und 3 Typen systematischer Höhendeformationen sowie 3 Typen symmetrischer Fehler der Projektionszentren.

Ausgeglichene Blöcke sind durch die systematischen Bild- oder Modelldeformationen mehr oder weniger stark beeinflußt. Man kann 3 Fälle unterscheiden: (1) Fehlertypen, die sich nur örtlich auswirken und nicht zu großräumigen Blockdeformationen führen, (2) Fehlertypen, die nur bei schwachen Paßpunktbesetzungen erhebliche Blockdeformationen bewirken, bei dichtem Paßpunktrand und/oder guter Höhenkontrolle aber weitgehend kompensiert werden, (3) Fehlertypen, die durch 60% Querüberdeckung oder durch Doppelbefliegung mit gekreuzten Achsen kompensiert werden. Letztere Befliegungsart hat sich dabei als durchschnittlich wirsamer erwiesen. Es gibt Fälle von Höhendeformationen (z.B. Durchbiegung der Modelle in y-Richtung), die sich bei 60% Querüberdeckung wesentlich ungünstiger auswirken als bei 20%. Insgesamt ist bei den nach (1) bis (3) wirksamen Fehlertypen noch zu unterscheiden, ob sich die Anwesenheit systematischer Fehler in den Verbesserungen an den Verknüpfungspunkten zeigt und damit im jeweiligen Wert von σ_0 niederschlägt. Bei guter Paßpunktbesetzung des Blocks machen sich systematische Bild- oder Modellfehler im σ_0 bemerkbar. Es gibt jedoch einige Fälle, wo dies nicht oder kaum der Fall ist. Allgemein verliert bei der Anwesenheit systematischer Fehler der aus der Ausgleichung berechnete Wert von σ_0 seine Bedeutung als Schätzwert des Rauschpegels und damit als stochastischer Parameter.

Die theoretischen Untersuchungen haben weiterhin ergeben, daß im Durchschnitt Blockausgleichungen mit Polynomen systematische Bildfehler am besten kompensieren, die Genauigkeit der Bündelmethode dagegen am empfindlichsten beeinträchtigt wird.

Mit diesen aus allgemeinen Überlegungen gewonnenen Erkenntnissen können einige der auf Seite 266 festgestellten empirischen Ergebnisse qualitativ erklärt werden. Damit stellt sich die Aufgabe, Typ, Größe und Konstanz bzw. Abhängigkeiten der in der Praxis vorkommenden systematischen Bild- oder Modellfehler bzw. auch der Blockdeformationen zu erforschen.

Eine erste empirische Untersuchung dieser Art der systematischen Modelldeformationen liegt für die WW- und ÜWW-Blöcke des OEEPE-Testmaterials Oberschwaben vor[2]). Weitere Ergebnisse sind in Tab. **268**.1 und in Bild **268**.2 dargestellt. Danach sind die Modelldeformationen sehr ausgeprägt und überraschenderweise für die WW- und die ÜWW-Modelle nach Größe und Typ fast gleich. Die Lagedeformationen sind trapezartig, mit einem Maximalfehler von 7,6 μm.

---

1) Kubik, K.: ITC Publ. A 49, 1971, 143 S.
2) Schilcher, M.; Wild, E.: Systematic model deformation of the OEEPE-testblock „Oberschwaben", DGK B214, 1975, 287 bis 295.

Tab. 268.1 Systematische Modelldeformationen der OEEPE-Befliegung Oberschwaben

Modellpunkt	WW (375 Modelle)			ÜWW (375 Modelle)		
	dX (μm)	dY (μm)	dZ (μm)	dX (μm)	dY (μm)	dZ (μm)
1	1,4	2,2	−3,3	2,3	1,4	−3,1
2	−2,0	−0,3	−7,6	−2,8	−1,6	−9,2
3	−2,0	−1,3	1,4	7,6	−2,6	2,2
4	4,0	−3,2	4,0	−5,4	−1,5	4,0
5	5,6	2,3	2,4	−2,4	6,5	3,0
6	−7,6	−1,3	2,9	−0,3	−2,1	3,6
Proj. Z. 1*	4,3	−2,4	1,5	1,2	−1,2	3,2
Proj. Z. 2*	−4,3	2,4	−1,5	−1,2	1,2	−3,2

Die Modelle zeigen in der Höhe, neben einer leichten Verwindung von etwa 2 μm, an den beiden Nadirpunkten erhebliche Aufwölbungen von 5,2 μm und 11,0 μm (WW) bzw. 5,7 μm und 13,0 μm (ÜWW). Diese Modelldeformationen bleiben auch für verschiedene Flugtage konstant, mit Variationen um 2 μm.

Die Modelldeformationen sind, bezogen auf das Gelände, praktisch nur von der Flugrichtung abhängig, d.h., sie sind auf die Kammer bezogen konstant, wie Bild 268.2 demonstriert. (Die Modelldeformationen sind insofern von der Überdeckung abhängig, als bei 20% Querüberdeckung z. B. die Höhenaufbiegung nicht festgestellt werden kann.)

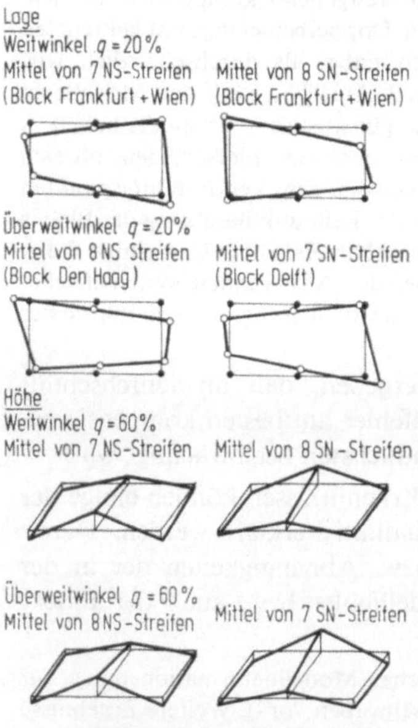

Das wichtigste Ergebnis dieser empirischen Analyse ist die Feststellung, daß offenbar nur wenige Typen systematischer Modelldeformationen deutlich hervortreten. Ihre relative Konstanz bildet außerdem sehr günstige Voraussetzungen, die systematischen Fehler durch selbstkalibrierende Blockausgleichungen effektiv erfassen zu können.

Mit den selbstkalibrierenden Systemen der Blockausgleichung mit Bündeln oder Modellen (s. 3.5.7) stehen leistungsfähige Hilfsmittel zur Erfassung und Kompensation systematischer Bild- oder Modellfehler zur Verfügung bzw. werden sie verschiedentlich entwickelt. Es ist derzeit eine der wichtigsten Aufgaben photogrammetrischer Genauigkeitsuntersuchungen, die *Wirksamkeit der Korrektur* durch zusätzliche Parameter und ihre Abhängigkeiten zu erforschen. Nach bisherigen Erkenntnissen spielt die Berücksichtigung der Flugrichtung dabei eine wesentliche Rolle.

Aus den ersten vorliegenden empirischen Untersuchungen können folgende Ergebnisse zitiert werden:

Bei einem der Einzelblöcke des Versuchs Appenweier ergab nach Tab. 269.1 die Blockausgleichung nach der Methode der unabhängigen Modelle mit zusätzlichen Parametern, die nach Gl. (3.96 a) für jeden Streifen getrennt angesetzt wurden, eine Genauigkeitssteigerung in der Lage um den Faktor 1,4. Die erreichten Werte von $\sigma_{0L} = 3{,}7\,\mu$m und $\mu_{X,Y} = 5{,}6\,\mu$m sind nach bisherigen Vorstellungen höchst bemerkenswert.

268.2 OEEPE-Versuch „Oberschwaben", systematische Modellfehler, Abhängigkeit von Flugrichtung und Kammer

Tab. **269.**1 Testgebiet Appenweier, Block SN (WW, 112 Modelle, 1:7800, 27 Lage-paßpunkte).
Korrektur systematischer Lagefehler.
I: Blockausgleichung mit unabhängigen Modellen, II: I + zusätzliche Parameter, III: I + Kleinste-Quadrate-Interpolation.

Verfahren	σ_{OL} (cm)	$\mu_{X,Y}$ (cm)	ε_{max} (cm)	σ_{OL} (μm)	$\mu_{X,Y}$ (μm)	ε_{max} (μm)
I	3,8	6,1	20,3	4,9	7,8	26,0
II	2,9	4,4	13,1	3,7	5,6	16,8
III	—	4,7	19,7	—	6,0	25,3

Vom OEEPE-Testblock Oberschwaben enthält Tab. **269.**2 erste Ergebnisse der Blockausgleichung mit zusätzlichen Parametern nach der Methode der unabhängigen Modelle für einen Teilblock von 4 Streifen mit 20 % Querüberdeckung. Es zeigt sich eine ganz beträchtliche Steigerung der Lagegenauigkeit, die um so deutlicher ausgeprägt ist, je schwächer die Paßpunktbesetzung ist. In der Höhe dagegen ist zunächst keine, lediglich bei großen Überbrückungen eine gewisse Genauigkeitssteigerung festzustellen.

Tab. **269.**2 OEEPE-Testgebiet Oberschwaben, WW-Teilblock ($4 \times 25 = 100$ Modelle, $q = 20\%$, 1:28000).
Genauigkeitssteigerung durch zusätzliche Modellparameter

Paßpunkte		Blockausgleichung, Methode der unabhängigen Modelle							
		ohne zus. Parameter				mit zus. Parametern			
Lage	Höhe	σ_{OL} (μm)	$\mu_{X,Y}$ (μm)	σ_{OH} (μm)	μ_Z (μm)	σ_{OL} (μm)	$\mu_{X,Y}$ (μm)	σ_{OH} (μm)	μ_Z (μm)
32, Rand $i = 2\,b$	7 Ketten[1] $i = 4\,b$	6,8	9,9	8,4	14,7	4,4	6,3	7,6	14,1
16, Rand $i = 4\,b$	4 Ketten[1] $i = 8\,b$	6,5	13,4	8,3	19,0	4,3	6,6	7,6	17,1
8, Rand $i = 8\,b$	3 Ketten[1] $i = 12,5\,b$	6,2	20,0	8,3	22,1	4,3	7,1	7,6	18,9
6, Rand ($i = 11\,b$)	2 Ketten[1] $i = 25\,b$	6,1	22,1	8,3	65,0	4,3	7,7	7,6	26,7

[1] Mit jeweils zusätzlichen Einzelpunkten an den offenen Randgebieten.

Von selbstkalibrierenden Systemen der Bündelblockausgleichung mit zusätzlichen Bündelparametern liegen derzeit schon mehrere Testergebnisse vor:

Mit einem Teil des WW-Testmaterials Oberschwaben sind eine Reihe von Varianten mit zusätzlichen Bündelparametern berechnet worden, um Einblick in die Wirksamkeit verschiedener Parametergruppen zu gewinnen[1]. In der günstigsten Kombination wurden dabei für einen Teilblock von 5 Streifen mit 20 % Querüberdeckung und dichter, flächenhafter Paßpunktbesetzung Werte von $\sigma_{OL} = 3,8$ μm und $\mu_{X,Y} = 5,3$ μm für die Lagegenauigkeit erreicht, was einer Genauigkeitssteigerung gegenüber der Bündelblockausgleichung ohne zusätzliche Parameter von 49 %

[1] OEEPE Publ. off. No. 8, 1973, 350 S.; B a u e r, H.: Bundle adjustment with additional parameters – practical experiences. DGK B214, 1975, 83 bis 89.

entspricht. Die maximalen systematischen Bildkorrekturen erreichen dabei Beträge bis 14 μm. Die Versuche haben im übrigen den schon bekannten Befund bestätigt, daß bei 20% Querüberdeckung die Höhengenauigkeit nur geringfügig gesteigert wird, weil dabei die wichtigsten Höhendeformationen nicht oder nur schwach erfaßt werden können. Als wesentlichstes Ergebnis ist herauszustellen, daß die empirischen Ergebnisse nach der Blockausgleichung mit zusätzlichen Parametern innerhalb von etwa 20% mit den theoretischen Genauigkeitserwartungen übereinstimmen.

Mit dem Bildmaterial des finnischen Testgebiets Jämijärvi sind ebenfalls eine Serie von Varianten der Bündelblockausgleichung mit zusätzlichen Parametern berechnet worden[1]). In der günstigsten Kombination der Parameter konnten dabei die in Gl. (3.120) genannten Ergebnisse verbessert werden auf die Werte $\sigma_0 = 5{,}1$ μm, $\mu_{X,Y} = 3{,}4$ μm, $\mu_Z = 7{,}8$ μm, was Genauigkeitssteigerungen um die Faktoren 1,05, 1,38 und 1,05 entspricht. Es sei daran erinnert, daß es sich um einen kleinen Block mit 60% Querüberdeckung mit relativ dichter Höhenpaßpunkt-Besetzung handelt.

Während sich die angeführten Untersuchungen auf praxisübliche Aufnahmebedingungen beziehen, berichtet D.C. Brown über 2 extreme, unkonventionelle Testprojekte, bei denen mit selbstkalibrierenden Bündelausgleichungen außergewöhnliche Genauigkeiten erreicht wurden[2]):

McLure Test Field (5 km × 8 km, 40 WW-Bilder, 1:24000, 90% Längs- und 90% Querüberdeckung, unkonventioneller Block, Flug bei Nacht):

$$\sigma_0 = 2{,}3 \text{ μm}, \qquad \mu_{X,Y} = 5{,}2 \text{ cm} = 2{,}2 \text{ μm}, \qquad \mu_Z = 6{,}7 \text{ cm} = 2{,}8 \text{ μm} = 0\,018\,^0/_{00}\,h.$$

Projekt X Test Field (0,8 km × 1,4 km, 16 WW-Bilder, 1:9000, DBA-Plattenkammer, 80% Längs- und 80% Querüberdeckung, unkonventioneller Block, Konvergentaufnahmen):

$$\sigma_0 = 3{,}0 \text{ μm}, \quad \mu_{X,Y} = 4{,}2 \text{ mm} = 0{,}5 \text{ μm}, \quad \mu_Z = 6{,}7 \text{ mm} = 0{,}7 \text{ μm} = 0{,}005\,^0/_{00}\,h \text{ (!)}.$$

Es muß vorläufig dahingestellt bleiben, ob derartige extreme Projekte und Verfahren in die normale Praxis der Luftbildmessung Eingang finden werden.

Die Methode der Selbstkalibrierung durch zusätzliche Parameter bildet zweifellos eine höchst wirksame Strategie zur Genauigkeitssteigerung der photogrammetrischen Punktbestimmung durch Erfassung der systematischen Bildfehler. Die wissenschaftlichen Untersuchungen sollten jedoch noch auf die Einbeziehung der Korrelationen im Bild und zwischen den Bildern eines Bildverbandes ausgedehnt werden.

Neben der Erfassung und Korrektur der systematischen Bildfehler findet in der photogrammetrischen Praxis seit längerem auch die entgegengesetzte Methode Anwendung, an Hand von Paßpunkten die nach der Blockausgleichung vorhandenen Blockdeformationen zu erfassen und nachträglich zu korrigieren. Diese Methode ist unter der Bezeichnung „Interpolation nach kleinsten Quadraten" bekannt. Sie beruht auf der statistischen Methode der linearen Prädiktion mit Filterung der zufälligen Fehleranteile und empirischer Bestimmung der Korrelationen im ausgeglichenen Block in Form der Kovarianzfunktion. Die Methode setzt ein hinreichend dichtes Feld von Paßpunkten voraus. Wenn diese Voraussetzung vorliegt, werden Steigerungen der Lagegenauigkeit von Blöcken von durchschnittlich 30% erreicht[3]), wie die Angaben auf S. 269 am Beispiel des Testblocks Appenweier bestätigen.

Die Anwendung und Untersuchung der selbstkalibrierenden Methoden der Blocktriangulation mit zusätzlichen Parametern bildet gegenwärtig das wichtigste Arbeitsgebiet der photogrammetrischen Punktbestimmung. Die Praxis erwartet davon eine erneute, beträchtliche Genauigkeitssteigerung im Vergleich zu den Standardverfahren

---

[1]) Salmenperä, H.; Anderson, J.M.; Savolainen, A.: Efficiency of the extended mathematical model in bundle adjustment. DGK B214, 1975, 66 bis 75.
[2]) Brown, D.C.: Accuracies of analytical triangulation in application to cadastral surveying. Surveying and Mapping XXXIII (1973) 281 bis 302.
[3]) Kraus, K.: ZfV **95** (1970) 387 bis 390; NaKaVerm I, 53 (1971) 73 bis 97.

der rechnerischen Blocktriangulation, die ja ihrerseits im vergangenen Jahrzehnt das Genauigkeitsniveau gegenüber den Analogverfahren um mehr als den Faktor 2 angehoben haben. Vom Standpunkt der Theorie aus ist besonders wesentlich, daß die Meßgenauigkeiten effektiv an die durch den Rauschpegel gesetzten grundsätzlichen Grenzen herankommen (für Bündel $\sigma_0 \approx 2\ \mu m$, für unabhängige Modelle $\sigma_{0L} \approx 3\ \mu m$) und dann die Blockergebnisse den auf der Basis zufälliger Fehler abgeleiteten theoretischen Genauigkeiten entsprechen. Damit müßte sich auch endlich die theoretische Überlegenheit der Bündelmethode gegenüber der Methode der unabhängigen Bildpaare verifizieren und durchsetzen. Die effektive Beseitigung systematischer Fehler sollte dazu führen, daß man sich bei Planungen auch in extremen Fällen hinsichtlich der Überdeckungsverhältnisse, Paßpunkte, Bildmaßstäbe oder anderer Projektparameter auf die theoretischen Genauigkeitserwartungen verlassen kann.

4 Analoge Informationsverarbeitung

Ein Analogrechner unterscheidet sich von einem Digitalrechner dadurch, daß er Zahlenwerte nicht mit (diskreten) Ziffern, sondern mit deren (kontinuierlichen) physikalischen Analogien, wie mechanisch verkörperten Längen, elektrischen Spannungen oder Widerständen darstellt. Als Analoggeräte und Analogverfahren bezeichnet man heute allgemein informationsverarbeitende Geräte und Verfahren, die sich solcher Analogien bedienen. Ein photographisches Bild ist offenbar ein analoger Informationsspeicher. Es liegt daher nahe, die gespeicherte Information mit analogen Mitteln zu verarbeiten. Das gilt für alle drei Arten von Information, die das Bild enthält (s. 1.1). In der visuellen Photointerpretation wird die *Gestaltinformation* mit nicht-digitalen Methoden, nämlich durch die kognitiven Leistungen des Bildinterpreten, gewonnen. Die *geometrische* Information kann entweder unmittelbar durch optische, photographische oder zeichnerische Umformung des Bildes (Entzerrung) oder mittels rein mechanischer, optischer oder optisch-mechanischer Analogrechner (Auswertgeräte) verarbeitet werden. Die *physikalische* Information wird entweder mit photographischen Methoden (z.B. in Form von Äquidensiten) oder in physikalischen Meßgeräten mit digitaler Ausgabe (z.B. in Mikrodensitometern) verarbeitet. Der größte Teil dieses Kapitels wie dieses Buches im Ganzen handelt von der Verarbeitung der in Meßbildern gespeicherten *geometrischen* Information. Für die Verarbeitung der Gestaltinformation ist in der Photointerpretation eine besondere Methodik entwickelt worden.

4.1 Photointerpretation

Am instrumentellen Aufwand gemessen ist die einfachste Form der Verarbeitung der in photographischen Bildern enthaltenen Gestaltinformation das „*Lesen*" der Bilder oder die Photointerpretation. Es handelt sich dabei in unserem Bereich um das Auffinden, Erkennen und Klassifizieren abgebildeter Objekte oder Tatbestände (meist auf der Erdoberfläche) und in einer höheren Stufe um die darauf gegründete Analyse von Landschaftselementen in einer speziellen Zielrichtung. Einen hinsichtlich seiner Leistungsfähigkeit, aber auch seiner Kompliziertheit sehr hohen Beitrag liefert hierbei unser menschlicher Wahrnehmungsapparat, meistens ohne daß wir uns dessen bewußt sind. Ein menschlicher Bildbetrachter verfügt über die Fähigkeiten zum spontanen Erkennen selbst komplizierter Bildgestalten und zum freien Verknüpfen von Vorstellungen, er hat Phantasie und ein vielseitig organisiertes Gedächtnis. Es ist bis heute sehr schwierig und erfordert großen apparativen Aufwand, einige dieser menschlichen Fähigkeiten durch Automaten in befriedigender Weise nachzuahmen. Die Automation der Photointerpretation macht daher nur langsame Fortschritte.

Erleichtert wird die visuelle Photointerpretation, etwa im Vergleich mit dem Entschlüsseln eines Textes im Fernschreibcode, durch die Anschaulichkeit und durch die dank der großen Informationsdichte (s. 1.1.1.3) *hohe Redundanz*: photographische Bilder besitzen in der Regel einen großen Informationsüberschuß über das benötigte Minimum hinaus.

Entscheidend *erschwert* wird sie aber durch das Fehlen einer ein-eindeutigen Zuordnung von Signal und Nachricht, wie sie etwa der Zeichenschlüssel einer Signaturenkarte bietet. Das liegt daran, daß die Codierung hier (s. 1.1.1.2) durch die optischen und photographischen Abbildungsgesetze erfolgt. Eine Klassenzuordnung der topographischen Gegenstände wie in der Signaturenkarte kann daher nicht stattfinden. Objekte einer (topographischen) Klasse, wie z. B. Brücken, können daher sehr unterschiedlich abgebildet werden; selbst *gleiche* Objekte können (z. B. an verschiedenen Stellen des Bildes) durch das Zusammenwirken von Zentralperspektive und den photographischen Schwärzungsgesetzen in sehr verschiedenen Bildern erscheinen. Straßen können im Luftbild im dichten Wald verdeckt werden, helle Häuser auf dunklem Grund können durch Überstrahlung vergrößert erscheinen.

Es liegt im Wesen unseres Wahrnehmungsprozesses begründet, daß wir in einem Bild, wie die Photointerpreten zu sagen pflegen, „nur das sehen, was wir kennen und erwarten". Ein Forstmann, ein Bodenkundler und ein Soldat werden daher aus demselben Luftbild durchaus verschiedene Interpretationsergebnisse erhalten. Den Universal-Bildinterpreten gibt es nicht — sofern wir höhere Ansprüche an die Interpretationsleistung stellen. Die Photointerpretation ist eine *Arbeitsmethode*, die in vielen Zweigen der reinen und angewandten Naturwissenschaften wertvolle neue Ergebnisse zutage gefördert hat. Spektakuläre Erfolge hatte die Photogeologie. In einer Zeit wachsender Spezialisierung hat sie fruchtbare Querverbindungen zwischen benachbarten Disziplinen geschaffen. Manche Entwicklungen haben ihren Ausgangspunkt in Aufgaben der militärischen Erkundung. Hier können meist größere Mittel eingesetzt werden, von denen dann — allerdings oft mit erheblichem Zeitverzug — die nichtmilitärischen Anwendungen Nutzen ziehen. Eindrucksvolle Beispiele in den Geisteswissenschaften liefern die Archäologie und die Baugeschichte.

Diese Beispiele zeigen, daß bei der Photointerpretation keinesfalls von einer neuen *Wissenschaft* gesprochen werden kann. Wohl aber sind bei der Entwicklung der Methoden objektive Entscheidungskriterien wie z. B. der Grauton (in Farbbildern die Farbart), Texturen, der Stereoeffekt, Form und Größe von Schatten herausgearbeitet worden, die für viele Disziplinen gelten. Ebenso hat man verschiedene Arten von Interpretationsschlüsseln entwickelt, um in Form von Katalogen typische Eigenschaften der Untersuchungsobjekte mit ihren Erscheinungsformen im Luftbild zu korrelieren.

Es existieren heute bereits mehrere größere anwendungsorientierte Handbücher der Photointerpretation (s. 7.1) sowie eine umfangreiche Zeitschriftenliteratur, auf die wir zum näheren Studium verweisen.

4.2 Luftbild und topographische Karte

Jede photogrammetrische Tätigkeit setzt ein beträchtliches Maß an Bildinterpretation voraus, und wir haben es oben schon als einen Vorteil der Photogrammetrie z. B. gegenüber elektronischen Meßmethoden bezeichnet, daß ein Meßbild eo ipso genaue „Objektbeschreibungen" der Meßobjekte enthält. Wird einerseits für die topographische Kartierung Gestaltinformation benötigt, so steht andererseits die fertige Signaturenkarte oftmals dem Luftbild als konkurrierendes Informationsmittel gegenüber. Es ist hier der Ort, die Unterschiede zwischen Luftbild und Karte als Speicher für Geländeinformation zu betrachten.

Das (Senkrecht-)*Luftbild* enthält Abbilder aller von seinem Aufnahmeort aus sichtbaren, unterscheidbaren und photographisch darstellbaren Geländeobjekte bis zur Grenze des Auflösungsvermögens mit hoher Anschaulichkeit im großen und kleinen. Seine Informationsdichte ist daher sehr groß; photographische Bilder besitzen allerdings meist auch große Redundanz (s. 1.1.1.2). Die geometrische Information und die Abbildbarkeit sind durch die Zentralperspektive bestimmt. Gleicher Maßstab besteht daher nur in Parallelebenen zur Bildebene; Höhenunterschiede von Objekten bewirken radiale Bildverschiebungen und sichttote Räume. Höheninformation fehlt. Die Herstellungszeit ist sehr klein.

Die topographische Karte ist[1]) eine „maßstäblich verkleinerte, generalisierte und erläuterte Grundrißdarstellung von Erscheinungen und Sachverhalten der Erde". Die zweimalige, vom Topographen bei der Aufnahme und vom Kartographen bei der Darstellung vorgenommene Generalisierung bedeutet eine sehr starke, vom Kartenmaßstab abhängige Reduktion der ursprünglichen Geländeinformation[2]). Die Verschlüsselung der topographischen Gegenstände durch Signaturen für eine begrenzte Anzahl von Klassen (im Zeichenschlüssel) hat[3]) eine leichte und eindeutige Lesbarkeit zur Folge. Durch Namen und Bezeichnungen aller Art wird der Karte Information aus verschiedenen Quellen hinzugefügt. Die durch die Kartenzeichen übertragene Geländeinformation wird in vielfältiger Weise interpretiert und erweitert. Die Herstellungszeit einer topographischen Signaturenkarte ist sehr beträchtlich.

Der kritische Vergleich ergibt bei Beschränkung auf einige wenige wesentliche Punkte: Das *Luftbild* ist ein primärer universeller Informationsspeicher. Es enthält daher Informationen nicht nur für *topographische* Karten, sondern für viele andere, z.B. Forst-, Boden-, geologische, Vegetationskarten. Es weist geometrische Verzerrungen durch Bildneigung und durch Höhenunterschiede des Geländes auf. Es enthält nur indirekte, aber keine quantitative Höheninformation. Der Betrachter muß die Gestaltinformation selbst interpretieren; ein einfacher, allgemein gültiger „Bildschlüssel" existiert nicht. Es sind viele, für die topographische Karte „unwesentliche" (z.B. schnell veränderliche) Erscheinungen dargestellt. Die Vegetationsdarstellung veraltet meist schnell. Die photographische Auflösung bildet eine Grenze für die Verkleinerung des Maßstabes.

Die *topographische Signaturenkarte* ist bereits das Ergebnis eines umfangreichen (langwierigen und teueren) Datenverarbeitungsprozesses. Sie stellt weder das wirkliche Gelände — wegen der vorgenommenen Generalisierungen — *geometrisch genau* dar noch die Geländeobjekte selbst; die letzteren sind vielmehr durch die *Klassen* ersetzt,

---

[1]) Nach einer Definition der Internationalen Kartographischen Vereinigung 1968.

[2]) Die Informations*dichte* einer Karte ist nicht nur aus diesem Grunde wesentlich kleiner als diejenige eines Luftbildes. Hierzu trägt außer der wesentlich geringeren Auflösung der kartographischen Darstellung auch die beträchtliche Redundanz der kartographischen Signaturen bei. V.I. S c h u k o w schätzt als mittlere Informationsdichte einer kleinmaßstäbigen geographischen Karte Werte von 100 bis 300 bit/cm².

[3]) Neben einer weiteren Informationsreduktion (da durch Signaturen nicht *Einzelobjekte* mit ihren Verschiedenheiten sondern nur die Objekt*klassen* wiedergegeben werden, z.B. Brücken).

denen sie Topograph und Kartograph zugeordnet haben. Eine direkte und einfache Maßstabumwandlung in größeren Stufen ist nicht möglich.

Durch meßtechnische und kartographische Bearbeitung lassen sich die wesentlichen Schwächen des „rohen" Luftbildes beseitigen. Im entzerrten Bild bzw. im Orthophoto (s. 4.7.1) sind die geometrischen Verzerrungen durch einfache bzw. differentielle Entzerrung eliminiert. Einkopierte Höhenlinien und kartographische Zusätze lassen das Luftbild schrittweise in eine *Bildkarte* (Orthophotokarte) übergehen. Diese hat sich heute schon als Ergänzung oder erste Ausführungsstufe einer topographischen Karte, als Forst- und Planungskarte an vielen Orten bewährt (vgl. auch die Beilage).

Zur Abrundung dieser Überlegungen erwähnen wir auch hier die Möglichkeit, durch Messung der x, y, z-Koordinaten einer größeren Anzahl von Geländepunkten in einem Stereobildpaar und ihre Speicherung ein *digitales Gelände-Modell* zu bilden. Die Meßpunkte können in Form von Rastern oder Profilen oder als topographische Einzelpunkte angeordnet sein. Sie können durch digitalisierte Situationspunkte vorhandener Karten (beliebigen Maßstabes) oder durch die Ergebnisse terrestrischer Messungen und Beobachtungen ergänzt werden. Ein leistungsfähiger Digitalrechner mit angeschlossener Zeichenanlage (Analogausgabe) verarbeitet die gespeicherte Information zu Grundrißkarten beliebiger Maßstäbe, Profilen, einfachen und generalisierten (!) Höhenlinienplänen. Falls die Rechenprogramme verfügbar sind, lassen sich auch Tiefbauprogramme, wie Straßentrassierungen mit gegebenen Randbedingungen halbautomatisch ausführen.

4.3 Zeichenverfahren ohne Instrumente

Die im nachfolgenden beschriebenen Verfahren erfordern lediglich die Anwendung von Lineal, Zirkel und Maßstab. Es muß dabei allerdings vorausgesetzt werden, daß die Bilder ebenes Gelände, höchstens aber Flachland mit nur geringen Höhenunterschieden darstellen. Bei einigen Verfahren wird angenommen, daß die innere Orientierung der Aufnahmekammer bekannt ist, besonders, daß der Bildhauptpunkt mit dem Bildmittelpunkt zusammenfällt.

4.3.1 Bestimmung des Bildmaßstabes

Bei unbekannter Flughöhe erfolgt die Bestimmung gemäß Gl. (2.16). Man verwende für die Bestimmung möglichst große Bildstrecken, um eine gute Genauigkeit zu erhalten. Besser als Straßenbreiten, Schienenbreiten und dergleichen sind die Abmessungen von Fußball- oder Tennisplätzen, die bekannten Abstände von Leitungsmasten (die meist durch ihre Schatten leicht zu finden sind), Entfernungen zwischen trigonometrischen Punkten geeignet; am besten ist der Vergleich mit mehreren einer Karte entnommenen Strecken.

4.3.2 Bestimmung der Kartenlage von Punkten aus Senkrecht- oder Schrägbildern (zeichnerische Entzerrung)

Es wird vorausgesetzt, daß man die Kartenlage von vier gut über das Bild verteilten Punkten kenne; die Kenntnis der Bildkonstante ist nicht erforderlich. Sind nur einige wenige Punkte zu bestimmen, so benutzt man das *Vierpunktverfahren (Papierstreifen-*

verfahren), das man als „perspektiven Vorwärtsabschnitt" bezeichnen kann. Man habe
(**276.**1) die vier Bildpunkte A', B', C', D' mit den Kartenpunkten A, B, C, D identifiziert,
und es sei der Bildpunkt P' in die Karte einzutragen. Man zeichne das Strahlenbüschel

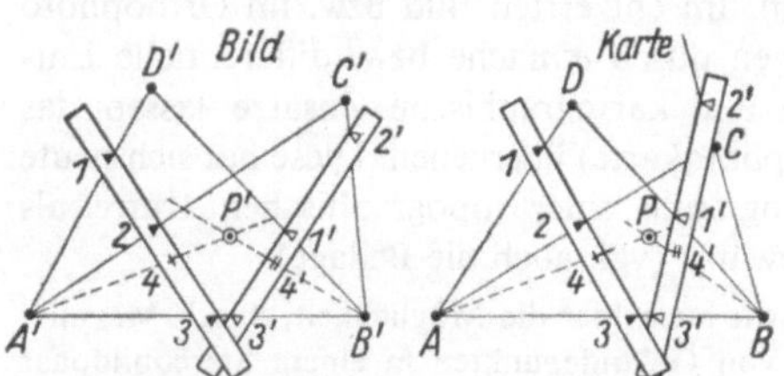

von einem beliebigen Punkt, z. B. A', nach
den drei anderen Punkten und dem Neupunkt, lege einen Papierstreifen darüber
und bezeichne die Schnittpunkte 1, 2, 3, 4.
Darauf lege man den Papierstreifen auf
das in der Karte entsprechend gezeichnete
Strahlenbüschel und verschiebe und drehe
ihn so lange, bis die Marken 1, 2 und 3
auf den entsprechenden Strahlen liegen.
Dann ist der Strahl A–4 das projektive
Bild des Strahles $A'P'$. Die Wiederholung
mit den Punkten B' bzw. B als Zentren

276.1 Übertragung einzelner Bildpunkte P' in die Karte
mittels des Papierstreifenverfahrens auf Grund der
gegebenen Kartenlage der vier Bildpunkte A', B', C', D'

und einem zweiten Papierstreifen liefert den zweiten Bestimmungsstrahl B–4', so daß
die Kartenlage P durch Vorwärtsabschneiden gefunden ist[1]).

Sind dagegen *viele* Punkte zu übertragen oder ist eine verwickelte Situation zu „entzerren"
so bedient man sich besser des *Verfahrens der projektiven Netze.* Man benutzt die durch
die gegebenen vier Punktpaare gebildeten beiden Vierseite dazu, um durch fortgesetztes
Verbinden und Schneiden in systematischer Weise aus ihnen in Bild und Karte je ein
beliebig engmaschiges Netz zu erzeugen (**276.**2). Da die Netzmaschen in Bild und Karte

einander entsprechen, kann der Bildinhalt anhand
der Netzmaschen nach Augenmaß unmittelbar
in die Karte übertragen werden. Es ist nützlich,
sich beim Zeichnen der Netze der durch die
bekannten geometrischen Beziehungen des vollständigen Vierseits ermöglichten Zeichenkontrollen zu bedienen (**276.**2). Der Sonderfall, daß das
eine der beiden Netze, in der Regel das Karten-
netz, quadratische Maschen hat, ist von besonderem Interesse. Wir bezeichnen solche Netze als
„Möbius-Netze".

Für die Zwecke einer ersten („Extensiv"-)Ver-
messung der ungeheuren, ebenen, mit Seen bedeckten Landflächen Kanadas wurde die folgende
Variante des Verfahrens in großem Umfange an-

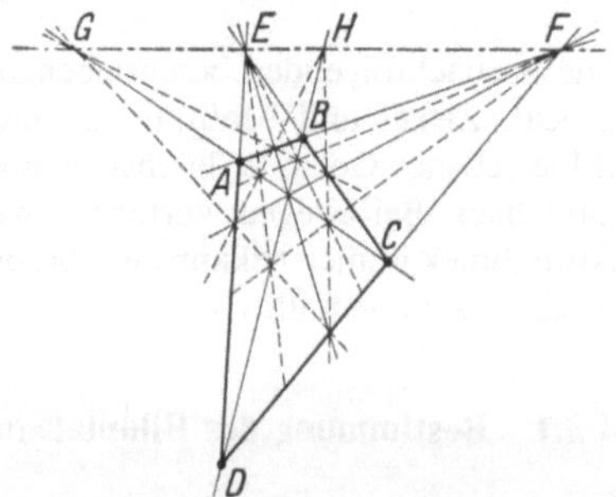

276.2 Zeichenkontrollen bei der systematischen
Entwicklung eines allgemeinen Bezugs-
netzes in Bild und Karte

gewendet: Man machte aus bestimmter Flughöhe Schrägaufnahmen mit vorgeschriebener
Nadirdistanz und kopierte in die Bilder das projektiv verzerrte Bild eines quadratischen Kar-
tennetzes hinein. Mit dessen Hilfe erfolgte ohne weitere Benutzung von Paßpunkten die
Übertragung des Bildinhaltes in die Karte. Die Konstruktion bzw. Berechnung derartiger
Bildnetze ist recht einfach; sie geht wohl aus Bild **277.**1 mit genügender Deutlichkeit hervor.

---

[1]) Das (von S. Finsterwalder in die Photogrammetrie eingeführte) Verfahren beruht darauf,
daß nach einem Satze der Projektiven Geometrie (vgl. Reye, a.a.O. I. Abt. S. 56) die projektive
Beziehung zweier Geraden (Strahlenbüschel) durch Zuordnung von 3 Punkten (Strahlen) bestimmt ist und alsdann zu jedem 4. Punkt (Strahl) der(s) einen Geraden (Strahlenbüschels) der
entsprechende Punkt (Strahl) der(s) anderen eindeutig zugewiesen ist. Eine rechnerische Ausführung des Vierpunktverfahrens zeigt Wunderlich, W.: ÖZfV **45** (1957) 9 bis 13.

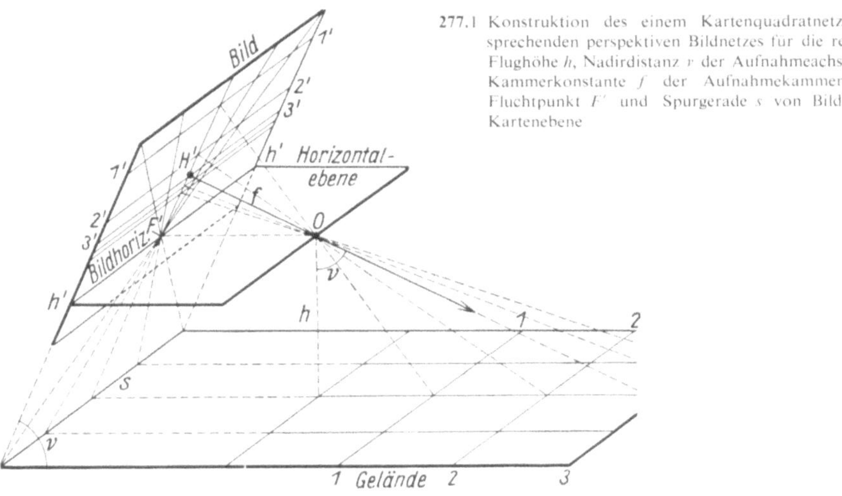

277.1 Konstruktion des einem Kartenquadratnetz entsprechenden perspektiven Bildnetzes für die relative Flughöhe h, Nadirdistanz v der Aufnahmeachse und Kammerkonstante f der Aufnahmekammer aus Fluchtpunkt F' und Spurgerade s von Bild- und Kartenebene

4.3.3 Ermittlung der äußeren Orientierung [1]

In Verbindung mit raschen graphischen Methoden kann auch die Ermittlung der Daten der äußeren Orientierung eines vorgelegten Luftbildes von Bedeutung werden; abgesehen davon werden die folgenden Ausführungen die Zusammenhänge zwischen Bild und Karte noch deutlicher machen. Es soll sich im folgenden handeln um die Bestimmung des Bildhorizontes, der Aufnahmerichtung in der Karte, der Kantung und Neigung der Aufnahmekammer sowie der Flughöhe und der Grundrißlage des Aufnahmeortes. Vorausgesetzt wird wie oben nur die Kenntnis der Kartenlage von vier deutlich zu erkennenden und möglichst über das ganze Bild verteilten Bildpunkten sowie der inneren Orientierung der Kammer. Wir skizzieren Gedankengang und zeichnerische Lösung.

Der geometrische Zusammenhang zwischen Bild und Karte wird vermittelt durch die Kartenlagen A, B, C, D der Bildpunkte A', B', C', D' (278.1). In der Karte sei ein Quadratnetz mit den Ecken A, I, II und D gezeichnet. Man überträgt nach dem Vierpunktverfahren einerseits die beiden Ecken I, II des Quadratnetzes in das Bild, andererseits die Bildecken 1', 2', 3' und 4' in die Karte. Die letztere Übertragung ergibt in dem Viereck 1, 2, 3, 4 die mit dem Bilde aufgenommene Kartenfläche. Das in das Bild übertragene, projektiv verzerrte Quadratnetz (*Möbius-Netz*)[2] kann bei genügend engmaschiger Ausführung wie das oben beschriebene allgemeine Bezugsnetz zur Übertragung von Bildeinzelheiten in die Karte oder auch umgekehrt (etwa zur Veranschaulichung der Lage projektierter Bauten im Gelände) dienen. Es bildet einen guten Maßstab zum Abschätzen von Entfernungen im Luftbild.

Nach den Überlegungen von 1.2.3.1 gehen die Bilder paralleler Geraden durch einen Fluchtpunkt hindurch; handelt es sich um horizontale Geraden, so liegt der Fluchtpunkt

---

[1] Lüscher, H.: Kartieren nach Luftbildern. 2. Aufl. Berlin 1944.
[2] Möbius, A.F.: Ges. Werke, Bd. I, 6. Kap. Die geometrischen Netze. Leipzig 1885.

auf dem Bildhorizont. Die Verbindungsgerade der beiden Fluchtpunkte F_1 und F_2 stellt mithin den Bildhorizont dar. Die Projektion der Aufnahmerichtung (Blickrichtung) in die Bildebene ist die Senkrechte zum Bildhorizont durch den Bildmittelpunkt M'. Der Winkel, den sie mit einer Bildmarkengeraden einschließt, ist die Kantung $\varkappa$. Die Aufnahmerichtung wird nun in die Karte übertragen.

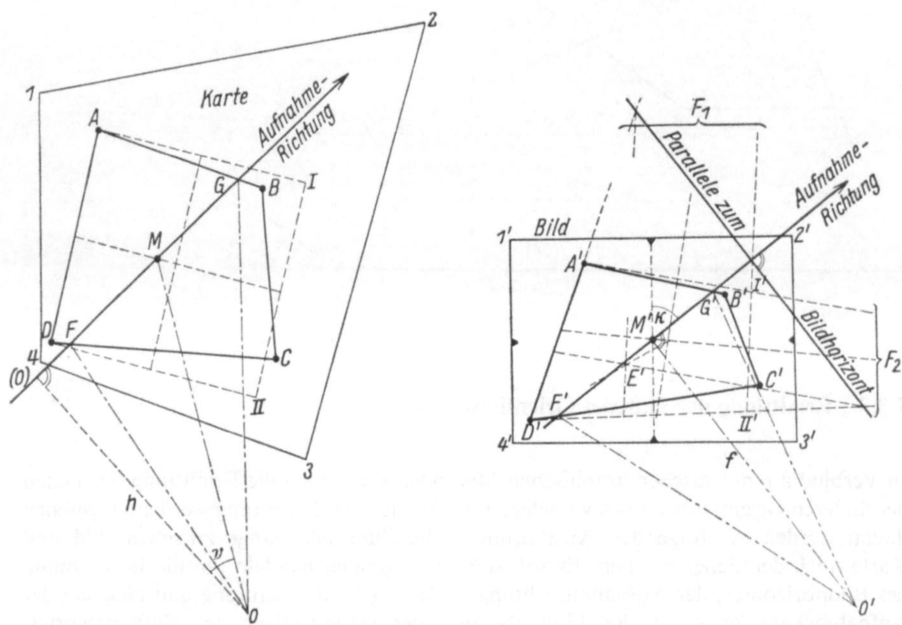

278.1 Ermittlung der äußeren Orientierung (Kantung $\varkappa$, Neigung v, Aufnahmehöhe über Grund h und Kartenlage (O) des Aufnahmeortes) auf Grund der gegebenen Kartenlage von vier Bildpunkten A', B', C', D' und der Bildkonstante f

Das Projektionszentrum liegt in Bild und Karte in der die Aufnahmerichtung enthaltenden Normalebene zur Zeichenebene. Wir zeichnen seine Umklappung O' in die Bildebene, indem wir in M' auf der Aufnahmerichtung eine Senkrechte errichten und diese gleich der Bildkonstante f machen. Wenn wir nun das Strahlenbüschel von O' nach M' und zwei anderen in der Aufnahmerichtung liegenden Bildpunkten F' und G' auf Pauspapier übertragen, auf die Karte legen und so lange verschieben und drehen, bis die drei Strahlen $O'F'$, $O'M'$ und $O'G'$ durch die drei Kartenpunkte F, M und G hindurchgehen, dann ist auf Grund der projektiven Beziehung zwischen Bild- und Kartenstrahlenbüschel die (in die Karte umgeklappte) Lage des Aufnahmeortes O zur Karte gefunden.

Das Lot von O auf die Aufnahmerichtung ist gleich der Flughöhe h im Kartenmaßstab, der Winkel zwischen diesem und dem Strahl OM, welcher die Lage der Aufnahmeachse angibt, die Nadirdistanz v der Aufnahme. Der Fußpunkt (O) ist die Grundrißlage des Aufnahmeortes O.

4.4   Spiegelstereoskop mit Stereometer

Die im vorhergehenden Abschnitt beschriebenen Verfahren haben im großen und ganzen nur die Bedeutung von Hilfsmitteln. Eine befriedigende vollständige topographische Kartierung kann man mit ihrer Hilfe allein nicht ausführen. Nützliche Verfahren zur topographischen Auswertung von Luftbildern sind auf der Grundlage des Spiegelstereoskopes entwickelt worden, das durch eine Meß- und Zeicheneinrichtung ergänzt wurde. Die Verfahren eignen sich zur Ergänzung und Laufendhaltung von Karten. Im einfachsten Falle dienen sie zur Ermittlung der Lage, Längen- und Höhenausdehnung bestimmter abgebildeter Gegenstände.

Meist werden Senkrechtbilder verwendet, die unter Umständen bei größeren Aufnahmeneigungen vorher entzerrt wurden. Die für die Auswertung der einzelnen Bildpaare erforderlichen Paßpunkte können z. B. durch Radialtriangulation (s. 3.5.8) bestimmt, die Höhen etwa durch barometrische Messungen ermittelt werden.

4.4.1   Das Spiegelstereoskop

Im Gegensatz zu dem einfachen Linsenstereoskop ermöglicht das Spiegelstereoskop (s. 1.4.3) die Betrachtung größerer Bilder, und zwar dadurch, daß der Abstand a der Achsenstrahlen durch je zweifache Spiegelung auf ein Vielfaches des Augenabstandes b (Bild **67.2**) vergrößert wird. Das Stereoskop kann entweder mittels vier Füßen auf den Tisch gestellt oder mittels eines Bügels freischwebend gehalten bzw. mit Hinzunahme einer Parallelführung parallel zu sich selbst verschoben werden, um alle Teile größerer Bilder betrachten zu können. Aufsteckbare Feldstecherlupen geben eine zusätzliche, etwa vier- bis sechsfache Vergrößerung.

Das zur Messung der stereoskopischen x-Parallaxen dienende *Stereometer* (**279.**1) besteht aus zwei Glasplättchen, die je eine Meßmarke tragen. Sie sind durch eine Stange miteinander verbunden. Ihr Abstand läßt sich durch Betätigen einer genauen Mikrometerschraube verändern. Die mikrometrische Verschiebung wird auf 0,01 mm abgelesen. In der einfachsten Form wird das Stereometer auf die Bilder gelegt und freihändig auf die zu messenden Punkte verschoben. Die bei beidäugiger Betrachtung räumlich erscheinende Meßmarke wird durch Verstellen des Mikrometers von oben her auf den zu messenden Geländepunkt „aufgesetzt" und der Mikrometerwert abgelesen. Um Geländeformlinien zu zeichnen, hat man das Stereometer bei unveränderter Stellung des Mikrometers so zu führen, daß die Meßmarke das Gelände dauernd berührt. Verschiebt man das Stereometer dabei nicht parallel zu sich selbst, so entstehen zwischen den Meßmarken und den beiden Bildern y-Parallaxen, die den Raumein-

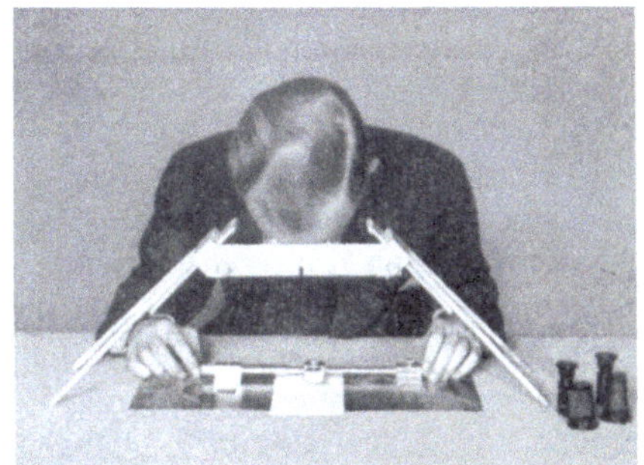

279.1 Spiegelstereoskop mit Zeichenstereometer

druck empfindlich stören oder ganz aufheben können. Man versieht das Stereoskop daher am besten mit einer Parallelführung und verbindet das Stereometer damit. Fügt man an passender Stelle noch einen Zeichenstift hinzu, so hat man ein einfaches, für topographische Kartierungen geeignetes Meß- und Zeichengerät.

Das beschriebene Stereometer wurde 1936 zuerst bei Zeiss entwickelt. Es ist heute in unterschiedlichen Bauformen in der ganzen Welt verbreitet. In England bevorzugt man anstelle der Glasplättchen mit Meßmarken größere, die ganzen Bilder bedeckende Glasscheiben, die je ein diagonal gestelltes Quadratgitter tragen und deren Abstand ebenfalls mikrometrisch verändert werden kann[1]). Man beobachtet demnach im Raumbild eine das Geländerelief in einer einstellbaren Höhe durchsetzende Meßebene und kann die der Schnittfigur entsprechende Geländeformlinie in ihrem ganzen Verlauf unmittelbar wahrnehmen.

4.4.2 Vorbereitung des Materials

Zur einwandfreien räumlichen Betrachtung der Luftbilder und zur Höhenmessung bzw. zum Zeichnen von Formlinien sind einige Vorbereitungen zu treffen. Weiß man oder erkennt man an den Abweichungen der beiden Teilbilder voneinander, daß bei den Aufnahmen größere Nadirdistanzen vorgekommen sind, so tut man — besonders bei gebirgigem Gelände — am besten daran, die Bilder vorher durch Entzerrung auf genaue Nadirbilder zurückzuführen. Die Unterlagen für die Entzerrung gewinnt man, falls nichts anderes gegeben ist, durch eine Radialtriangulation.

In jedem Bilde wird der Bildmittelpunkt (Schnittpunkt der Verbindungsgeraden der Rahmenmarken) durch einen Nadelstich bezeichnet und in die Nachbarbilder übertragen. Jetzt hat man die beiden stereoskopisch zu betrachtenden Teilbilder (näherungsweise) „*nach Kernstrahlen zu orientieren*". Man nadelt die Mittelpunkte auf einer mit dem Bleistift gezogenen Geraden derart, daß einander entsprechende Bildpunkte den Achsabstand a oder etwas weniger erhalten. Darauf werden die Bilder um die Nadeln so lange gedreht, bis die durch Nadelstiche bezeichneten Bilder der Nachbarmittelpunkte

genau auf der gezeichneten Geraden liegen, und in dieser Stellung befestigt. Zur Unterstützung kann dabei ein an die Nadeln gelegtes Lineal dienen (280.1).

Derart ausgerichtete Bilder ergeben den besten möglichen Raumeindruck. Sind quer zur Flugrichtung ausgedehntere Wasserflächen abgebildet, so ermöglicht die Parallaxenmessung der Ufer am oberen und unteren Ende

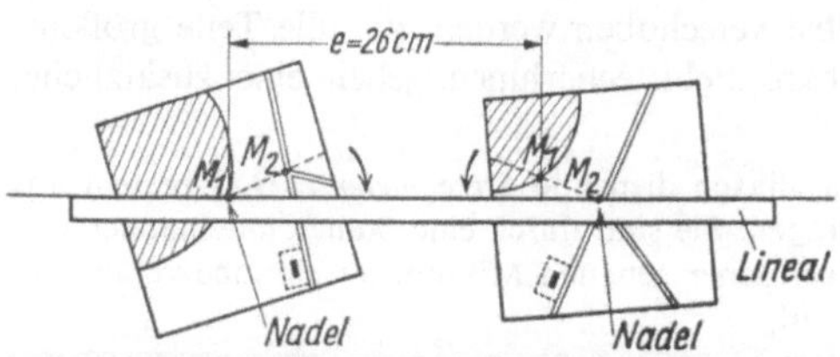

280.1 Gegenseitige Orientierung zweier Bilder nach Kernstrahlen für die stereoskopische Betrachtung und Ausmessung

eine wichtige Kontrolle für die richtige Höhenlage des Modelles in dieser Richtung. Etwaige Parallaxenunterschiede können durch kleine Kantungen der Bilder in entgegengesetzter Richtung ausgeglichen werden.

Zu den weiteren Vorbereitungen gehört das Aufsuchen und Bezeichnen der bekannten Lage- und Höhen-Kontrollpunkte. Sind nicht nur einzelne Bildpaare, sondern ganze Bildstreifen zu kartieren, so gewinnt man die Lagepunkte durch Radialtriangulation. Sodann sind Bildmaßstab und Flughöhe zu bestimmen. Auch mißt man die Abstände zwischen den Bildmittelpunkten und den Bildern der Nachbarmittelpunkte, die (genäherten) Basislängen b' im Bildmaßstab, jeweils in beiden Bildern.

---

[1]) Hierbei genießt man den Vorteil, das genaue Wegstellen der störenden Vertikalparallaxen für einen Gitterpunkt durch das Merkmal kontrollieren zu können, daß die beiden sich dort schneidenden (unter 45° gegen die Betrachtungsbasis geneigten) Gitterlinien in *gleicher räumlicher Tiefe* gesehen werden!

Um beste Ergebnisse zu erhalten, muß man die Negative auf schrumpfungsfreiem Papier kopieren, z.B. auf Agfa-Correctostat. Die Maßänderungen gewöhnlicher photographischer Papiere sind für diese Messungen meist unzulässig groß.

4.4.3 Auswerteverfahren

Es können folgende Aufgaben gelöst werden:

1. Zeichnung des *Geländegrundrisses*: Verkehrs-, Gewässernetz, Gebäude, Grenzen.

2. Messung *örtlicher Höhenunterschiede*, z.B. an Bauwerken jeder Art, Dämmen, Einschnitten, Höhen einzelner Bäume oder Mittelwerte ganzer Bestände, geologische Daten, wie Schichtabstände und -mächtigkeiten, Stufenhöhen, Höhendaten für technische Zwecke.

3. Bestimmung der *Meereshöhen von Geländepunkten*, z.B. von Gerippunkten für die topographische Kartierung.

4. Zeichnung von *Geländeformlinien bzw. Schichtlinien*.

5. Vollständige topographische Kartierung.

Zu 1. Wenn für die *reine Grundrißzeichnung* die Stereobetrachtung nicht zum besseren Erkennen erwünscht ist, paust man zweckmäßiger die Luftbilder unmittelbar ab oder zeichnet die Situation mit Tusche nach und entfernt dann den Bildinhalt durch Abschwächen. Zu beachten sind die mit den Höhenunterschieden und mit den Abständen vom Bildnadir wachsenden Bildverlagerungen. Man beschränke also bei größeren Höhenunterschieden des Geländes die Auswertung auf die Mittelteile der Bilder.

Zu 2. Gemessen wird durch mehrmaliges Aufsetzen der räumlichen Meßmarke auf den oberen und unteren Punkt, Ablesen des Mikrometers und Bilden der Parallaxendifferenz dp bzw. Δp. Die Höhenunterschiede werden bei kleinen Differenzen nach Gl. (2.10a) in 2.2.1.2 berechnet, die wir auch in der Form

$$dh = -\frac{h_0}{b'}\,dp \tag{4.1}$$

benutzen können. Darin bedeuten h_0 die Flughöhe über einer angenommenen Bezugsebene und b' die Basislänge im Bildmaßstab (s. oben!).

Bei großen Höhenunterschieden muß nach der genaueren Differenzformel

$$\Delta h = -\frac{h_0}{b' + \Delta p}\,\Delta p \tag{4.2}$$

gerechnet werden. Der Unterschied zwischen Gl. (4.1) und (4.2) beträgt $f_{\Delta h} \approx \Delta h^2/h_0$. Durch die Benutzung der einfacheren Formel (4.1) wird also z.B. bei $h_0 = 4000$ m und $\Delta h = 100$ m ein Höhenfehler $f_{\Delta h} = 2,5$ m verursacht. Formel (4.2) läßt sich mittels *Parallaxenrechnern* mechanisch auflösen.

Zu 3. Wenn man genaue Nadirbilder oder entzerrte Bilder auszuwerten hat, so können die *Meereshöhen beliebiger Geländepunkte* nach Gl. (4.2) bestimmt werden, vorausgesetzt, daß die Meereshöhen einiger Punkte des Modelles bekannt sind. Für genauere Messungen ist zu beachten, daß die Basislänge b' für den Bildmaßstab derselben Bezugsebene zu bestimmen ist, auf die sich auch die zugrunde gelegte Flughöhe h_0 bezieht. In England und in USA hat man nach Gl. (4.2) z.B. für $b' = 100$ mm umfangreiche Parallaxentafeln (von 10 zu 10 Fuß Höhenunterschied) berechnet, um die Höhenbestimmung zu erleichtern.

Sind *unentzerrte Bilder* auszuwerten, so muß man stets mit dem Vorhandensein von Modellverbiegungen (s. 3.6.4.1) rechnen. Um diese ausschalten zu können, sollten je Modell etwa 4 bis 8 Höhenpunkte an den Rändern des Modells und in dessen Mitte bekannt sein. Man mißt zunächst die Parallaxen aller bekannten Höhenpunkte, nimmt einen von ihnen, z.B. den tiefstliegenden, als Bezugspunkt mit der Parallaxe p_0 an und bildet die Parallaxenunterschiede $\overline{\Delta p}$. Diesen stellt man die aus den bekannten Höhenunterschieden nach

$$\Delta p = -\frac{p_0}{h_0 + \Delta h}\Delta h \tag{4.3}$$

zu errechnenden Sollparallaxen gegenüber. Die Parallaxenfehler $\delta p = \overline{\Delta p} - \Delta p$ werden den Punkten beigeschrieben, und es werden schließlich durch lineare Einschaltung auf einem durchsichtigen Zeichenstoff die Kurven gleicher Parallaxenverbesserungen entworfen[1]).

Zu 4. Auch für das *Zeichnen von Formlinien* wird man, wenn es sich um unentzerrte Bilder handelt, die Kurven gleicher Parallaxenverbesserungen entwerfen. Man geht auch hier von einem Bezugspunkt mit bekannter Höhe aus und berechnet vorweg eine kleine Tabelle der zu dem Formlinienabstand Δh jeweils gehörenden (ungleichen!) Δp-Schritte. Diese Werte sind, von p_0 ausgehend, am Mikrometer einzustellen, und es ist mit jeder Einstellung das Modell abzutasten, wobei der Zeichenstift die Formlinien aufzeichnet. Um die Modellverbiegungen auch hierbei so gut wie möglich auszuschalten, wird man noch jeweils beim Überschreiten einer Kurve gleicher Parallaxenverbesserung den Mikrometerwert entsprechend berichtigen.

Bei sorgfältig *entzerrten Bildern* werden die Modellverbiegungen sehr kleine Werte annehmen, die man nicht mehr zu berücksichtigen braucht. Man erhält dann Höhenschichtlinien, die nur noch die durch die Zentralperspektive bedingten radialen Versetzungen und Maßstabfehler aufweisen. Die höheren Schichtlinien werden zu groß wiedergegeben.

Zu 5. Die vollständige *topographische Kartierung* entsteht durch das Zusammenwirken der unter 1 bis 4 geschilderten Arbeitsvorgänge. Der erfahrene, auch geologisch geschulte Topograph wird sich dabei zahlreicher, durch den geologischen Aufbau des Geländes bedingter Hilfen und Kontrollen (z.B. Quellenhorizonte) bedienen. Bei größeren zusammenhängenden Kartierungen wird man für das Zusammenfügen der Teilmodelle meistens die Ergebnisse einer vorher ausgeführten Radialtriangulation benutzen. Man nimmt dann überhaupt die Auswertung am besten in enger Verbindung mit der Radialtriangulation vor.

4.5 Entzerrung von Bildern ebener Objekte

4.5.1 Aufgabe und Definitionen

Bei der Aufnahme ebener Objekte oder solcher, die mit hinreichender Näherung durch ebene Flächen ersetzt werden können (wie Geländeflächen, Gebäudefassaden, industrielle Objekte), ist es meist nicht möglich, die Bildebene der Aufnahmekammer genügend genau

---

[1]) In BuL 1962, 1963 und 1964 haben E. Gotthardt, R. Roelofs, G. Kupfer und H. Deker rationelle Verfahren zur Einpassung von Modellen in das Landesnetz beschrieben.

parallel zu der (oder zu einer ausgewählten) Objektebene zu machen. Unparallelität von Bild- und Objektebene bewirkt eine projektive Verzerrung des Bildes. Die durch die Aufnahme begründeten projektiven Beziehungen (auch „projektive Verwandschaft") zwischen Bild- und Objektebene können zu einer maßstäblichen Wiederherstellung des Objektes durch Entzerrung benutzt werden. Dazu bieten sich vier Gruppen von Analogverfahren an:

a) konstruktiv zeichnerische,
b) visuelle,
c) mechanisch-zeichnerische,
d) optisch-photographische Verfahren.

Dazu kommt noch die Möglichkeit der *digitalen* punktweisen Entzerrung gemäß Gl. (3.8).

Einige konstruktive Verfahren (a) haben wir in 4.3.2 behandelt. Bei den visuellen Verfahren (b) wird ein (subjektives) Spiegelbild des Luftbildes mit einem Kartenausschnitt oder einer Kartierung der gegebenen Paßpunkte oder -linien zur Deckung gebracht und der auszuwertende Bildinhalt nachgezeichnet (Bild **286**.1). Perspektographen und andere mechanische Zeichenvorrichtungen (c) erzeugen die projektiven Veränderungen durch mechanische Mittel. Sie haben in der photogrammetrischen Praxis keine Bedeutung erlangt. Für detailreiche Objekte und alle Arbeiten größeren Umfanges werden heute Entzerrungsgeräte (s. 4.5.3.2) verwendet, die die objektive optische Projektion benutzen.

Wir definieren zunächst die wichtigsten Begriffe. Jede optisch mögliche Umformung eines photographischen Bildes (also außer projektiven auch affine Transformationen und Änderungen der Verzeichnung) nennen wir *Umbildung*. Wird auf eine ausgezeichnete Ebene des Objektraumes (z.B. Grund- oder Aufrißebene) umgebildet, so sprechen wir von *Entzerrung*. Geräte, die beliebige geometrische Bildveränderungen mit optischen Mitteln erzeugen, heißen allgemein *Umbildgeräte*. Werden die Ergebnisse zeichnerisch festgehalten (s. oben b) und c)), so handelt es sich speziell um *Umzeichengeräte* oder Umzeichner. In *Entzerrungsgeräten* schließlich werden die durch objektive optische Projektion erzeugten projektiven Umbildungen photographisch fixiert. Die letzteren Geräte spielen heute in der Praxis bei weitem die größte Rolle.

4.5.2 Freiheitsgrade und Einstellgrößen des Entzerrungsgerätes

Betrachten wir nun die Bedingungen, denen ein Entzerrungsgerät genügen muß, um hinreichend viele Bildverwandlungen durch optische Projektion zu erzeugen. Wir setzen dabei voraus, daß das gegebene, zu entzerrende Luftbild auf einen Tisch projiziert und die Projektion in systematischer Weise so lange verändert wird, bis vier im Bild bezeichnete Punkte („Paßpunkte") hinreichend genau mit ihren auf den Tisch aufgetragenen Kartenpositionen zusammenfallen. Da ein Viereck durch fünf unabhängige Bestimmungsstücke gegeben ist, so muß ein Entzerrungsgerät demnach fünf voneinander unabhängige Einstellungsmöglichkeiten für die Veränderung der gegenseitigen Stellung von Bildebene, Objektiv und Projektionstisch besitzen. Rechnen wir hierzu die drei „trivialen" Freiheitsgrade, die durch Drehung und zwei Verschiebungen der Paßpunktpause in x- und y-Richtung gegeben sind, so sind wir in Übereinstimmung mit Gl. (3.8).

In Bild **284**.1 ist das Schema eines einfachen Entzerrungsgerätes gegeben. Das durch eine Lichtquelle L mit Kondensor K beleuchtete Bild, das sich in der Bildebene $\mathfrak{B}$ befindet, wird durch ein Entzerrungsobjektiv O auf dem Projektionstisch (in der Kartenebene) $\Re$ abgebildet. Die für Scharfabbildung notwendige Erfüllung der Abstands- und der Schnittlinien-(Scheimpflug-)Bedingung (s. 1.3.5) kann entweder durch Einstellen der Abstände (a) und (a') sowie der Winkel α, β, γ von Hand geschehen oder automatisch durch mechanische Steuerungen erreicht werden. Die Anordnung der fünf Bewegungsmöglichkeiten zwischen Bild, Objektiv und Projektionstisch kann verschieden getroffen werden. Wir nennen zwei praktisch ausgeführte Beispiele:

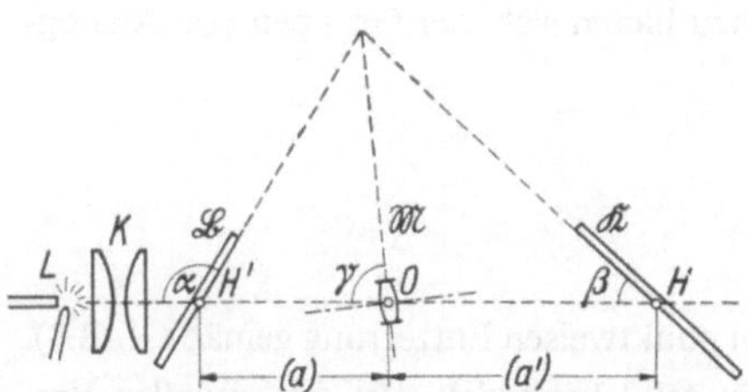

284.1 Schema eines einfachen Entzerrungsgerätes. Das in der Bildebene $\mathfrak{B}$ liegende zu entzerrende Bild wird durch das Entzerrungsobjektiv O in der Kartenebene $\Re$ abgebildet

a) 1. Drehung der Bildebene um eine Achse $H'H'$ (senkrecht zur Zeichenebene) um den Winkel α.

2. Drehung des Objektives um eine zu $H'H'$ parallele Achse O um den Winkel γ.

Als Folge von 1 und 2 ist β durch die Scheimpflug-Bedingung festgelegt.

3. Drehung des Bildes in seiner Ebene um seinen Mittelpunkt (Kantung $\varkappa$).

4. Änderung des Abstandes (a). Aus der Abstandsgleichung folgt dann (a') zwangsläufig.

5. Verschiebung des Bildes in seiner Ebene längs der Kippachse $H'H'$.

Falls 2 fortfällt, d.h. das Objektiv nicht drehbar ist, muß als Äquivalent 2' das Bild in seiner Ebene senkrecht zur Kippachse $H'H'$ verschoben werden können.

b) 1. und 2. Drehung des Projektionstisches um zwei zueinander normale Achsen (kardanische Anordnung).

Als Folge davon muß entweder die Bildebene gemäß der Scheimpflug-Bedingung entsprechend gedreht werden oder man muß, wenn man diese Drehungen vermeiden will, das Objektiv in Abhängigkeit von 1 und 2 um zwei zueinander senkrechte Achsen kippen.

3. Änderung des Abstandes zwischen Objektiv und Projektionstisch. Der Abstand Objektiv—Bildebene ist dann durch die Abstandsbedingung festgelegt.

4. und 5. Verschiebungen des Bildes in seiner Ebene in zwei zueinander senkrechten Richtungen.

Der unter a) 5 genannte Freiheitsgrad für die Einstellung ist entbehrlich, sofern die Geländeebene horizontal liegt und der Bildhauptpunkt bekannt ist, was in der Regel zutrifft.

Da in den Entzerrungsgeräten die innere Orientierung der Aufnahmekammer meist nicht wiederhergestellt wird, ist *das Entzerrungs-Strahlenbündel nicht kongruent, sondern nur projektiv zum Aufnahmestrahlenbündel.*

Die Zusammenhänge zwischen den Aufnahmedaten eines Luftbildes und den Einstellungen am Entzerrungsgerät interessieren uns heute für alle „Einstellverfahren" (s. 4.5.4.2). Wir geben daher die wichtigsten Formeln an, verzichten aber darauf, die Ableitung zu wiederholen, die an vielen Stellen zu finden ist. Wir nennen *bei der Aufnahme* c_a die Kammerkonstante der Aufnahmekammer, ν den Neigungswinkel, h die Aufnahmehöhe über der für die Entzerrung gewählten Bezugsebene im Entzerrungsmaßstab; *beim Entzerrungsgerät* α bzw. β die Winkel zwischen Objektiv und Bild- bzw. Tischebene, a bzw. a' die Abstände zwischen Objektiv und Bild- bzw. Tischebene in der optischen Achse gemessen, v die Vergrößerung in der optischen Achse und e die Bildverschiebung bei einem nicht kippbaren Objektiv.

Damit ist

$$\sin \alpha = \frac{c_e}{h} \sin v \qquad (4.4) \qquad\qquad \sin \beta = \frac{c_e}{c_a} \sin v \qquad (4.5)$$

$$a = \frac{c_e \sin (\alpha + \beta)}{\cos \alpha \sin \beta} \qquad (4.6) \qquad\qquad a' = \frac{c_e \sin (\alpha + \beta)}{\sin \alpha \cos \beta} \qquad (4.7)$$

$$v = \frac{a'}{a} = \frac{\tan \beta}{\tan \alpha} \qquad (4.8) \qquad\qquad e = c_a \cot v - \frac{c_e}{\cos \alpha \tan \beta} \qquad (4.9)$$

und genähert für kleine v

$$e \approx c_a \tan \frac{v}{2} - \frac{c_e^2}{2\,c_a} \left(1 - \frac{1}{v^2}\right) \sin v \qquad (4.10)$$

Bei einem Gerät vom Typ Bild **287**.2 mit kardanisch gelagertem Projektionstisch treten an die Stelle von β nach Gl. (4.5) die beiden Komponenten φ, ω der Tischneigung gemäß

$$\tan \varphi = \tan \beta \cos \Theta, \qquad \tan \omega = \tan \beta \sin \Theta \qquad (4.11)$$

Darin ist Θ das Azimut der Bildneigung, bezogen auf eine Bildseite.

Man kann die Kenntnis der inneren Orientierung der Aufnahmekammer dazu benutzen, mittels einer sogenannten *Fluchtpunktsteuerung* die Bewegungen des Gerätes auf die für die betreffende Aufnahmekammer in Betracht kommenden einzuschränken. Im Falle a) kann dann die Kippung des Objektives (2) bzw. die dieser entsprechende Bildverschiebung (2') senkrecht zur Kippachse in Abhängigkeit von der Bildneigung durch einen Mechanismus gesteuert werden, so daß für den Bearbeiter nur noch drei Einstellungen auszuführen bleiben. Im Falle b) ist die Fluchtpunktbedingung durch zwangsläufige Steuerung von 4 und 5 in Abhängigkeit von 1, 2 und 3 zu erfüllen. Man braucht, wenn eine Fluchtpunktsteuerung eingebaut ist, theoretisch zwar nur noch drei Paßpunkte für die Entzerrung, jedoch wird man in der Praxis an der üblichen Zahl von (mindestens) vier Paßpunkten festhalten. Der praktische Nutzen einer Fluchtpunktsteuerung besteht also weniger darin, daß Paßpunkte gespart werden, als vielmehr darin, daß das Einpaßverfahren stark vereinfacht wird, da nur noch drei Einstellungen auszuführen sind.

4.5.3   Umbildgeräte

4.5.3.1   Umzeichengeräte   Einfache Umzeichengeräte für den subjektiven Gebrauch werden als *Luftbildumzeichner*, besonders für die schnelle Nachführung vorhandener Karten, immer wieder neu konstruiert (Bild **286**.1). Sie gehen auf das Prinzip der alten *camera clara* zurück. Man spiegelt mittels eines Prismas das zu entzerrende Luftbild in die Karte und verändert die Lage des Luftbildes gegenüber der Karte so lange, bis scheinbare Deckung von vier Punkten des (virtuellen) Spiegelbildes und der Karte erreicht ist. Dann können durch Nachfahren mittels eines Bleistiftes die nachzutragenden Punkte und Linien in die Karte eingezeichnet werden. Mit Hilfe von vorgesteckten Brillengläsern gelingt es, das Spiegelbild und die Karte auch bei verschiedener Entfernung vom Auge gleichzeitig scharf zu sehen. In den USA sind nach diesem Prinzip, aber auch mit Verwendung der objektiven Projektion, eine ganze Reihe unterschiedlicher Kleingeräte für die Kartennachführung entwickelt worden.

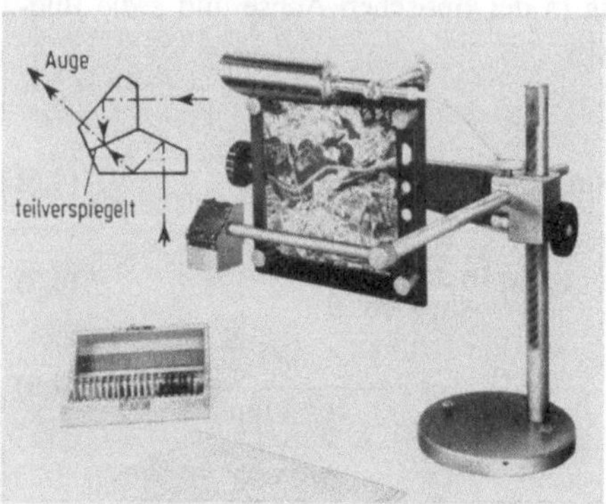

Aus dem Multiplexprojektor (Bild **296**.1) läßt sich leicht ein *Kleinbildumzeichner* entwickeln, der das Umzeichnen bei *objektiver* Projektion des Luftbildes auf das Zeichenblatt oder die zu ergänzende Karte gestattet[1]).

286.1 Luftbildumzeichner von Carl Zeiss, Oberkochen. Durch ein Doppelprisma mit einer halbverspiegelten Fläche sieht der Beobachter Luftbild und Kartenausschnitt gleichzeitig und bringt durch Verschieben der Karte, Höhenverstellung und Kippen des Luftbildes das letztere mit der Karte zur optischen Deckung (Werkphoto Zeiss)

4.5.3.2 Entzerrungsgeräte[2]) Im Entzerrungsgerät wird durch optische Projektion — wie bei den bekannten photographischen Vergrößerungsgeräten — auf einem Projektionstisch ein Abbild des zu entzerrenden Bildes erzeugt und mit der „richtigen" Bildgeometrie (in der Regel mit der Kartenlage von mindestens vier Paßpunkten) verglichen. Die sich zeigenden projektiven Verzerrungen werden durch systematische Änderungen der Geräteeinstellungen beseitigt. Damit dies in allen Fällen gelingt, muß das Gerät hinreichend viele unabhängige Freiheitsgrade besitzen (überzählige Freiheitsgrade sind unwirtschaftlich). Anstatt auf diese Weise mit dem „*Einpaßverfahren*" die „richtige" projektive Veränderung des zu entzerrenden Bildes zu suchen, kann man sie beim „*Einstellverfahren*" mit den vorausberechneten Skalenwerten des Gerätes (nach Gl. (4.5) bis (4.11)) unmittelbar erzeugen. Dies setzt — außer der Kenntnis der Orientierungsdaten jedes Bildes[3]) — beim Gerät das Vorhandensein von Einstellskalen sowie die Erfüllung einer Anzahl von Konstruktions- und Justierbedingungen voraus, die beim Einpaßverfahren entfallen können.

Die für die rationelle Entzerrung großer Bildmengen von den bekannten Firmen angebotenen Geräte sind — bei teilweise unterschiedlichen konstruktiven Lösungen im einzelnen — hinsichtlich Leistung und Arbeitskomfort[4]) weitgehend aneinander angeglichen. Wir beschreiben mittels Bild **287**.1 das Standard-Entzerrungsgerät SEG 5 von C. Zeiss, Oberkochen.

Bei senkrechtem Aufbau ist der Projektionstisch 1 in einer Halbkugel 2 mit dem Angriffspunkt 3 über die Handräder 4 und 5 nach zwei Komponenten kippbar. Ein um den Punkt 6 räumlich drehbarer Carpentier-Lenker 7 kippt dann das zu entzerrende Bild 8 gemäß der Scheimpflug-Bedingung. Ändert man mittels der Fußscheibe 9 die Vergrößerung, d.h. den Abstand des Objektives 10 vom Projektionstisch, so sorgt der Kurveninversor 11 mit Hilfe des Gegengewichtes 12 dafür, daß die Höheneinstellung der Bildebene gemäß der Abstandsbedingung geregelt wird.

---

1) Näheres über derartige Kleingeräte bei Hubeny, K.: BuL **29** (1961) 38 bis 47 und Weibrecht, O.: BuL **30** (1962) 14 bis 19.

2) Schwidefsky, K.: Das Entzerrungsgerät. Berlin-Bad Liebenwerda 1935. 92 S.

3) Diese können während des Bildfluges mittels Statoskop und Horizontbildern oder bei einer eventuellen Stereoauswertung des Bildmateriales aus den Orientierungsdaten des Kartiergerätes oder schließlich rein numerisch aus Bild- und Paßpunktkoordinaten ermittelt werden.

4) Die früher benutzte Bezeichnung „vollautomatisch" für Geräte, bei denen Abstandsgleichung und Scheimpflug-Bedingung durch Steuerungen selbsttätig erfüllt wurden, würde beim heutigen Stand der Automation zu falschen Vorstellungen führen.

Die Fluchtpunktbedingung wird — erstmals bei derartigen Geräten — auf elektromechanischem Wege eingesteuert. Ein mechanischer Rechner 13 empfängt über Kegelradgetriebe die Werte der beiden Tischkippungen und der Vergrößerungseinstellung. Er ermittelt daraus nach einer hinreichend genauen Näherungsformel jeweils die Werte der dem Bild in seiner Ebene zu erteilenden Verschiebungen in zwei Richtungen. Die errechneten beiden Komponentenwerte werden als elektrische Impulse durch zwei Potentiometer auf zwei in dem Kasten 14 befindliche kleine Servomotoren übertragen, die das Bild 8 entsprechend bewegen.

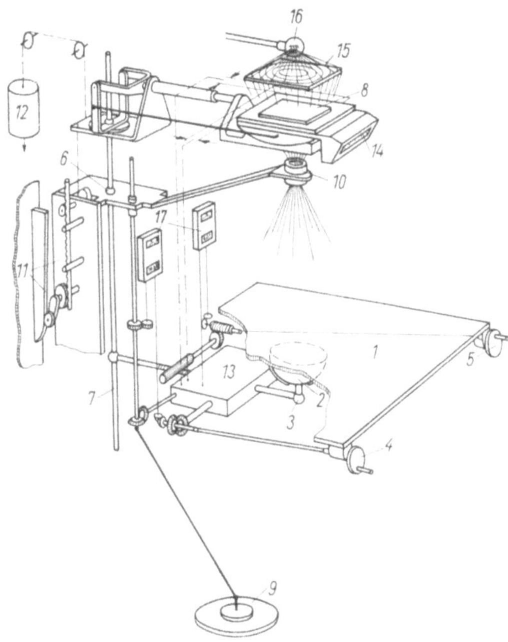

287.1
Schema des Standard-Entzerrungsgerätes SEG 5 von Zeiss
1 Projektionstisch, 2 Lagerkugel, 3 Angriffspunkt der Tischkippung, 4, 5 Handräder für Linksrechts- bzw. Vornhinten-Neigung des Tisches, 6 Drehpunkt des räumlichen Carpentier-Lenkers 7, 8 zu entzerrendes Bild, 9 Fußscheibe für Vergrößerungseinstellung, 10 Objektiv, 11 Kurveninversor für Linsengleichung, 12 Gegengewicht, 13, 14 Rechner bzw. Anzeigeskalen der Fluchtpunktsteuerung, 15 Fresnelsche Stufenlinsen, 16 Quecksilberdampflampe, 17 Skalen für Tischkippung, Vergrößerung und Aufnahmebrennweite

Dem Operateur verbleiben demnach nur die drei Einstellungen: Vergrößerung mittels der Fußscheibe 9 und Tischkippungen in zwei Komponenten um die (gedachte) Rechts-Links- und Vorn-Hintenachse mittels der Handräder 4 und 5.

In der Beleuchtungseinrichtung wurde der früher übliche Linsenkondensor oder Spiegel durch zwei flache Fresnelsche Stufenlinsen 15 ersetzt, um die Bauhöhe und das Gewicht zu verkleinern. Anstelle der Quecksilberdampflampe 16 wird für Farbbilder eine geeignete Glühlampe mit Korrektionsfiltern verwendet.

Vergrößerung, Neigungskomponenten und (für die Fluchtpunktsteuerung) eingestellte Aufnahmekammerkonstante werden an den beleuchteten Skalen 17 abgelesen, die Bildverschiebungen in einem Fenster von 14. Der $1 \times 1 \text{ m}^2$ große Projektionstisch ist von drei Seiten frei zugänglich. Eine eingebaute Belichtungsuhr ist in sinnreicher Weise mit einem Filterwechsler und einer Einrichtung zur Blendenvorwahl verbunden.

Die wichtigsten technischen Daten sind: größte einführbare Filmbreite 30 cm; größtes zu entzerrendes Bildformat $23 \times 23 \text{ cm}^2$; Vergrößerungsbereich 0,5 bis 6,5fach; Tischneigung in zwei Komponenten bis je $\pm 14^g$; Objektiv: verzeichnungsfreies Topogon V2, 1:6,3, $c = 180$ mm; kleinste bzw. größte Arbeitshöhe 2,0 bzw. 2,8 m; Gewicht 580 kg.

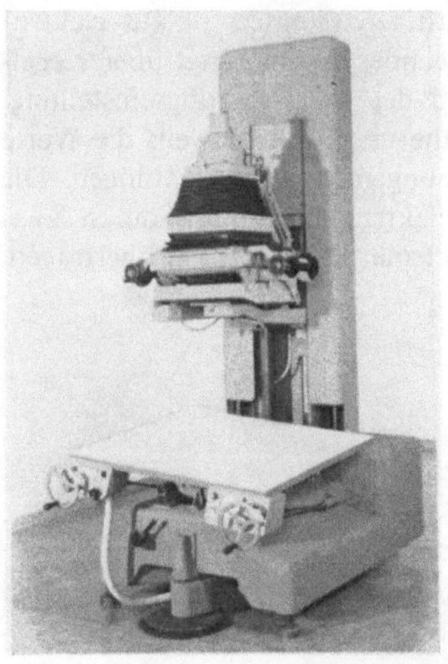

Die Entzerrungsgeräte E4 von Wild, Heerbrugg (Bild **288**.1) und Rectimat B von Jenoptik, Jena, entsprechen dem beschriebenen Gerät im äußeren Aufbau und in den Arbeitsbereichen sehr weitgehend.

288.1 Ansicht des Entzerrungsgerätes Wild E4. Technische Daten: größtes Bildformat 23 × 23 cm²; Vergrößerungsbereich von 0,8 bis 7fach; Tischneigung in x- und y-Richtung um je ± 15ᵍ; Objektiv Reprogon $f = 15$ cm; größte Arbeitshöhe 2,8 m; Gewicht 1000 kg

4.5.3.3 Universelle Umbildgeräte haben ihren früheren Anwendungsbereich verloren, da die projektive Umformung von Teilbildern einer Mehrfach- oder Panoramakammer auf eine gemeinsame Bildebene heute kaum noch praktische Bedeutung hat. Sie stellen jetzt ein Hilfsmittel dar, die Wirtschaftlichkeit und Genauigkeit des photogrammetrischen Arbeitsprozesses zu erhöhen, indem sie eine optimale Anpassung von Meßbildern verschiedener Aufnahmekammern an verschiedene Auswertgeräte ermöglichen. Dies geschieht durch Verändern der Bildkonstante — also durch Vergrößern oder Verkleinern — und der Verzeichnung. Die Beseitigung der Verzeichnungsfehler oder deren Umformung auf die Verzeichnungscharakteristik eines bestimmten Auswertobjektives wird durch asphärische Ausgleichsplatten bewirkt, die unmittelbar vor der Bildebene in den Strahlengang eingeschaltet werden oder durch entsprechende Spezialobjektive. Hierbei muß eine *Genauigkeit* von wenigen μm eingehalten werden, und die photographische *Bildqualität* soll so wenig wie irgend möglich leiden.

Der Reduktor von Zeiss, Oberkochen, liefert exakte Vergrößerungen innerhalb eines Bereiches von 0,65 bis 1,55fach mit einem Standardobjektiv oder von 0,18 bis 5,5fach mit Wechselobjektiven. Ferner sind Transformationen der Verzeichnung mittels asphärischer Platten möglich. Das Umbildgerät U3 von Wild, Heerbrugg, kann zusätzlich mit einer Vorrichtung zur Kontraststeuerung ausgerüstet werden.

4.5.4 Arbeitsverfahren

Für die Herstellung zusammenhängender Luftbildpläne verwendet man *Senkrecht*bilder mit kleinen, den unvermeidlichen Schwankungen des Flugzeuges entsprechenden Nadirdistanzen (bis etwa 5ᵍ). Wenn Übersichtspläne in kleineren Maßstäben zu schaffen sind, spielt auch die Entzerrung von *Schräg*bildern mit größeren Nadirdistanzen der Aufnahmerichtung eine Rolle. Sofern man auf die stereoskopische Ausmessung oder Betrachtung ganz verzichtet, genügt eine Längsüberdeckung der Bilder von 20 bis 30%. Eine Verminderung der Fehler aus Höhenunterschieden des Geländes ist möglich, wenn mit größerer Überdeckung aufgenommen wird und nur die zentralen Bildteile zur Entzerrung herangezogen werden.

4.5.4.1 Bildplanherstellung Es sei zunächst das in den meisten Ländern geübte *Verfahren der Bildplanherstellung* kurz beschrieben. Nach Zusammenstellen und Ordnen der zu dem Auftrag gehörenden Luftbilder wird das entsprechende Material an Paßpunkten und sonstigen geometrischen Unterlagen gesichtet und nach Aufklärung von Widersprüchen und Fehlern im Arbeitsmaßstab, der in der Regel größer ist als der Maßstab des fertigen Bildplanes, zusammengetragen. Dies geschieht auf Arbeitsbrettern aus Sperr- oder Preßholz, die gegen Feuchtigkeit unempfindlich gemacht wurden. Sie bilden die Unterlage für das Zusammenkleben der entzerrten Bilder.

Der eigentliche Entzerrungsvorgang besteht darin, daß die Filmrolle in den Bildträger des Entzerrungsgerätes eingelegt und eine Pause der Paßpunkte im Arbeitsmaßstab auf den Projektionstisch gebracht wird. Durch systematisches Ändern der Einstellungen mit Rücksicht auf ihre Wirkung (nach **289**.1) wird nun nach und nach erreicht, daß die projizierten Bilder der Paßpunkte genau mit den kartierten Punkten der Pause zusammenfallen.

Die Betätigung der drei Einstellungen des SEG 5 wirkt auf ein auf den schräg stehenden Tisch projiziertes Bildquadrat wie in Bild **289**.1 gezeigt:

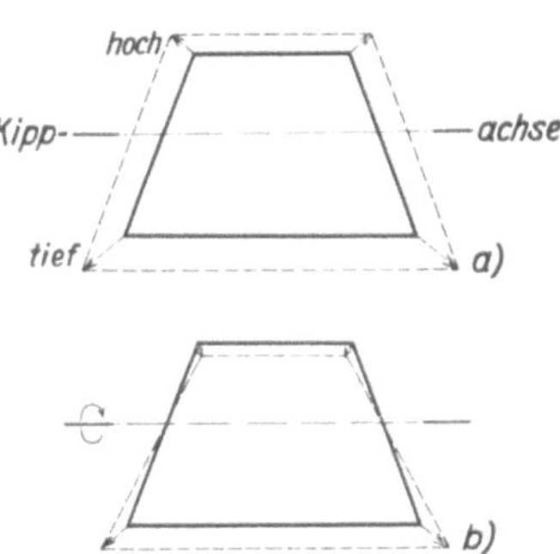

289.1 Änderungen der Punktlagen auf dem Projektionstisch eines Entzerrungsgerätes a) nach einer Vergrößerungsänderung, b) nach einer Kippung um die Rechts-Links-Achse

a) Vergrößerungseinstellung. Bei *kleinen* Änderungen bleiben die Winkel unverändert. b) Tischkippung um die Rechts-Links-Achse. Entsprechend (um 90° verdreht) wirkt eine Tischkippung um die Vorn-Hinten-Achse.

Hieraus ergibt sich für ein Entzerrungsgerät mit kardanisch gelagertem Projektionstisch und Fluchtpunktsteuerung das folgende, sehr einfache Einpaßverfahren (Bild **289**.2):

Wir setzen voraus, daß 4 in der Nähe der Bildecken gelegene Bildpunkte 1, 2, 3, 4 (oder auch linienhafte Bildeinzelheiten) ihrer Kartenlage nach bekannt und (im Entzerrungsmaßstab) als „Entzerrungsunterlage" auf dem Projektionstisch aufgelegt sind. Zuerst müssen wir die den kartierten Paßpunkten entsprechenden Bildpunkte 1′, 2′, 3′, 4′ im Projektionsbild auf dem Tisch identifizieren und ihre Lageabweichungen von den Paßpunkten feststellen. Dann bringen wir durch Ändern der Vergrößerung sowie durch Verschieben und Drehen der Entzerrungsunterlage zwei Diagonalpunkte, z. B. 1′ und 3′, in Deckung mit den Kartenpunkten 1 und 3. Die jetzt am Punkt 2 sichtbare Differenz 2−2′ denken wir uns in ihre Komponenten parallel zu den Tischseiten zerlegt und beseitigen die Fehlerkomponenten durch Kippen des Projektionstisches in dessen x- und y-Richtung. Dieses Verfahren muß bei größeren Abweichungen mehrmals wiederholt werden, wobei stets zuerst 1 und 3 wieder durch Vergrößerungsänderung, Verschieben und Drehen des Blattes zur Koinzidenz gebracht werden. Falls Punkt 4 jetzt nicht schon genau stimmt (was theoretisch der Fall sein soll), sind die Abweichungen durch kleine Nachkorrekturen zu beseitigen oder mindestens auszugleichen.

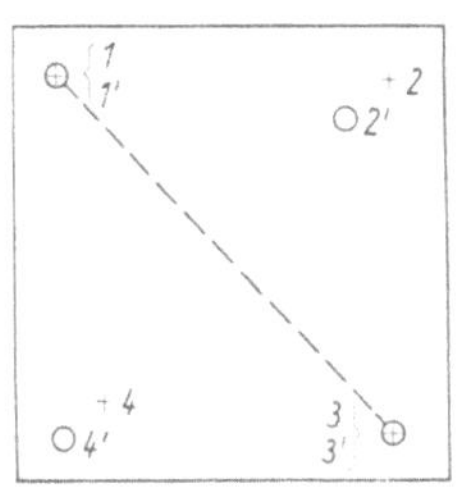

289.2 Einpassen auf 4 Paßpunkte 1 bis 4 bei einem Entzerrungsgerät mit kardanisch neigbarem Projektionstisch

Dann wird das Objektiv stärker abgeblendet, ein Farbfilter vorgeschlagen, Bromsilberpapier auf den Tisch gebracht und nach Wegschlagen des Filters belichtet. Um Fehler durch mangelhafte Planlage des Papieres sowie durch unregelmäßiges Quellen und Schrumpfen bei der photographischen Verarbeitung auszuschalten, wird dieses vor der Belichtung im Wasserbad mit Feuchtigkeit gesättigt[1]). Es läßt sich dann sehr genau auf dem Tisch aufquetschen.

Die entwickelten, fixierten und gut ausgewässerten Bilder werden (in feuchtem Zustand) zurechtgeschnitten, auf die gegebenen, auf einer Sperrholzplatte aufgetragenen, Paßpunkte und die schon aufgeklebten Nachbarbilder eingepaßt und dann festgeklebt. Es folgen in der Regel eine erste Positivretusche zur Beseitigung von Tönungsunterschieden und Störungen des Bildes (z.B. durch Rauchfahnen, Fahrzeuge, Reflexe auf Wasserflächen usw.) und die Beschriftung mit Namen und Zahlen. Nach Herstellen der Blattumrandung für die einzelnen Teilblätter des Planes als Masken werden mittels der großen Reproduktionskammer die für die Vervielfältigung bestimmten Negative im endgültigen Maßstab gewonnen. Nach nochmaliger Retusche kann die Vervielfältigung entweder durch unmittelbare Kontaktkopie (bei kleinen Auflagen) oder durch eines der bekannten Reproduktionsverfahren erfolgen.

Die erreichbare (Punkt-)*Genauigkeit* der Luftbildpläne ist 0,2 bis 0,3 mm, jedoch wird man meist mit Fehlern bis zu 1 mm rechnen müssen. Fehlerquellen sind (einwandfreie Instrumente vorausgesetzt) vor allem *Höhenunterschiede des Geländes* sowie mangelnde Sorgfalt und Erfahrung des Operateurs.

Toleriert man — wegen der unvermeidbaren Fehler der manuellen Verarbeitung der entzerrten Bilder — Lagefehler bis 1 mm Größe, so dürfen nach einer empirischen, mit Gl. (1.15a) leicht kontrollierbaren, Formel größte Höhenunterschiede von einer mittleren Entzerrungsebene von

$$\Delta h_{\max} = \pm \frac{m_k}{500} \, \mathrm{m} \tag{4.12}$$

zugelassen werden (mit m_k = Maßstabzahl). Ist diese Grenze überschritten, dann muß die Entzerrung auf die zentralen Bildteile beschränkt werden.

4.5.4.2 Besondere Verfahren Wir haben oben neben dem Einpaßverfahren schon das *Einstellverfahren* erwähnt. Das Einpassen durch systematisches Ändern der Einstellgrößen am Entzerrungsgerät wird hier durch Einstellen der vorausberechneten Werte ersetzt. Die dazu notwendigen Teilarbeiten a) Auswerten der Unterlagen zur Bestimmung der äußeren Orientierung, b) Errechnen der Einstellwerte nach Gl. (4.6) und (4.11), c) photographische Entzerrung, d) Dunkelkammerarbeiten, e) Montage des Bildplanes aus den entzerrten Einzelbildern können durch Spezialisieren rationeller gestaltet werden. Ein Engpaß bei c) wird vermieden.

Bei einem in Finnland entwickelten Schnellverfahren werden im Arbeitsgang e) die entzerrten Bilder nicht auf Holzplatten aufgeklebt, sondern in feuchtem Zustand (nach einem Wasserbad mit Glyzerinzusatz) auf großen Metallplatten, welche die Paßpunktmarkierungen enthalten, nur zusammen*gelegt*. Dadurch sind kleine Korrekturen durch Abheben und Verschieben leicht möglich.

---

[1]) Verwendet man das „trockene Verfahren", so ist es zweckmäßig, das Photopapier während der Belichtung durch die Saugporen einer zusätzlichen, auf dem Tisch befestigten Vakuumplatte in einer genauen Ebene festzuhalten.

Man kann die Montage der Einzelentzerrungen auch mit Hilfe von *Koordinatengitter-netzen* ausführen, die nach der Entzerrung im Gerät aufkopiert werden. Die auf Glas-platten aufgebrachten Gitternetze werden in verschiebbaren Kopierrahmen auf dem Projektionstisch des Entzerrungsgerätes nach zwei Paßpunkten orientiert und durch eine Zusatzbelichtung auf die Entzerrung übertragen.

Bei geringeren Genauigkeitsansprüchen lassen sich mit Hilfe des Anaglyphenverfahrens auch benachbarte Bildpaare nichtebenen Geländes in Form von *Raumbildplänen* zusammenstellen. Man kopiert dazu die Teilbilder in roter bzw. blauer Farbe übereinander auf das (heute leider nicht hergestellte) Agfa-Anaglyphenpapier. Da die Bildversetzungen durch Höhenunterschiede des Geländes an den Modellrändern zu größeren Widersprüchen führen, kann man die Modelle nach der Entzerrung auf eine gemeinsame mittlere Entzerrungsebene durch (etwa 1 cm breite) Fugen trennen und erhält damit den (von W. Brucklacher so genannten) *gefugten Raumbildplan* als anschauliche dreidimensionale Darstellung größerer Geländeabschnitte.

Schließlich sei auch hier kurz auf die Bemühungen hingewiesen, offenbare Schwächen des Bildplanes in *kartographischer* Hinsicht (s. 4.2) durch kartographische Gestaltung und reproduktionstechnische Bearbeitung zu überwinden. Diese Arbeiten betreffen einerseits eine optimale Synthese von gerasterten Halbton-Luftbildern mit kartographi-schen Darstellungselementen[1]), andererseits die Anwendung und Weiterentwicklung der in der Reproduktionstechnik bekannten photomechanischen Maskierungs- und Filte-rungsverfahren. Auf dem zweitgenannten Gebiet hat der amerikanische Army Map Service interessante Arbeiten zur Umwandlung von Halbtonphotos in linienhafte Kartenbilder ausgeführt, die zur Schaffung des *Pictotone*- und (bei Benutzung von Farb-luftbildern) des *Pictochrome*-Verfahrens führten[2]).

4.6 Analoginstrumente [3])

Meßbilder sind *analoge* Informationsspeicher. Die in ihnen enthaltene geometrische In-formation ist nicht durch Zahlen, sondern durch Lagebeziehungen geschwärzter Brom-silberkörner zueinander und zum Rahmenmarkensystem, also durch physikalisch defi-nierte Längen gegeben. Um daraus mit analogen Mitteln die Objektinformation, nämlich Gestalt, Größe und Lage der Objekte abzuleiten, können wir zwei Wege beschreiten: 1. Wir stellen mit Hilfe der physikalisch realisierten Zentralprojektion die bei der Auf-nahme der Meßbilder vorhandene Situation in verkleinertem Maßstab wieder her und erzeugen so ein räumliches Modell des aufgenommenen Objektes oder 2., wir gewinnen die Bildkoordinaten als Analogwerte durch Einstellen der Bildpunkte, errechnen daraus aufgrund der bekannten analytischen Beziehungen in einem direkt angeschlossenen speziellen Analogrechner die Objektkoordinaten und stellen die letzteren mit analogen Mitteln dar, z.B. mittels eines Zeichenstiftes als Grundrißprojektion.

Der erste Weg führt zur Konstruktion von *Projektionsgeräten*, der zweite zu speziellen Analog-*Rechengeräten*. Eine große Anzahl von Projektionsgeräten verschiedener Typen wurde von europäischen Firmen in den letzten 50 Jahren entwickelt. Diese beherrschen

---

[1]) Schweißthal, R.: Diss. 1967 der TH Hannover.
[2]) Schlager, Ch.W.: BuL **34**, (1966) 15 bis 22.
[3]) Um die Vorstellung auf den wichtigsten Anwendungsfall zu fixieren, werden wir bei der Be-handlung der Instrumente in der Regel von *Luftbild*aufnahmen sprechen. Grundsätzlich gelten die Ausführungen aber – nach entsprechender Vertauschung der Koordinaten – auch für *terre-strische* Aufnahmen.

19*

heute die photogrammetrische Praxis in allen Teilen der Welt. Ein spezielles Analog-Rechengerät hat in der Gestalt des Stereoautographen v. Orel-Zeiss vor 60 Jahren die Reihe der Analoginstrumente wirkungsvoll eröffnet. In der Folgezeit wurden aber nur wenige Neuentwicklungen dieses Typs geschaffen wie z. B. das Stereotop (s. 4.6.2.3). Wandeln wir im zweiten Falle die durch die Punkteinstellung in einem x, y-Kreuzschlittensystem als Strecken bestimmten Bildkoordinaten mittels eines Analog-Digital-Wandlers in Ziffern um, so kann die Berechnung der Modellkoordinaten in einem handelsüblichen Digitalrechner erfolgen. Durch die Integration eines Prozeßrechners in die Bildauswertung hat der photogrammetrische Instrumentenbau den Anschluß an die rechnergestützte Informationsverarbeitung gewonnen. Dieser Weg führt, wie wir in Kapitel 5 darlegen, zu den verschiedenen Stufen der Automation.

Es besteht ein praktisches Bedürfnis nach einer Einteilung der vielen auf dem Markt befindlichen stereoskopischen Kartiergeräte in bezug auf ihre *Leistungsfähigkeit*, unabhängig von den angewendeten Konstruktionsprinzipien. Da die Leistungsfähigkeit nach verschiedenen Merkmalen zu beurteilen ist, so kann eine einfache Einteilung in Leistungsklassen nicht eindeutig sein; sie kann nur ein grobes Hilfsmittel für eine erste Verständigung bilden.

In diesem Sinne hat man früher drei Ordnungen von Geräten unterschieden. I. Ordnung: Spitzengeräte mit höchster Präzision, universeller Anwendbarkeit und vollkommener Ausstattung; II. Ordnung: einfachere Ausstattung bei mathematisch strengen Lösungen; III. Ordnung: preiswerte Geräte mit Näherungslösungen. Diese Einteilung ist nicht zuletzt durch die Integration von Peripheriegeräten unzweckmäßig geworden. Es genügt heute, Präzisionsgeräte und Kartiergeräte für ausschließlich zeichnerische Auswertung zu unterscheiden. In die erste Gruppe gehören dann etwa folgende Geräte: Stereoplanigraph und Planimat D 2 von Carl Zeiss, Oberkochen; die Autographen A 7, A 8 und A 10 von Wild; das Gerät PG 3 von Kern; der Stereometrograph von Jenoptik und das Gerät Presa 225 der französischen Gesellschaft Sopelem.

4.6.1   Projektionsgeräte (mit geometrischer Nachbildung)

Um die stereoskopische Luftbild-Aufnahme geometrisch nachzubilden, muß man zuerst (a) die beiden Aufnahme-Strahlenbündel räumlich wieder herstellen und sie (b) in die gegenseitige Lage bringen, die sie bei der Aufnahme hatten (Abstände im Modellmaßstab verkleinert). Dann sind (c) die Projektionsstrahlen zu realisieren und (d) die Schnittpunkte einander entsprechender Strahlen festzustellen; ihre Gesamtheit bildet das Modell des Aufnahmegeländes. Das Modell ist nun noch (e) auf eine genaue vorgeschriebene Größe (Modellmaßstab) und durch Drehen in die richtige Lage zum Bezugshorizont zu bringen. Die Schnittpunkte (Modellpunkte) müssen schließlich (f) auf die Kartenebene abgelotet werden, da die Karte eine Parallelprojektion des Geländemodells ist. Der konstruktive Aufbau der vielen verschiedenen Formen von Projektionsgeräten, die innerhalb von 50 Jahren bekannt wurden, unterscheidet sich am stärksten durch die Art und Weise, in welcher (c) die Projektionsstrahlen wieder hergestellt werden. Man wählt daher seit O. von Gruber dieses Merkmal zur Einteilung der Projektionsgeräte.

Die Projektionsgeräte enthalten Nachbildungen der Aufnahmekammer (Projektoren oder Auswertkammern, in deren Bildebenen die Meßbilder eingelegt werden) sowie ihres Projektionszentrums. Zur Herstellung des Modells können nun die Projektionsstrahlen

  I. im Bild- und Modellraum wieder durch optische Strahlenbündel,

  II. im Bildraum optisch, im Modellraum durch mechanische Stangen,

III. beiderseits durch mechanische Mittel

dargestellt werden.

Hierbei können noch folgende Varianten unterschieden werden:
I. Optische Projektion
  1. Die Projektionsstrahlen erzeugen ein auffangbares Zwischenbild für die Betrachtung;
  2. sie vermitteln ein virtuelles (nicht auffangbares) Bild;
  3. die Projektionsstrahlen steuern die Bildabtastung („Lichtlenker"), liefern aber kein betrachtbares Bild.
II. Optisch-mechanische Projektion und
III. Mechanische Projektion jeweils (bei II und III)
  1. die Projektion erfolgt im Raum;
  2. die Projektion ist in Grund- und Aufriß zerlegt.

4.6.1.1 Projektionsgeräte mit optischer Projektion Für die modellartige Nachbildung der Projektionsbeziehungen zwischen Meßbildern und Gelände bietet sich zunächst das *optische Prinzip* als das natürlichste an. Sowohl der erste Vorschlag eines Projektionsgerätes von Th. Scheimpflug (1898) als auch das erste funktionsfähige Gerät von M. Gasser (1915) benutzten es und zwar in der Form der *objektiven* optischen Projektion, bei der ein auf einem Schirm auffangbares Bild entsteht. Man kann aber auch gespiegelte (virtuelle) Bilder verwenden, die sich nicht auf einem Schirm auffangen, sondern nur (*subjektiv*) mit den Augen betrachten lassen. Eine dritte, bei unseren Geräten benutzte Variante besteht schließlich darin, daß man Projektion und Betrachtung ganz von einander trennt (Prinzip des *Lichtlenkers*). In Bild **293.1** sind die drei Varianten einander in schematischer Form gegenübergestellt. Es bedeuten stets P', P'' die Bildpunkte in den beiden Meßbildern; O_1, O_2 die den Bildern zugeordneten Projektionszentren; P den P', P'' entsprechenden Modellpunkt (auch *Aufpunkt* genannt) und (P) seine Ablotung in der Karten(bezugs)ebene.

In Bild **293.1** a wird P unmittelbar als Schnittpunkt der projizierenden schlanken Strahlenbündel gefunden und kann (mit seiner Umgebung) auf dem Projektionsschirm freiäugig betrachtet werden. Bei Bild **293.1** b empfangen die Augen des Beobachters je ein Spiegelbild; P wird als Schnittpunkt der Verlängerungen der gespiegelten Strahlen wahrgenom-

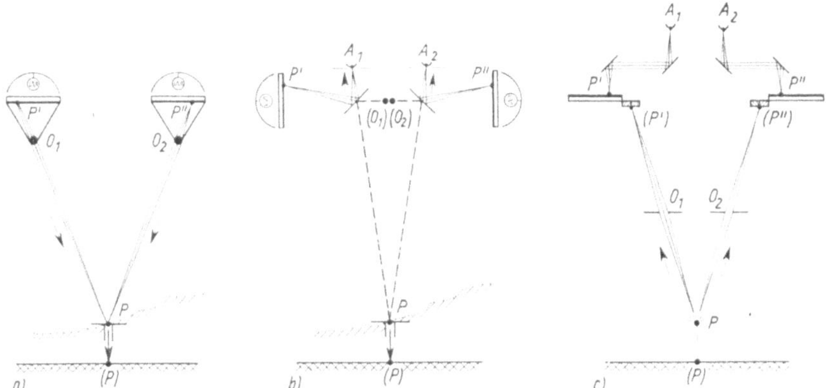

293.1 Drei Formen der optischen Projektion: a) Objektive Projektion; bei P auffangbare Bilder (Doppelprojektion). b) Subjektive Projektion; P wird durch die teildurchlässigen Spiegel im Schnittpunkt der gespiegelten Richtungen gesehen. c) Zwei von P ausgehende Lichtlenker (schlanke Strahlenbündel) steuern Photozellen bei (P') und (P''); das Betrachtungssystem ist davon getrennt

men. In Bild **293.**1 c schließlich befindet sich bei *P* eine punktförmige Lichtquelle. Die durch diese und die Lochblenden O_1 und O_2 erzeugten Projektionsstrahlenbündel wirken als *Lichtlenker* auf je eine bei (*P'*) und (*P''*) befindliche, mit den Meßbildern verbundene, in vier Segmente geteilte Photozelle. Mittels Servomotoren steuern diese die Bewegung der Meßbilder. Die Betrachtung erfolgt durch ein getrenntes Spiegelstereoskopsystem.

4.6.1.2 Allgemeines über Doppelprojektoren Das Prinzip der objektiven Doppelprojektion wird mit dem Stereobild **294.**1 anschaulich gemacht.

Zwei Projektoren enthalten die beiden mit stereoskopischer Überdeckung aufgenommenen Luftbilder (Senkrecht- oder Schrägbilder). Nachdem man den Projektoren dieselbe Orientierung gegeneinander und gegenüber dem Projektionstisch gegeben hat, welche die Aufnahmekammern im Augenblick der Aufnahme hatten (wobei die Basislänge im Kartenmaßstab verkleinert ist), schneiden sich die aus den Projektoren austretenden, zu entsprechenden Punkten gehörenden Strahlen paarweise. Die Gesamtheit der Schnittpunkte bildet ein Modell des Geländes (in Bild **294.**1 eine Ebene). Die Parallelprojektionen der Schnittpunkte auf die Kartenebene werden mittels eines kleinen, in der Kartenebene verschiebbaren Zeichentisches erhalten, dessen Höhe ebenfalls verstellbar ist. Da auf dem Projektionstisch beide Bilder übereinander projiziert erscheinen, bedarf es zum Sichtbarmachen der Schnittpunkte besonderer Hilfsmittel. Scheimpflug schlug bereits das von Pulfrich angegebene *Blinkverfahren* hierfür vor. Dieses besteht darin, daß mittels zwischengeschalteter rotierender Blenden die beiden Bilder *abwechselnd* auf den Tisch

294.1 Prinzip der Doppelprojektion. Als Umkehrung der stereoskopischen Aufnahme wird durch den paarweisen Schnitt von Lichtstrahlen ein optisches Modell des aufgenommenen Objektes (hier einer Ebene) erzeugt (Stereobild!)

geworfen werden. Die zusammengehörigen Punktprojektionen scheinen dann schnell hin und her zu springen, und nur diejenigen Punkte, deren Projektionen zusammenfallen, deren Geländehöhe also der Höhe des Projektionstisches im Kartenmaßstab entspricht, scheinen still zu liegen. Die Verbindungslinie aller dieser Punkte ergibt daher eine Höhenschichtlinie. Durch stufenweise Höhenänderung des Tisches oder der Projektoren können verschiedene Höhenschichtlinien kartiert werden.

Eine andere, im allgemeinen vorteilhaftere Möglichkeit bietet das *Anaglyphenverfahren* (s. 1.4.4). In den Strahlengang beider Projektoren wird je ein Filter in komplementären Farben (rot-grün, besser als blau-gelb) eingeschaltet. Benutzt der Betrachter eine Brille mit entsprechenden Filtern, so sieht jedes Auge nur das Bild des ihm zugewiesenen Projektors. Das gesehene Raumbild kann dann direkt mittels des Zeichentisches kartiert werden, wobei die Schichtlinien unmittelbar als Schnitte mit dem Zeichentisch erscheinen. Die Bildtrennung mittels polarisierten Lichtes oder mit Wechselblenden (vgl. 1.4.4) ist wiederholt versucht worden, konnte sich aber nicht durchsetzen.

4.6.1.3 Bauformen von Doppelprojektoren   M. Gasser stellte das erste Muster seines Doppelprojektors im Jahre 1915 vor (Bild **295**.1). Um auch unabhängig von dem Durchmesser der Projektoren kleinere Basislängen zwischen den Projektionsobjektiven ein-

stellen zu können, hatte er die beiden Projektoren mit horizontalen Achsen an der Decke aufgehängt und die beiden Strahlenbündel mittels kleiner vorgesetzter Spiegel in die Senkrechte umgelenkt. Es gelang nicht, dieses Gerät bis zur Serienreife zu entwickeln. Sein Gerät, der Prototyp aller seitdem gebauten Doppelprojektoren, wurde im Deutschen Museum in München bei einem Luftangriff während des 2. Weltkrieges zerstört.

U. Nistri konnte in Rom seinen ersten Doppelprojektor im Jahre 1919 fertigstellen. Er nannte ihn *Photocartograph* und verbesserte das erste Modell in den folgenden Jahrzehnten in immer neuen Entwürfen.

Bei Zeiss in Jena gelang 1934 (fast gleichzeitig mit U. Nistri) ein großer Wurf aufgrund der Idee, die Originalluftbilder vom Format 18×18 cm^2 vor der Projektion auf 4×4 cm^2 zu verkleinern. Das Gerät wurde *Aeroprojektor Multiplex* genannt, da die Kleinheit der Projektoren es erlaubte, eine größere Anzahl an einem Träger zur Aerotriangulation und Kartierung ganzer Bildstreifen aufzuhängen und zu orien-

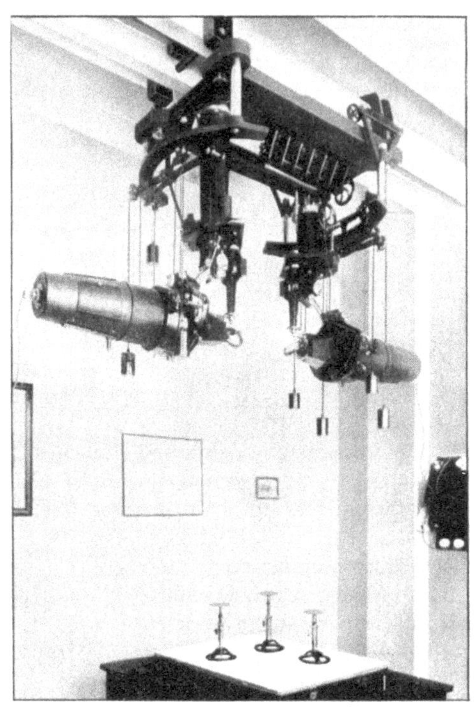

295.1 Doppelprojektor von M. Gasser (1915). Die beiden Projektoren mit horizontalen Projektionsachsen sind an der Zimmerdecke aufgehängt. Projektionstisch mit 3 Paßpunktsäulen

tieren (Bild **296**.1). Dieses kleine, einfache, anschauliche und billige Gerät hat in den 30iger Jahren zur Einführung der Luftbildmessung in vielen Ländern (z. B. in den USA) beigetragen und eine wichtige Rolle als Lehr- und Übungsgerät gespielt. Verbesserte Ausführungen wurden später in den USA und in England entwickelt.

Da die Bildqualität und Genauigkeit des Multiplex wegen der Verkleinerung der Bilder begrenzt waren, kehrte man später wieder zum Originalformat zurück. Im Jahre 1948 schuf der Amerikaner H. T. Kelsh mit dem nach ihm benannten *Kelsh Plotter* einen Doppelprojektor, der einer großen Anzahl späterer Konstruktionen als Vorbild diente.

Bild **296**.2 zeigt zwei für das Bildformat 23×23 cm^2 eingerichtete Projektoren 1, 2, die zur Basiseinstellung auf einer Brücke 4 in x-Richtung verschoben werden können. Sie sind zur relativen Orientierung je um drei zueinander senkrechte Achsen drehbar. Zur absoluten Orientierung werden die Gußrahmen 3 gegenüber dem Unterbau mittels vier Spindeln 5 geneigt. Stark abgeblendete Hypergon-Objektive projizieren Ausschnitte des linken und rechten Meßbildes in etwa fünffacher Vergrößerung auf den Teller 6 des Zeichentischchens 7, das in der Mitte eine kleine Leuchtmarke enthält. Mittels der (um die Projektionszentren drehbaren) Stangen 10 werden die

Lampen 9 stets auf die Mitte des Tellers gerichtet. Für die Bildtrennung sind nach dem Anaglyphenprinzip Filter und Betrachtungsbrillen vorgesehen. Die Ebene bester Schärfe liegt bei 760 mm Abstand von den Projektionsobjektiven.

296.1
Kartierung mit dem Aeroprojektor Multiplex. Die auf 1:30 abgeblendeten Hypergon-Objektive liefern einen ausgedehnten Tiefenschärfenraum. Zur Kartierung der Situation und der Schichtlinien dient ein kleines, in der Höhe meßbar verstellbares, freihändig geführtes Zeichentischchen

Die Grundausrüstung dieses und ähnlicher Doppelprojektoren[1]) kann ergänzt und vervollkommnet werden durch Hinzufügen eines dritten Projektors, von Projektoren für Konvergentbilder, Einrichtungen zur Verzeichnungskorrektur und zur automatischen Steuerung der Beleuchtung, Quecksilberdampflampen und mechanischen Wechselblenden zur Bildtrennung sowie Zusätzen zur elektronischen Koordinatenregistrierung. Es hat sich gezeigt[2]), daß die Höhenmeßgenauigkeit dieser Geräte nur wenig hinter derjenigen von Geräten I. Ordnung zurückbleibt, die mit vergrößernden Okularen ausgestattet sind. Sie sind immer noch in vielen Ländern die am häufigsten anzutreffenden stereoskopischen Kartiergeräte.

Eine der neuesten Konstruktionen ist der *Doppelprojektor DP* von Zeiss, Oberkochen[3]) aus dem Jahre 1968, den Bild **297.1** in der Bauform DP 3 zeigt. Hier werden die Originalbilder (als Negativ- oder Positivfilme) mit dem Kunstgriff

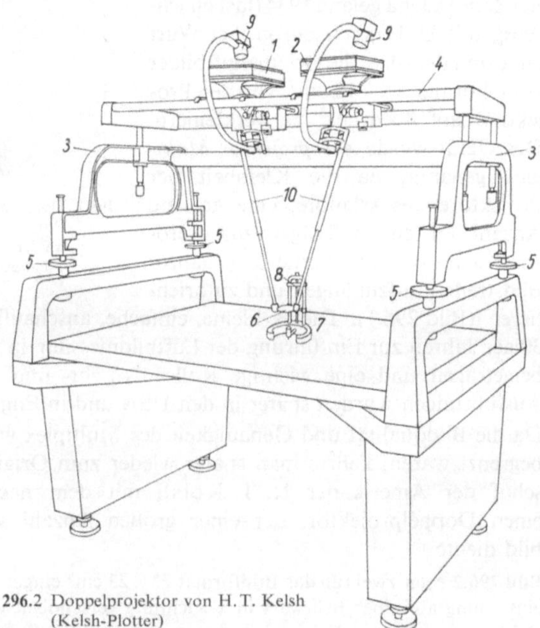

296.2 Doppelprojektor von H. T. Kelsh
(Kelsh-Plotter)

---

[1]) Wie Photocartograph (Ottico Meccanica Italiana), Balplex Plotter (Bausch & Lomb), Large Scale Plotter (Williamson), Gamble Plotter (Phot. Surv. Corp.), PG 1 (Kern).
[2]) Schwidefsky, K.: Bul. **32** (1964) 137 bis 144
[3]) A h r e n d, M.; D r e y e r, G.: BuL **36** (1968) 16 bis 22

verwendet, daß die Bildrahmen um die im Stereomodell nicht enthaltenen Bildteile gekürzt sind, wodurch die Projektoren näher zusammenrücken können.

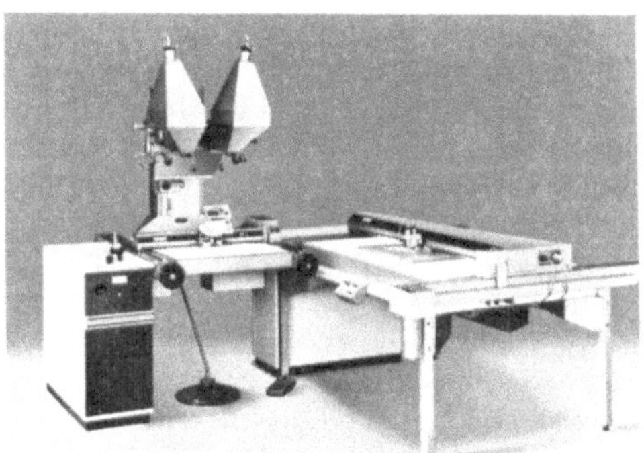

297.1
Doppelprojektor DP 3 mit Externzeichentisch von Carl Zeiss, Oberkochen. Bei Fortlassen des Externzeichentisches (Modell DP 2) und des kleinen Zeichentischchens mit Lupe und Kreuztischführung (Modell DP 1) kann direkt in eine fortzuführende Karte gezeichnet werden. Koordinatenzähler für x und y (auf 0,1 mm) erlauben digitales Arbeiten (Werkphoto Zeiss)

Mit drei Wechselobjektiven können Weitwinkel-Luftbilder (mit $f = 153$ mm) 2,5, 2,0 bzw. 1,6fach vergrößert projiziert werden. Zur Höhenänderung werden die Projektoren mittels einer Fußscheibe verstellt. Die x, y-Bewegungen des Zeichentischchens können durch Drehmelder (unter Änderung des Maßstabes in Stufen) auf einen Extern-Zeichentisch übertragen werden. Durch Fortlassen des Extern-Zeichentisches bzw. des mit zwei Handrädern spindelgeführten Kreuzschlittens für das Zeichentischchen entstehen die Baumuster DP 2 bzw. DP 1.

4.6.1.4 Zeissisches Parallelogramm Das Problem, bei der Kartierung mit einem Projektionsgerät in *kleineren* Maßstäben kleinere Basisgrößen als Abstände der Projektionszentren einstellen zu können, als sich mit den mechanischen Bedingungen verträgt, hatte sich schon frühzeitig gestellt. Gelöst wurde es bereits 1909 im Stereoautographen (Bild **309.**1) in der Form des Zeissischen Parallelogrammes. M. Gasser hatte bei seinem Prototyp die Projektoren in die Horizontale umgelegt und vor die Objektive kleine Spiegel gesetzt. Die Verkleinerung der Bilder im Multiplex war ein anderes Mittel. Eine universelle und elegante Lösung, die sogar die Einstellung einer Nullbasis (zu Justierzwecken) sowie einer „negativen" Basis erlaubt, bietet das Zeissische Parallelogramm. Da es in vielen Projektionsgeräten verwendet wird, soll es in der allgemeinen räumlichen Form,

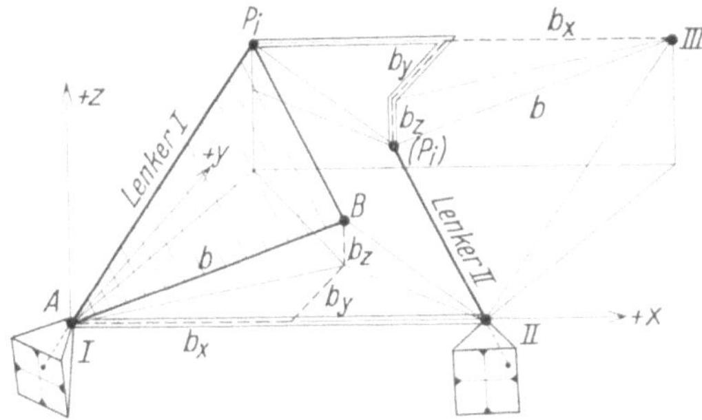

bei welcher die Basis in drei Komponenten bx, by, bz zerlegt ist, mit Bild **297.**2 erläutert werden.

297.2
Vorwärtsabschnitt des Punktes P_i von der ursprünglichen Basis AB aus, wenn die beiden Basispunkte im Auswertgerät (dargestellt durch die Projektoren) sich bei I und II befinden, mittels des Zeissischen Parallelogrammes A II III P_i. (Die Länge von AB ist im Kartierungsmaßstab verkleinert.)

Die geometrische Aufgabe, einen von der ursprünglichen Basis AB aus vorwärts abgeschnittenen Punkt P_i richtig zu bestimmen, wenn den Basispunkten später die beliebige Lage I-II gegeben wird, ist, wie man durch Anschauung aus der Abbildung unmittelbar erkennt, in folgender Weise lösbar:

Man ergänze das Dreieck aus den als fest gegebenen Punkten I und II sowie dem vorwärts abzuschneidenden Punkt P_i durch den Punkt III zu einem Parallelogramm. Wenn man nun einem Punkte (P_i) – mit Hilfe der im Kartenmaßstabe ausgedrückten Komponenten *bx, by, bz* der Aufnahmebasis – die gleiche Lage bezüglich der Seite III P_i gibt, welche der Punkt B bezüglich der Seite I II hat, so nimmt (P_i) bezüglich II die gleiche Lage ein, wie P_i bezüglich B. Sind nun I und II die Projektionszentren der Bildprojektoren und I P_i bzw. II (P_i) die Lenker als Fortsetzung der Zielstrahlen in den Projektoren, so werden offenbar alle Punkte P_i richtig kartiert, wenn der zum Lenker II gehörige Führungspunkt (P_i) in der angegebenen Weise gegenüber dem zum Lenker I gehörigen Führungspunkt P_i fest eingestellt wird. Wir werden diese Einstellung der Lenkerführungen gegeneinander später als „Basiseinstellung" wiederfinden. Eine ebene Lösung ($b_y = b_z = 0$) besitzt der Stereoautograph (Bild **309**.1).

Führt man das Zeissische Parallelogramm ein, so erhält man allerdings anstelle des *einen „Aufpunktes"* P_i, wie ihn die direkte Nachahmung der Aufnahmeverhältnisse liefert, deren *zwei*, nämlich P_i und (P_i) in Bild **297**.2. Wie man leicht einsieht, müssen P_i und (P_i) während der Ausmessung eines Bildpaares starr miteinander verbunden sein und parallel zu sich selbst bewegt werden. Man bezahlt die freie Wahl der Projektionsorte I und II im Gerät demnach mit der Hinzunahme einer Parallelführung der beiden Aufpunkte. Dafür gewinnt man die Möglichkeit, ohne mechanische Schwierigkeiten $bx = 0$ und $- bx$ („nach außen") einstellen zu können. Die letztere Einstellung wird bei der Aerotriangulation nach dem Verfahren des Bildanschlusses benötigt.

4.6.1.5 Stereoplanigraph   Der Stereoplanigraph nach W. Bauersfeld, 1923 von Zeiss herausgebracht, galt jahrzehntelang als der Repräsentant des deutschen photogrammetrischen Gerätebaus. Er ist noch heute weit verbreitet. Bild **298**.1 zeigt ein Schema des letzten Modelles C8.

Von einem einfachen Doppelprojektor (Bild **293**.1 a) unterscheidet sich der Stereoplanigraph durch die Anwendung des Zeissischen Parallelogrammes. Bei eingestellter Nullbasis korrespondiert das Parallelogramm aus den beiden Projektionsobjektiven 3 und den Meßmarken (oder „Aufpunkten") 4 in Bild **298**.1 mit dem Parallelogramm I II III P_i in Bild **297**.2. Aus dieser Null-

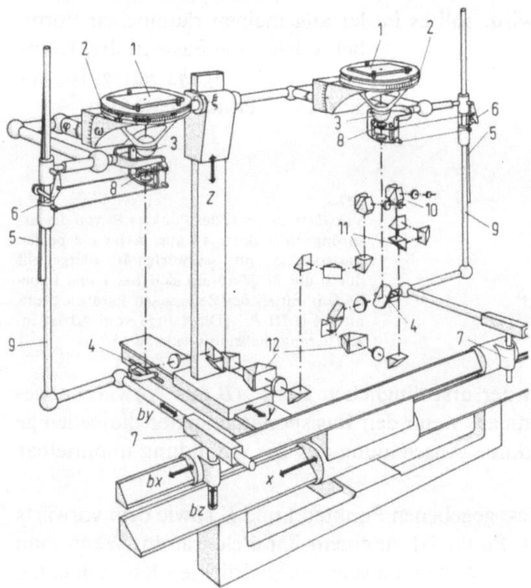

298.1
Schema des Stereoplanigraphen C 8
1 Luftbilder, 2 Bildträger, 3 Auswertobjektive, 4 Spiegel mit (optisch erzeugten) Meßmarken, 5 Steuerkurve für 8, 6 Inversor für Scharfabbildung, 7 Basiswagen, 8 Positivlinse des Vorsatzsystemes, 9 Steuerstange, 10 Okulare, 11 Prismen für Bildvertauschungen, 12 automatisch gesteuerte Aufrichtprismen

stellung heraus läßt sich die Basis durch Verschieben der Aufpunkte 4 in den *bx*, *by*, *bz*-Führungen räumlicher Kreuzschlitten auf beiden Seiten „nach innen" (wie in Bild **297**.2) oder „nach außen" einstellen. Nach erfolgter Basiseinstellung können die Aufpunkte zur Einstellung der zu messenden Bildpunkte gemeinsam mittels des großen *x*-Schlittens in der *x*-Richtung verstellt werden. Die *y*- und *z*-Verstellung ist bei diesem Instrument den Bildträgern zugeteilt, die in einem unveränderlichen Abstand (entsprechend I II in Bild **297**.2) aufgehängt sind. Die Verschiebung der drei großen Schlitten liefert die „Maschinenkoordinaten" des gemessenen Punktes. Soweit die Geometrie; zur Optik:

Die Umgebung des eingestellten Meßpunktes wird durch je ein Vorsatzsystem nach Bild **59**.2 bei jeder *z*-Stellung der Bildträger exakt scharf in 4 abgebildet[1]). Richtung und Einstellung der Positivlinse des Vorsatzsystemes werden dabei durch Steuerstangen 9 und Inversoren 6 gesteuert. Die Projektionen der Bildausschnitte in 4 samt den Meßmarken werden nun wie in einem Spiegelstereoskop mit den Okularen in 10 betrachtet. Der Beobachter hat zur Messung die durch die binokulare Fusion entstehende räumliche Leuchtmarke durch Betätigen der drei Schlittenverschiebungen *x*, *y* und *z* räumlich auf den Meßpunkt „aufzusetzen". Die vielen Umlenk-Prismen werden durch die räumlichen Relativbewegungen von 4 gegenüber den Bildträgern 2 nötig, ferner muß der dadurch entstehende Bildsturz (durch die Prismen 12) aufgehoben werden. Die verschiebbaren Prismen 11 dienen der Vertauschung des mit dem linken und dem rechten Auge beobachteten Bildes (s. 1.4.3).

Das bei diesem Gerät offenbar benutzte Porro-Koppesche Prinzip der Messung durch ein mit dem Aufnahmeobjektiv übereinstimmendes Projektionsobjektiv (Bild **57**.1) wird durch die Einführung nicht-sphärischer Ausgleichplatten für Verzeichnungsdifferenzen vor der Bildebene erweitert.

Die Meßergebnisse können in Zahlen abgelesen oder registriert werden, und zwar in Klarschrift durch ein mechanisches Druckzählwerk oder verschlüsselt mit der elektronischen Registrieranlage Ecomat 11 auf Lochkarten, Lochstreifen oder Magnetbändern.

Der Stereoplanigraph eignet sich als Universalgerät zur punkt- und linienweisen Ausmessung von Senkrecht-Luftbildern im Brennweitenbereich von 100 bis 500 mm, von normal- und weitwinkligen Konvergentbildern sowie von Schrägbildern und von terrestrischen Bildpaaren. Er besitzt Einrichtungen für die Bildtriangulation nach dem Verfahren des Bildanschlusses sowie für die Steuerung eines Orthoprojektors (Bild **316**.2). Die Registrieranlage gestattet die rationelle Digitalisierung des Grundrissex und die Messung digitaler Geländemodelle.

4.6.1.6 Andere Geräte mit optischer Projektion Eine kurze Erläuterung verlangen noch die beiden bisher nicht behandelten optischen Prinzipien von Bild **293**.1b und c. Die Idee, ein Wheatstonesches Spiegelstereoskop zu stereometrischen Messungen an *virtuellen Bildern* zu benutzen, ist von dem Physiker E. Mach schon 1866 ausgesprochen worden. Man hat dazu nur die kleinen Spiegel mit teilweise durchlässigen Belägen zu versehen und dahinter eine bewegliche Meßmarke anzubringen (vgl. Bild **67**.2 und **293**.1 b). In der Photogrammetrie ist diese Anordnung nach dem Kanadier E. Deville, der sie 1902 beschrieb, als *Devillesches Prinzip* bekannt geworden. Das Raumbild eines Punktes entsteht dort, wo die Augen unmittelbar den Punkt in den Verlängerungen der gespiegelten Richtungen wahrnehmen. Die Projektionszentren können hier bei einer einfachen Anordnung nur durch kleine Lochblenden vor A_1 und A_2 festgelegt werden, und wir haben den Fall der „Schlüssellochbeobachtung": Stark eingeschränkte Gesichtsfelder und geringe Helligkeit der Bilder. Ferner sind die Projektionszentren wegen der Augenbewegungen vor den Lochblenden nur ungenau definiert, und es bedarf bei verschiedenen

---

[1]) Die als Leuchtmarken ausgeführten Meßmarken sind auf kardanisch gelagerten Lenkspiegeln angebracht.

Abständen von Bildern und Meßmarken optischer Hilfsmittel, um beide zugleich *scharf* zu sehen. Man sieht hieraus, daß sich das Devillesche Prinzip in seiner ursprünglichen Form nur für einfache Kartiergeräte (der „III. Ordnung") eignet. In dieser, aber auch in meßtechnisch verfeinerter Form ist das Prinzip mehrmals bei Kartiergeräten benutzt worden. Es leuchtet nach dem Gesagten ein, daß es z. B. in der mit unscharfen Schattenbildern arbeitenden Röntgen-Stereometrie sinnvoll angewendet werden kann.

Mit Bild **293.**1 c wird das Prinzip der *Lichtlenker* dargestellt. Während ein mechanischer Lenker unmittelbar dazu dient, eine etwa am Aufpunkt angreifende Kraft auf ein Bild zu übertragen und damit dessen Bewegung zu steuern, ist dies mit optischen Strahlenbündeln zunächst nicht möglich. Erst die Technik der elektrischen Nachlaufsteuerungen eröffnet Wege, den gewichts- und trägheitslosen, nicht verbiegbaren und temperaturunempfindlichen Lichtstrahlenbündeln Steuereigenschaften mechanischer Stangen zu verleihen. Lochblenden bei O_1, O_2 blenden aus dem Strahlenfluß einer nahezu punktförmigen Lichtquelle P zwei schlanke Strahlenbündel, die *Lichtlenker* aus, die bei (P'), (P'') auf je eine in vier Sektoren geteilte Sperrschichtzelle auftreffen. Jede Photozelle ist mit einem Meßbildrahmen fest verbunden und kann mittels je zweier Servomotore in x-y-Richtung verschoben werden. Bei Bewegungen des Aufpunktes treffen die Strahlenbündel die Photozellen nicht mehr genau in der Mitte. Die jeweils belichteten Segmente erzeugen Photoströme, welche (nach Verstärkung) durch die entsprechend geschalteten Servo-Motore die Zellen und damit die Meßbilder wieder in die perspektive Lage bringen. Die Firmen Kern, Aarau, und Zeiss, Oberkochen, (im Aeromat 1960) haben den Gedanken der Lichtlenker verfolgt, ihn aber wieder fallen gelassen.

4.6.1.7 Projektionsgeräte mit optisch-mechanischer Projektion Dieser Gruppe gehören heute im Vergleich mit den zahlreichen Typen von Doppelprojektoren und den rein mechanisch projizierenden Geräten nur wenige Konstruktionen an. Ihr erster Vertreter, der 1920 erstmals gelieferte *Autokartograph* nach R. Hugershoff von Heyde-Dresden war zugleich das erste große Stereokartiergerät für den allgemeinen Fall der Luftaufnahme. Während die räumliche Projektion noch in Grund- und Aufriß zerlegt war, stellte Hugershoff 1926 im *Aerokartograph* eine sehr elegante Lösung mit räumlich bewegten mechanischen Lenkern vor.

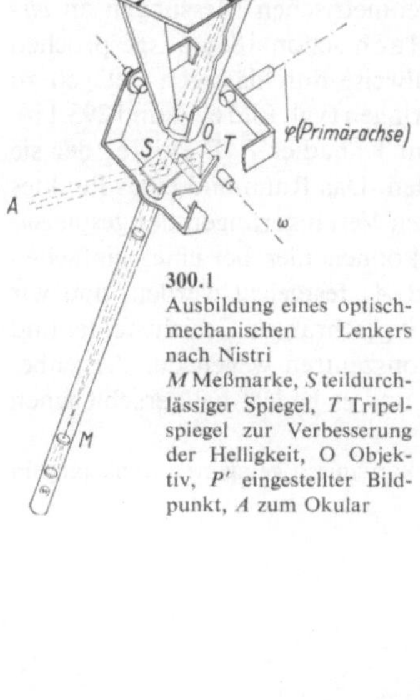

In den meisten Geräten der Gruppe wird das Porro-Koppesche Prinzip (Bild **57.**1) angewendet, indem die Drehungen des dabei benutzten Fernrohres auf mechanische Lenker übertragen werden. Bei geringeren Genauigkeitsansprüchen wird aber auch das Devillesche Prinzip dazu benutzt, durch Spiegelung an einem teildurchlässigen Spiegel eine Meßmarke in den Bildraum (zwischen Projektionszentrum und Meßbild) zu bringen. Bild **300.**1 zeigt am Beispiel einer verfeinerten Konstruktion von U. Nistri eine interessante Kombination beider eben genannter Prinzipe. Das Porro-Koppesche Prinzip erlaubt es, Projektionsgeräte im strengen Sinne unserer Definition (s. 4.6.1) zu konstruieren, d. h., die Aufnahmesituation vom Bild- bis zum Modellpunkt (Aufpunkt)

300.1
Ausbildung eines optisch-mechanischen Lenkers nach Nistri
M Meßmarke, *S* teildurchlässiger Spiegel, *T* Tripelspiegel zur Verbesserung der Helligkeit, *O* Objektiv, *P'* eingestellter Bildpunkt, *A* zum Okular

geometrisch wieder herzustellen. Einen solchen Aufbau hatten der Wild-Autograph A 2 (1926), der Photostereograph Beta 2 nach Nistri (1952) und die beiden Modelle des Thompson-Watts-Plotter von 1953 und 1963 (von denen nur einige wenige hergestellt wurden).

Der Stéréotopographe Mod. 2 nach Poivilliers (1937), von der Firma Société d'Optique et de Mécanique de haute Précision in Paris gebaut und hauptsächlich im Institut Géographique National in Paris benutzt, stellt bereits einen Übergang zu den Analog-Rechengeräten (s. 4.6.2) dar und zeigt zugleich, daß die Grenze zwischen Projektions- und Rechengeräten *fließend* ist.

Wir beschreiben den Grundgedanken des Aufbaues, weil Datenentnahme aus den Bildern und Datenverarbeitung durch Analogrechner hier besonders deutlich zu unterscheiden sind. Das Gerät ähnelt in seinem Rechnerteil dem Stereoautographen von Zeiss (Bild **309**.1). Um die Ähnlichkeiten deutlicher zu machen, beschreiben wir es für den terrestrischen Aufnahmefall. In Bild **301**.1 erscheint das Gerät in zwei „Stockwerke" auseinandergezogen. Im oberen Stockwerk sind die beiden Bildträger 1 (mit horizontalen optischen Achsen) und die beiden gebrochenen Zielfernrohre 3, 4 mit den Okularen bei 2 enthalten. Als Bestimmungsdaten für Lage und Höhe eines Modellpunktes werden hier die Horizontal- und die Vertikalwinkel getrennt in beiden Bildern durch gleichzeitiges Anzielen (bei stereoskopischer Betrachtung) ermittelt. Dabei werden die Horizontalwinkel durch Drehen der Bildträger um je eine lotrechte Achse 12 durch das Projektionszentrum, die Vertikalwinkel durch Kippen der in je einem Prisma 4 endenden geknickten Fernrohrzielachsen 3 gefunden. Diese vier Daten (die eine Überbestimmung enthalten) werden durch Drehen der Richtungslineale 6 und der Höhenlineale 11 um die Achsen 12 bzw. 13 in den Rechnerteil im unteren Stockwerk übertragen. Die analoge Ermittlung der Lage des angezielten Punktes mittels der Lineale 6 ist genauso gelöst wie beim Stereoautographen, und wir verweisen hierzu auf Bild **309**.1. Die Ermittlung des Höhenunterschiedes erfordert aber im Gegensatz zum Stereoautographen noch einen Zwischenvorgang.

Während man bei dem letzteren aus der Bildordinate z' gemäß Gl. (2.1) in 2.2.1 sofort die benötigte Funktion $z'/f = \tan\beta/\cos\alpha$ des Höhenwinkels erhält, wird beim Stereotopographen

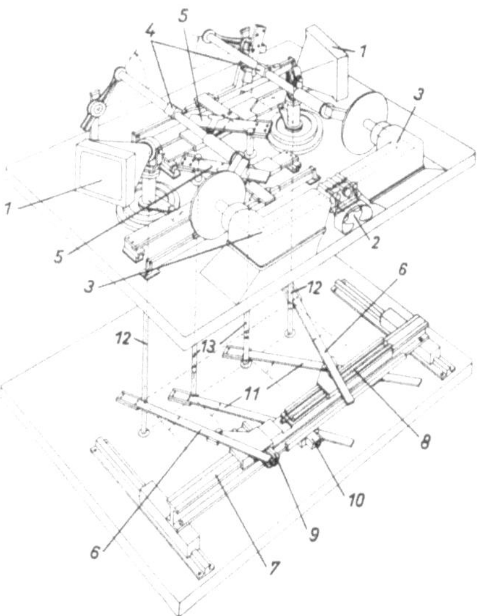

301.1 Konstruktionsprinzip des Stereotopographen Mod. B nach Poivilliers
1 Bildträger nach Porro-Koppe, 2 Okulare, 3 horizontale Kippachsen der Beobachtungsfernrohre, 4 Austrittsprismen der Fernrohre, 5 Relais für Winkelumwandlung, 6 Richtungslineale, 7 Entfernungsbrücke, 8, 9, 10 Basiseinstellungen b_x, b_y, b_z, 11 Höhenlineale, 12, 13 Vertikalachsen für Horizontal- und Höhenwinkelübertragung

durch die Fernrohrkippung bei um α gedrehtem Bildträger der Winkel β direkt gemessen. Um in analoger Weise wie in Bild **309**.1 den Höhenunterschied mittels der Höhenlineale 11 auf der Entfernungsbrücke 7 direkt abschneiden zu können, müssen also die Höhenlineale nicht um β, sondern um β' gemäß $\tan\beta' = \tan\beta/\cos\alpha$ gedreht werden. Die Aufgabe, die Fernrohrkippungen β in die Linealdrehungen β' zu verwandeln, lösen zwei mechanische Projektionseinrichtungen 5, die sogenannten „Relais". Hat man also die Höhenkomponente der Basis bei 10 eingestellt, so liefert der auf der Unterseite der Entfernungsbrücke laufende Höhenwagen von einem Nullpunkt aus die Höhenunterschiede der eingestellten Punkte.

Ebenso wie beim Stereoautographen arbeitet der Analogrechner hier nicht räumlich, sondern mit Zerlegung in Lage- und Höhenwerte. Wir können drei miteinander verknüpfte Rechenvorgänge zur Bestimmung der Grundrißlage und des Höhenunterschiedes sowie zur Reduktion des Höhenwinkels unterscheiden. Sie werden alle kontinuierlich und ohne Zeitverzug durch mechanische Lineale ausgeführt.

4.6.1.8 Projektionsgeräte mit mechanischer Projektion Die rein mechanische Projektionsweise erfreut sich in der letzten Zeit der besonderen Gunst der Gerätebauer. Die Projektionsstrahlen werden im Modell- und im Bildraum mit mechanischen Stangen oder Linealen verwirklicht. Hier tritt an die Stelle eines Projektionsobjektives meist ein Kardangelenk mit zwei Achsen, deren Kreuzungspunkt die Rolle des Projektionszentrums spielt. Wenn die Verzeichnung der zu messenden Bilder nicht vernachlässigt werden darf, muß sie durch zusätzliche Mittel kompensiert werden. Das Betrachtungssystem muß vom Projektionssystem getrennt werden; dadurch wird die optisch vorteilhafte, senkrechte, „frontale" oder „Komparator"-Betrachtung möglich. Sie erfordert bei feststehenden Okularen allerdings dadurch und dann einen größeren Aufwand, wenn die Meßbilder zur Orientierung im Raume gedreht werden, was bei den meisten Bauformen geschieht. Um diesen zu vermeiden, hat man bei einigen Geräten die räumliche Projektion im Bildraum in zwei ebene Komponenten zerlegt. Die Basis kann entweder als Abstand der Kardanpunkte oder mittels des Zeissischen Parallelogrammes eingeführt werden; im letzteren Fall ergeben sich *zwei* Aufpunkte. Nach diesen Gesichtspunkten wurden in den letzten fünfzig Jahren von mitteleuropäischen Firmen viele unterschiedliche Gerätetypen entwickelt, die meist der I. Ordnung zuzurechnen sind. Eines der ersten Geräte, der Stereokartograph, entstand im Jahre 1928 bei der Officine Galileo, Florenz, nach Angaben von E. Santoni. Es läßt das Prinzip besonders deutlich erkennen (Bild 302.1).

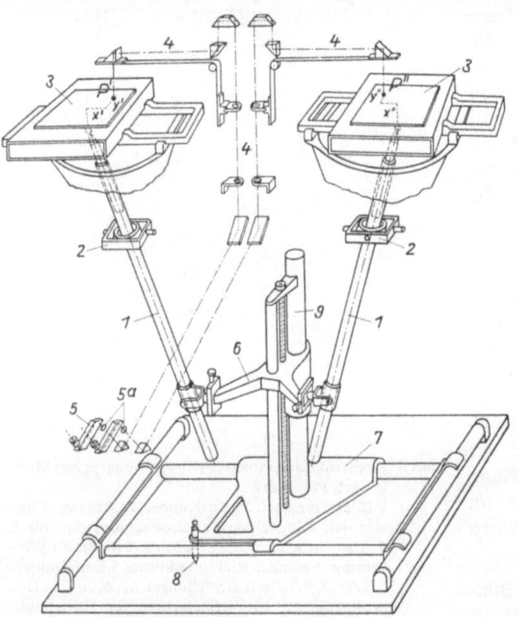

302.1 Schema eines Auswertinstrumentes mit rein mechanischer Projektion (Stereokartograph Modell II nach Santoni), Zahlen s. Text!

4.6.1.9 Stereokartograph Als Verkörperungen der projizierenden Strahlen sind die beiden ausziehbaren, in den Kardanen 2 gelagerten Lenkerstangen 1 die wichtigsten Elemente. Die Bilder 3 sind auf Kreuzschlitten verschiebbar. Durch das optische System 4 werden Ausschnitte der beiden Bilder auf den Meßmarken 5a abgebildet und dort mittels der Okulare 5 bei stets senkrechtem Aufblick auf die Bilder betrachtet.

Die Kammerkonstante ist hier durch den Abstand des Kardanpunktes von der Ebene definiert, in der sich das obere Ende des Lenkers bewegt. Da sich dieser Abstand allgemein bei mechanisch projizierenden Geräten relativ einfach ändern läßt, besteht für die Ausmessung von Bildern mit verschiedenen Bildkonstanten ein Vorteil gegenüber den optisch projizierenden Geräten.

Nachdem man die räumliche Lage der Bilder im Augenblick der Aufnahme mittels entsprechender Winkeleinstellung der Bildträger wiederhergestellt und einen Bildpunkt stereoskopisch eingestellt hat, verkörpern die Lenker 1 im Raume die Zielstrahlrichtungen nach diesem Punkt. Verbindet man sie gemäß **297**.2 durch einen Basiskörper 6, der in einem räumlichen Kreuzschlitten 7 bewegt werden kann, und stellt man an einer der unteren Lenkerhülsen die Basislänge gemäß dem Zeissischen Parallelogramm ein, so wird die Orthogonalprojektion des eingestellten Punktes im Grundriß durch einen Zeichenstift 8 angegeben. Die Höhe über einer Bezugsfläche kann an der Säule 9 gemessen werden.

Die oben hervorgehobene leichte Änderbarkeit der Kammerkonstante kann der Verzeichnungskompensation nutzbar gemacht werden, da gemäß Gl. (3.3d) Verzeichnungsfehler durch kleine Änderungen der Kammerkonstante ausgeglichen werden können. Bild **303**.1 zeigt, wie nach einer Idee E. Santonis die wirksame Lenkerlänge und damit die Kammerkonstante in Abhängigkeit vom Bildwinkel α durch einen (gemäß der Objektivverzeichnung auswechselbaren) auf eine Kugel 3 aufgesetzten Ausgleichskörper verändert werden kann.

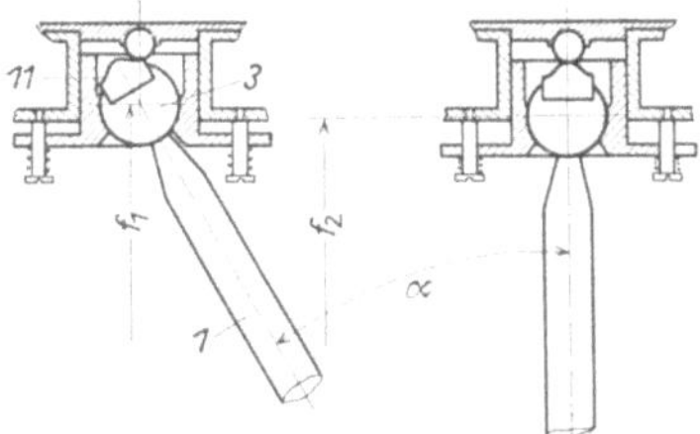

303.1 Konstruktive Ausbildung des Lenkerendes mit eingesetztem Korrekturkörper 11 zum Ausschalten der Verzeichnungsfehler

4.6.1.10 Autographen von Wild, Heerbrugg Auf einer Anzahl früherer Konstruktionen fußend, hat Wild in den letzten 25 Jahren eine Reihe von mechanischen Projektionsgeräten entwickelt, deren Erscheinungsjahr und Zweckbestimmung wir nachstehend kurz angeben wollen: Autograph A 7 (1949), Universal-Präzisionsgerät, große Bildneigungen und Aerotriangulation mit Bildanschluß möglich; Autograph A 8 (1950), Kartierung in allen Maßstäben, Aerotriangulation mit unabhängigen Modellen, Anschluß eines Orthophoto-Zusatzes möglich (Bild **304**.2); Autograph A 9 (1956), Standard-Bilder auf $1/2$ verkleinert, auch für Überweitwinkelbilder, umfangreiche Aerotriangulation; Autograph A 10 (1968) als Nachfolger für A 7, Präzisionsgerät für Aerotriangulationen und große Kartenmaßstäbe, großer c-Bereich von 85 bis 308 mm (Bild **304**.1); Autograph A 40 für den terrestrischen Normal- und Schwenkungsfall, nutzbares Bildformat 8×8 cm^2, c-Bereich von 54 bis 100 mm; Aviograph B 8 (1958), preisgünstiges Kartiergerät; Aviograph B 9 (1958), für auf $1/2$ verkleinerte Bilder mittlerer oder kleinerer Kartenmaßstäbe, Schulungsgerät. Die Kammerkonstante kann bei den Geräten der A-Reihe innerhalb eines großen Bereiches stufenlos eingestellt werden: ein Vorzug der mechanisch projizierenden Geräte. Der Übergang vom Modellmaßstab zum gewünschten Kartierungsmaßstab wird bei den A-Geräten durch mechanische Getriebe, bei den B-Geräten durch Pantographen bewirkt.

Um ein Gerät mit *einem* Aufpunkt vorzuführen, beschreiben wir mit Hilfe von Bild **304**.2 den Aufbau des Autographen A 8, der in einer großen Anzahl von Exemplaren in der ganzen Welt verbreitet ist[1]).

---

[1]) Auch die Geräte B 8 und B 9 besitzen *einen* Aufpunkt.

Im Aufpunkt 1 sind die beiden, je aus einem Stück gefertigten Lenkerstangen zusammengeführt. Die Kreuzungspunkte 2, 3 der Kardane, um welche sie sich allseitig drehen können, sind die Projektionszentren, und die Mitten der oberen Kardane 4, 5 stellen die Ersatz-Bildpunkte dar, die einer bestimmten Stellung des Aufpunktes entsprechen. Anders als in Bild **302.**1 sind die in den

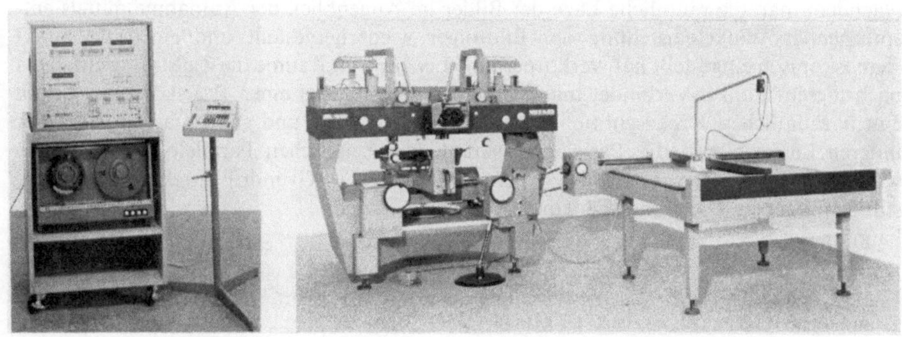

304.1 Autograph Wild A 10 mit mechanisch angeschlossenem Zeichentisch 110×140 cm². An die Stelle des Registriergerätes EK 8 ist das Datenerfassungssystem EK 22 getreten (links das Magnetbandgerät Kennedy Incremental 1600)

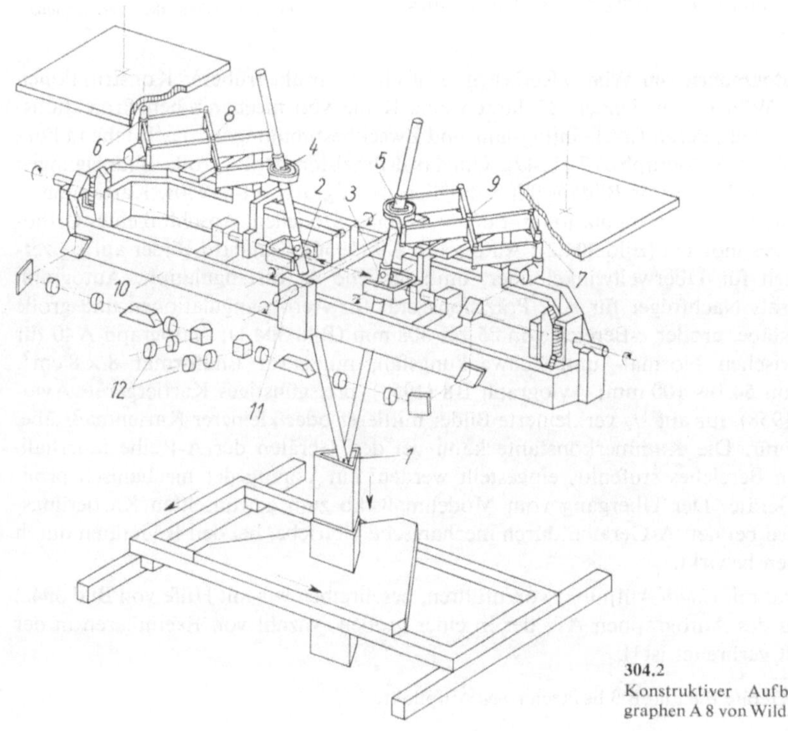

304.2
Konstruktiver Aufbau des Autographen A 8 von Wild. Zahlen s. Text!

Meßbildern mit den Endgliedern 6, 7 der Beobachtungsoptik eingestellten Bildpunkte gegenüber 4, 5 parallel versetzt. Die Steuerung der Einstellmikroskope ist je einer Nürnberger Schere mit den feststehenden Mittelpunkten 8, 9 übertragen. In jeder Stellung der Stangen wird daher das zu 4, 5 bezüglich 8 bzw. 9 symmetrische Punktpaar in den Meßbildern beobachtet. Um die relative Orientierung der Meßbilder und ihre absolute Orientierung gegenüber dem x, y, z-Kreuzschlitten des Aufpunktes (dem Modell-Koordinatensystem) herstellen zu können, sind a) in einem Hauptrahmen 10 beide Bildträger samt Schere um je eine Längs- und eine Querachse neigbar (Quer- bzw. Längsneigungen ω_1, ω_2 und φ_1, φ_2); b) die Projektionszentren 2, 3 symmetrisch zu ihrem Mittelpunkt gegeneinander verstellbar (Basis bx); c) der ganze Hauptrahmen um eine Achse 11 neigbar (gemeinsame Längsneigung Φ).

Damit der Beobachter trotz der notwendigen Bildkippungen in ein *fest*stehendes Doppelokular 12 einblicken kann, muß das optische System durch Umlenkungen an die Achsendrehungen angepaßt sein. Die Meßmarken befinden sich in kurzem Abstand unterhalb der Bilder, um den Komparatorfehler (vgl. 3.1.1) klein zu halten.

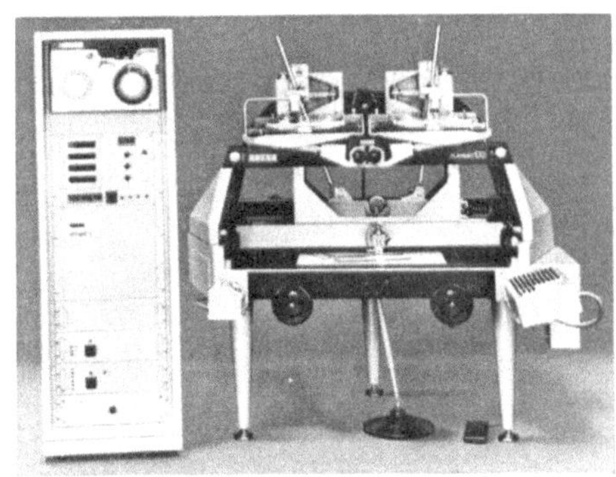

305.1 Präzisions-Auswertegerät Planimat D 2 mit elektronischer Koordinaten-Registrieranlage ECOMAT 11 (mit Magnetband-Ausgabe) und DTM 1-Anlage zur halbautomatischen Messung rasterförmiger digitaler Modelle von Carl Zeiss, Oberkochen (Werkphoto). Lage- bzw. Höhengenauigkeit werden mit $m_{x,y} = \pm\ 4\ \mu$m im Bild bzw. $m_h = \pm\ 0{,}03^0/_{00}$ von h angegeben

4.6.1.11 Mechanische Analoggeräte von C. Zeiss, Oberkochen[1]) Mit der Vorstellung des topographischen Kartiergerätes Planitop im Jahre 1973 wurde bei Zeiss ein System mechanischer Analoggeräte vervollständigt, das mit dem Präzisions-Auswertegerät Planimat (1967) und dem Stereokartiergerät Planicart (1972) begonnen wurde. Alle Geräte besitzen zwei Aufpunkte und Raumlenker, die beim jüngsten Gerät zweiarmig ausgebildet sind (Projektionszentrum in der Mitte). Während sie alle mit unterschiedlichen Brennweiten- und Vergrößerungsbereichen zwischen Bild- und Modellmaßstab für graphische und digitale Kartierung sowie für die Aerotriangulation mit unabhängigen Modellen eingerichtet sind, kann das Spitzengerät Planimat außerdem für terrestrische Kartierungen und mit Zusatzgeräten für die rationelle Messung digitaler Geländemodelle (s. 4.2), die Steuerung eines Orthoprojektors (s. 4.7.3) sowie für den Anschluß eines Korrelators (s. 5.6.2) zur vollautoma-

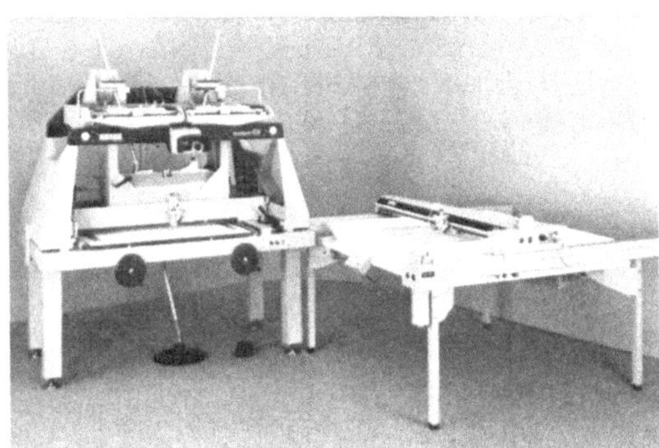

305.2 Auswertegerät Planicart E 3 von Carl Zeiss, Oberkochen. Betrachtungsvergrößerung 6×. Vergrößerung Bild/Modell bis 3,5× für WW- und ÜWW-Bilder, bis 2,2× für NW-Bilder. Internzeichentisch mit Leuchtfläche, Nachvergrößerung durch Externzeichentisch von 1:0,5 bis 1:8×. Zusätze für Digitalisierung und Aerotriangulation. Angegebene Lage- bzw. Höhengenauigkeit $m_{x,y} = \pm\ 6\ \mu$m bzw. $m_h = \pm\ 0{,}03^0/_{00}$ von h. (Werkphoto)

---

[1]) A h r e n d, M.: BuL **35**, (1967) 193 bis 205; S c h w e b e l, R.: BuL **40** (1972) 41 bis 46; BuL **41** (1973) 234 bis 240.

tischen Orthoprojektion verwendet werden. Auf Einzelheiten im mechanischen Aufbau der Geräte, der den gleichen Richtlinien folgt, soll hier verzichtet werden. Bild **305.**1 zeigt das Grundgerät, den Planimat D 2, das mit einer Anzahl von Peripheriegeräten ausgestattet ist. Das Bild kann – wie auch Bild **304.**1 – zugleich anschaulich machen, daß der photogrammetrische Instrumentenbau heute die in der Technik der informationsverarbeitenden Systeme entwickelte Konzeption übernommen hat, anstelle komplexer (und starrer) Universalsysteme Grundgeräte möglichst weitgehend mit handelsüblichen Peripheriegeräten zur zeichnerischen oder numerischen Ausgabe und Speicherung der Ergebnisse oder deren Weiterverarbeitung zu verbinden. Flexibilität, Betriebssicherheit und Wirtschaftlichkeit der Gesamtanlage lassen sich damit erhöhen. Planicart E 3 und Planitop F 2 sind in den Bilder **305.**2 und **306.**1 dargestellt.

306.1 Topographisches Kartiergerät Planitop F 2 von Carl Zeiss, Oberkochen. Betrachtungsvergrößerung 6 ×. Brennweiten 85 mm und 153 mm, weitere auf Wunsch. Vergrößerung Bild/Modell 0,8 bis 1,5 × bei f = 85 mm und 0,5 bis 1,4 × bei f = 153 mm. Internzeichentisch mit Leuchtfläche. Nachvergrößerung Modell/Karte 0,75 bis 4,0 × mit Polarpantograph. Angegebene Lage- bzw. Höhengenauigkeit $m_{x,y}$ = ± 20 μm im Bild bzw. m_h = ± 0,075⁰/₀₀ von h. Peripheriegeräte für Korrektur der Erdkrümmung, für Aerotriangulation und Digitalisierung. (Werkphoto)

Für die Anwendungsbereiche dieser Geräte sind in erster Linie einige wenige technische Daten maßgebend, die a) die Bereiche der auswertbaren Bildgrößen und Kammerkonstanten, b) den größten möglichen Bildwinkel, c) den Vergrößerungsbereich vom Bild- zum Modellmaßstab (Modellvergrößerung) beschreiben (Tab. **306.**2). Diese für den Benutzer wichtigen Bereiche ergeben sich durch die bildseitige Dimensionierung sowie im

Tab. **306.**2 Bereichszahlen für einige Geräte mit mechanischer Projektion

Name des Gerätes	Planimat D 2	Planicart E 2	Planitop F 2	Wild A 8	Wild A 10
Größtes Bildformat [cm²]	23 × 23	23 × 23	17,5 × 23 (auswertbar)	23 × 23	23 × 23
Kammer-Konstantenbereich [mm]	55 bis 308	84 bis 308	84 bis 90, 150 bis 156, auch 305	98 bis 215	85 bis 308
Modellbereich					
x [mm]	415	460	240	336	±185
y [mm]	700	700	320	440	±230
z [mm]	c + 40 bis c + 310	c + 40 bis c + 390	60 bis 240	175 bis 350	90 bis 320
Modellvergrößerung	1,2 bis 3,0	1,2 bis 3,5	0,5 bis 1,5		

Modellraum durch die Bewegungsbereiche der Aufpunkte nach der Lage (x, y) und des Projektionszentrums nach der Höhe (z) gegenüber der Modellebene. Der Modellbereich in z-Richtung (und damit die Modellvergrößerung) ist von der jeweils eingestellten Kammerkonstante abhängig.

Der letztere Bereich läßt sich vergrößern, wenn die Originalbilder vor der Auswertung verkleinert oder vergrößert werden. Damit ist allerdings meist ein spürbarer Verlust an Bildqualität verbunden.

4.6.1.12 Andere Projektionsgeräte mit mechanischer Projektion Von der großen Zahl heute gebauter und in der Praxis bewährter Geräte sollen nachstehend noch einige genannt werden, um exemplarisch weitere konstruktive und methodische Möglichkeiten zu zeigen. Die Auswahl bedeutet keine Wertung.

Wir erwähnen zuerst den *Stereometrograph*, der seit 1960 von der Firma Jenoptik gebaut wird und den gleichen Aufbau wie der Wild Autograph A 7 besitzt. Erstmals werden hier die Antriebsbewegungen und die Orientierungseinstellungen von der Stirnwand des Gerätes durch elektromechanische Drehmeldersysteme (also durch „elektrische anstelle mechanischer Wellen") übertragen. Mittels einer automatischen Dezentrierung des Bildhauptpunktes läßt sich die *Affintechnik*[1]) anwenden: Bildpaare mit Kammerkonstanten außerhalb der Einstellbereiche werden (mit guter Näherung) als affin gestauchte Modelle ausgewertet. Schließlich sei noch ein Modellkorrektor zur Korrektur von Refraktion, Erdkrümmung und Objektivverzeichnung genannt.

Bei den bisher beschriebenen Geräten werden die Meßbilder durch den Orientierungsprozeß in die räumliche Stellung gedreht, die sie bei der Aufnahme besaßen. Daraus resultiert – um zu feststehenden Okularen zu kommen – ein kompliziertes, mehrfach geknicktes Beobachtungssystem. Um dieses in Verbindung mit einer raumfesten – z. B.

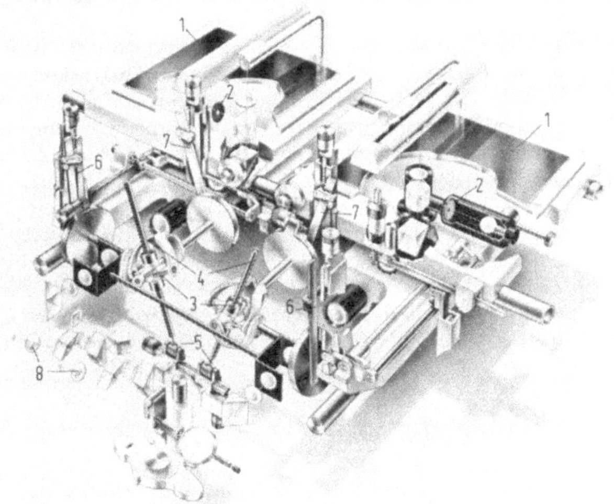

307.1
Konstruktionsschema des Stereokartiergerätes PG 2 von Kern, Aarau, für mittlere und kleine Maßstäbe. Die Bilder 1 sind komplanar (nur in ihrer gemeinsamen Ebene beweglich) angeordnet und in x-Richtung verschiebbar, die eingespiegelten Meßmarken 2 werden in y-Richtung verschoben. Die Projektionszentren sind durch die Mittelpunkte zweier Kardane 3 dargestellt und die durch sie hindurchgehenden Raumlenker 4 sind in den Aufpunkten 5 um den einstellbaren Betrag von bx getrennt. Der entscheidende Konstruktionsgedanke ist die im Bildraum durch je zwei Lineale 6, 7 dargestellte Zerlegung der Lenkerneigungen in je zwei Komponenten im Seitenriß 6 und im Aufriß 7. Hier werden als Änderungen der Komponenten der Kammer„konstante" die Neigungen ω_1 und φ_2 eingestellt: $c_{x1} = c\cos\omega_1 + y'\sin\omega_1$ und $c_{y2} = c\cos\varphi_2 + x''\sin\varphi_2$. Die bei den Okularen 8 endenden Betrachtungssysteme haben wegen der komplanaren Bildlage einen sehr einfachen Aufbau

[1]) Finsterwalder, Rüd.: Erfahrungen mit der Stereokartierung bei affin verzerrten Strahlenbündeln, BuL **31** (1963) 179 bis 186; ders.: DGK Reihe C Nr. 45, München 1962'

20*

horizontalen – Bildlage zu vereinfachen, hat man die räumlichen Projektionssysteme im Bildraum in ihre Projektionen auf zwei Rißebenen zerlegt[1]). Dies bedeutet einen Eingriff in die sonst sorgfältig konstant gehaltene innere Orientierung. Dieser wird bei den Kartiergeräten PG2 (s. Bild **307**.1) und PG3 von Kern und den Geräten Presa 224 und 225 der Pariser Firma SOM konstruktiv in verschiedener Weise vorgenommen.

Starke Vereinfachungen des Geräteaufbaues sind möglich, wenn es sich um die Auswertung von Bildpaaren handelt, die nach dem Normalfall oder dem Schwenkungsfall der terrestrischen Photogrammetrie aufgenommen wurden. Solche Geräte haben in der Nah-Photogrammetrie, besonders für Aufgaben der Polizei, Bedeutung bekommen. Ein erfolgreicher Bautyp wurde 1932 von Wild als „Polizei-Autograph" A4 durch Vereinfachen des Musters A2 entwickelt. Zeiss brachte wenig später nach gleichem Prinzip den Kleinautographen heraus. Aus dem A4 ging (1963) der Wild-Autograph A40 hervor, dessen Aufbau Bild **308**.1 schematisch zeigt.

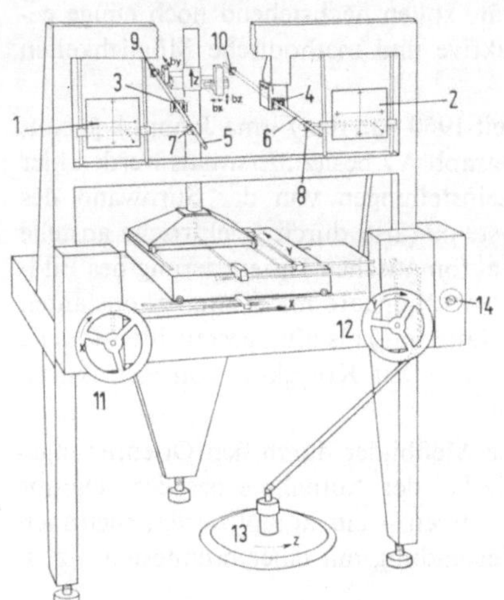

308.1 Aufbauschema des Wild Autographen A 40 für die Nahbildmessung. Das Gerät dient zum Ausmessen von Bildpaaren nach dem Normalfall oder mit parallel verschwenkten Aufnahmeachsen. Ein Zeichentisch wird mechanisch angeschlossen. Das nutzbare Bildformat ist 80×80 mm². Zahlen siehe Text!

Die Meßbilder 1, 2 sind in x- und y-Richtung verschiebbar in einer Ebene angeordnet und werden durch ein (nicht gezeichnetes) feststehendes Doppelmikroskop mit je einer Meßmarke für jedes Bild betrachtet. Die Projektionsstrahlen werden (parallel versetzt) durch räumlich um die Projektionszentren 3, 4 drehbare Lenker 5, 6 verkörpert, die vorn mittels der Gleitstücke 7, 8 die Bilder verschieben und hinten durch die beiden Aufpunkte 9, 10 mit dem Basiswagen gemäß dem Zeissischen Parallelogramm verbunden sind. Am Basiswagen wird die Aufnahmebasis im Kartierungsmaßstab in den drei Komponenten bx, by und bz eingestellt. Die Aufpunkte werden durch einen räumlichen Kreuzschlitten im Modellsystem x, y, z geführt, wobei die x, y-Bewegungen über zwei Handräder 11, 12, die z(Höhen)-Bewegung über eine Fußscheibe 13 eingeleitet werden. Die ersteren werden auf den Zeichenstift eines angeschlossenen Koordinatographen übertragen; z wird an einem Höhenzähler 14 abgelesen. Mittels besonderer Transformationsgetriebe können um 30° oder 60° nach oben oder unten geneigte Bildpaare ausgemessen werden.

4.6.2   Analog-Rechengeräte

4.6.2.1   Stereoautograph   Das erste photogrammetrische Analog-Rechengerät ist etwas älter als das erste Projektionsgerät, der Doppelprojektor von M. Gasser (1915). Im Jahre 1909 konnte Zeiss den nach Ideen von E. von Orel gebauten Stereoautographen

---

[1]) bei Geräten mit optisch-mechanischer Projektion ergab sich eine ähnliche Zerlegung durch den verwendeten Porro-Koppeschen Phototheodolit (vgl. Bild **301**.1).

in seiner ersten Bauform vorstellen. Hier war ganz klar das Konzept verfolgt worden, praktisch gleichzeitig mit der Messung eines Punktes in einem Stereobildpaar seine Lage und Höhe durch Auflösen von drei Gleichungen zu ermitteln und kartographisch darzustellen. Bei stetiger Eingabe der Meßdaten werden auch die Ergebnisse stetig ausgegeben. Mit diesem Gerät war erstmals eine strenge *linienweise* Kartierung möglich geworden. Wegen der Struktur der Gleichungen war diese allerdings auf den terrestrischen Normal- und Schwenkungsfall mit horizontalen Aufnahmerichtungen beschränkt. Die terrestrische Stereophotogrammetrie hat mit dem Stereoautographen in der topographischen Praxis große Erfolge erzielt.

Der mechanische Analog-Rechner (Bild **309.**1) besteht im wesentlichen aus zwei geraden Linealen L_1, L_2 und einem rechtwinklig geknickten Lineal L_3, die um drei in einer Geraden liegende Drehpunkte D_1, D_2, D_3 gedreht werden. Die Lineale L_1, L_2 gleiten in Führungsstücken, die auf dem Basiswagen B sitzen. Ihr Abstand beträgt $\overline{D_1 D_2} - b$, worin b die im Kartierungsmaßstab verkleinerte Basis des auszumessenden Bildpaares ist[1]). Der Basiswagen B läuft auf einer Entfernungsbrücke E, die ihrerseits mittels zweier Spindeln parallel zu sich selbst bewegt werden kann. Dabei kann das Führungsstück des Lineals L_3 in einem Höhenwagen über einer Skala H

spielen. Die kurzen Enden der drei Lineale werden in zwei Führungsbahnen bewegt, die den Abstand der Kammerkonstante c des auszumessenden Bildpaares von den drei bezüglichen Drehpunkten haben.

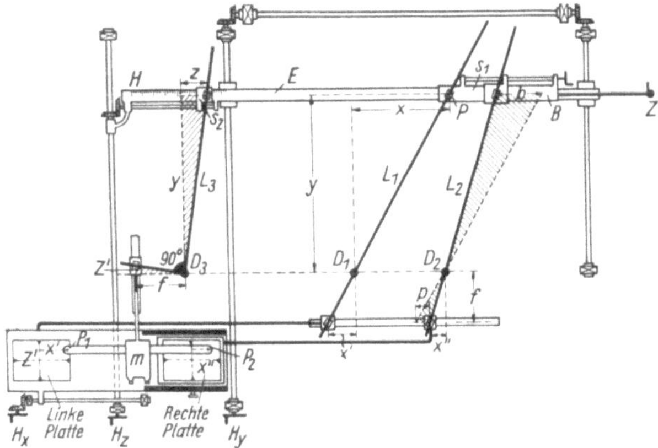

309.1
Vereinfachtes Schema des Stereoautographen v. Orel-Zeiss (1911) für die automatische Kartierung nach terrestrischen Stereobildpaaren

Die drei Meßdaten: x', z' des linken Bildes und x'' des rechten Bildes werden dem Rechner direkt durch die Bewegungen der Komparatorschlitten zur stereoskopischen Punkteinstellung über drei mit den Schlitten verbundene Schubstangen zugeführt. Sind diese Einstellungen für ein Punktpaar ausgeführt, dann liest man für den Punkt P des linken Lineals L_1 unmittelbar die Bestimmungsgleichungen für die Lagekoordinaten ab.

$$y = c\,\frac{b}{x' - x''}, \qquad x = x'\,\frac{y}{c} = x'\,\frac{b}{x' - x''}$$

Entsprechend kann der Höhenunterschied z gegenüber dem linken Aufnahmeort gemäß

$$z = z'\,\frac{y}{c} = z'\,\frac{b}{x' - x''}$$

---

[1]) Das entspricht dem Zeissischen Parallelogramm (s. 4.6.1.4). Dieses wurde während der Konstruktion des Gerätes von dem Jenaer Konstrukteur F. Pfeiffer 1909 erfunden.

an der Skala H abgelesen werden. Die Grundrißlage wird mittels eines Zeichenstiftes Z kartiert. Für den Schwenkungsfall ist es nur notwendig, bei der Einstellung der Basis b eine Komponente $by = b \sin \varphi$ hinzuzufügen, worin φ der Schwenkungswinkel ist. Das Prinzip hat sich so gut bewährt, daß man es 1954 in Jena wieder aufgriff und eine Neukonstruktion mit modernen Bauelementen auf den Markt brachte. Es ist interessant, diese für die terrestrische Photogrammetrie mit parallelen Aufnahme-Bildebenen entwickelte einfache Lösung mit der im Stéréotopograph von Poivilliers (Bild **301.**1) gefundenen Lösung für den allgemeinen Fall der Luftaufnahme zu vergleichen.

4.6.2.2 Andere mechanische Analog-Rechengeräte Weitere Vereinfachungen sind möglich, wenn man sich auf die Auswertung von Bildpaaren beschränkt, die mit Stereomeßkammern (Doppelkammern) mit horizontalen Aufnahmerichtungen und bei kurzen Objektentfernungen (Nahbildmessung) beschränkt. Zeiss brachte für diese Aufgabestellung 1960 den *Terragraphen* heraus, der einen pultförmigen Aufbau hat. Ein zusätzlicher mechanischer Neigungsrechner erweitert den Meßbereich auf parallelachsige Schrägbilder.

Die Grundkonzeption des aus ebenen Linealsystemen aufgebauten mechanischen Analog-Rechners ist auch erfolgreich bei Präzisionsgeräten für Senkrecht-Luftbilder verwendet worden. Ebene Lenker lassen sich kräftiger dimensionieren als räumliche und benötigen keine Entlastungsgewichte oder -federn. Dies wirkt sich vor allem bei großen Bildwinkeln günstig aus. Zwei Beispiele für strenge Lösungen mit verschiedener Genauigkeit sind Stereotrigomat (1965) und Topocart (1966), s. Bild **310.**1, der Firma Jenoptik. Im erstgenannten Gerät werden die Senkrechtbilder zuerst durch mechanische Entzerrung in strenge Nadirbilder umgewandelt, bevor eine Komponentenzerlegung stattfindet. Beide Geräte sind für den Anschluß eines Differential-Entzerrungsgerätes eingerichtet.

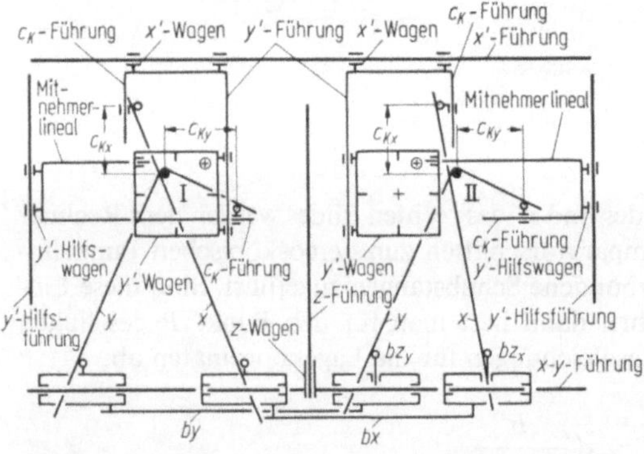

310.1
Vereinfachtes Schema der aus ebenen Linealen aufgebauten Analogrechner des Topocart B von Jenoptik, Jena.
In zwei Schritten werden die Raumkoordinaten x, y eines Modellpunktes für jedes stereoskopische Teilbild zuerst in Bildkoordinaten (x'), (y') eines Nadirbildes und dann, unter Zerlegung in die x, z- und die y,z-Ebene, in die tatsächlichen, mit den Neigungskomponenten φ_l, ω_l erhaltenen Bildkoordinaten x', y' mechanisch transformiert. Dazu sind die Gleichungen geometrisch streng dargestellt. Zur Raumersparnis wurden die Drehachsen für die x- und y-Koordinatenlineale auf beiden Seiten in I bzw. II übereinandergelegt. Die mathematische Ableitung ist bei Weibrecht, O.; Tiedeken, W.: Jenaer Rundschau 11 (1966) zu finden.
Im Topocart B können, hauptsächlich für Kartierungen in mittleren und kleinen Maßstäben, Luft- und terrestrische Bildpaare bis zum Bildformat 23×23 cm² mit Kammerkonstanten von 50 bis 215 mm und mit Nadirdistanzen bis zu 7ᵍ verarbeitet werden

4.6.2.3 Stereotop Für die Kartierung aus Senkrecht-Luftbildern wurde schon frühzeitig das Prinzip der *Inkremental-Rechner* verwendet: Man betrachtet die Bilder beim Stereotop von Zeiss, Oberkochen (1952), zunächst als strenges Nadirbildpaar eines ebenen Geländes, übernimmt die Grundrißlage unmittelbar aus den Bildern und überträgt den

Rechnern lediglich die Korrektur der aus den Bildneigungen und den Geländehöhenunterschieden folgenden Fehler in Lage und Höhe (s. 1.2.3.1 und 1.2.3.2). Beschränkt man sich dabei auf Bildneigungen von wenigen Grad und auf praktisch ausreichende Näherungslösungen, so kommt man mit einfachen Ansätzen für die Rechner aus. Ein Entzerrungsrechner beseitigt die perspektiven Lagefehler wegen der Bildneigung, ein weiterer die durch Geländehöhenunterschiede erzeugten Lagefehler (Gl. (1.15a)) und ein Modellrechner schließlich die wegen der Bildneigungen entstandenen Modellverbiegungen als Höhenfehler. Als Beispiel beschreiben wir kurz den Modellrechner.

Die Höhenkomponente der Modellverbiegung läßt sich nach Gl. (3.102) als Funktion der Modellkoordinaten X, Y und der Orientierungsfehler darstellen Durch Umformen und Zusammenfassen können wir daraus eine einfache Gleichung für die Verfälschung dp der stereoskopischen Horizontalparallaxe

$$\mathrm{d}p = aX + bY + cXY + d + eX^2 \tag{4.13}$$

herleiten. Hierin enthalten die Koeffizienten a bis e die Einflüsse der (für ein Modell konstanten) Orientierungsfehler. Die durch das Glied eX^2 dargestellte zylindrische Aufwölbung des Modelles (der sogenannte „φ-Zylinder") kann noch durch eine geneigte Ebene ersetzt werden, so daß die Korrekturgleichung

$$\mathrm{d}p = aX + bY + cXY + d \tag{4.14}$$

verbleibt. Diese wird nach empirischer Bestimmung der Koeffizienten im Einpaßverfahren für jeden zu messenden Punkt P (X, Y) durch den Modellrechner mechanisch aufgelöst; die Werte dp werden automatisch zur gemessenen Parallaxe addiert.

Bild 311.1 zeigt ein vereinfachtes Schema des Modellrechners. Die beiden Schlitten A und B werden mit einem das Bildpaar tragenden Bildwagen bei der Einstellung des Meßpunktes in X- bzw. Y-Richtung verschoben. Man hat nun zunächst durch Einstellen mittels je eines der Einstellknöpfe E_1, E_2, E_3, E_4 dort die vorausberechneten Sollparallaxen einzuführen. Dadurch sind die Koeffizienten in Gl. (4.14) empirisch ermittelt. Am Rechner sind durch die Einstellungen die Neigungen der Lineale L_1 und L_2 festgelegt. In Abhängigkeit von X beeinflussen L_1 und L_2 über je einen Winkelhebel W_1, W_2 die Stellung des Lineals L_3. Von diesem nimmt schließlich in Abhängigkeit von Y ein Taststift T (der auf dem Bildwagen befestigt ist und daher der Y-Bewegung nicht folgt) das Ergebnis dp ab. Die durch dieses einfache Rechengetriebe bewirkten Multiplikationen und Additionen kann der Leser sich unschwer herleiten. Das in großen Stückzahlen hergestellte und verbreitete Stereotop kann als ein typisches Stereokartiergerät III. Ordnung (s. 4.6) gelten, dessen Genauigkeit von der Größe der Abweichungen vom Normalfall abhängt.

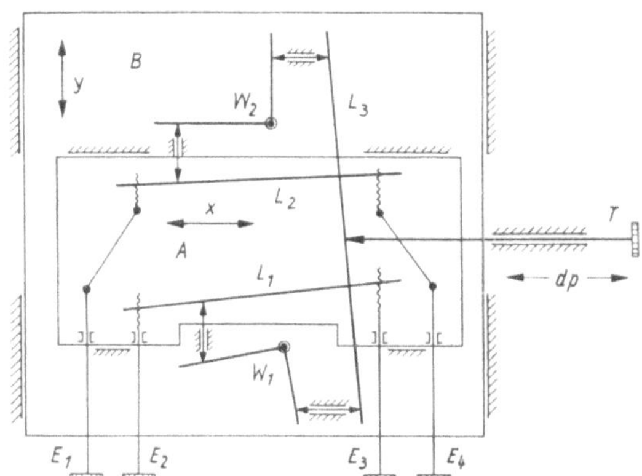

311.1 Prinzip des Modellrechners im Stereotop

Das Gerät besteht aus einem Spiegelstereoskop, mit dem zwei Meßmarken in festem Abstand verbunden sind, zwei von einem kastenförmigen Bildwagen getragenen Bildträgerplatten, deren rechte durch eine *px*-Parallaxenschraube gegenüber der linken verschiebbar ist, und einem an den Bildwagen angeschlossenen Pantographen für die Geländezeichnung in einem runden Maßstab. Der Bildwagen enthält in mehreren Ebenen übereinander die drei oben erwähnten mechanischen Rechner, die auf die Parallaxenschraube und den Abgriff des Pantographen wirken.

4.6.2.4 Elektrische Analog-Rechengeräte Der Versuch, das im Stereotop für eine Näherungslösung angewandte Prinzip als strenge Lösung für ein Präzisionsgerät auszugestalten, führt, wie ein als Prototyp mit der Bezeichnung *Supragraph* bei Zeiss, Oberkochen, ausgeführtes Muster gezeigt hat, zu einer schwer zu beherrschenden Anhäufung miteinander verbundener mechanischer Bauelemente. Der Serienbau solcher Geräte verspricht keine Vorteile gegenüber den Projektionsgeräten. Es liegt nun nahe, die Nachteile mechanischer Anordnungen durch elektromechanische oder elektronische[1]) Rechenelemente zu überwinden. Solange es sich um *Analog*geräte handelt, sind dabei folgende Aufgaben zu lösen: a) die Meßwerte (in der Regel Bildkoordinaten oder Koordinatendifferenzen) und die vorkommenden Festwerte und Orientierungsgrößen müssen mit der angestrebten Genauigkeit in elektrische Größen (z. B. Spannungen) umgewandelt werden, b) mittels geeigneter aus der Schwachstromtechnik bekannter Rechenschaltungen sind die durch das Formelsystem geforderten mathematischen Operationen auszuführen, c) deren Ergebnisse sind in analoger Form, z. B. durch das Verschieben von Schlitten, auszugeben. Gegenüber mechanischen Analogien sind dabei wesentliche Vorteile zu erwarten: 1. Man kann kleine, von Spezialfirmen massenweise hergestellte Bauelemente verwenden, erzielt 2. eine raumsparende und flexible Bauweise bei 3. vergleichsweise geringen Umwelteinflüssen durch Temperaturänderungen, Staub, Verschleiß usw. Trotzdem haben sich elektrische Analogrechner in der Photogrammetrie bisher nur für die Lösung von Teilproblemen (z. B. zur Fluchtpunktsteuerung beim Entzerrungsgerät SEG 5 von Zeiss, Oberkochen) erfolgreich durchgesetzt. Ein Hauptgrund dürfte die Konkurrenz der modernen Digitalrechner sein, auf die wir in 5.4 eingehen.

4.6.3   Prüfen und Justieren von Analoginstrumenten

In den Analoginstrumenten werden die geometrischen Beziehungen zwischen Bildkoordinaten, Strahlenbündeln und Modellkoordinaten mit analogen Mitteln dargestellt. Diese müssen daher, um dem mathematischen Modell zu entsprechen, eine Reihe von geometrischen Bedingungen erfüllen. Das Herstellen (oder Wiederherstellen) dieser Bedingungen, z. B. der Rechtwinkligkeit von Führungen oder des Sichschneidens von optischen oder mechanischen Achsen nennen wir *Justierung*. Bei allen großen Analoginstrumenten bestehen vielfache Abhängigkeiten zwischen den Bauelementen, die eine streng systematische Reihenfolge der einzelnen Operationen erfordern. Diese ist in speziellen Justieranweisungen festgelegt. Als *Eichung* oder *Kalibrierung* bezeichnen wir dagegen das Feststellen der Zahlenwerte von Instrumentkonstanten wie der Maßstabverhältnisse von Teilungen oder der Kammerkonstanten.

---

[1]) Eine Schaltung wird als „elektronisch" bezeichnet, wenn an mindestens einer Stelle die Beeinflussung der Elektronen *nicht* in einem metallischen Leiter erfolgt.

Fehler eines Instrumentes nennen wir seine Abweichungen von dem zugrundeliegenden mathematischen Modell. Während sich die Justierfehler entweder mittels entsprechender Vorrichtungen beseitigen oder durch ein zweckmäßiges Meßverfahren kompensieren lassen, ist dies bei anderen Abweichungen, wie z.B. dem Durchbiegen belasteter Führungen, nicht möglich. Ihrer Art nach haben wir optische und mechanische Fehlerquellen sowie Umwelteinflüsse zu unterscheiden[1]. Bei elektrischen oder elektronischen Registrieranlagen oder Peripheriegeräten gibt es ferner elektrische Störquellen[2].

Die wichtigsten *optischen* Fehlerquellen sind die Verzeichnungsfehler der Aufnahme- und Projektionsobjektive.

Mechanische Fehlerquellen sind in größerer Zahl wirksam. Zunächst können die verwendeten Meßnormale, wie Meßspindeln, Strichmaßstäbe, Präzisionsgitterplatten, primäre Teilungs- oder Abnutzungsfehler aufweisen. Bei unzweckmäßiger Lagerung können Durchbiegungen, bei Verwendung abgewinkelter Kardangelenke im Meßstrang periodische Vor- und Nachlauffehler auftreten. Sodann können die mechanischen Führungselemente von Geradlinigkeit, Parallelität oder Rechtwinkligkeit abweichen. Das „Spiel" oder der „tote Gang" im Meßstrang, z.B. zwischen Meßspindel und Mutter, führt zu *Umkehrfehlern*, d.h. zu abweichenden Meßwerten bei verschiedener Einstellungs- oder Meßrichtung. Bei schlecht justierten Kugellagern treten *Spurfehler* (kleine Verschiebungen senkrecht zur Bewegungsrichtung) auf. Schließlich können bei starker dynamischer Beanspruchung der Instrumente Fehler durch Deformationen und durch Schwingungen entstehen.

Die wichtigsten *Umwelteinflüsse* entstehen durch wechselnde Temperaturen, und zwar unmittelbar durch unterschiedliche Ausdehnung von Bauteilen mit verschiedenem Ausdehnungskoeffizienten und mittelbar durch Entstehen von Spannungen sowie durch Viskositätsänderungen von Schmiermitteln.

Die praktische Prüfung von Analoggeräten verfolgt verschiedene Zwecke. Beim Hersteller müssen in der Abnahmeprüfung durch *partielle* Tests noch vorhandene Fehlerquellen aufgespürt und unschädlich gemacht werden. Hierfür stehen spezielle, zum Teil aufwendige Prüfmittel zur Verfügung. Der Benutzer will sich durch regelmäßige integrale Tests, die durchgreifend und reproduzierbar sein sollen, von der Leistungsfähigkeit des Gerätes überzeugen. Dies muß ohne Sondervorrichtungen möglich sein. Um die dazu notwendigen Messungen und Rechnungen zu erleichtern und zu vereinheitlichen, hat eine Arbeitsgruppe der Int. Gesellschaft f. Photogrammetrie „Standard-Tests für photogrammetrische Auswertegeräte" ausgearbeitet[3]. Diese enthalten Test-Empfehlungen für Analog-Auswertegeräte, Komparatoren, Entzerrungsgeräte, Orthoprojektoren und Koordinatographen in Form von Meß- und Rechenprogrammen sowie Zahlenbeispielen. Die Empfehlungen sind in einer Reihe von Spezialuntersuchungen begründet.

Typisch für die Tests ist die Benutzung von einer oder zwei Präzisions-Gitterplatten aus Glas, die zum Zubehör der Geräte gehören. Sie werden als fehlerfreie Meßbilder betrachtet und entweder Einzelgitter- oder Modellgittermessungen in verschiedenen Projektionsentfernungen unterworfen. Dabei können Anzahl und Lage der Bildpunkte sowie

---

[1] S c h w i d e f s k y , K.: BuL **35** (1967) 215 bis 224.

[2] D ö h l e r , M. und K. W o l f e r t s : BuL **36** (1968) 23 bis 29, 87 bis 99.

[3] B u r k h a r d t , R.: BuL **37** (1969) 16 bis 19; D ö h l e r , M.: Pres. paper zum Int. Kongreß f. Photogrammetrie in Ottawa 1972.

die Projektionsentfernungen den jeweiligen Anwendungen des zu prüfenden Intrumentes angepaßt werden. Die Abweichungen der in der Projektion gemessenen ebenen oder räumlichen Modellkoordinaten von den Sollwerten ermöglichen es, die geometrische Informationsverarbeitung durch das Instrument eindeutig zu beurteilen.

4.7 Orthophotographie[1])

Unter der Bezeichnung Orthophotographie wollen wir die Verfahren und Hilfsmittel zur flächenweisen Entzerrung von Bildern *nicht-ebener* Objekte verstehen. Diese Erweiterung der photographischen Entzerrung setzt Informationen über die dritte Dimension voraus, die durch Zweibildmessung gewonnen werden können. Sie eröffnet bereits heute gangbare Wege zur *voll*automatischen Herstellung von Bildkarten. Aus diesem Grunde soll sie an dieser Stelle zwischen den Zweibildgeräten und den automatischen Verfahren behandelt werden.

4.7.1 Übersicht und Bezeichnungen

Die Aufgabe der Entzerrung von Bildern dreidimensionaler Objekte kann grundsätzlich für punkt-, linien- oder flächenförmige Bildelemente gelöst werden. Die Vorteile der Entzerrung, die hohe Informationsdichte des Originalbildes bei einem schnellen und einfachen Verfahren zu bewahren, lassen sich auch bei dreidimensionalen Objekten am besten mit *Flächen*elementen verwirklichen. Diese Flächenstücke müssen gemäß der Theorie der Entzerrung genähert als *eben* betrachtet werden. Für die Flächenelemente ergeben sich bei der uns am meisten interessierenden Darstellung des Geländes Anordnungen in Form von Polyedern, Zonen, Streifen oder diskreten Flächenelementen[2]). In den beiden letzten Fällen spricht man von Differential-Entzerrung.

Bei den *Polyeder-Verfahren* wird der Geländeabschnitt durch ein bestanschließendes Polyeder aus unregelmäßigen Vierecken approximiert. Diese werden einzeln nacheinander projektiv und evtl. affin umgebildet. Diese (paßpunktintensiven!) Verfahren schließen sich eng an die übliche Entzerrung an. Das von der französischen Katasterverwaltung nach diesem Grundgedanken eine zeitlang praktizierte „*Facetten-Verfahren*" ist inzwischen aufgegeben worden.

Schmale, bandförmige Flächen längs ausgewählter Höhenschichtlinien bilden die Elemente der *Zonenverfahren*. Die einzelnen Zonen werden nacheinander (und nach Abdecken aller anderen Zonen mittels eines Farbstoffes) bei entsprechender Änderung des Abbildungsmaßstabes auf eine lichtempfindliche Schicht projiziert. Die Verfahren erfordern Spezialinstrumente und viel manuelle Arbeit; sie sind nicht automationsfreundlich.

---

1) Proc. Int. Sympos. on Photo Maps and Orthophoto Maps, Can. Surv. XXII, 1968; Commun. Coll. Intern. sur les Orthophotographies, Oct. 1971. Paris 1972.
2) Schwidefsky, K.: BuL **33** (1965) 143 bis 156.

Teil- und Vollautomatisierung sind möglich, wenn die schmalen Flächen ohne Rücksicht auf die Geländehöhen als rechteckige Streifen parallel zu einem Bildrand angeordnet und während des (hier kinetischen!) Projektionsvorganges von einer kleinen motorgetriebenen Schlitzblende mäanderförmig abgefahren werden (*Streifenverfahren*). Während dieser kontinuierlichen Projektion ist der Abbildungsmaßstab kontinuierlich entsprechend der Geländehöhe in der Blendenmitte zu ändern. Die hierzu notwendige profilweise Höhenmessung kann entweder von einem Stereoauswerter oder von einem elektronischen Korrelator ausgeführt werden. Im letzteren Fall entsteht das Orthophoto *voll*automatisch.

Schließlich sei noch ein elektronisches Verfahren (,,*Gestalt-Photokartierung*``) erwähnt, das über die Maßstabangleichung hinaus mit einer komplexen Transformation kleiner flächenfüllender regelmäßiger Sechsecke arbeitet. In einem dichten Raster werden Geländehöhen elektronisch gemessen. Die weiter in Übertragungselemente zerlegten Sechsecke werden mittels eines Prozeßrechners optimal auf eine gemeinsame Ebene transformiert. Die Bildübertragung geschieht hier elektronisch. Der elektronische Gesamtaufwand dieses Verfahrens ist groß.

Fast alle bisher entwickelten Orthophoto-Systeme benutzen ein Streifenverfahren. Für die Behandlung der Differentialentzerrung soll daher ein solches zugrundegelegt werden. Ein differentiell entzerrtes Bild, das in allen Teilen den gleichen Maßstab besitzt, heißt *Orthophoto*.

Unter *Differential-Entzerrung* nach dem Streifenverfahren soll ein Entzerrungs-Verfahren für die Bilder nicht-ebener Objekte verstanden werden, bei dem die als eben approximierten Flächenelemente mindestens unter ständiger Maßstabsänderung nacheinander entzerrt werden und innerhalb schmaler, paralleler Profilstreifen aufeinander folgen.

4.7.2   Entwicklung der Differential-Entzerrung

Th. Scheimpflug hat 1897 erstmals die durch Entzerrung nach dem Zonenverfahren *flächenweise* herzustellende Photokarte vorgeschlagen und hierfür einen Zonentransformator konstruiert. Sein umständliches Verfahren fand keinen Anklang. Auch das im Jahre 1924 von L. Vietoris vorgeschlagene Prinzip der Streifenabtastung[1]) blieb zunächst unbeachtet. Es wurde erst 1929 durch O. Lacmann mit einem Versuchsgerät verwirklicht. Die Höheninformation mußte hier noch durch Profilschablonen nach vorhandenen Karten eingeführt werden. R. Ferber konnte 1933 mit seinem einfachen Doppelprojektor die Höhenmessung nach dem Anaglyphenprinzip und zugleich die photographische Differential-Entzerrung mittels des blauen Projektionslichtes ausführen. Dabei diente die Spaltblende als Meßmarke. R. K. Bean entwickelte diesen Gedanken weiter und stellte 1955 ein praxisreifes Gerät vor. Er verwendete erstmals einen dritten Projektor für die Herstellung des Orthophotos, nutzte dabei aber nur die Tiefenschärfe aus. Der mit einem Vorsatzsystem exakt abbildende Orthoprojektor GZ 1 von Zeiss, Oberkochen, wurde 1964 erstmals vorgeführt. Etwa gleichzeitig erschienen mehrere Geräte auf dem Markt, die das Orthophoto durch Strahlenteilung auf einer Seite eines Stereokartiergerätes ableiteten. Im Jahre 1971 folgte schließlich Hobrough mit einem hochkomplexen elektronischen System seines ,,Gestalt Photo Mappers``, der an die Stelle der Streifenabtastung die durch digitale Korrelation bewirkte Umbildung kleiner sechseckiger Flächenelemente setzt. Ein digital arbeitendes Streifenverfahren stellte Wild erstmals 1974 vor.

---

[1]) Österr. Patentschrift Nr. 100832, angemeldet am 26. 3. 1924.

4.7.3   Differential-Entzerrungsgeräte

Ein *Differential-Entzerrungsgerät* kann einen Aufbau wie Bild **316.**1 haben. Das zu entzerrende Bild 1 liegt in einem der Aufnahme-Kammer entsprechenden Projektor 2, der entlang der Säule 3 kontinuierlich gemäß den gemessenen Profilhöhen gleiten kann. Der feste Projektionstisch 4 trägt das lichtempfindliche Material für die Herstellung des Orthophotos. Momentan belichtet wird nur die durch die Schlitzöffnung der Blende 5 freigegebene Fläche. Die Blende wird durch einen Motor in y-Richtung verschoben und nach einem Durchlauf in x-Richtung um eine Schlitzbreite versetzt. Ein inversorgesteuertes Vorsatzsystem 6 (Bild **59.**2) sorgt für Scharfabbildung in allen Projektionshöhen. Die dem Geländeprofil der Schlitzmitte entsprechende z-Einstellung wird im Direktbetrieb des Gerätes von einem Stereokartiergerät her übertragen, dessen synchron mit 5 das Stereomodell durchlaufende Meßmarke ein Beobachter durch kontinuierliche z-Steuerung im Kontakt mit dem Gelände hält. (Die Profilmessungen können auch gespeichert und durch ein Lesegerät – zeitlich unabhängig von der Messung – übertragen werden.)

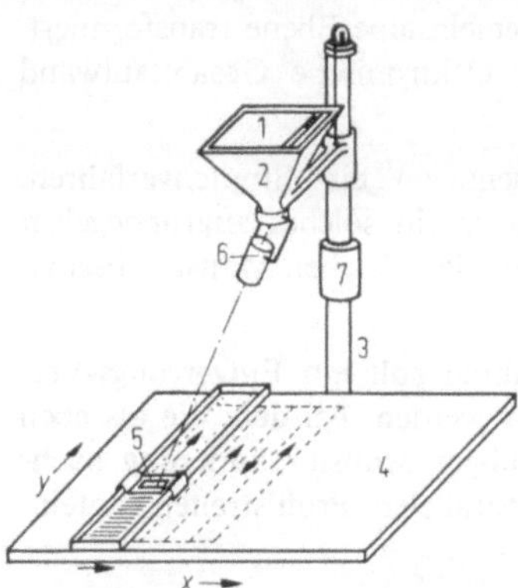

316.1 Schema eines Differential-Entzerrungsgerätes, das nach dem Streifenverfahren arbeitet
1 Luftbild, 2 Projektor, 3 z-Säule, 4 Projektionstisch, 5 Spaltblende, 6 Vorsatzsystem für Scharfabbildung, 7 Gegengewicht. Die Beleuchtungseinrichtung und die Verbindung von 5 und 6 sind nicht gezeichnet

Dieser Prinzipskizze entspricht das Orthoprojektions-System GZ1 von Zeiss, Oberkochen. Bild **316.**2 zeigt links den Projektor, und zwar im Speicherbetrieb. Er erhält also bei dieser Betriebsweise die Höheninformation nicht direkt von einem Stereokartiergerät, sondern von einem Lesegerät (rechts). In einem mit dem Kartiergerät verbundenen Speichergerät werden die vom Beobachter abgefahrenen Höhenprofile auf Glasplatten graviert. Das Lesegerät wandelt diese (analogen) Höhenwerte in z-Impulse um und steuert damit das Projektionssystem. Der Speicherbetrieb macht das Verfahren unabhängig von der Abtastgeschwindigkeit und Anwesenheit des Beobachters, verarbeitet (z. B. im Nachtbetrieb) die Ergebnisse mehrerer Kartiergeräte und erlaubt die Archiviernug der Profilmessungen für die spätere Kartennachführung. Er ermöglicht ferner – da bei jeder Entzerrung die Daten der Nachbarprofile bereits vorliegen – eine affine Entzerrung von entsprechend der Querneigung des Geländes geneigten Zwischenebenen. Hierzu dient eine besondere Interpolationseinrichtung mit einer Faseroptik.

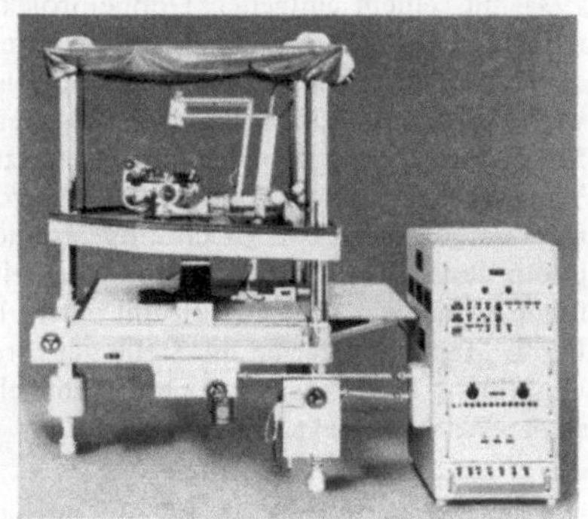

316.2 Orthoprojektor GZ 1 im Speicherbetrieb mit angeschlossenem Lesegerät (rechts) von Carl Zeiss, Oberkochen (Werkphoto)

Der Projektionsteil des Gerätes besteht im wesentlichen aus Baugruppen des Stereoplanigraphen. Das zu entzerrende Bild wird mit seinen Orientierungsdaten in den Bildträger eingelegt. Der Projektionstisch trägt das lichtempfindliche Material und die Spaltblendeneinrichtung.

Alle namhaften Hersteller von Stereokartiergeräten haben während des letzten Jahrzehntes Vorrichtungen zur Herstellung von Orthophotos, sei es als selbständige Geräte oder als Zusätze zu ihren Stereokartiergeräten entwickelt. Das Orthophoto wird bei einigen Konstruktionen durch Strahlenteilung oder Ausblendung im Zweibildgerät erzeugt, bei anderen mittels eines dritten Projektors (wie oben). Es entsteht häufig auf einer rotierenden Trommel, die gewisse Vorteile ermöglicht. Zur Bildübertragung werden nicht nur optische, sondern auch elektronische Mittel benutzt, die die Anlage flexibler machen, aber die Auflösung der optischen Systeme nicht ganz erreichen.

Wir erwähnen einige verschiedenartige Bauformen. Zeiss, Oberkochen, hat an der Rückseite seines Doppelprojektors DP (Bild **297**.1) einen dritten Projektor aufgehängt, der an den Höhenbewegungen der beiden anderen Projektoren teilnimmt und auf einem lichtgeschützten zweiten Tisch eine motorgetriebene Spaltblende angebracht. Der so entstandene *Ortho-3-Projektor* ist besonders für Ausbildungszwecke geeignet.

In ähnlicher Weise wurde der Kelsh Plotter (Bild **296**.2) durch Hinzufügen eines dritten Projektors mit einem Hochleistungsobjektiv in der Mitte zum *Kelsh K-320 Orthoscan* ausgestaltet. Bemerkenswert ist dabei, daß die z-Bewegung der Projektoren oder der ganzen Tischplatte durch die Bewegung einer kleinen Projektionsfläche mit Faserglas-Elementen ersetzt wurde.

Wild hat sich für ein *Zusatzgerät PPO*-8 zum Autographen A8 entschieden, das auch nachträglich angebaut werden kann. Das Orthophoto entsteht auf einer rotierenden Filmtrommel in lichtgeschütztem Gehäuse; zu seiner Erzeugung dient ein Teil des Lichtstromes des linken Bildes. Die Entzerrung erfolgt durch eine Zoom-Optik und ein Amici-Prisma, die durch einen Analogrechner gesteuert werden.

Ein neues Gerätemuster, bei dem die Vergrößerung und die Drehung sehr schmaler, fast linienförmiger Flächenelemente auf Grund von Koordinatenmessungen in einem getrennten Stereokartiergerät wie z.B. dem Aviograph B8 durch einen kleinen Prozeßrechner gesteuert wird, gab Wild im Jahre 1974 bekannt. Hier kann der Fehleranteil des linearen Quergefälles zwischen zwei Profilachsen bei der Entzerrung berücksichtigt und die im folgenden Abschnitt beschriebenen Projektionsfehler eliminiert werden. Dies erlaubt die Wahl einer größeren Streifenbreite bei der Profilabtastung.

4.7.4   Fehlerquellen der Streifenverfahren

Die Differential-Entzerrung ist grundsätzlich ein Näherungsverfahren, da endliche Flächenstücke von Bildern nicht-ebener Flächen in einem kinetischen Verfahren abgebildet werden. Dabei wird im einfachsten Falle die strenge Entzerrung des jeweiligen Blendenausschnittes durch eine Maßstabanpassung für die Blendenmitte ersetzt. Hierdurch sind Fehlerquellen gegeben. Den größten Einfluß haben bei horizontaler Blendenlage die *Projektionsfehler*, die vom Quergefälle ε quer zur Streifenrichtung und von der gewählten Streifenbreite abhängen sowie die *Abtastfehler* des Beobachters (oder eines

Korrelators) bei der Abtastung des Höhenprofiles, die eine Funktion der Geländegestalt und der Laufgeschwindigkeit sind[1]).

Um die Wirkungen der für das Verfahren typischen Projektionsfehler zu zeigen, haben wir in Bild **318.**1 ein Querprofil (senkrecht zur Richtung der Abtaststreifen) eines Geländes mit starkem Quergefälle in Grund- und Aufriß dargestellt. O', O'' bezeichnen im Grund- und Aufriß den Aufnahmeort. Der Grundriß des Querprofiles wird nur in den Streifenmitten richtig abgebildet; im ganzen ergibt sich ein sägezahnartiges Bild mit Klaffen an den Streifenrändern. Bei zum Bildnadir hin ansteigendem Gelände werden Randpunkte, z.B. P_1, im Grundriß doppelt abgebildet, während bei fallendem Gelände, z.B. bei P_2, Lücken auftreten. Die Lagefehler in x- und y-Richtung Δr_x und Δr_y sind in Bild **318.**1 abzulesen.

318.1
Abbildungsfehler beim Streifenverfahren durch Quergefälle ε senkrecht zur Streifenrichtung. Während der Geländepunkt P_1 doppelt in $\underline{P_1}$ und $\overline{\overline{P_1}}$ abgebildet wird, fehlt der Punkt $\overline{\overline{P_2}}$. Ein in Richtung des Querprofiles verlaufender Weg erscheint in mehreren, jeweils um die Streifenmitte verdrehten Teilen. O', O'' Grund- bzw. Aufriß des Aufnahmeortes

Es ist

$$\Delta r_x = \frac{\Delta h}{2}\tan v_x \quad \text{mit} \quad \frac{\Delta h}{2} = \frac{s}{2}\tan\varepsilon \tag{4.15}$$

d.h.

$$\Delta r_x = \frac{s}{2}\tan\varepsilon \cdot \tan v_x \tag{4.16}$$

ferner

$$\Delta r_y = \frac{s}{2}\tan\varepsilon \cdot \tan v_y \tag{4.17}$$

und

$$\Delta r = \sqrt{\Delta r_x^2 + \Delta r_y^2} \tag{4.18}$$

Darin bedeuten s die Spaltbreite, Δh den Höhenunterschied benachbarter Spaltmitten, ε den Böschungswinkel des Geländes senkrecht zur Streifenrichtung sowie v_x, v_y die Komponenten der Nadirdistanz des Projektionsstrahles in den x, z- und y, z-Ebenen. Eine Abschätzung ergibt, daß der Maximalfehler an den Rändern eines Weitwinkelbildes für 4 mm Streifenbreite und $\varepsilon = 10\%$ nur $\Delta r = 0{,}1$ mm und die Doppelbild-Abstände 0,2 mm betragen können. Man beachte, daß das Quergefälle des Geländes mit $\tan\varepsilon$ in die Lagefehler eingeht[2]).

4.7.4.1 Differential – Entzerrung verschiedener Ordnung Die durch Bild **318.**1 dargestellten Verfahrensfehler der einfachsten Streifenverfahren lassen sich verringern, wenn zusätzlich eine

---

[1]) Zur Fehlertheorie vgl. Schwidefsky, K.: BuL 33 (1965) 146ff.; Jochmann, H.: BuL 33 (1965) 167 bis 172. Erfahrungszahlen bei Meier, H. K.: Zeiss Mitt. 4 (1966) 79 bis 98.
[2]) Wie H. G. Neubauer in BuL 37 (1969) 179 bis 182 zeigt, können für $\tan\varepsilon$ folgende Mittelwerte angenommen werden: Flachland 0,06. Mittelgebirge 0,22, Hochgebirge 0,50.

affine Transformation (1. Ordnung) innerhalb der Spaltfläche vorgenommen wird. Diese kann man sich als Entzerrung auf eine *geneigte* Spaltblende vorstellen. Dabei kann man die Spaltebene z.B. in ihrem Mittelpunkt das Gelände tangieren oder ihre Ränder mit den Rändern der Nachbarspalte zusammenfallen lassen. Bild **319.1** zeigt schematisch (nach D. Hobbie[1]) oben die einfache Entzerrung mit horizontalem Spalt, in der Mitte die Wirkung bei tangierendem Spalt und unten bei Anpassung an die Ränder der Nachbarspalte. Auch eine Transformation (2. Ordnung) auf eine gekrümmte Spaltfläche ist möglich. Der erzielbare Genauigkeitsgewinn solcher Lösungen muß gegen den dafür notwendigen, nicht unbeträchtlichen instrumentellen Mehraufwand abgewogen werden.

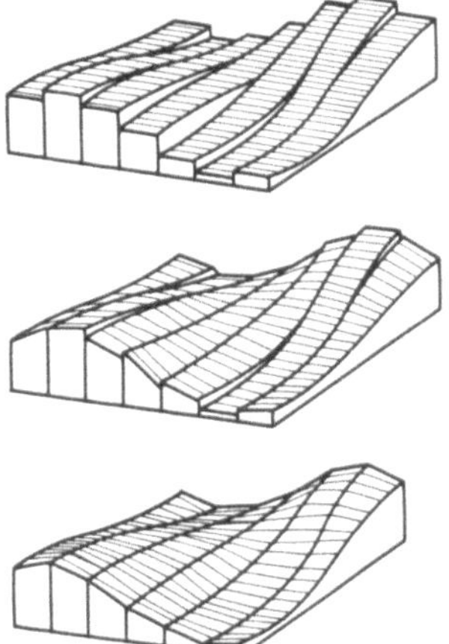

319.1 Anpassung von Streifenmodellen an die Geländeoberfläche bei verschiedener Transformation innerhalb der Spaltflächen (nach D. Hobbie). Gedachte Lage der Spaltfläche oben: horizontal; Mitte: in Spaltmitte tangierend, unten: Spaltränder in Deckung mit den Nachbarspalten

4.7.5 Orthophotographie und Höheninformation[2]

Die bei der Streifenabtastung als Nebenprodukt gewonnenen Profildaten können leicht zu Höhenschichtlinien weiterverarbeitet werden. Man koppelt dazu mit der Spaltblende des Differential-Entzerrungsgerätes eine Zeichen- oder Registriereinrichtung, die auf einen besonderen Tisch die Profilspuren aufzeichnet. Immer, wenn bei der Höhenabtastung eine Höhenfläche der vorgesehenen Äquidistanz durchstoßen wird, wechselt man automatisch die Registrierart der Grundrißspur, z.B. ihre Strichstärke oder Strichart.

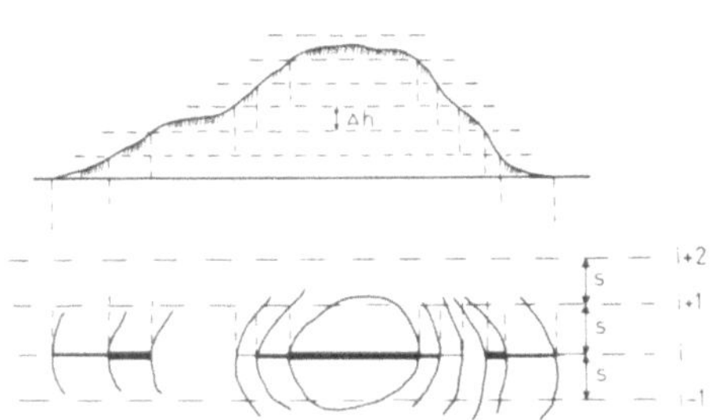

319.2 Zur Entstehung der Profilschraffen bei der Profilmessung des Streifens i. Von der Wahl der Streifenbreite s und der Äquidistanz Δh hängen die Erfaßbarkeit der Kleinformen und der Arbeitsaufwand ab

Durch manuelles Verbinden der einander zugeordneten Endpunkte dieser *Profilschraffen* erhält man Schichtlinien (Bild **319.2**). Die Grundlagen des Schichtlinienplanes entstehen demnach ohne Mehraufwand an Arbeitszeit. In kleinförmigem Gelände können Irrtümer bei der Identifizierung der einer Höhe zugehörigen Schraffenendpunkte entstehen. Die Auflösung dieses Verfahrens, d.h., die Darstellung von Kleinformen des Geländes, hängt von der Wahl der Streifenbreite und der Äquidistanz ab, denen aus wirt-

[1] Hobbie, D.: Diss. Univ. Stuttgart, DGK Reihe C, Nr. 197, München 1974.
[2] Hobbie, D.: BuL **39** (1971) 29 bis 36.

schaftlichen Gründen Grenzen gesetzt sind. Eine kritische topographische Überarbeitung aus Profilschraffen gewonnener Höhenschichtlinien ist notwendig. Diese und der Zeitaufwand für den Entwurf des Schichtenplanes beeinträchtigen die Wirtschaftlichkeit des Verfahrens erheblich[1]).

Hat man die abgetasteten Höhenprofile gespeichert, so lassen sich Höhenschichtlinien automatisch durch elektronische Interpolationen ableiten. Dies geschieht in dem *elektronischen Höhenschichtlinienzeichner* zum Orthoprojektor GZ1 auf folgende Weise:

Durch zwei Geber mit 100 Hz Impulsfrequenz werden mit hoher Auflösung die gespeicherten z-Werte auf der Speicherplatte abgetastet, und es werden ihnen elektrische Spannungen zugeordnet. Innerhalb jedes Streifens zwischen zwei Profilen werden lineare Querprofile gebildet, deren Gesamtheit eine Regelfläche erzeugt. Die Durchstoßpunkte der Erzeugenden durch die jeweilige Niveaufläche werden als helle Punkte auf dem Schirm einer Braunschen Röhre markiert und auf einem Film abgebildet. Diese als enge Punktfolgen erzeugten Schichtlinien bedürfen nur noch einer geringfügigen Überarbeitung. Bild 320.1 zeigt als Beispiel die Reliefdarstellung eines Geländeabschnittes durch normale Stereokartierung (a), durch Profilschraffen, nach denen die Schichtlinien noch manuell zu zeichnen sind (b) und durch elektronisch aus den Profilmessungen im GZ1 interpolierte Schichtlinien (c). Bei der Beurteilung dieser drei Methoden der photogrammetrischen Höhenlinienzeichnung sind neben der Genauigkeit und Zuverlässigkeit der Ergebnisse auch der Investitionsaufwand und die Arbeitsleistung zu berücksichtigen (vgl. hierzu 6.3.1 und 6.5.3).

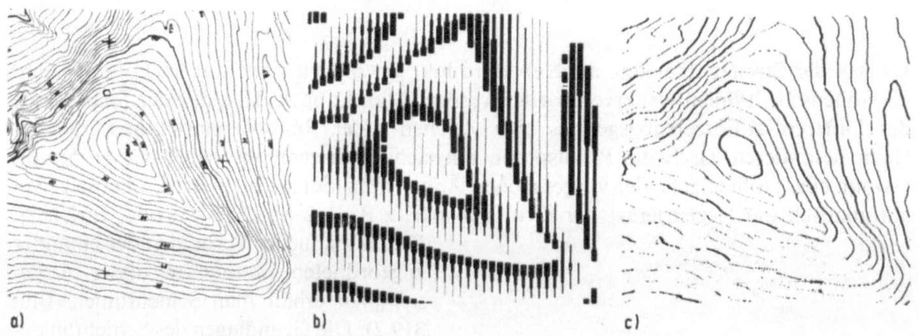

a)   b)   c)

320.1 a) Durch Stereokartierung bestimmte Höhenschichtlinien,
   b) im Orthoprojektor GZ 1 gezeichnete Profilschraffen desselben Geländeabschnittes,
   c) nicht überarbeitete, mit dem elektronischen Höhenschichtlinienzeichner automatisch kartierte Schichtlinien

Falls man die Profilabtastung durch einen Korrelator (s. 5.6.2) automatisch ausführen läßt, so ermöglicht das System Orthoprojektor + Korrelator + Schichtlinienzeichner die praktisch *vollautomatische* Herstellung von Bildkarten mit Schichtlinien.

---

[1]) Die Genauigkeit der Höhenschichtlinien aus Profilschraffen genügt den amtlichen Fehlergrenzen für die Deutsche Grundkarte 1:5000, wie H. Schneider gezeigt hat (Diss. Univ. Stuttgart, abgedr. in DGK Reihe C, Nr. 162, München 1971).

Einen anderen Weg, Orthophotos mit Höheninformation auszustatten, hat T. J. Blachut in Verbindung mit S. H. Collins mit dem von ihm vorgeschlagenen *Stereo-Orthophoto-System*[1]) eingeschlagen. Er knüpft an die Herstellung „unechter Anaglyphen" an (s. 1.4.3) und erzeugt gleichzeitig mit einem normalen Orthophoto in einem als Orthocartograph bezeichneten Gerät ein zweites, das „Stereomate". Dieses entsteht aus dem zweiten Bild des Stereopaares dadurch, daß alle Bildpunkte in Basisrichtung um den Betrag einer künstlichen Parallaxe p_x entsprechend ihrer Höhe Δh über einer Bezugsebene verschoben werden Hierbei wird die Funktion $p_x = b \ln \left(\dfrac{h}{h - \Delta h} \right)$ benutzt, worin b die Basis und h die Flughöhe bedeuten. Stereo-Orthophotos können in einem zweiten relativ einfachen Gerät, dem Stereocompiler, zu Bildkarten mit Schichtlinien verarbeitet werden.

---

[1]) BuL **39** (1971) 25 bis 28.

5 Automation in der Photogrammetrie

5.1 Automat und Automation

Nach der klassischen Definition ist ein Automat „eine mechanische Einrichtung, die nach Aufheben einer Hemmung einen Vorgang selbsttätig ausführt", und unter Automation[1]) versteht man „die Erledigung, Steuerung und Kontrolle von Arbeiten durch Automaten". In der Photogrammetrie haben wir es mit speziellen Systemen der Informationsgewinnung und -verarbeitung zu tun. Hier hat sich der Schwerpunkt von mechanischen auf elektrische und elektronische Einrichtungen verlagert, von denen meist mehrere mit verschiedenen Funktionen in einem System vorhanden sind. Für eine volle Automatisierung muß das Kriterium erfüllt sein, daß die wesentlichen Funktionen ohne einen menschlichen Operateur ausgeführt werden. Sofern die Automation unter wirtschaftlichen Gesichtspunkten gewertet werden muß, sind für ein erfolgversprechendes System zuerst die Voraussetzungen zu erfüllen, daß eine große Anzahl gleicher Vorgänge am selben Ort auszuführen sind und daß für die Anlieferung des Materiales und die Verteilung der Ergebnisse ein zweckmäßiges und preisgünstiges Transportsystem verfügbar ist. Auch wenn diese Voraussetzungen erfüllt sind, muß in der Regel sorgfältig im einzelnen geprüft werden, ob der für die Automatisierung bestimmter Teilvorgänge erforderliche Aufwand in einem wirtschaftlich vertretbaren Verhältnis zum dadurch eingesparten menschlichen Arbeitsaufwand oder den insgesamt erzielbaren Vorteilen steht. Man spricht hier von „Automationsfreundlichkeit". Ausnahmen gibt es hauptsächlich im militärischen Bereich und in der Raumfahrt. Oft erweisen sich *interaktive Systeme* als zweckmäßig, bei denen ein Operateur die nur mit sehr hohem Aufwand automatisch auszuführenden Funktionen übernimmt.

Die Verarbeitung von geometrischen, physikalischen und Gestaltinformationen ist in unterschiedlichem Maße automationsfreundlich und technisch gelöst. An der Spitze steht die *physikalische* Information. Bildschwärzungen lassen sich längs Rasterlinien leicht vollautomatisch mit Mikrodensitometern messen und im Rechner verarbeiten. Bei der Koordinatenmessung beliebiger Bildpunkte bereitet die automatische Punkteinstellung Schwierigkeiten, wenn die Punkte nicht signalisiert oder auf den Bildern markiert sind. Sternaufnahmen bilden eine Ausnahme. Die automatische Verarbeitung von Gestaltinformation schließlich setzt voraus, daß Bildgestalten (z. B. Häuser oder Brücken) automatisch erkannt und klassifiziert werden können. Das gelingt heute erst für einfache Sonderfälle.

In der Photogrammetrie begann die Automation bei den Wandlern (s. 1.1.2.1) und den sogenannten Peripheriegeräten, zu denen Einheiten für die Ein- und Ausgabe sowie die Speicherung von Daten gehören. Heute liegen Schwerpunkte bei elektronischen Rechnern, Korrelatoren und Zeichenanlagen.

---

[1]) Wir betrachten die Ausdrücke „Automation" und „Automatisierung" als Synonima und unterscheiden, wo dies notwendig ist, zwischen Teil- und Voll-A.

5.2   Elemente für die Automation[1])

Eine wichtige Rolle spielen die Vorrichtungen für die Ausgabe der Ergebnisse der Meß- und Kartiergeräte. Für sie sind die oben angeführten Voraussetzungen für eine wirtschaftlich erfolgreiche Automation erfüllt. Mit den gegenwärtigen starken Tendenzen zur Digitalisierung und zur digitalen Weiterverarbeitung der primären photogrammetrischen Ergebnisse (z.B. auch in der Kartographie) verzichten die Instrumentenhersteller mehr und mehr auf eigene Konstruktionen und verwenden die von den großen Entwicklungsfirmen angebotenen Systeme. Dies gilt nicht nur für die eigentlichen Peripheriegeräte wie Lochstreifen-, Lochkarten- und Magnetbandeinheiten sowie Bildschirmgeräte, sondern auch für Wandler wie lineare oder Rotations-Impulsgeber, Drehmelder und ähnliche Elemente und in besonderem Maße für Prozeßrechner.

Die unmittelbare zweidimensionale *Analog*ausgabe der Kartierungsergebnisse war vom ersten existierenden Doppelprojektor an ein Kennzeichen photogrammetrischer Geräte. Stufenlose oder stufenweise Maßstabsänderungen werden dabei mittels Pantographen oder Wechselradgetrieben erreicht. Zur freizügigen Übertragung auf entfernte Zeichenflächen benutzt man heute Spindel-Kreuztische, die durch Drehmelder-Systeme angetrieben werden.

Interessanter sind Vorrichtungen für die *digitale* Ausgabe der in analoger Form bestimmten Modellkoordinaten, denn die *Analog-Digital-Wandlung* ist ja vielfach gleichbedeutend mit der Messung. Der Schitt vom visuell ablesbaren Koordinatenzählwerk mit dezimalen Ziffernrollen zum automatischen Gerät wurde 1952 von Zeiss, Oberkochen, mit dem Druckzählwerk getan, das auf Hebeldruck ein x, y, z-Koordinatenverzeichnis als fortlaufenden Abdruck der Ziffernrollen lieferte. Ein elektrische Impulse gebender Magnetzähler gestattete später den Übergang zu handelsüblichen (Fern-) Schreibautomaten und Lochstreifengebern (Ecomat von Zeiss, Oberkochen). Auch das Registrierwerk EK 5 von Wild beruht auf elektromechanischem Prinzip. Damit war der Anschluß an die in der EDV in großen Stückzahlen verwendeten Peripheriegeräte erreicht, zu denen noch Lochkartengeber und Magnetbandeinheiten traten. Als Meßnormale werden in der Regel Präzisionsspindeln verwendet, die zugleich die Meßschlitten transportieren.

Nachteile elektromechanischer Konstruktionselemente werden vermieden, wenn die Bruchteile von Spindeldrehungen mittels koaxialer, codierter Scheiben gemessen werden, die in mehreren Kreisspuren nach dem Dualsystem angeordnete lichtdurchlässige bzw. leitfähige Stellen enthalten. Die optische bzw. elektrische Abtastung liefert dann Codewerte für die Spindelstellung. Man spart die Meßspindeln, wenn man codierte lineare Maßstäbe in den Koordinatenachsen anbringt (Bild **324.1**). Auch hier liefert die Ablesung absolute Positionswerte. Ersetzen wir die Codierung durch eine feine Strichteilung, die durch eine mit dem Meßschlitten verbundene Lichtquelle mit Abtastplatte abgetastet wird, so erhalten wir in einem „Impulsverfahren" Koordinaten durch Abzählen der Lichtimpulse mit einem schnellen lichtelektrischen Vorwärts-Rückwärtszähler (Bild **324.2** und **324.3**). Ein solcher linearer Impulsgeber arbeitet nach dem Inkrementalprinzip. Auflösungswerte von 1 µm werden erreicht. Natürlich lassen sich auch Spindeldrehungen nach dem Impulsprinzip digitalisieren.

---

[1]) Jordan-Eggert-Kneissl: Handbuch der Vermessungskunde. Bd. III a/2. Stuttgart 1972 § 106; Steinbuch, K.; Weber, W. (Hrsg.): Taschenbuch der Informatik. Bd. I. Berlin-Heidelberg-New York 1974, 563 S.

Die heute bekanntesten europäischen Koordinaten-Registriergeräte, der Ecomat 11 von Zeiss, Oberkochen, und das EK 8 von Wild verwenden nach dem Inkrementalprinzip arbeitende Rotations- oder Linear-Impulsgeber mit lichtelektrischem Abgriff.

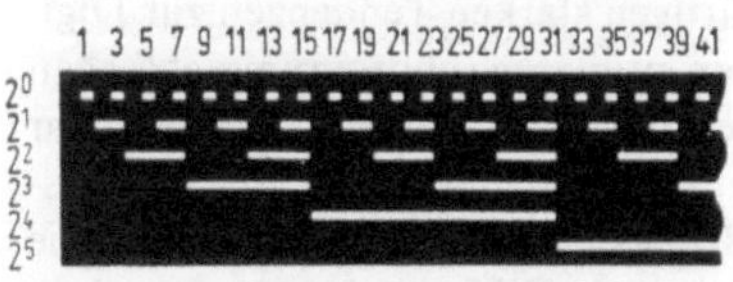

324.1 Positionsbestimmung mittels eines rein binär kodierten linearen Maßstabes, der photoelektrisch abgelesen wird (Ableselinie nicht eingezeichnet)

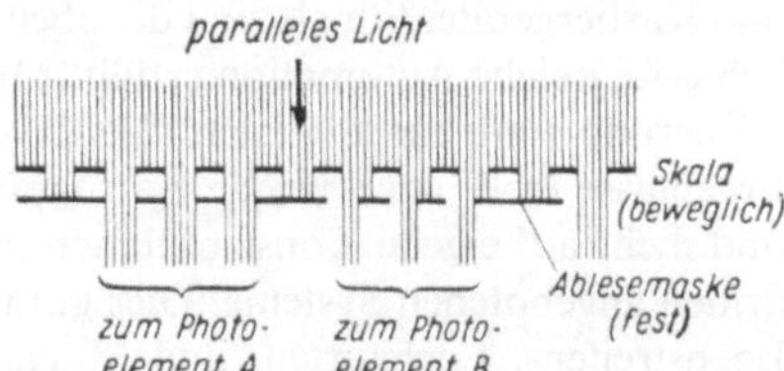

324.2 Linearer photoelektrischer Inkrementalgeber. Die Phasenverschiebung der beiden Gitter der Ablesemaske dient der Richtungsunterscheidung

324.3 Bei einem schräg gestellten Ablesegitter entstehen Moiré-Streifen, die je nach Bewegungsrichtung nach oben oder unten wandern, und dadurch vorzeichenrichtige Impulse liefern

Das Coordimeter E von Jenoptik, Jena, ist durch Drehmelder mit den x, y, z-Spindeln des Kartiergerätes verbunden. Die A/D-Wandlung geschieht auf elektromechanischem Weg. Eine kleine elektromechanische Rechenanlage führt Hilfs- und Folgerechnungen aus.

Digital-Analog-Wandler spielen in Geodäsie und Photogrammetrie, aber auch in vielen anderen Disziplinen als automatische Koordinatographen eine zunehmend wichtigere Rolle und zwar als selbständige Geräte oder auch als Peripheriegeräte größerer Rechenanlagen. Auch in Verbindung mit kleineren Prozeßrechnern lösen sie eine große Zahl mathematisch anspruchsvollerer Zeichenaufgaben.

5.3   Korrelation der Bilder eines Stereopaares

Ein wichtiger Teilprozeß der photogrammetrischen Bildauswertung ist die stereoskopische Fusion der beiden Teilbilder eines Stereopaares. Ein automatisches System muß, wenn nicht eine Nachahmung, so doch einen Ersatz dafür schaffen. Da das Stereosehen ein psychischer Prozeß ist, muß man sich darauf beschränken, die homologen, im allgemeinen nicht kongruenten Bildelemente beider Bilder durch ein Verfahren der *Bildkorrelation* aufzufinden. Außer digitalen Verfahren stehen dafür zwei Gruppen analog arbeitender Verfahren zur Verfügung nämlich optische und elektronische.

Die *optischen* Verfahren seien hier nur sehr kurz erwähnt, da sie noch nicht in die Praxis eingeführt wurden. Man kann z. B. so vorgehen, daß man das eine der beiden Stereobilder mit (kohärentem) Laserlicht durchstrahlt und durch Abbilden des an diesem gebeugten Lichtes eine Fouriertransformation des Bildes erhält. Nach Durchgang durch ein Hochpaßfilter erfolgt eine Rücktransformation auf das zweite Stereobild und schließlich eine weitere Fouriertransformation, die das Korrelationssignal für einen Sensor liefert. Als Vorteile der optischen Lösungen werden angegeben: einfachere Korrelationsrechnung und Beherrschen großer photographischer Dichten.

Die *elektronischen* Korrelationsverfahren wurden bisher am weitesten entwickelt. Weil sie im Gegensatz zu den flächenhaft arbeitenden optischen Verfahren eindimensional (sequentiell) arbeiten, müssen die Bilder zuerst in eindimensionale Signalfolgen umgewandelt werden.

Das geschieht durch *Abtasten* der Bilder mit dem gesteuerten Lichtfleck einer Kathodenstrahlröhre (Bild **325**.1 und **325**.2). Die durch die Bilder hindurchtretenden Lichtströme werden durch die Bildschwärzungen verschieden moduliert und durch zwei lichtelektrische Sensoren (Photozellen) in zwei unterschiedliche Folgen elektrischer Signale umgewandelt. Diese werden in einer Korrelatorschaltung im allgemeinen in analoger Form verarbeitet. Hierzu werden die beiden Signalreihen mit Hilfe eines Korrelationsintegrales einem Phasenvergleich unterzogen. Bildparallaxen homologer Bildstellen sind den Phasenunterschieden direkt proportional. Bei analoger Arbeitsweise hat der Korrelator nun die Aufgabe zu lösen, mit Hilfe von Servo-Motoren das Abtastsystem so zu verschieben, daß die Phasendifferenz einen Kleinstwert annimmt. Dies gilt als Definition homologer Bildstellen. Die Größe der von dem bewegten Lichtpunkt der Braunschen Röhre abgetasteten Bildbereiche und das für verschiedene Aufgaben jeweils zweckmäßige Abtastmuster erfordert besondere Überlegungen, die bei der Entwicklung des Verfahrens beträchtliche Schwierigkeiten bereiteten. [1])

325.1
Zufalls-Abtastmuster des fliegenden Punktes einer Braunschen Röhre, das durch zwei Störspannungsgeneratoren erzeugt wird. Der Mittelwert aller abgetasteten Punkte entspricht dem Mittelpunkt des Rasters. Es ist nicht für die Reproduktion von Bildern geeignet

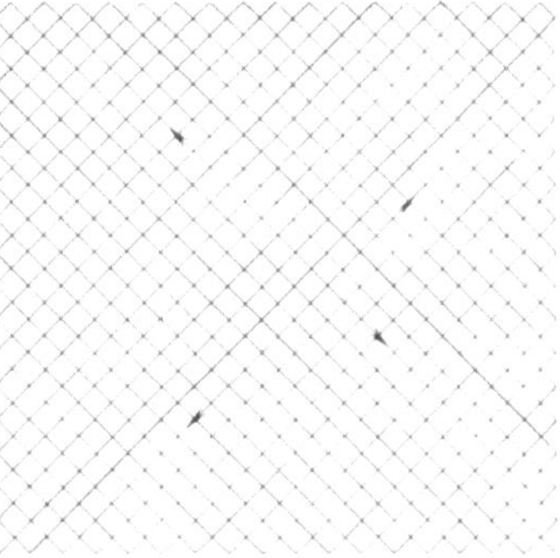

325.2
Diagonales Raster für gleichzeitige *px*- und *py*-Messungen aus Zeitdifferenzen. Es ist auch für die Bildwiedergabe (z. B. im Orthophoto) geeignet

Bei einem *digitalen* Korrelationsverfahren werden die Bilder zuerst digitalisiert, d.h., sie werden in Rasterelemente zerlegt und jedem Rasterpunkt wird die für ihn elektronisch ermittelte Grauwertstufe in numerischer Form zugeordnet. Jedes digitalisierte Bild ist so als Matrix der Grauwerte definiert, und man kann durch Kreuzkorrelation für verschiedene Zuordnungslagen nach sukzessivem gegenseitigen Verschieben der beiden Bildausschnitte Korrelationskoeffizienten errechnen. Der größte Wert des Korrelationskoeffizienten definiert die optimale Deckung der beiden Bildausschnitte. Das Gradientensuchverfahren erlaubt es, diesen Größtwert automatisch in mehreren Schritten zu finden.

---

[1]) Das Abtastverfahren zum Gewinnen der Gestaltinformation erinnert an die raschen unwillkürlichen Augenbewegungen beim natürlichen Sehen (s. 1.4.1).

Da in kurzer Zeit meist eine größere Zahl von Koeffizienten zu errechnen ist, erfordern diese Verfahren einen schnellen Rechner.

In allen Fällen stützt sich das Verfahren ausschließlich auf die Schwärzungsverteilung in den beiden stereoskopischen Teilbildern; Formparameter zur Beschreibung von *Bildgestalten* werden nicht gebildet. Lediglich der Einfluß der Geländeneigung wird vor dem Bildvergleich automatisch korrigiert. Es ist daher verständlich, daß der Korrelator bei Bildern schwieriger Objekte (schroffes Felsgebirge, Stadtgebiet mit hohen Bauwerken) „außer Tritt" fallen kann und der Operateur helfend eingreifen muß (interaktives Verfahren).

Hat der Korrelator die fundamentale Aufgabe gelöst, homologe Bildstellen automatisch zu finden, so sind die folgenden Messungen automatisierbar:

a) die Höhenmessung einzelner Geländepunkte
b) Messung und Registrierung von Höhenprofilen
c) Höhennachstellen bei der manuellen Grundrißkartierung
d) Messung von y-Parallaxen ausgewählter Punkte
e) Bestimmen von Höhenschichtlinien.

Damit ist die Automation einiger Teilprozesse der photogrammetrischen Auswertung möglich geworden:

zu a) bei Benutzung von Paßpunkten die absolute Orientierung des Modelles
zu b) die volle Automation der Orthoprojektion; die Herstellung digitaler Geländemodelle
zu d) die relative Modellorientierung
zu e) die Kartierung des Geländereliefs.

Wieweit sie im Einzelfall verwirklicht wird, muß nach Abschätzen des instrumentellen und des Programmieraufwandes entschieden werden. Frühere Erwartungen haben sich bisher nicht ganz erfüllen lassen.

5.4 Prozeßrechner und Hybridsysteme[1])

Schon seit langem werden Rechenanlagen verschiedener Art zur photogrammetrischen Datenverarbeitung herangezogen (Bild **327.**1). Nach ihrer Verbindung mit dem Datenfluß lassen sich etwa fünf Stufen unterscheiden:

1. Tischrechner werden getrennt vom photogrammetrischen Gerät für Hilfs- und Folgerechnungen wie Orientierungsberechnungen, Koordinatentransformationen, Flächen- und Massenberechnungen verwendet, wobei der Operateur die Dateneingabe und -ausgabe besorgt[2]).

2. Ein Kleinrechner ist über eine Registrieranlage an das photogrammetrische Gerät angeschlossen, beispielsweise beim Coordimeter E der Jenoptik mit Hilfe von Drehmeldern. Dies ist auch mit größeren Rechenanlagen möglich. Neuerdings (1974) hat die Firma Kern ihr Stereokartiergerät PG 2 über inkremental kodierte x, y, z-Geber und einen Kleinrechner mit einem großen Zeichentisch amerikanischer Herkunft verbunden

[1]) Dorrer, E. (Ed.): Proc. Man-Machine interface in photogrammetry August 1972, University of New Brunswick, Fredericton, N.B., Canada.
[2]) Als Sonderfall beschreibt Neubauer, H. G.: BuL **31** (1963) 101 ff. einen speziellen elektrischen Analogrechner für die Ermittlung der Daten der relativen Orientierung aus gemessenen y-Parallaxen.

(Kern PG 2-AT-System). Carl Zeiss, Oberkochen, hat 1975 im Stereocord G 2 (Bild **327**.1) die mechanischen Rechner des früheren Stereotop durch einen elektronischen Tischrechner Hewlett-Packard HP 9810 ersetzt, der im Rahmen seiner Kapazität für weitere Folgerechnungen programmiert werden kann.

3. Die durch entsprechende Programmierung flexible Verbindung eines Prozeßrechners mit einem photogrammetrischen Gerät erlaubt eine Vielzahl von Funktionen bei der Digitalisierung und Verarbeitung der Daten sowie der Ausgabe als Steuergrößen auszuführen und zwar durch ein Echtzeit-Betriebssystem auch für mehrere Peripheriegeräte im Zeitverfahren[1]). Sorgfältig zu prüfen ist auch hier das Kosten/Nutzen-Verhältnis.

4. Die vor wenigen Jahren konzipierten sogenannten Hybrid-Systeme[2]) bestehen aus einem Analogteil, z.B. einem normalen Analog-Kartiergerät, und einem Digitalteil, z.B. einem handelsüblichen Rechner. Während das Analogsystem in üblicher Weise die projektiven Gleichungen löst, korrigiert das Digitalsystem dessen sämtliche bekannte systematische Fehler sowie alle mathematisch formulierbaren sonstigen Einflüsse (Refraktion, Erdkrümmung). Hybrid-Systeme lassen sich, wie E. Dorrer gezeigt hat, schon mit kleinen Rechnern aufbauen.

5. Der Rechner ist in das photogrammetrische Gerät integriert und greift über eine Rückkoppelungsschleife in die Meßvorgänge ein. Ein frühes Beispiel (1953) ist die elektrischanaloge Fluchtpunktsteuerung des Entzerrungsgerätes SEG 5 von Zeiss, Oberkochen (s. 4.5.3.2). U. V. Helava[3]) hat mit dem Entwurf des analytischen Kartiergerätes (s. 5.5) gezeigt, daß diese Integration die Möglichkeit eröffnet, über die Fähigkeiten von Hybrid-Systemen hinaus beliebige mathematische Projektionen zu verwirklichen. Damit ist erstmals die bisher bestehende Bindung an das Konzept der Zentralprojektion gelöst, und es können Bilder mit anderen Abbildungsgesetzen verarbeitet werden, wie sie z.B. in der Radargrammetrie oder der Mehrmedien-Photogrammetrie vorkommen.

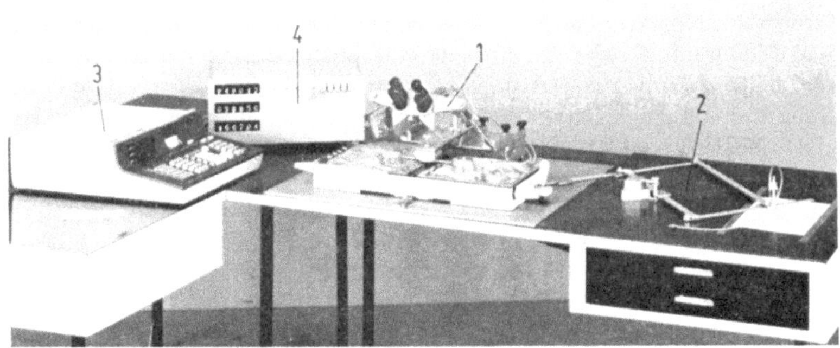

327.1 Stereocord G 2 von Zeiss, Oberkochen, als Beispiel für die Verbindung eines einfachen Meßgerätes mit einem Tischrechner

1 Vereinfachtes Stereotop (ohne mechanische Rechner) mit handelsüblichen Linearimpulsgebern für x und y sowie einem Rotationsimpulsgeber für die Parallaxe px; 2 Pantograph; 3 Tischrechner Hewlett-Packard HP 9810 zur Berechnung genäherter Modell- oder Geländekoordinaten sowie weiterer Folgegrößen je nach Rechenprogramm; 4 Zähler- und Interface-System DIREC 1 zur Verbindung mit dem Tischrechner und zur Anzeige der von diesem berechneten Koordinaten (Werkphoto Zeiss)

---

[1]) Dorrer, E.: BuL **42** (1974) 34 ff.
[2]) Lanckton, A.H.: Phm. Eng. **36** (1970) 280 bis 289; Forrest, R., Lausanne 1968; Hofmann, O.: BuL **40** (1972) 269 bis 275.
[3]) Phia XIV (1957/58) 89 bis 96 und Phm. Eng. XXIV (1958) 794 bis 797.

5.5 Analytische Kartiergeräte

Der konsequente Einschluß von elektronischen Rechnern in die Zweibildverarbeitung führt dazu, daß die projektiven Beziehungen zwischen Bildern und Gelände nicht mehr, wie bei den mechanischen und optischen Projektionsgeräten, durch Simulation des Aufnahmevorganges, sondern durch Rechnung verwirklicht werden. Damit wird wieder an mathematische Entwicklungen in den vierziger Jahren angeknüpft, nun allerdings mit den damals nicht voraussehbaren Möglichkeiten der direkten Prozeßsteuerung durch Rechner. Die Meßbilder liefern nach der neuen, von U. V. Helava stammenden Konzeption[1] – neben anderen Quellen – als analoge Koordinatenspeicher die Eingabedaten für einen Rechner, welcher die Geländekoordinaten im gewünschten Projektionssystem errechnet und in analoger oder digitaler Form ausgibt. Die entscheidenden Fortschritte liegen darin, daß, wie oben schon angedeutet, neben der Zentralperspektive beliebige Abbildungsbeziehungen und beliebige mathematisch formulierbare (oder – über Funktionsgeneratoren – empirisch ermittelte) Fehler (wie z.B. individuelle Verzeichnungsfehler des benutzten Aufnahmeobjektives) und Einflußgrößen berücksichtigt werden können. Die Aufnahmeparameter Kammerkonstante und Bildwinkel können in weiten Bereichen verändert werden ohne – etwa bei Überweitwinkelbildern – zu mechanischen und optischen Schwierigkeiten zu führen. Profilzeichner und Orthoprojektoren können als Peripheriegeräte angeschlossen werden. Anwendungsgrenzen werden weniger durch technische als vielmehr durch ökonomische Bedingungen gezogen. Der hohe Aufwand für die elektronische Instrumentierung und Programmierung läßt für die praktischen Routinearbeiten die analytischen Kartiergeräte gegenüber den Projektionsgeräte wirtschaftlich heute noch nicht konkurrenzfähig erscheinen.

Das erste analytische Gerät mit der Bezeichnung AP-1 wurde in Zusammenarbeit der Firmen Bendix und Ottico Meccanica Italiana (OMI) im Jahre 1962 gebaut. Seitdem sind, zum Teil für militärische Aufgaben und für die Fernerkundung, von den beiden und auch von anderen Firmen eine Anzahl weiterer Modelle entwickelt worden, die sich hauptsächlich durch die Auslegung und Programmierbarkeit der verwendeten Rechenanlagen unterscheiden. Wir erläutern hier das für normale Meßbilder gebaute Modell AP/C von 1963.

Bild **329.**1 ist ein Funktionsschema, das deutlich die drei Bestandteile erkennen läßt: Das Meßgerät, den Rechner und den Koordinatographen. Methodisch neu und bemerkenswert ist, daß Auswerter, Meßgerat und Rechner zu einem Rückkoppelungskreis miteinander verbunden sind. Der Auswerter betrachtet die in einem stereokomparatorähnlichen Aufbau koplanar in je einem Bildträger liegenden Bilder eines Senkrecht-Bildpaares durch ein Doppelmikroskop. Die Bildträger sind auf Kreuzschlitten in x- und y-Richtung verschiebbar. Wie bei Projektionsgeräten kann er mittels zweier Handräder und einer Fußscheibe Modellpunkte P_i entsprechend den Modellkoordinaten X_i, Y_i, Z_i stereoskopisch einstellen. Dies ist trotz der koplanaren Anordnung der Bilder im ganzen Modell ohne Auftreten von y-Parallaxen möglich. Der Rechner hat aufgrund der ihm vorher eingegebenen Festwerte und Orientierungsdaten und der vom Auswerter eingestellten X_i, Y_i, Z_i-Werte die genauen Bildkoordinaten x_i', y_i', x_i'', y_i'' für beide Bilder nach Gl. (1.8) in Echtzeit gerechnet und über einen Pufferspeicher nach einer Digital-Analog-Wandlung durch Servomotore die beiden Bildträger um entsprechende Beträge verschoben[2]. Da die Rechenzeit

---

[1] Phia XIV (1957/58) 89 bis 96 und Phm. Eng. XXIV (1958) 794 bis 797.
[2] Tatsächlich werden in y-Richtung die Bildträger und in x-Richtung die Einstellmikroskope verschoben.

nur 30 ms beträgt, bemerkt der Auswerter die Verschiebungen als solche während der Punkteinstellung nicht und gleicht sie bei der Feineinstellung aus. Bei zeichnerischer Auswertung gibt der
Rechner getrennt aus dem Pufferspeicher über Servomotore die Modellkoordinaten in dem gewünschten Maßstab an die Kartiervorrichtung des Koordinatographen aus.

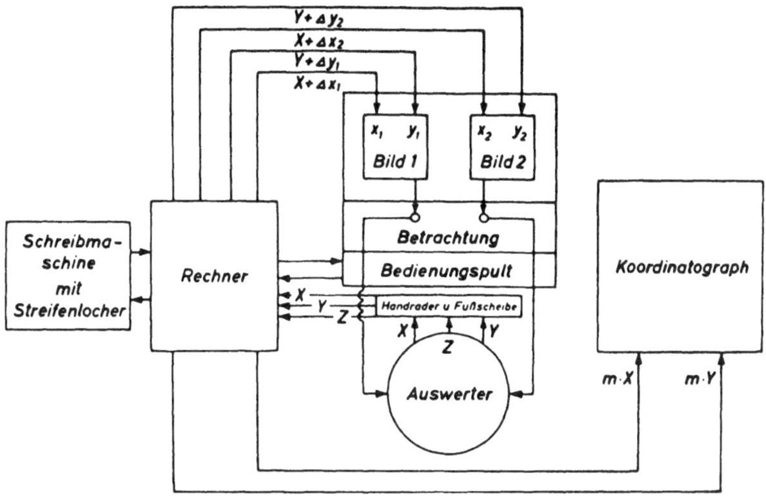

329.1 Übersichtsschema des analytischen Kartiergerätes Mod. AP/C (1963)

Vor Beginn der Auswertung werden Festwerte wie Kammerkonstante und Parameter
der Objektivverzeichnung sowie der Filmschrumpfung, ferner Koordinaten von Paßpunkten und genäherte Koordinaten der Aufnahmeorte über Schreibmaschine oder
Lochstreifen eingegeben. Für die innere, gegenseitige und absolute Orientierung, die halbautomatisch erfolgen, werden Unterprogramme aufgerufen. Die Kodiervorrichtungen
sind beim Modell AP/C auf eine Genauigkeit von $\pm 2\,\mu$m ausgelegt. Da der Auswerter
am AP/C noch für die relative Orientierung die y-Parallaxen an den Gruber-Punkten
wegzustellen, sowie die Paßpunkte für die absolute Orientierung anzufahren hat, haben
wir es bei diesem Baumuster mit einem interaktiven System zu tun.

Die Weiterentwicklung zu vollautomatischen Systemen[1] durch Einbau von Bildkorrelatoren bringt keine unüberwindbaren technischen Schwierigkeiten; sie ist vom ökonomi-
schen Standpunkt zu beurteilen. Bei einigen Baumustern werden auch Vergrößerung und
Bilddrehung der Beobachtungsoptik durch den Rechner gesteuert, um Bilder kinetischer
Aufnahmesysteme (Panoramakammern, Seitwärts-Radar-Aufnahmen) stereoskopisch
betrachten zu können.

Durch die Hinzunahme von Bildkorrelatoren (z.B. bei den analytischen Kartiergeräten
AS-11-B und AS-11-C) sucht man die Auswertegeschwindigkeit für Schichtlinien und
Profile zu erhöhen sowie durch Ausschalten der Beobachterfehler und automatische
Elimination der y-Parallaxen die Orientierungsgenauigkeit zu vergrößern.

---

[1] Jordan/Eggert/Kneissl: Handbuch der Vermessungskunde. Bd. IIIa/2. Stuttgart 1972,
§ 108.

5.6   Automatische Informationsverarbeitung

Das Ziel eines vollautomatisch arbeitenden Systems ist die Ausschaltung des menschlichen Operateurs bei allen wesentlichen Funktionen ohne Rücksicht auf deren Schwierigkeitsgrad. Die Frage, ob alles das automatisiert werden *sollte*, was automatisiert werden *kann*, ist allerdings letzten Endes eine ökonomische und oft auch eine sozialpolitische Frage. Ein sehr großer Teil der bekanntgewordenen Entwicklungen[1]) auf unserem Gebiet ist aus dem amerikanischen Staatshaushalt finanziert worden. Der Umfang dieser Arbeiten kann über den unmittelbaren Nutzen der Ergebnisse für die zivilen Anwendungen täuschen. Die Kosten für Entwicklung, Herstellung und Unterhaltung der hochkomplexen elektronischen Anlagen sind beträchtlich und haben bisher zusammen mit der Fehleranfälligkeit und mangelhaften Betriebssicherheit die breite Anwendung in der nichtmilitärischen Praxis verhindert.

Es ist kaum möglich, Aufbau und Funktion dieser Anlagen auf dem beschränkten Raum dieses Buches korrekt und verständlich darzustellen. Außer dem voraussetzbaren elektronischen Grundlagenwissen erschwert auch die rasche Entwicklung der Technologie eine mit derjenigen der „klassischen" Instrumente vergleichbare Darstellung. Wir werden uns daher hier noch stärker als dort auf ausgewählte Beispiele beschränken.

Eine anwendungsreife (voll)automatische Verarbeitung der gespeicherten *Gestaltinformation* kann in den nächsten Jahren noch nicht erwartet werden. In dem uns hauptsächlich interessierenden Fall der topographischen Kartierung handelt es sich für die Grundrißdarstellung darum, die große Zahl der im Luftbild vorkommenden Bildgestalten richtig in die durch die Zeichenvorschriften des Kartenwerkes festgelegten Klassen der topographischen Gegenstände (Verkehrswege, Gebäude, Gewässer, Vegetation usw.) einzuordnen und eventuell mit den vorgesehenen Symbolen zu markieren. Das ist eine Aufgabe der Zeichen- oder Mustererkennung[2]). Sie ist in unserem Falle schwierig zu lösen, weil durch die Abbildungsgesetze die topographischen Gegenstände in einer großen Zahl unterschiedlicher Bildgestalten verschlüsselt werden (man denke z.B. an Brücken) und die klassenbestimmenden Merkmale nicht allein aus der Registrierung von lokalen Bildschwärzungen abgeleitet werden können. An diesen Problemen wird z. Zt. an vielen Stellen gearbeitet. Vorläufig umgeht man die automatische Entschlüsselung der Elemente des Geländegrundrisses durch die *photographische* Wiedergabe im Orthophoto und überläßt die Interpretation dem Kartenleser.

Im Unterschied zu diesen Schwierigkeiten einer automatischen Interpretation des Grundrisses ist die (voll)automatische Kartierung des Gelände*reliefs* mit der Beherrschung der Bildkorrelation gelöst, da es sich hier lediglich um die Messung von x-Parallaxen handelt. Sie kann – mit unterschiedlichem Aufwand – in verschiedener Form gelöst werden:

a) Am einfachsten ist die automatische Reliefdarstellung mittels Scharen paralleler Höhenprofile in *analoger* Form. Sie kann kontinuierlich oder mit konstanten Zeit- oder Wegintervallen vorgenommen werden. Sie ermöglicht ferner auch die vollautomatische Orthophoto-Herstellung.

b) Bei digitaler Arbeitsweise erhält man ein *digitales Geländemodell*.

c) Aus Höhenprofilen lassen sich automatisch Schichtlinienpläne gewinnen.

---

[1]) Über den Stand in den Ländern des Ostblocks gibt es z.Zt. wenig allgemein zugängliche Information.

[2]) und hat nichts mit *semantischer* Information oder der „Bedeutung" des Bildinhaltes zu tun.

d) Schichtlinienpläne können auch *direkt* in analoger Form mit einem entsprechend programmierten Korrelator erzeugt werden.

e) Das digitale Geländemodell erlaubt die digitale Herstellung von Schichtlinienplänen sowie von geometrischen Planungs- und Entwurfsarbeiten im Gelände.

Die Grundgedanken einiger für die Lösung dieser Aufgaben geschaffener automatischer Geräte wollen wir im folgenden beschreiben, ohne auf technische Einzelheiten einzugehen.

5.6.1   Der Stereomat nach G. L. Hobrough

Nach interessanten Studien an anderen Stellen gelang G. L. Hobrough mit der Photographic Survey Corporation in Toronto 1957/58 die Entwicklung eines ersten betriebsfähigen automatischen Kartiergerätes, des Stereomat[1]), das im folgenden Jahrzehnt in mehreren Modellen weiterentwickelt wurde. Der Stereomat I (Bild **331.1**) kann vollautomatisch die Höhen von Einzelpunkten messen, Profile kartieren und Höhenschichtlinien zeichnen sowie im interaktiven Verfahren die relative und absolute Orientierung ausführen. Die Geländeneigung darf allerdings 20° nicht überschreiten.

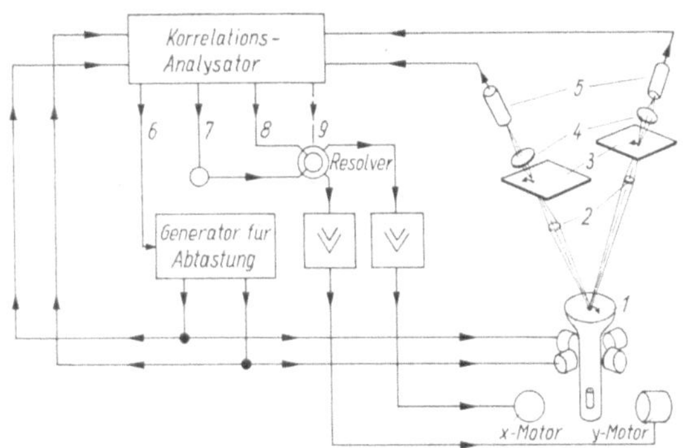

331.1
Schema des vollautomatischen Stereokartiergerätes Stereomat I nach G.L. Hobrough während der Höhenlinienzeichnung

1 durch Ablenkspulen bewegter Lichtpunkt auf dem Bildschirm der in x, y, z verschiebbaren Braunschen Röhre, 2 Projektionsobjektive des Doppelprojektors, 3 Stereobildpaar, 4 Kollektoren, 5 Photozellen, Signale des Korrelations-Analysators: 6 für Größe der Geländeneigung, 7 für Laufgeschwindigkeit der Braunschen Röhre, 8 für x-Parallaxen, 9 für Richtung der Geländeneigung

Der Strahlengang des einfachen Doppelprojektors ist umgekehrt: Das von dem Leuchtpunkt 1 der Braunschen Röhre durchlaufene Abtastmuster (Bild **331.1**) wird durch die Objektive 2 in den beiden Luftbildern 3 abgebildet. Die durch die Kollektoren 4 den Photozellen 5 zugeführten Lichtströme sind daher durch die Bildschwärzungen moduliert und werden in zwei unterschiedliche elektrische Signalfolgen umgewandelt. Der Korrelationsanalysator ermittelt über ein Korrelationsintegral Zeitdifferenzen zwischen ähnlichen Signalformen und daraus x-Parallaxen sowie Informationen über Größe und Richtung der Geländeneigung. Ein Resolver bildet daraus die x- und y-Komponenten, aus denen zwei Servomotore die Verschiebung der Braunschen Röhre und der damit verbundenen Zeichenrichtung zusammensetzen. Sie wird daher längs einer Kurve geführt, für die bei der eingestellten Höhe die x-Parallaxen verschwinden.

Zur stereoskopischen Bildkontrolle kann der Operateur die Ablenkung des Bildpunktes ausschalten und über einen optischen Duplexer (einen eingespiegelten Beobachtungsstrahlengang, s. auch Bild **333.1**) nach dem Anaglyphenprinzip eine räumliche Meßmarke wahrnehmen. Diese kann zur Punkteinstellung bei der absoluten Orientierung oder dazu dienen, an schwierigen Stellen den verirrten Automaten wieder auf die Geländeoberfläche zurückzuführen.

---

[1]) Hobrough, G. L.: Phm. Eng. XXV (1959) 763 bis 769.

Die Flächengröße des Abtastmusters wird während der Arbeit der Geländestruktur automatisch angepaßt: Strukturarmes, flaches Gelände erfordert zur sicheren Korrelation eine große Abtastfläche, stark kupiertes Gelände zur Erhöhung der Auflösung eine kleine.

Die Anpassung des elektronischen Abtastsystems und des Korrelationsanalysators an einen einfachen Doppelprojektor führt wegen der (zum Erzielen ausreichender Tiefenschärfe) sehr kleinen relativen Öffnung der Projektionsobjektive zu einem schlechten Signal-Rausch-Verhältnis. Diese und andere Mängel haben zur Anpassung an ein Grundinstrument mit mechanischer Projektion und frontaler Bildbetrachtung und zur Einführung von je einem getrennten Abtastsystem für jedes Bild geführt. Im Jahre 1964 wurde von Wild der aus dem Umbau des Aviographen B8 hervorgegangene *B8-Stereomat* vorgestellt[1]). Genauigkeit und Arbeitsgeschwindigkeit konnten verbessert, die Beschränkung auf größte Geländeneigungen von 20° aufgehoben und die gleichzeitige Herstellung von Orthophotos erreicht werden. Normaler Handbetrieb ist möglich. Automatische Betriebsarten sind: Gegenseitige Orientierung, Zeichnen von Höhenschichtlinien (entweder direkt kontinuierlich oder bei der Orthophoto-Herstellung in Form von geraden Linienabschnitten), Digitieren des Reliefs auf Magnetband und Orthophotographie.

Bild 332.1 zeigt, stark schematisiert, den Grundaufbau (ohne die Duplexersysteme für die Okularbeobachtung). Die relativ schweren Abtastsysteme sind stationär angeordnet, die leichteren Bildträger 1 werden mittels der räumlichen Lenker 2 in ihren Ebenen verschoben. Die Lenker verbinden die Projektionszentren 3 mit dem Aufpunkt 4. Der Aufbau der Abtaster entspricht

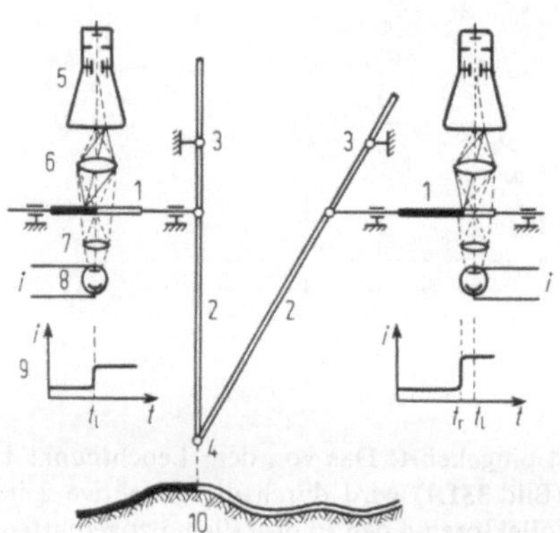

im wesentlichen dem in Bild 331.1 gezeigten und wird wohl durch die Legende hinreichend erklärt. Die Phasendifferenz $t_r - t_l$ der beiden elektrischen Signale entspricht der Einstellungsdifferenz 4 bis 10 zwischen Aufpunkt und Modellpunkt und wird durch z-Verstellung des Aufpunktes mittels eines Servomotores zu Null gemacht.

332.1 (nach W. Löscher) Grundschema des B8-Stereomat (ohne Duplexer für die Bildbetrachtung)

1 Bildträger, 2 räumliche Lenker, 3 gerätefeste Projektionszentren, 4 Aufpunkt, 5 Braunsche Röhren mit Ablenkungsspulen, 6 und 7 Objektive, 8 Photozellen, 9 Schema der elektrischen Signale, 10 einzustellender Modellpunkt

5.6.1.1 Andere Geräte Der recht kompendiöse *Wild-Raytheon Stereomat A* 2000 wurde in Lausanne 1968 gezeigt. Seine allgemeine Genauigkeit soll der eines Gerätes I. Ordnung entsprechen. Besondere Aufmerksamkeit wurde neben dem allgemeinen Bedienungskomfort der Qualität der Orthophotographie gewidmet. Das Gerät wird nicht in Serie gebaut.

In den USA werden etwa seit 1960 von verschiedenen Entwicklungsfirmen und im Auftrage verschiedener (militärischer) Organisationen umfangreiche automatische Kartiersysteme entwickelt. Ihre Bestandteile sind Stereokomparatoren (teilweise mit automatischer Einstellung), Korrelatoren verschiedener Bauart, Prozeßrechner, Orthophoto-

---

1) Löscher, W.: Phm. Rec. 4 (1964) 476 bis 482.

Einrichtungen mit Bildübertragung durch Braunsche Röhren und Zusätzen zur Profil-schraffen-Kartierung, automatische Koordinatographen und weitere Peripheriegeräte wie digitale Speicher. Wir erwähnen als Beispiele das Universal Automatic Map Compilation Equipment (UNAMACE), das Stereokomparator-Messungen gleichzeitig in vier Bildern ausführen und farbige Orthophotos liefern kann sowie das von der IBM entwickelte Digital Automatic Map Compilation System, in dem die Bilder in einem Wild-Stereokomparator mittels zweier Braunscher Röhren digitalisiert und anschließend rein digital verarbeitet werden. Einzelheiten über diese Entwicklungen findet man in Jordan/Eggert/Kneissl [7.1].

5.6.2 Planimat mit Itek-Korrelator EC5

Beim Entwurf des Planimat von C. Zeiss, Oberkochen, wurde der wahlweise Einbau eines von der Itek Corp. Lexington, USA, entwickelten Korrelators berücksichtigt, um Ortho: photos schneller und ohne die für den Operateur eintönige und ermüdende manuelle Profilabtastung herstellen zu können. Das direkte vollautomatische Schichtlinienzeichnen ist dagegen nicht vorgesehen; hierfür bietet Zeiss den elektronischen Höhenschichtlinienzeichner an. Die manuelle Grundrißkartierung wird dadurch vereinfacht, daß der Korrelator die Meßmarke stets auf der Geländeoberfläche hält.

Auf die konstruktiven Unterschiede des Korrelators gegenüber dem Entwurf von Hobrough gehen wir hier nicht ein. Er besitzt die adaptiven Fähigkeiten, den Bereich der von ihm verarbeiteten Bildfrequenzen der Objektstruktur anzupassen, große Unterschiede in Schwärzung und Bildkontrasten zu verarbeiten und (durch gleichzeitige Berücksichtigung grober und feiner Bilddetails) bei periodischen Bildstrukturen (Ackerfurchen, Pflanzungen usw.) nicht außer Tritt zu fallen. Geschieht dies in schwierigen Gebieten doch, so werden diese durch eine besondere Strategie für die spätere manuelle Nacharbeit ausgesondert.

Bild 333.1 zeigt das Schema der im Planimat vorhandenen optischen Duplexersysteme, mit deren Hilfe die beiden Strahlengänge von der Bildbeleuchtung bis zum Kontroll-

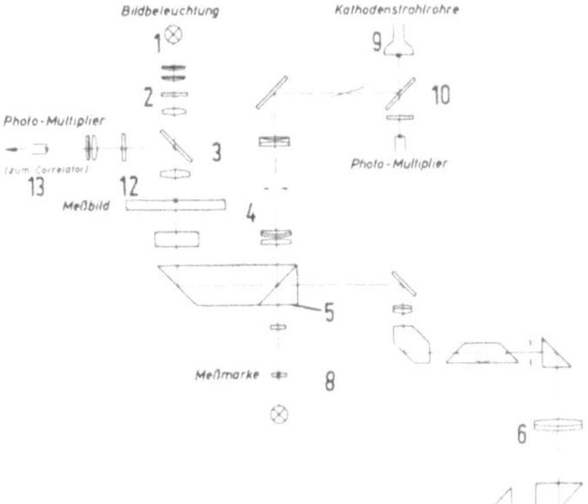

333.1
Duplexer-Optik im Planimat mit Korrelator von Carl Zeiss, Oberkochen für die Trennung der beiden Strahlengänge für Beobachtung und elektronische Abtastung

Der Beobachtungsstrahlengang (Gelblicht) enthält die Lampe 1, ein Gelbfilter 2, einen teildurchlässigen Spiegel 3, das Meßbild 4, einen Spiegel 5 und das geknickte Betrachtungssystem 6, das im Okular 7 endet. In ihm wird die Meßmarke 8 durch 5 eingespiegelt. Er wird zwischen 3 und 5 gekreuzt von dem gegenläufigen Strahlengang der elektronischen Abtastung (Blaulicht). Dieser beginnt bei dem (das Abtastmuster beschreibenden) Schirmpunkt der Braunschen Röhre 9, passiert die Spiegel 10 und 5, wird auf dem Meßbild scharf abgebildet und durch die Bildschwärzung moduliert, an 3 reflektiert und nach Passieren des Gelbfilters 12 von der Photozelle 13 in die elektrischen Signale für die Korrelation umgewandelt. Die Photozelle 11 steuert seine Intensität. Die Spiegel 3 und 5 sind Farbteiler (s. 1.5.2), die Blaulicht reflektieren und Gelblicht hindurchlassen

okular des Beobachters einerseits und von der Braunschen Röhre bis zur Photozelle des Automaten andererseits miteinander verflochten sind.

Es ist zu vermuten, daß Genauigkeit und Zuverlässigkeit der durch automatische Korrelation erzielten Ergebnisse von zahlreichen Parametern abhängen, so von Bildgeometrie (Maßstab, Aufnahmedisposition), Bildqualität (Auflösungsvermögen, mittlerer Schwärzung, Gradation), Geländestruktur (Morphologie, Grundrißstruktur, Vegetation, Gebäude) und von der Abtastmethodik (Rasterart und -größe, Fahrgeschwindigkeit, Programmierung) des Korrelators. Befriedigende Untersuchungen hierüber liegen derzeit noch nicht vor.

Erste Versuche[1] haben ergeben, daß der Korrelator die Profilmessung um den Faktor 2 bis 3 beschleunigt und dabei mittlere Höhenfehler von $\pm$ 0,2 bis 0,4 $^0/_{00}$ der Flughöhe liefert.

---

[1] Hardy, J. W.: BuL **38** (1970) 62 bis 68; ferner Lindig, G.: BuL **42** (1974) 234 ff.

6 Anwendungen, Ergebnisse, Leistungen der Luftbildmessung

Nach der Behandlung der wichtigsten Grundlagen, Geräte und Arbeitsmethoden der Photogrammetrie in den vorangegangenen Kapiteln soll nun versucht werden, eine gewisse Übersicht über die Anwendungen und Ergebnisse der Luftbildauswertung zu geben und einige Leistungsdaten über Produktion, Arbeitsaufwand und Kosten anzuführen.

Dabei sind erhebliche Einschränkungen geboten. Neben der terrestrischen und der Satelliten-Photogrammetrie sowie Randgebieten und Sonderanwendungen müssen wir die großen und eigenständigen Bereiche der Luftbildinterpretation und der Fernerkundung ausschließen. Aber selbst bei der Beschränkung der Luftbildauswertung auf die traditionellen Bereiche des Vermessungswesens und der Kartographie bestehen nach nationalen, geographischen, historischen und gesellschaftlichen Gegebenheiten sehr unterschiedliche Voraussetzungen, Bedingungen und Zielsetzungen. Zwar sind heute Technik und Methoden der Photogrammetrie international weitgehend vergleichbar geworden und vereinheitlicht, die Anwendung und die Bewertung der Leistungsdaten sind dagegen stark von örtlichen Bedingungen abhängig. Direkte Kostenvergleiche sind ohnehin schwer zu ziehen, da erschöpfende Angaben selten veröffentlicht werden. Außerdem beruhen Aufwandsbewertungen bei Behörden, staatlichen oder privaten Unternehmungen erfahrungsgemäß auf sehr unterschiedlichen Voraussetzungen. Die folgenden Ausführungen sind daher als informativer Überblick zur Projektplanung und Aufwandsabschätzung im konkreten Einzelfall nicht hinreichend.

6.1 Allgemeine Angaben zur Luftbildmessung

Photogrammetrische Informationsgewinnung und -verarbeitung ist nicht auf ein bestimmtes Fach- oder Aufgabengebiet beschränkt. Alle Disziplinen, die photographische Abbildungen von Objekten oder von Vorgängen auswerten, benützen in der einen oder anderen Form photogrammetrische Methoden. Die Methoden- und Geräteentwicklung der Luftbild-Photogrammetrie ist seit langem vornehmlich auf die als zentral geltende Anwendung im Vermessungswesen und in der Kartographie ausgerichtet. Sie ist durch die Verarbeitung der geometrischen Bildinformation gekennzeichnet. Ihr Objekt ist im wesentlichen die Erdoberfläche mit der Vielfalt aller natürlichen und künstlichen Einzelheiten und Strukturen, die es nach Inhalt sowie Lage, Ausdehnung und Gestalt zu erfassen und in geeigneter Form darzustellen gilt. Wir werden im folgenden die drei Hauptformen der numerischen, graphischen und bildhaften Darstellung der Ergebnisse unterscheiden und kurz auf die neue Entwicklung der digitalen Kartierung eingehen.

Die *praktische Bedeutung der Luftbildmessung* sei durch folgende Angaben gekennzeichnet: Man schätzt[1]), daß um 1970 jährlich rund 1 Million Luftbilder für Meß- und Kartierungszwecke aufgenommen und davon etwa 70% für räumliche Modellauswertung,

---

[1]) B r a n d e n b e r g e r , A.: Makro-Economic Investigations into Photogrammetric Activities. ISP Comm. IV, Ottawa 1972; die Zahl ist inzwischen auf mindestens 2 Millionen gestiegen.

10% für Lageauswertung, 8% für Orthophotos und 12% zu Entzerrungen verwendet wurden. 45% der Auswertungen beziehen sich auf Kartenmaßstäbe ≥ 1:5000, 25% auf 1:10000 bis 1:25000, 30% auf ≤ 1:50000. Es dürften rund 150000 Menschen (Vermessungswesen insgesamt 1 Million) in der Photogrammetrie tätig sein. Die jährlichen Ausgaben für photogrammetrische Arbeiten liegen bei 2 Milliarden DM, der Umsatz der photogrammetrischen Geräteindustrie bei 100 bis 200 Millionen DM. Es dürften bisher annähernd 10000 Stereo-Auswertegeräte (ohne Stereoskope und Kleingeräte) gebaut worden sein.

Mit diesen Schätzungen, so unsicher sie sein mögen, weist sich das Fach als ein Spezialgebiet aus. Seine volkswirtschaftliche Bedeutung ist schwer direkt anzugeben. Der Vermessung kommt durch die Bereitstellung von Informationen und Planungsunterlagen eine gewisse Schlüsselfunktion zu. Nach Brandenberger schätzt man die volkswirtschaftlichen Verluste, die jährlich durch nicht vorhandene Karten und Planungsunterlagen oder durch ungenügende Fortführung entstehen, auf 20 bis 30 Milliarden DM. Nach Erhebungen der Vereinten Nationen sind 1970 erst 35% der Landfläche der Erde im Maßstab 1:250000, 15% i. M. 1:100000, 10% i. M. 1:50000, 5% i. M. 1:25000 kartiert gewesen. Kartierungen sind in allen Stadien der Gesellschaftsentwicklung mit jeweils verschiedenen Akzenten erforderlich. Sie gehen von der Übersicht und Erfassung natürlicher Hilfsquellen und der Verkehrsmöglichkeiten über zur Bereitstellung von Planungsunterlagen für Ingenieur-Konstruktionen und regionale Entwicklungen oder dienen der Besteuerung und gegebenenfalls der rechtlichen Sicherung von Grundeigentum. In der postindustriellen Gesellschaft schließlich haben Kartierungen und Vermessungen die vielfältigen Dienstleistungsfunktionen für die technischen, wirtschaftlichen, sozialen und Umweltplanungen und das Management zu erfüllen (s. dazu auch Bild 336.1)[1].

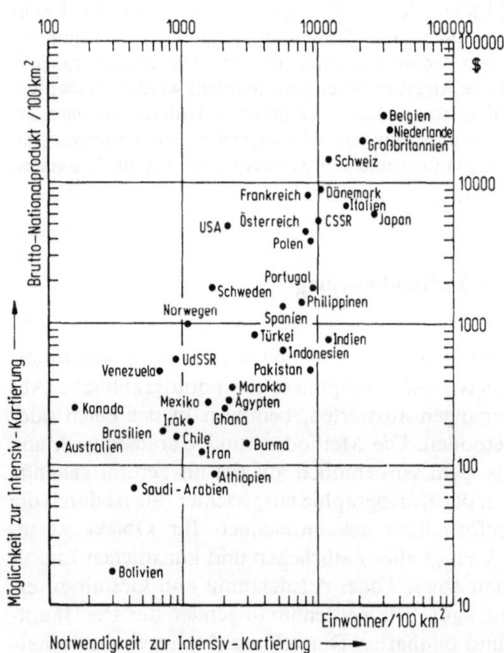

336.1 Zusammenhang zwischen Notwendigkeit und Möglichkeit der Intensiv-Kartierung in verschiedenen Ländern, auf die Fläche bezogen; nach Jerie 1968

Es wird allgemein angestrebt, ganze Länder durch systematische Befliegungen mit Luftbildern zu überdecken und die Befliegungen innerhalb des für die Nachführung der amtlichen Karten vorgesehenen Turnus ein- oder zweimal zu wiederholen. Verschiedene

---

[1] Jerie, H. G.: Operational Concepts of Topographic Mapping in Developing Countries. Pres. papers, ISP-Comm. IV. Lausanne 1968, 17 S.

Länder gehen dazu über, Luftbildbibliotheken einzurichten, die jedermann offenstehen und in denen alle verfügbaren Luftbilder katalogisiert sind.

Die Photogrammetrie ist im privaten, öffentlichen und staatlichen Bereich ein unerläßliches, modernes Hilfsmittel zur Unterlagenbeschaffung und Darstellung von Umweltgegebenheiten einschließlich rechtlicher und Verwaltungsstrukturen. Da diese Funktionen in unserer Zeit komplexer Gesellschaftsstrukturen allgemein sind, ist die Anwendung der Photogrammetrie wie viele andere Ingenieur-Dienstleistungen unabhängig von Gesellschafts- und Regierungsformen.

In der *Luftbildaufnahme* ist seit etwa 1960 eine bemerkenswerte *Standardisierung* eingetreten. Die frühere Vielfalt der Bildformate von Film- und Plattenkammern ist fast vollständig den Filmkammern mit Bildformat 23 cm × 23 cm (9″ × 9″) gewichen. Ebenso sind Schrägaufnahmen, Doppel- (Konvergent)- oder Mehrfach-Kammern (z.B. Trimetrogon) zugunsten der Senkrechtaufnahme praktisch völlig verschwunden. Die mittleren Bildneigungen liegen heute unter 2^g. Kammerstabilisierung wird wenig angewendet.

Eine ähnliche Standardisierung ist bei den Brennweiten und Öffnungswinkeln zu beobachten. Obwohl es Kammerreihen mit Brennweiten von 85 mm (88 mm), 153 mm, 210 mm, 306 mm und 600 mm gibt, jeweils mit dem Bildformat 23 cm × 23 cm, bildet für Kartierungen und Stereo-Auswertungen das Weitwinkelbild mit 153 mm Kammerkonstante den Normalfall. Es wird nur im kleinmaßstäbigen Bereich durch Überweitwinkel-Bilder ergänzt oder abgelöst. Die langbrennweitigen Kammern ($f \geqq 21$ cm) mit kleinen Öffnungswinkeln finden überwiegend für Entzerrungen und Bildpläne Verwendung.

ÜWW-Bilder sind im Prinzip in allen Maßstabbereichen zu gebrauchen. Trotzdem hat die bisherige Praxis ihre Anwendung weitgehend auf kleine Bildmaßstäbe mit dem Vorteil der niedrigeren Flughöhen beschränkt.

Bei den Filmmaterialien haben sich die Polyesterfilme durchgesetzt. Die großen Genauigkeitssteigerungen der numerischen Photogrammetrie beruhen zu einem erheblichen Teil auf der hervorragenden metrischen Stabilität der neuen Filme. Für den größten Teil der Luftbilder werden panchromatische schwarz-weiß Emulsionen mit Empfindlichkeiten von 20 bis 24 (27)° DIN verwendet.

Die Belichtungszeiten liegen mit Blendeneinstellungen von 1:4, 1:5,6 oder 1:8 in der Regel zwischen 1/300 und 1/600 s. In den USA werden in steigendem Anteil auch Farbbilder zur Stereo-Auswertung benutzt. Trotz gewisser Identifizierungsvorteile zögern die meisten anderen Länder aus Kostengründen, diese Praxis zu übernehmen. Infrarot- und Falschfarbenbilder für Meßzwecke bleiben auf Ausnahmen beschränkt. Dagegen werden sie zur Luftbildinterpretation sehr intensiv genutzt.

Während für die Präzisionsauswertung von Luftbildern bis vor wenigen Jahren fast ausschließlich Glas-Diapositive Verwendung fanden, arbeitet man heute vielfach nur mit Film-Diapositiven oder mit den Original-Negativen. Die hervorragenden Schrumpfungseigenschaften der Polyester-Filmbasen rechtfertigen diese Praxis, da auch bei hohen Ansprüchen kein deutlicher Genauigkeitsunterschied gegenüber Glas-Diapositiven feststellbar ist.

Anmerkungen zur Kostenabschätzung. In den folgenden Abschnitten werden verschiedentlich Leistungs- und Kostenangaben gemacht. Sie dürfen selbstverständlich nur als ungefähre, etwa 1973/74 gültige Richtwerte aufgefaßt werden und können für Einzelprojekte oder für zukünftige Entwicklungen keine Verbindlichkeit beanspruchen.

22 Photogrammetrie

Die Kostenstruktur photogrammetrischer Arbeiten ist von den allgemeinen Bedingungen in verschiedenen Ländern abhängig und zusätzlich von der Ausrüstung und Organisation der einzelnen Betriebe bestimmt. In den Industrieländern mit hohen Lohnkosten herrscht die Tendenz zur intensiven Gerätebenutzung und zur Automation vor. Andere Länder können dagegen personalintensiv arbeiten. Es gibt jedoch technische Operationen (z.B. Befliegung, Photographie, Aerotriangulation), deren Schlüsselfunktionen in allen Fällen ein hohes Qualitätsniveau verlangen.

Die Kostenfaktoren sind bei photogrammetrischen Arbeiten deutlich nach technischen Operationen gegliedert und können mit Hilfe von Erfahrungswerten relativ gut abgeschätzt werden. Dabei genügt zunächst die Unterscheidung in Bildflug, Geräte- und Personalaufwand. Materialkosten (Photo- und Zeichenmaterial) sind in der Regel von untergeordneter Bedeutung. Sehr unterschiedlichen Zeit- und Kostenaufwand erfordern dagegen die nicht-photogrammetrischen Arbeiten, insbesondere die geodätische Paßpunktbestimmung und die Feldergänzung von Kartierungen, ferner die kartographische Nachbearbeitung von Auswertungen.

Bildflug. Die Betriebskosten für Flugzeuge einschließlich der Kammer- und Navigationsausrüstung und der Personalkosten für die Besatzung und Wartung belaufen sich je nach Auslastung und Flugzeugtyp auf DM 500,– bis 2000,– pro Flugstunde. Die Sätze können bei schlechter Auslastung der Bild-Flugzeuge noch wesentlich höhere Werte annehmen. Bei großen Flugaufträgen werden die Kosten häufig auf die effektiven Bildflugkilometer bezogen. Abhängig von Flughöhe und Flugzeugtyp reichen die Werte von rund DM 50,–/km bei großmaßstäbigen bis zu DM 20,–/ km bei kleinmaßstäbigen Befliegungen. Für Düsenflugzeuge (z.B. Lear Jet) gilt derzeitig etwa DM 30,–/km (10 km Flughöhe). Umgerechnet auf das einzelne Luftbild muß man heute also mit Beträgen zwischen DM 50,– und DM 100,–/Bild rechnen. Bei Kleinprojekten können diese Beträge auf das Doppelte ansteigen. Außerdem darf man die Mindestkosten einer Kleinbefliegung mit DM 2000,– ansetzen, fast unabhängig von der Anzahl der Bilder.

Die photographischen Material- und Bearbeitungskosten können z.Zt. mit rund DM 15,–/Bild bzw. Diapositiv und zusätzlich DM 5,–/Papierabzug angenommen werden.

Die Kosten für Befliegung und Bildmaterial sind generell klein im Vergleich zu den Gesamtkosten einer Auswertung. Sie erreichen bei großmaßstäbigen Kartierungen nur rund 5%, bei kleinmaßstäbigen um 10% der Gesamtkosten.

Photogrammetrische Großgeräte werden trotz längerer Lebensdauer in der Regel in 5 bis 10 Jahren abgeschrieben. Die jährliche Kostenbelastung läßt sich vereinfacht abschätzen:

$$K = K_0 \, (z + 1/n)\,{}^{1)} \tag{6.1}$$

(K_0 = Anschaffungspreis, n = 5 Abschreibungszeit in Jahren, z = Zinssatz).

Die Kostenbelastung pro effektiver Arbeitsstunde hängt von der Anzahl der Geräte-Arbeitsstunden im Jahr ab. Für den Einschichtbetrieb rechnet man in Mittel- und Westeuropa nur noch mit etwa 1600 Stunden/Jahr, im Zweischichtbetrieb höchstens mit 3000 Stunden/Jahr. Bei vielen Betrieben liegt die durchschnittliche Auslastung dazwischen (Stoßarbeiten im Zweischicht-Betrieb, sonst Einschichtbetrieb). Die Kosten betragen somit bei Ein- bzw. Zweischichtbetrieb für ein Präzisions-Auswertegerät (Anschaffungspreis DM 200000,–) DM 40,–/h bzw. DM 21,–/h, für ein topographisches Kartiergerät (Anschaffungspreis DM 60000,–) DM 12,–/h bzw. DM6,–/h.

Die *Personalkosten* variieren international sehr stark. Wenn man, wie für überschlägige Abschätzungen ausreichend, die allgemeinen Betriebsunkosten durch Verdopplung der Lohn- und Gehaltskosten berücksichtigt, kommt man in Mitteleuropa für erfahrene Operateure auf etwa DM 40,–/Mannstunde.

Gesondert zu beachtende *Rechenkosten* fallen bisher nur bei der Ausgleichung von Aerotriangulationen, in Zukunft auch bei der digitalen Kartierung an.

---

1) Jerie/Visser: Planning of Photogrammetric Projects, ITC lecture notes.

6.2 Photogrammetrische Punktbestimmung

6.2.1 Aerotriangulation

Paßpunktbestimmung für topographische Kartierungen. Seit den 30er Jahren ist die zentrale Aufgabe und die wichtigste Anwendung der Aerotriangulation die Beschaffung von Paßpunkten zur absoluten Orientierung von Bildpaaren für die Zwecke der topographischen Kartierung oder zur Entzerrung von Einzelbildern. Sie beruht darauf, daß die geodätische Bestimmung von Paßpunkten zu aufwendig, zu zeitraubend oder praktisch unmöglich ist.

Die Paßpunkte für die Entzerrung sind früher in großem Umfang durch Radialschlitztriangulation gewonnen worden. Seitdem sich auch in der kleinmaßstäbigen Kartierung 3dimensionale Auswertungen durchgesetzt haben, ist die Anwendung der Radialtriangulation sehr stark zurückgegangen. Die Paßpunkte für großmaßstäbige Entzerrungen und Bildpläne (s. 6.5) können häufig vorhandenen Kartenunterlagen entnommen werden.

Die Aufgabenstellung der topographischen Kartierung in *mittleren Maßstäben* ($\approx$ 1:25000) hat wesentlich die Vorstellungen, die Technik und das Leistungsniveau der konventionellen Aerotriangulation geprägt. Die Genauigkeitsforderungen sind dabei nicht extrem, insbesondere nicht in der Lage. Außerdem kann man in diesen Bereichen in der Regel auf geodätische Grundlagen zurückgreifen und zusätzliche terrestrische Punktbestimmungen durchführen. Daher haben die Methoden der Streifentriangulation oder einfacher Blocktriangulation mäßig großer Blöcke bis zu etwa 200 Modellen lange Zeit die Aerotriangulation bestimmt und die Grundlage vieler Kartierungen gebildet.

Die technische Durchführung der räumlichen Aerotriangulation ist lange Zeit durch die Methode der Aeropolygonierung an Universal-Stereo-Auswertegeräten und durch einfache graphische, analoge oder rechnerische Ausgleichungsverfahren bestimmt gewesen. In den 60er Jahren sind die Analog-Rechner für Blockausgleichung verbreitet eingeführt worden und haben der Praxis die Möglichkeiten wirksamer Blockausgleichung erschlossen. Seit dem Übergang auf elektronische Rechenverfahren wurden bis in die jüngste Zeit überwiegend die Polynom-Verfahren der Streifen- und Blockausgleichung angewendet.

Seit einigen Jahren wird die Aeropolygonmethode der Streifenbildung im Triangulationsgerät zunehmend durch die Messung unabhängiger Modelle abgelöst. Diese Tendenz beruht auf der Entwicklung der Rechenhilfsmittel und hat ihrerseits das Verschwinden der Universalauswertegeräte aus der Instrumentenproduktion beschleunigt. Komparatoren haben, von Ausnahmen wie Großbritannien und Japan abgesehen, in der Praxis der topographischen Aerotriangulation keine wesentliche Rolle gespielt. Selbst wo sie verwendet wurden, konnte zunächst keine Genauigkeitssteigerung nachgewiesen werden. Diese Tatsache hat in den 60er Jahren das Vordringen analytischer Verfahren deutlich gebremst.

Die für Streifen- oder Blockausgleichung benötigten Paßpunkte werden geodätisch bestimmt. Sie sind entweder signalisiert oder durch geeignete natürliche Objekte dargestellt. Im letzteren Fall können sie auch nach der Befliegung an Hand der Luftbilder festgelegt werden. Als Verknüpfungspunkte benützt man in der Regel künstlich markierte Punkte.

Die neuere Entwicklung der topographischen Aerotriangulation ist durch eine erhebliche Genauigkeits- und Leistungssteigerung in Verbindung mit modernen und allgemeinen Verfahren der rechnerischen Blockausgleichung gekennzeichnet. Sie ist vor allem der *kleinmaßstäbigen Aerotriangulation* zugute gekommen. In großen Gebieten der Erde (70%) sind geodätische Grundlagenvermessungen höchst unzureichend oder fehlen sie überhaupt. Deshalb ist der sehr hohe Zeit- und Kostenaufwand zur Beschaffung der geodätischen Paßpunkte für die Aerotriangulation, insbesondere der Lagepaßpunkte (durchschnittlich US $ 1500,– pro Punkt bis zu 5000, – pro Punkt und mehr) der eigentliche Engpaß der kleinmaßstäbigen Kartierung. Auch die Trilaterationsverfahren durch Entfernungsmessung aus oder mit Hilfe von Flugzeugen (Aerodist) sind höchst aufwendig. Immerhin können heute mit geodätischen Satellitenverfahren nach dem Doppler-Prinzip (Geoceiver) weitmaschige Grundnetze schnell erstellt werden.

Die Entwicklung der Blocktriangulation bietet mit der Behandlung von *Großblöcken* eine wirksame Möglichkeit, die Anforderungen an geodätische Paßpunkte sehr stark zu reduzieren. Die geringen Unterschiede zwischen den Bild- und Kartenmaßstäben bei kleinmaßstäbigen Kartierungen verschaffen der Aerotriangulation einen großen Spielraum in der Lagegenauigkeit, der dank der günstigen Genauigkeitseigenschaften von Blöcken (Abschn. 3.6.5) zur fast beliebigen Vergrößerung der Blöcke ausgenutzt werden kann. (Z.B. entspricht ein Genauigkeitswert von 15 µm im Bildmaßstab 1:80000 dem Wert von 1,20 m im Gelände, wogegen mindestens Werte von 5 m bzw. 10 m zulässig sind, die in den Kartenmaßstäben 1:50000 bzw. 1:100000 erst 0,1 mm bedeuten.) Die aufgelockerte Anordnung von Lagepaßpunkten am Blockrand verringert, auf die Fläche bezogen, die Zahl der erforderlichen Paßpunkte mit zunehmender Blockgröße und erlaubt die Lage-Kartierung großer, paßpunktfreier Flächen. Es sind schon Großblöcke mit über 2000 Modellen, die z.B. mit nur 12 Lagepaßpunkten eine Fläche von 100000 km² überdeckten, in einem Guß bearbeitet worden[1], s. Bild **340.1**.

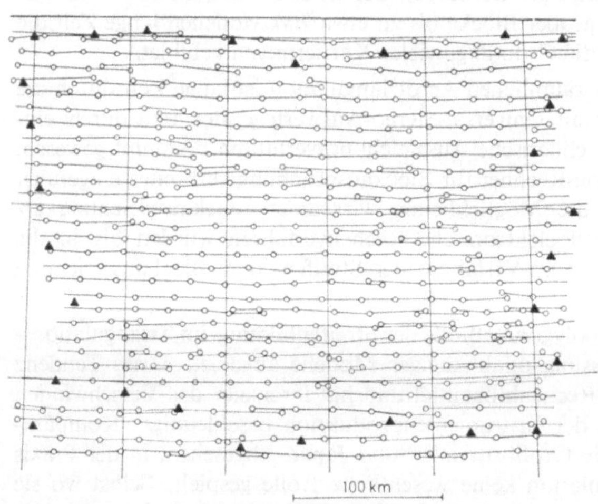

340.1 Beispiel eines Großblocks (Projekt COED, Canada 1972; Bildmaßstab 1:60000, Blockgröße 360 km × 270 km ≈ 100000 km², 2193 Modelle, 25 580 gemessene Modellpunkte)

Die Bearbeitung von Großblöcken bringt zwar gewisse praktische und organisatorische Schwierigkeiten mit sich, der Vorteil der Einsparung von Lagepaßpunkten ist jedoch so wesentlich, daß z.B. in Kanada für topographische Kartierungen im Maßstab 1:50000 seit 1973 regelmäßig Blöcke von 500 bis 1 500 Modellen bearbeitet werden. Ähnliche Entwicklungen sind aus Brasilien, Venezuela oder Thailand bekannt geworden und sind in weiteren Ländern zu erwarten. Dagegen

---

[1] G a u t h i e r, J. R. R.; O D o n n e l l, J. H.: L o w, B. A.: The Planimetric Adjustment of Very Large Blocks of Models: Its Application to Topographical Mapping in Canada, und B o n i f a c e, P. R. J.: The Computation of Large Blocks with Anblock and its Application to Geodetic Surveys. Pres. papers, ISP-Comm. III, Ottawa 1972.

werden in Australien für die Karte 1:100000 bislang die großen Maschen der kontinentalen Polygonzüge mit Aerodist so verdichtet, daß mechanische Präzisions-Radialtriangulation anwendbar ist. Die Höhen werden ohne Aerotriangulation aus APR-Befliegungen abgeleitet. Der Übergang auf die unter heutigen Bedingungen wirtschaftlichere räumliche Blocktriangulation mit Großblöcken steht an.

Ein ähnlicher Durchbruch konnte in der kleinmaßstäbigen Aerotriangulation hinsichtlich der *Höhen* zunächst nicht erreicht werden. Einerseits sind die Genauigkeitsanforderungen groß (Schichtlinienintervalle von 50 m, *20 m*, 10 m erfordern Höhengenauigkeiten nach Blockausgleichung von 10 m, *4 m*, 2 m). Andererseits ist die Höhengenauigkeit im Block nur von Flughöhe und Überbrückungsdistanz abhängig. Der Abstand der Höhenpaßpunktketten überschreitet deshalb in der Regel 10 Basislängen nicht. Die Möglichkeit, auch großflächig auf Höhenpaßpunkte im Block verzichten zu können, ist jedoch durch die Einbeziehung von Statoskop- oder APR-Daten in die Blockausgleichung eröffnet worden (Abschn. 3.5.6). Zumindest für Kartierungen mit 20 m Schichtlinienintervallen können diese Hilfsdaten, von denen die Statoskopdaten am bequemsten und billigsten zu erhalten sind, die erforderliche Höhengenauigkeit direkt liefern, gegebenenfalls mit Querstreifen oder -profilen.

Großmaßstäbige Aerotriangulation. Mit der allgemeinen Genauigkeitssteigerung ist die Aerotriangulation dabei, auch die zuverlässige und selbstverständliche Grundlage großmaßstäbiger Präzisions-Kartierungen zu werden. Es handelt sich um die sehr vielfältigen Formen großmaßstäbiger Kartierungen der Maßstäbe 1:5000 und größer, seien es amtliche Karten und Planwerke (Deutsche Grundkarte, Stadtkarten) oder Kartierungen für Planungen im Verkehrswege- und Wasserbau, Siedlungswesen, bei Umlegungen usw. Dementsprechend vielfältig sind auch die allgemein durch hohe Genauigkeit gekennzeichneten Anforderungen an die Aerotriangulation. Ihre Wirtschaftlichkeit beruht auf der Erfahrung, daß selbst bei Streifentriangulationen Paßpunkte im Abstand von 3 bis 4 Basislängen praktisch dieselbe Genauigkeit erzielen lassen wie voll kontrollierte Einzelmodelle und dabei weniger streng an vorgegebenen Stellen liegen müssen.

Für Be- und Entwässerungsplanungen sind häufig die geforderten Höhengenauigkeiten extrem. Dann kann eine Kombination von Aerotriangulation für die Lagepunkte mit terrestrischer Höhenbestimmung zweckmäßig sein.

Die Deutsche Grundkarte 1:5000 ist für die Aerotriangulation wegen des an den Blattschnitt gebundenen Bildmaßstabs 1:12000 in Verbindung mit der extremen Höhengenauigkeit (Schichtlinienintervall in flachen Gebieten bis 1 m bzw. 0,5 m) ein Grenzfall. Sie wird zwar zum Teil angewendet, wird sich aber erst mit den neueren analytischen Methoden und mit der digitalen Kartierung verstärkt durchsetzen können. Mit letzterer Methode ist unabhängig vom Blattschnitt die Verwendung größerer Bildmaßstäbe (z.B. 1:8000) möglich, mit denen sich die geforderten Höhengenauigkeiten leichter erfüllen lassen.

In der großmaßstäbigen Aerotriangulation sind die Messungen bisher an Universal- und Präzisions-Analoggeräten erfolgt. Die hohen Genauigkeitsforderungen haben jedoch eine Tendenz zu Komparatoren und möglichst strengen Ausgleichungen gebracht.

Aus Gründen der Genauigkeit und Zuverlässigkeit sind Lagepaßpunkte in der Regel signalisiert. Verschiedentlich werden auch in den Überdeckungszonen benachbarter Streifen Signale für Verknüpfungspunkte ausgelegt, um die Verbindungen zwischen den Streifen zu verbessern. Da sich die Anwendungen häufig auf bebaute Gebiete beziehen, wird die künstliche Punktmarkierung nicht so ausschließlich wie bei der kleinmaßstäbigen

Aerotriangulation benützt und vielfach mit natürlichen Bilddetails als Übertragungspunkten gearbeitet. Häufig sind Lagepaßpunkte in mehr oder weniger gleichmäßiger Verteilung gegeben (z. B. trigonometrische Netze 3. oder 4. Ordnung). Da aus Prinzip alle gegebenen Paßpunkte zu verwenden sind, liegen in diesen Fällen auch Paßpunkte im Blockinnern. Die Bestimmung zusätzlicher Paßpunkte kann dann entfallen bzw. sich auf die Schließung der Lücken am Blockrand beschränken.

Genauigkeit, Leistungszahlen und Kosten der Aerotriangulation. Die Genauigkeit der Aerotriangulation hängt von der Ausgleichungsmethode, von der Geometrie des Blocks, d. h. von Überdeckung und Paßpunktanordnung und von der Genauigkeit der in die Ausgleichung eingehenden Bild- oder Modellkoordinaten ab. Letzterer Einfluß enthält die geometrischen Bildfehler und die Fehler des Meßprozesses (Identifizierung, Einstellung der Meßmarke, Gerätefehler). Sie schlagen sich im wesentlichen in den σ_0-Werten der Blockausgleichungen nieder (abgesehen von gewissen systematischen Bildfehlern, die in den Restfehlern nicht oder nicht voll in Erscheinung treten).

Nach neueren Erfahrungen kann man mit der Methode der unabhängigen Modelle folgende Gruppierungen unterscheiden:

$\sigma_{0L} \approx 15\ \mu m$ bis $25\ \mu m$ $(30\ \mu m)$, $\sigma_{0H} \approx 15\ \mu m$ bis $20\ \mu m$, für WW und ÜWW, topographische Aerotriangulation mit künstlich markierten Punkten, Messung an Analog-Geräten oder Komparatoren, begrenzender Faktor scheint die Punktmarkierung und -übertragung zu sein.

$\sigma_{0L} \approx 8\ \mu m$ bis $12\ \mu m$, $\sigma_{0H} \approx 8\ \mu m$ bis $15\ \mu m$, bei signalisierten oder gut identifizierbaren natürlichen Punkten, Messung mit Analog-Geräten.

$\sigma_{0L} \approx 4\ \mu m$ bis $8\ \mu m$, $\sigma_{0H} \approx 7\ \mu m$ bis $10\ \mu m$, bei signalisierten oder gut identifizierbaren natürlichen Punkten und Messung mit Mono- oder Stereokomparator.

Für Komparaturmessungen und Bündelblockausgleichung gilt mit gut identifizierbaren Punkten $\sigma_0 \approx 3\ \mu m$ bis $7\ \mu m$.

Die Absolutgenauigkeit der ausgeglichenen Blöcke läßt sich in Relation zu den σ_0-Werten bringen. Bei ordentlich durch Paßpunkte abgesicherten Blöcken gilt in leidlicher Übereinstimmung mit der Theorie als Erfahrungsregel:

$\mu_{x,y} < 2\sigma_{0L}$ (Randbesetzung), $\mu_z < 2\sigma_{0H}$ $(< 0{,}2^0/_{00}\ h$ für WW, $< 0{,}3^0/_{00}\ h$ für ÜWW) bei $i \leq 8\ b$. Diese Regeln gelten genähert auch für Bündelblöcke.

Bei obigen σ_0-Werten handelt es sich um Erfahrungswerte praktischer Arbeiten aus verschiedenen Ländern. Erhebliche Überschreitungen der Werte weisen auf Mängel im Prozeß hin (Bildmaterial, Punktidentifizierung, Punktübertragung, Paßpunkte, grobe Fehler). Diese Genauigkeitsangaben stellen im Vergleich zu der Praxis bis vor wenigen Jahren eine erhebliche Steigerung und gleichzeitig eine wesentliche Konsolidierung der Genauigkeitsleistungen der Aerotriangulation dar. Die Gründe wird man in den stabileren Filmmaterialien, den verbesserten Kammern, den strengeren Rechenverfahren und den auf Grund der theoretischen Einsichten verbesserten Projektplanungen suchen können.

Die ersten Ergebnisse der in die Praxis dringenden selbstkalibrierenden Blockausgleichungen lassen eine nochmalige deutliche Genauigkeitssteigerung erwarten, mit σ_0-Werten der Bündelmethode von vielleicht $2\ \mu m$ bis $4\ \mu m$, sofern die Punktidentifizierung diese Genauigkeit zu realisieren erlaubt.

Die Aerotriangulation ist ein sehr systematischer, klar gegliederter Arbeitsprozeß. Deshalb lassen sich *Zeitaufwand und Kosten* in recht engen Grenzen angeben. Wenn die Bilder und die benötigten Paßpunkte vorliegen, gelten für die Durchführung der Aerotriangulation durchschnittlich folgende Erfahrungswerte:

Vorbereitung, Index-Karte, Punktmarkierung, Punktübertragung: 1 Mannstunde/Bild oder Bildpaar (Minimum 10 Minuten),

Messung unabhängiger Modelle an Analog-Geräten (relative Orientierung und Punktmessungen einschließlich der Projektionszentren: 1 Mannstunde/Bildpaar (Minimum 30 Minuten),

Messung von Bildkoordinaten an Mono- oder Stereokomparatoren: 1/3 bis 1 Mannstunde/Bild (Minimum 10 Minuten).

Diese Angaben beziehen sich auf eine durchschnittliche Zahl von etwa 10 bis 15 zu messenden Punkten/Bildpaar. Im einzelnen hängt der Zeitaufwand von der Art und Vollständigkeit der administrativen und Bildvorbereitung sowie von den durch Bildqualität, Gelände und Vegetation gegebenen Schwierigkeiten der Punktidentifizierung und -messung ab. Bei Aerotriangulationen für topographische Kartierung tendiert die Praxis dazu, durch Beschränkung auf ein Minimum der Punkte (z. B. nur 4 Verknüpfungspunkte im Modell) den Zeitaufwand möglichst zu reduzieren. Dann sind die oben in Klammern angegebenen Minimalzeiten zu erreichen. Teilweise werden an Stereokomparatoren Servomotoren zur Beschleunigung der Messung angebracht und wird auf die Messung der Bild-Rahmenmarken verzichtet. Es sind Produktionsziffern bekannt geworden von 10 bis 15 Minuten/Bildpaar (je für die Vorbereitung und Messung), d. h. von über 30 Bildpaaren pro Schicht.

Der Aufwand für die Blockausgleichung mit Digitalrechnern hängt im einzelnen von vielen Bedingungen ab. Mit Großrechnern (etwa der Typen IBM 370/165, UNIVAC 1108, CDC 6600) liegen die CPU-*Rechenzeiten* relativ unabhängig von der Blockgröße und der Anzahl der Punkte bei 1 bis 3 Sekunden pro Bildpaar pro Ausgleichung. Diese Angaben gelten für die Methode der unabhängigen Modelle mit Lage-Höheniteration und sind an die Leistungsfähigkeit und den Grad der Allgemeinheit und Optimierung des jeweiligen Rechenprogramms gebunden. Mit allen rechnerischen Vorarbeiten ist der Rechenaufwand für Polynomausgleichungen mit obigen Angaben vergleichbar, für Bündelausgleichungen mindestens zu verdreifachen. Je nach den bei Rechenzentren gültigen Kostensätzen belaufen sich die Rechenkosten auf DM 3,– bis DM 6,–/Bildpaar pro Ausgleichung. Die Werte sind bei langsameren Rechenanlagen noch zu erhöhen.

Den entscheidenden Kostenfaktor bei der Blockausgleichung bilden die *groben Datenfehler*. Hauptsächlich auf Grund von Identifizierungs-, administrativen und formalen Fehlern, weniger wegen eigentlicher Meßfehler, enthält das Datenmaterial einer Aerotriangulation praktisch stets grobe Fehler. Ganz besonders sind davon die Paßpunkte betroffen. Da Methoden und Programme zur automatischen Lokalisierung und Eliminierung grober Datenfahler noch in den Anfängen stecken, fällt diese Aufgabe dem jeweiligen Bearbeiter zu. Sie erfordert Erfahrung und Detailkenntnis. Nach bisherigen Erfahrungen werden wegen der verschieden großen Beträge grober Datenfehler Blockausgleichungen im Durchschnitt 4 bis 6mal durchgerechnet. Dabei fällt ein Bearbeitungsaufwand von 1/4 bis 1/2 Mannstunde/Bildpaar an.

Damit ergeben sich die durchschnittlichen Gesamtkosten der Blockausgleichung zu rund DM 40,–/Modell. Sie können allgemein gesenkt werden, wenn sich durch innerbetriebliche Erfahrung und standardisierte Anwendungen die Zahl der groben Fehler und damit der notwendigen Wiederholungsberechnungen verringern läßt.

In der Summe kommt man zu Gesamtkosten für die Aerotriangulation (ohne Befliegung und Paßpunkte) von DM 80,– bis DM 140,–/Bildpaar. Bei internationalen Ausschreibungen liegt jedoch das Preisniveau eher niedriger. So galt Anfang der 70er Jahre ein Wert von US $ 30,– pro Bild oder Bildpaar, der neuerdings zum Teil noch erheblich unterboten wurde. Hierzu ist anzumerken, daß ein Mindestaufwand nicht unterschritten werden kann, wenn die durch Genauigkeit und Zuverlässigkeit gebotene Grenzen eingehalten werden sollen.

6.2.2 Punktbestimmung für die Katastervermessung

Ziele, Arten und Methoden der Katastervermessung sind sehr unterschiedlich. In bezug auf die photogrammetrische Punktbestimmung ist hier nur von numerischer Katastervermessung die Rede, bei der die Lage-Koordinaten luftsichtbarer, in der Regel vermarkter und signalisierter Grenzpunkte zu bestimmen sind. Dabei werden traditionell sehr hohe Anforderungen vor allem an die Nachbargenauigkeit gestellt, z. B. nach folgender Formel für die höchstzulässige Abweichung zweier Streckenmessungen:

$$\Delta s < (5,0 + 0,8 \sqrt{s} + 0,03 \, s) \, \text{cm}[1]), \qquad s \text{ in m} \tag{6.2}$$

Nach verschiedenen Vorversuchen wird in Deutschland in einigen Bundesländern die numerische photogrammetrische Katastervermessung seit den 60er Jahren angewendet, insbesondere auch bei der Flurbereinigung. Zunächst blieb man bei der Einzelmodellauswertung mit Bildmaßstäben von 1:6000 bis 1:8000 (bzw. bis 1:12000). Schwierigkeiten bereiteten dabei vor allem hohe Punktausfälle und die Störungen der Nachbargenauigkeit an den Modellübergängen.

Neuerdings ist die Einzelmodellauswertung abgelöst worden und hat sich die gemeinsame Berechnung aller Messungen des Bild- oder Modellverbandes als Blocktriangulation durchgesetzt. Gründe sind die erhöhte Relativgenauigkeit durch die Verwendung aller Punkte im Bereich der Mehrfachüberdeckung als Verknüpfungspunkte und die Einsparung von Paßpunkten. Obwohl in dicht vermessenen Gebieten Paßpunkte stets geodätisch bestimmt werden können, sind die Kosten mit DM 300,– bis 500,– pro Paßpunkt beträchtlich. Für die Blockausgleichung genügen dagegen häufig die vorhandenen trigonometrischen Punkte als Lagepaßpunkte, sodaß die Paßpunktbestimmung überhaupt entfällt oder auf einige Ergänzungen am Blockrand beschränkt bleiben kann. Die Anforderungen an die Höhengenauigkeit und die Höhenpaßpunkte sind unkritisch, da sie in der Regel nur die Verfälschung der Lagekoordinaten durch Restneigungen der Bilder oder Modelle verhindern müssen.

Durch die Blockberechnung entfällt weitgehend die Kostenabhängigkeit der Punktbestimmung von Paßpunkten und Modellgröße. Die wirtschaftlichste Lösung ist nicht mehr grundsätzlich durch die kleinstmögliche Anzahl von Bildern oder Bildpaaren gegeben. Vielmehr hat sich eine Tendenz zu großen Bildmaßstäben ergeben (1:6000 bis 1:3000), die ohne wesentlich höheren Aufwand die Vorteile der besseren Erkennbarkeit und höherer Genauigkeit bzw. ausreichender Genauigkeit auch bei Messung mit Analoggeräten bieten. Voraussetzung ist allerdings eine genügend hohe Punktdichte, damit für die Modellverknüpfungen keine besonderen Maßnahmen getroffen zu werden brauchen. In jüngster Zeit scheint die weitere Genauigkeitssteigerung durch Blockausgleichung mit

---

[1] Geländeklasse 2, Baden-Württemberg.

zusätzlichen Parametern wegen der notwendigen Verknüpfungen die Tendenz zu sehr großen Bildmaßstäben wieder aufzuheben.

Photogrammetrische Katastervermessungen dieser Art setzen aus Genauigkeitsgründen die Signalisierung aller zu messenden Punkte voraus. Sie sind weiterhin vielfach durch eine hohe Punktdichte gekennzeichnet, so daß z. B. mit mehr als 50 Verknüpfungspunkten pro Bildpaar der günstige Fall der „starken Verknüpfungen" vorliegt. Damit sind die Voraussetzungen zur Anwendung der simultanen Punktbestimmung durch Blocktriangulation ideal.

Die Messungen erfolgen mit Analog-Universal- und -Präzisions-Auswertegeräten und in zunehmendem Maße auch mit Komparatoren. Um bei der Berechnung keine Genauigkeit zu verschenken, werden zunehmend nur die Methode der unabhängigen Modelle und die Bündelmethode der Blockausgleichung angewendet, möglichst mit Selbstkalibrierung.

Die eigentlichen Probleme der Katasterphotogrammetrie sind Vollständigkeit und Nachbargenauigkeit. Grenzpunkte sind nicht immer luftsichtbar, Signale gehen durch Verschmutzung oder Zerstörung verloren. Im übrigen hängt die Erkennbarkeit im Luftbild stark vom örtlichen Kontrast ab. Zum besseren Auffinden und Identifizieren von Punkten werden deshalb Hinweissignale verwendet. Trotzdem sind Ausfallquoten von 5 % oder mehr festgestellt worden. Diese hohe Quote kann auf unter 1 % gesenkt werden, wenn schon bei der Signalisierung auf Verdeckungen und guten Kontrast geachtet wird und die Punkte gegebenenfalls durch Hilfspunkte ersetzt oder erkennbar gemacht und gesichert werden.

Die Katasteranwendungen haben die in 6.2.1 angeführten Genauigkeitsangaben bestätigt, mit σ_{0L}-Werten für Modellkoordinaten von 8 μm bis 12 μm (Analoggeräte) bzw. 5 μm bis 8 μm (Komparatoren). Die σ_0-Werte für die Bildkoordinaten aus Bündelausgleichungen liegen ebenfalls noch bei durchschnittlich 5 μm bis 8 μm. Damit ergeben sich je nach Bildmaßstab mittlere Streckenfehler für kurze Strecken von 2 cm bis 5 cm, womit in vielen Fällen die amtlichen Fehlergrenzen auch für die kritischen kurzen Strecken vollständig eingehalten werden. Durch die hohe Absolutgenauigkeit und die Verknüpfung der Modelle in der Blockausgleichung sind auch die Probleme der Modellübergänge entschärft, so daß keine besonderen Maßnahmen zu ergreifen sind. Zur Genauigkeitssteigerung und zur Erhöhung der Zuverlässigkeit der Auswertung werden verschiedentlich auch Doppelbefliegungen (mit gekreuzten Flugachsen) verwendet.

Als wirksames Mittel zur Steigerung und Sicherung der Nachbargenauigkeit hat sich die Methode der *Spannmaßausgleichung* bewährt. Dabei werden im Gelände gemessene Strecken als zusätzliche Beobachtungen mit entsprechendem Gewicht mit den photogrammetrischen Messungen zur gemeinsamen Ausgleichung verwendet. Da für die Katastervermessung nur die kurzen Strecken von Bedeutung sind, genügt eine Näherungslösung[1]. Als Ergebnis der gemeinsamen Ausgleichung differieren die aus ausgeglichenen Koordinaten berechneten Strecken und die im Gelände gemessenen Strecken im Mittel nur noch um etwa 1,5 cm. Neben der Genauigkeitssteigerung hat sich die Spannmaßausgleichung als ein höchst geeignetes Mittel zur Einrechnung nicht luftsichtbarer Punkte, zur Aufdeckung und Korrektur grober Fehler sowie zur systemgerechten Berücksichtigung von terrestrischen Nachmessungen erwiesen. Sie stellt ein einfaches Beispiel hybrider Systeme, d. h. gemeinsamer Verwendung gemischter terrestrischer und photogrammetrischer Messungen dar.

Im Sinne der Aerotriangulation handelt es sich bei der photogrammetrischen Katastervermessung häufig um kleine Blöcke mit weniger als 100 Modellen. Dagegen kann ein

---

[1] K r a u s , K.; B e t t i n , R : BuL **38** (1970) 241 bis 248.

Projekt mehrere tausend Punkte umfassen mit 100 oder mehr Punkten/Bildpaar. Extremfälle kommen bei der Rebflurbereinigung vor, wo z. B. ein kleines Gebiet von 150 ha, das mit 5 oder 6 Bildpaaren überdeckt wird, mehr als 2000 Punkte enthalten kann.

Bei großen Punktmengen richtet sich der Zeitaufwand für die Messung nach der Zahl der Punkte, weitgehend unabhängig von der Zahl der Bildpaare. Dabei unterscheiden sich die Komparator-Messungen von denen am Analog-Gerät. Die Vergleichsmessungen des Versuchs *Neckarsulm*[1]) ergaben einschließlich der relativen und absoluten Orientierung bzw. der Messung der Rahmenmarken bei durchschnittlich 100 Punkten/Bildpaar folgende Zeiten:

Messung am Analog-Gerät (Zeiss-Planimat)

     Einfach-Messung: 120 s/Modellpunkt $=$ 210 s/Geländepunkt
                      bzw. 41 s/Modellpunkt $=$ 72 s/Geländepunkt $+$ 2,1^h/
                      Modell für relative und absolute Orientierung

Messung am Stereokomparator (Zeiss PSK)

     Einfach-Messung: 118 s/Modellpunkt $=$ 206 s/Geländepunkt

     Doppel-Messung:[2]) 187 s/Modellpunkt $=$ 326 s/Geländepunkt

Nach diesen Erfahrungswerten dauert zwar die eigentliche Messung pro Modellpunkt am Stereokomparator mehr als 2,5mal so lange wie am Analoggerat. Die toten Zeiten für die relative und absolute Orientierung bzw. für die Messung der Bildrahmenmarken sind jedoch unterschiedlich, so daß der Anfangsvorteil der Stereokomparator-Messung bis zu etwa 100 Punkten/Modell vorhält. Wenn man sich auf die relative Orientierung beschränkt (die absolute Orientierung der rechnerischen Blockausgleichung überlassend), ist der Zeitaufwand mit dem Analog-Gerät schon ab 40 Punkten pro Modell geringer als mit dem Stereokomparator.

Die Blockausgleichung mit großen Punktmengen ist mit etwa der 3fachen Rechenzeit pro Bildpaar aufwendiger als bei der normalen Aerotriangulation. Dagegen steigt die Bearbeitungszeit (abgesehen von Nachmessungen im Gelände) nicht im gleichen Verhältnis. Die grobe Fehlersuche vereinfacht sich bei starken Verknüpfungen, so daß im Durchschnitt 3 Durchgänge genügen.

Bei der Katastervermessung erfordert die Signalisierung im Gelände einen erheblichen Aufwand. Trotzdem ist die photogrammetrische Methode bei größeren Projekten ($>$ 500 Punkte) im Vergleich zu anderen Aufnahmeverfahren wirtschaftlich, wie K. Kraus[3]) in einer Kostenanalyse der photogrammetrischen Katastervermessung aufgezeigt hat, die sich auf die Methode der unabhängigen Modelle mit durchschnittlich 100 Punkten pro Bildpaar bezieht. Danach gliedern sich die Gesamtkosten für ein Flurbereinigungsprojekt mit etwa 3000 Geländepunkten in folgende Anteile auf:

Terrestrische Paßpunktbestimmung 10%, Signalisierung 26%, Spannmaßmessung einschließlich Ablochung 22%, Bildmaterial 6%, photogrammetrische Messung 16%, Blockausgleichung, Interpolation und Spannmaßausgleichung 13%, Nachmessungen im Feld und Berichtigungen 6%. Die Gesamtkosten ergeben DM 15,50 pro Grenzpunkt. Von den einzelnen Positionen sind nur die anteiligen Kosten der Paßpunktbestimmung und des Bildmaterials von der Gesamtzahl der Punkte abhängig. Sie reduzieren sich bei großen Punktmengen auf wenige Prozent. Die photogrammetrische Punktbestimmung dieser

---

[1]) Ackermann, F.; Bettin, R : Straßenbau und Straßenverkehrstechnik, H. 162 (1974), 54 S.
[2]) Doppelmessungen sind umstritten. Sie erfüllen keine reelle Kontrollfunktion und steigern auch die Genauigkeit nur unwesentlich. Man könnte darauf verzichten, pflegt sie aber in der Praxis noch vielfach beizubehalten.
[3]) In: Ackermann, F.: Numerische Photogrammetrie. Karlsruhe 1973. $=$ Samml. Wichmann, N.F. Bd. 5, 284 S.

Art ist der konventionellen optischen Polaraufnahme wirtschaftlich überlegen und zur elektronischen Tachymetrie bei Projekten ab 500 Punkten mit etwa gleichen Gesamtkosten konkurrenzfähig. Eine gleichzeitige topographische Aufnahme bedeutet einen erheblichen zusätzlichen Wirtschaftlichkeitsvorteil zugunsten der Photogrammetrie.

Die sehr genaue numerisch-photogrammetrische Katastervermessung stößt vielfach an die Genauigkeitsgrenzen der trigonometrischen Netze. Die interne Genauigkeit und Kohärenz eines Blocks ist oft besser als seine Einpassung auf das Netz, was sich in unverhältnismäßig großen Verbesserungen an den Paßpunkten zeigt. Der Effekt kann sowohl von systematischen Fehlern im Block als auch von Spannungen im trigonometrischen Netz herrühren. Er konnte verschiedentlich eindeutig den Netzspannungen zugeordnet werden. Die geodätische Theorie hat für dieses Problem keine Lösung zur Hand. Blockausgleichungen mit zusätzlichen Parametern können den Effekt weitgehend kompensieren. Eine ebenfalls praktikable Lösung bietet die nachträgliche Deformation und Anpassung des Blocks an das übergeordnete Netz durch die Prädiktionsmethode der Interpolation der kleinsten Quadrate mit Filterung der zufälligen Fehler. Dieses Verfahren wird außerdem auch zur Randanpassung an alte Katastervermessungen verwendet.

Es ist eine wichtige Eigenschaft der Blockausgleichung mit unabhängigen Modellen, daß „Modelle" anderen Ursprungs, z. B. terrestrisch-geodätisch aufgenommene Teilgebiete oder alte Katastervermessungen, in die gemeinsame Berechnung einbezogen werden können, sofern nur Verknüpfungen vorhanden sind. Eine für die Katasterfortführung wichtige Variante bildet die Einbeziehung alter Katasteraufnahmen in die photogrammetrische Blockausgleichung zum Zweck der rechnerischen Grenzfeststellung.

6.2.3 Photogrammetrische Netzverdichtung

Die Genauigkeitsleistungen der photogrammetrischen Punktbestimmung in Form der Blocktriangulation haben neuerdings, über die Katastervermessung hinausgehend, Anwendungen für geodätische Zwecke möglich gemacht. Das Interesse richtet sich vornehmlich auf die Verdichtung trigonometrischer Netze und den Ersatz von Polygonnetzen mit photogrammetrischen Mitteln. In mehreren Ländern der Bundesrepublik Deutschland haben Versuche und erste Anwendungen für Netze 4. Ordnung stattgefunden. In USA/ Kanada sind ähnliche Projekte begonnen worden und sehr umfangreiche Vorhaben geplant, zum Teil im Zusammenhang mit Katastervermessungen.

Grundlage derartiger Anwendungen sind die hervorragenden relativen und absoluten Genauigkeitseigenschaften von Blöcken. Bei relativ geringen Paßpunktanforderungen und fast unabhängig von der Blockgröße bleibt die absolute Genauigkeit der Lagekoordinaten mit $\mu_{x,y} < 2\sigma_0$ in der Größenordnung der Genauigkeit der Bild- oder Modellkoordinaten. Heute schon können σ_0-Werte der Blockausgleichung unter 5 μm auch unter den Bedingungen der regulären Praxis als realistisch gelten. Wenn alle Möglichkeiten der Genauigkeitssteigerung durch Doppel- oder Mehrfachbefliegungen, Komparatormessungen und selbstkalibrierende Ausgleichungsverfahren ausgeschöpft werden, sind im Bildmaßstab absolute Lagegenauigkeiten von 3 μm bis 5 μm erreichbar. Mit entsprechend großen Bildmaßstäben können diese Werte in fast beliebige Genauigkeiten im Gelände übertragen werden. Allerdings ist mit etwa 2 cm eine praktische Grenze erreicht. Die sinnvolle und interessante Anwendung spielt sich im Genauigkeitsbereich etwa zwischen 3 cm und 15 cm ab.

Die Wirtschaftlichkeit der photogrammetrischen Netzverdichtung, vor allem auch im Vergleich zu geodätischen Verfahren, hängt sehr stark von den jeweiligen Bedingungen und Anforderungen ab. Im Gegensatz zu den terrestrischen Verfahren ist der photogrammetrische Aufwand praktisch nicht durch die Zahl der Neupunkte sondern der zu bearbeitenden Bilder bestimmt. Die Kosten pro Neupunkt reduzieren sich daher mit zunehmender Anzahl bzw. Flächendichte der Neupunkte sehr wesentlich.

Die Kosten- und Genauigkeitsstruktur photogrammetrischer Punktbestimmungen unterscheidet sich grundlegend von terrestrischen Verfahren. Der hierarchische Aufbau geodätischer Systeme kann übersprungen oder zusammengefaßt werden. Die photogrammetrisch günstigsten Lösungen bestehen in der Zusammenfassung von traditionell getrennten Stufen. So kann die Netzverdichtung 4. Ordnung sinnvoll mit der gleichzeitigen Kleinpunkt- und Katasteraufnahme oder eine Netzverdichtung im Genauigkeitsbereich von 30 cm bis 50 cm mit der Aerotriangulation für topographische Kartierungen verbunden werden. In Zukunft sind hier weitere Entwicklungen durch die gemeinsame Ausgleichung photogrammetrischer und terrestrischer Messungen (hybride Systeme) zu erwarten.

Die photogrammetrische Netzverdichtung ist nicht auf Lagepunkte beschränkt, sie kann sich im Genauigkeitsbereich von 5 cm bis 15 cm bzw. 0,1⁰/₀₀ der Flughöhe auch auf Höhenpunkte beziehen. Ein höchst interessantes Beispiel ist die großflächige photogrammetrische Höhenbestimmung zur Erfassung und Überwachung der Senkungsbewegungen in Bergbaugebieten[1].

Abschließend sei nocheinmal betont, daß mit den numerischen Verfahren der photogrammetrischen Punktbestimmung eine höchst leistungsfähige Technik zur Verfügung steht, deren Anwendung sich gegenwärtig stark ausbreitet, auch in unkonventionellen Bereichen einschließlich der terrestrischen und Nahphotogrammetrie, und deren Möglichkeiten noch nicht ausgeschöpft sind.

6.2.4 Signalisierung, Punktübertragung

Hohe Genauigkeitsleistungen der photogrammetrischen Punktbestimmung sind an eindeutige und genaue Punktidentifizierung gebunden. Deshalb ist Signalisierung der Geländepunkte bei Netzverdichtungen und numerischer Katastervermessung unerläßlich. Sie ist allgemein für Lage-Paßpunkte auch bei kleinen Bildmaßstäben empfohlen. Höhenpaßpunkte brauchen dagegen seltener signalisiert zu werden, sofern sie auf ebenen Geländeflächen liegen und nicht mit Lagepaßpunkten zusammenfallen.

Unter Signalisierung versteht man die Kenntlichmachung und Markierung eines Geländepunktes mit geeigneten Mitteln, damit er im Luftbild eindeutig identifizierbar und genau meßbar sei. Für große Bildmaßstäbe werden vielfach runde oder quadratische Scheiben aus Kunststoff mit Hilfe von Pflöcken oder Stiften befestigt. Bei Stadt- oder Katasteraufnahmen genügt in vielen Fällen auch die Kennzeichnung eines Punktes oder Grenzsteines mit kräftiger und haltbarer heller Farbe[2]. Es gibt moderne, photogrammetriegerechte Grenzmarken aus Kunststoff, deren Oberseite weiß eingefärbt ist. Bei kleinmaßstäbigen Befliegungen kann die Kennzeichnung von Paßpunkten Schwierigkeiten bereiten. Man ist in der Regel an örtliche oder leicht transportable Hilfsmittel gebunden, z.B. Auslegen von Steinen, Tuchbespannung, Bemalung von Fels, Abnahme der Grasnarbe, Besprühen mit Farbe, Ausgießen von Öl, Roden von Bäumen oder Büschen. In schwer zugänglichen Gebieten müssen die Signale u.U. Monate oder Jahre überdauern.

---

[1] Fuchs, H.: Probleme der numerischen Photogrammetrie bei Höhenaufnahmen hoher Genauigkeitsforderungen. Kolloquium Ingenieurvermessung, TH Aachen, 1974.

[2] Bei überstehenden Grenzsteinen darf nur die Oberseite bestrichen werden, die Seitenflächen sollen dunkel oder grau bleiben. Dasselbe gilt für trigonometrische Punkte, die als Paßpunkte signalisiert werden.

Wegen der Erkennbarkeit und Meßbarkeit im Bild richtet sich die Größe der Signale im Gelände nach dem Bildmaßstab. Für den Durchmesser d von Punktsignalen gilt die Erfahrungsregel:

$$d \approx 25\,\text{cm} \cdot m_\text{B}/10000 \qquad (m_\text{B} = \text{Bildmaßstabzahl}) \tag{6.3}$$

wonach das abgebildete Signal theoretisch einen Durchmesser von 25 µm hätte. Tatsächlich wird es aber durch Überstrahlung auf etwa 50 µm Durchmesser praktisch doppelt so groß abgebildet. Damit sind Signale im Bild mit 8 bis 12facher Betrachtungsvergrößerung in der Regel einwandfrei zu erkennen und dank der Radialsymmetrie trotz Unschärfe gut zu messen. Die Regel (6.3) braucht nicht streng eingehalten zu werden. Tatsächlich pflegt man Signale mit 10 cm Größe für die Bildmaßstäbe 1:3000 bis 1:6000, mit 20 cm für 1:10000, mit 50 cm für 1:20000 und mit 1 bis 2 m für 1:50000 zu benützen. Aus praktischen Gründen werden Signale nicht unnötig groß gemacht. Die verbreitete Annahme, kleine Signale seien wesentlich genauer zu messen, ist jedoch nicht richtig. Für die Erkennbarkeit ist noch mehr als die Größe der Signale der im Bild erscheinende *Kontrast* zur Umgebung entscheidend. Dabei werden mangels Erfahrung häufig Fehler gemacht, die zu Punktausfällen führen. Befestigte Oberflächen von Straßen und Plätzen, sandiger Boden oder getrockneter Bodenaushub pflegen im Luftbild-Diapositiv sehr hell zu erscheinen, so daß sich helle Signale nicht mehr genügend abheben. Ebenso sind Farbanstriche häufig nicht kräftig genug. Generell die günstigsten Reflexionseigenschaften haben Signale in gelb-weißer oder orangeroter Farbe[1]. Gegebenenfalls muß auf Straßen, Betonflächen oder Sand der Kontrast durch Dunkelfärbung der unmittelbaren Umgebung erhöht werden, z.B. durch Anstrich, Versprühen von Farbe oder Öl.

Unabhängig von der Erkennbarkeit von Punktsignalen besteht das Problem ihres Auffindens im Bild und ihrer eindeutigen Identifizierung. Diesem Zweck dienen Skizzen, Beschreibungen und Signalisierungspläne, in denen gegebenenfalls auch die Punktnumerierung angegeben wird. Am sichersten und besonders bei Paßpunkten zu empfehlen sind *Hinweissignale*, die im Bild unmittelbar erkannt werden können. Geeignet sind zusätzliche Signale in Form von Streifen, Balken, Kreuzen oder auch Ringen, s. Bild **349**.1. Vielfach ersetzen sie das Punktsignal oder ermöglichen die Messung auch bei dessen Verlust. Hilfssignale sind als Linienstrukturen leicht zu erkennen. Sie können auch durch zusätzlich signalisierte Hilfspunkte ersetzt werden, da das Auge geometrisch regelmäßige Punktkonfigurationen ebenfalls leicht erfaßt. Derartige Hilfspunkte können mit vorgegebenen Abständen und Geraden- oder Rechtwinkelbedingungen durch Einbeziehung in eine Spannmaßausgleichung zur zusätzlichen Kontrolle und Genauigkeitssteigerung dienen. Beim Auslegen von Hinweissignalen muß der Überstrahlungseffekt beachtet werden. Zwischen Punkt- und Hinweissignal muß mindestens eine Lücke vom 3fachen Durchmesser des Punkt-

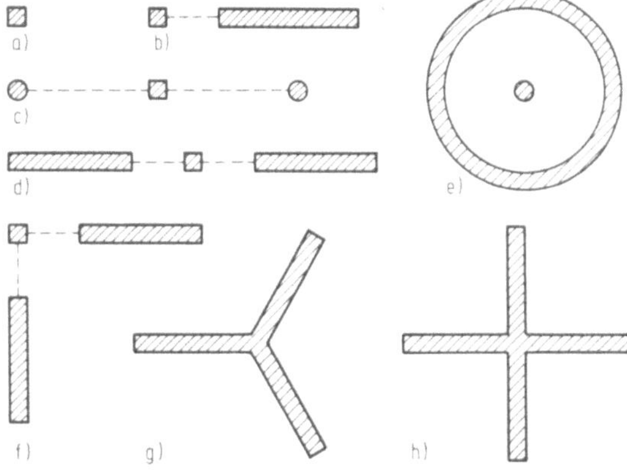

349.1 Gebräuchliche Signalformen

---

[1] S c h w i d e f s k y, K.; K e l l n e r, H.: BuL **37** (1969) 97 bis 106.

signals bleiben, sollen beide Signale im Bild nicht ununterscheidbar miteinander verschmelzen (s. Bild **349.**1). Derselbe Effekt ist zu berücksichtigen, wenn ausnahmsweise Signale dunkel gefärbt sind, z. B. mit Öl getränkter Sand. In diesem Fall müssen die Balken von L-, Z-, Y- oder X-förmigen Signalen breiter und länger sein als bei umgekehrtem Kontrast.

Signalisierte Punkte sind die idealen *Verknüpfungspunkte*. Nur der Verknüpfung wegen besondere Signale im Aufnahmegebiet auszulegen ist jedoch nur selten und höchstens bei großen Bildmaßstäben wirtschaftlich vertretbar, und auch dann nur zur Verknüpfung zwischen den Streifen. In der Aerotriangulation bildet deshalb die künstliche Markierung und stereoskopische Übertragung von Verknüpfungspunkten das Standard-Verfahren. Im Vergleich dazu ist die Verwendung natürlicher Geländedetails als Verknüpfungspunkte trotz hervorragender Genauigkeit in der praktischen Handhabung schwerfälliger und zeitaufwendiger, da Skizzen und Punktbeschreibungen erforderlich sind.

Die Genauigkeit der stereoskopischen Übertragung markierter Punkte in den Nachbarstreifen liegt im Durchschnitt bei 8 μm. Sie hängt im einzelnen von der Beleuchtung sowie von Bildtextur und Kontrast in der unmittelbaren Umgebung des Punktes ab. Bei ungünstigen Bedingungen kann die Genauigkeit der Verknüpfung durch Verwendung von Punktgruppen an Stelle von Einzelpunkten erhöht werden. Für die Übertragung und Markierung von z. B. mehr als 10 Verknüpfungspunkten/Modell ist allerdings die Handhabung der bekannten Punktübertragungsgeräte noch nicht bequem genug.

Eine besondere Variante der Punktübertragung ist die Übertragung von Paßpunkten aus großmaßstäbigen Photos (z. B. Kleinbildaufnahmen vom Hubschrauber aus), eventuell stufenweise, in kleinmaßstäbige Luftbilder, in denen der Punkt nicht mehr direkt zu erkennen ist.

Die Genauigkeit der Punktidentifizierung und -übertragung ist für die Endgenauigkeit einer Blocktriangulation absolut entscheidend. Trotzdem wird die Bild-Vorbereitung häufig als untergeordnete, eher lästige Arbeitsphase eingeschätzt, wozu offenbar auch das einfache Instrumentarium beiträgt.

Die Punktübertragung mit elektronischer oder neuerdings digitaler Bildkorrelation ist in den USA bereits erfolgreich erprobt. Falls es gelänge, diese ganz oder halbautomatischen Systeme billig oder schnell genug zu machen, wäre der Aerotriangulation ein großer Dienst erwiesen.

6.3   Photogrammetrische Kartierung

6.3.1   Karten- und Bildmaßstäbe, Kartierleistungen

Die graphische Auswertung von Luftbildern bildet seit langem den Schwerpunkt der photogrammetrischen Tätigkeit. Ihr verdankt die Photogrammetrie seit Jahrzehnten ganz wesentlich Aufschwung und Anwendung, und sie bildet auch heute noch ihr wichtigstes und nach Menge und Wert bedeutendstes Leistungsangebot. Dementsprechend sind nach wie vor die meisten photogrammetrischen Stereo-Auswertegeräte als Kartiergeräte ausgebildet.

Die direkte photogrammetrische Kartierung aus Luftbildern ist heute weltweit die ganz überwiegend angewendete Kartierungsmethode für Karten- und Planmaßstäbe von

1:500 bis 1:100000. Sie hat andere Verfahren sehr weitgehend verdrängt. Abgesehen von Europa ist auch die Ableitung kleiner Kartenmaßstäbe durch Generalisierung aus größeren bis zum Maßstab 1:100000 (zum Teil bis 1:200000) zugunsten der direkten photogrammetrischen Kartierung fast völlig aufgegeben worden.

Methodisch und technisch ist zur photogrammetrischen Kartierung wenig zu sagen. Der Arbeitsprozeß läuft nach gleichem Schema und mit gleichartigen Hilfsmitteln ab: Das jeweilige Bildpaar wird im Stereo-Auswertegerät relativ und in einem bestimmten Modellmaßstab absolut orientiert. In dem orientierten Geländemodell können alle gewünschten und sichtbaren Punkte mit der räumlichen Meßmarke eingestellt, alle Oberflächenformen abgetastet und insbesondere Linienstrukturen der Objekte oder mathematisch definierte Linien wie Schichtlinien oder Profile kontinuierlich abgefahren werden. Die Grundrißbewegung der Meßmarke, maßstäblich transformiert auf den Zeichentisch übertragen, ergibt als Punkt- oder Linienkartierung das Primärergebnis der graphischen Auswertung. Zur Erfassung und Darstellung der dritten Dimension dienen Schichtlinien, Profile und einzeln kartierte Punkte, deren Höhenwerte abgelesen und als Höhenkoten angeschrieben werden.

Für diesen Grundprozeß der photogrammetrischen Stereokartierung grenzen Maßstab und Qualität der Luftbilder, die Art, Oberflächengestalt, Bebauung und Vegetationsbedeckung des Geländes und die verwendeten Auswertegeräte den Bereich der möglichen graphischen Auswertung nach Inhalt, Vollständigkeit und Genauigkeit ab. Innerhalb dieses Rahmens sind die Ergebnisse im einzelnen wesentlich von der Sorgfalt und Erfahrung des menschlichen Auswerters bestimmt.

Die große Verschiedenheit der Kartierungen in der Praxis beruht nicht auf tiefgreifenden Unterschieden der Verfahren oder Geräte sondern ist durch die Anwendungen und Einzelheiten bedingt. Hierzu gehören Inhalt, Art und Detaildichte bzw. im Zusammenhang mit ihrem Zweck die Genauigkeit und Vollständigkeit einer Auswertung, und schließlich die Art der Darstellung und der kartographischen Überarbeitung. Das Rohprodukt der photogrammetrischen Kartierung wird als Manuskript bezeichnet, das in der Regel schon bei der Entstehung oder unmittelbar danach eine mehr oder weniger weitgehende zeichnerische Überarbeitung, Vervollständigung und Symbolisierung erfährt. Gegebenenfalls sind zusätzliche inhaltliche und verwaltungsmäßige Erhebungen und Ergänzungen erforderlich. Von dem überarbeiteten Manuskript ist vor allem bei amtlichen Kartenwerken die eigentliche kartographische Bearbeitung zu unterscheiden, die nocheinmal einen eigenen Arbeitsprozeß mit sehr erheblichem Arbeits- und Kostenaufwand darstellt.

Im internationalen Sprachgebrauch wird die Zuordnung der Maßstabbereiche zu klein-, mittel- und großmaßstäbigen Karten nicht einheitlich gehandhabt. Wir zählen hier zu den kleinmaßstäbigen topographischen Kartierungen die Maßstäbe 1:50000 und 1:100000 und rechnen die Maßstäbe 1:200000 und 1:250000 bereits den geographischen Karten zu. Andererseits verstehen wir 1:10000 und größer als große Kartenmaßstäbe.

Zwischen klein- und großmaßstäbigen Kartierungen bestehen charakteristisch unterschiedliche Anforderungen, die rückwirkend die verwendbaren Bildmaßstäbe bestimmen, s. Abschn. 2.3.3.1. Bei kleinmaßstäbigen Aufnahmen begrenzen die mit den üblichen Bildflugzeugen erreichbaren Flughöhen und die Forderung nach Erkennbarkeit der in der Karte darzustellenden Objekte und Einzelheiten die zulässigen Bildmaßstäbe, obwohl die Grenze der Genauigkeit dabei in der Regel noch nicht erreicht ist.

Umgekehrt ist bei großmaßstäbigen Kartierungen weniger das Auflösungsvermögen und die Erkennbarkeit als vielmehr die Genauigkeit die die Bildmaßstäbe bestimmende

Faktor. Im Wechselspiel der Anforderungen haben sich nach Gl. (2.27) Erfahrungswerte für den Zusammenhang zwischen Kartenmaßstäben $1:m_K$ und Bildmaßstäben $1:m_B$ ergeben.

In Tab. **133**.1 sind einige Richtwerte zusammengestellt, von denen in der Praxis jedoch verschiedentlich abgewichen wird. Gründe dafür sind z.B. vorgegebener Blattschnitt oder besondere Höhengenauigkeit. Seitdem mit modernen Bildflugzeugen auch Flughöhen über 10 km erreichbar sind, werden für kleinmaßstäbige Kartierungen zum Teil Bildmaßstäbe bis zu 1:120000 oder kleiner[1]) verwendet.

Das Vergrößerungsverhältnis vom Bild zur Karte nimmt vom Faktor 10 oder mehr bei großmaßstäbigen Auswertungen stetig ab, bis bei 1:100000 Bild- und Kartenmaßstab annähernd gleich sind. Diese Verhältnisse sind für die Arbeitsbereiche, die Genauigkeit und die Funktionsmerkmale der Stereo-Auswertegeräte bestimmend.

Bei kleinmaßstäbigen Kartierungen hat schon stets der Auswerter im Einmannbetrieb gleichzeitig mit der Kartierung die Überarbeitung und Auszeichnung des Kartenmanuskripts besorgt. Dagegen hat bei großmaßstäbigen Auswertungen meistens ein Zeichner am Kartiertisch die Kartierung übernommen. In Ländern mit hohen Lohnkosten ist man vom Zwei-Mann Betrieb abgegangen und tendiert allgemein dazu, die zeichnerische Überarbeitung des Manuskripts auf das im Einzelfall unbedingt notwendige Maß zu beschränken.

Leistungszahlen. Der Zeit- und Kostenaufwand photogrammetrischer Kartierungen hängt naturgemäß stark von Art, Maßstab, Umfang, Inhalt und Zweck der jeweiligen Auswertung ab. Sieht man von Kartierungen für spezielle Zwecke ab, gibt es in der Kartographie Normvorstellungen über Inhalt, Detaildichte und Vollständigkeit einer Karte, sodaß sich trotz aller Verschiedenheit der Geländearten, Besiedlungsdichte, Verkehrserschließung usw. gewisse Durchschnittsangaben über den Zeitaufwand photogrammetrischer Kartierungen machen lassen. Richtwerte der Kartierleistung (in ha/h) für Grundriß- und Höhenauswertung am photogrammetrischen Auswertegerät lassen sich nach der Formel

$$L \text{ (ha/h)} = K \cdot m_K / 1000 \qquad (m_K = \text{Kartenmaßstabzahl}) \tag{6.4}$$

abschätzen. Der Faktor K hängt vom Maßstab und den Bedingungen der Auswertung ab. Durchschnittliche Erfahrungswerte mit den sehr erheblichen Variationsbereichen sind in Tab. **353**.1 zusammengestellt. Für einen gegebenen Maßstab kann sich die Kartierleistung um mehr als den Faktor 5 unterscheiden. Die Auswertung eines großmaßstäbigen Modells kann von einer Woche bis über einen Monat dauern, umgekehrt ist ein kleinmaßstäbiges Modell unter günstigen Umständen in einer halben Schicht zu kartieren. Die Orientierung eines Bildpaars im Kartiergerät beansprucht nur bei kleinen Maßstäben mit 1^h bis $1,5^h$ einen merklichen Zeitanteil der Auswertung. Die Auswertekosten können nach den Angaben von 6.1 und Tab. **353**.1 abgeschätzt werden.

Für die Reinzeichnung oder Gravur eines Manuskripts mit Beschriftung und Symbolen muß je nach den kartographischen Anforderungen die 1 bis 2fache Zeit der Kartierung am Auswertegerät veranschlagt werden. Der kartographische Aufwand wird vielfach unterschätzt. Seine Kosten liegen in der gleichen Größenordnung wie die Auswertung. Bei amtlichen Kartenwerken steigt der kartographische Zeit- und Kostenaufwand bis zur Herausgabe auf ein Vielfaches der photogrammetrischen Auswertung.

---

[1]) Derzeit bekannter Grenzwert für Luftbilder 1:150000.

Tab. **353**.1 Kartierleistung photogrammetrischer Stereoauswertungen

Kartier-maßstab 1:m_K	Faktor K in Gl. (6.4) Mittelwert Bereich		ha/h		Stunden pro Bildpaar Kartenblatt (50×50 cm²)	
1: 1000	1	0,4 bis 2.5	0,4 bis 2,5		260–40	60– 10
1: 2500	1,5	0,6 bis 3	1,5 bis 7,5		170–30	100– 20
1: 5000	2	0,8 bis 5	4 bis 25		130–20	150– 25
1: 10000	2,5	1,0 bis 6	10 bis 60		100–15	250– 40
1: 25000	3,5	1,6 bis 8	40 bis 200		65–12	400– 75
1: 50000	6	3 bis 15	150 bis 750		35– 7	450– 85
1:100000	10	5 bis 20	500 bis 2000		20– 5	500–125

6.3.2 Kartierung von Höhen-Schichtlinien

Eine der wichtigsten Leistungen der photogrammetrischen Auswertung ist das direkte Abfahren und Kartieren von Höhenschichtlinien am relativ und absolut orientierten Modell. Der Auswerter hat dabei unter stereoskopischer Betrachtung die auf die entsprechende Höhe eingestellte Meßmarke durch Grundrißbewegung jeweils berührend an der geneigten Geländefläche entlang zu führen. Diese Operation erfordert Übung und Erfahrung. Die Genauigkeit der direkt kartierten Schichtlinien ist deshalb neben der Bild- und Gerätegenauigkeit ganz entscheidend durch die physiologischen Eigenschaften, Geschicklichkeit und Erfahrung des Auswerters bestimmt.

Ein geübter Auswerter kann, sofern keine Behinderung durch Vegetation vorliegt, in steilem bis mäßig hügeligem Gelände ohne größere Schwierigkeiten Schichtlinien direkt abfahren. Bei flachem bis ebenem Gelände wird es zunehmend schwieriger bis unmöglich, eine Schichtlinie im Gelände(modell) direkt zu verfolgen. Die Suchbewegungen mit der Meßmarke werden größer, da einem kleinen Höhenunterschied eine große Lageversetzung entspricht. Man geht deshalb bei flachem Gelände zur Messung der Höhenkoten von mehr oder weniger gleichmäßig oder rasterförmig verteilten Geländepunkten über, um daraus wie bei der tachymetrischen Geländeaufnahme nachträglich die Schichtlinien durch Interpolation zu konstruieren. Bei sehr flachem Gelände verliert die Schichtlinie als Mittel zur Höhendarstellung ihren Sinn. Man übernimmt daher das Punktfeld mit den Höhenkoten in die endgültige Karte. Nach W. S c h o l z[1]) sind die Verfahren durch die Geländeneigung wie folgt abgegrenzt (für die Deutsche Grundkarte 1:5000, Äquidistanz 1 m):

$\tan \alpha \geq 3,5\%$:   direkte Kartierung der Schichtlinien ohne wesentliche Überarbeitung

$\tan \alpha \geq 2\ \%$:   direkte Kartierung mit nachträglicher Überarbeitung der Schichtlinien

$\tan \alpha \geq 0,5\%$:   Punktraster, nachträgliche Konstruktion der Schichtlinien durch Interpolation

$\tan \alpha < 0,5\%$:   keine Schichtliniendarstellung

---

[1]) Wiss. Arb. Geod. u. Photogr. TH Hannover, Nr. 17, 1962, 90 S.

Über die *Genauigkeit von Schichtlinien*, die üblicherweise als absolute Höhengenauigkeit nach der Koppeschen Formel in linearer Abhängigkeit vom Tangens der Geländeneigung angegeben wird, gibt es erstaunlich wenige gründliche Untersuchungen. Der Literatur sind folgende Ergebnisse empirischer Untersuchungen mit WW-Bildern über die mittlere absolute Höhengenauigkeit (m_H) photogrammetrischer Schichtlinien zu entnehmen:

Bildmaßstab 1:12000, Deutsche Grundkarte 1:5000

W. Scholz[1]   : $m_H = (0{,}2 + 1{,}0 \tan \alpha)\,\text{m}$

G. Krauss[2]   : $m_H = (0{,}25 + 2{,}0 \tan \alpha)\,\text{m}$

OEEPE[3]   : $m_H = (0{,}27 + 0{,}6 \tan \alpha)\,\text{m}$ (6.5)

zulässig   : $m_H = (0{,}4 + 5 \tan \alpha)\,\text{m}$

Bildmaßstab 1:18000

OEEPE[3]   : $m_H = (0{,}4 + 2.4 \tan \alpha)\,\text{m}$ (6.6)

Bildmaßstab 1:37000

OEEPE   : $m_H = (0{,}6 + 4{,}3 \tan \alpha)\,\text{m}$

zulässig für 1:25000 : $m_H = (0{,}8 + 12 \tan \alpha)\,\text{m}$ (6.7)

Bildmaßstab 1:50000, topographische Karte 1:50000

R. Finsterwalder[4] $m_H = (2{,}2 + 4{,}3 \tan \alpha)\,\text{m}$ (6.8)

Die Genauigkeit der photogrammetrischen Schichtlinien ist, abgesehen von den beiden Extremen des sehr flachen und des sehr steilen Geländes, nur schwach von der Geländeneigung abhängig. Bezogen auf die jeweilige Flughöhe kann man daher in erster Näherung die Höhengenauigkeit photogrammetrischer Schichtlinien mit $0{,}2^0/_{00}\,h$ ($0{,}3^0/_{00}$) angeben. Diese Absolutgenauigkeiten liegen in der Regel weit innerhalb der Forderungen für die amtlichen Kartenwerke, für die übrigens international keinerlei Übereinstimmung besteht. Ebenso sind die mittleren Höhenfehler der photogrammetrischen Schichtlinien meistens deutlich kleiner als die der konventionellen terrestrischen Höhenaufnahmen. Die Höhengenauigkeit photogrammetrischer Schichtlinien ist deshalb als praktisch jeder anderen Methode überlegen allgemein akzeptiert und nicht mehr Gegenstand von Diskussionen. In gleicher Weise besteht im Prinzip darüber Übereinstimmung, daß die photogrammetrische Stereoauswertung die besten Voraussetzungen bietet zur Erfassung der geomorphologischen Detailstruktur und der Kleinformen des Geländes, sofern die Vegetation den Einblick nicht verwehrt. Die von seiten der Kartographie zu stellenden Forderungen an die Detailtreue von Schichtlinien sind jedoch bisher nicht klar definierbar und deshalb Gegenstand subjektiver Auffassungen. Als Folge davon bestehen unterschiedliche Vorstellungen über das zulässige oder notwendige Verhältnis zwischen Höhengenauigkeit und Äquidistanz von Schichtlinien.

Photogrammetrische Schichtlinien sind zunächst auf Grund der kleinen Suchbewegungen des Auswerters mit der Meßmarke mit „differentiellen Unsicherheiten" behaftet. Sie zeigen im Detail einen unruhigen Verlauf mit Kleinformen, denen keine reellen Gelände-

---

[1] Wiss. Arb. Geod. u. Photogr. TH Hannover, Nr. 17, 1962, 90 S.
[2] ZfV **93** (1968) 179 bis 188, 390 bis 395.
[3] Komm. D, noch nicht veröffentlicht.
[4] ZfV **82** (1957) 329 bis 337.

formen entsprechen. Die rohen Schichtlinien pflegen deshalb zeichnerisch überarbeitet, geglättet zu werden. Nach R. Finsterwalder soll diese Überarbeitung geomorphologische Formen (z.B. Schwemmkegel, fluvio-glaziale Formen, Erosionsrinnen, Terrassen) betonen oder sogar überbetonen und setzt eine qualifizierte geomorphologische Interpretation voraus. Mit entsprechend vorgebildeten und geschulten Auswertern und Kartographen können auf diese Weise Spitzenprodukte topographischer Kartierungen entstehen, wie z.B. die Karten der Alpenländer.

Aus Gründen der Wirtschaftlichkeit tendiert die Praxis der photogrammetrischen Kartierung jedoch in umgekehrter Richtung dazu, die Überarbeitung der Schichtlinien auf ein Minimum zu beschränken. Vielfach werden Schichtlinien direkt am Auswertegerät in Schichtgravur ausgeführt und in dieser Form in die Reproduktion übernommen. Die Aussagekraft derartiger Schichtlinien braucht durch Verzicht auf Glättung nicht wesentlich geringer zu sein (ein Beispiel zeigt die Beilage am Schluß des Buches).

Zwischen der Forderung nach Detailtreue einer Schichtlinie im Verhältnis zur Äquidistanz gibt es keine feste Norm. Je nach dem Zweck der Kartierung ist ein vernünftiger und wirtschaftlicher Kompromiß zu schließen. In der Praxis hält man sich an folgende Faustregeln für das Verhältnis zwischen der photogrammetrischen Höhengenauigkeit m_H von Einzelpunkten (gegebenenfalls einschließlich Aerotriangulation) und der (kleinstzulässigen) Äquidistanz ΔH:

$$
\begin{array}{lll}
\text{Höchste Qualität}[1]) & m_H/\Delta H : 1/6 \text{ bis } 1/10 & \\
\text{Richtwert Europa} & m_H/\Delta H : 1/4 \text{ bis } 1/5 & (6.9) \\
\text{Richtwert USA} & m_H/\Delta H : 1/3 &
\end{array}
$$

Letzterer Wert entspricht der Forderung, daß bei einer Nachprüfung 90% der Höhenfehler (ε_H) von Einzelpunkten innerhalb $\Delta H/2$ liegen sollen. Damit ist nach Wahrscheinlichkeit verhindert, daß sich beim Kartieren Schichtlinien schneiden. Setzt man in den obigen Beziehungen $m_H = 0{,}1^0/_{00}\,h$ für WW-Bilder (bzw. $0.2^0/_{00}\,h$ nach Aerotriangulation, konservativ), kann man die kleinstmögliche Äquidistanz angeben, mit der sich Schichtlinien mit Bildmaterial aus gegebener Flughöhe noch mit der geforderten Genauigkeit auswerten lassen. Nach der europäischen Spezifikation erhält man z.B.

$$
\begin{array}{lll}
\text{für WW} & : & \Delta H_{\min} > 0{,}5^0/_{00}\,h\;(1{,}0^0/_{00}\,h) \\
\text{für ÜWW} & : & \Delta H_{\min} > 0{,}75^0/_{00}\,h\;(1{,}5^0/_{00}\,h)
\end{array}
\qquad (6.10)
$$

Diese Art der Abschätzung entspricht dem amerikanischen c-Faktor, der das Verhältnis zwischen Flughöhe und kleinstmöglicher Äquidistanz ausdrückt: $c = h/\Delta H_{\min}$. Konventionelle Werte liegen zwischen 2000 und 600. Der c-Factor hat vielfach zu Mißverständnissen Anlaß gegeben, da er primär als Eigenschaft des Auswertegerätes angesehen wurde, anstatt ihn auf das ganze System der Auswertung zu beziehen.

Nach obigen Annahmen sind in Tab. **356.**1 für die Spezifikationen $m_H/\Delta H = 1{:}5$ die kleinstzulässigen Bildmaßstäbe angegeben, mit denen die in Karten üblichen Äquidistanzen von Schichtlinien erreichbar sind. Die Aerotriangulation ist dabei nur mit einer mäßigen Genauigkeit von $0{,}2^0/_{00}\,h$ (WW) bzw. $0{,}3^0/_{00}\,h$ (ÜWW) zugrundegelegt.

Die photogrammetrische Auswertung von Schichtlinien wird durch dichte Vegetation und Wälder stark behindert oder unmöglich gemacht. Während Laubwälder nach dem Laubabfall im Winter eine gute, lockerer Waldbestand durch Messung von Höhenkoten eine brauchbare Schichtlinien-

---

[1]) Wird praktisch kaum verwendet, da unwirtschaftlich.

23*

Tab. **356**.1 Gebräuchliche Äquidistanzen von Höhenschichtlinien und kleinstzulässige Bildmaßstäbe

Äquidistanz ΔH	WW mit (ohne) Aerotriangulation $1 : m_{\mathrm{B\,max}}$		ÜWW mit (ohne) Aerotriangulation $1 : m_{\mathrm{B\,max}}$	
0,5 m	1: 3 000	(6 000)	1: 4 000	(8 000)
1 m	6 000	(13 000)	8 000	(15 000)
2 m	13 000	(26 000)	15 000	(31 000)
5 m	32 000		39 000	
10 m	65 000		78 000	
20 m	130 000[1]		150 000	
50 m	320 000[1]		390 000[1]	

[1] Mit Bildflugzeugen nicht erreichbar.

auswertung ermöglichen, entziehen dichte Nadel- oder Dschungelwälder die Erdoberfläche der
direkten photogrammetrischen Höhenmessung. In diesen Fällen kann man für kleinmaßstäbige
Karten eine hinreichende Höhenauswertung erhalten, indem die Schichtlinien, nach Korrektur
um die mittlere Baumhöhe, auf dem Blätterdach abgefahren werden. Das Bodenrelief wird allerdings durch das Blätterdach abgeflacht, z. B. sind Mulden, Rinnen, Bachläufe usw. nur noch angedeutet. Immerhin lassen sich nach W. Scholz[1]) bei Baumhöhen von 5 m, 15 m, 25 m noch
mittlere Höhenfehler von 1,6 m, 2,8 m, 3,3 m erreichen, die bei Mischwäldern auf über 4 m
ansteigen. Kartierungen mit 50 m oder 20 m Äquidistanz sind also vertretbar.

6.3.3 Kleinmaßstäbige topographische Karten

Photogrammetrische Kartierungen in den Maßstäben 1:100 000 und 1:50 000 beziehen
sich meist auf amtliche topographische Landeskartenwerke, abgesehen von geologischen
oder hydrologischen Basiskarten. Die genannten Maßstäbe bilden die kleinmaßstäbigen
Grundkarten vieler Länder, die eine vollständige Überdeckung in größeren Maßstäben
überhaupt nicht anstreben.

Gegenwärtig sind nur etwa 35 % der Landfläche der Erde im Maßstab 1:100 000 kartiert.
Die Vorstellung, diese Karten aus größeren Maßstäben durch Generalisierung abzuleiten,
ist außerhalb Europas indiskutabel, seitdem die Photogrammetrie die Möglichkeit bietet,
in den gewünschten Maßstäben direkt zu kartieren. Dank der Leistungen der Aerotriangulation braucht auch nicht bis zur Fertigstellung der geodätischen Landesver-
messung, d. h. der Punktnetze gewartet zu werden.

Mit der neueren Entwicklung der Aerotriangulation ist die Paßpunktbeschaffung kein
wesentlicher Engpaß mehr, der vielfach die Kartierungsproduktion beschränkt hat. So
erhöht gegenwärtig z. B. Canada die Jahresleistung für die Topographische Karte 1:50 000
auf 20 000 Bildpaare oder 1 Million km^2.

Die kleinmaßstäbige Kartierung ist durch eine, wenn überhaupt, geringe Vergrößerung
vom Bild zur Karte mit entsprechend geringen Anforderungen an die Lagegenauigkeit
gekennzeichnet. Daher sind die topographischen Auswertegeräte einfach, mit Freihandführung, kleiner Zeichenfläche und einfachen Zeichenvorrichtungen (Pantographen).

---

[1]) Vgl. Fußnote 1, Seite 354.

Dagegen sind die Anforderungen an die Höhengenauigkeit unter Umständen hoch. Die gebräuchlichen Schichtlinien-Äquidistanzen sind 50 m, 20 m und 10 m (bzw. 100′, 50′, 25′). Die Grundrißgenauigkeit kleinmaßstäbiger Kartierungen ist ausschließlich durch die zeichnerische Darstellung bestimmt. Die theoretische Zeichengenauigkeit von 0,1 mm in der Karte kann zwar für genau definierte Details und Einzelpunkte erreicht werden, die generalisierende Erfassung und Darstellung topographischer Objekte wie Gewässer, Verkehrswege, Siedlungen, Vegetationsgrenzen erlaubt jedoch in den kleinen Kartenmaßstäben von vornherein nur eine Kartiergenauigkeit von 0,2 mm bis 0,3 mm. Sie wird durch die kartographische Bearbeitung der Karte (Generalisierung, Verdrängung, Symbolisierung) anschließend noch weiter reduziert.

Der Zeitaufwand für die kleinmaßstäbige Kartierung hängt in erster Linie von der Topographie des Geländes und der Siedlungsdichte ab. Bei Naturlandschaften (nicht Hochgebirge) kann die Kartierleistung bis auf 1 Modell oder 2 Modelle/Schicht steigen. Der Gesamtaufwand für systematische kleinmaßstäbige Kartierprogramme ist vergleichsweise niedrig. Um 100000 km^2 in 1:50000 in Entwicklungsländern zu kartieren ($\approx$ 100 Kartenblätter) genügen durchschnittlich 8 bis 10 Gerätejahre im Zweischichtbetrieb, neben 1 Gerätejahr im Einschichtbetrieb für die Aerotriangulation. Der Aufwand für die photogrammetrische Kartierung liegt in der Größenordnung von DM 10,–/km^2. Auf Befliegung und terrestrische Paßpunktbestimmung entfallen weitere 30%. Durch die anschließende kartographische Bearbeitung verdoppeln sich etwa die Gesamtkosten.

Angesichts der Bedeutung topographischer Grundkarten für Erschließung, Entwicklung und Verwaltung eines Landes müssen die Investierungen für die Kartierung als gering bezeichnet werden. Technisch und methodisch bestehen, von Ausnahmen abgesehen, keine wirklichen Engpässe mehr, so daß die Fertigstellung der topographischen Karten 1:100000 oder 1:50000 in einem Zeitraum von 10 bis 20 Jahren in praktisch allen Ländern der Erde erreichbar sein könnte. Die technische Hilfe für Entwicklungsländer sollte sich dieses Gebietes verstärkt annehmen, auf dem mit vergleichsweise geringen Mitteln wichtige Voraussetzungen für die planvolle Erschließung und Entwicklung von großen Gebieten geschaffen werden können und somit im besten Sinne wirksame Entwicklungshilfe zu leisten wäre.

In jüngster Zeit sind mit der Flächenausdehnung von mehreren Millionen km^2 in Südamerika (Amazonas-Gebiet und Anden) *Radarkarten* im Maßstab 1:250000 als erste brauchbare Karten dieser Gebiete hergestellt worden[1]), weil dort wegen dichter Bewölkung normale Bildflüge nicht ohne weiteres möglich sind. Trotz der großen Begeisterung, mit der diese Radar-Karten für Übersicht, Verkehr, Geologie und Hydrologie aufgenommen wurden, sind auch in diesen Gebieten für die Folgemaßstäbe konventionelle topographische Kartierungen mit Schichtlinien und/oder entsprechende Orthophotokarten vorgesehen.

Die *Nachführung* kleinmaßstäbiger topographischer Karten wird in den Ländern, die sich noch um die Erstkartierung bemühen, nicht als großes Problem gesehen. In Naturlandschaften ist vorläufig ein Nachführungszyklus von 10 bis 20 Jahren ausreichend. In dichter besiedelten Gebieten kann die Nachführung durch Neubefliegung mit den konventionellen Mitteln der Kartierung (gegebenenfalls mit Orthophotokarten als Zwischenlösung, wenn Siedlungen und Verkehrswege entstehen oder Vegetationsänderungen zu erfassen sind, s. 6.5) gelöst werden. Mit der Technik der digitalen Kartierung (Abschn.

---

1) Fagundes, P. M.: BuL **42** (1974) 47 bis 52.

6.6) entwickeln sich neue Möglichkeiten der Kartenfortführung einschließlich der Ableitung aus größeren Kartenmaßstäben.

In Europa werden die topographischen Karten noch weitgehend im Anschluß an die Ersterstellung oder die Revision größerer Kartenmaßstäbe durch Generalisierung und kartographische Bearbeitung fortgeführt. Dieses Verfahren arbeitet in der Praxis wenig zufriedenstellend. Deshalb wird teilweise dazu übergegangen, z.B. die Karte 1:25000 mit Hilfe von Orthophotos direkt fortzuführen und zu ergänzen.

6.3.4 Großmaßstäbige Kartierungen

Die photogrammetrischen Kartierungen der großen Maßstäbe zeigen ein außerordentlich vielgestaltiges Bild. In diesem Bereich spielt sich in Industrieländern der größte und wohl auch gewichtigste Teil der photogrammetrischen Aktivitäten ab. Zwar beruhen Kartierungen aus Luftbildern in allen Maßstäben auf den gleichen Grundlagen und laufen nach dem gleichen Schema ab, so daß primäre technische oder Verfahrensunterschiede kaum zu nennen sind. Trotzdem bewirken die verschiedenen Anwendungen und Inhalte großmaßstäbiger Arbeiten eine außerordentliche Variationsbreite und starke Differenzierungen. Die Einzelheiten, Spezifikationen und Bedingungen unterscheiden z.B. eine amtliche Grundkarte (1:5000 oder 1:10000), eine Katasterkarte, eine Stadtkarte völlig von großmaßstäbigen Unterlagen für Siedlungs-, Verkehrs-, Bebauungs-, Erholungsplanung, ebenso wie von Plänen für Straßen-, Eisenbahn-, Wasserbau-Entwürfen oder von den Arbeitsunterlagen für Überlandleitungen, Wasserversorgung, Sanierungsmaßnahmen, von Bestandsplänen für Autobahnen, Bahnhofs- und Industrieanlagen, um nur stichwortartig einige der Anwendungen aufzuzählen. Während amtliche Grundkarten und Stadtkarten eine gewisse Vollständigkeit des dargestellten Inhalts anstreben, ist bei Katasterkarten und noch mehr bei den vielfältigen Kartierungen für Ingenieur- und Planungszwecke eine jeweilige Absprache über Inhalt und Darstellung wesentlich. Bei reinen Arbeitsplänen soll auf eine zeichnerische oder kartographische Überarbeitung verzichtet werden. Die eigentlichen Probleme großmaßstäbiger Kartierungen liegen im inhaltlichen Detail. Hinzu kommen Schwierigkeiten durch Verdeckungen, sichttote Räume, durch die Interpretation und Darstellung von nur indirekt erfaßbaren Inhalten und Eigenschaften von Objekten und nicht zuletzt durch die administrativen Informationen der Klassifizierung und Benennung von Objekten.

Aus diesen Gründen muß die großmaßstäbige photogrammetrische Auswertung in Verbindung mit zusätzlichen Informationsquellen stehen. Insbesondere wird sie durch Erhebungen im Gelände vorbereitet, ergänzt und gegebenenfalls auch kontrolliert. Diese *Feldergänzung* kann teilweise oder vollständig auch vor den Beginn der photogrammetrischen Auswertung gelegt werden, z.B. bei der Katastervermessung. Dabei werden alle erforderlichen Angaben in die Luftbilder oder Luftbild-Vergrößerungen eingetragen, um bei der Auswertung Berücksichtigung zu finden.

Allgemein sind großmaßstäbige Auswertungen durch beträchtliche Vergrößerung vom Luftbild zur Karte oder zum Plan gekennzeichnet. Ferner sind in der Regel die Anforderungen an die Lage- und/oder die Höhengenauigkeit hoch. Dementsprechend werden Präzisions-Auswertegeräte mit den entsprechenden Genauigkeitsleistungen und Vergrößerungsbereichen benutzt. Genauigkeit und Inhaltsfülle bewirken, daß sich die Auswertung eines Bildpaares über Wochen hinziehen kann, s. Tab. **353**.1.

Von großmaßstäbigen (Grundriß-)Kartierungen erwartet man in der allgemeinen Vorstellung die *Kartiergenauigkeit* von 0,1 mm im Plan. Die Voraussetzungen, um diese Grenzgenauigkeit zu erreichen, sind einerseits günstiger als bei kleinen Maßstäben, da der Grad der Generalisierung und Symbolisierung wesentlich geringer ist. Andererseits setzen aber extreme Vergrößerungsverhältnisse vom Bild zum Plan eine technische Genauigkeitsgrenze, die in den Kartiermaßstäben 1:500 und 1:250 bei 0,2 mm bis 0,3 mm liegt. Eine für großmaßstäbige Kartierungen spezifische Genauigkeitsgrenze ist durch die verschiedenartigen Objekte selbst gesetzt. Topographische Objekte wie Häuser, Schuppen, Zäune, Gräben, Hecken, Wasserläufe, unbefestigte Wege sind in der Natur oft höchstens auf einige dm genau, Vegetationsgrenzen oder Böschungen kaum auf m genau definiert. Deshalb unterscheiden sich, wie Versuche bestätigt haben, auch unabhängige terrestrische Aufnahmen z.B. eines Stadtgebietes in vielen Details leicht um Beträge vom 0,5 mm bis 1 mm im Planmaßstab. Mit diesen Hinweisen soll vor übertriebenen Genauigkeitserwartungen und -forderungen gewarnt werden, insbesondere hinsichtlich der Absolutgenauigkeit. Andererseits ist die Genauigkeitsleistung großmaßstäbiger photogrammetrischer Kartierungen sehr hoch. Mit Objekten, die in der Natur auf 5 oder 10 cm genau definiert sind (z.B. Mauern, Grenzsteine, Pfähle, Masten, Schienen, befestigte Wege, Bordsteine usw.) werden tatsächlich in den Plänen graphische Genauigkeiten von 0,1 mm bis 0,15 mm erreicht. Dies gilt besonders für Katasterkarten (s.u.), wenn die Grenzpunkte als Ergebnis numerischer Auswertung nach Koordinaten kartiert werden.

Ein Beispiel besonderer Problematik ist die *Deutsche Grundkarte* 1:5000 mit ihren extremen Höhenforderungen. Zwar kann mit WW-Bildern des Bildmaßstabs 1:12000 die amtlich geforderte Höhengenauigkeit von Schichtlinien mit $m_K = (0,4 + 5 \cdot \tan \alpha)$ m eingehalten werden. Tatsächlich wird aber zumindest in flachen Gebieten eine höhere Genauigkeit und Detailtreue der Schichtlinien mit Äquidistanzen bis 0,5 m gefordert. Deshalb hat man in Nordrhein-Westfalen die Lösung gewählt, pro Bildpaar bis zu etwa 15 Höhenpaßpunkte zu verwenden und die Höhenauswertung zonenweise mit jeweiligen Horizontverschiebungen, d.h. korrigierter absoluter Höhenorientierung, vorzunehmen. Andererseits tendiert Niedersachsen im Zusammenhang mit der größeren Freizügigkeit der digitalen Kartierung zur Verwendung von ÜWW-Bildern im Bildmaßstab 1:8000.

Eine weitere Standard-Anwendung großmaßstäbiger photogrammetrischer Kartierungen sind *Katasterkarten*, im Maßstabbereich von 1:500 bis 1:10000. Je nach Besiedlungs-, Besitz- und landwirtschaftlichen Nutzungsverhältnissen und Parzellengröße und je nach Art und rechtlicher Bedeutung des Katasters sind die Anforderungen an Katasterkarten höchst verschieden. Gemeinsam ist allen Systemen die Erfassung und Darstellung von Besitz- oder Nutzungsgrenzen einschließlich der Verwaltungsinformation (Namen, Nummern). Die Grenzen sind entweder als Nutzungsgrenzen oder sonstige natürliche und künstliche Strukturen im Luftbild sichtbar oder durch besondere Maßnahmen (Signalisierung) erkennbar gemacht. Nach moderner Auffassung umfaßt die Katasteraufnahme die möglichst vollständige topographische Aufnahme einschließlich aller Hoch- und Tiefbauten, Nutzungsarten sowie umwelt- und gesellschaftsrelevanter Oberflächenstrukturen. Gerade für diese Ausweitung von Katasterkarten auf allgemeine Grundkarten bietet die Photogrammetrie sehr günstige Voraussetzungen und Hilfsmittel.

In einer Reihe von Ländern Europas sind seit langem oder neuerdings numerische Katastersysteme (Koordinatenkataster) in Benutzung, mit entsprechend hohen Genauigkeitsanforderungen. In diesen Fällen kann mit einer ersten photogrammetrischen Auswertung die numerische Punktbestimmung (s. 6.2.2) erfolgen. Mit dem Ergebnis wird, neuerdings automatisch, die Kataster-Rahmenkarte durch Punktauftrag, Strichzeichnung und Beschriftung kartiert und anschließend in einer zweiten photogrammetrischen Auswertung derselben oder anderer Luftbilder topographisch ergänzt. Eine nach diesem Verfahren entstandene Katasterkarte ist als Beilage in der Tasche enthalten. Dabei können auch die im Kataster wichtigen Gebäudevermessungen oder die z. B. für Stadtpläne oder Straßenbestandspläne wesentlichen zusätzlichen Einzelheiten einbezogen werden.

Dieses Beispiel leitet über zu großmaßstäbigen photogrammetrischen Auswertungen, die sich nicht auf ein bestimmtes, vorgegebenes Produkt beziehen, sondern für einen Prozeß in mehreren Stufen Informationen und Arbeitsunterlagen liefern. Dieser Aspekt ist z. B. kennzeichnend für die Anwendung der Photogrammetrie in der *Flurbereinigung*. Hier kann zunächst durch eine Befliegung etwa im Maßstab 1:20000 eine Übersicht über den Ist-Zustand des Gebietes und eine allgemeine Besprechungs- und Plangungsgrundlage erhalten werden, ehe in den konkreten Entwurf der Umlegungs- und Baumaßnahmen eingetreten wird, der sich gegebenenfalls weiterer photogrammetrischer Auswertungen und Hilfsmittel bedient, bis sich schließlich nach einer Neubefliegung etwa im Bildmaßstab 1:5000 die photogrammetrische Kataster-Neuvermessung anschließt.

Eine ähnliche Folge integrierter photogrammetrischer Anwendungen von allgemeinen zu speziellen Planungsunterlagen, -Hilfsmitteln und -Darstellungen bis zur Schlußvermessung ist bei allen größeren Baumaßnahmen (z. B. Flughafenbau) und regionalen oder Siedlungsplanungen möglich und zweckmäßig. Diese Feststellung leitet einerseits über in den Anwendungsbereich der Ingenieurvermessung (Abschn. 6.4) und weist andererseits auf die vielen Möglichkeiten spezieller Kartierungen, Informations- und Unterlagenbeschaffungen, wie sie für die Zwecke von Bestandsaufnahmen und -darstellungen (Straßenbestandspläne, Bahnanlagen, Fabrikanlagen, Halden) und der Erfassung von Zuständen und Änderungen (Vegetation, Verkehr, Sanierungen) oder Ereignissen (Wasser-, Sturmschäden) dienen.

Es ist die einzigartige Kombination der Möglichkeiten, den gegebenenfalls schnell aufgenommenen Bildern gleichzeitig Bild-, Gestalt- und metrische Informationen zu entnehmen und die Ergebnisse graphisch oder digital darzustellen, auf der das breite Anwendungsfeld der Photogrammetrie beruht.

6.4 Ingenieurvermessungen

Unter den photogrammetrischen Anwendungen für Ingenieurzwecke versteht man hauptsächlich Kartierungen oder digitale Auswertungen für den Bauingenieur, insbesondere Grundlagen für Entwurfsarbeiten im Straßenbau und entsprechend auch im Eisenbahn- und Wasserbau. Diese Anwendungen bedienen sich zwar durchaus konventioneller photogrammetrischer Mittel, gehen aber in zweifacher Hinsicht über die reine Kartierung und/oder digitale Höhenbestimmung hinaus: Ein Teil der Vorprojektierung kann am Luftbild oder im Auswertegerät erfolgen, und die photogrammetrischen Auswertungen und Messungen sind in die elektronische Datenverarbeitung zur automatischen Entwurfsbearbeitung integriert. Im übrigen wird das Luftbild in allen Phasen der Projektierung herangezogen.

Die photogrammetrische Auswertung wird bei *Straßenprojektierungen* je nach den vorhandenen Kartenunterlagen in 3 oder 4 Phasen herangezogen. Zunächst dienen vorhandene Karten oder Bilder mittlerer Maßstäbe (1:25000) zu allgemeinen Projektstudien und zur Ausarbeitung eines oder mehrerer Vorentwürfe. In der im wesentlichen konventionellen Kartierung werden bereits geologisch ungünstige Stellen ausgewiesen. In Schweden ist seit längerer Zeit die Vorauswahl der Linienführung direkt im Auswertegerät (Balplex Plotter, Anaglyphenbetrachtung, objektive Projektion) erfolgreich erprobt. Nach Festlegung der aussichtsreichsten Linienführung(en) erfolgt die Befliegung des ausgewählten Streifens etwa im Maßstab 1:12000, aus der ein Schichtlinienplan mit 1 m-, 5′-, oder 2 m-Äquidistanzen abgeleitet wird. In ihm wird der Vorentwurf gemacht. Gegebenenfalls wird schon in diesem Stadium eine elektronische Berechnung der Erdmassen für verschiedene Varianten der Linienführung durchgeführt. Die Vorentwurfsarbeiten ergeben die Auswahl einer vorläufig besten Trasse. Nach Absteckung und Signalisierung der Achse im Gelände erfolgt eine erneute Befliegung im Maßstab 1:3000 bis 1:6000. Dieses Bildmaterial dient zur Planherstellung für den baureifen Entwurf mit Schichtlinienabständen von 1 m oder 0,5 m, letztere besonders für Kreuzungs- und Anschlußstellen. Vor allem aber werden photogrammetrisch Längs- und Querprofile gemessen, deren Lage aus dem Vorentwurf gegeben ist. Die Profildarstellung erfolgte ursprünglich graphisch, ist in der Folge auf digitale Registrierung umgestellt worden, damit sich die elektronische Datenverarbeitung für die Massenberechnung und die endgültige Festlegung des baureifen Entwurfs direkt anschließen kann (s. u.).

Nach der Ausführung des Bauwerks kommt noch einmal eine photogrammetrische Auswertung für die Schlußvermessung und Endabrechnung zur Anwendung. Es werden aus einer erneuten Befliegung in großem Maßstab (1:3000) wiederum Querprofile und alle sonstigen Einzelheiten des Bauwerks gemessen, die für die elektronische Massenberechnung, Schlußkontrolle und Endabrechnung wesentlich sind.

Das beschriebene Schema ist Anfang der 60er Jahre in den USA ausgearbeitet und inzwischen abgewandelt und modernisiert worden, in Europa vor allem durch Entwicklungen in Schweden, Frankreich und Deutschland. Die wichtigste Verallgemeinerung der photogrammetrischen Auswertung besteht in der Messung und Berechnung eines digitalen Höhenmodells an Stelle der Profile zur Erfassung der Höhengestalt des Geländes durch ein regelmäßiges Höhenraster oder andere geeignete Mittel (Polyederflächen, Regelflächen). Mit dem digitalen Geländemodell ist man bei der Aufnahme nicht mehr streng an den Vorentwurf gebunden und kann auf die Achsabsteckung im Gelände für den baureifen Entwurf verzichten. Vor allem aber stehen alle Möglichkeiten der automatischen Entwurfsbearbeitung und Trassenoptimierung offen. Die Entwicklung des elektronischen Rechnens für die automatische Detailprojektierung bildet die wesentliche neuere Erweiterung und Rationalisierung, die sich in größerer Flexibilität niederschlägt. Die photogrammetrische Datengewinnung ist ein wichtiger und integrierter Teil dieses Systems, das zum Fachgebiet Straßenbau gehört und hier nicht weiter besprochen werden kann.

Abgesehen von der geschilderten Unterlagenbeschaffung für die Entwurfsarbeiten kann die Photogrammetrie im Straßenwesen weitere Dienstleistungen erbringen. Beispiele sind großmaßstäbige Zustandsaufnahmen der Straßendecken; Straßen- oder Autobahnbestandskarten, in denen alle technischen Ausrüstungen wie Verkehrzeichen, Abflußsysteme, Leitplanken usw. dargestellt sind; ferner die photogrammetrische Bestandsermittlung für Straßendatenbanken.

Mit den Methoden der photogrammetrischen Katastervermessung kann nach Abschluß aller Baumaßnahmen und Übergabe der Straße an den Verkehr die Straßen-Schlußvermessung durchgeführt werden. Eine interessante Variante ist dabei der Versuch, die neuen Grenzen im Luftbild festzulegen, sie koordinatenmäßig zu registrieren, Grenzschnittpunkte zu rechnen und auf dieser Basis die Flächenberechnungen durchzuführen, die Katasterurkunden zu erstellen und die Entschädigungen abzuwickeln. Der Vermarkung der Grenzpunkte kann später nach ihren Koordinaten erfolgen.

Auch außerhalb des Straßenbaus kann die Photogrammetrie in ähnlicher Weise Kartierungen und Daten für viele sonstige Aufgaben des Bau-Ingenieurs übernehmen. Zu nennen sind insbesondere Planungsunterlagen für Wasserbau (Abwässer, Be- und Entwässerung, Stauseen) einschließlich der Erfassung hydrologischer Einzugsgebiete. Wir wollen hier auch die großmaßstäbigen Detail- und Bestandspläne z.B. von chemischen Fabrikanlagen oder von Bahnhofsanlagen zur technischen Anwendung der Photogrammetrie zählen, die sehr hohe Anforderungen an Vollständigkeit, Darstellungsart und Genauigkeit stellen.

In den großen Braunkohlen-Tagebaubetrieben der Rheinischen Braunkohlenwerke AG ist schon seit 1960 die terrestrische Vermessung durch die luftphotogrammetrische Aufnahme ersetzt worden und inzwischen zu einem eindrucksvoll automatisierten System der Erfassung von Decken-, Abraum- und Kohlenmassen bis zur laufenden Aufbereitung und Darstellung der Ergebnisse durch digitale Kartierung geworden. In Bergbausenkungsgebieten wird versucht, die Bodenbewegungen photogrammetrisch zu erfassen. Weitere Anwendungen der Luftbildmessung betreffen die Planung von Überland-Leitungen, von Pipelines, von Wasserversorgungen oder Telekommunikationssystemen. Bei letzteren müssen entlang der Strahl-Richtungen über große Entfernungen Geländeprofile erfaßt werden (mittels Aerotriangulation), um daraus die Höhen der Sendetürme zu ermitteln. Diese Beispiele zeigen zur Genüge auf, daß die Photogrammetrie dem planenden und ausführenden Ingenieur in vielen Fällen Übersichts-Information, genaue Unterlagen und wirksame Arbeitshilfsmittel bieten kann.

Mit Einbeziehung der terrestrischen und Nahbereichsphotogrammetrie könnte die Liste der technischen Anwendungen durch höchst interessante und eindrucksvolle Beispiele fast beliebig verlängert werden:

Im letzten Jahrzehnt hat sich unter den früher so genannten Sonderanwendungen insbesondere die Architekturphotogrammetrie zu systematischer und regelmäßiger praktischer Anwendung für die Zwecke der Bauaufnahme und des Denkmalschutzes entwickelt. Hierzu hat sicherlich die Empfehlung der UNESCO an alle Länder beigetragen, ihren Bestand an Baudenkmälern und historischen Gebäuden zu erfassen und zu dokumentieren. Die Architekturphotogrammetrie umfaßt einerseits Bauaufnahmen im Sinne des Denkmalschutzes und der Kunst- und Baugeschichte. Andererseits liefert sie eine Bestandsaufnahme des Ist-Zustandes gefährdeter Gebäude und somit Grundlagen für Sanierungs- und Rekonstruktionsmaßnahmen. Über Architekturphotogrammetrie besteht reichhaltige Literatur, und neuerdings werden regelmäßig Symposien veranstaltet[1]).

Verwandt mit der Bauaufnahme ist die Anwendung der Photogrammetrie bei Ausgrabungen und archäologischen Bestandsaufnahmen. In der Archäologie setzt sich zunehmend die exakte meßtechnische Aufnahme der Funde und ihrer Lage am Fundort durch. Aufnahme und spätere Interpretation der Funde sollen klar getrennt sein. Wegen der Zerstörung der Fundorte durch die Ausgrabung ist zumindest eine photographische

---

[1]) Photogrammetrie Architecturale en 1973 et 1974. Bull. de la Soc. fr. de Phot. **56** (1974) 3 bis 28.

Meß-Dokumentation von größter Bedeutung. Die durch äußere Bedingungen gegebenen Schwierigkeiten sind oft beträchtlich und erfordern bei der Aufnahme große Geschicklichkeit und technische Kenntnisse. Auf erfolgreiche Beispiele der archäologischen Unterwasseraufnahmen sei besonders hingewiesen. Ein Spezialgebiet ist die Luftbildarchäologie geworden, bei der unter Ausnützung besonderer Beleuchtungs-, Boden- oder Vegetationsverhältnisse untergegangene Gebäude-, Verkehrs- und Siedlungsstrukturen aus Luftbildern erkannt und erforscht werden können. Besonders bekannt geworden sind die entsprechenden Entdeckungen keltischer, römischer und mittelalterlicher Feldbebauungen.

Spezielle Bedeutung haben photogrammetrische Meßaufnahmen im Ingenieur-Versuchswesen zur Erfassung von zeitlich veränderlichen Vorgängen, z.B. von Deformationen unter Belastung, von Flüssigkeitsströmungen oder Wellenformen. Die meßtechnischen Aufnahmen künstlerischer oder sonstwie gestalteter Modellentwürfe (Dachformen, Karosseriebau) gehören ebenfalls in diesen Bereich, in dem sich der Photogrammeter zunehmend speziell ausgeklügelter und angepaßter Aufnahmen und Arbeitsverfahren bedienen muß. Die modernen Möglichkeiten digitaler Auswertung erweisen sich dabei als sehr hilfreich. Von den rein photogrammetrischen Methoden schon weit entfernt sind z.B. die Versuche zu erwähnen, Luftbilder zu automatischen Verkehrsstrom-Analysen heranzuziehen.

In die Arbeitsgebiete der Medizin, der Tierzucht und der Naturwissenschaft führen die Möglichkeiten der Nah- und Mikro-Photogrammetrie, einschließlich der Verwendung von Röntgen- oder Elektronenmikroskop-Bildern. Die jeweiligen räumlichen Objekte können dabei nach Form, Maß und zeitlichen Veränderungen erfaßt werden[1].

Weitere Anwendungen photogrammetrischer Techniken sind bei der Aufnahme von Kriminal-Tatbeständen und insbesondere von größeren Verkehrsunfällen zu nennen. Unfallwagen der Polizei werden mit Stereo-Meßkammern ausgerüstet, um die Unfallaufnahme zeitlich möglichst rasch durchzuführen. Von besonderer Bedeutung ist dabei der Dokumentationswert der Bilder, die jeweils nur nach Bedarf ausgewertet zu werden brauchen, aber eben auch die objektive Beantwortung zu einem späteren Zeitpunkt, z.B. bei auftretenden Fragen in Gerichtsverfahren, ermöglichen.

Diese Aufzählung spezieller Anwendungen photogrammetrischer Aufnahmen und Auswertungen soll hier genügen. Sie beruhen alle auf der Grundvoraussetzung, daß die Photogrammetrie Messungen am Bild anstatt am Objekt vornimmt. Alle Objekte oder Vorgänge, die auf Meßbildern erfaßt werden können, eignen sich daher zur möglichen Anwendung photogrammetrischer Verfahren.

6.5 Bildpläne und Bildkarten

Neben der Betrachtung der hochentwickelten Techniken photogrammetrischer Auswerteverfahren sollte nicht übersehen werden, daß unbearbeitete Luftbilder allein schon eine sehr reichhaltige Informationsquelle sind und daher als Bilder in großem Umfang zur

---

[1] s. Proceedings of the Symposium of Comm. V, International Society of Photogrammetry, Biostereometrics 74. Washington (Amer. Soc. of Photogrammetry).

Gewinnung von Übersichts- oder Detailinformationen herangezogen werden können, unabhängig von etwaiger graphischer oder numerischer Auswertung. Gleichzeitig können Bilder oder Bildvergrößerungen zum Anschreiben und Einzeichnen von administrativen oder Interpretationsinhalten verwendet werden.

In dem Versuch, die Kartenähnlichkeit der geometrischen Bildinformation der photogrammetrischen Senkrechtbilder durch Zusammenfügen zu einem Bildverband zu nutzen, sind schon seit langer Zeit in verschiedener Form Bildpläne in Benutzung. Im einfachsten Fall werden nicht-entzerrte Bilder zu Bildskizzen zusammengefügt (uncontrolled mosaics). Die nächste Qualitätsstufe ist mit den aus entzerrten Bildern zusammengesetzten Bildplänen (controlled mosaics) erreicht. Und schließlich stehen heute mit den Orthophotoplänen vollwertige Bildpläne auch für nicht ebenes Gelände zur Verfügung. Kartographische Überarbeitung mit Beschriftung, Aufdrucken, Symbolen, Gitternetz und Randgestaltung unterscheidet die Bildkarten von den Bildplänen oder Bildskizzen.

Die verschiedenen Stufen der Bildpläne wurden stets als vorläufiger, für Übersicht und Erkundung hinreichender Kartenersatz betrachtet, der schnell und billig von solchen Gebieten zu beschaffen war, in denen an eine vollständige Kartierung vorläufig nicht zu denken war. Ihre Bedeutung beruhte in der Verbindung der großen Bildinformation mit einer groben, im Detail aussagekräftigen geometrischen Information. Heute hat sich diese Auffassung gewandelt. Bildkarten können Hilfsmittel zur Herstellung von Karten und Ersatz für sie sein. Gleichzeitig kommt ihnen eine unabhängige, selbständige Bedeutung zu. Sie enthalten im photographischen Bild eine große Menge an Bildinformationen, die dem Benutzer seine eigene Interpretation erlaubt, auch wenn der größte Teil der Informationen nicht relevant ist. Im Gegensatz dazu ist eine Strichkarte durch Vorselektion und Überbetonung von Information sowie Hervorhebung von Strukturen und Zusammenhängen und Hinzufügen administrativer Information gekennzeichnet. Die Anwendungsbereiche von Karten und Bildkarten sind daher nicht gleich, sie ergänzen sich vielmehr.

6.5.1   Entzerrte Bildpläne

Die erste Stufe eines Bildplanes wird durch einfaches Zusammenkleben von Papierabzügen von Luftbildern zu einer Bildskizze erhalten. Trotz großer Unstetigkeiten an den Bildrändern, die durch geeignetes Abschneiden der Bilder an „unempfindlichen" Stellen (z. B. entlang gleicher Höhenzonen, Wasserflächen usw.) optisch zurückgedrängt werden können, entsteht schnell und billig ein als vorläufige Übersicht höchst brauchbarer Ersatz vornehmlich kleinmaßstäbiger Karten. Genauigkeitsansprüche dürfen dabei nicht gestellt werden, aber der Informationsgehalt bei Naturlandschaften hinsichtlich Wasser, Vegetation, Topographie, Befahrbarkeit, Geologie, Bodenverhältnissen ist außerordentlich hoch. In extremen Verhältnissen (Dschungel, Tundra, Arktis) übertrifft eine einfache Bildskizze die beste Strichkarte erheblich an relevanter Information.

Gewisse geometrische Ansprüche hinsichtlich Maßstab und Orientierung des Bildverbandes erfüllen die *Bildpläne*, bei denen jedes Bild in der Regel auf 4 Lagepaßpunkte entzerrt ist. Die Paßpunkte sind lange Zeit überwiegend durch mechanische Radialschlitztriangulation gewonnen worden. Die verbleibenden Unstetigkeiten an den Bildübergängen sind durch die Reliefversetzung verursacht. Sie können leicht cm-Beträge im Bildmaßstab erreichen. Daher sind Bildpläne im allgemeinen von der Kartengenauigkeit weit entfernt, können sie aber bei flachem oder ebenem Gelände erreichen, s. 4.5.4.1 und 3.6.3.

Um Unstetigkeiten durch Reliefversetzungen herabzudrücken, sind verschiedentlich verfeinerte Entzerrungsverfahren ausgearbeitet worden, s. 4.5.4.2. Im Facetten-Verfahren wird die Geländeoberfläche als Polyederfläche aufgefaßt und jede Teilfläche für sich entzerrt. Eine andere Lösung besteht in der getrennten Entzerrung einzelner Höhenstufen. Diese Verfahren sind allesamt sehr umständlich und setzen Kenntnis der Höhen im Gelände voraus. Sie haben nie größere Anwendung erlangt und sind durch die Entwicklung der Orthophototechnik völlig in den Hintergrund gedrängt.

Die Genauigkeit von Bildplänen ist primär von den 4 Faktoren Geländerelief, ausgenützter Bildwinkel, Art der Entzerrung und Genauigkeit der Einpaßpunkte abhängig. Die größte und in Unstetigkeiten sichtbare Fehlerquelle in einem Bildplan ist die perspektive Reliefversetzung. Die entsprechenden Lagefehler erreichen cm-Beträge, s. Gl. (1.15c). Sie können bei gegebenem Geländerelief und gegebenem Bildmaßstab nur durch kleine Bildwinkel (lange Brennweiten oder Beschränkung auf die inneren Bildteile) niedrig gehalten werden. In Unstetigkeiten von einigen mm an den Bildrändern zeigt sich bei Bildskizzen der Einfluß der Bildneigungen (s. Tab. **28**.1), der bei entzerrten Bildern unterdrückt ist. Dagegen wirken sich die Fehler der Einpaßpunkte für die Entzerrung ohne Störung der Nachbargenauigkeit nur auf die absoluten Lagefehler des Bildplans aus, bei Paßpunktbestimmungen mit der Radialschlitztriangulation mit Beträgen von 1 mm bis mehrere mm, die bei großen Bildverbänden auf cm-Beträge anwachsen. Wenn die Paßpunktungenauigkeit als merkliche Fehlerquelle ausscheidet, erreichen Bildpläne von ebenem bzw. hinreichend flachem Gelände die graphische Plangenauigkeit von 0,1 bis 0,2 mm.

6.5.2   Orthophotopläne

Die Orthophototechnik hat mit der Differentialentzerrung die Probleme der Reliefversetzung in Bildplänen gelöst, s. 4.7. Die verschiedenen Gerätesysteme sind in der Lage, die Systemfehler durch entsprechende Wahl der Verfahrensparameter in den Grenzen zu halten, daß Orthophotopläne im Endergebnis die Lagegenauigkeit von 0,1 mm bis 0,2 mm erreichen. Gewisse Einschränkungen sind bei Hochgebirge oder starker Bebauung zu machen. Der Orthophotoplan kann also geometrisch einer Karte gleichgesetzt werden. Genauer betrachtet gilt diese Feststellung nur für die durch die Profilabtastung bzw. beim „Gestalt"-System durch die Flächen-Elemente definierte Bezugsfläche, die praktisch mit der Geländefläche zusammenfallen soll. In der dritten Dimension von der Bezugsfläche abweichende Objekte (Bäume, Häuser, Brücken, Einschnitte) sind jedoch nach wie vor perspektiv abgebildet und erscheinen im Orthophoto in Abhängigkeit vom Bildwinkel weiterhin umgeklappt.

Die Brauchbarkeit von Orthophotos hängt in erster Linie von den im photographischen Bild erkennbaren Details ab. Außerdem soll für den Betrachter der allgemeine Eindruck der Bildschärfe gegeben sein. Die Vergrößerungsfaktoren vom Luftbild zum Orthophoto- oder Bildplan sind daher auf 3× bis 4× (höchstens 6×) beschränkt. Orthophotopläne sind im Maßstabbereich 1:1000 bis 1:10000 gut in die Praxis eingeführt. In kleineren Maßstäben (1:25000 und 1:50000) sind sie für Naturlandschaften und aride Gebiete ebenfalls als höchst geeignet ausgewiesen. Hinsichtlich dicht besiedelter Gebiete mit großem Detailreichtum besteht dagegen keine einheitliche Beurteilung.

Die Planung von Orthophoto-Befliegungen und Auswertungen hat sich neben den genannten Maßstabsverhältnissen nach den Kammern, Flughöhen, und insbesondere nach dem Blattschnitt der Karten zu richten. Ausführliche Untersuchungen sind bei D.

Hobbie[1]) zu finden. Er kommt in Anlehnung an die für Kartierungen geltende Regel
(2.26) auf die in Tab. **366.**1 dargestellten Verhältnisse zwischen Bildmaßstab $1:m_B$ und
Orthophoto-Maßstab $1:m_K$, deren Mittelwerte in der Formel

$$m_B = 17\, m_K^{0,85} \qquad (6.11)$$

Tab. **366.**1 Empfohlene Maßstabverhältnisse zwischen Bild- und Ortho-
photo-Maßstäben nach D.
Hobbie

Orthophoto m_K	Luftbild m_B	
1 000	3 700 bis	4 300
2 500	7 200 bis	10 500
5 000	13 000 bis	18 000
10 000	23 000 bis	30 000
25 000	52 000 bis	65 000
50 000	100 000 bis	130 000
100 000	200 000 bis	250 000

zusammengefaßt werden können. Die üblichen und zulässigen Streifenbreiten der Profilabtastung liegen zwischen 4 mm und 8 mm (im Orthophotoplan). Bei Flachland und Mittelgebirge können sie verdoppelt oder verdreifacht werden. Große Geländeneigungen erfordern
die entsprechend unwirtschaftlichen Spaltbreiten von 2 mm oder 1 mm, solange nicht auf
Differentialentzerrung höherer Ordnung (s. 4.7.4.1) zurückgegriffen werden kann.

Bei der Bearbeitung von Orthophotoplänen zu Orthophotokarten werden je nach den
Anforderungen verschiedene Stufen unterschieden. Ausgehend von einfachen Ergänzungen und Überdruck von Gitter, Beschriftung, Symbolen kann der Aufwand bis zu
Schummerung und hochwertiger kartographischer Bearbeitung und Mehrfarbendruck
getrieben werden. Dabei sind insbesondere das Verkehrswege-, das Siedlungs- und das
Gewässerbild hervorzuheben. Im Extremfall entspricht das Ergebnis fast völlig einer
Strichkarte mit einem photographischen, kontrastarmen Hintergrundbild. Die zweckmäßige, auch für die Herausgabe als amtliches Kartenwerk geeignete Orthophotokarte
zeigt jedoch primär ein kontrastreiches photographisches Bild, das nur in mäßigem Umfang kartographisch bearbeitet und ergänzt ist.

Hinsichtlich der Verwertung der Höheninformation, die bei der Herstellung von Orthophotoplänen anfällt (s. 4.7.5), hat sich keine einheitliche Praxis eingestellt. Die Profilschraffen (Bild **320.**1) sind mit einer absoluten Höhengenauigkeit der daraus abgeleiteten
Schichtlinien von 0,4 bis $0,5^0/_{00}\, h$ für größere Ansprüche nicht ausreichend, behalten
jedoch ihren Wert zur schnellen und bequemen Übersichtsinformation. Wesentlich
günstigere Schichtliniengenauigkeiten werden mit optisch oder elektronisch gewonnenen
azimutal ausgerichteten Liniensegmenten (Bild **320.**1) und mit den Punktfolgen des
„Gestalt"-Orthophoto-Mappers erhalten. Die verbreitete Praxis ist jedoch noch stets
die getrennte, konventionelle Schichtlinienkartierung am Stereomodell. Schließlich sei
noch auf die Entwicklungen hingewiesen, durch Interpolation aus der digital registrierten
Profilabtastung Schichtlinien rechnerisch abzuleiten (s. 6.6).

6.5.3 Anwendungen von Bildplänen und Bildkarten

Bildpläne hat man lange Zeit als kleinmaßstäbige Übersichtspläne ohne Höhendarstellung
oder als Arbeitsunterlagen sehr viel verwendet, aber praktisch nicht als Kartenwerke
ausgearbeitet. Deshalb sind Überdrucke, Koordinatengitter, Symbole und Namen nur
im jeweils notwendigen Umfang hinzugefügt worden (annotated mosaics). Auch blieb die

---

1) DGK, C 197, 1974, 187 S.

Reproduktion oft auf wenige Exemplare beschränkt. Mit dem Fortschreiten der nationalen kleinmaßstäbigen Kartierprogramme einschließlich der Schichtlinienauswertung und dem Vordringen der Orthophototechnik ist die kleinmaßstäbige Anwendung von Bildplänen stark zurückgegangen. Sie werden zum Teil durch Orthophotokarten ersetzt, die wie topographische Karten auf räumlicher Aerotriangulation beruhen und z.B. in Canada als offizielle Kartenwerke herausgegeben werden.

Dagegen ist der Bildplan oder Orthoplan in größeren Maßstäben ein sehr brauchbares Mittel als Unterlage für Planungen aller Art. Er ist überall dort zweckmäßig, wo das photographische Bild relevante Informationen vermittelt, die die Strichkarte nicht ohne weiteres geben kann. Im übrigen gibt es einen weiten Bereich, in dem sowohl Strichkarten als auch Orthophotopläne mehr oder weniger gleichwertig nebeneinander stehen, der geringere Zeit- und Kostenaufwand aber dem Orthophotoplan den Vorzug geben läßt. Die Bewertung und Beurteilung von Orthophotoplänen durch die Benutzer ist noch stets durch die Tradition und lange Gewöhnung an Strichkarten belastet.

Für die amtliche Kartographie gewinnt der Orthophotoplan zunehmend als technisches Zwischenprodukt, von dem der Grundriß hochgezeichnet werden kann, an Bedeutung. Die wichtigste Anwendung findet diese Technik bei der Kartenfortführung, weil sie gleichzeitig die Überprüfung auf Änderungen ermöglicht.

Im folgenden sind einige bekannte Beispiele der Anwendung von Orthophotoplänen und -karten in der Praxis aufgeführt:

In Schweden wird schon seit längerer Zeit die Wirtschaftskarte 1:10000 (aus Luftbildern 1:30000) und 1:20000 (aus Luftbildern 1:60000) als Bildkarte herausgebracht. Die Produktion ist mit rund 20000 km^2/Jahr auf Orthophoto-Produktion (im Speicherverfahren) umgestellt worden.

In mehreren Staaten der USA wird zusätzlich zur Strichkarte 1:24000 im selben Maßstab eine Orthophotokarte herausgegeben. Sie wird zum Teil auf die Rückseite der Kartenblätter gedruckt, um vor allem bei alten Kartenblättern die inzwischen eingetretenen Änderungen erkennen zu lassen. Man geht dabei vom Bildmaßstab 1:72000 aus, damit ein Kartenblatt[1]) von einem Bild (2 Orthophotomodelle) gedeckt wird. Die Schichtlinien werden unabhängig aus Bildern größeren Maßstabs kartiert. Andere Projekte sind die systematische Orthophotodarstellung von Ballungsräumen im Maßstab 1:10000 oder größer.

In Saudi-Arabien läuft ein Programm zur Erfassung eines Gebiets von 600000 km^2 in Orthophotokarten 1:50000 aus Bildern des Maßstabs 1:80000.

In Frankreich wurden Anfang der 70er Jahre jährlich etwa 5000 Orthophoto-Kartenblätter von Stadtgebieten im Maßstab 1:2000 aus Bildmaßstäben um 1:8000 abgeleitet.

In Belgien sind auf Initiative einer Privatfirma innerhalb eines Jahres für das ganze Land Orthophotos im Maßstab 1:10000 (aus 1:40000) hergestellt worden.

In Japan haben sich 10 Firmen zum Betrieb eines gemeinsamen „Orthophoto-Service" mit zwei im Speicherbetrieb arbeitenden Orthoprojektoren zusammengeschlossen. Die Arbeiten konzentrieren sich auf Orthophotopläne in den Maßstäben 1:1000, 1:2000 und 1:5000, die u.a. auch für ein systematisches Katasterprogramm verwendet werden.

Canada ist dazu übergegangen, einen Teil der Blätter der Topographischen Karte 1:50000 der wenig oder nicht besiedelten nördlichen Gebiete als Orthophotokarten (mit

---

[1]) als Orthophoto-*Quad*(rangle) bezeichnet.

Schichtlinien) herauszubringen. Die Orthophotos werden von der Firma Gestalt Ltd. hergestellt, die – ein Novum in der photogrammetrischen Praxis – zunächst als reiner Service-Betrieb arbeitete und auch in anderen Ländern Orthophoto-Zentren errichtet hat.

Im Bundesland Nordrhein-Westfalen sind seit 1971 mehrere tausend Blätter der Deutschen Grundkarte 1:5000 als Orthophotokarten herausgegeben worden. Auch hier deckt 1 Bild (Maßstab 1:12000) ein Kartenblatt. Ursprünglich war die Herausgabe von Orthophotokarten eine Ersatzmaßnahme, um in den noch nicht kartierten Gebieten schnell zu vorläufigen Ausgaben zu kommen. Die Reaktion der Kartenbenutzer (Regionalplanung, Straßen- und Wasserbehörden, Bauträger, Planungsgemeinschaften) war aber so günstig, daß das System parallel zu den Strichkarten beibehalten und systematisch fortgeführt wird. Das System ist zu einem rationellen Verfahren der Fortführung ausgebaut worden, das kurze Fortführungszyklen ermöglicht.

Weitere, mehr oder weniger systematische Orthophoto-Projekte sind aus anderen Ländern bekannt (Korea, Australien, Südafrika, Mittelamerika, Brasilien). Offensichtlich ist die Orthophototechnik dem Versuchsstadium längst entwachsen, in der Praxis erprobt und in vielen Ländern eingeführt.

In Baden-Württemberg wird die Orthophotokarte zur Fortführung der topographischen Karte 1:25000 verwendet. Sie wird zunächst im Vergleich mit der Karte (durch Zusammendruck) zum Auffinden und zur Lokalisierung der Änderungen benutzt und erlaubt gleichzeitig deren Übertragung in die Karte durch Hochzeichnen.

6.5.4   Zeitaufwand und Kosten

Die Produktionsziffern für die Herstellung von Bildplänen sind von den Anforderungen, vom Gelände und von der Vergrößerung abhängig. Trotzdem zeigen die folgenden Angaben nach J. Visser[1]), daß die Kosten der Stereokartierung erheblich unterboten werden können:

Bildskizzen (Format 50 cm × 80 cm, 12 bis 14 Bilder/Skizze, keine Vergrößerung der Bilder): Vorbereitung 2,0 Mannstunden; Auslegen und Kleben des Bildverbandes 2,0 Mannstunden; Photographische Bearbeitung 1,25 Mannstunden; Maskieren, Retouchen und Beschriftung 1 Mannstunde; Photomaterial ca. DM 80,–. Zusammengenommen belaufen sich die Kosten (fast nur aus Personalaufwand bestehend) für eine Bildskizze auf rund DM 300,– (ca. 6 Mannstunden).

Bildpläne (Format 50 cm × 80 cm, 12 bis 14 Bilder/Plan, keine wesentliche Vergrößerung der Bilder): Allgemeine Vorbereitung 1 Mannstunde; Vorbereitung der Entzerrungsunterlagen und Markierung der Paßpunkte im Film 10 Mannstunden; Entzerrung 10 Mannstunden; Montage des Verbandes 3 Mannstunden; Photographische Arbeiten 1,25 Mannstunden; Retouchen, Beschriftung 1 Mannstunde, Photomaterial DM 80,–. Der Personalaufwand beläuft sich hier auf rund 26 Mannstunden, hinzu kommen Photomaterialien (DM 80,–) und 10 Gerätestunden am Entzerrungsgerät ($\approx$ DM 30,–/h). Der Kostenaufwand für einen Bildplan dieser Art beträgt also rund DM 1500.–.

Die Paßpunktbeschaffung und eine etwaige kartographische Bearbeitung ist dabei nicht enthalten. Die obigen Angaben beziehen sich auf Entzerrung etwa im Bildmaßstab. Bei stärkerer Vergrößerung enthält ein Blatt des gleichen Formats entsprechend weniger

---

[1]) Production of Orthophotographs, ITC lecture notes.

Bilder. Die Kosten gehen dann pro Blatt annähernd proportional zur Anzahl der Bilder zurück. Der Aufwand für eine Entzerrung ist zunächst wenig von der Vergrößerung beeinflußt, nimmt aber bei großen Entzerrungsformaten erheblich zu.

Orthophotopläne: Ausgehend von vorhandenen Paßpunkten sind zur Herstellung von Orthophotos folgende klar zu unterscheidende Arbeiten erforderlich:

Relative und absolute Orientierung des Bildpaares 1,5 bis 2,5 Stunden; sofern notwendig Orientierung des Orthobildes 0,5 Stunden; Abfahren des Modells (abhängig von Vergrößerung, Geschwindigkeit und Profilbreite, z.B. 5 mm/s, 4 mm) 3 Stunden; Vorbereitung und Photo-Arbeiten, Beschriftung usw. 1 Mannstunde.

Nach dieser Aufstellung kommt ein Orthophotoplan, der ein Modell deckt, auf rund 5,5 Mann-Gerätestunden (à DM 80,–) und zusätzlich 1 Mannstunde Bearbeitung. Die Gesamtkosten liegen somit bei rund DM 500,–. Für ein Doppelmodell kann fast die Hälfte der Orientierungszeit und der photographischen Bearbeitung (fällt nur einmal an) eingespart werden. In der Regel wird daher ein Doppelmodell in einer Schicht bearbeitet. Wenn der Produktionsanfall groß genug ist, kann der Rationalisierungseffekt des Speicherbetriebes wirksam werden. Der Zeitaufwand am Orthoprojektor ist dann auf 1 Stunde zu verkürzen, so daß ein Gerät die Profilabtastungen von 3 bis 4 Stereogeräten verarbeiten kann.

Der Vergleich der Leistungszahlen bestätigt deutlich, daß Orthophotopläne oder Bildpläne besonders in den großen Maßstäben erheblich schneller und billiger herzustellen sind als die konventionelle Kartierung. Diese Eigenschaften, zusammen mit der Darbietung der Bildinformation, haben den Bildplänen und den Bildkarten einen festen Platz unter den Produkten photogrammetrischer Auswertungen gesichert.

6.6 Digitale Kartierung, Datenbanken

Die Darstellung der Geräte, der Verfahren und der Ergebnisse der Luftbildauswertung in den vorausgegangenen Abschnitten entspricht der bis heute überwiegenden praktischen Anwendung, wie sie sich seit 4 Jahrzehnten herausgebildet hat. Auch die neueren Entwicklungen der numerischen Methoden, der Orthoprojektion und der Automatisierung verschiedener Funktionen lassen sich noch weitgehend in das konventionelle Schema der Verfahrensgliederung einordnen. Ihr wichtigster Beitrag besteht in der Genauigkeits- und Leistungssteigerung. Die konventionelle Luftbildmessung stellt ein System dar, das mit den gegebenen technischen Hilfsmitteln die Auswertung der in der Regel topographischen Objekte und ihre Darstellung in digitaler, graphischer oder photographischer Form auf zweckmäßige und wirtschaftliche Weise leistet. Das System ist durch eine klare Gliederung seiner Komponenten und der technischen Hilfsmittel gekennzeichnet, der es seine Leistungsfähigkeit und seine bisherigen Erfolge verdankt.

Unter dem Einfluß der technologischen Entwicklung einerseits und dem wachsenden Bedürfnis nach rascher, vielfältiger und vielfältig aufbereiteter Information andererseits löst man sich zunehmend von der Beschränkung auf vorgegebene bewährte Komponenten und Verfahren und stellt den Begriff des „integrierten Systems" in den Vordergrund. Dieser Gesichtspunkt ist zwar weniger neu als das Modewort suggerieren möchte, aber es betont zu Recht, daß im Sinne möglichst großer Flexibilität und Anpassung der Ergebnisse an die erweiterten Anforderungen zu der Komponentenoptimierung die Systemoptimierung hinzutreten muß. Darunter ist das optimale Ineinandergreifen, Austauschen und Kombinieren der Einheiten eines Systems im Sinne der Prozeß-Automation (im Gegensatz zur Automatisierung technischer Einzelleistungen) gemeint. Die moderne Technologie hat mit neuen Hilfsmitteln und Lösungen den Rahmen der praktischen Möglichkeiten ganz wesentlich erweitert und gibt dem Gesichtspunkt der Universalität und der flexiblen Kombinationsfähigkeit der verschiedenen Komponenten ein neues Gewicht und selbständige Bedeutung.

Diese Entwicklung deutet sich seit längerem durch die Einbeziehung von Elektronik, digitalen Prozeßrechnern und „off-line"-Datenverarbeitung in die photogrammetrische Technik an. Sie hat einerseits dazu geführt, daß mit möglichst universalen und automatischen Aufnahme- und Gerätesystemen versucht wird, ganze Prozeßphasen mit allen Anforderungen integral abzudecken. Beispiele sind ANQ-28[1]) und UNAMACE[2]). Auch das „Gestalt"-Orthophoto-System und die analytischen Auswertegeräte gehören im jeweiligen Teilbereich zu dieser Linie.

Bei der zweiten Entwicklungsrichtung, die hier von der Beeinflussung der Anwendungen her in den Vordergrund gestellt sei, ist das integrierte System unter weitgehender Beibehaltung der konventionellen Auswertegeräte und der Verfahrenskomponenten durch möglichst vielfältige Einbeziehung und Zwischenschaltung digitaler Registrier-, Rechen- und Speicherprozesse gekennzeichnet. Dabei werden die Möglichkeiten der Datenverarbeitung und die Entwicklung der Kartierautomaten genützt. Sie erlauben die beliebige Kombination und Manipulation der Komponenten und der Zwischenergebnisse und ermöglichen die Darbietung und Speicherung der Ergebnisse in digitaler, für die weitere Benützung geeigneter Form. Dabei können Teilprozesse automatisiert sein und analytische Auswertegeräte ebenso Verwendung finden wie digital gesteuerte Orthoprojektoren. Der entscheidende Gesichtspunkt ist dabei, daß die Möglichkeiten nicht durch die Geräte vorgegeben oder begrenzt sind sondern durch die digitale Rechentechnik ganz erheblich ausgeweitet werden. Die „Software" bestimmt das Potential des Systems und führt zu einer neuen Stufe der Universalität und Anpassungsfähigkeit. Im einfachsten Fall werden nur die Übergänge zwischen konventionellen Gerätefunktionen durch Interface-Recheneinheiten flexibler, allgemeiner und bequemer gestaltet. Z.B. "on-line"-Transformation der Modellauswertung bei der Übertragung auf den Zeichentisch (Kern AT-System). Im Extrem könnten die photogrammetrischen Auswertegeräte auf die Funktion der Datenerfassung reduziert werden (wie die Komparatoren für die Punktbestimmung). Die verschiedenen Strategien sind noch nicht ausdiskutiert. Man kann eine steigende Bedeutung analytischer Auswertegeräte und verstärkte Anwendung von „online" Berechnungen für Kontroll- und Steuerfunktionen erwarten. Andererseits wird die „off-line" Datenbearbeitung weitere Fortschritte machen. Die Interaktion beider Formen wird die allgemeinsten Möglichkeiten eröffnen.

Im folgenden werden kurz 3 Teilentwicklungen besprochen, die sich in die skizzierte Tendenz einordnen lassen und die bereits zu erfolgreichen praktischen oder experimentellen Anwendungen geführt haben.

Als Sonderform des digitalen Geländemodells (DGM) ist das *digitale Höhenmodell* (DHM) zunächst nur eine Darstellung der Geländeform durch punktweise Höhenmessung (wie sie für flaches Gelände schon immer üblich war). Durch die digitale Registrierung

---

[1]) Vgl. Fußnote 2, S. 220.
[2]) s. Abschn. 5.6.1.1.

und Speicherung sind die Daten jedoch der rechnerischen Weiterverarbeitung zugänglich. Daraus folgt zunächst, daß das Stereomodell bei der Messung nicht absolut orientiert zu sein braucht. Die Orientierung kann rechnerisch nachvollzogen werden. Aus dem orientierten primären Höhenmodell wird durch mehr oder weniger anspruchsvolle rechnerische Interpolation ein digitales Höhenmodell mit regelmäßigem Punktraster berechnet. Es ist als Ausgangsmaterial für Anwendungen und Auswertungen verschiedener Art geeignet. Auf die Anwendung für die automatische Entwurfsplanung von Straßentrassen mit Massenberechnung oder für Massenermittlungen im Braunkohlen-Tagebau und von Kohlen- oder Abraumhalden ist im Abschnitt 6.4 hingewiesen worden. Diese Integration mit anderen Prozessen, die außerhalb der Photogrammetrie liegen, ist einer der wesentlichen Gesichtspunkte der digitalen Geländemodelle.

Das digitale Höhenmodell kann auch im Rahmen der konventionellen Kartieraufgaben der Photogrammetrie zur rechnerischen Ableitung von Höhenschichtlinien dienen. Für eine kartographisch hohe Qualität der Schichtlinien müssen bei der Interpolation des DHM gegebenenfalls Struktur- und Bruchlinien der Geländeformen berücksichtigt werden. Die *digitale Schichtlinieninterpolation* besteht aus der Berechnung einer jeweiligen Folge von Punkten, die auf einer Schichtlinie liegen und die durch ihre Koordinaten angegeben und z. B. auf Magnetband gespeichert werden. Diese "off-line" gewonnenen Schichtlinien können jederzeit an einem automatischen Kartiertisch ausgezeichnet und reproduziert werden. Durch Einbeziehung weiterer Höhenkoten, automatische Bezifferung der Zähl-Höhenlinien und gegebenenfalls automatische Generalisierung kann ein vollwertiges und hohen Ansprüchen genügendes Höhenlinienbild erreicht werden. Es gibt seit kurzem mehrere Rechenprogramme, die zur Interpolation von Schichtlinien mit kartographischer Qualität geeignet sind. Ein Beispiel dafür befindet sich bei den Beilagen. Die Entwicklung wird weitergehen und die digitale Schichtlinienberechnung zu einem normalen Bestandteil der photogrammetrischen Auswertung machen. Die rechnerisch abgeleiteten Schichtlinien zeichnen sich gegenüber den direkt am Auswertegerät gezogenen durch die Herausfilterung der differentiellen Unsicherheit, durch ein homogeneres Bild mit besserer „Scharungsplastik" aus. Im übrigen bieten sie für die ganz oder halbautomatische Datengewinnung gute Voraussetzungen. Nach einer ersten Genauigkeitsuntersuchung von W. Stanger[1]) ergab sich für die aus dem Bildmaßstab 1:7500 abgeleiteten digitalen Schichtlinien einer Karte 1:2500 eine absolute Höhengenauigkeit von

$$m_H = (0{,}14 + 1{,}2 \tan \alpha)\, m \tag{6.12}$$

Die Gleichwertigkeit der Genauigkeit mit konventionellen Schichtlinien ist also bestätigt. Im einzelnen waren die digital gewonnenen Schichtlinien im steilen Gelände etwas ungenauer, im flachen Gelände genauer als die direkt kartierten Vergleichslinien. Im übrigen hängt insbesondere die Detailgenauigkeit von der Dichte und Anordnung der Meßpunkte ab, aus denen das digitale Höhenmodell interpoliert wird. Weiterhin kann bereits als bestätigt gelten, daß die digitale Schichtlinienkartierung bei großen und mittleren Maßstäben mit dem konventionellen Verfahren wirtschaftlich konkurrieren kann.

Am Beispiel der digitalen Schichtlinien-Interpolation zeigt sich deutlich der neue Gesichtspunkt der Freizügigkeit und Universalität, mit dem das vergleichsweise starre bisherige System photogrammetrischer Auswertungen durch die Möglichkeiten der „Soft-

---

1) in: Ackermann, F.: Numerische Photogrammetrie. Karlsruhe 1973. = Samml. Wichmann, N. F. Bd. 5, 255 bis 282.

24*

ware" und der digitalen Datenverarbeitung erweitert worden ist. Man ist nicht mehr an eine bestimmte Datenerfassung gebunden und kann z.B. terrestrisch-tachymetrische Daten einbeziehen oder ältere digitale Geländemodelle berücksichtigen. Weiterhin lassen sich die Äquidistanzen und der Maßstab der Auszeichnung in weitem Umfang variieren. Prinzipiell stehen die Möglichkeiten der automatischen Generalisierung von Schichtlinien offen.

Aus einem digitalen Höhenmodell können beliebig weitere Angaben über die Geländeformen, wie Neigungen oder Krümmungen, abgeleitet werden. Aus den entsprechenden digitalen Neigungs- oder Krümmungsmodellen entstehen durch Interpolation von Isolinien die entsprechenden Linien gleicher Neigung (Gefällstufenkarte) oder gleicher Krümmung. Derartige Ergebnisse fallen ohne großen Mehraufwand rechnerisch ab. Sie werden verschiedentlich für Planungszwecke in der Flurbereinigung und der Landwirtschaft benötigt, oder sie können zur automatischen Schummerung für kartographische Zwecke weiterverwendet werden. Im übrigen ist darauf hinzuweisen, daß mit denselben Interpolationsprogrammen auch für viele andere Zwecke Isolinien aus flächenverteilten Daten anderer Art (z.B. Verkehrsdichten) interpoliert und kartiert werden können. Insbesondere sei in Verbindung mit der Oberflächenform die Darstellung unterirdischer Wasserhorizonte oder geologischer Schichtungen erwähnt, die aus Einzelpunkten (Bohrungen) abgeleitet werden müssen.

Das dritte Gebiet, auf dem rechnerische Verfahren rasch und erfolgreich in die Praxis dringen, ist die Grundrißkomponente der *digitalen Kartierung*. Die Kartierbewegung der Meßmarke am photogrammetrischen Stereomodell wird nicht direkt auf den Zeichentisch übertragen sondern in diskrete Punktfolgen aufgelöst zur rechnerischen Bearbeitung auf einen Speicher übertragen. Im einfachen Fall werden nur eine kleine Anzahl von Punkten kurzzeitig gespeichert und einfachen Operationen (Transformation, Symbolisierung, Klassifizierung, Korrektur und Ergänzung von Linienzügen) unterworfen, um direkt zur Kartierung am Zeichentisch weitergegeben zu werden. Derartige Interface-Einheiten, wie sie derzeit von allen Geräteherstellern eingeführt werden, arbeiten in Echtzeit. Praktisch wird also wie bisher direkt kartiert, die Eingriffs- und Transformationsmöglichkeiten sind aber erheblich erweitert. Dadurch vermindern sich einerseits die Bereichsanforderungen an die Auswertegeräte und andererseits wird ein Teil der kartographischen Bearbeitung, Überarbeitung und Darstellung in den Prozess der direkten Kartierung verlagert.

Weitergehende *Datenmanipulationen* im Sinne einer kartographischen Bearbeitung sind möglich, wenn der Dateninhalt eines ganzen Bildpaares oder mehrerer Bildpaare insgesamt gespeichert und off-line einer möglichst umfassenden Datenverarbeitung unterworfen wird. In diesem Fall hat das photogrammetrische Auswertegerät nur noch die Funktion der Digitalisierung und Codierung. Die Aufbereitung des Kartierinhalts und die kartographische Darstellung wird der rechnerischen Bearbeitung übertragen. Im Endziel erwartet man von derartigen Systemen die vollständige kartographische Bearbeitung einer Auswertung mit allen zusätzlichen Leistungen der Generalisierung, der Beschriftung und der Informationsselektion, die eine Karte auszeichnen. Auch wenn die bestehenden Entwicklungen diese Leistungen noch nicht vollständig erbringen, sind schon wichtige Etappen verwirklicht. Die Möglichkeiten der Symbolisierung sind fast unbegrenzt, ebenso der Selektion, Kontrolle, Ergänzung entsprechend kodierter Inhalte. Da zweifelhaft ist, ob sich vollautomatische Systeme bewähren, tendiert man zur Einschaltung interaktiver Bildschirme, an denen die Kontrolle und Ergänzung oder Korrektur der graphischen Darstellung durch den menschlichen Bearbeiter auf effiziente Weise erfolgen kann. Einer der wesentlichsten Gesichtspunkte der digitalen Kartierung ist wiederum die Möglichkeit der Kombination von Daten verschiedenen Ursprungs, insbesondere von administrativen Informationen, die aus dem Luftbild nicht gewonnen werden können. Damit verbunden ist die Einbeziehung von Daten, die durch terrestrische Messungen oder aus bestehenden Karten stammen. Ebenso verlieren Fragen des Blattschnitts oder der geodätischen Projektion ihre Bedeutung, und die Auswertungen können am nicht absolut orientierten Bildpaar erfolgen. Dadurch ist auch die Möglichkeit gegeben, die Aerotriangulationsmessungen und die Kartierungsauswertung in einem Arbeitsgang zu verbinden.

Digitale Grundriß- und teilweise auch Höhenkartierungen sind in der Praxis schon seit Anfang der 70er Jahre im Einsatz und in der Erprobung. Bekannt sind die zunächst noch auf geringe kartographische Überarbeitung beschränkten Anwendungen in Canada und den Niederlanden[1]). Ihnen schließen sich neuerdings weitergehende Entwicklungen auch in Deutschland an.

Die digitale Kartierung hat jetzt schon Rückwirkungen auf den photogrammetrischen Instrumentenbau. Sie schafft weiterhin eine neue Situation im Hinblick auf die Herstellung von Kartenauszügen, von Sonder- und thematischen Karten und insbesondere auf die Kartenfortführung und die Speicherung der Kartenoriginale. Die Photogrammetrie, das Vermessungswesen und die Kartographie werden sich auf die neuen Möglichkeiten methodisch und praktisch umzustellen haben, mit denen das Leistungsangebot dieser Disziplinen ganz erheblich erweitert und den modernen Anforderungen angepaßt werden kann. Über die Gesichtspunkte der fast beliebig variablen und anspruchsvollen graphischen Darstellung hinausgehend ordnet sich die digitale photogrammetrische Informationserfassung in das allgemeinere System der modernen *Informations-* und *Datenbanken* ein. So wie bisher schon ein Landeskartenwerk eine Informationsbank (in analoger Form) dargestellt hat, sollen in Zukunft national, regional oder betrieblich wesentlich erweiterte, allgemeine digitale Datenbanken errichtet werden, deren Inhalt laufend ergänzt und jederzeit abzurufen sein wird. Insbesondere sollen aus der Datenbank in beliebiger Selektion und Kombination Informationen ausgewählt und mit den Mitteln der digitalen Kartierung dargestellt werden können. Derartige Entwicklungen erfordern ein hohes technisches und methodisches Niveau der Datengewinnung und Datenverarbeitung. Die Systeme können sicherlich nur schrittweise aufgebaut werden. Doch kann die Photogrammetrie durch die ihr eigene Verbindung von metrischer und Bildinformation wesentliche Beiträge zum Aufbau von Datenbanken leisten und darüber hinaus durch den bereits erreichten hohen Grad der Automation ihres Systems reiche Erfahrung mit der digitalen Auswertung und Darstellung von Informationen anbieten.

---

[1]) BuL **41** (1973) 212 bis 218, **37** (1970) 85 bis 90.

7 Auswahl aus der Literatur[1])

7.1 Lehrbücher und Gesamtdarstellungen

American Society of Photogrammetry (Ed.): Manual of Photogrammetry 3rd ed. 2 Vols. Falls Church 1966, 1199 p. –: Manual of Photographic Interpretation, Washington, D.C.1960, 868 p. –: Manual of Color Aerial Photography. Falls Church 1968, 550 p. –: Manual of Remote Sensing. 2 Vols. Falls Church, Va. 1975, 2123 p.

Bonneval, H.: Photogrammétrie Générale. 4 Bde. Paris 1972, zus. 1220 S.

Buchholtz/Rüger: Photogrammetrie. Verfahren und Geräte. 3. Aufl. Bearb. von W. Rüger, J. Pietschner u. K. Regensburger. Berlin 1973, 416 S.

Cimerman, Vj.; Tomašegović, Z.: Atlas of photogrammetric instruments. Amsterdam-London-New York 1970, 216 S.

Finsterwalder, R.: Photogrammetrie. 3. Aufl. Bearb. von W. Hofmann. Berlin 1968, 455 S.

v. Gruber, O. (Hrsg.): Ferienkurs in Photogrammetrie. Stuttgart 1930, VIII, 510 S.

Hallert, B.: Photogrammetry. Basic principles and general survey. New York 1960, 340 S.

Hugershoff, R.: Photogrammetrie und Luftbildwesen. Wien 1930, 264 S. = Handb. d. wiss. u. angew. Photographie, Bd. VII.

Lehmann, G.: Photogrammetrie 3. Aufl. Berlin 1969, 220 S. = Slg. Göschen Bd. 1188/1188a

Rinner, K.; Burkhardt, R. (Hrsg.): Photogrammetrie. In: Jordan/Eggert/Kneissl: Handbuch der Vermessungskunde, Bd. IIIa/1–3. Stuttgart 1972, zus. 2321 S.

Schöler, H. (Hrsg.): Kompendium Photogrammetrie (bisher 11 Bde.) Bd. I Jena 1958; Bd. XI Leipzig 1975

Schneider, S.: Luftbild und Luftbildinterpretation. Berlin-New York 1974, 530 S. = Lehrb. d. allg. Geographie Bd. XI.

Tomlinson, R. F. (Ed.): Geographical Data Handling. Int. Geogr. Union: 2nd Symposium on Geogr. Information Systems, 2 Vols. Ottawa 1972, 1281 p.

7.2 Allgemeines, Bibliographien, Wörterbücher

Albertz, J.: Deutsches Schrifttum über Bildmessung und Luftbildwesen 1938–1960. Frankfurt 1963. 171 S. = Nachr. Kart. Verm. Wesen Reihe IV, H. 1

Albertz, J.; W. Kreiling: Photogrammetrisches Taschenbuch. 2. Aufl. Karlsruhe 1975, 284 S.

Albrecht, G.: Deutsches Schrifttum über Bildmessung und Luftbildwesen. Berlin 1938, 160 S.

Bibliography of Photogrammetry. In: Phm. Eng. II (1937) 117 S.

Fachwörterbuch. Benennungen und Definitionen im deutschen Vermessungswesen, besonders Hefte 6 Topographie, 7 Photogrammetrie. Photo-Interpretation und 9 Photographie. Frankfurt/M. 1971

---

[1]) Beiträge in Zeitschriften s. Fußnoten!

Int. Gesellschaft f. Photogrammetrie (Hrsg.): Photogrammetrisches Wörterbuch (7 Bde.: deutsch – englisch – französisch – italienisch – polnisch – schwedisch – spanisch) Amsterdam 1962

Klaus, G. (Hrsg.): Wörterbuch der Kybernetik. 2. Aufl. Berlin 1968, 898 S.

Kuhlenkamp, A. (Hrsg.): Lexikon der Feinwerktechnik. In: Lueger: Lexikon der Technik Bd. 13 u. 14. Stuttgart 1968, 555 u. 672 S.

Mütze, K.; Foitzik, L.; Krug, W.; Schreiber, G.: ABC der Optik. Hanau 1961, 963 S.

Normblatt DIN 18716. Begriffe, Benennungen und Formelgrößen in der Photogrammetrie. Berlin 1959 (wird neu bearbeitet).

Richter, G.: Fachwörterbuch der Optik, Photographie und Photogrammetrie. Deutsch – Englisch und English – German. 502 S. München/Wien 1965

Spencer, D. A.: The Focal Dictionary of Photographic Technologies. London/New York 1973, 725 S.

7.3 Mathematik, Informatik

Bauer, L; Heinhold, J.; Samelson, K.; Sauer, R.: Moderne Rechenanlagen. Stuttgart 1965, 357 S. = Leitfäden der angewandten Mathematik und Mechanik, Bd. 5

Flechtner, H. J.: Grundbegriffe der Kybernetik 2. Aufl. Stuttgart 1972

Grasselli, A. (Ed.): Automatic interpretation and classification of images. New York-London 1969, 436 S.

Grüsser, O. J.; Klinke, R. (Hrsg.): Zeichenerkennung durch biologische und technische Systeme. Berlin-Heidelberg-New York 1971, 413 S.

Kommerell, K.: Vorlesungen über analytische Geometrie des Raumes. Leipzig 1940, 388 S.

Lipkin, B. S.; Rosenfeld, A. (Ed.): Picture processing and psychopictorics. New York-London 1970, 526 p.

Reye, Th.: Geometrie der Lage. 1. Abt. 6. Aufl. Leipzig 1923, 255 S.

Röhler, R.: Informationstheorie in der Optik. Stuttgart 1967

Steinbuch, K.; Weber, W. (Hrsg.): Taschenbuch der Informatik. 3 Bde. Berlin-Heidelberg-New York 1973/74

Stiefel, E.: Einführung in die numerische Mathematik. Nachdr. d. 4. Aufl. Stuttgart 1970. = Teubner Studienbücher – Leitfäden der angewandten Mathematik und Mechanik, Bd. 2

Zemanek, H.: Elementare Informationstheorie. Wien-München 1959, 120 S.

Zurmühl, H.: Matrizen und ihre technischen Anwendungen. 4. Aufl. Berlin-Heidelberg-New York 1964

7.4 Optik

Bergmans, J.: Kleine Farbenlehre 2. Aufl. Eindhoven 1965. = Philips Techn. Bibliothek.

Dietze, G.: Einführung in die Optik der Atmosphäre. Leipzig 1957, 263 S.

Emsley, H. H.: Visual optics, 2 Bde. 5. Aufl. London 1953

Flügge, J.: Das photographische Objektiv. Wien 1955. = Die wiss. u. ang. Photographie. Bd. 1

Flügge, J.: Praxis der geometrischen Optik. Göttingen 1962

Gregory, L.: Auge und Gehirn (Übers. aus dem Engl.). München 1966, 256 S.

Hodam, F.: Technische Optik. Berlin 1965, 287 S.

Hudson, R. D.: Infrared system engineering. New York-London-Sydney-Toronto 1969, 642 p.

Jensen, N.: Optical and photographic reconnaissance systems. New York-London-Sydney 1968, 211 S.

Kingslake, R.: Applied optics and optical engineering. 5 vols. New York-London 1965

Naumann, H.: Optik für Konstrukteure. 2. Aufl. Düsseldorf 1960, 328 S.
Pohl, R.W.: Optik und Atomphysik. 12. Aufl. Berlin 1967, 347 S.
Reeb, O.: Grundlagen der Photometrie. Karlsruhe 1962, 179 S.
Schober, H.: Das Sehen. Bd. I, 4. Aufl. 1970, Bd. II, 2. Aufl. 1958. Leipzig (enth. 90 S. Bibliographie)
Schultze, W.: Farbenlehre und Farbmessung. 2. Aufl. Berlin-Heidelberg-New York 1966
Slevogt, H.: Technische Optik. Berlin-Heidelberg-New York 1974, 308 S. = Slg. Göschen Bd. 9002

7.5 Stereoskopie

Günther, N.: Studien zur Theorie des Raumsehens, Optik **17** (1960)
Köhnle, H.: Röntgenstereoverfahren. In: Vieten, H.: Handbuch der Medizin. Radiologie, Bd. III. Berlin-Heidelberg-New York 1967
Pulfrich, C.: Stereoskopisches Sehen und Messen. Jena 1911 (enthält Literaturverzeichnis von Arbeiten seit 1900), 40 S.
v. Rohr, M.: Die binokularen Instrumente. 2. Aufl. Berlin 1920 (enthält viele Literaturangaben bis etwa 1900), 303 S.
Schober, H.: s. unter 7.4
Selle, W.: Zur Bibliographie der Stereoskopie. Z. wiss. Phot. **44** (1949) 212 bis 222
Valyus, N. A.: Stereoscopy (Übers. aus dem Russ.) London-New York 1966, 426 S.
Vierling, O.: Die Stereoskopie in der Photographie und Kinematographie. Stuttgart 1965, 249 S.

7.6 Photographie

v. Angerer, E.; Joos, G : Wissenschaftliche Photographie 7 Aufl Leipzig 1959, 216 S.
Brock, G. C.: Physical aspects of air photography. London 1952, 276 S. m. 32 Tafeln
Brock, G. C.: Image evaluation for aerial photography. London–New York 1970, 258 p.
Brown, F. M.; Hall, H. J.; Kosar, J.: Photographic systems for engineers. Washington 1966, 215 S.
Clark, W.: Photography by Infrared. 2. Aufl. New York 1946, 472 S.
Engel, Ch. E. (Ed.): Photography for the scientist. London-New York 1968, 632 S.
Goldberg, E.: Der Aufbau des photographischen Bildes. 2. Aufl. Halle 1925
Handb. d. wiss. u. angew. Photographie, insbesondere: van Albada, L. E. W., Stereophotographie in Bd. VI, 1. 289.S. Wien 1931. Ferner: Merté, W., Richter, R., und v. Rohr, M., Das photographische Objektiv = Bd. I. 399 S. Wien 1932. Ergänzungswerk: Merté, W., Das photographische Objektiv seit dem Jahre 1929; Haase, M., Die Polarisationsfilter und das polarisierte Licht in der Photographie; Wien 1943, 698 S.
James, T. H.: Higgins, G. C.: Fundamentals of photographic theory. New York 1948, 286 S.
Joos, G.: Schopper, E.: Grundriß der Photographie und ihrer Anwendungen besonders in der Atomphysik. Frankfurt 1958, 408 S.
Kowaliski, P.: Applied photographic theory. London-New York-Sydney-Toronto 1972, 533 S.
Krug, M.; Weide, H. G.: Wissenschaftliche Photographie in der Anwendung. Leipzig 1972 (zahlreiche Literaturang.), 174 S.
Mees, C E. K.: The theory of the photographic process. Rev. ed. New York 1959, 1133 p.
Mutter, E.: Farbphotographie. Theorie und Praxis. Wien-New York 1967, 463 S. = Die wiss. u. angew. Photographie, Bd. IV
Shershen, A. I., Aerial photography (Übers. a. d. Russ), Jerusalem 1961, 344 S.

7.7 Kartographie

Beck, W.: Geländeformen, Reproduktion, topographische Karten und Kartenabbildungen. In: Jordan/Eggert/Kneissl: Handbuch der Vermessungskunde Bd. Ia. Stuttgart 1957, 504 S.
Bosse, H. (Hrsg.): Deutsche Kartographie der Gegenwart. Bielefeld 1970, 158 S.
Hake, G.: Kartographie. Berlin 1970. = Slg. Göschen Bde 30/30a/30b und 1245/1245a/1245b
Imhof, E.: Kartographische Geländedarstellung. Berlin 1965, 425 S.

7.8 Geschichte

Beaumont Newhall: Airborne Camera. New York 1969, 144 S.
Jung, F. R.: Zur Entwicklungsgeschichte der Photogrammetrie in Deutschland unter Berücksichtigung des internationalen Fortschritts. BuL **28** (1960) 23 bis 41.
Lambert, J. H.: Schriften zur Perspektive (hrsg. von M. Steck) Berlin 1943, 496 S.
Laussedat, A.: Recherches sur les instruments, les méthodes et le dessin topographiques, Ann. Cons. Arts et Mét, 3e série. Paris 1901
Meydenbauer, A.: Handbuch der Meßbildkunst. Halle 1892
Sander, W.: Über die Entwicklung der Photogrammetrie usw. In: Gruber, O. v.: Ferienkurs in Photogrammetrie. Stuttgart 1930, S. 173 bis 287
Schermerhorn, W.: Die Bedeutung der frühen Versuche Otto v. Grubers für die Praxis der Aerotriangulation. BuL **32** (1964) 44 bis 60
Schwidefsky, K.: Albrecht Meydenbauer – Initiator der Photogrammetrie in Deutschland. BuL **39** (1971) 183 bis 189
Stenger, E.: Die Photographie in Kultur und Technik. Ihre Geschichte während hundert Jahren. Leipzig 1938, 287 S.
Weiß, M.: Die geschichtliche Entwicklung der Photogrammetrie und die Begründung ihrer Verwendung für Meß- und Konstruktionszwecke. Stuttgart 1913

7.9 Zeitschriften[1])

Bildmessung und Luftbildwesen. Organ der Deutschen Gesellschaft für Photogrammetrie e. V. 1. bis 17. Jahrgang 1926 bis 1942. Von Dezember 1938 bis März 1940 unter dem Titel Mitt. d. Deutsch. Ges. f. Photogrammetrie. 18. bis 21. Jahrgang 1950 bis 1953 als Beihefte zu Allg. Vermess.-Nachr. 22. bis 29. Jahrgang 1954 bis 1961 selbständig im Herbert Wichmann Verlag, GmbH, Berlin. Seit 30. Jahrgang 1962 im Herbert Wichmann Verlag GmbH, Karlsruhe
Bulletin de la Société Française de Photogrammétrie. Nr. 1 = Januar 1961 (Revue Française de Photogrammétrie. Nr. 1 = Januar 1950)
Bulletin de la Société Belge de Photogrammétrie. Vierteljahresschrift. Nr. 66 = Dezember 1961

---

[1]) Außer den hier aufgeführten Fachzeitschriften bringen die folgenden Blätter Beiträge zur Photogrammetrie, Photointerpretation und Fernerkundung:

Allg. Vermess. Nachr., Karlsruhe; Canadian Surveyor, Ottawa; Nachr. a. d. Karten- u. Vermess.-wesen, Frankfurt/M; Österr. Z. f. Vermessungswesen u. Photogrammetrie, Wien; Schweiz. Z. f. Vermessung, Photogrammetrie u. Kulturtechnik, Zürich; Vermessungstechnik, Berlin; Z. f. Vermessungswesen, Stuttgart.

Fotogrammetriska Meddelanden. Herausg. Institut für Photogrammetrie der Techn. Hochschule Stockholm. Bd. I = 1944

ITC-Journal (seit 1973) Int. Institute for Aerial Survey and Earth Sciences, Enschede, Niederlande

Internationales Archiv für Photogrammetrie. Organ der Internationalen Gesellschaft für Photogrammetrie. Seit 1908. Bd. XVII, Lausanne 1968

Journal of the Japan Society of Photogrammetry. Vol. XII = 1973

Photogrammetria. Official Journal of the International Society for Photogrammetry. Bd. I bis V 1938 bis 1942 im Herbert Wichmann Verlag GmbH, Berlin. Ab Bd. VI im Verlag Argus – Amsterdam, ab Vol. 20, 1965 Elsevier Publ. Co.

Photogrammetric Engineering, seit 1975 … and Remote Sensing. Publ. American Society of Photogrammetry, Falls Church, Va. Vol. XLI = 1975

The Photogrammetric Journal of Finland. Vol. 6 = 1972

The Photogrammetric Record. Publ. The Photogrammetric Society London. Halbjährlich. Vol. VIII, No. 45 = Apr. 1975

Schriftenreihen

Veröffentlichungen der Organisation Européenne d'Etudes Photogrammétriques Expérimentales (OEEPE) (seit 1955). Die Schriften erscheinen als „Offizielle" oder „Spezial-Veröffentlichungen" in deutscher, französischer oder englischer Sprache im Inst. f. angew. Geodäsie in Frankfurt/M. Bis September 1973 wurden 46 Arbeiten herausgegeben.

ITC Publications (seit 1966). Series A Photogrammetry, Series B Photointerpretation. Enschede, Niederlande.

Namen- und Sachverzeichnis

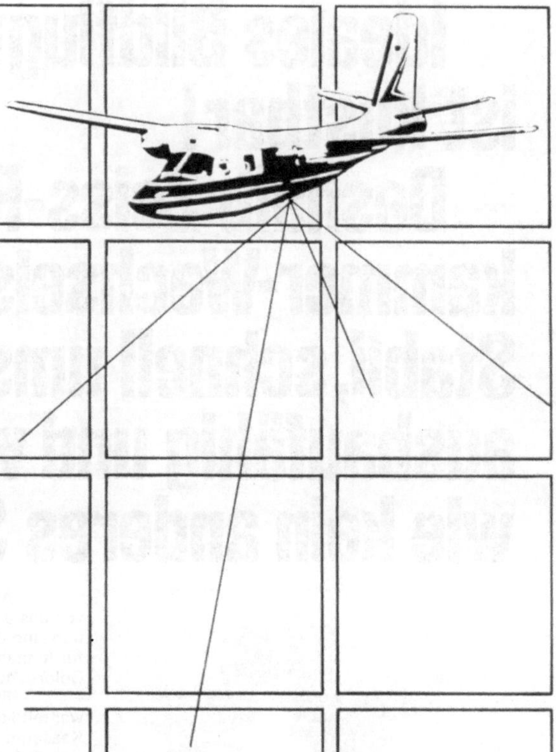

Präzis – wirtschaftlich – universell. Die richtige Kombination von Wild.

Verschiedene Auswertegeräte für
unterschiedliche Anforderungen.
Ein Kennzeichen des Wild-
Programms.
Der Autograph A10 ist das Wild-
Auswertegerät hoher Leistung und
Präzision. Aerotriangulation und
großmaßstäbliche Kartierung sind seine Stärke.
Bei mittleren und kleineren Maßstäben beweist
der Aviograph Wild B8S seine hohe Wirtschaftlichkeit.
Wild A10 und Wild B8S sind ideale Partner für
präzises und wirtschaftliches Arbeiten sowie
für universellen Einsatz. Die richtige
Kombination von Wild.
Made in Switzerland,
serviced the world over

WILD
HEERBRUGG
CH-9435 Heerbrugg / Schweiz

Zeitlos präzis.